AF061628

Gewässerschutz im Einzugsgebiet der Elbe

8. Magdeburger Gewässerschutzseminar

Herausgegeben von
Prof. Dr. Walter Geller
Dr. Pavel Punčochář
Dr. Dirk Bornhöft
Dipl.-Ing. Jan Bouček
Dr. Hildegard Feldmann
Dr. Helmut Guhr
Dr. Volker Mohaupt
Dipl.-Ing. Manfred Simon
Dipl.-Ing. Josef Smrťák
Dr. Jitka Spoustová
Dipl.-Phys. Ogarit Uhlmann MSc.

B. G. Teubner Stuttgart · Leipzig 1998

Prof. Dr. Walter Geller
UFZ – Umweltforschungszentrum Leipzig – Halle GmbH,
Magdeburg

Dr. Pavel Punčochář
Ministerium für Landwirtschaft der Tschechischen Republik,
Prag

Dr. Dirk Bornhöft
Bundesanstalt für Gewässerkunde,
Berlin

Dipl.-Ing. Jan Bouček,
VÚV TGM Prag

Dr. Hildegard Feldmann,
Leipzig

Dr. Helmut Guhr
UFZ – Umweltforschungszentrum Leipzig – Halle GmbH,
Magdeburg

Dr. Volker Mohaupt,
Umweltbundesamt Berlin

Dipl.-Ing. Manfred Simon,
Internationale Kommission zum Schutz der Elbe (IKSE),
Magdeburg

Dipl.-Ing. Josef Smrťák,
VÚV TGM Prag

Dr. Jitka Spoustová,
VÚV TGM Prag

Dipl.-Phys. Ogarit Uhlmann MSc.,
Leipzig

Gedruckt auf chlorfrei gebleichtem Papier.

Die Deutsche Bibliothek – CIP-Einheitsaufnahme

Gewässerschutz im Einzugsgebiet der Elbe /
8. Magdeburger Gewässerschutzseminar.
Hrsg. von Walter Geller ... [UFZ, Umweltforschungszentrum Leipzig–Halle GmbH]. –
Stuttgart ; Leipzig : Teubner, 1998
   ISBN-13:978-3-519-00242-0   e-ISBN-13:978-3-322-80011-4
   DOI: 10.1007/978-3-322-80011-4

Das Werk einschließlich aller seiner Teile ist urheberrechtlich geschützt. Jede Verwertung außerhalb der engen Grenzen des Urheberrechtsgesetzes ist ohne Zustimmung des Verlages unzulässig und strafbar. Das gilt besonders für Vervielfältigungen, Übersetzungen, Mikroverfilmungen und die Einspeicherung und Verarbeitung in elektronischen Systemen.

© 1998 B. G. Teubner Stuttgart · Leipzig

Umschlaggestaltung: E. Kretschmer, Leipzig

Vorwort

Sehr geehrte Teilnehmerinnen und Teilnehmer des 8. Magdeburger Gewässerschutzseminars,

Sie öffnen gerade den Tagungsband mit Vortrags- und Posterbeiträgen des nun schon vierten gemeinsamen Seminares deutscher und tschechischer Wasserexperten, die sich mit der Problematik der Verbesserung der Wasserökosysteme der Elbe und ihres Einzugsgebietes befassen.

So wird die Tradition regelmäßiger internationaler Begegnungen fortgesetzt, die im Jahre 1992 auf dem 4. Magdeburger Gewässerschutzseminar in Spindlermühle begann.

Das diesjährige Seminar im Hotel Thermal in Karlsbad konzentriert sich auf die Problematik der Gewässernutzung. Besondere Aufmerksamkeit wird dabei den Grenzregionen Tschechiens und Deutschlands gewidmet. Dem großen Interesse an Vorträgen konnte zwar bei weitem nicht entsprochen werden, aber dafür sind Poster um so zahlreicher vertreten.

Die vier Hauptthemen stellen eine gute Anbindung an die Schwerpunkte der vorangegangenen Seminare dar. Neben neuen Erkenntnissen können Sie somit auch die Ergebnisse der fortschreitenden Aktivitäten der Internationalen Kommission für den Schutz der Elbe entsprechend deren Zielen und Programmen kennenlernen.

Ohne Zweifel dienen die Magdeburger Gewässerschutzseminare der praktischen Umsetzung der Eurocharta, insbesondere des Artikels „Das Wasser kennt keine Grenzen". Um diesem Anspruch gerecht zu werden, ist eine intensive internationale Zusammenarbeit notwendig.

Wir sind überzeugt, daß für Sie die Teilnahme an diesem Seminar nicht nur eine fachliche Bereicherung bedeutet, sondern daß sie auch zur Weiterentwicklung der Zusammenarbeit unserer beider Länder auf diesem Gebiet dient und die freundschaftlichen persönlichen Kontakte unter den Teilnehmern vertieft.

W. Geller / P. Punčochář / D. Bornhöft /
J. Bouček / H. Feldmann / H. Guhr /
V. Mohaupt / M. Simon / J. Smrťák /
J. Spoustová / O. Uhlmann (Hrsg.)

**Gewässerschutz im Einzugsgebiet
der Elbe**

UFZ – Umweltforschungszentrum Leipzig–Halle im Überblick

Das UFZ – gegründet im Dezember 1991 – beschäftigt sich als erste und einzige Forschungseinrichtung der Hermann von Helmholtz-Gemeinschaft Deutscher Forschungszentren (HGF) ausschließlich mit Umweltforschung. Das Zentrum hat zur Zeit rund 600 Mitarbeiter (einschließlich Annex-Personal) – beim Start waren es noch 380. Finanziert wird das Zentrum zu neunzig Prozent vom BMBF (Bundesministerium für Bildung, Wissenschaft, Forschung und Technologie), der Freistaat Sachsen und das Land Sachsen-Anhalt beteiligen sich mit jeweils fünf Prozent.

Umweltforschung heute verlangt Interdisziplinarität und Flexibilität. Die Großwetterlage im Umweltbereich hat sich geändert, denn nicht Spezialisation und Akademisierung, sondern Anwendungsbezug und Interdisziplinarität sind die Charakteristika dieser Forschung, so auch der HGF und des Umweltforschungszentrums Leipzig–Halle.

Gegründet mit Blick auf die stark belastete Landschaft des Mitteldeutschen Raumes ist das UFZ bereits heute ein anerkanntes Kompetenzzentrum für die Sanierung und Renaturierung belasteter beziehungsweise die Erhaltung naturnaher Landschaften – nicht nur für diese Region. Die Umweltforschung am UFZ richtet sich zunehmend an globalen Problemen und Fragestellungen aus und präsentiert sich international; zu Osteuropa, Nord- und Südamerika und dem südlichen Afrika bestehen bereits enge Forschungskontakte. Sie sollen in den nächsten Jahren weiter vertieft werden.

Aufbauend auf eine solide wissenschaftliche Basis wird in interdisziplinären Forschungsverbünden die landschaftsorientierte, naturwissenschaftliche Forschung und Umweltmedizin eng mit Sozialwissenschaften, der ökologischen Ökonomie und dem Umweltrecht verbunden. Kulturlandschaften, also vom Menschen genutzte und veränderte Landschaften, mit ihren typischen terrestrischen und aquatischen Ökosystemen und den darin lebenden Tieren, Pflanzen und Mikroorganismen sollen nachhaltig gestaltet werden. Dem geht ein Verstehen dieser hochkomplexen, vernetzten und dynamischen Systeme voraus, um vorhersagen bzw. abschätzen zu können, wie sich anthropogene Eingriffe – z. B. Flußbegradigungen, Tagebauflutung, Ver- und Entsiegelung von Flächen oder Zergliederung von Landschaften – auf solche Ökosysteme auswirken. Für den jeweiligen Typ von Kulturlandschaft sollen dann dynamische und realisierbare Leitbilder und Umweltqualitätsziele entwickelt und in der Landnutzung umgesetzt werden.

Wir hoffen, daß die Umgebung des weltbekannten Kurortes Karlsbad zur guten Atmosphäre des Seminars beiträgt.

Im Namen der Organisatoren des 8. Magdeburger Gewässerschutzseminares wünschen wir Ihnen einen angenehmen Aufenthalt und viele neue fachliche Anregungen.

RNDr. Pavel Punčochář, Csc.
Direktor des Bereiches Wasserwirtschaft
Ministerium für Landwirtschaft der
Tschechischen Republik

Ing. Ladíslav Novák
Generaldirektor der AG Povodí Ohře

Prof. Dr. Walter Geller
UFZ-Umweltforschungszentrum Leipzig-Halle GmbH
Sektion Gewässerforschung Magdeburg

Inhaltsverzeichnis

Gewässerschutz im Einzugsgebiet der Elbe

H. Reincke
Entwicklung der Wasserbeschaffenheit der Elbe anhand der Zielvorgaben
der IKSE 21

S. Blažková et al.
Nationalprojekt Elbe II im Zeitraum 1996-1997 25

H.-H. Hanisch et al.
Traceruntersuchungen in der Elbe 29

J.W. Einax, A. Aulinger
Moderne statistische Auswertungsmethoden von Fließgewässerdaten -
dargestellt am Beispiel der Saale und der Elbe 33

J. Vilímec et al.
Länderübergreifende Erfassung polarer organischer Mikroverunreinigungen
in der Elbe (Labe) auf tschechischem und deutschem Gebiet 37

J.K. Fuksa
Biomonitoring ausgewählter Bestandteile des Ökosystems Elbe -
Situation 1993 und 1996 41

H. Guhr et al.
Raum-Zeit-Dynamik der Nährstoffe Stickstoff, Phosphor und Silizium in
der Stromelbe 46

B. Desortová
Charakteristik des Wachstums der Phytoplanktonbiomasse in der Elbe 50

D. Spott
Über die Bedeutung von Wasserstandsschwankungen für die Entwicklung
der Sauerstoff-, Chlorophyll- und Nährstoffkonzentrationen in der mittleren
Elbe während der Vegetationsperiode 54

K. Friese et al.
Hochwassergebundener Schadstoffeintrag in Auen der Elbe und der Oka:
Aktueller Stand eines BMBF- und UFZ-geförderten russisch-deutschen
Kooperationsprojektes 58

A. Netzband
Perspektiven der Behandlung des Hamburger Baggergutes 62

J. Kappenberg, G. Witte
Messung und Modellierung der Ausbreitung feinkörnigen Baggerguts nach
Umlagerungen in der Tide-Elbe unterhalb des Hamburger Hafens 66

W. Petersen et al.
Chemische und biologische Prozesse bezüglich des Sauerstoff- und Nährstoffhaushaltes beim Übergang der Elbe in den Tidebereich 70

T. Zoumis, W. Calmano
Entwicklung geochemischer Barrieren zur naturnahen Demobilisierung von
Schwermetallen aus Grubenwässern 74

R. Furrer
Ergebnisse des BMBF-Verbundvorhabens: Geogener Background im
Elbe-Einzugsgebiet 78

A. Prange et al.
Geogene Hintergrundwerte als Bewertungsgrundlage der Schwermetallbelastungen im gesamten Elbeverlauf 82

A. Müller et al.
Geogene Hintergrundgehalte zahlreicher Metalle und des Arsens in feinkörnigen Flußsedimenten unterschiedlicher Teileinzugsgebiete der Saale 87

W. Pälchen, A. Greif
Geogener Background in grundgebirgsgeprägten Einzugsgebieten der Elbe 91

E. Claus et al.
Wirkungsorientierte Untersuchungen von Sedimentextrakten der Elbe 95

M. Rudíš et al.
Schätzung der Konzentrationen von Schwermetallen und Gesamtphosphor
in den Sedimenten des tschechischen Elbeabschnitts 98

Stofftransport und Tracerversuche

S. Blažková, K. Beven
Kalibrierung des AZD-Modells für die Vorhersage des Abflusses einer
unfallbedingten Wasserbelastung 105

R. Eidner et al.
Simulation der Tracerversuche an der Elbe 107

C. Engelhardt et al.
Simulation räumlich verteilter Stoffausbreitung in einem Spreealtarm 109

H.-H. Hanisch et al.
Markierungsversuche in der Elbe mit Amidorhodamin G 111

H.-H. Hanisch et al.
Gewinnung und Verwendung von Konzentrationsdaten der Tracerversuche Elbe 113

F.-J. Specht et al.
Tracerversuche in der Elbe - Qualitative Beurteilung der Meßstellen als Beitrag zur
Modellierung des Stofftransports 115

R. Vink et al.
Schwermetallbilanzierung für die Elbe und für ihre Teileinzugsgebiete 117

Schadstoffbelastung in Wasser und Schwebstoffen

W. Petersen et al.
Transport von Schwermetallen in der Tideelbe in den Küstenbereich:
Bewertung der das Transportverhalten beeinflussenden Prozesse 121

A. Aulinger et al.
Vorhersage von Elementkonzentrationen in Filtraten aus denen von
Schwebstoffen und umgekehrt - eine Möglichkeit zur Vereinfachung von
Gewässergüteuntersuchungen? 123

M. Baborowski, K. Friese
Untersuchungen zum Sinkverhalten von suspendierten partikulären Stoffen
in der Elbe bei Magdeburg 125

O. Büttner et al.
Belastung des Schwebstoffes der Elbe bei Magdeburg mit organischen und
anorganischen Schadstoffen: Auswertung mit Methoden der multivariaten
Statistik 127

O. Elsholz et al.
Erfahrungen zur Online-Messung von Quecksilber in der Meßstation
Schnackenburg/Elbe 129

S. Franke et al.
Mutagene Bis(dichlorpropyl)ether aus der Elbe im Uferfiltrat 131

J. Gandraß, M. Zoll
Ökotoxikologisch relevante Pestizide im Elbeeinzugsgebiet 133

O. P. Heemken et al.
Bestimmung der Verteilung von organischen Kontaminanten zwischen wäßriger
und partikulärer Phase in der Elbe 135

P. Heininger et al.
Partikulärer Transport organischer Schadstoffe in der Elbe 137

A. Krüger et al.
Wie beeinflussen technische Parameter von Schwebstoffzentrifugen die
Analyseergebnisse? 139

E. Lochow et al.
Monitoring auf Arzneimittelwirkstoffe im Elbeeinzugsgebiet 141

R.-D. Wilken, T. A. Ternes
Pharmaka und endokrin wirksame Verbindungen in Gewässern 143

Schadstoffbelastung in Sedimenten

A. Arnold et al.
Der Bitterfelder Muldestausee - eine bedeutende Schadstoffsenke im
Einzugsgebiet der Elbe 147

W. Brack et al.
Identifikation ökotoxikologisch wirksamer Substanzen in Sedimenten des
Spittelwassers.. 149

U. Ensenbach et al.
Ökotoxikologische Charakterisierung von Sedimenten der Saale.............................. 151

F. Krüger et al.
Nähr- und Schadstoffkonzentrationen im Überflutungswasser eines Mittelelbe-
abschnittes bei Wittenberge 153

R. Lüschow et al.
Untersuchungen zur Belastung von Ablagerungsfolgen der Mulde mit
organischen Schadstoffen und Metallen auf der Grundlage von Bohrkernen 155

J. Pelzer, G. Steppuhn
Zeitliche und räumliche Veränderung von Elementverteilungsmustern in Elb-
sedimenten zwischen 1991 und 1997 157

J. Schwarzbauer et al.
Alkylsulfonsäure Arylester in Sedimenten der Elbe und ihrer Nebenflüsse 159

B. Stachel et al.
Ergebnisse einer Ringanalyse zur Bestimmung von organischen Stoffen in
schwebstoffbürtigen Sedimenten der Elbe 161

L. Zerling et al.
Der Einsatz von Sedimentfallen als Beitrag zur Schadstoffbilanzierung im
Bitterfelder Muldestausee 163

Schadstoffbelastung in Organismen/Ökotoxikologie

K. Friese et al.
Akkumulation von Schwermetallen in Biofilmen der Elbe 167

T. Gaumert
Ein neues Klassifizierungssystem für die elbespezifische Schadstoffbelastung
im Weichkörper der Dreikantmuschel (*Dreissena polymorpha*) - Ergebnisse
des internationalen aktiven Schadstoff-Biomonitorings 169

T. Grummt, H.-G. Wunderlich
Entwicklung einer Testbatterie zur Erfassung gentoxischer Aktivität im aquati-
schen Bereich 171

J. Krinitz et al.
Organozinngehalte in schwebstoffbürtigen Sedimenten und unterschiedlichen
Biotaproben der Elbe und Elbenebenflüsse 173

M. Oetken et al.
Neue Methoden des biologischen Effektmonitorings für gering bis mäßig
belastete Oberflächengewässer 175

Z. Svobodová et al.
Ergebnisse des chemischen und biologischen Monitoring der Kontamination
der Fische in der tschechischen Elbe 177

Geogene Hintergrundwerte

A. Greif, W. Pälchen
Anwendung statistischer Verfahren bei der Interpretation von
Bachsedimenten des Elbeeinzugsgebietes 185

A. van der Veen et al.
Spurenelementgeochemie von Sedimenten aus Buhnenfeldern der Elbe 187

L. Zerling et al.
Aktuelle Metallbelastung und geogener Hintergrund im Flußsediment
der Weißen Elster 189

Nährstoffbelastung, Gewässergüte, Plankton

G. Bormki et al.
Mikrobieller Abbau organischer Nährstoffe in der Elbe 193

P. Fischer et al.
Gütemodellrechnung zum Sauerstoffhaushalt der tschechischen und der
deutschen Elbe mit Hilfe des Programms QSIM 195

M. Hilden, M. Keller
Darstellungsmöglichkeiten für Gewässergütedaten 197

M. Kalinová
Trends der Wassergüte und Entwicklung der Stoffströme in den Abschluß-
profilen der Haupteinzugsgebiete der tschechischen Elbe 199

L. Küchler et al.
Phytoplanktonentwicklung in der Elbe zwischen Schmilka und Hamburg
am Beispiel des Jahres 1997 202

H. Kutlvašrová, M. Miškovská
Einfluß des Baus der Kläranlage Jirkov auf den Fluß Bílina 204

M. Rode et al.
Zeitreihenanalyse von Elbemeßdaten mit Hilfe univariater Modelle 207

M. Rode, U. Suhr
Modellgestützte Analyse der Gewässergüte in der oberen und mittleren Elbe 209

B. Scharf
Lebende Muschelkrebse (Crustacea, Ostracoda) aus der Elbe 211

S. Zahn
Qualitative und quantitative Zusammensetzung des Makrozoobenthon
in der Mittelelbe, ihren großen Nebenflüssen und in ausgewählten Neben-
gewässern der Elbaue 213

Gewässer und Wassernutzung

P. Faulhaber
Entwicklung der Wasserspiegel- und Sohlenhöhen in der deutschen Binnenelbe
innerhalb der letzten 100 Jahre - einhundert Jahre „Elbestromwerk" 217

M. Alexy
Erosionsstrecke der Elbe - Feststofftransportmodell für den Abschnitt
El-km 140,3-163,4 221

K.-H. Jährling
Ein neues Entwicklungskonzept für die Havel? 226

Fischwirtschaft

T. Gaumert
Die neue Fischaufstiegshilfe am Elbwehr Geesthacht - Bau und Erfolgs-
kontrollen 233

H.-J. Schubert
Die Bedeutung von Schiffsschleusen für den Fischaufstieg - Untersuchungen
am Elbwehr bei Geesthacht 236

E. Fladung
Untersuchungen zu Fischbestandsstrukturen und fischereilicher Produktivität
von Buhnenfeldern der Mittelelbe 237

S. Oesmann et al.
0+Fischgemeinschaften in unterschiedlichen Nebengewässern der Elbe 239

U. Peters
Nutzung von Wehr- und Stauanlagen im sächsischen Muldesystem 241

M. Scholten
Saisonale Nutzung von Buhnenfeldern der mittleren Elbe durch die 0+Fisch-
gemeinschaft 243

R. Thiel
Ökologische Zusammenhänge zwischen Fischgemeinschafts- und Lebensraum-
strukturen der Elbe 245

C. Wirtz
Bestimmung und Modellierung morphodynamischer Habitatparameter
als Grundlage für ein fischökologisches Habitatmodell 247

Hochwasserschutz

J. Hejzlar
Optimierung der Wasserabführung in den wasserwirtschaftlichen Speichern
bei Hochwasser 251

H.-W. Uhlmann, F. Göricke
Hochwasserschutzkonzeptionen im Flußgebiet der Saale - Grundlage nicht
nur für die Ausweisung von Überschwemmungsgebieten und Deich(rück)bau 253

R. Schwartz et al.
Einfluß einer Hochwasserwelle auf den Wassergehalt und das
Redoxpotential von Auenböden an der Mittelelbe 257

B. Siegel, G. Richter
Vorbeugender Hochwasserschutz im Einzugsbereich der Oberen Elbe -
eine zentrale Aufgabe der Raumordnung 259

Gewässersituation in den Grenzregionen

B. Kifinger et al.
Versauerungssituation ausgewählter Gewässer im Erzgebirge, dem Elbsand-
steingebirge und der sächsischen Tieflandsbucht 263

C. E. W. Steinberg et al.
Belastung des Großen Arbersees, Bayerischer Wald, durch luftgetragene
Depositionen 267

W. Klemm
Die Entwicklung des Grubenwasserchemismus im Verlauf der Flutung der
Zinngrube Ehrenfriedersdorf 271

V. Zahrádka, P. Nedelka
Einfluß des Grubenwassers aus dem Kohlebecken Sokolov auf die Wassergüte
des Flusses Eger und dessen Nebenflüsse 275

V. Pondělíček
Einfluß der anthropogenen Tätigkeit auf die Flußsysteme des Erzgebirges 277

M. Grambow
Schutz der Flußperlmuscheln im Dreiländereck Böhmen-Bayern-Sachsen 281

J. Ružíčková et al.
Die Wassergüte in den azidifizierten Wasserläufen des Nationalparks Šumava 283

Ökologische Entwicklungskonzepte

D. Bornhöft, B. Gruber
Ökologische Forschung in der Stromlandschaft Elbe (Elbe-Ökologie) -
Aktueller Stand der Arbeiten im BMBF-Forschungsverbund 287

B. Gruber, D. Bornhöft
Ökologische Forschung in der Stromlandschaft Elbe (Elbe-Ökologie) - Fachliche Koordination der Forschungsvorhaben im BMBF-Forschungsverbund 291

F. Neuschulz, J. Purps
Möglichkeiten und Grenzen der Auenregeneration und Auenwaldentwicklung
am Beispiel von Naturschutzprojekten an der Unteren Mittelelbe (Brandenburg) -
Zwischenergebnisse eines Verbundforschungsvorhabens 293

U. C. E. Zanke
Simulationswerkzeuge für hydrodynamisch-morphodynamisch-biodynamische
Prozesse in Gewässern 297

K. Kern et al.
Gewässerstrukturgütekartierungen an Flüssen als Grundlage für Bewertung
und Planung 301

B. Büchele, F. Nestmann
Zeitabhängige Klassifizierung von Überflutungsflächen in einem GIS
am Beispiel der Mittleren Elbe bei Dessau 305

F. Wendland, R. Kunkel
Klassifizierung der grundwasserführenden Gesteinseinheiten im Elbeeinzugsgebiet (Deutscher Teil) hinsichtlich ihres natürlichen Nitratabbauvermögens 311

W. Lahmer, A. Becker
Auswirkungen von Landnutzungsänderungen auf den Wasserhaushalt eines
mesokaligen Einzugsgebiets 315

F. Schöll, T. Tittizer
Elbe, Rhein und Donau im limnologischen Vergleich 319

J. Matěna et al.
Revitalisierung des Abschnittes der oberen Moldau zwischen den Talsperren
Lipno I und Lipno II aus der Sicht des Makrozoobenthos und der Ichthyofauna 323

A. Schulte-Wülwer-Leidig
Ist die ökologische Verbesserung eines Flußgebietes mit den Erfordernissen
des Hochwasserschutzes in Einklang zu bringen? 327

J. Lehmann et al.
Zur Schwebstoffbeschaffenheit im Unterlauf von Elbe und Oder 331

B. Siegel
Raumordnerische Konzepte und regionale Leitbilder zur Siedlungs- und
Landschaftsentwicklung - ein Beitrag zur nachhaltigen Entwicklung der Kultur-
landschaft Elbe in Sachsen 333

Ökologie der Auen, Nutzung und Entwicklung

B. Bleyel
Untersuchungen der Rückdeichung bei Lenzen mit einem
zweidimensionalen numerischen Modell 337

P. Faulhaber
Untersuchungen der Auswirkung von Maßnahmen im Elbevorland auf
die Strömungssituation und die Flußmorphologie am Beispiel der Erosionsstrecke und der Rückdeichungsgebiete zwischen Wittenberge und Lenzen 339

M. Evers et al.
Leitbilder des Naturschutzes und deren Umsetzung mit der Landwirtschaft
im niedersächsischen Elbetal - Ziele, Instrumente und Kosten einer umwelt-
schonenden und nachhaltigen Landnutzung 341

F. Foeckler et al.
Weichtiergemeinschaften als Teil-Indikatoren für Wiesen- und Rinnen-
Standorte der Elbe-Auen 343

P. Gaußmann et al.
Rotationsbrache auf Grünland - Untersuchungen in der Elbtalaue bei Lenzen 345

I. Hajnsek et al.
Pilotprojekt Radarbefliegung der mittleren Elbtalaue 347

A. Heinken, P. Gaußmann
Nachhaltige landwirtschaftliche Nutzung auf Rückdeichungsflächen in der
Lenzener Elbtalaue (Naturpark Brandenburgische Elbtalaue) 349

K. Henle, S. Stab
Übertragung und Weiterentwicklung eines robusten Indikationssystems
für ökologische Veränderungen in den Auen, Projekt RIVA des UFZ
Leipzig-Halle 351

J. Kalz-Kaprolat et al.
Beziehungen zwischen faunistischen Lebensgemeinschaften und Standort-
parametern in der Elbtalaue bei Lenzen 353

G. Patz
Auwaldregeneration in der Lenzener Elbtalaue 355

W. Kluge et al.
Gewässerschutz durch Pufferzonen-Management in Talniederungen
des norddeutschen Tieflandes 357

Wasser- und Stoffhaushalt

K. Heinrich et al.
Einfluß von Redoxreaktionen in Aueböden auf Mobilität und Bioverfügbarkeit
von Nähr- und Schadstoffen 361

G. Meyenburg et al.
Bodenkundlich-geochemische und hydrogeologische Untersuchungen an
Böden und Sedimenten der Auen der Mittleren Elbe - konzeptioneller
Ansatz und erste Ergebnisse 363

U. Mohrlok, G. H. Jirka
Numerische Modellierung der Grundwasserdynamik im Elbtal um die
Ohŕemündung 365

H. Montenegro, T. Holfelder
Untersuchung der Grundwasserdynamik in Flußauen 367

S. Quoika et al.
Zweidimensionale Modellierung der Strömungsverhältnisse und des Sediment-
transportes in einem Auengebiet der mittleren Elbe 369

H. Rupp et al.
Beziehungen zwischen Flußwasserständen und Bodenfeuchtegehalten in
Überflutungsgebieten der Elbaue 371

R. Schwartz et al.
Charakterisierung des Wasser- und Stoffhaushalts der Böden im
Projektgebiet „Deichrückverlegung an der Elbe bei Lenzen" 373

R. Schwartz et al.
Standorteigenschaften von Böden der Mittelelbe
I. Einfluß von Eindeichungen auf den Nährstoffhaushalt 375

F. Krüger et al.
Standorteigenschaften von Böden der Mittelelbe - Einfluß von Hochwasser-
ereignissen auf den Schadstoffhaushalt 377

B. Witter et al.
Verteilung und Verhalten anthropogener Spurenstoffe in Elbauen:
Erste Untersuchungsergebnisse 379

Ökomorphologie

K. Adam et al.
Verbundvorhaben „Morphodynamik der Elbe", Teilprojekt
„1D-Berechnung der Wasserspiegellagen und des Feststofftransports" 383

R. Becker
Die Datenbank des Verbundprojektes „Morphodynamik der Elbe" 385

O. Harms et al.
Morphologische Gewässerstrukturen der Elbe, ihre Entwicklung, ihre
ökologische Bedeutung und ihre Entwicklungsmöglichkeiten 387

H. Heinrich et al.
Untersuchungen zur Korngrößenverteilung von Feststoffen aus der Elbe
und Elbenebenflüssen mit einem laseroptischen Verfahren 389

B. Hentschel
Lokale morphologische Beeinflussung der Stromsohle durch Unterhaltungs-
und Ausbaumaßnahmen in der unteren Mittelelbe 391

U. Saucke et al.
Kartierung der holozänen Sedimentation und alter Flußläufe im
Mündungsbereich der Ohře in die Elbe bei Magdeburg 393

A. Schmidt, P. Faulhaber
Erosionsstrecke der Elbe - Ursachen und Ausmaß der Erosion 395

A. Schmidt et al.
Geschiebezugabe zur dynamischen Sohlstabilisierung in der Elbe 397

Landnutzung und Wasserhaushalt

H. Balla et al.
Lysimeter- und Kleineinzugsgebietsuntersuchungen zum Einfluß
von Landnutzungsänderungen auf die Wasserqualität 401

A. Becker et al.
Flächendifferenzierte Modellierung des Landschaftswasser- und
-stoffhaushaltes im Elbegebiet 403

M. Helms, J. Ihringer
Analyse von Abflußzeitreihen der Elbe 405

H. Horsch, F. Herzog
Ökologisch-ökonomische Lösungsansätze zum Konflikt Grundwasser-
schutz und Wirtschaft untersucht am Beispiel eines großräumigen
Wasserschutzgebietes im Freistaat Sachsen 407

A. Huber et al.
Modellierung der Verlagerung von Pflanzenschutzmitteln mit dem
Sickerwasser in Deutschland 409

K. Kalbitz et al.
Veränderungen in der Stoffdynamik eines Niedermoorgebietes durch
Renaturierungsmaßnahmen 411

R. Kunkel, F. Wendland
Wasserhaushaltsmodellierung in makroskaligen Flußeinzugsgebieten
am Beispiel der Elbe (Deutscher Teil) 413

P. Martínek, S. Verner
Trends der quantitativen und qualitativen wasserwirtschaftlichen
Bilanz im Einzugsgebiet der Orlice 415

J. Quast et al.
Wasser- und Stoffrückhalt im pleistozänen Tiefland des Elbeeinzugsgebietes -
Ergebnisse einer 1. Machbarkeitsstudie 418

M. Ramsbeck, U. Franko
Simulation verschiedener Landnutzungsvarianten im Parthegebiet im
Hinblick auf die Definition von Leitbildern 420

Flußgebietsvergleiche

S. C. Henneberg, J. Schilling
Ökologische Gesamtplanung Weser 425

W. Leßmann
Fließgewässerprogramm des Landes Sachsen-Anhalt - Ein Grundlagenkonzept
zur Entwicklung der Fließgewässer im Einzugsgebiet der Elbe im Bundesland
Sachsen-Anhalt 427

Autorenverzeichnis 429

Gewässerschutz im Einzugsgebiet der Elbe

Entwicklung der Wasserbeschaffenheit der Elbe anhand der Zielvorgaben der IKSE

Heinrich Reincke

1 Einleitung

Im Rahmen der internationalen Zusammenarbeit auf dem Gebiet des Gewässerschutzes im Einzugsgebiet der Elbe wurden folgende Hauptziele definiert:
- *die Nutzungen, vor allem die Gewinnung von Trinkwasser aus Uferfiltrat und die landwirtschaftliche Verwendung des Wassers und der Sedimente zu ermöglichen,*
- *ein möglichst naturnahes Ökosystem mit einer gesunden Artenvielfalt zu erreichen,*
- *die Belastung der Nordsee aus dem Einzugsgebiet nachhaltig zu verringern.*

Diese Ziele sollen durch ein Bündel von Maßnahmen erreicht werden, die in einem „Aktionsprogramm Elbe" formuliert sind. In der „Vereinbarung über die IKSE" vom 08.10.1990 ist im Artikel 2, Absatz 1.c festgelegt, daß die Kommission insbesondere *konkrete Qualitätsziele/Zielvorgaben unter Berücksichtigung der Ansprüche an die Gewässernutzung der besonderen Bedingungen zum Schutz der Nordsee und der natürlichen aquatischen Lebensgemeinschaften* „vorschlagen" soll. Im Jahre 1996 wurden durch die IKSE-Arbeitsgruppen „AP" und „M" für die 27 prioritären Stoffe des Aktionsprogrammes Zielvorgaben auf der Grundlage allgemein anerkannter und erprobter Zielvorgaben abgeleitet (s. Tab. 1). Bei der Erarbeitung der Zielvorgaben wurden 3 Gruppen gebildet:
- *einheitliche Zielvorgaben für die Nutzungsarten Trinkwasserversorgung, Berufsfischerei und landwirtschaftliche Bewässerung, wobei die Zielvorgaben im allgemeinen durch die jeweils empfindlichste Nutzungsart bestimmt wird,*
- *Zielvorgaben für das Schutzgut "Aquatische Lebensgemeinschaften",*
- *Zielvorgaben für die landwirtschaftliche Verwertung von Sedimenten.*

Anläßlich der 10. Tagung der IKSE am 21./22.10.97 in Hamburg wurde die IKSE-AGM beauftragt, in den Gewässergüteberichten und den Berichten über die Erfüllung des „Aktionsprogramms Elbe" den Vergleich des Ist-Zustandes der Wasserbeschaffenheit mit den Zielvorgaben an allen Meßstellen des Internationalen Meßnetzes der IKSE vorzunehmen und auszuwerten.

2 Begriffsdefinition, Geltungsbereich

Die Zielvorgaben sind Werte, die den anzustrebenden Gewässergütezustand ausdrücken. Sie haben keine rechtliche Verbindlichkeit und sind an keine Zeithorizonte gebunden. Es sind Orientierungswerte, die zur Beurteilung des Maßes der Annäherung des aktuellen an den anzustrebenden Zustand dienen. Die für die Schutzgüter und Nutzungsarten abgeleiteten Zielvorgaben der IKSE werden einheitlich angewendet für *die freifließende Elbe, die staugeregelte Elbe, den limnischen Bereich der Tideelbe* sowie *die Elbenebenflüsse.*

Für den Vergleich der Meßwerte mit den Zielvorgaben werden die Meßstellen des Internationalen Meßprogrammes der IKSE herangezogen. Mit den Werten der Zielvorgaben werden die 90-Prozent-Werte (C_{90}) der Ergebnisse der Untersuchungen der Wasserbeschaffenheit verglichen. Der 90-Prozent-Wert steht an der Stelle der aufsteigend sortierten Wertereihe, die sich aus dem Produkt von 0,9 mit der Anzahl der Messungen ergibt. Nicht ganzzahlige Zahlen werden zum nächsthöheren Wert aufgerundet. Für die Schwermetalle in der Schwebstoffphase im Schutzgut aquatische Lebensgemeinschaften und in der Nutzungsart landwirtschaftliche Verwertung von Sedimenten erfolgt der Vergleich mit dem 50-Prozent-Werten (C_{50}) in der Schwebstoffphase.

3 Entwicklung der Wasserbeschaffenheit an den Bilanzprofilen der Elbe

Die Ergebnisse zum Vergleich der Wasserbeschaffenheit an den Bilanzprofilen der Elbe (Hrensko/Schmilka, Schnackenburg, Seemannshöft) der ermittelten Meßergebnisse mit den Zielvorgaben der IKSE ist z.B. der Tab. 2 zu entnehmen. Im Jahre 1996 wurden für die Nutzungsarten Trinkwasserversorgung, Berufsfischerei und landwirtschaftliche Bewässerungen bei den Schwermetallen mit Ausnahme Quecksilber an allen 3 Bilanzprofilen der Elbe die Vorgaben erreicht. Bei den organischen Stoffen wurden nur bei Tetrachlormethan, 1,1,2-Trichlorethen, Hexachlorbutadien, γ-Hexachlorcyclohexan, 1,2,3-, 1,2,4- und 1,3,5-Trichlorbenzen sowie Parathionmethyl die Zielvorgaben erreicht.

Das Bild sieht bei dem Schutzgut aquatische Lebensgemeinschaften durchweg schlechter aus. Erhebliche Defizite sind nicht nur bei CSB, TOC und den Nährstoffparametern Stickstoff und Phosphor, sondern fast ausnahmslos auch bei den Schwermetallen und Arsen festzustellen, lediglich Chrom erfüllt die Anforderungen des Schutzgutes. Bei den organischen Verbindungen liegen durchgängig Lindan, Hexachlorbenzen, AOX und Dimethoat an allen 3 Bilanzprofilen über den Zielvorgaben. Überschreitungen gibt es ebenfalls bei den Komplexbildnern EDTA und NTA unterhalb Hamburgs am Bilanzprofil Seemannshöft. Wie bereits auch in anderen Bereichen feststellbar, nehmen bezüglich der zuerst genannten Nutzungsarten in der Wasserphase die Konzentrationen verschiedener Schadstoffe ab und gelangen somit in den Bereich der Nachweisgrenze. Wesentlich aussagekräftiger sind deshalb die Meßergebnisse, die sich an der partikulären Phase orientieren. Hier kann ein wesentlich höheres Anreicherungspotential, auch analytisch belastbar, ermittelt werden. Insofern können in einem weiteren Schritt die ermittelten Befunde mit den Zielvorgaben für die Schwebstoffphase des Schutzgutes aquatische Lebensgemeinschaften und der Nutzungsart landwirtschaftliche Verwertung von Sedimenten verglichen werden. Es ist beabsichtigt, die nunmehr vorhandenen Zielvorgaben auch zu bewerten. Dazu gibt es in der Tschechischen Republik als auch in Deutschland unterschiedliche Bewertungssysteme. Im Rahmen einer ad hoc-Arbeitsgruppe soll noch im Jahre 1998 der erste Schritt zu einem gemeinsamen Bewertungsverfahren erfolgen, wobei es durchaus vorstellbar wäre, als kleinsten gemeinsamen Nenner die in der EU-Wasserrahmenrichtlinie beabsichtigte Bewertung zu übernehmen und sie mit den nationalen Systemen kompatibel zu machen.

Tab.1. Zielvorgaben

Lfd. Nr.	Schadstoff, Stoffgruppe, Parameter	Nutzungsarten Trinkwasserversorgung, Berufsfischerei und landwirtschaftliche Bewässerung		Schutzgut Aquatische Lebensgemeinschaften				Nutzungsart Landwirtschaftliche Verwertung von Sedimenten	
		Maßeinheit	Zielvorgabe IKSE[1]	Maßeinheit	Zielvorgabe IKSE[2]	Maßeinheit	Zielvorgabe IKSE[3]	Maßeinheit	Zielvorgabe IKSE[4]
1	CSB	mg/l	24	mg/l	24				
2	TOC	mg/l	9	mg/l	9				
3	Gesamt-N	mg/l	5	mg/l	5				
4	Gesamt-P	mg/l	0,2	mg/l	0,2				
5	Quecksilber	µg/l	0,1	µg/l	0,04[5]	mg/kg	0,8	mg/kg	0,8
6	Cadmium	µg/l	1,0	µg/l	0,07[5]	mg/kg	1,2	mg/kg	1,5
7	Kupfer	µg/l	30	µg/l	4	mg/kg	80	mg/kg	80
8	Zink	µg/l	500	µg/l	14	mg/kg	400	mg/kg	200
9	Blei	µg/l	50	µg/l	3,5	mg/kg	100	mg/kg	100
10	Arsen	µg/l	50	µg/l	1,0	mg/kg	40	mg/kg	30
11	Chrom	µg/l	50	µg/l	10	mg/kg	320	mg/kg	150
12	Nickel	µg/l	50	µg/l	4,5	mg/kg	120	mg/kg	60
13	Trichlormethan	µg/l	1,0	µg/l	0,8				
14	Tetrachlormethan	µg/l	1,0	µg/l	1,0				
15	1,2-Dichlorethan	µg/l	1,0	µg/l	1,0				
16	1,1,2-Trichlorethen (TRI)	µg/l	1,0	µg/l	1,0				
17	1,1,2,2-Tetrachlorethen (PER)	µg/l	1,0	µg/l	1,0				
18	Hexachlorbutadien	µg/l	1,0	µg/l	1,0				
19	γ-HCH	µg/l	0,1	µg/l	0,003			mg/kg	10
20	Trichlorbenzene								
	1,2,3 - Trichlorbenzen	µg/l	1,0	µg/l	8				
	1,2,4 - Trichlorbenzen	µg/l	1,0	µg/l	4				
	1,3,5 - Trichlorbenzen	µg/l	0,1	µg/l	20				
21	Hexachlorbenzen	µg/l	0,001	µg/l	0,001			mg/kg	40
22	AOX	µg/l	25	µg/l	25			mg/kg	50
23	Parathion-Methyl	µg/l	0,1	µg/l	0,01				
24	Dimethoat	µg/l	0,1	µg/l	0,01				
25	Tributylzinn	µg/l	6	µg/l	6	mg/kg	25	mg/kg	25
26	EDTA	µg/l	10	µg/l	10				
27	NTA	µg/l	10	µg/l	10				

[1] Zielvorgaben für die Nutzungsarten Trinkwasserversorgung, Berufsfischerei und landwirtschaftliche Bewässerung in einer homogenen Wasserprobe
[2] Zielvorgaben für das Schutzgut „Aquatische Lebensgemeinschaften" in einer homogenen Wasserprobe
[3] Zielvorgaben für das Schutzgut „Aquatische Lebensgemeinschaften" in der Schwebstoffphase
[4] Zielvorgaben für das Schutzgut „Schwebstoffe und Sedimente" in der Schwebstoffphase
[5] z.Z. unterhalb der Bestimmungsgrenze bei der Durchführung des Meßprogramms der IKSE

Tab. 2. Vergleich der Wasserbeschaffenheit (90-prozent-Werte C_{90})[2)] an den Bilanzprofilen der Elbe in den Jahren 1996 und 1997 mit den Zielvorgaben der IKSE für die Nutzungsarten Trinkwasserversorgung, Berufsfischerei und landwirtschaftliche Bewässerung

Lfd. Nr.	Schadstoff Stoffgruppe Parameter	Maß-einheit	Ziel-vorgabe IKSE[1)]	Bilanzprofil					
				Hrensko/Schmilka		Schnackenburg		Seemannshöft	
				90-Prozent-Werte, C_{90} [2)]					
				1996	1997	1996	1997	1996	1997
1	CSB	mg/l	24	33	24	27	41	22	26
2	TOC	mg/l	9	11	8,5	10	11	9,5	11
3	Gesamt-N	mg/l	5	8,7	7,2	7,8	7,0	7,1	6,4
4	Gesamt-P	mg/l	0,2	0,62	0,33	0,33	0,34	0,26	0,32
5	Quecksilber	µg/l	0,1	0,13	0,16	0,069	0,09	0,25	0,21
6	Cadmium	µg/l	1,0	< 0,2	< 0,1	0,36	0,43	0,4	0,73
7	Kupfer	µg/l	30	12,8	8,6	6,9	8,1	6,2	6,9
8	Zink	µg/l	500	35	40	60	59	50	48
9	Blei	µg/l	50	4,7	4,5	6,2	7,0	3,5	6,7
10	Arsen	µg/l	50	4,6	5,0	3,6	4,1	3,9	5,2
11	Chrom	µg/l	50	5,7	4,6	2,2	3,3	2,5	4,5
12	Nickel	µg/l	50	7,4	5,5	5,6	5,2	6,8	7,9
13	Trichlormethan	µg/l	1,0	3,6	2,1	0,2	0,1	0,2	0,185
14	Tetrachlormethan	µg/l	1,0	0,11	0,05	0,02	0,01	0,017	0,018
15	1,2-Dichlorethan	µg/l	1,0	< 2	2,3	< 0,20	< 0,08	0,18	0,196
16	1,1,2-Trichlorethen	µg/l	1,0	0,19	0,2	0,03	0,04	0,069	0,049
17	1,1,2,2-Tetrachlorethen	µg/l	1,0	1,8	2,1	0,09	0,04	0,097	0,058
18	Hexachlorbutadien	µg/l	1,0	< 0,02	< 0,02	0,0002	0,0003	< 0,002	< 0,01
19	γ-Hexachlorcyklohexan	µg/l	0,1	0,005	0,005	0,008	0,004	0,006	< 0,005
20	Trichlorbenzene								
	1,2,3-Trichlorbenzen	µg/l	1,0	< 0,04	< 0,04	< 0,0003	< 0,0003	< 0,002	0,005
	1,2,4-Trichlorbenzen	µg/l	1,0	< 0,04	< 0,07	< 0,0006	< 0,0006	0,0055	0,006
	1,3,5-Trichlorbenzen	µg/l	0,1	< 0,03	<0,03	< 0,0005	< 0,0005	< 0,002	0,004
21	Hexachlorbenzen	µg/l	0,001	0,004	0,038	0,008	0,005	0,0078	0,006
22	AOX	µg/l	25	62	72	40	36	40	26
23	Parathionmethyl	µg/l	0,1	< 0,025	< 0,025	0,01	0,0008	< 0,025	< 0,025
24	Dimethoat	µg/l	0,1	< 0,025	< 0,025	0,2	0,03	0,033	0,034
25	Tributylzinnverb.	µg/l							
26	EDTA	µg/l	10	13	23	4,9	11	18	12
27	NTA	µg/l	10	2,1	1,9	5	1,8	27	2,9

[1)] Zielvorgaben für die Nutzungsarten Trinkwasserversorgung, Berufsfischerei und landwirtschaftliche Bewässerung in einer homogenen Wasserprobe
[2)] Der 90-Prozent-wert steht an der Stelle der aufsteigend sortierten Wertereihe, die sich aus dem Produkt 0,9 mit der Anzahl der Messungen ergibt. Nicht-ganzzahlige Zahlen werden zum nächst höheren Wert aufgerundet.
Grau schattierte Tabellenfelder: Überschreitung der Zielvorgabe

Das nationale Projekt Elbe II in den Jahren 1996 - 1997

Šárka Blažková, I. Nesměrák, M. Michalová, M. Kalinová

Das Projekt Elbe II ist ein komplexes interdisziplinäres Forschungsprojekt des Gewässerschutzes. Es befaßt sich mit Emissionen, Immissionen, Sedimenten, Schwebstoffen, der Revitalisierung und der wirtschaftlichen Auswertung von Abhilfemaßnahmen. Viele Ergebnisse werden auf diesem Seminar in Vorträgen und auf Postern des Forschungsinstituts für Wasserwirtschaft TGM (IWW TGM) und der mitarbeitenden Institutionen vorgestellt.

1 Methoden und wichtigste Ergebnisse

Bewertung der Emissionen: Abb.1 zeigt die Entwicklung des Indikators der organischen Verschmutzung Org_{eq} (nach der OECD-Methode) in den Jahren 1985 - 1997 und die Entwicklung des Anteils der Org_{eq} zum Bruttoinlandsprodukt (BIP). Daraus geht hervor, daß der Quotient Org_{eq}/BIP seit 1990 ständig sinkt, obwohl das BIP seit 1992 wieder steigt.

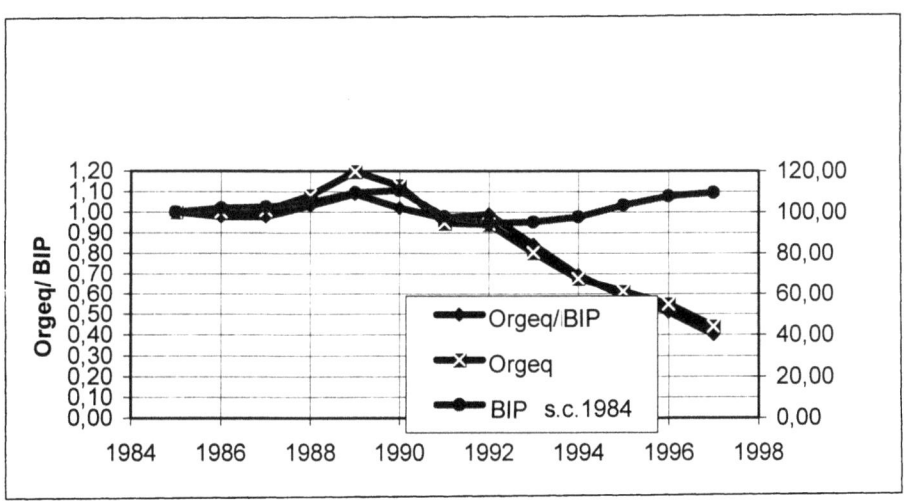

Abb.1. Synthese des Projektes Elbe II - Verhältnis BIP - Orgeq (CSB, BSB) und Orgeq/BIP

Tab.1. Anteil der einzelnen N_Σ- und P_Σ-Verschmutzer an der diffusen und flächenhaften Verschmutzung

%	Kommunale diffuse Verschmutzung	Nutztierproduktion	Düngung mit Mineraldünger	Atmosphärische Deposition
Stickstoff	1,6	35,0	35,5	27,9
Phosphor	2,8	53,9	24,2	19,1

Modell der mehrfachen Regression für die Flächenverschmutzung: Zwischen BSB_5, CSB, N_{ANORG} und P_Σ an den Daten aus kleinen Wassereinzugsgebieten ohne Punktverschmutzer (Monitoring der Staatlichen Meliorationsverwaltung) und Parameter zur Charakterisierung der Flächen- und diffusen Verschmutzung:

- Verhältnis der landwirtschaftlich genutzten Fläche zur gesamten Fläche des bilanzierten Gebietes zwischen den Einzugsgebieten,
- Koeffizient der Transportstabilität der landwirtschaftlich genutzten Fläche des bilanzierten Gebietes zwischen den Einzugsgebieten,
- Quotient Q_a des entsprechenden Jahres zu $Q_{1931-1980}$.

Tab.2. Festlegung des Anteils der Flächenverschmutzung (Beispiel für N_Σ siehe nächste Tabelle) in den Jahren 1993 - 1996 (steigt zum einen aufgrund der geringeren Verschmutzung von Punkteinleitern, zum anderen aufgrund der größeren Wassermenge 1995 und 1996).

N_Σ	Punkteinleiter		Flächen- und diffuse Einleiter	
	1000 t/Jahr	%	1000 t/Jahr	%
1993	24,6	31	54,5	69
1994	21,7	18	98,2	82
1995	21,8	15	123,4	85
1996	21,2	17	104,3	83

Untersuchung im Projekt Elbe II: Die Untersuchung im Projekt Elbe II (sieben Profile für die Elbe und zwei an der Moldau) zeigt, daß einige Werte, insbesondere Phosphor und PCB, noch immer die Standards übersteigen. Die Schwebstoffe in der Elbe unter der Talsperre Les Království sind zum Teil durch Quecksilber und Kadmium kontaminiert; die Schwebstoffe entlang der gesamten Elbe haben einen hohen Arsengehalt. Die Längsprofile der Wasserqualität der Elbe und Moldau werden mit dem Modell QUAL 2E ausgewertet für BSB, CSB, NH_4^+-N, NO_3-N, P_Σ, O_2, Chlorophyll und die Temperatur, und zwar für den Zeitraum des Projektes Elbe I (1991 - 1993), für Elbe II und als Prognose nach Erfüllung der Maßnahmen des Aktionsprogramms.

Biomonitoring des Ökosystems Elbe: Der Vergleich der Lage 1993 und 1996 (dreijähriger Zyklus), die Messung der Biomasse an Fischen durch Ultraschall, die Belastung mit Fremdstoffen, der gesundheitliche Zustand der Fische und die Untersuchung der juvenilen sog. diesjährigen Fische werden in selbständigen Beiträgen beschrieben.

Einfluß der hohen Durchflußmengen im Juli 1997 auf die Wasserqualität: Auf dem aufsteigenden Ast der ersten Hochwasserwelle im Juli (7. und 8.7. 1997) wurde gegenüber dem Höchstwert des 1. Halbjahres 1997 ein gestiegener Gehalt an Metallen (Al, Ba, Be, Cd, Fe, Pb und Zn) und Arsen festgestellt. Der PCB-Gehalt (Deloren 103 + 106) erhöhte sich wesentlich ab dem Profil Valy, wo es wahrscheinlich zu einer Aufnahme von kontaminierten Sedimenten kam und das Wasser über den Wert des Immissionsstandards hinaus kontaminiert wurde (Abb. 2).

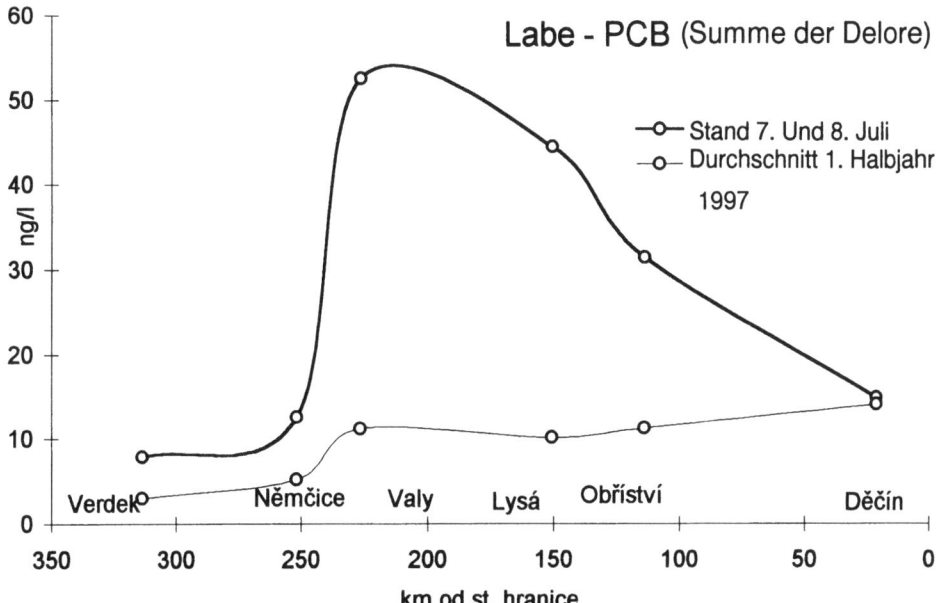

Abb.2. Elbe - PCB (Summe der Delore)

Computerprogramm zur Festsetzung von Prioritäten und zur Auswertung der Ergebnisse und Kosten: Die Methode beruht auf der Berechnung und Auswertung von drei Indizes. Alle drei können zur Bewertung der Ergebnisse verwendet werden. Für die Festlegung von Prioritäten für Abhilfemaßnahmen (Kläranlagen) können die ersten zwei Indizes verwendet werden:
- Index des Einflusses auf den Fluß (der Index I_{imi} bewertet den Einfluß der Abhilfemaßnahme aus lokaler Sicht und der Index $^VI_{imi}$ bewertet den Einfluß der Abhilfemaßnahme aus globaler Sicht);
- Index der wirtschaftlichen Effektivität des Baus (entweder I_{ef1}, der auf der Bewertung der ereichten Verbesserung der BSB-Werte beruht, oder I_{ef2}, der auf den erreichten Schädlichkeitswerten beruht).

Der dritte Index wertet das Erreichen der durch die Gesetzgebung vorgeschriebenen Emissionsstandards.

Vorhersage des Durchgangs der Havarieverunreinigungen: Am 30. 11. und 1. 12. 1997 organisierte die AG Povodí Labe in Zusammenarbeit mit der bundesanstalt für Gewässerkunde (BfG) und dem VÚV TGM einen Tracer-Versuch an vier Profilen der tschechischen Elbe von Střekov bis zur Staatsgrenze. An tschechischen und deutschen (BfG) Daten wird das ADZ-Modell kallibriert (Aggregated Dead Zone-Modell der Universität Lancaster).

2 Schlußfolgerungen

Die Ziele des Aktionsprogramms des Projekts Elbe werden grundsätzlich erfüllt. Die Wasserqualität verbessert sich bei den klassischen Anzeigern, was durch die Längsprofile und die Auswertung der Trends nachgewiesen wird. Die spezifischen Verunreinigungen im Wasser, Schwebstoffe, Sedimente und die Revitalisierung zeigen zwar in einigen Fällen auch eine gewisse Verbesserung, Trends können jedoch nicht nachgewiesen werden. Hier gibt es nämlich weitere Einflüsse, Zusammenhänge und Umstände wie die hydrologische Lage, die Hydraulik, Umgestaltungen des Flußbettes und Querbauten sowie die beschränkte Häufigkeit der Untersuchungen. Es gibt zwar eine relativ hohe Artenvielfalt an Fischen, die Diversität der erwachsenen und des Laiches ist jedoch unausgeglichen, einige ursprüngliche Arten fehlen, die Anzahl und Biomasse sind sehr gering und die Biomasse ist durch Quecksilber, PCB und DDT kontaminiert.

Danksagung

Das Projekt Elbe II wird aus Mitteln des Regierungsrates für Forschung und Entwicklung über das Umweltministerium der Tschechischen Republik finanziert.

Literatur

Slavík, O. (1977) Sledování druhové struktury a kontaminace ichtyocenóz. Projekt Labe-II, etapová zpráva dílaí úlohy úkolu 124. Praha, VÚV TGM, 34 s.

Traceruntersuchungen in der Elbe

Hans Hermann Hanisch, Karel Dostal, Karel Trejtnar, Slavomir Vosika, Franz-Josef Specht, Regina Eidner

1 Untersuchungsbedarf

Für den „Internationalen Warn- und Alarmplan Elbe" wird zur Zeit ein Alarmmodell entwickelt, das bei Störfällen, entsprechend der Vorgehensweise am Rhein, zur Alarmierung der Unterlieger eingesetzt werden soll.

Als Grundlage für die Modellrechnung wurde eine eindimensionale Transportgleichung (Konvektions-Dispersions-Gleichung) gewählt, die neben der longitudinalen Dispersion auch den Einfluß seitlicher Stillwasserzonen mit einschließt, so daß der laterale Austausch mit den Buhnenfeldern zufriedenstellend berücksichtigt werden kann.

Die realistische Nachbildung des Transports gelöster Stoffe setzt voraus, daß das dafür vorgesehene Rechenmodell mittels Naturmeßdaten kalibriert und verifiziert werden kann. Deshalb werden Tracerversuche mit Amidorhodamin G (SRG) durchgeführt, um die benötigten Naturmeßdaten zu gewinnen.

2 Planung, Beantragung und Vorbereitung von Tracerversuchen

Die Durchführung von Tracerversuchen erfordert eine „Wasserrechtliche Erlaubnis", die für den 1. Versuch im Juli 1998 vom Regierungspräsidium Dresden und für den 2. Versuch im Dezember von der tschechischen Kreisverwaltung in Usti erteilt wurde. Für die Erlangung der Genehmigungen war es erforderlich, die human- und ökotoxikologische Unbedenklichkeit des Amidorhodamins nachzuweisen und die vielfältigen Bedenken und Einwände zu seiner Einbringung in die Elbe auszuräumen. Die Genehmigungen wurden nach Zustimmung aller am Genehmigungsverfahren beteiligter Elbeanlieger mit den Auflagen erteilt, eine Tracerkonzentration von 100 µg/l nicht zu überschreiten und Behörden und Öffentlichkeit über die Versuche zu informieren.

Während der Beantragung der „Wasserrechtlichen Erlaubnis" wurden längs der Elbe geeignete, gut angeströmte Meßstellen für die Probenahme und für die in situ-Messungen ausgewählt und die erforderlichen technischen Vorbereitungen getroffen. Gleichzeitig waren mit einem bereits verfügbaren Rechenmodell Stofftransportberechnungen durchzuführen, um Zeitpläne und Probenahmestrategien für die Tracerversuche zu erstellen.

3 Beschreibung des Versuchsablaufs

Die Tracereinleitungen erfolgten im Juli 1997 bei Schmilka (33,5 kg SRG) und im Dezember bei Strekov (12,14 kg SRG). Die Fluoreszenz des eingebrachten Tracers konnte in der Elbe über eine 580 km bzw. 625 km lange Fließstrecke bis Geesthacht beobachtet werden. Die Wasserproben aus der Elbe wurden als Stichproben in vorgegebenen Entnahmeintervallen entnommen. Die automatischen Probenehmer waren am Ufer auf Buhnenköpfen oder auf Schuten und Anlegern stationiert. Um an den Meßstellen Beginn und Ende des Probenehmereinsatzes zu steuern, wurden begleitende in situ-Fluoreszenzmessungen mit durchgeführt (Hanisch et al. 1998).

Die beiden Versuche fanden gemäß der Wasserstände am Pegel Schöna bei MHQ und MQ statt. Diese zwei sehr unterschiedlichen Abflüsse eignen sich gut zur Modellüberprüfung. Dadurch lassen sich durch Nachrechnung der gemessenen Tracerdurchgangskurven aufschlußreiche Erkenntnisse über die Transportvorgänge gewinnen (Eidner et al. 1998, Specht et al.1998).

4 Auswertung der Elbewasserproben und der in situ-Meßdaten

Die Auswertung der Wasserproben erfolgte im Labor mit einem Spektralfluorometer, das mit dem angewandten Verfahren die genaue Bestimmung niedrigster Konzentrationen ermöglichte. Das gewählte Detektionsverfahren gewährleistete zudem die Unterscheidung der Hintergrundbelastung von der Tracerfluoreszenz einschließlich der Erkennung von Fremdstoffen im umgebenden Spektralbereich.

Die mittels Datenfernübertragung abgerufenen in situ-Meßdaten ließen ad hoc eine qualitative Bestimmung der Fluoreszenzintensitäten zu. Die nachträglich vorgenommene Kalibrierung der in situ-Fluoreszenzmeßgeräte ergaben nach der Umrechnung von Intensitäten in Konzentrationen nur geringe Abweichungen von den durch das Spektralfluorometer bestimmten Werten.

5 Darstellung und Beurteilung der Meßergebnisse

Mit den durch Probenahme erhaltenenTracerkonzentrationen (Abb. 1) ließen sich die Transportzeiten und die Konzentrationsänderungen gelöster Stoffe sowohl abschnittsweise von Meßstelle zu Meßstelle als auch von Schmilka bzw. von Usti nach Geesthacht über eine Flußstrecke von 580 km bzw. von 625 km Länge sichtbar machen (Trejtnar und Dostal 1998).

Um die Qualität der durch Probenahme erhaltenen Konzentrationsverteilungen besser beurteilen zu können, wurde die Wiederfindungsrate aus den Tracerdurchgangskurven bestimmt. Die Auswerteergebnisse zeigen, daß die Elbe in 4 Bereiche unterteilt werden kann, in denen sich stufenweise die Wiederfindungsrate nach ausreichender Quervermischung von rd. 100 % auf knappe 40 % des zugegebenen Amidorhodamins verringert. Die Abnahme erklärt sich durch die Anlagerung und Sedimentation an die im Elbewasser enthaltenen Schwebstoffe. Hinzu kommt die Reduzierung des Markierungsstoffs durch den photochemischen Abbau.

Da die Tracerdurchgangskurven überwiegend durch eine ufernahe Probenahme erfaßt worden sind, läßt sich zur Querverteilung des Tracers nur an wenigen Meßstellen eine Aussage machen. Die dazu verfügbaren Meßdaten zeigen, daß der Tracer im Nahbereich der Einleitung bei noch unvollständiger Quervermischung die Meßstellen in Strommitte ein bis zwei Stunden früher und mit deutlich höheren Konzentrationen erreicht als in Ufernähe. Im Fernbereich am Ende der Untersuchungsstrecke zwischen Wittenberge (km 454) und Geesthacht (km 585) haben sich dann die lateralen Konzentrationsverteilungen des Tracers weiter vergleichmäßigt. Die Unterschiede bei den Eintreffzeiten des Tracers bleiben weitgehend unverändert zwischen Strommitte und Ufer bestehen.

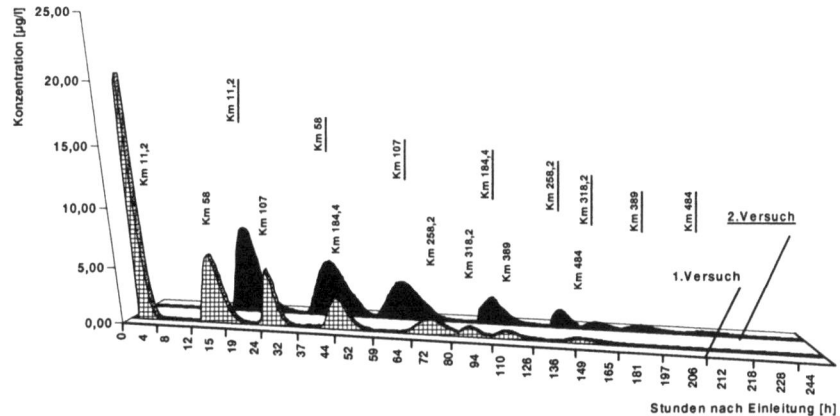

Abb. 1. Tracerkonzentrationen an ausgewählten Meßstellen

6 Gewinnung von Längsdispersions- und Stillwasserzonenkoeffizienten

Die Nachrechnung der gemessenen Konzentrationsganglinien ermöglicht als relativ einfache, aber aufwendige Methode die Koeffizientenbestimmung. Nach bisherigen Erfahrungen eignet sich dieses Vorgehen aber erst unterhalb des Nahbereichs, wenn die Vertikal- und die Quervermischung abgeschlossen sind. Für den Fernbereich kann diese Berechnungsmöglichkeit nicht angewendet werden, da hier die Konzentrationsverteilungen einen sehr flachen Verlauf ohne ausgeprägtem Maximum aufweisen. Entsprechendes gilt auch für statistische Auswertungen der Konzentrationsverteilungen.

7 Aufwand für die Versuchsdurchführungen

Die Vorbereitungen für jede Versuchsdurchführung benötigen trotz umfangreicher Erfahrungen 5 bis 6 Monate. Dieser Zeitbedarf umfaßt die Beantragung der wasserrechtlichen Erlaubnis sowie die vielfältigen organisatorischen und technischen Vorbereitungen. Hinzu kommt die Beschaffung der erforderlichen Geldmittel, die für die Versuche aufzuwenden sind. Die jährlich aufzubringenden Personal- und Sachmittel betragen z. Zt.

rd. 240.000,00 DM. Voraussichtlich sind insgesamt 1.300.000,00 DM aufzubringen. Davon entfallen auf die Personalausgaben rd. 65 % der veranschlagten Gesamtkosten.
Der Zeitaufwand für die Durchführung und Auswertung der abflußabhängigen Untersuchungen beträgt voraussichtlich 4 Jahre.

8 Folgerungen zur Durchführung weiterer Tracerversuche

Schwerpunkte für die verbleibenden Untersuchungen bilden neben der Bestimmung des longitudinalen Stofftransports zukünftig auch Meßaktionen in Buhnenfeldern, die den Eintrag, Verbleib und Wiederaustritt von gelösten Stoffen in bzw. aus den seitlichen Stillwasserzonen klären sollen. Für die Bestimmung der Stillwasserzonenkoeffizienten könnten detailliertere Momentaufnahmen der quantitativen Tracerverteilung und der Strömungsvorgänge entscheidende Informationen zur Klärung des zeitabhängigen Stoffaustausches über die dafür vorhandenen Austauschflächen liefern. Des weiteren sind stichprobenartige Untersuchungen zur Adsorption des Tracers an Schwebstoffen sowie die Entnahme von Sedimenten nach Durchzug der Tracerwolke geplant.

9 Schlußbemerkung

Auf Grund der gewonnenen Erkenntnisse über den longitudinalen Stofftransport müssen Planung und technische Vorbereitung auf die bisher weniger intensiv betriebenen Untersuchungen der Querausbreitung und der Stoffretention in den Buhnenfeldern der Mittel- und Unterelbe ausgeweitet werden, um auch im Modell eine naturähnliche Anpassung an das durch die Stillwasserzonen beeinflußte Transportgeschehen zu erreichen.

Nach diesem Anpassungsschritt kann dann das für die Vorhersage des Schadstofftransports vorgesehene Rechenmodul, das als Alarmmodell einen wichtigen Bestandteil des „Internationalen Warn- und Alarmplans Elbe" darstellt, als kalibrierte und verifizierte Testversion bereitgestellt werden.

Literatur

Eidner, R., Hanisch, H.-H., Ilse, J., Specht, F.-J., Hilden, M. (1998) Simulation der Tracerversuche an der Elbe. 8. Magdeburger Gewässerschutzseminar. Poster

Hanisch, H.-H., Dostal, K., Trejtnar, K., Specht, F.-J., Eidner, R. (1998) Markierungsversuche zum Stofftransport in der Elbe mit Amidorhodamin G. 8. Magdeburger Gewässerschutzseminar. Poster

Specht, F.-J., Hanisch, H.-H., Eidner, R. (1998) Tracerversuche an der Elbe, qualitative Beurteilung der Meßstellen als Beitrag zur Modellierung des Stofftransports. 8. Magdeburger Gewässerschutzseminar. Poster

Trejtnar, K., Dostal, K. (1998) Testen der Zuflußzeiten der Stoffverschmutzung in der Elbe. 8. Magdeburger Gewässerschutzseminar. Poster

Moderne statistische Auswertungsmethoden von Fließgewässerdaten - dargestellt am Beispiel der Saale und der Elbe

Jürgen W. Einax, Armin Aulinger

1 Einleitung und Problemstellung

Umweltdaten sind im allgemeinen durch große Schwankungsbreiten charakterisiert. Wesentliche Ursachen dieser Variabilität sind geologische, hydrologische und morphologische Einflüsse, aber auch anthropogene Quellen. Ebenso ist den Untersuchungsergebnissen die Meßunsicherheit, resultierend aus allen Schritten des analytischen Prozesses, inhärent. Auch die Ergebnisse der Untersuchung von Fließgewässern sind durch diese Variabilität und die vielfältigen Einflüsse der Umwelt geprägt. Wie ist es möglich, trotz dieser „Unschärfe" zu sachlogisch richtigen Aussagen zu gelangen? Eine große Zahl von Proben muß entnommen werden und die Gehalte der jeweilig interessierenden Analyten sind zu bestimmen. Folglich wird eine große Datenmenge mit redundanter und latenter Information „produziert". Die Anwendung moderner statistischer Methoden erscheint deshalb unabdingbar, um einerseits eine übersichtliche Ergebnisdarstellung zu ermöglichen und andererseits aus den stark streuenden Daten die latente Information zu extrahieren, um Wirkungsgrößen und Einflüsse erkennen und beschreiben zu können.

2 Wichtige Methoden der multivariaten Datenanalyse

Moderne Multielement- bzw. Multikomponentenanalysenverfahren ermöglichen es, mehrere Parameter, im Umweltbereich meist Schadstoffgehalte, in mehreren Objekten, z.B. in verschiedenen Proben, relativ ökonomisch zu bestimmen. Herkömmliche univariatstatistische Verfahren werden angewendet, um die Effekte, die durch jeweils einen analysierten Parameter hervorgerufen werden, wie beispielsweise signifikant verschiedene Nitratgehalte in unterschiedlichen Wasserproben, zu quantifizieren. Wechselwirkungen und Abhängigkeiten zwischen den Merkmalen, die für die Verhältnisse in Umweltkompartimenten charakteristisch sind, können erst bei simultaner Auswertung der gesamten Datenmatrix, d.h. bei Anwendung von Methoden der multivariaten Datenanalyse, erkannt und quantitativ beschrieben werden.

Methoden des unüberwachten Lernens, wie z.B. der Clusteranalyse, werden angewendet, wenn in mehrdimensionalen Datensätzen ohne das Vorliegen von Zusatzinformationen Strukturen, d.h. Ähnlichkeiten oder Gruppen, erkannt werden sollen. Klassifikationsverfahren sind von Nutzen, wenn es darum geht, die Existenz von a-priori-Klassen, wie z.B. von verschieden belasteten Flußabschnitten, zu bestätigen.

Das Ziel der Anwendung faktorieller Methoden besteht in der Extraktion von Hintergrundgrößen - Faktoren - aus mehrdimensionalen Datensätzen, die jeweils einen möglichst großen Anteil korrelierender Varianz von Merkmalen beschreiben, und im Umweltbereich oft kausal als Eintragsquellen interpretiert werden können.

Methoden der Korrelations- und Regressionsanalyse werden mit dem Ziel der quantitativen Beschreibung des Zusammenhangs zwischen Variablen angewendet. Die Partial-Least-Squares-(PLS)-Regression als wichtiges Verfahren der multivariaten Regression hat das Ziel, zwei mehrdimensionale Datensätze unter Ermittlung sogenannter latenter Vektoren maximal zu korrelieren, d.h. deren multivariaten Zusammenhang quantitativ zu beschreiben.

Ausführliche Übersichten und die mathematischen Grundlagen von Methoden der multivariaten Datenanalyse sind in der Literatur (Henrion und Henrion 1995, Einax et al. 1997) dargestellt.

3 Ergebnisse der Datenanalyse

Im Rahmen des Verbundprojekts „Elbenebenflüsse" wurden umfangreiche Untersuchungen sowohl des Wassers als auch der Sedimente des Flußsystems der Saale durchgeführt (Truckenbrodt et al. 1995). Dabei wurden neben klassischen Wasserparametern eine Reihe von Metallen in beiden Umweltkompartimenten bestimmt. Die große Zahl erhaltener Daten ist naturgemäß weitgehend unübersichtlich. Univariate Darstellungen ermöglichen es, Belastungen durch jeweils einen Schadstoff zu verdeutlichen, Wechselwirkungen zwischen den analysierten Inhaltsstoffen werden jedoch nicht erkannt; ebenso sind Einleitermuster nicht zu identifizieren.

Nachfolgend wird am Beispiel der Anwendung der Faktorenanalyse und der PLS-Regression gezeigt, daß moderne Methoden der multivariaten Datenanalyse sehr gut in der Lage sind, komplexe und durch vielfältige, oft unbekannte Einflußgrößen veränderte Verhältnisse im Flußwasser, aber auch in Sedimenten und Schwebstoffen zu erfassen und quantitativ zu beschreiben.

Faktorenanalyse

Ausgehend von den Ergebnissen der Untersuchung der Saalesedimente wird eine Faktorenanalyse durchgeführt. Es werden fünf gemeinsame Faktoren extrahiert, deren Interpretation in Tab. 1 dargestellt ist.

Tab.1. Faktorladungsmatrix der Saalesedimente

Faktor	Hohe Faktorladungen für	Ursachenhypothese
1	Mn, Ni, Co	Geogener Einfluß des Thüringer Schiefergebirges
2	Cu, Hg	Einleitungen durch das BUNA-Werk
3	Zn, Pb	Einleitungen durch die Textilfaserfabrik Schwarza
4	Fe, -Cd	Änderung des geogenen Untergrunds
5	Cr	Einleitungen der Chromlederindustrie

Die Darstellung der Faktorwerte der Probennahmestellen als Funktion der Fließstrecke der Saale zeigt die territoriale Lage der jeweiligen Belastungsmuster. Es ist also möglich, einerseits die Dimensionalität des Datensatzes zu vermindern und somit eine übersichtlichere Darstellung zu geben und andererseits Hintergrundgrößen zu extrahieren und damit wesentliche Einleiter bzw. Verschmutzungsquellen zu identifizieren.

Partial-Least-Squares-Regression

Die Methode der PLS-Regression wird zunächst angewendet, um den quantitativen Zusammenhang zwischen Saalewasser und -sediment zu beschreiben. Die zu modellierende Matrix der Sedimente besteht aus 10 Metallgehalten, analysiert in den Proben der jeweiligen Entnahmestellen; die der unabhängigen Wassermatrix aus den analogen Werten an den gleichen Stellen. Abb. 1 zeigt für ausgewählte Metalle, daß die Beschreibung des Depositions-Remobilisations-Verhaltens zwischen Wasser und Sediment unter relativ konstanten hydrologischen Verhältnissen möglich ist. Der mittlere Vorhersagefehler aller Metalle beträgt 22%.

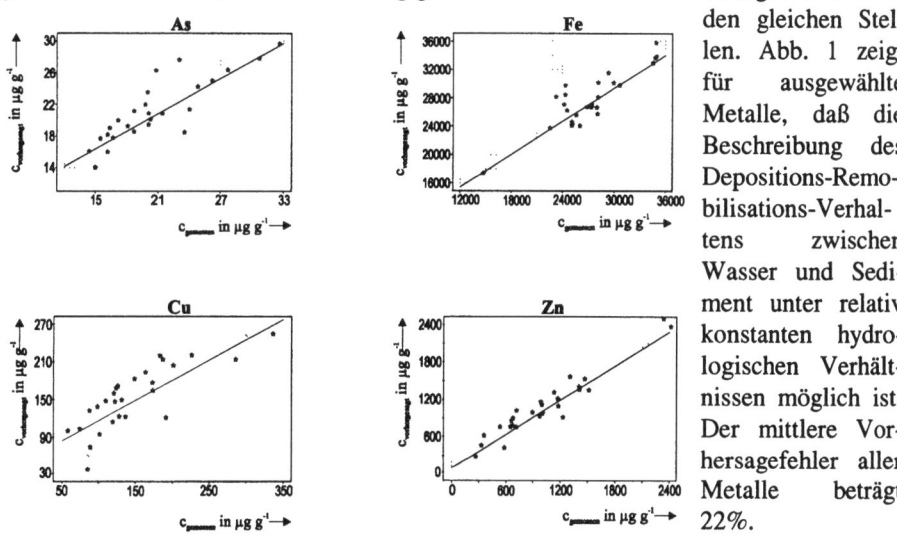

Abb.1. PLS-Modell der Saale (Juni 1994)

Eine Modellierung des Zusammenhangs zwischen Sediment und Wasser für das gesamte Untersuchungsjahr ist jedoch nicht möglich, da sich die hydrologischen Verhältnisse im Wasserkörper über so einen langen Zeitraum erheblich ändern und die Intensität des Stoffaustauschs zwischen dem weitgehend ruhenden Sediment und dem strömenden Wasserkörper variiert. Die Einbeziehung der Zeitachse als drittem Weg in die PLS-Regression führt zwar zu Verbesserungen des Modells (Einax et al. In Druck); dem Untersuchungsgegenstand entsprechend sind jedoch Grenzen gesetzt.

Deshalb wird die PLS-Regression sowohl in der 2-Wege-Variante (Probennahmestellen und Variablen) als auch in der 3-Wege-Version (zusätzliche Berücksichtigung der Zeit) nachfolgend zur Modellierung der Verhältnisse zwischen Filtrat und Schwebstoff, dargestellt an Untersuchungsergebnissen der Elbe, genutzt.

Wie Abb. 2 zeigt, ist bereits der Einsatz der 2-Wege-PLS-Regression nutzbringend zur Vorhersage der Metallkonzentration im Schwebstoff, wenn sich der Transport des Metalls (Beispiel: Zn) nicht saisonbedingt ändert. Liegen jedoch, wie beim Lithium, starke saisonale Abhängigkeiten vor, ist der Zeiteinfluß unbedingt zu berücksichtigen, d.h. eine 3-Wege-PLS-Regression ist durchzuführen, um eine quantitative Beschreibung des Verhaltens dieses Elements zwischen Filtrat und Schwebstoff unter simultaner Berücksichtigung aller gemessener Parameter zu ermöglichen.

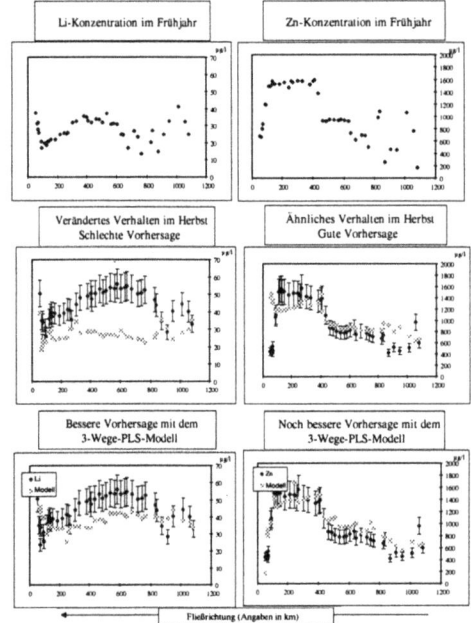

Die Zusammenhänge zwischen den unterschiedlichen Kompartimenten eines Flusses, z.B. Flußwasser und Flußsediment bzw. Filtrat und Schwebstoff, können unter simultaner Berücksichtigung der gemessenen Inhaltsstoffe in den Grenzen des jeweiligen PLS-Modells quantitativ beschrieben werden. Somit ist es möglich, Aussagen über Wirkungsmechanismen bzw. Depositions-Remobilisations-Vorgänge zu erhalten. Die Modelle erlauben in ihren Gültigkeitsgrenzen eine Vorhersage der Tendenz zukünftiger Änderungen der Flußwasserqualität.

Abb. 2. Anwendung der 2- und 3-Wege-PLS-Regression zur Beschreibung der Verhältnisse zwischen Filtrat und Schwebstoff in der Elbe

Danksagung: Den Herren Dr. A. Prange und Dr. W. v. Tümpling sei für die Überlassung der Elbedaten herzlich gedankt.

Literatur

Einax, J.W., Aulinger, A., v. Tümpling, W., Prange, A. (in Druck) Fresenius' J. Anal. Chem.
Einax, J.W., Zwanziger, H.H., Geiß, S. (1997) Chemometrics in Environmental Analysis. VCH, Weinheim
Henrion, R., Henrion, G. (1995) Multivariate Datenanalyse. Springer, Berlin
Truckenbrodt, D., Kampe, O., Einax, J. (1995) Zur Belastungssituation der Saale, Ilm und Unstrut. Sonderpublikation des BMBF, Karlsruhe, S. 57ff

Länderübergreifende Erfassung polarer organischer Mikroverunreinigungen in der Elbe (Labe) auf tschechischem und deutschem Gebiet

Jan Vilímec und Jörg Pietsch, Sylke Fichtner, Wido Schmidt, Heinz-Jürgen Brauch

1 Einleitung

In Anbetracht der länderübergreifenden Nutzung der Gewässer ist für einen Fluß wie die Elbe (Labe) die bilaterale Zusammenarbeit tschechischer und deutscher Einrichtungen auf dem Gebiet des Gewässerschutzes von großer Bedeutung.

Bisherige gemeinsame Projekte konzentrierten sich auf die Untersuchung einer Auswahl vergleichsweise unpolarer organischer Verbindungen. Für eine Reihe von sehr polaren organischen Substanzen wie polare Stickstofforganika, synthetische Komplexbildner, aromatische Sulfonate sowie halogenierte aliphatische Carbonsäuren und Ether, die erst in jüngster Zeit der quantitativen Analytik zugänglich sind und die für die Beurteilung der Gewässergüte ein wichtiges Kriterium darstellen, gibt es derzeit nur Daten aus dem Bereich des deutschen Flußabschnittes der Elbe (Labe). Ausgehend von der ökologischen Forderung des länderübergreifenden Gewässerschutzes erlangt die Einführung und der Abgleich von speziellen Methoden zur Erfassung ausgewählter Indikatoren für eine anthropogene Wasserbelastung immer größere Bedeutung. Im Ergebnis der Zusammenarbeit soll der tschechische Partner (VÚV TGM Prag) in die Lage versetzt werden, eigene Untersuchungen zu polaren organischen Mikroverunreinigungen durchzuführen, womit direkt die Möglichkeit einer Regulierung bzw. Verringerung der Schadstoffeinleitung verbessert wird.

Im hier vorgestellten Beitrag wird ein Überblick zur Erfassung der Kontamination des Elbewassers im deutschen und tschechischen Flußabschnitt mit den ausgewählten Schadstoffen gegeben und die Notwendigkeit der bilateralen Zusammenarbeit begründet.

2 Kontamination des Elbewassers im deutschen Flußabschnitt

Die regelmäßige Erfassung ausgewählter polarer organischer Mikroverunreinigungen im Elbewasser wird in Form monatlicher Mischproben an den Meßstellen Schmilka (Grenze zu Tschechien), Dresden (Fluß-km 45) und Torgau (Fluß-km 155) durchgeführt. Die Maximalkonzentrationen einzelner Verbindungen im Zeitraum von August 1997 bis März 1998 sind in Tab. 1 zusammengestellt. Konzentrationen von bis zu 20 µg/L Morpholin in Schmilka weisen auf industrielle Abwassereinleitungen auf tschechischem Gebiet hin. Ethanolamin-Konzentrationen von über 1 µg/L sind erfahrungsgemäß ein Indiz für kommunale Abwassereinleitungen, da Ethanolamine in Form ihrer Salze hauptsächlich als Wasch- und Emulgiermittel verwendet werden. Zumeist über Abwassereinlei-

Tab.1. Maximalkonzentrationen ausgewählter polarer organischer Mikroverunreinigungen im Elbewasser (Monatsmischproben, August 1997 bis März 1998)

Angaben in µg/L	Schmilka	Dresden	Torgau
Polare Stickstofforganika (Pietsch et al. 1997)			
Morpholin	20	1,3	0,97
Ethanolamin	4,3	6,0	2,9
Aromatische Sulfonate (Fichtner et al. 1995)			
Naphthalin-1,5-disulfonat	3,8	3,2	4,0
Naphthalin-1,3,6-trisulfonat	19	16	21
Halogenierte aliphat. Carbonsäuren (Pietsch et al. 1995)			
Dichloressigsäure	0,4	0,7	0,7
Trichloressigsäure	7,9	6,3	5,9
Synth. Komplexbildner Carbonsäuren (Pietsch et al. 1995)			
EDTA	20	16	16
DTPA	23	3,8	8,7
Halogenierte Ether (Schlegelmilch 1993)			
Bis-(2,3-dichlor-1-propyl)-ether	99	12	12

tungen aus der Farbstoff- und betonverarbeitenden Industrie werden aromatische Sulfonate in die Oberflächengewässer eingetragen. Naphthalin-1,5-disulfonat und Naphthalin-1,3,6-trisulfonat sind aufgrund ihrer Persistenz zu den bisher identifizierten Hauptkontaminanten im Elbewasser zu zählen. Trichloressigsäure, eine zumeist durch die Reaktion von chlorhaltigen Abwässern und organischen Wasserinhaltsstoffen entstehende halogenierte aliphatische Carbonsäure, wurde in Konzentrationen bis 7,9 µg/L im Elbewasser bestimmt. Bemerkenswert erscheinen vor allem die vergleichsweise hohen DTPA-Konzentrationen (Schmilka - 23 µg/L), die ein Indiz für ein verändertes Einsatzspektrum der synthetischen Komplexbildner sein könnten. Die Kontamination des Elbewassers mit den diskontinuierlich als Nebenprodukte der Epichlorhydrin-Synthese in den Elbenebenfluß Bilina eingeleiteten halogenierten Ethern erreichte im Meßzeitraum ein Maximum von 99 µg/L Bis-(2,3-dichlor-1-propyl)-ether.

3 Lokalisierung von Abwassereinleitungen

Mit Hilfe der stichprobenartigen Untersuchung von Elbe-Querprofilen (rechtes und linkes Ufer, Strommitte) an den Meßstellen Schmilka, Dresden und Torgau wird beabsichtigt, Abwassereinleitungen, die die ausgewählten polaren organischen Verbindungen enthalten, zu lokalisieren und anhand der Verteilung der Substanzen im Querprofil die Einmischung der Einträge zu verfolgen. Desweiteren soll der Einfluß der Wasserführung auf die Dauer des Mischvorganges näher charakterisiert werden. Ein erstes Ergebnis der Lokalisierung von Abwassereinleitungen in das Wasser der Elbe anhand von Untersuchungen an Querprofilen ist in Abb. 1 am Beispiel der strommittigen Einleitung von Naphthalin-1-sulfonat dargestellt. Während an der Meßstelle Dresden am rechten und linken Ufer nur sehr geringe Konzentrationen an Naphthalin-1- sulfonat nachgewiesen werden konnten, wurden in der Strommitte 28 (Okt.) bzw. 78 µg/L (Dez.) des aromatischen Sulfonates bestimmt. Dieses Ergebnis kann als Indiz dafür gelten, daß zwischen

Schmilka und Dresden strommittig Naphthalin-1-sulfonat, wahrscheinlich aus industriellen Quellen, in das Elbewasser eingeleitet wird. Durch die Bestimmung von Konzentrationsgradienten im Querprofil können somit wichtige Informationen zur Lokalisierung von Schadstoffeinleitungen sowie zur Verteilung einzelner Komponenten im Elbewasser erhalten werden.

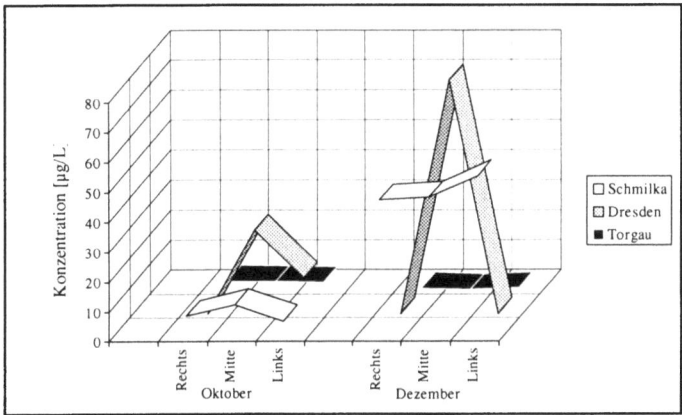

Abb.1. Naphthalin-1-sulfonat in Querprofilen an den Elbemeßstellen Schmilka, Dresden und Torgau (Oktober und Dezember 1997)

4 Erste Ergebnisse der Untersuchungen von polaren organischen Mikroverunreinigungen im tschechischem Elbeabschnitt

In der ersten Phase der Untersuchungen wurde ein Screening auf polare organische Schadstoffe an den einzelnen internationalen Meßstellen der IKSE im tschechischen Elbeabschnitt (Valy, Lysá, Obríství, Decín und Zelcín (Moldau)) durchgeführt. Zusätzlich wurde der Nebenfluß Bílina vor der Mündung in die Elbe auf halogenierte Ether untersucht. Die Ergebnisse brachten erste Erkenntnisse über die Belastung des tschechischen Elbeabschnittes mit polaren organischen Mikroverunreinigungen und werden in der folgenden Übersicht kurz dargestellt:

– Aromatische Sulfonate - ein typischer Konzentrationsverlauf für ausgewählte Verbindungen dieser Stoffgruppe ist in Abb. 2 zusammengefaßt. Die Ergebnisse zeigen eine beträchtliche Belastung der Elbe mit Sulfonaten schon im oberen Flußabschnitt.
– Polare Stickstofforganika - als Hauptkontaminante ist Morpholin mit einer Maximalkonzentration von fast 4 µg/L an der Meßstelle Obríství anzusehen.
– Synthetische Komplexbildner - die höchsten Konzentrationen von EDTA wurden an den Meßstellen Valy und Lysá ermittelt (max. 40 µg/L).
– Halogenierte aliphatische Carbonsäuren - relativ hohe Konzentrationen von Trichloressigsäure (14 bis 40 µg/L) wurden mehrmals an der Meßstelle Obríství erfaßt. Haloether - diese Verbindungen kommen erst ab der Mündung der Bílina (max. 880 µg/L Bis(2,3-dichlor-1-propyl)-ether) in die Elbe.

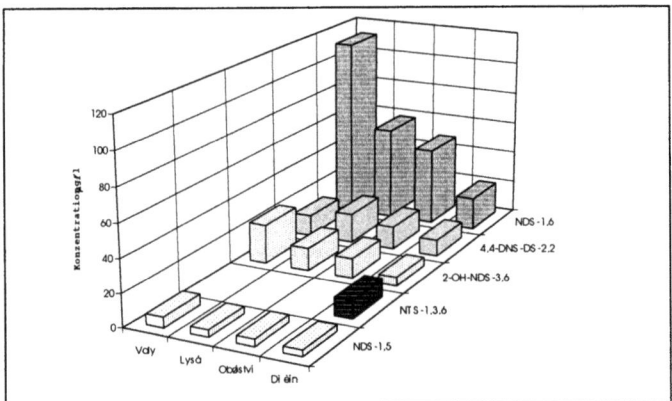

Abb.2. Konzentration ausgewählter aromatischer Sulfonate im Längsprofil der Elbe im tschechischen Flußabschnitt (16./17.03.98, NDS-1,5: Naphthalin-1,5-disulfonat; NTS-1,3,6: Naphthalin-1,3,6-trisulfonat; 2-OH-NDS-3,6: 2-Hydroxynaphthalin-3,6-disulfonat; 4,4,-DNS-DS-2,2: 4,4'-Dinitrostilben-2,2'-disulfonat; NDS-1,6: Naphthalin-1,6-disulfonat)

Nach Verdünnung erreichte die Konzentration im folgenden Elbemeßprofil (Decín) max. 40 µg/L Bis(2,3-dichlor-1-propyl)-ether). Darüber hinaus erfolgte im Rahmen der Zusammenarbeit ein Methoden- und Know-how-Transfer in Form von Einweisungen tschechischer Mitarbeiter im Labor des DVGW-TZW. Von großer Bedeutung sind hierbei vor allem Fragen der Qualitätssicherung sowie Vergleichsmessungen zwischen den Partnern, um eine maximale Konformität der Meßergebnisse zu garantieren.

Nach der Einführung der Analysenverfahren zur Bestimmung der angeführten Stoffgruppen in Prag wird neben den routinemäßigen Untersuchungen von polaren organischen Mikroverunreinigungen in der Elbe auch für den tschechischen Elbeabschnitt eine Identifizierung und Lokalisierung einzelner Hauptbelastungsquellen angestrebt. Dazu sollen eingehende Untersuchungen (Querprofile) in den höher belasteteten Flußabschnitten durchgeführt werden. Wir danken dem Bundesministerium für Bildung, Wissenschaft, Forschung und Technologie (BMBF) für die großzügige Unterstützung dieser Forschungsarbeiten.

Literatur

Fichtner, S., Lange, F.Th., Schmidt, W., Brauch, H.-J. (1995) Determination of aromatic sulfonates in the river Elbe by on-line ion-pair extraction and ion-chromatography. Fresenius J. Anal. Chem. 353, 57-63

Pietsch, J., Schmidt, W., Sacher, F., Brauch, H.-J., Worch, E. (1997) Flüssigchromatographische Bestimmung von polaren organischen Stickstoffverbindungen und deren Verhalten im Prozeß der Trinkwasseraufbereitung. Vom Wasser 88, 119-135

Pietsch, J., Schmidt, W., Sacher, F., Fichtner, S., Brauch, H.-J. (1995) Pesticides and other organic micro pollutants in the river Elbe. Fresenius J. Anal. Chem. 353, 75-82

Schlegelmilch, F. (1993) CLSA-Apparatur. Erfassung flüchtiger Inhaltsstoffe in wäßrigen Lösungen. Labor Praxis, Februar 1993, 20-27

Biomonitoring ausgewählter Bestandteile des Ökosystems Elbe - Situation 1993 und 1996

Josef K. Fuksa

1 Einleitung

Der gegenwärtige Zustand der Ökosysteme und der Wasserqualität in der Elbe und ihren Einzugsgebieten (Immissionen) muß so beschrieben werden, daß Änderungen im Zusammenhang mit positiven oder negativen Veränderungen in den Einzugsgebieten objektiv festgestellt werden können. Im Projekt Elbe II gibt es dafür zwei Methoden: kontinuierliche Untersuchung der Charakteristik der Wasserqualität und der im Wasser gefrachteten Stoffe und Organismen (Kalinová 1997, Reincke et al. 1997) und periodische Untersuchung weiterer Bestandteile des Ökosystems des Stroms: Biomonitoring. Das Biomonitoring begann 1993 mit dem Projekt Elbe I in einer intensiven Untersuchung an den grundlegenden Profilen der Elbe die von Biologen durchgeführt wurde (Punčochář et al. 1993, Punčochář 1994). 1993 wurde diese Untersuchung auf vergleichbare Weise wiederholt. Sie wurde um Profile der Moldau vor und nach Prag ausgeweitet und auch die Sedimente untersucht (nach Schaffung einer Datenbank, die aus Daten aus dem Elbeeinzugsgebiet 1993 gewonnen wurden). Dabei wurde die Methode stabilisiert und eine Standarddatenbank grundlegender Ergebnisse erstellt. Somit wurde ein für die Zukunft offenes Monitoring gegründet.

Grundlage für das Monitoring sind grundlegende Profile an Elbe und Moldau, die mit den internationalen MKOL-Profilen identisch sind, und Referenzprofile (in Klammern das Symbol des Profils und km ab Staatsgrenze): Verdek (VER, km 313,5), Němčice (NEM, km 251,8), Valy (VAL, kmm 226,5), Lysá (LYS, km 150,7), Obříství (OBR, km 114,0), Děčín (DEC, km 21,3), Hřensko (HRE, km 0-1,6), Moldau Podolí (POD, Fluß-km 56,2), Zelčín (ZEL, Fluß-km 4,5).

2 Untersuchte Bestandteile des Ökosystems

Die Auswahl der untersuchten Bestandteile des Ökosystems ergab sich zum einen aus ihrer Bedeutung für die im Fluß ablaufenden Prozesse und für die Indikation des Einflusses der Umweltfaktoren und ihrer Veränderungen, zum anderen aus dem Vorhandensein einer standardgemäßen Untersuchungsmethode. Diese wurde überwiegend im Rahmen der vorhergehenden Arbeiten am Projekt Elbe vorbereitet. Nach der Art der einzelnen Bestandteile können die einzelnen Teilaufgaben allgemein aufgeteilt werden in die Untersuchung der Änderungen der Artstruktur und der Biomasse und die Untersuchung der Kontaminierung der Biomasse. Beide Methoden überdecken sich natürlich, wobei die erste sich einem Monitoring des Ökosystems annähert, die zweite einem Monitoring der Bioakkumulation mit Elementen eines chemischen Monitoring (De Zwart 1995).

Für die Auswertung der Ergebnisse ist zu bestimmen, wie weit ein bestimmter Teil des Ökosystems an das Meßprofil und den anliegenden Flußabschnitt wie an ein ausschließliches Biotop gebunden ist, zu dem das Flußwasser Nährstoffe und Verunreinigungen bringt (Kalinová 1997, Reincke et al. 1997) und dessen physikalische Eigenschaften (Temperatur, Strömungsgeschwindigkeit) es beeinflußt. Des weiteren wird bestimmt inwiefern dieser Teil durch das Profil nur gefrachtet wird und ob ein wesentlicher Teil seines Lebenszyklus außerhalb des Profils stattfindet. Tab. 1 enthält eine Übersicht der untersuchten Teile, ihre Bindung an das Meßprofil und die ermittelte Charakteristik.

Tab.1. Übersicht der untersuchten Bestandteile des Ökosystems, ihre Bindung an das Meßprofil und die Art ihrer Untersuchung. Bewertung: 0...keine Beziehung, *...bedeutende Beziehung, **...sehr bedeutende Beziehung, +/-...bestimmt/nicht bestimmt

BESTANDTEIL	BEZIEHUNG			MESSUNGEN		
	Bewegung	Profil	Saison, Q, etc.	Arten	Biomasse	Kontaminierung
Ichthyofauna	aktiv	0/*	*	+	+	+
Phytoplankton	Drift	0/Drift	**	+	+	-
Makrovegetation	0	**	**	+	-	+
Benthos	0/*	**	**	+	-	+
Sediment	0/*	**	0	-	-	+
Biofilm	0	**	0	-	+	+

Fische als Endglied der Nahrungskette integrieren anthropogene Einflüsse auf das gesamte System. Wegen ihrer aktiven Bewegung kann jedoch z.B. eine Kontamination auch von Fluß- und Zuflußabschnitten unter dem Meßprofil stammen. Die gegenwärtige Einschränkung der Bewegung der Fischbevölkerung durch Wehre erhöht so paradoxerweise die Aussagekraft der Ergebnisse in Beziehung zu den Meßprofilen. Das Phytoplankton driftet im Strom und sein Zustand im Meßprofil (Biomasse, Artenvielfalt) ist das Ergebnis der Prozesse über dem Meßprofil - in Abhängigkeit von der Zuführung von Nährstoffen (Gesamtphosphor ist immer noch übermäßig vorhanden), Licht und Wassertemperatur, Eliminierung und Geschwindigkeit der Stromfrachtung, was durch Durchfluß und die Gestalt des Flußbettes bestimmt wird. Das Phytoplankton wird eingehend an einer anderen Stelle dieses Sammelbandes behandelt (Desertová 1998). Von den an das Meßprofil fixierten Bestandteilen hängt die saisonartige Entwicklung der Makrophyten wegen des praktischen Fehlens einer litoralen Zone stark von der Entwicklung des Durchflusses ab. Die Ergebnisse der Saisons 1993 und 1996 können deshalb noch nicht ausgewertet werden. Grundlage für diese Mitteilung sind also die Ergebnisse der Untersuchung des Makrozoobenthos (Artenvielfalt und Kontaminierung der Biomasse der Signalarten mit Cd, Hg und Pb) und die Kontaminierung (mit Metallen und organischen Pollutanten) der Sedimente und Bewüchse des Biofilms, der auf 28 Tage im Strom exponierten künstlichem Untergrund geschaffen wurde (Proben von einer Fläche von ca. 0,9 m^2). Wegen der hydraulischen Gegebenheiten im Profil Děčín konnten keine Anlagen für Biofilmproben installiert werden. Die Kontaminierung der Sedimente wurde in der nicht sortierten Fraktion (< 2 mm) bestimmt, da die Standarddaten aus der Fraktion < 20 µm erst seit 1994 erfaßt werden.

3 Übersicht der Ergebnisse

Heute stehen zwei Meßserien zur Verfügung, die zwei Jahre mit wesentlich unterschiedlichen Durchflußmengen repräsentieren (65 % des langfristigen Durchschnittes 1993 gegenüber 112 % 1996). Dazwischen wurde nicht gemessen. Die festgestellten Unterschiede können deshalb nur in einigen Fällen als Änderungen eingestuft werden. 1993 und 1996 war in der tschechischen Elbe das Auftreten von Arten und die Artenvielfalt im Benthos und bei Makrophyten nicht wesentlich unterschiedlich, für die Anzahl der Fischarten trifft das ebenso zu. Das zeugt von einer Situation, in der nach Abschaffung der größten Einleiter von organischen Verunreinigungen und ggf. toxischen Stoffen die physikalischen Bedingungen des Stroms für das Auftreten und die Reproduktion der Organismen bestimmend sind, d. h. geeignete Struktur des Flußbetts, des Litorals, das Bestehen von Strömungsabschnitten, Störungen durch Schiffahrt u. ä.

Die Konzentration von Metallen in den Sedimenten und im Biofilm sind gleich hoch (Abb. 1). 1993 steigt die Hg-Belastung im Längsprofil an, insbesondere im Gebiet unter der Mündung der Bílina (DEC, HRE). Die gestiegenden Konzentrationen mehrerer Metalle 1996 im Sediment des Profils Němčice (zwischen Hradec Králové und Pardubice) können bislang noch nicht interpretiert werden, denn die Angabe für 1993 gilt für das nahe Profil Opatovice. Ältere Daten für NEM gibt es nicht. Die Kadmiumbelastung blieb konstant, die Kontamination des Biofilms mit Blei in den Profilen Lysá und Obříství sank. Die Quecksilberbelastung der Biomasse der Signalarten im Benthos (insbesondere *Asellus aquaticus*, die in allen Profilen vorkommt) nahm 1996 noch mehr ab als in den Sedimenten und im Biofilm. Dem entspricht auch eine Abnahme der Quecksilberkonzentration (andere Metalle wurden nicht bestimmt) in der Biomasse der Signalarten der Fische (Barsch, Blei) in den Profilen unter dem Profil NEM. Die Blei- und Kadmiumbelastung im Benthos war dagegen 1996 höher. Ein Grund kann die Reaktion auf Versauerung des oberen Elbabschnittes und auf die abnehmende Belastung des Flusses mit organischem Kohlenstoff sein, was zur Veränderung der Komplexe dieser Metalle führt (Anwesenheit in Form von Kohlendioxidsalzen).

Im Längsprofil wurden wesentliche Veränderungen in der PCB-Konzentration festgestellt. Unter dem Profil Valy wurde in den Sedimenten (1993 und 1996) und im Biofilm (Daten nur von 1996) eine wesentliche Erhöhung der Konzentration der Kongener PCB 28, 52 und 101 festgestellt. Die Konzentration von PCB 138, 153 und 180 erhöhten sich entlang des Stroms wesentlich langsamer und fließend. Dem entspricht auch die Belastung der Fischbiomasse (Daten 1996), als sich die als DELOR 106 bestimmte Kontamination ab dem Profil Valy zum Typ DELOR 103 änderte.

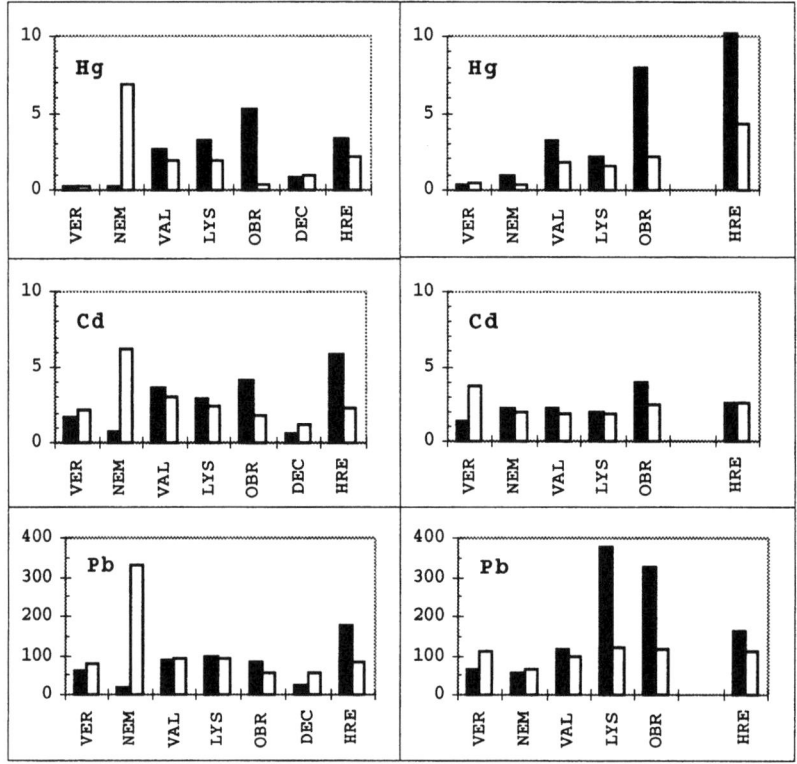

Abb. 1. Konzentration ausgewählter Metalle (mg/kg Trockenmasse) in den Sedimenten (links) und im Biofilm (rechts); dunkle Balken Daten 1993, helle Balken 1996.

4 Schlußbetrachtungen

Allgemein kann gesagt werden, daß die Konzentrationen von Metallen in den Sedimenten, im Biofilm, in der Biomasse des Benthos und der Fische (Quecksilber) in der Umrechnung auf Trockenmasse vergleichbar sind, ohne Tendenzen zu Äußerungen einer Biomagnifizenz. Die Quecksilberbelastung hat eindeutig abgenommen.

Die Anzahl und Vertretung der Arten und die Artenvielfalt werden bei der gegenwärtigen Wasserqualität vor allem durch den Zustand des Flußbettes bestimmt.

Bei der Auswertung der Ergebnisse ist davon auszugehen, daß es sich um ein strategisches Monitoring handelt, das sich auf die Ermittlung des gegenwärtigen Zustandes und die Erfassung seiner Veränderungen in der Zukunft richtet. Darauf können Wertungsmaßstäbe, die von der Übereinstimmung mit Standards, d.h. Immissionsgrenzwerten, Güteklassifizierungen u.ä. abgeleitet werden, nur beschränkt angewendet werden (De Zwart 1995). Neben der Bestimmung der Wasserqualität und der driftenden Bestandteile als wesentlichem Teil der Information über den Zustand der Ströme sollte die Erfassung vergleichbarer Daten über die Änderungen der einzelnen Bestandteile des Flußökosystems weiter entwickelt werden. Sie ist notwendig für die Leitung der Gesundungsmaßnahmen und eine Schätzung ihrer Rückwirkung bis zu einer allmählichen Rückkehr der anthropogen beeinflußten Flußsysteme zum Zielzustand (Anon. 1993).

Literatur

Anon. (1993) OECD core set of indicators for environmental performance reviews. Environment Monographs 83, OECD, Paris, 1–35

De Zwart, D. (1995) Monitoring water quality in the future. Volume 3: Biomonitoring. RIVM, Bilthoven, 1-83

Desortová, B. (1998) Charakteristika růstu fytoplanktonu v Labi. 8. Magdeburský seminář, 1998.

Kalinová, M. (1997) Jakost vody v tocích. Průběžná zpráva projektu Labe II za rok 1997. VÚV TGM Praha, 1–54

Punřochář, P., Desortová, B., Fiala, M., Fuksa, J., Kovář, P., Liška, M., Stuchlík, E., Vostradovský, J., (1993) Základy biomonitoringu a sledování kontaminace biomasy organismů v Labi. Závěrečná zpráva Hlavního úkolu 03.04. Projektu Labe. Praha, VÚV TGM

Punřochář, P. (1994) Charakteristika struktury a biomasy společenstev organismů v podélném profilu Labe v České republice. 6. Magdeburský seminář o ochraní vod, Cuxhaven, 216–221.

Reincke, H. et al. (1997) Tabulky hodnot fyzikálních, chemických a biologických ukazatelů Mezinárodního programu měření MKOL 1996, MKOL/IKSE, Magdeburg, 1–174

Raum-Zeit-Dynamik der Nährstoffe Stickstoff, Phosphor und Silizium in der Stromelbe

Helmut Guhr, Blanka Desortová, Dieter Spott, Martina Baborowski, Gerald Bormki, Bernhard Karrasch

1 Problemstellung

Die Beurteilung der Effektivität von Bewirtschaftungsmaßnahmen zum Nährstoffrückhalt wird durch die Diskrepanz zwischen dem Emissionspotential des Einzugsgebietes und der tatsächlich im Fluß gemessenen Nährstofffracht (Behrendt 1994) erschwert. Zu deren Aufklärung müssen neben dem Weg-Zeitverhalten der Nährstoffe bei der vertikalen und transversalen Bodenpassage auch die im Fluß ablaufenden Prozesse und die sie beeinflussenden Faktoren untersucht werden, um Nährstoffquellen und -senken auszumachen.

2 Untersuchungsstrategie und Ergebnisse

Im Rahmen eines BMBF-Projektes (Förderkennzeichen 02-WT 9622) sollten die Belastungsituation der Elbe mit Nährstoffspecies und deren Auswirkungen auf das Phytoplankton untersucht werden. Dazu wurden im durch Stauhaltungen geprägten tschechischen Flußabschnitt und in der frei fließenden deutschen Fließstrecke bis oberhalb von Geesthacht abgestimmte Flußbereisungen vorgenommen. Während im tschechischen Flußabschnitt eine fließzeitgerechte Probenahme wegen der Talsperren bzw. Flußstaue sehr erschwert ist, wurde diese von Schmilka an angestrebt, wobei auch auf die gleiche Tageszeit der Probenahme bei der Wahl der Meßstellen orientiert wurde. Um die Fehlermöglichkeiten durch nicht gänzlich zu vermeidende Zeitsprünge, Ungenauigkeiten bei der Vorhersage der Fließzeiten, Längsdispersion und Stochastik der Abwassereinleitungen einzuschränken, wurden die ausgewählten Elbe-Meßstellen 2-3mal im Abstand von 2 h Stunden beprobt, wobei die Längsschnittdarstellungen weitgehend die 11.00-Uhr-Werte widerspiegeln. Darüberhinaus wurden in Schmilka, Magdeburg und in Lauenburg 24 h-Messungen durchgeführt, die zeitlich in die Längsschnittuntersuchung eingepaßt waren. Die regelmäßig an der Meßstelle Magdeburg erhobenen Daten dienten der Erfassung der saisonalen Dynamik und zur Quantifizierung der Belastungsentwicklung.

Der seit den 70er Jahren zu verzeichnende Nitratanstieg in der Elbe ist etwa 1995 zum Stillstand gekommen. Die seit Mitte 1990 einsetzende Abnahme des Gesamtphosphorgehaltes um ca. 60 % (Spott 1995) hat sich in den letzten 3 Jahren nur abgeschwächt fortgesetzt. Das Konzentrationsniveau dieser beiden Nährstoffe liegt weit über den Grenzen, die die Bioproduktion des Phytoplanktons limitieren. Im Längsschnitt bleibt die Nährstoffbelastung, abgesehen vom oberen quellnahen Bereich, auf einem hohen Stand. Die Nitratgehalte (Abb. 1), die hauptsächlich die Stickstoffkonzentrationen bestimmen, sind zwischen Valy und Veletov (CR) und in der oberen Elbe (D) am höchsten. Von den Ne-

Gewässerschutz im Einzugsgebiet der Elbe

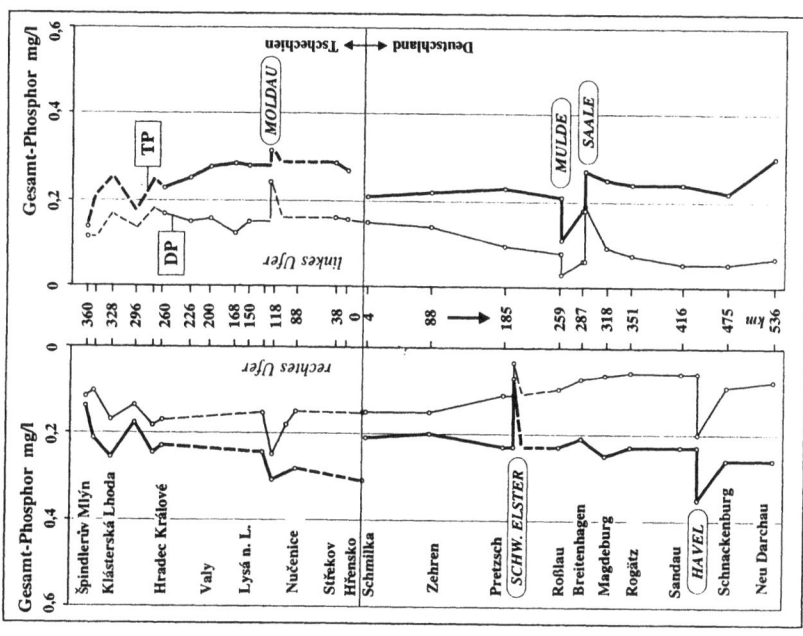

Abb.2. Konzentrationslängsschnitt für Gesamtphosphor und gesamten gelösten Phosphor in der Elbe

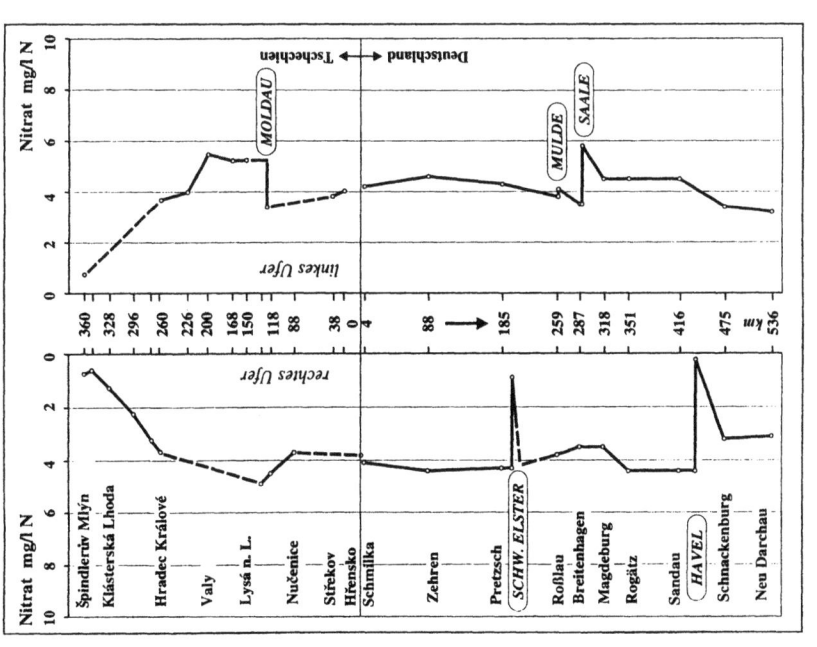

Abb.1. Konzentrationslängsschnitt für Nitratstickstoff in der Elbe (25.08.–05.0.9.98)

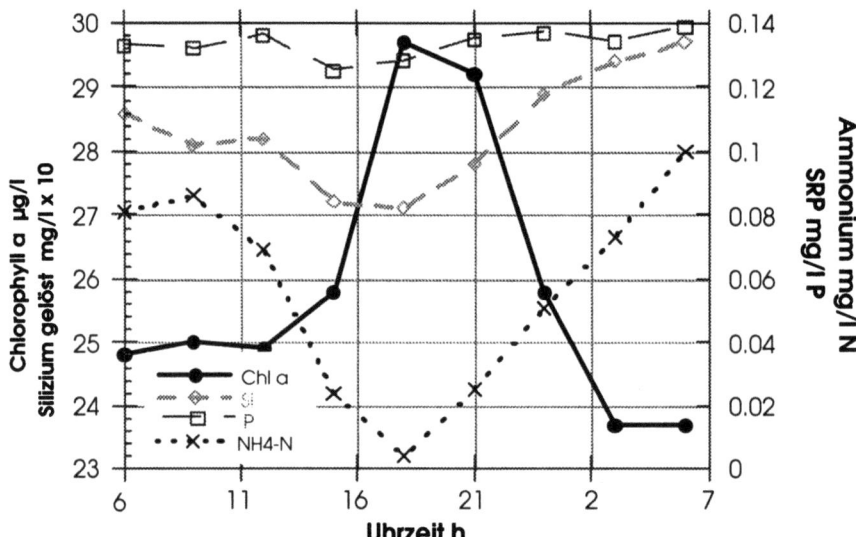

Abb.3. Diurnale Schwankungen der Gehalte an SRP, Silizium, Ammonium und Chlorophyll in der Elbe/Schmilka an einem Sonnentag (28/29.08.97)

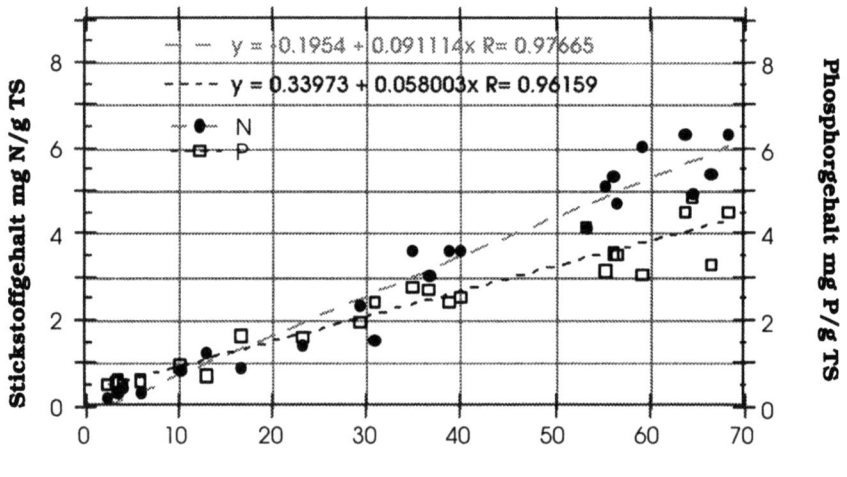

Abb.4. Abhängigkeit des Phosphor- und Stickstoffgehaltes vom organisch gebundenen Kohlenstoffanteil in der Sedimenttrockenmasse der Elbe (Oktober 1996)

benflüssen wirkt die Saale beim Stickstoff konzentrationserhöhend. Auf der Fließstrecke Schmilka - Neu Darchau findet während des Sommers eine Eliminierung von mindestens 10-15% des Gesamtstickstoffs statt (Denitrifikation), wie sich aus der Frachtabschätzung der einzelnen Gewässerabschnitte bzw. aus dem Vergleich je einer Bereisung während und außerhalb der Vegetationsperiode ergibt. Zur Phosphoraufhöhung in der Elbe (Abb. 2) tragen die Nebenflüsse Moldau, Saale und Havel bei. Der Anteil des partikulär gebundenen Phosphors am Gesamtphosphor steigt von ca. 17% im quellnahen Oberlauf auf über 90% in Neu Darchau an, wobei der Chlorophyllgehalt zunimmt. Dessen Konzentration erhöhte sich bei einer Sommerbereisung von Schmilka bis Neu Darchau um fast das 6fache, was bei Bereisungen zum Frühjahrs- und Herbstaspekt nicht so hoch ausfiel (Desortová et al. 1996). Der Siliziumgehalt, der hauptsächlich geogener Herkunft ist, nahm dabei um 57% ab, die Kieselalgenbiomasse entsprechend zu. Bei anderen Sommersituationen sank er im Unterlauf der Stromelbe sogar auf < 0,02 mg/l Si (Karrasch und Baborowski 1996). Die Schwankungen der Nährstoffkonzentrationen innerhalb eines Tages unterliegen - wenn sie nicht von der Stochastik der Einleitungen beherrscht werden - der von Licht und Temperatur geprägten Phytoplanktonentwicklung (Abb. 3). Die Phosphor- und Stickstoffgehalte der Flußsedimente, die eine Senke für die Nährstoffe darstellen, korrelieren mit deren Kohlenstoffgehalt. Der Phosphorentzug durch Austrag auf Auen und vor allem durch die Flußbaggerung wird mit ca. 10 - 12% der Jahresphosphorfracht (Meßstelle Schnackenburg) eingeschätzt. Beim Stickstoff sind es nur etwa 0,5 - 0,7%.

3 Schlußfolgerungen

Da das Eliminierungspotential bzw. Rückhaltevermögen der Elbe für N und P sehr begrenzt ist, müssen sich die Anstrengungen zur Belastungsreduzierung verstärkt auf den Nährstoffrückhalt bei der Landnutzung konzentrieren. Bei Längsschnittuntersuchungen zur Nährstoffproblematik ist vor allem an strahlungsintensiven Sommertagen die Probenahmezeit zu berücksichtigen.

Literatur

Behrendt, H. (1994) Immissionsanalyse und Vergleich zwischen den Ergebnissen von Emissions- und Immissionsbetrachtung. In: Werner, W., Wodsack, H.-P. (Hrsg.) Stickstoff- und Phosphoreintrag in die Fließgewässer Deutschlands unter besonderer Berücksichtigung des Eintragsgeschehens im Lockergesteinsbereich der ehemaligen DDR. Schriftenr. Agrarspektrum 22, 171 - 206. Frankfurt (M): Verlagsunion Agrar

Desortová, B., Prange, Puncochár, P. (1996) Phytoplanktonbiomasse im Längsprofil der Elbe und deren Nebenflüsse. 7. Magdeburger Gewässerschutzseminar „Ökosystem Elbe - Zustand, Entwicklung und Nutzung" Tagungsband 183-187, Budweis

Karrasch, B., Baborowski, M. (1996) Abundanz, Biomasse und Produktion des Bakterio- und Phytoplanktons in der Elbe. 7. Magdeburger Gewässerschutzseminar „Ökosystem Elbe - Zustand, Entwicklung und Nutzung" Tagungsband 20-24, Budweis

Spott, D. (1995) Zur Entwicklung der Wasserbeschaffenheit in der mittleren Elbe.WWT 7/95 14-21

Charakteristik des Wachstums der Phytoplanktonbiomasse in der Elbe

Blanka Desortová

1 Einleitung

Die Ergebnisse der Beobachtung der Verteilung des Phytoplanktons in der Elbe (Desortová et al. 1996 a) haben auf die Bedeutung dieser autotrophen Komponente der Biozönose für die Wassergüte der Elbe hingewiesen. Die Analyse der zeitlichen sowie räumlichen Veränderungen der Biomasse entlang des tschechischen Abschnittes der Elbe haben gezeigt, daß stromabwärts eine 8 - 10-fache Steigerung der Werte eintreten kann (Desortová et al. 1996 b). Dieses wirkt sich besonders markant in der Frühjahrs- sowie Sommerperiode der Phytoplanktonentwicklung aus. Hohe Werte der Phytoplanktonbiomasse treten in der Elbe bereits ab Fluß-km 200 (Profil Valy) auf, wo während mehrjähriger Beobachtung wiederholt Chlorophyll-a-Konzentrationen bis 50 ng/l festgestellt wurden. Angesichts der Tatsache, daß während des Transports flußabwärts die Phytoplanktonbiomasse weiter wächst, erreichen die Werte des Chlorophyll-a im Profil Hřensko fast 100 ng/l. Das Wachstum der Phytoplanktonbiomasse entlang des Wasserlaufs ist von vielen Faktoren abhängig; zu diesen Faktoren gehören z.B. die Abflußverhältnisse, die Morphologie des Flußbetts, die Nährstoffkonzentration und nicht zuletzt die Wachstumscharakteristik der anwesenden Phytoplanktongemeinschaft. Für die Schätzung der Veränderungen der Phytoplanktonbiomasse entlang des Flusses ist die Kenntnis der Wachstumsgeschwindigkeiten unerläßlich. Deshalb wurde im Rahmen des gemeinsamen deutsch-tschechischen Projektes, das den Einfluß des Nährstoffgehalts auf die Wasserbeschaffenheit der Elbe untersucht, auch dieser Problematik Aufmerksamkeit geschenkt.

2 Material und Methoden

Im Zeitraum Mai - Juli 1997 wurden Versuche mit dem natürlichen Phytoplankton der Elbe durchgeführt, um die Wachstumsgeschwindigkeiten festzustellen. Im Verlauf dieser Versuche wurden die Wasserproben in Polyethylenflaschen in einem künstlichen Graben (auf dem Gelände des Forschungsinstituts VÚV TGM) exponiert, durch den das Wasser aus dem Flußbett der Moldau durchfließt. Während der Exposition (6-7 Tage) wurden im Zeitabstand von 24 Stunden die einzelnen Flaschen nacheinander entnommen und die Chlorophyll-a-Konzentration festgestellt. Die Wachstumseigenschaften der Phytoplanktongemeinschaft (n/Tag) wurden anhand der veränderten Chlorophyll-a-Konzentrationen zwischen den einzelnen Entnahmen errechnet.

Im Frühjahr 1998 wurden diese Versuche wiederholt und durch den Vergleich mit der Situation im Flußbett der Elbe selbst ergänzt. In diesem Fall wurden Phytoplanktonproben zwischen dem Profil Němčice (Fluß-km 226) und dem Profil Lysá n. Labem (Fluß-km 150) auf der Basis der Hochrechnung der Wassergeschwindigkeit im Fluß bei entsprechendem Abfluß untersucht. Bei der Hochrechnung der Fließzeit zwischen den erwähnten Profilen wurde das Modell MIKE 11 (Mattas 1996) eingesetzt.

3 Ergebnisse und Diskussion

Der Verlauf der Änderungen der Chlorophyll-a-Konzentration sowie der Wachstumsgeschwindigkeiten der Phytoplanktongemeinschaft während eines Versuches (10.-16.6. 1997) ist in Abb. 1 veranschaulicht. Die Werte der Wachstumsgeschwindigkeiten des Phytoplanktons in der exponentiellen Wachstumsphase bewegten sich in den vier durchgeführten Versuchen in der Spanne 0,48 - 0,94 n/Tag.

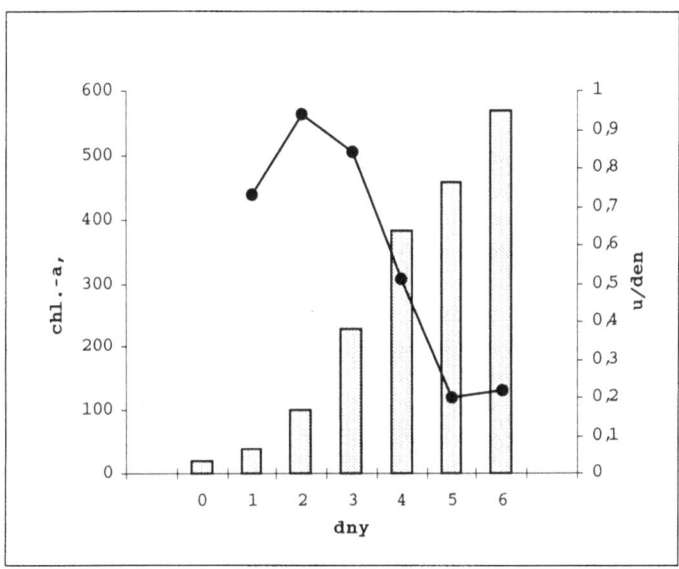

Abb.1. Änderungen der Chlorophyll-a-Konzentration (Spalten) und Wachstumsgeschwindigkeiten des Phytoplanktons (Kurve) im Versuchsverlauf (10. - 16.6. 1997).
Legende: dny = Tages, µ/den = µ/Tag

Die Werte der durchschnittlichen Wachstumsgeschwindigkeiten lagen während der Versuchsdauer (d.h. 6 bzw. 7 Tage) in der Spanne 0,36 - 0,57 µ/Tag). Während der Versuche dominierten in den Phytoplanktonproben 2x zentrische Diatome und 2x grüne Algen. Im Frühjahr 1998 wurde ein Versuch im Elbabschnitt zwischen dem Profil Němčice und Lysá n. Labem während der bekannten Nachfließzeit mit dem Ziel durchgeführt, die Wachstumsgeschwindigkeit der Phytoplanktongemeinschaft in der Elbe festzustellen. Die Nachfließzeit wurde auf Grundlage der mit dem MIKE 11-Modell errechneten Größen für den aktuellen Abfluß, der ca. Q 180 entsprach, hochgerechnet. Tab. 1 beinhaltet die Werte der chemischen und biologischen Kennziffern, die zu Meßbeginn festgestellt worden sind.

Tab. 1. Werte der chemischen und biologischen Kennziffern, die zu Beginn der Messungen (20.4.1998) im Profil Němčice ermittelt worden sind

Kennziffer	Maßeinheit	Wert
N-NO$_3$	mg/l	3,8
P ges.	mg/l	0,18
P ges., aufgelöst	mg/l	0,14
Si	mg/l	3,2
Chlorophyll-a	µg/l	16,0
dominante Algengruppe		zentrische Diatome
Gesamtzahl der Phytoplanktonzellen (in %)		65,0

Während der hochgerechneten Nachfließzeit von ca. 95 Stunden erhöhte sich zwischen den erwähnten Profilen (Němčice - Lysá n. Labem) auf einem 76 km langen Flußabschnitt die Chlorophyll-a-Konzentration von 16,0 ng/l auf 109 ng/l. Die Wachstumsgeschwindigkeit, die aus dem Anstieg der Chlorophyll-a-Konzentration ermittelt wurde, betrug 0,48 ng/Tag. Bei dieser Messung wurde der eventuelle Transport der Algenbiomasse im Wasser der Nebenflüsse, welche im entsprechenden Abschnitt in die Elbe münden, außer Acht gelassen. Parallel zu der Messung im Flußbett wurde ein Versuch mit der Phytoplanktonprobe durchgeführt, die zu der gleichen Zeit im Profil Němčice entnommen wurde. Die Probe wurde „in situ" im künstlichen Graben im Forschungsinstitut VÚV TGM exponiert, ähnlich wie in den vorherigen Versuchen. Die Wachstumsgeschwindigkeit der Phytoplanktongemeinschaft, die beim Versuch ermittelt wurde, betrug 0,39/Tag (Versuchsdauer: 72 Stunden).

Die Werte der bei den direkten Messungen im Flußbett sowie während der Versuche ermittelten Wachstumsgeschwindigkeiten sind mit den Angaben für den Fluß Wye (Jones 1984) vergleichbar, die auf der Basis der Veränderungen der gesamten Abundanz des Phytoplanktons (d.h. der Anzahl der Algenzellen) ermittelt worden sind. Die von uns ermittelten Werte sind niedriger als die Angaben für den Rhein (de Ruyter van Steveninck 1992), die ebenfalls von der Hochrechnung der Differenz der Chlorophyll-a-Konzentrationen im bestimmten Flußabschnitt während der bekannten Nachfließzeit ausgehen. Andere Angaben sind in der Literatur vereinzelt anzutreffen und betreffen lediglich die Wachstumsgeschwindigkeiten des ausgewählten Vertreters bzw. der Phytoplanktonart.

Literatur

Desortová, B., Prange, A., Punčochář, P. (1996 a) Chlorophyll-a concentrations along the River Elbe. Arch. Hydrobiol., Suppl. 113, Large Rivers 10 (1–4), S. 203–210

Desortová, B., Prange, A., Punčochář, P. (1996 b) Biomasa fytoplanktonu v podélném profilu Labe a jeho přítocích. In: 7. Magdeb.sem. o ochraně vod „Ekosystém Labe – stav, vývoj a využití", Č. Budějovice, 22.–25. říjen, S. 183–187

Jones, F.H. (1984) The dynamics of suspended algal populations in the lower Wye catchment. Water Res. 18 (1), S. 25–35

Mattas, D. (1984) Stanovení dotokových dob na Labi. Zpráva VÚV TGM, Praha, (1996), 4 S.

de Ruyter van Steveninck, E.D., Admiraal, W., Breebaart, L., Tubbing, G.M.J., van Zanten, B. (1992) Plankton in the River Rhine: structural and functional changes observed during downstream transport. Journ. Plankt. Res. 14(10), S. 1351–1368.

Über die Bedeutung von Wasserstandsschwankungen für die Entwicklung der Sauerstoff-, Chlorophyll- und Nährstoffkonzentrationen in der mittleren Elbe während der Vegetationsperiode

Dieter Spott

Seit dem rasanten Rückgang der Abwasser-bedingten Sauerstoffzehrungen in der Elbe wird deren Sauerstoffgehalt während der Vegetationsperiode von der photosynthetischen Aktivität des Phytoplanktons dominiert. Das zeigt sich an ausgeprägten Tag-Nacht-Gängen (Amplitude in Magdeburg bis 6,5 mg/l O_2) und hohen Sauerstoffübersättigungen (Sauerstoffsättigungsindex (SSI) bis über 150%). Auffällig sind in diesem Zusammenhang aber Perioden mit deutlich erniedrigten Sauerstoff-Konzentrationen und -Tag-Nacht-Schwankungen, die in vielen Fällen mit Wasserstandserhöhungen einhergehen (Abb. 1). Besonders ausgeprägt war diese Erscheinung bei zwei Sommerhochwässern im Juli der Jahre 1996 und 1997. Der detaillierte Verlauf läßt sich durch kontinuierliche Sauerstoffmessungen (automatische Meßstation Magdeburg des STAU Magdeburg) verfolgen (Abb. 2). So erniedrigte sich am Beginn des Hochwassers 1997 das SSI-Maximum der Tagesstunden vom 10. zum 11. Juli von 138% auf 98% (bei etwa gleicher Globalstrahlung und gleicher Wassertemperatur). Dabei lag der Wasserstandsanstieg bei lediglich 53 cm. Im weiteren Hochwasserverlauf sank der SSI bis auf 77%. Zeitgleich verringerten sich die Tagesmaxima pH-Wertes von 9,0 auf 7,5 und die tägliche Spannweite von 0,3 - 0,5 auf teilweise Null, was ebenfalls auf eine verminderte Photosynthese-Aktivität hinweist.

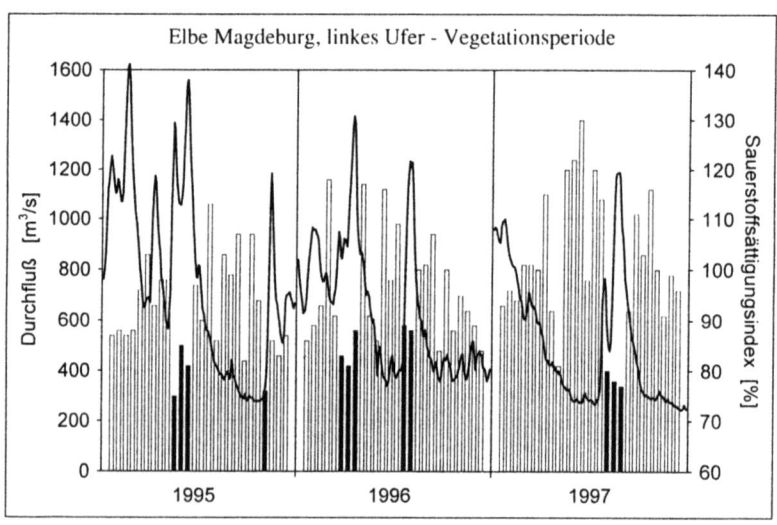

Abb.1. Tägliche Durchflüsse und SSI wöchentlicher Stichproben der Elbe bei Magdeburg, linkes Ufer, während der Vegetationsperiode (April bis September)

Gewässerschutz im Einzugsgebiet der Elbe 55

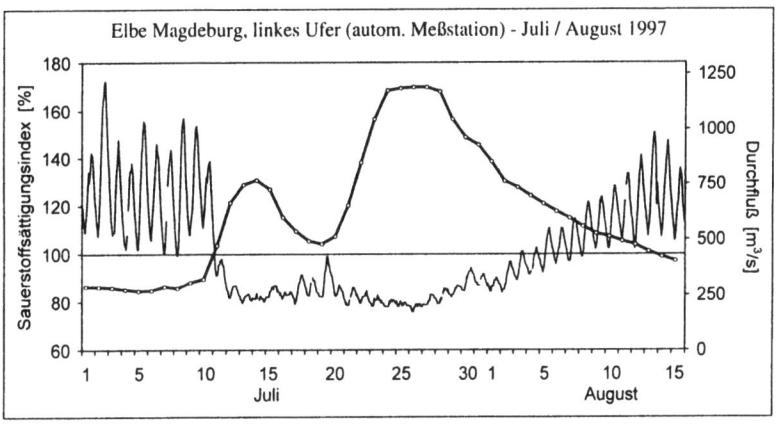

Abb.2. SSI-Stundenwerte und Durchfluß der Elbe beim Sommerhochwasser 1997

Wöchentlich entnommene Stichproben verdeutlichen die Ursachen für das geschilderte Verhalten: Der Chlorophyll-a-Gehalt (Chl) sank in der Anstiegsperiode des Hochwassers von 97 µg/l bei Q = 305 m³/s auf 27 µg/l bei Q = 598 m³/s und 16 µg/l bei Q = 1045 m³/s (Abb. 3). Diese Werte liegen deutlich unter denen einer Verdünnungrechnung. Ähnliche Beobachtungen existieren vom Niederrhein, dessen Sauerstoffhaushalt während der Vegetationsperiode ebenfalls vom Phytoplankton geprägt wird (Friedrich et al. 1991): An der Meßstelle Kleve-Bimmen sank vom 17. zum 24.05. 1994 bei einem Abflußanstieg von 2120 auf 3480 m³/s der Chl-Gehalt von 82 auf 19 µg/l und die Phytoplanktonzellzahl von rd. 59000 auf 8000 Zellen/ml. Auch hier wird die Abflußentwicklung als maßgeblicher Einflußfaktor genannt (Landesumweltamt NRW 1996).

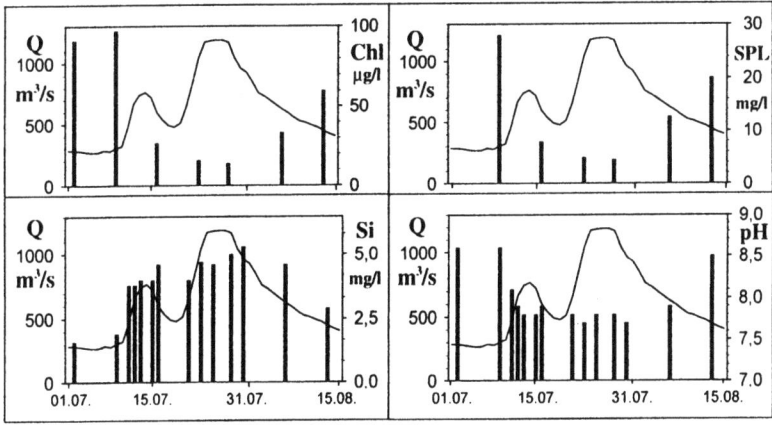

Abb.3. Chlorophyll a, SPL, Si und pH in Stichproben der Elbe am linken Ufer von Magdeburg beim Sommerhochwasser 1997

Erwartungsgemäß entwickelte sich beim Sommerhochwasser 1997 an der Elbe das Sauerstoff-Produktionspotential unter Laborbedingungen (SPL) parallel zum Chl-Gehalt. Auf Grund gegenläufiger Prozesse, wie Verdünnung, sich ändernder Einbau in Biomasse und diffuser Eintrag, lassen die Nährstoffe N und P bei diesem Hochwasser keine statistisch absicherbaren Veränderungen erkennen. Auffällig ist aber der Konzentrationsanstieg der gelösten Silicate bereits bei Beginn der Wasserstandserhöhung von 1,9 auf 3,8 mg/l Si und später bis auf 5,3 mg/l (Abb. 3). Der Si-Anstieg erklärt sich aus der Diatomeen-Dominanz im Phytoplankton der Elbe und dem bei rückläufiger Abundanz reduzierten Si-Einbau.

Das Sommerhochwasser 1996 zeigte hinsichtlich SSI, Chl und Si einen gegenüber 1997 ähnlichen Verlauf. Bei Ammonium und den Phosphaten war jedoch in der Anstiegsphase eine Konzentrationserhöhung zu verzeichnen. Bei beiden Sommerhochwässern ist die Erhöhung der Wasserführung als die bestimmende Größe für die Dynamik des Phytoplanktons u.a. Kriterien zu betrachten. In anderen Perioden mit erhöhtem Durchfluß während der Vegetationsperiode (s. Abb. 1) ist der Einfluß der Wasserführung kaum von dem der Globalstrahlung zu trennen, da Sommerhochwässer an der Elbe an ausgedehnte Regenwetterlagen mit einem starken Rückgang des Lichtangebotes gebunden sind. Hinzuweisen ist noch auf rasche, aber kurzzeitige Erhöhungen des Wasserstandes im Mittelwasserbereich, die ebenfalls Einfluß auf den Chlorophyllgehalt und die davon abhängigen Parameter ausüben können.

Das in der Vegetationsperiode den Sauerstoffhaushalt maßgeblich bestimmende Phytoplankton der Elbe vermehrt sich hauptsächlich in der „fließenden Welle", wobei u.a. deren Alter die Konzentrationshöhe bestimmt (Abb. 4). Bei der Suche nach den Ursachen für den abrupten Rückgang der Chl-Gehalte bei Hochwasserereignissen ist deshalb

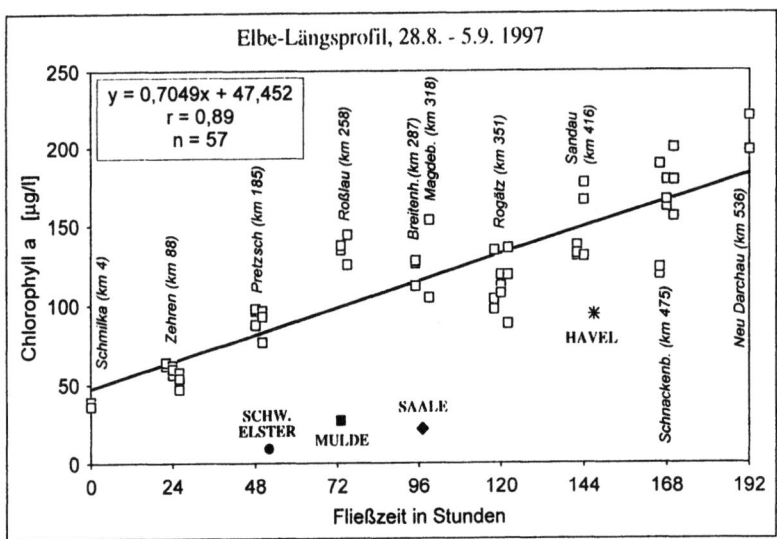

Abb.4. Entwicklung des Chlorophyll-*a*-Gehaltes im Elbe-Längsschnitt bei annnähernd fließzeitgerechter Untersuchung im Sommer 1997 (Meßwerte vom linken und rechten Ufer sowie aus der Strommitte, meistens mehrfache Beprobung, 11 Uhr ± 2 Stunden)

die mit steigender Fließgeschwindigkeit sich vermindernde Aufenthaltszeit zu berücksichtigen. Grundlagen für Berechnungen hierzu werden z.Z. durch Fließzeitbestimmungen mittels Tracerversuchen durch die Bundesanstalt für Gewässerkunde geschaffen (Hanisch et al. 1997), jedoch ist hierbei nur eine Teilerklärung für die geschilderten Konzentrationsverläufe zu erwarten. Da Flüsse für Plankter eine Einbahnstraße darstellen, ist eine permanente Beimpfung erforderlich, um die Phytoplankton-Konzentration zu erhalten (Köhler und Köpcke 1996). Eine Erklärungsmöglichkeit für die geschilderten Entwicklungen besteht deshalb darin, daß bei Wasserstandsanstieg die Ausschwemmungsrate aus den Impfgewässerteilen die Produktionsrate deutlich überschreitet und damit die Beimpfung im Verlauf des weiteren Wasserstandsanstieges immer geringer wird. Über die zur Animpfung fähigen Nebengewässer/Gewässerzonen besteht bei der Elbe Forschungsbedarf.

Der Sauerstoffhaushalt in der mittleren Elbe zeigt während der Vegetationsperiode eine signifikante Abhängigkeit von der Phytoplanktonentwicklung (Chlorophyll a) und wird nur noch untergeordnet von abbaubaren Abwasserinhaltsstoffen bestimmt. Perioden mit raschem Wasserstandsanstieg bzw. Sommerhochwässer führen zu einer deutlichen Abnahme der Chlorophyll-a-Konzentrationen und damit zu einem Rückgang der Sauerstoffgehalte. Auswirkungen auf den Nährstoffhaushalt zeigen sich am deutlichsten beim gelösten Silicat. Da diese Entwicklungen sehr rasch ablaufen, werden sie mit 14-tägigen Stichproben kaum erfaßt. Wertvolle Hilfe bei ihrer Aufklärung bieten die kontinuierlich in automatischen Meßstationen gewonnenen Daten (Sauerstoff, SSI, pH). Außerdem ist zu schlußfolgern, daß bei Bewertung von stichprobenartig gewonnenen Gewässerbeschaffenheitsdaten stets die „hydrologische Vorgeschichte" zu berücksichtigen ist (Benndorf et al. 1977). Das gilt auch für nicht fließzeitgerechte Längsprofiluntersuchungen.

Danksagung: Dem Staatlichen Amt für Umweltschutz Magdeburg, insbesondere Frau S. Thieme, sei für die Überlassung der Daten von der automatischen Meßstation gedankt und Frau U. Suhr von der UFZ-Gewässerforschung für die Hilfe bei der Datenaufbereitung.

Literatur

Benndorf, A., Benndorf, J., Horn, W., Stelzer, W. (1977) Biochemische Charakteristik des Sestons, Teil I: Biomasse. Acta hydrochim. hydrobiol. 5, 33-42
Friedrich, G., Pohlmann, M., Schiller, W. (1991) Biologische Untersuchungen des Rheins in NRW im Rahmen des Aktionsprogramms Rhein („Lachs 2000"). Deutsche Gesellschaft für Limnologie: Erweiterte Zusammenfassung der Jahrestagung 1991 in Mondsee, 363-369
Hanisch, H.H., Specht, F.-J., Eidner, R., Grigo, J., Lipper, D. (1997) Planung und Durchführung des 1. Tracerversuches Elbe. Deutsche Gewässerkundliche Mitteilungen 41, 5, 212-215
Köhler, J., Köpcke, B. (1996) Veränderungen des Flußplanktons. In: Lozan, J.L., Kausch, H. (Hrsg.) Warnsignale aus Flüssen und Ästuarien, Berlin: Parey, S.197-201
Landesumweltamt NRW (1996) Gewässergütebericht '93/'94. Essen 178 S.

Hochwassergebundener Schadstoffeintrag in Auen der Elbe und der Oka: Aktueller Stand eines BMBF- und UFZ-geförderten russisch-deutschen Kooperationprojektes

Kurt Friese, Werner Brack, Frank Krüger, Maritta Lohse, Günter Miehlich, Holger Rupp, René Schwartz, Barbara Witter, I. Khalamtzeva, Pjtor Pylenok, Sergei Sergueev, Valeri Iashin

1 Einleitung

Im Rahmen des BMBF-geförderten Vorhabens „Wirkung von Hochwasserereignissen auf die Schadstoffbelastung von Auen und kulturwirtschaftlich genutzten Böden im Überschwemmungsbereich von Oka und Elbe" werden in einer weidewirtschaftlich genutzten Aue im Bereich der mittleren Elbe (Strom km 437-440) und in einem Auenabschnitt der Oka in der Nähe von Ryazan, ca. 700 km vor der Mündung in die Wolga, der Eintrag, die Verteilung, Retention und Wirkung von Schadstoffen untersucht. Dazu werden bei Hochwasserereignissen die Wasserphase und die Schwebstoffe kontinuierlich, i.d.R. täglich beprobt und auf ihre Gehalte an Schwermetallen analysiert. Darüberhinaus werden auf detailliert höhenvermessenen Transekten an exponierten Standorten Sedimentmatten ausgelegt, auf denen die Retention des sedimentierten und von der Grasnarbe ausgekämmten Materials nach Menge und Güte (Hochflutsedimente) untersucht wird. Die Transekte sind im dichten Raster bodenkundlich kartiert und im Elbauenbereich an besonders ausgewiesenen Referenzmeßstellen mit Saugkerzen in 4 Tiefen (15, 30, 60, 90 cm) zur Gewinnung von Bodenwasserproben ausgestattet. Die Untersuchung der Schadstoffbelastung wird ergänzt durch Arbeiten zur Identifizierung der ökotoxikologisch relevanten Verbindungen und deren mikrobiologischer Abbaubarkeit sowie zur Akkumulation von Schwermetallen in Pflanzen.

2 Erste Ergebnisse der Arbeiten an der Oka

In dem ausgewählten Auenbereich wurden zwei Transekte vom Ufer bis zum Deich auf 50 m Breite topographisch vermessen und die Bodentypen an 12 Schurfen beschrieben. Die Verteilung der Substrattypen ist abhängig von der Entfernung zum Fluß und von der Geländemorphologie. In unmittelbarer Flußnähe herrschen wassergesättigte lehmige Auensande vor, während Auenböden mit Tonlagen zwischen 80 cm und 160 cm Tiefe den mittleren Teil der Aue prägen. Am uferfernsten Teil des Überschwemmungsgebietes werden vor allem schwere Gleyböden angetroffen. Das Grundwasser im Untersuchungsgebiet steht ca. 1,6 bis 2,5 m unter Geländeoberkante und weist die folgenden Schwermetallgehalte auf (Tab. 1).

Im Frühjahr 1996 wurden während einer Hochwasserwelle die Schwermetallgehalte in der Oka und an drei Standorten auf dem Transekt II in der Okaaue gemessen (Tab. 2).

Tab.1. Schwermetallkonzentration (µg/l) im Grundwasser der Okaaue bei Ryazan

	Cr	Mn	Fe	Co	Ni	Cu	Zn	Pb
Transekt I	5.5	8.0	8200	14.0	9.5	—	35.0	7.0
	2.0	134	4860	6.5	5.5	—	17.5	33.0
Transekt II	2.0	8.5	2880	9.0	8.0	—	—	—
	1.0*	24.0	6450	13.0	14.5	13.0	23.0	12.0
Oka	3.4	49.0	1354	4.4	9.8	11.6	20.0	22.0

Tab.2. Schwermetallkonzentrationen (µg/l) in der Oka und an 3 Standorten auf Transekt II in der Aue während einer Hochwasserwelle im Frühjahr 1996

	Cr	Mn	Fe	Co	Ni	Cu	Zn	Pb
Oka	9.9	45.7	2516	13.0	—	0	106	—
Lokation 1	9.9	30.5	1649	2.6	0	0	196	2.6
Lokation 2	8.6	20.3	1435	7.7	1.6	0	108	1.6
Lokation 3	21.0	8.6	2281	14.4	—	0	3.4	—

3 Erste Ergebnisse der Arbeiten an der Elbe

Die ausgewählte Aue liegt im unteren Mittelelbebereich unterhalb der Havelmündung zwischen den Gemeinden Neukirchen und Schönberg (Abb. 1). Das Gebiet mit einer Fläche von 209 ha zwischen dem linken Ufer der Elbe und dem Deich liegt auf einem Gleithang. Die Flächen der Aue werden mit unterschiedlicher Intensität als Grünland genutzt.

Für die bodenkundliche Kartierung sind insgesamt 73 Bohrungen bis in eine Tiefe von 4 m vorgenommen worden. Es fand eine Bohrpunkteinmessung, Lagebeschreibung, Vegetationsaufnahme, Grundwasserstandsmessung und Profilbeschreibung statt. Die untersuchten Böden sind aus jungen (holozänen) bis sehr jungen (rezenten) Substraten aufgebaut. In dieser Untersuchung werden Auenlehme, Auensande und Auenschlämme unterschieden. Die Sondierung hat gezeigt, daß die Bodenarten substratbestimmend sind. Die ermittelten Bodenarten variieren erheblich und schwanken zwischen Feinkies und Ton. Die ermittelten Bodenarten spiegeln eine für Außendeichsflächen der unteren Mittelelbe typische hohe Variabilität der Textur und der geringen räumlichen Kontinuität einer Korngrößenklasse wider. Nach der bodenkundlichen Kartierung befinden sich im Untersuchungsgebiet Vegen, Gley-Vegen, Vega-Gleye, Paternien, Ramblen sowie Pseudogley-Gleye. Folgende allgemeingültige Aussagen können gemacht werden:

– Eine Auenlehmdecke unterschiedlicher Mächtigkeit überdeckt eine Auensandschicht. Nur im Uferbereich der Elbe und in abflußlosen Senken finden sich pedogenetisch schwach entwickelte Auenschlämme.

– In nahezu allen Bohrungen konnte die liegende Auensandlage erbohrt werden. Sie steigt im allgemeinen vom Deich zur Elbe an. Dementsprechend nimmt die Auenlehmmächtigkeit vom Deich zur Elbe ab.

- Die obere Auenlehmschicht ist oft durch sandige Zwischenschichten unterbrochen. Elbwärts nehmen die Einschlüsse zu.
- Insgesamt ist die Verteilung der Substrate nur stellenweise, d.h. im Bereich des rezenten Ufers, ursächlich aus den Kriterien Strömungsgeschwindigkeit und morphologische Position abzuleiten. Die zahlreichen Rinnen und die wechselnden Substrate lassen auf eine bewegte Sedimentations- und Erosionsvergangenheit schließen.

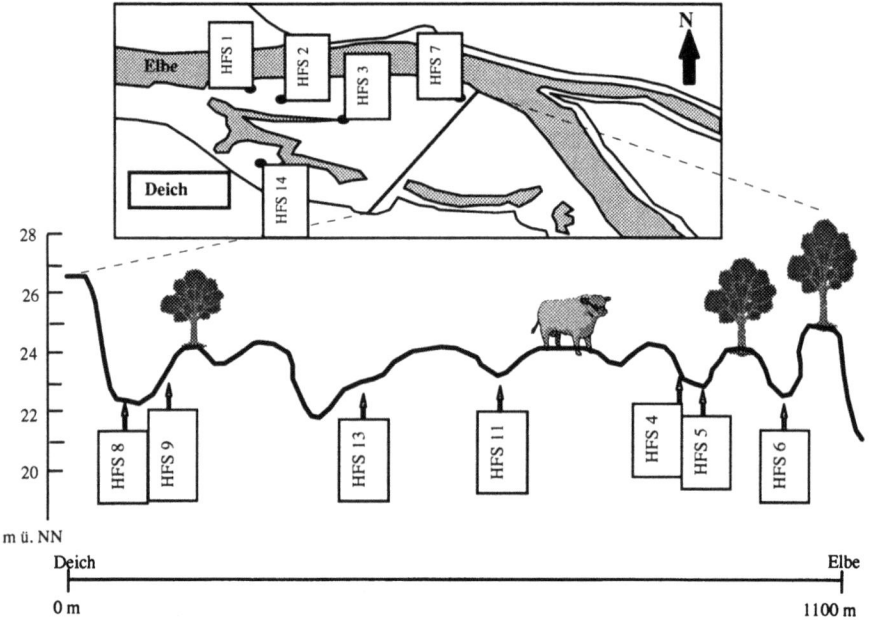

Abb.1. Probennahmepunkte für Hochflutsedimente (HFS) im Untersuchungsgebiet der Elbaue bei Wittenberge

Das Untersuchungsgebiet unterliegt einer besonderen Überflutungsdynamik, die erstmals beim Hochwasser 1997 detailliert verfolgt werden konnte. Der Mittelwasserstand der Elbe beträgt am Pegel Wittenberge 278 cm. Das entspricht einem Durchfluß von 578 m^3/s. Bei diesem Durchfluß liegt der Wasserspiegel im Untersuchungsgebiet bei ca. 22 m üNN. Obwohl es tiefliegende Bereiche mit Geländehöhen < 22 m üNN gibt, werden diese aufgrund des besonderen Reliefs erst bei Wasserständen > 400 cm am Pegel Wittenberge überflutet. Ein Wasserstand von 400 cm am Pegel Wittenberge entspricht einem Durchfluß von knapp 1000 m^3/s. Die Wasserspiegelhöhe liegt dann bei ca. 23 m üNN.

Eine Charakterisierung des Belastungszustandes der Böden für die Auenbereiche der Mittelelbe findet sich in Miehlich (1983, 1994), Meißner et al. (1994), Witter (1995), Rupp et al. (1996), Krüger et al. (1997) und Witter et al. (1998). Die Ergebnisse der Schwermetalluntersuchungen der Oberböden (0-10 cm) im Untersuchungsgebiet zeigen neben der hohen Belastung des Vorlandbereiches eine hohe Korrelation zum organischen Kohlenstoffgehalt der Böden (Friese et al. 1997).

Neben der Erfassung des Belastungszustandes ist es nötig, den aktuellen Schadstoffeintrag zu prognostizieren. Am Untersuchungsstandort werden zu diesem Zweck mittels

Kunstrasenmatten natürlich abgelagerte Hochflutsedimente gewonnen. Durch deren geochemische Charakterisierung ist es möglich, den Metalleintrag in die Vorländer zu erfassen, Kenntnisse über das flächenhafte Sedimentationsgeschehen zu gewinnen und die Herkunft, das Ausgangsmaterial und Veränderungen der Sedimente zu beschreiben (Krüger et al. 1998).

Geochemisch lassen sich die untersuchten Hochflutsedimente in zwei Gruppen teilen. Es gibt mineralisch dominierte Sedimente mit hohen Lithium-, Rubidium-, Scandium- und Titankonzentrationen sowie organisch dominierte Sedimente mit hohen Molybdän-, Mangan- und Cobaltkonzentrationen. Der Schadstoffeintrag über Hochflutsedimente variiert zwischen den verschiedenen Standorten beträchtlich. Der Stoffeintrag ist im Wesentlichen vom Masseeintrag abhängig. Direkt in Buhnenfeldnähe ist der Schadstoffeintrag am größten. Bis dato lassen sich 2-3 unterschiedliche Elementmuster der Hochflutsedimente beschreiben, die Rückschlüsse auf die Entstehung und die Herkunft des Hochflutsediments zulassen.

Danksagung: Die Arbeiten werden mit Mitteln des Bundesministeriums für Bildung, Wissenschaft, Forschung und Technologie (Fkz. 02WT9617/0) gefördert.

Literatur

Friese, K., Brack, W., Büttner, O., Krüger, F., Lohse, M., Meißner, R., Rupp, H., Schwartz, R., Witter, B, Miehlich, G. (1998) Wirkung von Hochwasserereignissen auf die Schadstoffbelastung von Auen. Beitrag zum 2. Pevestorfer Auenseminar, 21.-22.11.1997, im Druck

Krüger, F., Lohse, M., Büttner, O., Friese, K., Rupp, H., Meißner, R., Miehlich, G. (1998) Geochemische Zusammensetzung von Hochflutsedimenten des Frühjahrshochwassers 1997 an der Elbe bei Wittenberge. Geochemiker-Treffen „Geochemische Indikationen in den Geo- und Umweltwissenschaften", 21.-23.5.1998, Hannover, im Druck

Krüger, F., Büttner, O., Friese, K., Meissner, R., Rupp, H., Schwartz, R. (1997) Lokalisation der Schwermetallbelastung durch Simulation des Überflutungsregimes. Mitteilungen der DBG 85, II, 949-952

Meißner, R., Guhr, H., Rupp, H., Seeger, J., Spott, D. (1994) Schwermetallbelastung von Böden und Elbsedimenten in ausgewählten Gebieten Ostdeutschlands. Z. f. Kulturtechnik und Landentwicklung 35, 1-9

Miehlich, G. (1994) Auen und Marschen als Senken für belastete Sedimente der Elbe. In: Guhr, H., Prange, A., Puncochar, P, Wilken, R.-D., Büttner, B. (Hrsg.) Die Elbe im Spannungsfeld zwischen Ökologie und Ökonomie, 307-312, Stuttgart: Teubner

Miehlich, G. (1983) Schwermetallanreicherung in Böden und Pflanzen der Pevestorfer Elbaue. Abh. naturwiss. Verein Hamburg, 25, 75-89

Rupp, H., Meißner, R, Schonert, P. (1996) Hochwassergebundener Sediment- und Schwermetalleintrag in die Überschwemmungsgebiete der Elbe bei Wittenberge. In: Prange, A., Wilken, R.-D., v.Tümpling, U., Spoustová, J., Puncochár P., Lencová, H. (Hrsg.) Ökosystem Elbe - Zustand, Entwicklung und Nutzung, 489-491

Witter, B., Franke, W., Franke, S., Knauth, H.-D., Miehlich, G. (1998) Distribution and mobility of organic micropollutants in river Elbe floodplains. Chemosphere 37, 63-78

Witter, B. (1995) Untersuchung organischer Schadstoffe in Auen der mittleren und unteren Elbe unter Anwendung der SFE. Dissertation Univ. Hamburg

Perspektiven der Behandlung des Hamburger Baggergutes

Axel Netzband

Im Hamburger Hafen werden regelmäßige Baggerungen durchgeführt, um die erforderlichen Wassertiefen für die Schiffahrt sicherzustellen. Dabei fallen Jahr für Jahr rund 2 Mio. m^3 Elbesedimente an. Seit annähernd 20 Jahren stellt der Umgang mit diesem schadstoffbelasteten Material für die Hansestadt eine große Aufgabe dar. Hier, wie auch anderswo weltweit, hat der Hafen die Folgen unzureichender Anstrengungen zum Gewässerschutz im Einzugsgebiet zu tragen.

Nunmehr sind seit einigen Jahren, auch koordiniert durch die IKSE, Maßnahmen zur Sanierung der Elbe angelaufen und haben bereits zu einer deutlichen Verbesserung auch der Güte der Elbesedimente geführt. Das IKSE-Aktionsprogramm von 1995 sieht u.a. vor, daß bis zum Jahr 2010 „die feinen Sedimente wieder landwirtschaftlich verwertet werden können", d.h. sauber sein sollen. Damit eröffnen sich neue Perspektiven für den Umgang mit dem Baggergut.

1 Sedimentbelastung

1994/95 wurde eine umfassende Sedimentbeprobung im Hafen durchgeführt (Maaß et al. 1997). Die Kenntnisse werden ergänzt durch regelmäßige sowie spezielle Beprobungen. Daraus lassen sich folgende wesentliche Erkenntnisse ableiten:

Die Schadstoffbelastung der Sedimente im Hafen verringert sich von Osten nach Westen im Fließrichtung der Elbe. Grund dafür ist die unter Tideeinfluß erfolgende Vermischung der Oberstromschwebstoffe mit Sedimenten marinen Ursprungs aus Richtung Nordsee. Hauptsteuergröße für den Umfang der Vermischung ist der Oberwasserabfluß. Abschätzungen ergeben zum Teil ein Verhältnis 1:1.

Bei den meisten Schadparametern liegt die Belastung im größten Teil des Hafengebietes in der Bandbreite der Belastung der von oberstrom herantransportierten Elbeschwebstoffe. Gemäß dem 4-stufigen Klassifizierungssystem der ARGE Elbe liegen die Mediane von Cadmium, Kupfer und Zink in Klasse III und III-IV, die übrigen Schwermetalle darunter. Die Belastung der meisten organischen Verbindungen ist niedriger einzustufen (Klassen I-II bis II); auffällig sind AOX und zinnorganische Verbindungen. Letztere werden als Hauptwirkstoff in den Antifoulinganstrichen der Schiffe eingesetzt. TBT ist weltweit in Häfen erhöht anzufinden. Belastungsschwerpunkte mit TBT und anderen Schadstoffen bestehen im inneren Hafenbereich.

Die Ergebnisse der durchgeführten Biotests wurden mit den Schadstoffklassen des ARGE-Elbe-Systems verglichen und ergaben zum Teil eine gute Korrelation zwischen chemischer Belastung und Hemmwirkung des Sediments.

Diese Erkenntnisse erlauben vor dem Hintergrund neuer Baggergutregularien einen differenzierten Umgang mit den bei Unterhaltungsarbeiten anfallenden Sedimenten.

2 Baggergutregularien

National und international üblicher Umgang mit Baggergut ist das Umlagern. Beim Umlagern von Unterhaltungsbaggergut werden dem Gewässer keine (Schad-) Stoffe hinzugefügt. Um den großräumigen Feststoffhaushalt möglichst wenig zu stören (ökologische Bedeutung auch des Feinmaterials), werden die Sedimente lediglich an eine andere Stelle verbracht, wo sie die Schiffahrt nicht stören. Das sich auch international durchsetzende Konzept des nachhaltigen Umlagerns berücksichtigt die jeweiligen lokalen Randbedingungen. Zu nennen sind z.B. Empfindlichkeit des Gebietes, Vermischung mit der Strömung, Relation der Frachten aus Einträgen und Baggergut oder Vorbelastung von Schwebstoffen und Sedimenten, mögliche Minderungsmaßnahmen beim Umlagern (z.B. zeitliche oder örtliche Einschränkungen).

In den letzten Jahren sind international und in Deutschland diverse Regelungen zum Umgang mit Baggergut entstanden. Dabei hat sich die Erkenntnis durchgesetzt, daß vordringlich die Ursachen der Schadstoffbelastung zu beseitigen sind (z.B. Dredged Material Assessment Framework von 1996 der internationalen London Convention).

Neue Baggergut-Regularien in Deutschland, wie die Handlungsanweisung Baggergut Binnen (HABAB) der Wasser- und Schiffahrtsverwaltung des Bundes oder die Umlagerungsempfehlung der Internationalen Rheinschutzkommission (beide aus 1997), sehen die Bewertung des umzulagernden Baggergutes auf Grundlage der vorhandenen Schwebstoffbelastung im betreffenden Gewässerabschnitt vor. Dadurch schlagen sich emissionsmindernde Maßnahmen sofort in niedrigeren Richtwerten für Baggergut nieder.

In der Baggergut-Empfehlung der ARGE Elbe von 1996 erfolgt die Bewertung von Umlagerungen in Bezug auf die Schadstoffklassen des Klassifizierungssystems; Baggergut mit einer Belastung in Klasse IV soll nicht umgelagert werden. Die Empfehlung soll regelmäßig vor dem Hintergrund der Umsetzung des IKSE-Aktionsprogrammes überprüft werden.

3 Umlagerung

Keine der genannten Regularien ist verbindlich für das Baggergut aus dem Hamburger Hafen anzuwenden. Hier werden für die Bewertung die Empfehlung der ARGE Elbe und die HABAB herangezogen. Daraus ergibt sich, daß die Sedimente aus dem nordwestlichen Hafenbereich umgelagert werden können, im übrigen Bereich sind Einzelfallprüfungen vorzunehmen.

Um Erfahrungen mit dem traditionell im Hamburg nicht angewendeten Umlagern zu gewinnen, wurden 1994-1996 Großversuche in der hamburgischen Stromelbe durchgeführt (Netzband et al. 1996). Untersucht wurden dabei Veränderungen der Gewässersohle, nah- und großräumiger Schwebstofftransport, Auswirkungen auf die Gewässergüte, Einfluß auf die Benthosbesiedlung. Die umgelagerten Frachten sind gering im Vergleich zu den natürlichen Frachten, die Feststoffe vermischen sich schnell mit dem vorhandenen Material. Die Sauerstoffgehalte werden praktisch nicht verändert, Benthosveränderungen sind kaum feststellbar.

Als Ergebnis werden Rahmenbedingungen entwickelt. Spezielle Einbringtechniken bewirken eine schnelle Vermischung und Verteilung mit dem vorhandenen Feststoffmaterial und gewährleisten den Schutz empfindlicher Gebiete, eine zeitliche Reduzierung oder Einstellung der Umlagerungen verhindert Beeinträchtigungen der Gewässergüte oder von Benthos und Fischfauna.

4 Landbehandlung, Hügeleinbau und Verwertung

Vor dem Hintergrund der erheblichen Verschmutzung der Elbe wurde Anfang der 80er Jahre das Hamburger Konzept zur Behandlung der verunreinigten Elbesedimente entwickelt und eine nach wie vor einzigartige Technologie umgesetzt.

In Entmischungs- und Entwässerungsfeldern erfolgt seit etwa 15 Jahren die Trennung des Baggergutes in Schlick und Sand sowie die Entwässerung des schadstoffbelasteten Schlicks. Dieses witterungsabhängige und flächenintensive Verfahren wird seit 1993 auch in der verfahrenstechnischen Großanlage METHA durchgeführt.

Bisher wird der entwässerte Schlick in zwei speziell dafür errichtete Hügel auf Hamburger Gebiet eingebaut. Je nach Einbaumenge reicht die vorhandene Kapazität noch für annähernd 20 Jahre.

Zunehmend setzt sich in der Diskussion um Baggergut der Ansatz durch, das Material besser als Roh- denn als Problemstoff anzusehen. Auch Hamburg verfolgt dazu seit Jahren vielfältige Ansätze. So erfolgt in einem mittelständischen Betrieb der Einsatz von Schlick bei der Ziegelherstellung. Schlick wird bereits heute als Dichtungsmaterial eingesetzt, auch im übrigen Erdbau sind Verwendungen möglich. Im Hamburger Hafen wurde Schlick bei der Verfüllung von Hafenbecken verwendet, die nicht mehr als solche genutzt wurden.

5 Stand und Ausblick

Alle Maßnahmen der Landbehandlung sind mit hohen Kosten verbunden. Seit 1979 hat die Hansestadt allein für die Behandlung und Unterbringung des anfallenden Baggergutes Haushaltsaufwendungen von fast 750 Millionen DM getätigt. In der gleichen Zeit wurden hier kostenintensive Maßnahmen der Abwasserbehandlung zum Schutz von Elbe und Nordsee mit einem hohen technischen Standard umgesetzt. Hamburg hat auch entsprechende Projekte im Elbegebiet finanziell unterstützt.

Mit dem Baggergut wird der von oberstrom kommenden Schadstofffracht der Elbe in Hamburg bisher ca. 20% der Schwermetalle entnommen und an Land behandelt. Entsprechend werden weniger als 10% mit dem umgelagerten Baggergut bewegt. In der Stadt selbst werden nur sehr geringe Schadstoffmengen eingeleitet.

Mit den Maßnahmen leistet die Hansestadt einen bisher einzigartigen Beitrag zum Nordseeschutz, der allen zugute kommt. Vor dem Hintergrund der auch zukünftig angespannten Situation der öffentlichen Haushalte und der sauber werdenden Elbe sollte allerdings überdacht werden, ob der Einsatz volkswirtschaftlicher Mittel an dieser Stelle dauerhaft sinnvoll ist. Anfallende Abwässer sind am Ort des Entstehens so zu reinigen, daß Unterliegern nicht derartige Aufwendungen entstehen.

Diese Zusammenhänge sind bei der Formulierung von Zielvorstellungen der Gewässergüte zu berücksichtigen. Zukünftig muß besonderes Augenmerk auf diffuse Einleitungen gerichtet werden, z.B. auch aus Altlasten. Ggf. sind rechtzeitig entsprechende Untersuchungen zu initiieren bzw. Geldmittel für die Abwasserreinigung bereitzustellen. Daraus resultierende Sedimentbelastungen können nicht zu Lasten der für die Gewässerunterhaltung Zuständigen gehen.

In die Bewertung von Baggergut sollte verstärkt auch eine Abwägung der Stoffströme und der für eine (Land-) Behandlung aufzuwendenden Kosten Eingang finden. Umlagerungen sollten möglichst schonend fürs Gewässer erfolgen und als Zielgröße Baggergut nur im Bereich von Hot Spots entnommen werden.

Literatur

Arbeitsgemeinschaft für die Reinhaltung der Elbe (1996) Umgang mit belastetem Baggergut an der Elbe - Zustand und Empfehlungen. Hamburg

Bundesanstalt für Gewässerkunde (1997) Handlungsanweisung für den Umgang mit Baggergut im Binnenland (HABAB-WSV). Koblenz

Internationale Kommission zum Schutz des Rheins (1997) Empfehlung zu den Kriterien für die Umlagerung von Baggergut in den Rhein und seine Nebengewässer. Echternach

London Convention 1972 (1996) Resolution LC.52(18) on a Dredged Material Assessment Framework. London

Maaß, V., Schmidt, C., Lüschow, R., Leitz, T. (1997) Sedimentuntersuchungen im Hamburger Hafen 1994/95. Strom- und Hafenbau - Ergebnisse aus dem Baggergutuntersuchungsprogramm, Heft 6. Hamburg

Netzband, A., Christiansen, H., Maaß, B., Meyer-Nehls, R., Werner, G. (1996) Umlagerung von Baggergut aus dem Hamburger Hafen in der Tideelbe. Strom- und Hafenbau - Ergebnisse aus dem Baggergutuntersuchungsprogramm, Heft 7. Hamburg

Messung und Modellierung der Ausbreitung feinkörnigen Baggerguts nach Umlagerungen in der Tide-Elbe unterhalb des Hamburger Hafens

Jens Kappenberg, Gerhard Witte

1 Einleitung

Das bei den Baggerarbeiten zur Erhaltung der Schiffbarkeit im Hamburger Hafen anfallende Material wird zum Teil in einem Großversuch unter Einsatz von Klappschuten im Fluß umgelagert. Umlagerungsgebiete sind die Flußränder der Delegationsstrecke unterhalb Hamburgs vom Neßsand bis zur westlichen Hafengrenze. Für das Amt für Strom- und Hafenbau der Wirtschaftsbehörde der Freien und Hansestadt Hamburg wurden in einer Reihe von Feldmessungen die Schwebstoff/Sedimentausbreitung ausgehend von den Umlagerungsstellen verfolgt und zum Teil auch quantifiziert. Später erfolgte eine numerische Simulation der Umlagerung mit einem Schwebstoff/Sedimentausbreitungsmodell.

2 Untersuchungsmethode

Zur Messung der Ausbreitung des stark schlickhaltigen Baggerguts wurde eine Kombination von akustischen Strömungsmesser (1,2 MHz-ADCP) und optischen Trübungsmesser (Siltmeter) von Bord des Meßschiffs „Reinhard Woltman" eingesetzt. Beim ADCP wurde die Intensität des Rückstreusignals zur Schwebstoffbestimmung genutzt. Die beiden eingesetzten Meßsysteme wurden mit insitu genommenen Wasserproben zuverlässig kalibriert (Abb. 1) und gaben für den angetroffenen Konzentrationsbereich vergleichbare

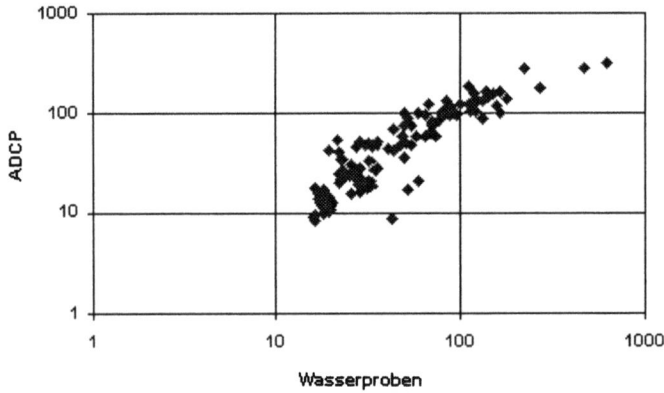

Abb. 1. Kalibrierung der ADCP-Schwebstoffmessung mit Wasserproben

Resultate. Ein differentielles Satellitennavigationssystem (DGPS) diente der genauen Postionsbestimmung zur Vorgabe von Schiffskursen und zur örtlichen Zuordnung der Schwebstoffmessungen. Die numerische Modellierung der Baggergutausbreitung während des Experimentes erfolgte durch Kombination eines Strömungsmodells (TRIM-2D) mit einem vertikal integrierten 2-dimensionalen Schwebstofftransportmodell, die beide bereits im Rahmen der Umweltverträglichkeitsuntersuchung zur Anpassung der Fahrrinne der Unter- und Außenelbe eingesetzt wurden. Zustandsgrößen des Schwebstofftransportmodells sind untereinander nicht wechselwirkende Sinkgeschwindigkeitsfraktionen von Schwebstoff in der Wassersäule und deren an der Gewässersohle deponierter Anteil. Dabei wird das suspendierte Material mit der vertikal gemittelten Strömung transportiert, das am Boden deponierte Material bewegt sich unter Einfluß der Schwerkraft entlang des Sohlgradienten und zusätzlich mit einem Bruchteil der vertikal gemittelten Strömung, der aus einer Profilannahme resultiert.

3 Experimentdurchführung

Diese Arbeit befaßt sich mit den Ergebnissen des zweiten von insgesamt drei Umlagerungsexperimenten, das am 17. November 1995 stattfand. Der mittlere Abfluß am Pegel Neu-Darchau betrug in der vorangehenden Woche 570 m^3/s mit steigender Tendenz. Die Umlagerung fand am Nordufer bei Wittenbergen (Abb. 2) mit der Entleerung von 4 Schuten um 10:54 Uhr, 40 Minuten nach Hochwasser, statt. Die Ausbreitung des Baggerguts wurde dann stromab durch eine Reihe von Querprofilmessungen verfolgt.

4 Ergebnisse

Die Messungen (Abb. 2, Profile 4-8) zeigten das Entstehen einer bodennahen Dichteströmung nach der Schutenentleerung, ihre Ausbreitung entlang des Gefällegradienten über die Fahrrinnenbreite und die nachfolgende Einmischung des Materials in den Wasserkörper. Dies konnte auch im Modell reproduziert werden. Nach etwa einer halben Stunde hat sich die Dichteströmung bodennah über den gesamten Flußquerschnitt ausgebreitet (Profil 6). Im südlichen Teil erfolgt dann eine rasche Einmischung in den Wasserkörper (Profil 7), während in der Nordhälfte auch noch nach fast 2 Stunden hohe bodennahe Konzentrationen erhalten bleiben (Profil 8). Es zeigt sich hierin eine Nord/Süd-Teilung des Wasserkörpers, die in diesem Elbabschnitt stets bei hohem Oberwasserabfluß beobachtet wird und sich auch in deutlich höheren Schwebstoffgehalten am Nordufer äußert. In Übereinstimmung mit dieser Beobachtung zeigen die Ergebnisse der hydrodynamischen Modellierung stromauf gerichtete Restströme auf der Südseite bei Neßsand (Abb. 3).

Aus dem Experiment ergaben sich ferner unterschiedliche turbulente vertikale Austauschkoeffizienten am Nord- und Südufer, die in die Modellparametrisierung einflossen. Während der einwöchigen Experimentzeit waren nur Ausbreitungsvorgänge bei ablaufendem Wasser und Stauwasser beobachtbar. Zusätzlich zu diesen Episoden wurde mit dem Modell auch die Ausbreitung bei auflaufendem Wasser simuliert.

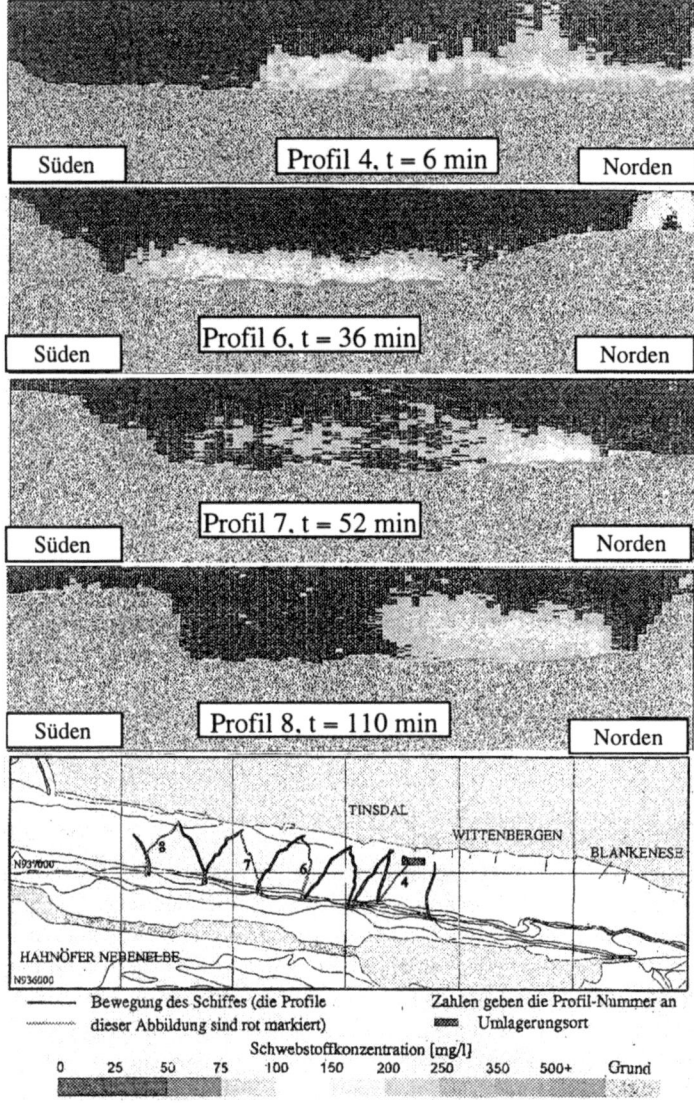

Abb. 2. Verfolgung des umgelagerten Baggerguts bei ablaufendem Wasser unterhalb von Blankenese. Schiffsbewegungen und ausgewählte Querschnitte der Schwebstoffkonzentration

Hierbei ergab sich, bedingt durch die höhere Turbulenz des Flutstroms, eine stärkere vertikale Durchmischung. Die Ergebnisse dieser Experimente zeigen, daß sich die Ausbreitung von feinkörnigem Baggergut durch sorgfältig kalibrierte hydroakustische Verfahren (ADCP-Rückstreuintensität) verfolgen läßt. Die Modellsimulation reproduziert die horizontalen Ausbreitungsvorgänge mit ausreichender Genauigkeit. Die vertikalen Durchmischungsprozesse hingegen konnten mit dem tiefengemittelten Modell noch nicht befriedigend wiedergegeben werden. Eine ausführliche Darstellung der bisherigen Umlagerungsexperimente findet sich bei Witte 1996.

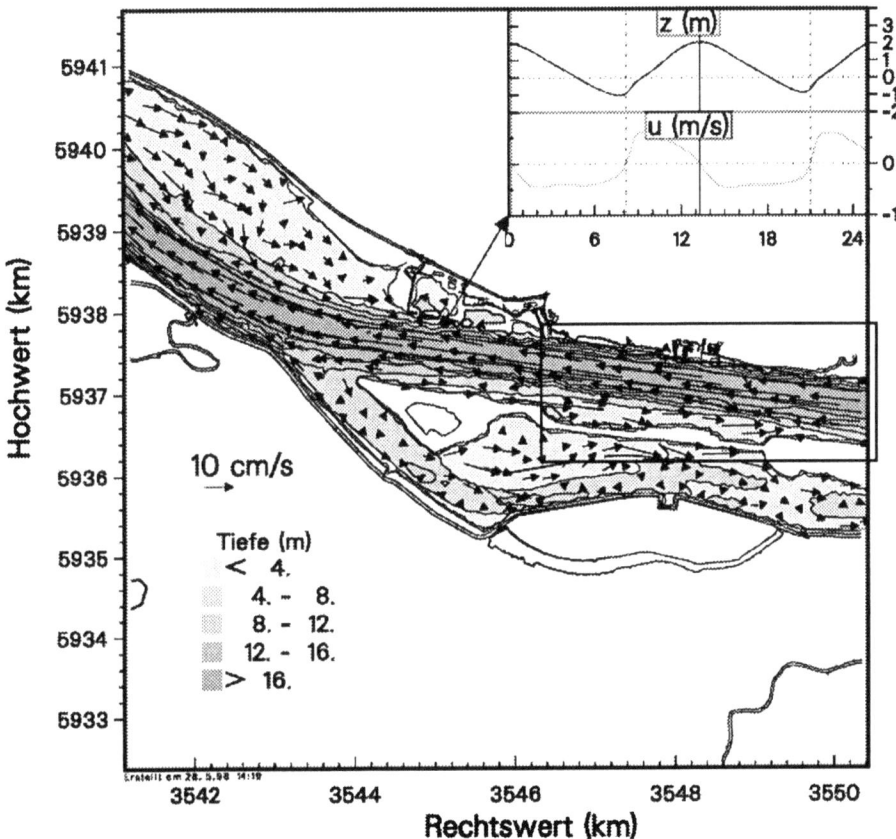

Abb.3. Tiefen- und Reststromverteilung im Umlagerungsgebiet unterhalb von Blankenese am 17. November 1995. Der rechteckige Ausschnitt markiert das Untersuchungsgebiet

Literatur

Witte, G. (1996) Messungen zur Kurzzeitausbreitung des eingebrachten Baggergutes mit dem ADCP- und dem Siltmeter-Verfahren. In: Umlagerung von Baggergut aus dem Hamburger Hafen in der Tideelbe. Ergebnisse aus dem Baggergutuntersuchungsprogramm, Heft 7, Freie und Hansestadt Hamburg, Wirtschaftsbehörde, Strom- und Hafenbau

Chemische und biologische Prozesse bezüglich des Sauerstoff- und Nährstoffhaushaltes beim Übergang der Elbe in den Tidebereich

Wilhelm Petersen, Gerd Blöcker, Friedhelm Schroeder

1 Einleitung

Die chemisch-biologischen Prozesse in der Elbe beeinflussen sowohl den Sauerstoffhaushalt (Bergemann et al. 1996) als auch die Konzentration der Nährstoffe (N, P, Si) und deren Bindungsformen (z.B. gelöst, partikulär). Sie haben daher entscheidenden Einfluß auf das Transportverhalten und werden für die Modellierung sowohl der Gewässergüte als auch des Transports von Nährstoffen in einem Flußsystem benötigt.

2 Methodik

Am Übergang der Elbe in den Tidebereich am Wehr Geesthacht werden zeitlich hochaufgelöste Zeitreihen von sowohl physikalisch-chemischen Parametern (pH, O_2, Temperatur, Leitfähigkeit) als auch von biologisch-chemischen Größen (Nitrat, Ammonium, Phosphate und Silikat, CO_2-gelöst) sowie Chlorophyll-a aufgenommen. Die gemessenen mehrjährigen Zeitreihen werden mit Zeitserien unterschiedlicher zeitlicher Auflösung der Überwachungsbehörden oberhalb und unterhalb der Station verglichen. Mit Hilfe verschiedener statistischer Methoden werden die Hauptkomponenten bzw. Einflußfaktoren des komplexen System ermittelt, um insbesondere die Nährstoff- und Algendynamik besser erfassen zu können. Ziel ist es, verläßliche Parameter zu gewinnen und über statistische Ansätze eine Vereinfachung der Prozeßformulierungen im Modell zu erreichen, so daß u.a. nicht gemessene Variablen aus gemessenen „Stellvertreter-(Proxy-)variablen" abgeleitet werden können.

3 Ergebnisse und Diskussion

Einfluß der Primärproduktion: An der GKSS-Station am Wehr Geesthacht werden in zeitlich hoher Auflösung neben den Standardparametern zur Gewässergüte (O_2, pH, LF und T) zusätzlich Chlorophyll-a und die Nährstoffe (NO_3, NH_4, o-PO_4, SiO_2) sowie gelöstes CO_2 erfaßt. Dies erlaubt eine genauere Analyse der die Nährstoffe und die Primärproduktion beeinflussenden Prozesse in kurzen Zeitskalen und kann zur Kalibrierung von Prozeßmodellen genutzt werden. Den Einfluß der Primärproduktion auf die Nährstoffkonzentrationen zeigt z.B. die Abbildung 1(A) von Anfang August 1997. Aufgrund einer Schönwetterperiode zu Beginn des Monates steigt die Chlorophyllkonzentration und damit auch die Sauerstoffkonzentrationen stark an. Bei hohen Algenaktivitäten spiegeln sich die Tag-Nacht-Rhythmen der Algenaktivität auch in den gelösten Nährstoffe wieder. Bei stärkerem Abbau in der Nacht steigen die Konzentrationen leicht an, um dann im Laufe des Tage wieder abzunehmen. Die Silikatkonzentrationen werden insbesondere durch die Bildung von Kieselalgen beeinflußt. Beispielhaft zeigt die Abb. 1(B) den Anstieg vom Silikat bei Abnahme der Algenaktivität im Herbst.

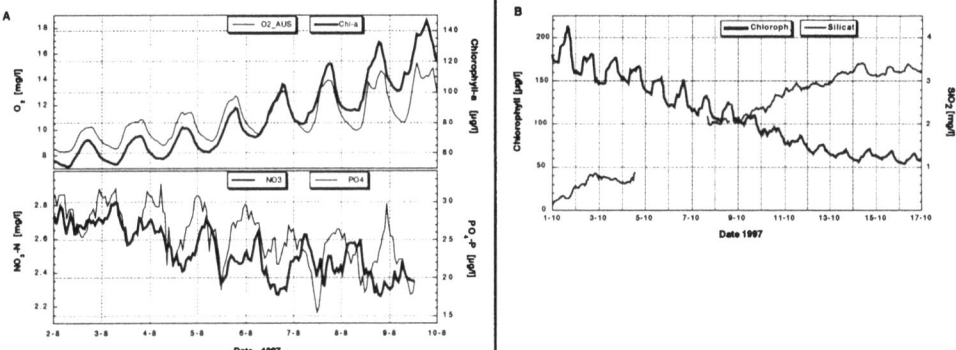

Abb.1. A: Einfluß des Algenwachtums auf O_2 und die Nährstoffe (Sommer 1997). B: Abnahme der Primärproduktion mit einhergehender Silikatzunahme (Herbst 1997)

Frachtenbestimmung: Zeitlich hoch aufgelöste Daten können genutzt werden, um Frachten genauer zu bestimmen. Abb. 2 zeigt die Frachten für gelöstes Nitrat am Wehr Geesthacht.

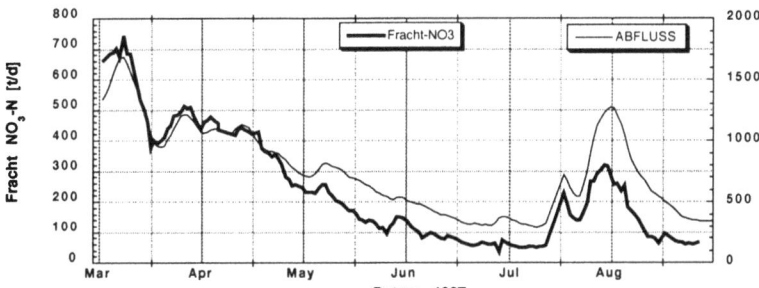

Abb.2. Einfluß des Abflusses auf die Nitratfrachten am Wehr Geesthacht (März bis August 1997)

Es zeigt sich, daß erst bei einer höheren zeitlichen Auflösung von Tagen oder Stunden kurzzeitige Ereignisse von wenigen Tagen Dauer (z.B. Hochwasserwellen) genau genug aufgelöst werden, um die dabei extrem ansteigenden Nährstofffrachten exakt quantifizieren zu können.

Vergleich mit anderen Meßstationen: Der Vergleich vom gemessenem Sauerstoff am Wehr mit dem O_2 der Meßstationen der ARGE-Elbe (Abb. 3(A)) zeigt ein sehr ähnliches Muster im jahreszeitlichen Verlauf. Deutlich unterschieden ist aber Magdeburg. Dies hängt einmal damit zusammen, daß die linksseitige Station Magdeburg erheblich durch die Saale beeinflußt wird, aber auch, daß sich erst im Verlauf der Fließstrecke ab Magdeburg die Primärproduktion aufbaut (Guhr et al. 1998) und den Sauerstoffhaushalt kontrolliert. Unterhalb des Wehres (Bunthaus) ist der Sauerstofflevel niedriger und auch die Amplituden haben sich verkleinert, was auf den Zusammenbruch der Primärproduktion in dem Bereich hindeutet.

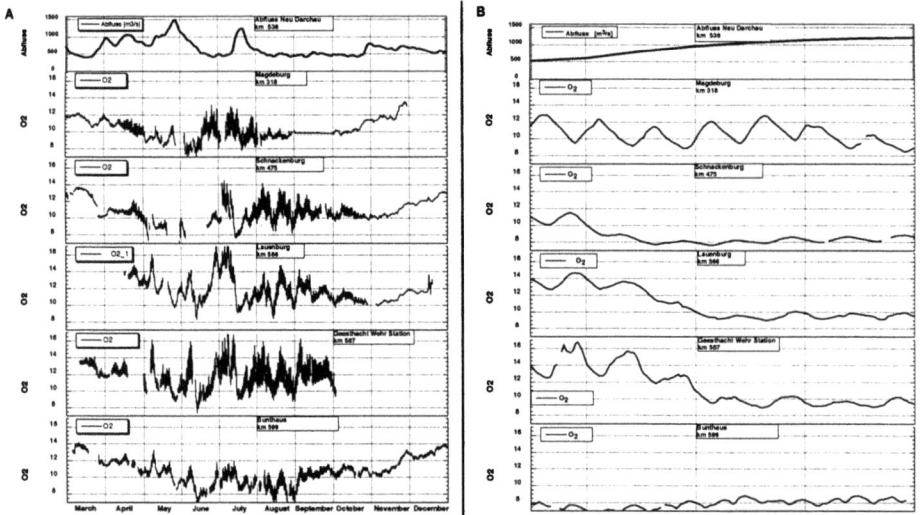

Abb.3. Vergleich der Station Geesthacht mit den Stationen der Überwachungsbehörden oberhalb und unterhalb (1996). A: Gesamtüberblick, B: Schlechtwetterereignis im Juli 96

In der Abb. 3(B) ist ein Schlechtwetterereignis im Juli 96 mit einer zusammenbrechenden Algenpopulation und einer nachfolgenden Hochwasserwelle herausgenommen worden. In diesem Auschnitt zeigt sich noch deutlicher, daß sich die Station Magdeburg signifikant von den anderen unterscheidet. Im Vergleich zum Wehr und der Station Lauenburg ist der Zusammenbruch der Primärproduktion an der Station Schnackenburg schon einen Tag früher zu erkennen.

Statistische Auswertung der Daten am Wehr Geesthacht: Die Daten der Station am Wehr Geesthacht wurden mit Hilfe statistischer Methoden analysiert, um die Hauptkomponenten der das System steuernden Prozesse zu erkennen. Die Abb. 4 zeigt als Beispiel das Ergebnis der Hauptkomponentenanalyse für das Jahr 1997. Mit den ersten beiden Komponenten können schon fast 60% des gesamten Systems beschrieben werden. Die 1. Komponente kann der biologischen Aktivität in dem System zugeordnet werden. Hauptfaktoren sind das Chlorophyllsignal, der pH-Wert und die Temperatur auf der einen und das gelöste Kohlendioxid und zu verschiedenen Anteilen die Nährstoffe inklusive Silikat auf der anderen Seite. Diese Variablen spiegeln die Primärproduktion bzw. den biologischen Abbau der Biomasse wieder. Die 2. Komponente kann als die Abflußkomponente bezeichnet werden. Hier sind in erster Linie die Leitfähigkeit (LF) und der Oberwasserabfluß selbst die dominierenden Parameter. Sehr ähnliche Zusammenhänge wurden auch bei der statischen Analyse aller Parameter der 14-tägigen Einzelproben entlang aller Elbestationen von Wittenberge bis Cuxhaven gefunden (Bertino et al. 1998).

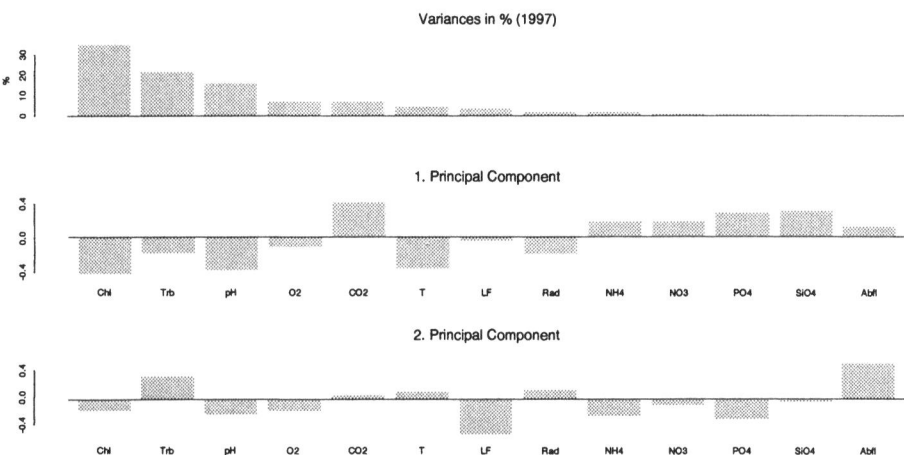

Abb.4. Hauptkomponentenanalyse der am Wehr Geesthacht gemessenen Parameter

4 Zusammenfassung

Die aus der Analyse der Beobachtungen ableitbaren spezifischen Prozeßparameter für Prozeß- bzw. Transportmodelle ermöglichen es, den Einfluß der chemischen und biologischen Prozesse auf die Gewässergüte besser zu beschreiben und Stofftransporte und Umsetzungen im Fluß und die Transporte aus dem Fluß in das Ästuar genauer zu quantifizieren (Schroeder 1997). Mit den Modellen können Monitoringstrategien optimiert und quantitative Aussagen zu Modellszenarien (z.B. Reduktion des diffusen Nährstoffeintrages) gemacht werden. Die aufgrund einer reinen statistischen Betrachtung gewonnen Ergebnisse bestätigen, daß für den Sauerstoff- und Nährstoffhaushalt die Dynamik der Algenaktivität von entscheidender Bedeutung ist. Erst in zweiter Linie wird das System durch den Abfluß gesteuert.

Literatur

Bergemann, M., Blöcker, G., Harms, H., Kerner, M., Meyer-Nehls, R., Petersen, W., Schroeder, F. (1996) Der Sauerstoffhaushalt der Tideelbe. Die Küste 58: 199-261

Bertino, L., Petersen, W., Wackernagel, H., Kappenberg, J., von Storch, H. (1998) Principal Component Analysis of the nutrient data in the river Elbe. in Vorbereitung

Guhr, H., Desortová, B., Spott, D., Bormki, G., Karrasch, B., Baborowski, M. (1998) Chlorophyll und Nährstoffe in der Elbe. Jahrestagung der Fachgruppe Wasserchemie, Lübeck

Schroeder, F. (1997) Water quality in the Elbe estuary: significance of different processes for the oxygen deficit at Hamburg. Environmental Modeling and Assessment 2: 73-82

Entwicklung geochemischer Barrieren zur naturnahen Demobilisierung von Schwermetallen aus Grubenwässern

Theofanis Zoumis, Wolfgang Calmano

1 Einleitung

Das Erzgebirge bildet eine der traditionsreichsten Erzlagerstätten in Mitteleuropa. Eines der wichtigsten Bergbaureviere ist das Freiberger Revier. Nach Einstellung des Bergbaus im Jahre 1969 wurde entschieden, die Grundwasserabsenkung nicht weiter fortzuführen und die Grubenhohlräume zu fluten. Die Flutung erreichte 1971 innerhalb des Hauptschachtes des Freiberger Revieres „Reiche Zeche" das Niveau des Rothschönberger Stollns (Kluge et al. 1994). Von hier aus wird das aufsteigende Grundwasser über den Stollen nach Übertage verfrachtet und in den Fluß Triebisch entwässert, der bei Meißen direkt in die Elbe mündet.

Die Absenkung des Grundwassers führte zu einer weitreichenden Oxidation der Resterzgehalte in den Gängen, die infolge der Flutung mobilisiert und größtenteils über den Schacht Reiche Zeche ausgetragen wurden und einen Extremschub an metallhaltigen Austrägen in die Triebisch verursachten. Im Laufe der Jahre fielen die Austräge asymptotisch ab und nähern sich nun einem relativen hohen „Gleichgewichtsniveau" an.

Seit 1990 wurden die letzten, noch in Betrieb befindlichen, Erzbergwerke im Gebiet des Erzgebirges schrittweise stillgelegt und befinden sich momentan in der Flutungsphase (Kluge et al. 1994).

Ziel ist es nun, die Schwermetallbelastung aus den Grubenbauen in die umliegenden Oberflächengewässer infolge von Sanierungsmaßnahmen in-situ zu verringern. Es soll eine möglichst kostengünstige Variante entwickelt werden, die eine Rückhaltung der Schwermetalle, bereits im Schacht, gewährleistet. Da eine technische Reinigung, außer den hohen Investitionskosten, auch sehr hohe Betriebskosten hervorruft, werden Stoffe gesucht, die in Schächte eingebracht werden und aufgrund ihrer Eigenschaften Schwermetalle sorbieren bzw. fällen können.

Die Materialien werden unter folgenden Gesichtspunkten ausgesucht:
- Sorptions- bzw. Fällungsvermögen für Schwermetalle,
- Kosten,
- Verfügbarkeit,
- Langzeitbeständigkeit.

Da der Kostenfaktor sehr wichtig ist, wird der Schwerpunkt der Materialsuche auf Abfallstoffe gelegt, die in Produktionsprozessen oder in der Natur anfallen. Mögliche Stoffe sind Baumrinde als Sorptionsbarriere, Rotschlamm als Sorptionsbarriere, Flugasche als Sorptions- bzw. Fällungsbarriere und Gips als Fällungsbarriere. Die genannten Materialien werden vergleichend charakterisiert (Oberflächenbestimmung nach BET, Pufferkapazität, Sorptionskapazität). Im vorliegenden Beitrag wird exemplarisch auf Baumrinde eingegangen.

Metalle werden durch Ionenaustausch an Rinde gebunden (Gaballah et al. 1994, Randall et al. 1974). Durch die Freisetzung von H^+-Ionen wird dabei der pH-Wert gesenkt. Diese Absenkung kann durch eine Vorbehandlung der Rinde verhindert werden (Gloaguen und Morvan 1997, Gaballah et al. 1997, Gaballah et al. 1994). Zunächst soll aber untersucht werden wie groß die Sorptionskapazität der Rinde ohne eine Vorbehandlung ist, da diese sehr zeit- und kostenintensiv ist.

2 Material und Methoden

Als Material für die aktive Barriere wird Rinde aus dem Harburger Haake - Wald im Süden von Hamburg untersucht. Es handelt sich hierbei um Eichen- und Kiefernrinde, die im Mitteleuropäischen Raum flächendeckend und in großer Anzahl vorkommt (Benkert et al. 1996, Schönfelder und Bresinsky 1990). Die Rinde wird zerkleinert, getrocknet und in drei Kornfraktionen (x < 125µm, 125 µm < x < 200 µm, 200 µm < x < 500 µm) aufgeteilt. Ihre Vorbelastung mit den Metallen Zn, Fe, Mn, Cd, Pb und Ni wird mittels HNO_3/H_2O_2-Aufschluß und AAS (Perkin Elmer PE 1100, Perkin Elmer PE Zeeman/3030 mit HGA - 300) bestimmt. Die Pufferkapazität wird als Säureneutralisierungskapazität bis zum pH-Wert 4,2 ($K_{S4,2}$) festgestellt (Calmano et al. 1993) und die spezifische Oberfläche wird nach BET bestimmt (NOVA-1200 BET Surface Area Analyzer).

Zur Untersuchung der maximal möglichen Beladung der Rinde mit Metallkationen werden Batchversuche mit einem Modellwasser durchgeführt, welches näherungsweise dem Grubenwasser aus dem „Reiche Zeche Schacht" im Freiberger Revier entspricht (Probenahme: Februar 1997).

Tab.1. Konzentrationen wichtiger Schwermetalle im Modellgrubenwasser

Element	Konzentration (mg/L)
Zn	111
Fe	53,7
Mn	15
Cd	0,1
Pb	0,04
Ni	0,1

Die Werte für Zn, Fe und Mn wurden jedoch bewußt höher angesetzt. Es handelt sich hierbei um Analysen kurz nach der Flutung des „Reiche Zeche Schachtes" (Kluge et al. 1994). Dabei werden pH, Redoxpotential, Leitfähigkeit, Sauerstoffgehalt, wichtige Kationen und Anionen berücksichtigt. Die genauen Startkonzentrationen für die wichtigsten Metalle sind in Tab. 1 aufgeführt.

Insgesamt werden mit jeder Kornfraktion drei Versuche durchgeführt. Dabei wird die Massenkonzentration der Rinde variiert (2,5 mg/L; 5 mg/L; 10 mg/L).

Die jeweilige Rindenmasse wird in ein vorgereinigtes Kunststoffgefäß gegeben. Nach Zugabe des Modellwassers wird das Gefäß geschüttelt. Durch eine Probenahme nach unterschiedlichen Zeiträumen und eine anschließende AAS-Analyse wird Sorptionskinetik für die Metalle Zn, Fe, Mn, Cd, Pb und Ni bestimmt.

Nach Abschluß der Probenahmen wird zur Überprüfung der Massenbilanz die übriggebliebene Rinde filtriert und zur Bestimmung der aufgenommenen Metalle aufgeschlossen und analysiert.

3 Ergebnisse und Diskussion

Die Vorbelastung der Rinde ist nicht sehr hoch, jedoch bei der Auswertung der Sorptionskapazität der jeweiligen Rinde zu berücksichtigen (Tab. 2).

Tab.2. Vorbelastung der Rinde mit Schwermetallen

Element	Beladung der Eichenrinde (µg/g)	Beladung der Kiefernrinde (µg/g)
Zn	22	20
Fe	190	150
Mn	118	60
Pb	n.n.	11
Ni	1	1
Cd	n.n.	2

Die Säureneutralisierungskapazität der beiden Rinden liegt zwischen 0,05 und 0,1 mmol/g. Die Pufferkapazität ist somit vernachlässigbar klein.

Die Untesuchungen der spezifischen Oberfläche nach BET ergaben 1,3388 m^2/g Eichenrinde und 1,0857 m^2/g Kiefernrinde. Dieser Wert ist von der Korngröße abhängig und soll zunächst nur als Anhaltspunkt für Vergleiche zu anderen Materialien dienen.

Die Ergebnisse der Sorptionsversuche sind mit der bereits erwähnten Theorie gut in Einklang zu bringen. Der pH sank zu Beginn (nach ca. 1 Min.) rapide von 6,2 auf einen Wert um 4 und danach nur noch langsam bis auf 3,6 ± 0,2. Die geringen Abweichungen sind abhängig von der eingesetzten Rindenoberfläche. Je größer die Masse und spezifische Oberfläche, desto stärker ist der Ionenaustausch zwischen H$^+$ und Metallkationen. Das Absinken des pH-Wertes in den Modellversuchen führt zu einer verringerten Schwermetalldemobilisierung. In der Praxis ist mit einer derartigen pH-Verringerung aufgrund der Pufferkapazität des Grubenwassers (Carbonat) nicht zu rechnen. Jedoch ist an folgenden Abbildungen (Abb. 1 und Abb. 2) zu erkennen, daß alle berücksichtigten Metalle von der Rinde sorbiert wurden.

Gewässerschutz im Einzugsgebiet der Elbe

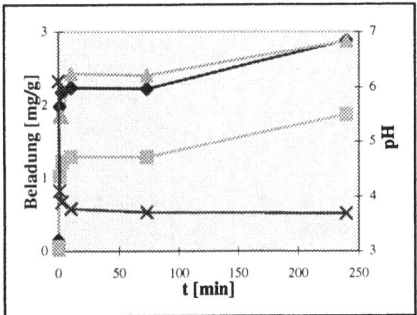

Abb.1. Sorptionskapazität der Kiefernrinde für Zn (▲), Fe (♦), Mn (∗) [Fest - flüssig - Verhältnis: 10 g/L]

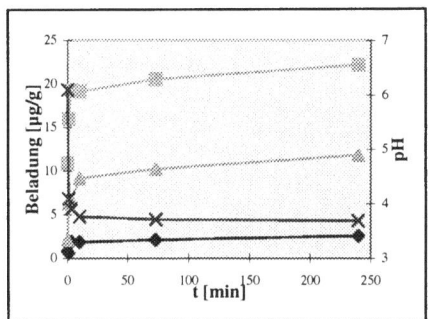

Abb.2. Sorptionskapazität der Kiefernrinde für Ni (▲), Cd (♦), Pb (■) [Fest - flüssig - Verhältnis: 10 g/L]

Die beiden Diagramme geben beispielhaft das Sorptionsvermögen von Kiefernrinde für verschiedene Schwermetalle wieder. Hierbei handelt es sich um einen Versuch mit der Korngröße 500 µm < x < 1000 µm und einer Massenkonzentration von 10 g/L. Wie deutlich zu erkennen ist, findet eine Sorption der Schwermetalle, parallel zur pH-Absenkung, bereits nach wenigen Minuten statt. Nach der Einstellung eines relativ konstanten pH-Werts kommt es erneut zu einem Anstieg der Rindenbeladung. Mögliche Gründe dafür können Oberflächenkomplexierungsprozesse bzw. Mitfällungsprozesse (Fe-oxid/-hydroxid) sein.

Die weiteren Ergebnisse ähneln dem Verlauf obiger Kurven. Die Eichenrinde erzielte bei einem vergleichbaren Versuch für Zn eine Beladung von 9 mg/g, für Fe 6 mg/g, für Mn 1 mg/g, für Pb 24 µg/g, für Ni 25 µg/g und für Cd 20µg/g. Die Sorptionsraten können durch ein geeignetes Puffersystem (z.B. durch Beimischung von Flugasche oder Kalkstein), das einen pH-Wert im neutralen Bereich garantiert, noch erhöht werden. Nach Untersuchungen an weiteren Materialien sollen einzelne Stoffe und Kombinationen verschiedener Stoffe in Kolonnenversuchen realistischeren Bedingungen ausgesetzt werden. Dadurch läßt sich die Schwermetallrückhaltung für die Praxis realistisch abschätzen.

Literatur

Calmano, W., Hong, J., Förstner, U. (1993) Binding and mobilization of heavy metals in contaminated sediments affected by pH and redox potential, Wat. Sci. Tech., 28, 8-9, 223-235

Gaballah, I., Kilbertus, G. (1994) Elimination of As, Hg, and Zn from synthetic solutions and industrial effluents using modified bark, Seperation Processes: Heavy Metals, Ions and Minerals, 15-26

Gloaguen, V., Morvan, H. (1997) Removal of heavy metal ions from aqueous solution by modified barks. J. Environ. Sci. Health, A32(4), 901-912

Kluge, A., Martin, M., Hoppe, T., Beuge, P. (1994) Geochemische Untersuchungen in stillgelegten Grubenbauen. TU Bergakademie Freiberg, Institut für Mineralogie

Ergebnisse des BMBF-Verbundvorhabens: Geogener Background im Elbe-Einzugsgebiet

Rüdiger Furrer

1 Einführung und Struktur des Forschungsverbundes

Seit 1992 werden die Schwermetall-Belastungen von Sedimenten im Einzugsgebiet der Elbe systematisch erfaßt. Ein Hauptschwerpunkt dieser bisherigen Forschungsvorhaben lag darin, die Istsituation der Schwermetallbelastung der Sedimente zu ermitteln. Im Rahmen des BMBF-Leitprojekts „Elbe 2000" wurden hierzu die Verbundvorhaben „Elbe-Nebenflüsse, Teil 1 (06/91-12/94)", „Elbe-Nebenflüsse, Teil 2 (11/92-10/95)" und „Strom-Elbe (06/93-05/96)" mit insgesamt 26 Teilprojekten durchgeführt.

Zur Bewertung von gemessenen Schwermetallkonzentrationen werden Klassifikationssysteme benötigt. In der Elbe-Forschung kamen dabei im wesentlichen diejenigen nach Müller aus dem Jahr 1979 und der Arbeitsgemeinschaft zur Reinhaltung der Elbe und dem Umweltbundesamt (ARGE/UBA) aus dem Jahr 1992 zum Einsatz. Im Gegensatz zu zahlreichen organischen Schadstoffen existieren für sämtliche Schwermetalle sog. geogene Background-Konzentrationen. Diese ergeben sich aus der Verwitterung der Mineralien und Gesteine des Einzugsgebietes. So ist es naheliegend, diese geogenen Grund-Belastungen zur Ableitung der höchsten Güte-Klasse („anthropogen unbelasteter Zustand") zu nutzen. Nach Müller dienen hierzu die globalen mittleren Belastungen von Tongesteinen nach Turekian und Wedepohl aus dem Jahr 1961, die mit dem Faktor 1,5 multipliziert werden, um geringe geogene Schwankungen mit einzubeziehen. Nach ARGE/UBA dienen hierzu experimentell ermittelte Daten des Elbe-Abschnittes von Schnackenburg bis zur See (ARGE-Elbe 1988). Tab. 1 zeigt die Konzentrationsobergrenzen beider Klassifizierungssysteme für die sieben als prioritär erkannten Schwermetalle.

Tab. 1. Konzentrationsobergrenzen der höchsten Güte-Klassen nach G. Müller und ARGE/UBA

Höchste Güte-Klasse nach:		Cd	Hg	Pb	Zn	Cr	Cu	Ni
					Konz. in mg/kg			
Müller	Klasse 0	0,45	0,6	30	140	140	68	100
ARGE/UBA	Klasse I	0,4	0,4	30	110	80	30	30

Signifikante Unterschiede ergeben sich dabei nur für diejenigen Elemente, die in weiten Teilen des Elbe-Einzugsgebiets gegenüber dem globalen Mittelwert deutlich abgereichert vorliegen. Dies gilt für Nickel, Kupfer und Chrom. Während die Background-Werte nach ARGE/UBA bestens zur Ermittlung des natürlichen Eintrags von Schwermetallen in die Nordsee geeignet sind, können sie bei der Anwendung auf Teileinzugsgebiete bestenfalls als Näherungswerte dienen. Gleiches gilt für die Anwendung der um 1,5 multiplizierten globalen Background-Werte, wobei die bisherige Erfahrung allerdings zeigte, daß dies in den meisten Fällen gerechtfertigt war.

Die geologische Vielfalt der Teileinzugsgebiete der Elbe, insbesondere des Erzgebirges, schränkt jedoch das Arbeiten mit überregionalen Background-Werten ein, insbesondere wenn zwischen anthropogener und geogener Belastung unterschieden werden soll. Als Beispiel sei hier nur die Anreicherung von Cadmium im Einzugsgebiet der Freiberger und Zwickauer Mulde aufgeführt. Gemäß dem o.g. Tongesteinstandard von 0,3 mg/kg wäre bereits ein Großteil der Quellbäche als stark bis übermäßig belastet einzustufen, obwohl diese größtenteils nur indirekt, d.h. über atmosphärischen Partikeltransport, anthropogenen Belastungen ausgesetzt sind.

Vor diesem Hintergrund war es das Ziel dieses Verbundvorhabens, eine ökologische Bewertung der Schwermetallbelastung des gesamten Elbe-Einzugsgebietes auf der Basis verbesserter regionaler, d.h. speziell angepaßter, Background-Werte vorzunehmen. Ferner ist es zur Formulierung von realistischen Sanierungszielen unerläßlich, differenzierte Background-Werte zu kennen, um so zwischen anthropogener und natürlicher Belastung unterscheiden zu können.

An dem Verbundvorhaben „geogener Background im Elbe-Einzugsgebiet" arbeiten die folgenden Forschungseinrichtungen und Behörden:

Elbe-Strom	GKSS Forschungszentrum Geesthacht
tschechische Nebenflüsse	Institut für Wasserforschung Prag (VÚV-Praha)
Einzugsgebiet der Saale	Geologisches Landesamt Sachsen-Anhalt
	Thüringer Landesanstalt für Geologie
	Sächsische Akademie der Wissenschaften zu Leipzig
Einzugsgebiet der Schwarzen Elster, Havel und Spree	Universität Heidelberg
	Landesanstalt für Rohstoffe und Geologie Brandenburg
	Freie Universität Berlin
Einzugsgebiet der Mulde	Bergakademie Freiberg
Grundgebirgsgeprägte Einzugsgebiete	Landesanstalt für Umwelt und Geologie Sachsen
Spezielle Analytik	Universität Leipzig
Altersdatierungen	Verein für Kernverfahrenstechnik und Analytik Rossendorf

2 Vorgehensweise zur Ermittlung von geogenen Schwermetall-Belastungen

Die Ermittlung geogener Hintergrundbelastungen basiert im wesentlichen auf der Untersuchung von holozänen Auenlehmen, die hinsichtlich Genese und lithofazieller Ausbildung als natürliche Äquivalente von rezenten Gewässersedimenten angesehen werden können.

Bei der Ableitung von Background-Werten aus der Schwermetallverteilung von Auenlehm-Profilen waren folgende Einflußgrößen zu berücksichtigen:

- In jüngeren Überflutungsbereichen treten häufig auch in größeren Tiefen anthropogene Metallbelastungen auf. Diese können durch unterschiedliche Pedoturbationsprozesse in tiefere Bodenhorizonte verlagert worden sein. Derartige Kerne müssen verworfen werden.
- In pedogenetisch stärker differenzierten Profilen ist darauf zu achten, daß im oberen grundwasserbeeinflußten Horizont (Go-Horizont) bereits Schwermetalle aus dem grundwasserunbeeinflußten Horizont (M-Horizont) ausgefällt werden. Grundwasserbeeinflußte Horizonte wie auch der humose Oberboden (Ah-Horizont) eignen sich nicht zur geogenen Background-Ermittlung.
- Bei geringen Profilmächtigkeiten zwischen (anthropogen belastetem) Oberboden und grundwasserbeeinflußten Horizonten kamen alternative Methoden (z.B. frühere Besiedlungshorizonte o.ä.) zum Einsatz.

3 Bisherige Ergebnisse

Um eine Vorwegnahme der Ergebnisse von Projektpartnern, die hier ebenfalls Beiträge liefern, zu vermeiden, beziehen sich die Ergebnisse der Nebenflußuntersuchungen ausschließlich auf die Mündungsbereiche, also auf die sog. Elbe-relevanten Daten. Es sei ferner darauf hingewiesen, daß bei Erstellen dieser Übersicht das Verbundvorhaben nicht abgeschlossen war (12/98). Es können daher nach Auswertung sämtlichen Datenmaterials u.U. Korrekturen dieser Werte nötig erscheinen. Die bisherigen Ergebnisse sind in Tab. 2 zusammengefaßt. Unter T&W sind die globalen Hintergrundbelastungen nach Turekian und Wedepohl aufgeführt.

Im gesamten Einzugsgebiet sind für die Elemente Blei, Zink, Arsen und Silber positive Abweichungen von mittleren globalen geogenen Belastung festgestellt worden. Dabei ergibt sich für die Elbe und die Nebenflüsse mit Ausnahme der Mulde (Entwässerung des Erzgebirges) ein recht einheitliches Bild. Es gilt:

Blei	($\approx 1{,}5 \cdot$ T&W)	(Mulde: $3{,}8 \cdot$ T&W)
Zink	($\approx 1{,}7 \cdot$ T&W)	(Mulde: $4{,}9 \cdot$ T&W)
Arsen	($\approx 1{,}8 \cdot$ T&W)	(Mulde: $5{,}5 \cdot$ T&W)
Silber	($\approx 6{,}0 \cdot$ T&W)	(Mulde: -)

Negative Abweichungen weisen die Elemente Quecksilber, Nickel, Kupfer und Chrom auf. Nur bei Kupfer spielt die Mulde wiederum eine Sonderrolle.

Quecksilber	($\approx 0{,}3 \cdot$ T&W)	
Nickel	($\approx 0{,}7 \cdot$ T&W)	
Kupfer	($\approx 0{,}9 \cdot$ T&W)	(Mulde: $1{,}6 \cdot$ T&W)
Chrom	($\approx 0{,}6 \cdot$ T&W)	

Für Cadmium ergibt sich ein völlig uneinheitliches Bild zwischen extremer geogener Anreicherung (Mulde: $12 \cdot$ T&W), mäßiger Anreicherung (Elbe: $1{,}7 \cdot$ T&W), mittlerem

Gewässerschutz im Einzugsgebiet der Elbe

globalen Wert (Eger), mäßiger Abreicherung (Moldau, Saale und Havel: 0,7 · T&W) und starker Abreicherung (Schwarze Elster: 0,3 · T&W).

Erhöhte geogene Uranbelastungen wurden in der Elbe und der Mulde (≈ 1,6 · T&W) ermittelt.

Tab.2. Vorläufige Background-Daten (Die Background-Daten der Nebenflüsse gelten jeweils für die Mündungsbereiche, Ausnahme Moldau: Oberlauf).

	Elbe/CZ	Elbe/BRD	Moldau	Eger	Schw. E.	Mulde	Saale	Havel	T&W
Ag	0,35	0,4	0,6	0,354	-	-	0,4	-	0,07
As	16	25	24	53	13	71	14	19	13
Cd	0,5	0,5	0,2	0,3	0,1	3,6	0,2	0,2	0,3
Cr	120	120	140	110	50	45	70	23	90
Cu	34	29	33	40	45	72	60	25	45
Hg			0,08	0,1	0,2	0,08	0,08	0,25	0,4
Ni	53	49	80	43	40	35	57	25	68
Pb	30	28	32	35	30	75	24	25	20
U	5,6	7	-	-	-	60	2,2	-	3,7
Zn	160	160	200	190	130	470	135	120	95

Verglichen mit den Belastungen des rezenten Sediments (1996) liegen die geogenen Anteile von Cadmium, Quecksilber, Zink und Silber im Mittel unter 15 %, von Blei bei 30%. Bedingt durch den ehemaligen Uranbergbau sind in der Mulde nur 12 % des Urans geogen, in der Mittleren Elbe aber bereits 64 %. Erhöhte anthropogene Arsenkonzentrationen sind ebenfalls auf die Mulde beschränkt; in der Elbe ist jedoch über drei Viertel des Arsens geogenen Ursprungs. Tab. 3 zeigt das Verhältnis zwischen anthropogener und geogener Belastung in den Teileinzugsgebieten der Elbe.

Tab.3. Verhältnis zwischen anthropogener und geogener Belastung. Die Daten der rezenten Sedimentbelastungen wurden 1996 erhoben.

	Elbe/CZ	Elbe/BRD	Moldau	Eger	Schw. E.	Mulde	Saale	Havel
Ag	20	17,5	1,7	7,7	-	-	-	-
As	2,2	1,4	1,3	1,5	1,3	1,8	1,6	1,1
Cd	4	9	10	10	45	12	25	70
Cr	0,8	0,8	-	-	2,8	2,4	1,1	3,9
Cu	2,4	2,9	-	-	1,3	2,1	2,2	6,4
Hg	-	-	3,1	14	5,5	110	82	7,2
Ni	0,6	0,7	-	-	1,1	1,9	0,7	1,2
Pb	2,5	3,6	2,7	3,7	2,5	3,2	5,4	11
U	1,1	1,4	-	-	-	8,3	-	-
Zn	2,5	5,3	1,7	4,1	8,5	5,7	6,9	23

Ich danke allen Partnern des Verbundvorhabens für die Bereitstellung ihres Datenmaterials.

Geogene Hintergrundwerte als Bewertungsgrundlage der Schwermetallbelastungen im gesamten Elbeverlauf

Andreas Prange, Frank Krüger, Eckard Jantzen, Karel Trejtnar, Günter Miehlich

1 Einleitung

Hintergrundwerte sind Konzentrationen von Stoffen in Umweltkompartimenten, die sich ohne anthropogene Einflüsse eingestellt haben und damit den natürlichen Zustand charakterisieren. Im Gegensatz zu Hintergrundwerten als eine eher wertneutrale, rein geochemische Bewertungsgrundlage sind die meisten Qualitätsanforderungen von Wertvorstellungen geprägt. Hintergrundwerte sind daher im allgemeinen eine geeignete Grundlage zur Feststellung eines Referenzzustandes und nur in Ausnahmefällen auch zur Festlegung von Zielvorgaben geeignet. Eine derartige Ausnahme betrifft Zielvorgaben für Schwermetalle zum Schutz der aquatischen Lebensgemeinschaften. Schudoma (1994) hat im Rahmen eines Auftrages des BLAK QZ (Bund/Länder-Arbeitskreises „Qualitätsziele") herausgestellt, daß die NOEC-Werte (No Observation Effect Concentration) für empfindliche Arten der aquatischen Lebensgemeinschaften im Bereich der natürlichen Hintergrundkonzentrationen in Fließgewässern liegen und Zielvorgaben (90-Perzentilwerte) in Höhe des doppelten oberen Hintergrundwertes aufgestellt. Zielvorgaben - und damit im Fall der Schwermetalle auch Hintergrundwerte - können somit eine geeignete Grundlage für die chemische Klassifizierung der Schadstoffbelastung von Fließgewässern darstellen (Irmer 1997).

Es hat auf dem Gebiet der Hintergrundwertermittlung an der Elbe bereits mehrere Untersuchungen gegeben, die sich allerdings auf den Unterlauf und den unteren Mittellauf (ab Pevestorf) der Elbe beschränkten. Zur Beurteilung der rezenten Sedimente des übrigen Elbegebietes wurde bisher der Geoindex nach Müller (1979), dem der Internationale Tongesteinsstandard von Turekian und Wedepohl (1961) zugrunde liegt, herangezogen (Lochovsky und Puncochar 1995; Prange et al. 1995).

Da die stoffliche Zusammensetzung der Elbesedimente und Schwebstoffe bei einer Länge des Flusses von etwa 1091 km und einem Einzugsgebiet von 148.268 km^2 dem Einfluß vieler geologischer Formationen unterliegt (Kempe 1992), erschien es fraglich, ob eine Beurteilung der Sedimente und Schwebstoffe nach bisherigen Bewertungsgrundlagen ausreicht. Wichtige Fragen waren daher:
- *Gibt es für das Elbeeinzugsgebiet andere, Elbe-charakteristische geogene Hintergrundwerte?*
- *Lassen sich für den gesamten Elbeverlauf einheitliche geogene Hintergrundwerte für die einzelnen Schwermetalle festlegen oder gibt es deutliche regionale Unterschiede?*
- *Müssend aufgrund Elbe-charakteristischer Hintergrundwerte die Zielvorgaben für ein Klassifizierungssystem der Gewässergüte überarbeitet werden?*

Erstmals wurden während dieser Arbeit geogene Hintergrundwerte aus drei charakteristischen Auengebieten ermittelt, die den Einfluß des Riesengebirges, des Moldaueinzugsgebietes und des Erzgebirges auf die Elbe widerspiegeln.

Ziel der hier beschriebenen Untersuchungen war die Erarbeitung neuer Bewertungsgrundlagen für die aktuellen Schwermetallbelastungen des gesamten Elbeverlaufs auf der Basis Elbe-typischer geogener Hintergrundwerte.

Diese Arbeit ist Bestandteil des BMBF-Forschungsvorhabens „Erfassung und Beurteilung der Belastung der Elbe mit Schadstoffen" und wurden vom GKSS-Forschungszentrum, Geesthacht in Zuammenarbeit mit der Povodí Labe, Hradec Králové und dem Institut für Bodenkunde der Universität Hamburg wahrgenommen.

2 Methodische Arbeiten

Mit Hilfe umfangreicher bodenkundlicher Sondierungen und Untersuchungen sowie durch Auswertung historischen Kartenmaterials wurden geeignete Probeentnahmestellen innerhalb der drei Untersuchungsgebiete für die Bestimmung von Hintergrundwerten festgelegt. Ergebnisse aus ^{14}C-Datierungen an pflanzlichen Großresten und Sedimenten unterstützten die Auswahl geeigneter Proben, deren Alter zwischen 400 und 2000 Jahren betrug. Aus den gewonnenen 2 bis 5 m langen Sedimentkernen wurden in äquidistanten Abständen (ca. 20 bis 30 cm) 1cm-Scheiben zur Analyse herauspräpariert. Es wurden für fast 60 Elemente Elbe-charakteristische Hintergrundwerte nach Fraktionierung der Sedimente und Totalaufschluß der < 20µm Fraktion bestimmt. Dies wurde durch die Anwendung verschiedener atom- und kern-spektrometrischer Methoden erreicht, wie sie in dieser Kombination am Institut für Physikalische und Chemische Analytik des GKSS-Forschungszentrums vorgehalten und betrieben werden. Mit Hilfe von Clusteranalysen wurden die anthropogen beeinflußten Profilbereiche gekennzeichnet, so daß die Analysenergebnisse dieser Profilbereiche bei der Hintergrundwertermittlung keine Berücksichtigung fanden. Aus den verbliebenen Ergebnissen der Sedimentkerne wurden Mediane bestimmt, die die Basis für die Ermittlung der Hintergrundwerte darstellten. Der Elbe-Hintergrundwert wurde als Durchschnittswert aus den regionalen Hintergrundwerten errechnet.

3 Elbe-relevante geogene Hintergrundwerte

Ein wesentliches Ergebnis dieser Arbeit ist, daß sich die regionalen Hintergrundwerte und die für die gesamte Elbe abgeleiteten Hintergrundwerte für viele Elemente von dem Internationalen Tongesteinsstandard unterscheiden. So wurden beispielsweise Chrom-, Zink-, Arsen-, Silber-, Cadmium- und Bleibelastungen entlang der gesamten Elbe, mindestens aber regional, stark überschätzt. Im Gegensatz dazu wurden Kupfer-, Molybdän- und Zinnbelastungen mindestens regional zu niedrig bewertet. Der Vergleich der Gesamtelbe-Hintergrundwerte mit den ARGE-Elbe Daten (Stachel und Lüschow 1996) macht deutlich, daß Zink, Chrom, Nickel und Arsenbelastungen zu hoch eingeschätzt wurden. Tab. 1 zeigt eine kleine Auswahl der für die Elbe ermittelten neuen geogenen Hintergrundwerte.

Tab.1. Regionale geogene Hintergrundwerte und daraus für den gesamten Elbestrom (exclusive Tideelbe) abgeleitete Hintergrundwerte mit ihren maximal und minimal Werten

	Regionale geogene Hintegrundwerte			Geogene Hintergrundwerte des Elbestroms		
	Hradec Králové [mg/kg]	Roudnice [mg/kg]	Tangermünde [mg/kg]	Elbe-GHW [mg/kg]	Minimum [mg/kg]	Maximum [mg/kg]
Cr	110	124	117	117	136	94
Ni	52	57	50	53	66	28
Cu	31	35	30	32	42	23
Zn	161	162	127	150	187	73
As	28	22	24	24	50	5,4
Ag	0,3	0,4	0,3	0,3	0,5	0,2
Cd	0,6	0,4	0,3	0,4	1,3	0,1
Pb	36	23	27	29	47	16
U	5,8	5,8	7,8	6,5	14	3,5

Unter ausschließlicher Betrachtung der errechneten Durchschnittswerte belegt der Vergleich der natürlichen Elementmuster zwischen den Regionen, daß im Einflußbereich des *Riesengebirges*, wo die Auensedimente durch ihre Rotfärbung den Einfluß des Rotliegenden auf die Sedimentzusammensetzung erkennen lassen, um mehr als 30 % erhöhte Gehalte für Bor, Schwefel, Cadmium, Zinn und Blei zu finden sind. Im *Moldau-Einflußbereich* wurden noch um mehr als 30% erhöhte Hintergrundwerte für die Elemente Calcium und Mangan ermittelt. Im Einflußbereich des *Erzgebirges* liegt nur der geogene Urangehalt um 30% über dem der anderen Regionen. Ansonsten fällt bei Tangermünde gegenüber den anderen Regionen der um mehr als 30% erniedrigte Hintergrundwert von Bor sowie der niedrigste Cadmiumwert auf. Zusammenfassend ist festzustellen, daß unter Berücksichtigung natürlicher Minimal- und Maximalwerte nur geringe regionale Einflüsse vorliegen. Die relative Uniformität der Auensedimente erlaubt es, *Gesamtelbe-Hintergrundwerte* abzuleiten (exklusive der Tideelbe, da dort Regionalität aufgrund der Elbe-aufwärtstransportierten Nordseesedimente weiterhin Berücksichtigung finden muß). Diese Elbe-Hintergrundwerte lassen sich aus den Durchschnittswerten der regionalen geogenen Hintergrundwerte errechnen. Auch für die Minimum- und Maximumwerte wurden die Ergebnisse aus den drei Regionen zugrunde gelegt.

4 Neue Qualitätsziele auf der Basis eines überarbeiteten Klassifikationssystems

Der Vergleich der neuen Hintergrundwerte mit dem ARGE-Elbe-Klassifikationssystem (Stachel und Lüschow 1996) macht deutlich, daß die natürlichen Elementkonzentrationen oberhalb des Geesthachter Wehrs für Chrom, Nickel und Arsen bereits über den Zielvorgaben der Gewässergüteklasse II liegen. Dem entsprechend müssen die Elbecharakteristischen Hintergrundwerte für eine Überarbeitung des Klassifizierungssystems für Schwebstoffe und Sedimente herangezogen werden.

Tab.2. Überarbeitete Klassifikation für ausgewählte Elemente auf Basis der neuen, Elbe-relevanten geogenen Hintergrundwerte

	Gewässergüteklassen						
	I Elbe-GHW* [mg/kg]	I-II Max.-GHW [mg/kg]	II ZV** [mg/kg]	II-III [mg/kg]	III [mg/kg]	III-IV [mg/kg]	IV [mg/kg]
Cr	117	²136	²467	²934	²1870	²3740	³3700
Ni	53	²66	²212	²425	²849	²1700	³1670
Cu	32	²42	²129	²257	²514	²1030	³1030
Zn	150	²187	²600	²1200	²2400	²4800	³4800
As	24	²50	²97	²194	²389	²778	³778
Cd	0,4	²1,3	²2	²3	²7	²13	³13
Hg	<0,3	²0,3	²1,2	²2,4	²4,8	²9,6	³10,0
Pb	29	²47	²115	²229	²459	²918	³918

* Geogene Hintergrundwerte des Elbestroms
** Zielvorgaben

Hier wird ein überarbeitetes geochemisches Klassifizierungssystem für den Elbestrom von der Quelle bis zum Geesthachter Wehr vorgeschlagen. Die Tab. 2 gibt einen Auszug der erzielten Ergebnisse. Die Gewässergüteklasse I, das Leitbild, entspricht den neuen geogenen Hintergrundwerten des Elbe-Ober- und Mittellaufes. Gewässergüteklasse I-II entspricht den natürlich vorkommenden Maximalwerten, die in der < 20 µm-Fraktion aus Auenböden ermittelt wurden. Die Zielvorgaben (Gewässergüteklasse II) werden auf das Vierfache des Hintergrundwertes festgelegt. Vereinzelt sollte bei ökotoxikologisch relevanten Metallen, wie z.B. bei Arsen, die Zielvorgabe in der Gewässergüteklasse I-II liegen. In den Fällen, wo der natürliche Maximalwert das Vierfache des Durchschnittswertes übersteigt, wird empfohlen, die Zielvorgabe in der Gewässergüteklasse I-II zu belassen. Die weitere Abstufung der Güteklassen erfolgt durch Multiplikation mit dem Faktor 2.

5 Zusammenfassung

Erstmals wurden in dieser Arbeit für die Elbe geogene Hintergrundwerte von fast 60 Elementen aus drei charakteristischen Auengebieten ermittelt, die den Einfluß des Riesengebirges, des Moldaueinzugsgebietes und des Erzgebirges auf die Elbe wiederspiegeln. Dabei zeigte sich, daß die Elbe eigene, charakteristische Hintergrundwerte hat, die vom Internationalen Tongesteinsstandard abweichen. Die natürliche Streuung der geogenen Elementgehalte machte es möglich, für das gesamte Einzugsgebiet oberhalb des Geesthachter Wehrs einheitliche Hintergrundwerte festzulegen. Der Vergleich mit den Hintergrundwerten der ARGE-Elbe machte deutlich, daß Elbesedimente in tidebeeinflußten sowie in tideunbeeinflußten Flußabschnitten getrennt beurteilt werden müssen.

Daraus ergab sich auch die Notwendigkeit, daß bestehende Klassifikationssystem an die Gegebenheiten oberhalb des Geesthachter Wehrs anzupassen.

Literatur

Irmer, U. (1997) Bedeutung von Hintergrundwerten für Qualitätsanforderungen an Oberflächengewässern, Book of Abstracts: IKSE-Workshop, Bewertung der Ergebnisse aus der Elbschadstofforschung - Empfehlungen für die Praxis

Kempe, S. (1992) Die Elbe - Der geologische Blick, S. 25-31 In: Deutsches Historisches Museum, Nicolai (Hrsg.) Die Elbe ein Lebenslauf

Lochovsky, P., Puncochar, P. (1995) Heavy metals in sediments and biomass of the River Elbe in the Czech Republic, in Heavy Metals in the Environment, Volume 1, 336-339

Müller, G. (1979) Schwermetalle in den Sedimenten des Rheins - Veränderungen seit 1971, Umschau 24, 778-783

Prange, A., von Tümpling, W., Niedergesäß, R., Jantzen, E. (1995) Die gesamte Elbe auf einen Blick, Wasserwirtschaft-Wassertechnik 7, S. 22-33

Schudoma, D. (1994) Ableitung von Zielvorgaben zum Schutz oberirdischer Binnengewässer für die Schwermetalle Blei, Cadmium, Chrom, Kupfer, Nickel, Quecksilber und Zink, UBA-Texte 52/94

Stachel, B., Lüschow, R. (1996) Entwicklung der Metallgehalte in den Sedimenten der Tideelbe 1979-1994. Arbeitsgemeinschaft für die Reinhaltung der Elbe - Hamburg

Turekian, K.K., Wedepohl, K.H. (1961) Distribution of the elements in some major units of the earth´s crust, Bull. Geol. Soc. Am. 72, 175-192

Geogene Hintergrundgehalte zahlreicher Metalle und des Arsens in feinkörnigen Flußsedimenten unterschiedlicher Teileinzugsgebiete der Saale

Ansgar Müller, Lutz Zerling, Christiane Hanisch, Annette Walther, Antje Mroczek

Untersuchungen zur Schwermetallsituation im Gewässersystem der Saale (Truckenbrodt et al. 1995, Müller et al. 1998) führten zum Nachweis unterschiedlich stark schwermetallbelasteter rezenter Flußsedimente. Die Bewertung mittels I_{geo}-Klassen (Müller 1979) basiert auf global gültigen Mittelwerten für Tone und tonige Gesteine aus dem Jahre 1961 (sog. „Tongesteinsstandard" nach Turekian und Wedepohl 1961). Um die aktuellen Belastungen fundierter bewerten und realistische Sanierungsziele formulieren zu können, machte es sich notwendig, die geogenen Hintergrundgehalte für die entsprechenden Metalle zu ermitteln. Es war anzunehmen, daß sich diese in verschiedenen Gewässerabschnitten und Teileinzugsgebieten aufgrund der nach Art und Umfang unterschiedlichen natürlichen Mineralisationen wesentlich voneinander unterscheiden und daß sie vom globalen Mittelwert abweichen würden. Ziel der Arbeiten, die sich im Rahmen eines Verbundvorhabens des BMBF zum „Geogenen Hintergrund" vollzogen, war es, regionale Standardwerte für zahlreiche Metalle in feinkörnigen fluviatilen Sedimente festzulegen, um die anthropogenen Metallkonzentrationen auf sie zu beziehen.

Bei ersten Profilbearbeitungen wurde deutlich, daß die geogenen Metallgehalte bei gleichem Einzugsgebiet starken Veränderungen je nach lithologischer Ausbildung (z.B. Korngröße, Schichtung, pH-Wert, C_{org}-Gehalt), den faziellen Verhältnissen, der auenmorphologischen und pedogenetischen Entwicklung, der Position im Profil, den Grundwasserverhältnissen und anderen Faktoren unterworfen sind. Aus diesem Grund muß der jeweils genannte *geogene Hintergrundwert ausreichend definiert* werden. Entsprechend sind die Analysenproben für diesen so definierten Hintergrundwert auszuwählen bzw. zu verwerfen. Dementsprechend werden die für die oben genannten Zwecke ermittelten Hintergrundwerte definiert als „königswasserlösliche Metallgehalte der Kornfraktion < 20 µm feinkörniger fluviatiler Sedimente im oxidierenden Profilbereich unter Ausschaltung humusreicher Oberböden, anthropogener Kontaminations- und grundwasserbedingter Ausfällungshorizonte sowie limnisch-fluviatiler organogener und karbonatischer Bildungen". Im wesentlichen handelt es sich dabei um Auenlehme der Bodenform Vega (insbesondere um allochthone, braune Auenböden) und Übergangsformen zwischen Vega und Gley.

Nachdem bereits erste Ergebnisse vorgelegt werden konnten (Müller sowie Zerling et al. 1996), können nunmehr die geogenen Hintergrundwerte für 47 Elemente in feinkörnigen Flußsedimenten für ca. 30 Flußabschnitte bzw. Teileinzugsgebiete der Saale und ihrer Nebenflüsse angegeben werden. Diese regionalen Hintergrundwerte sollen in Abhängigkeit von der Geologie des Einzugsgebietes und Entwicklung im Flußlauf betrachtet werden.

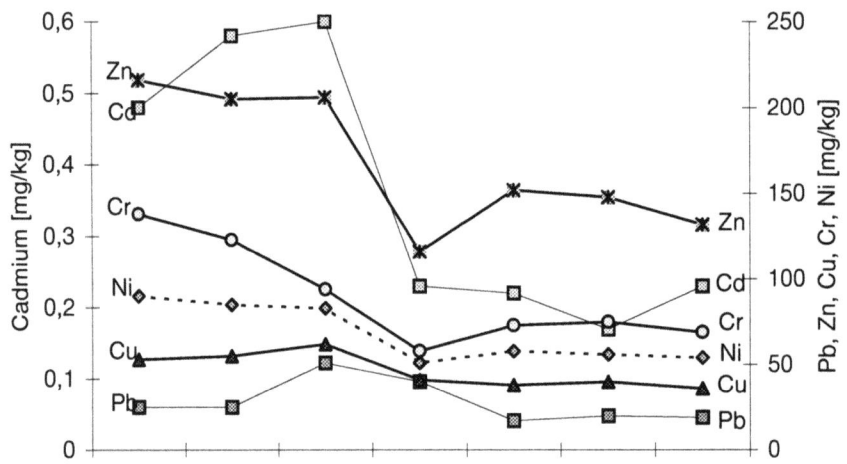

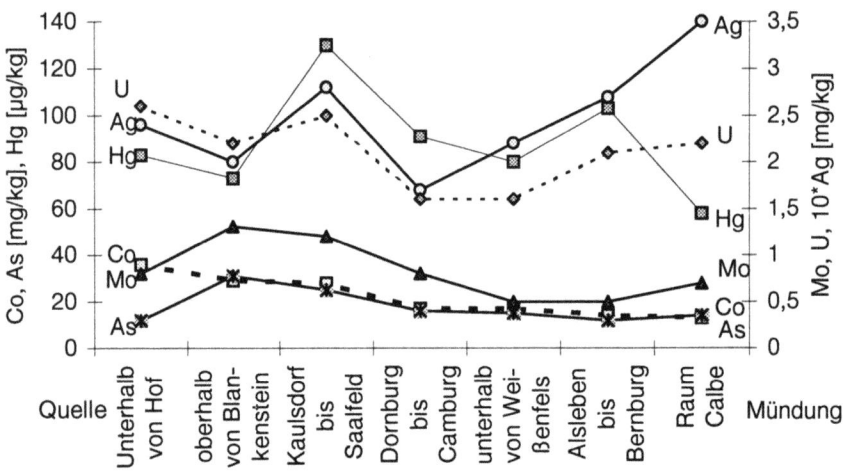

Abb.1. Entwicklung der geogenen Metallgehalte in feinkörnigen fluviatilen Sedimenten der Saaleaue vom Raum Hof bis zur Mündung. – Königswasserauszug. Kornfraktion: < 20 µm

Die *Entwicklung in der Saaleaue selbst – von der Quelle bis zur Mündung* – vollzieht sich für die Elemente in unterschiedlicher Weise (Abb. 1), wobei Anomalien im Raum Dornburg–Camburg vorerst unberücksichtigt bleiben. Die Maxima für Zn, Cr, Co und U liegen bereits im Raum Hof (Einfluß des Fichtelgebirgskristallins); für zahlreiche andere Elemente (Cd, Cu, Pb, Sn, Sb, Mo, As, Ag) finden sie sich im Bereich des Thüringer Schiefergebirges bzw. Frankenwaldes. Der Verlauf in Richtung flußab ist überwiegend durch Verdünnung gekennzeichnet. Bei U, Sn, Sb, Hg, Ag (minimal auch bei Cr, Pb, Cu) wird diese durch einen leichten Anstieg nach Mündung der Weißen Elster abgelöst, dem bei U, Mo und Cd nochmals ein leichter Anstieg nach der Mündung der Gewässer aus dem Harz folgt; nicht so bei Zn, Pb und Cu, obwohl für diese Metalle eine starke Zufuhr aus dem Harz zu verzeichnen ist. Im Vergleich zu den einmündenden Nebenflüssen sind die Veränderungen in den Sedimenten des Hauptflusses oftmals nicht plausibel, solange ergänzend zur Ermittlung der Gehalte keine Betrachtungen der Metallmassen erfolgen. Eine *Betrachtung der Hintergrundwerte für ausgewählte Elemente in verschiedenen Teilflußgebieten bzw. Teileinzugsgebieten der Saale* (Tab. 1) ergibt generell hohe Werte

Tab.1. Geogene Hintergrundgehalte feinkörniger fluviatiler Sedimente im Gebiet der Saale. Werte in mg/kg. (Hg: mg/l). Königswasserauszug. Kornfraktion: < 20 µm. – Höchstwerte fett

Fluß	Flußabschnitt	n	Cd	Pb	Zn	Cu	Cr	Ni	Co	Hg	As	Ag	Sn	U
Saale	unterhalb v. Hof	6	**0,48**	25	**216**	53	138	90	36	83	12	0,24	3,8	2,6
	bei Blankenstein	10	**0,58**	25	205	55	123	85	29	73	**31**	0,20	4,6	2,2
	oberhalb Saalfeld	16	**0,60**	51	206	52	94	83	28	127	25	0,28	3,8	2,5
	Raum Dornburg	16	0,23	40	116	41	58	51	17	91	16	0,17	2,9	1,6
	bei Weißenfels	26	0,24	20	136	39	66	53	17	68	14	0,25	1,9	1,6
	oberh. Bernburg	20	0,17	19	147	39	76	56	14	105	12	0,27	2,4	2,2
	Raum Calbe	16	0,23	19	132	36	69	54	13	58	14	0,35	2,4	2,2
Schwarza	Bad Blankenburg	12	0,21	**66**	98	42	38	35	17	**162**	27	0,27	2,3	**3,1**
Ilm	Weimar – Apolda	30	0,17	25	88	32	65	45	14	46	16	0,12	2,4	1,2
Unstrut	Bad Tennstedt	10	0,18	38	92	39	71	52	16	112	15	0,17	**5,1**	1,0
	Raum Freyburg	10	0,16	28	95	35	68	44	16	58	20	0,23	3,6	1,7
Gera	unterhalb Erfurt	15	0,22	25	97	37	67	45	15	56	16	0,32	3,5	1,7
Wipper	Thüringer Wipper	3	0,15	16	102	29	58	39	11	33	16	0,20	2,2	1,2
Helme	unterhalb von Nordhausen	15	0,16	27	101	41	74	51	17	132	26	**0,38**	2,6	2,8
Weiße Elster	Oelsnitz/ Vogtld.	20	0,23	20	180	48	**139**	**108**	26	103	18	0,21	3,1	2,0
	Raum Berga	12	**0,44**	30	200	45	83	**101**	**42**	**161**	**44**	0,16	2,0	**4,2**
	Leipzig – Halle	34	0,20	23	160	38	82	73	17	**132**	16	0,28	2,8	**4,3**
Pleiße	Markkleeberg	14	0,14	20	127	30	75	51	15	81	15	0,19	2,7	**3,1**
Bode	Oschersleben	9	0,23	40	162	47	71	50	14	107	11	**0,46**	2,9	**4,1**
	Raum Staßfurt	8	0,29	**457**	189	**67**	58	36	10	112	13	**0,60**	3,4	1,9
Wipper	Güsten–Bernburg	2	**0,45**	50	**210**	**234**	52	42	15	112	19	**1,6**	2,6	1,4
Selke	bei Ermsleben	4	0,43	**123**	195	58	68	74	24	**205**	**56**	0,59	2,5	**3,2**
„Tongesteinstandard"			0,3	20	95	45	90	68	19	400	13	0,07	6	3,7

für die Mittelgebirgsstrecken und die kleineren, Mittelgebirgsanteile entwässernden Flüsse sowie niedrige Werte für den Mittel- und Unterlauf der Saale (Verdünnung im Bereich des Thüringer Beckens und des Flachlandes) und die Thüringer Nebenflüsse Ilm, Unstrut und Wipper. Betrachtet man nur die Flachlandanteile, so sind die Weiße Elster durch Höchstwerte für Cr, Ni, Co, Hg, Sb und U und die aus dem Harz zufließenden Gewässer durch hohe Gehalte an Cd, Pb, Zn, Cu und Ag gekennzeichnet. Die Mittelwerte der Hintergrundgehalte im Flachlandsbereich differieren zwischen den einzelnen Teileinzugsgebieten um die Faktoren 1,5 (Cr, Sn, Tl) bis 3 (Cd) bzw. 4 (Ag); die Unterschiede sind damit insgesamt als relativ gering anzusehen. Zur *Bewertung der anthropogenen Kontaminationen rezenter Flußsedimente* werden diese ins Verhältnis zu den Hintergrundwerten gesetzt (Tab. 2). So läßt sich gegenüber der bisherigen Bewertung aufgrund des „Tongesteinstandards" eine präzisere Einstufung der Kontaminationen in I_{geo}-Klassen bzw. in Multiple des regionalen Hintergrundwertes vornehmen. Auf dieser Grundlage lassen sich die Reduzierung der Schwermetallbelastung in den letzten Jahren und die noch vorhandene Belastung veranschaulichen, d.h. man gewinnt ein Maß dafür, welche Gehaltsreduzierung im Verhältnis zu ersten Teilerfolgen noch bewältigt werden muß, ehe (etwa mit dem Doppelten des regionalen Hintergrundwertes) ein naturnaher Zustand erreicht sein dürfte. Die stärkste Belastung im Saalegebiet wurde bei Quecksilber mit dem 300fachen des Hintergrundwertes (I_{geo}-Klasse 6) unterhalb von Schkopau bei Merseburg erreicht. Bei etwa gleichen Gehalten des rezenten Flußsediments an Cadmium wird im Mittelgebirge das 3- bis 4fache des regionalen Hintergrundwertes und damit I_{geo}-Klasse 2, im Flachland das etwa 13fache und damit Klasse 4 erreicht. Hohe Belastungen gibt es auch bei Zink (bis Faktor 12) und Blei (bis Faktor 9, bezogen auf den regionalen bzw. lokalen Hintergrundwert).

Tab.2. Relationen der Kontamination des rezenten Flußsediments zu den regionalen bis lokalen Hintergrundgehalten im Saalegebiet. – Königswasserauszug. – Kornfraktion: < 20 µm.
Legende für jeweils vier zusammengehörige, im Beispiel Cd stark eingerahmte Zahlenwerte:

Kontamination rezenter Flußsedimente → mg/kg$^+$ Faktor ← anthropogene Belastung, als Mehrfaches des Hintergrundwertes angegeben
nach Truckenbrodt et al. (1995)
regionaler geogener Hintergrundwert → mg/kg* I_{geo}-Kl. ← Klasse des Geoakkumulationsindex
nach G. Müller (1979)

		Cd		Pb		Zn		Hg		Cr		Cu	
Unterhalb von Hof	mg/kg$^+$ Faktor mg/kg* I_{geo}-Kl.	1,7	4	115	5	610	2,8	1,50	18	450	3,3	133	2,5
		0,48	*2*	*25*	*2*	*216*	*1*	*0,083*	*4*	*138*	*2*	*53*	*1*
oberhalb v. Blankenstein	mg/kg$^+$ Faktor mg/kg* I_{geo}-Kl.	2,2	4	90	1,8	532	2,6	1,30	10	1808	19	129	2,5
		0,60	*2*	*51*	*1*	*206*	*1*	*0,127*	*3*	*94*	*4*	*52*	*1*
Kaulsdorf – Saalfeld	mg/kg$^+$ Faktor mg/kg* I_{geo}-Kl.	2,4	4	129	2,5	670	3,3	1,00	8	62	<1	180	3,5
		0,60	*2*	*51*	*1*	*206*	*2*	*0,127*	*3*	*94*	*0*	*52*	*2*
Dornburg – Camburg	mg/kg$^+$ Faktor mg/kg* I_{geo}-Kl.	1,4	6	180	4	1402	12	2,10	23	80	1,4	98	2,4
		0,23	*3*	*40*	*2*	*116*	*4*	*0,091*	*4*	*58*	*0*	*41*	*1*
unterhalb v. Weißenfels	mg/kg$^+$ Faktor mg/kg* I_{geo}-Kl.	2,8	13	100	6	758	5	1,60	21	102	1,4	96	2,5
		0,22	*4*	*17*	*2*	*152*	*2*	*0,076*	*4*	*73*	*0*	*38*	*1*
Alsleben – Bernburg	mg/kg$^+$ Faktor mg/kg* I_{geo}-Kl.	2,2	13	186	9	952	6	31,0	301	114	1,6	264	7
		0,17	*4*	*20*	*3*	*148*	*3*	*0,103*	*6*	*74*	*1*	*40*	*3*
Raum Calbe	mg/kg$^+$ Faktor mg/kg* I_{geo}-Kl.	2,2	10	160	8	1490	11	18,0	310	120	1,7	242	7
		0,23	*4*	*19*	*3*	*132*	*3*	*0,058*	*6*	*69*	*1*	*36*	*3*

Literatur

Müller, A. (1996) Erste Ergebnisse des BMBF-Verbundvorhabens „Geogener Background". 7. Magdeburger Gewässerschutzseminar „Ökosystem Elbe – Zustand, Entwicklung und Nutzung" 22.-25. Oktober 1996 Budweis, S. 188–192
Müller, A., Hanisch, C., Zerling, L., Lohse, M., Walther, A. (1998) Schwermetalle im Gewässersystem der Weißen Elster. Natürliche und anthropogene Elementverteilung im Sediment, im Schwebstoff und in der gelösten Phase. Abh. Sächs. Akad. Wiss. Leipzig 58, 6, 1–199
Müller, G. (1979) Schwermetalle in den Sedimenten des Rheins - Veränderungen seit 1971. Umschau 79, 778–783
Truckenbrodt, D., Kampe, O., Einax, J. (1995) Zur aktuellen Belastungssituation in der Saale, Ilm und Unstrut. In: Forschungszentrum Karlsruhe (Hrsg.) Die Belastung der Elbe-Nebenflüsse mit Schadstoffen. Erste Ergebnisse. S. 57–68
Turekian, K.K., Wedepohl, K.H. (1961) Distribution of the elements in some major units of the earth's crust. Bull. Geol. Soc. Am. 72, 175–192
Zerling, L., Müller, A., Arnold, A., Hanisch, C., Walther, A. (1996) Zur geogenen Hintergrundbelastung der Flußsedimente im Einzugsgebiet der Saale. 7. Magdeburger Gewässerschutzseminar „Ökosystem Elbe – Zustand, Entwicklung und Nutzung" 22.-25. Oktober 1996 Budweis, S. 336–338

Geogener Background in grundgebirgsgeprägten Einzugsgebieten der Elbe

Werner Pälchen, Annia Greif

1 Einleitung

Im Rahmen eines vom BMBF geförderten Verbundprojektes „Geogene Hintergrundbelastung im Elbeeinzugsgebiet" werden vom Sächsischen Landesamt für Umwelt und Geologie Untersuchungen an Bachsedimenten (der Fraktion < 200 µm) zur Charakterisierung des geogenen Backgrounds in den vorwiegend grundgebirgsgeprägten Einzugsgebieten der Elbenebenflüsse ausgewertet.

2 Datengrundlage

Das Untersuchungsgebiet erstreckt sich über die Grundgebirgseinheiten Lausitz/Elbezone, Erzgebirge (Pälchen et al. 1982), Granulitgebirge, Thüringisch-Vogtländisches Schiefergebirge, Thüringer Wald und Harz (ca. 18.500 prospektionsorientierte Untersuchungen des Zentralen Geologischen Institutes Berlin 1977-1985) und über den Lockergesteinsbereich Nordsachsens (449 aktuelle Beprobungen des Sächsischen Landesamtes für Umwelt und Geologie, Bereich Boden und Geologie Freiberg, 1996-1997).

3 Methodik

Die Daten liegen im dBase-Format vor und werden vor ihrer Darstellung uni- und multivariat statistisch ausgewertet (vgl. Greif und Pälchen in diesem Band). Danach erfolgt die Übergabe an das GIS ARC/INFO, in dem die verschiedenartigen thematischen Karten erzeugt werden (Greif und Pälchen 1996).
Es werden zwei Herangehensweisen zur Auffindung regionaler geogener Hintergrundwerte verfolgt:
- indirekte Charakterisierung der Einzugsgebiete durch ihre rezenten fluviatilen Sedimente → d.h. Verschneidung der topographischen Grenzen der zuvor digitalisierten Einzugsgebiete mit den Elementgehalten und Berechnung der mittleren Elementgehalte (Median = P50) für diese Einzugsgebiete,
- direkte Charakterisierung der Einzugsgebiete durch die an der Oberfläche anstehenden natürlichen Bildungen (Gesteine, Böden) → d.h. Verschneidung der geologischen Grenzen mit den Elementgehalten und Berechnung der mittleren Elementgehalte (Median = P50) für Bachsedimente über dem geologischen Untergrund und Vergleich mit Werten der Gesteine/Böden.

Durch die Verwendung der Medianwerte als robustes statistisches Maß können Ausreißereinflüsse weitgehend eliminiert werden.

Der ersten Herangehensweise wird für die Ermittlung regionaler geogener Hintergrundwerte besondere Beachtung geschenkt. Eine schrittweise Vergrößerung der Bezugsflächen nach Gerwässerordnungen ermöglicht die Ermittlung von Hintergrundwerten unterschiedlicher Kategorien und die Eliminierung lokaler Einflüsse.

4 Ergebnisse

Damit soll hier eine flußgebietsbezogene Auswertung für das grundgebirgsgeprägte Elbeeinzugsgebiet diskutiert werden. Die für die Elbe bedeutenden Einzugsgebiete, für die Daten vorliegen, sind die Einzugsgebiete der Spree, der Schwarzen Elster, der Mulde und der Saale. Bei der Berechnung des P50 für die genannten Einzugsgebiete treten geochemisch-lithologisch erklärbare Trends heraus (vgl. Tab. 1-5), wobei allerdings zahlreiche kleine Strukturen, die besonders für eine lokale Betrachtung von Bedeutung sind, leicht übergangen werden. Deshalb ist eine nähere Betrachtung kleiner Einzugsgebiete mit einer optimalen Größe von 25 bis max. 100 km^2 unumgänglich.

Die ostelbischen Einzugsgebiete Spree und Schwarze Elster zeichnen sich generell durch geringe Elementgehalte in den Bachsedimenten aus (vgl. Tab. 1). Große Teile liegen bereits über quartären Lockersedimenten, in denen keine Schwermetallquellen wie Mineralisationen, Lagerstätten oder deren Verbreitung über Bergbau/Industrie vorhanden sind. Auch im Grundgebirgsbereich sind durch fehlende bzw. seltene Mineralisationen keine großräumigen Elementanreicherungen in den fluviatilen Sedimenten zu beobachten. Einzelne durch geochemische Milieuwechsel bedingte Anomalien (z.B. As, Pb) werden im Einzugsgebiet der Großen Röder (nordöstlich Dresden) beobachtet.

Tab.1. Mittlere Elementgehalte (P50 in mg/kg) in Bachsedimenten (< 200 µm), berechnet für die ostelbischen Einzugsgebiete der Spree und der Schwarzen Elster

Fluß	n	As	B	Cr	Cu	Li	Ni	Pb	Zn
Spree	583	5	53	50	8	20	15	34	68
Schwarze Elster	528	13	48	37	26	23	19	47	103

Bei Betrachtung der kleinen Einzugsgebiete der Elbe werden starke Differenzierungen im Elementhaushalt festgestellt (vgl. Tab. 2). Während in den nord- und südostsächsischen Teileinzugsgebieten (Elbe_N bzw. Elbe_SO) analog der ostelbischen Einzugsgebiete Spree und Schwarze Elster vergleichsweise geringe Medianwerte ermittelt wurden, sind die westelbischen Teileinzugsgebiete (Elbe_SW) zum großen Teil durch erhöhte geogene Hintergrundgehalte geprägt. Der Hauptanteil des erhöhten geogenen Hintergrundgehaltes liegt in den Einzugsgebieten der Müglitz, der Roten und Wilden Weißeritz mit ihrem Ursprung im Osterzgebirge mit seinen zahlreichen ehemaligen Bergbaugebieten, z.B. Altenberg, Zinnwald (Sn), Schmiedeberg-Niederpöbel, Schellerhau, (Ag, Pb, Sn).

Tab. 2. Mittlere Elementgehalte (P50 in mg/kg) in Bachsedimenten (< 200 µm), berechnet für das Einzugsgebiet der Elbe ohne Spree, Schwarze Elster, Mulde und Saale

Fluß	n	As	B	Cr	Cu	Li	Ni	Pb	Zn
Elbe i.e.S., ges.*	3111	20	49	41	22	37	21	60	120
Elbe_N	284	12	57	39	21	23	13	38	78
Elbe_SO	1300	13	52	48	26	27	24	50	105
Elbe_SW	1527	**35**	43	37	21	**53**	20	74	145

* alle Angaben beziehen sich auf das sächsiche Elbeeinzugsgebiet

Das Nord-Süd-Gefälle der regionalen geogenen Hintergrundwerte findet sich auch im Einzugsgebiet der Mulde wieder (vgl. Tab. 3). Aufgrund der geringen Probenzahlen im Gebiet der Vereinigten Mulde erscheint das Gesamtgebiet der Mulde als einheitliche metallogenetische Provinz, obwohl die Quellen eindeutig in den Oberläufen der Freiberger und Zwickauer Mulde liegen. Beide Flußsysteme entwässern das Erzgebirge mit seinen zahlreichen Mineralisationen, Lagerstätten und Bergbaurevieren.

Charakteristisch für das Einzugsgebiet der Freiberger Mulde sind sulfidische Pb-Zn-Ag-Vererzungen im Lagerstättenbezirk Freiberg mit einem Elementaustrag an As, Pb, Cu, Zn, Cd für das Teileinzugsgebiet der Zschopau Lagerstätten im Bereich von Annaberg, Marienberg (Ag, Co, U, Ni, Sn) und Ehrenfriedersdorf, Geyer (Sn, W, As). Die Zwickauer Mulde ist im Oberlauf durch Fe-Mn- und Sn-Vererzungen großer Extensität, aber geringer Intensität charakterisiert, bevor sie in das intensiv genutzte Lagerstättenrevier von Aue-Schneeberg mit Mineralisationen der Bi-Co-Ni-U-Ag eintritt. Hinzu treten Stoffflüsse aus dem Teileinzugsgebiet des Schwarzwassers mit den wichtigen Bergbaurevieren Johanngeorgenstadt und Antonsthal-Pöhla (Ag, Co, Ni, U, Sn, Zn, W, Fe). Aber auch Sedimente des Perm tragen einen Teil zum geogenen Background bei, im Rotliegendbecken bei Chemnitz-Zwickau tritt das Element As mit erhöhten geogenen Hintergrundgehalten auf.

An den mittleren Elementgehalten in Tab. 3 lassen sich auch lithogene Unterschiede zwischen Freiberger und Zwickauer Mulde ableiten. So liegen die Medianwerte für Li und B in der Zwickauer Mulde aufgrund der weiten Verbreitung der Glimmerschiefer und Phyllite bzw. der hohen B-Gehalte des Eibenstocker Granitmassivs deutlich über denen in der Freiberger Mulde.

Tab. 3. Mittlere Elementgehalte (P50 in mg/kg) in Bachsedimenten (< 200 µm), berechnet für das westelbische Einzugsgebiet der Mulde

Fluß	n	As	B	Cr	Cu	Li	Ni	Pb	Zn
Mulde gesamt	4705	**32**	59	42	23	63	23	58	152
vereinte Mulde	52	**9**	32	36	24	20	22	44	124
Freiberger Mulde	2853	**35**	50	40	21	51	21	63	150
Zwickauer Mulde	1800	**28**	85	49	29	**104**	29	52	155

In der Weißen Elster, dem ersten bedeutenden Zufluß der Saale, ist der Oberlauf (O.) intensiver untersucht als der Unterlauf (U.) (vgl. Tab. 4). Die Charakterisierung dieses

Einzugsgebietes folgt lithogenen Gesetzmäßigkeiten. Mit einem hohen Anteil an Tonschiefern und Basiten ist der Oberlauf der Weißen Elster (Vogtland) durch hohe Gehalte an Co, Cr, Cu, Mn und Ni gekennzeichnet.

Tab.4. Mittlere Elementgehalte (P50 in mg/kg) in Bachsedimenten (< 200 µm), berechnet für das westelbische Einzugsgebiet der Weißen Elster

Fluß	n	As	B	Cr	Cu	Li	Ni	Pb	Zn
Weiße Elster O.	2083	15	79	**72**	35	73	**48**	40	165
Weiße Elster U.	267	17	70	**76**	45	52	**45**	42	190

Problematisch für die Festlegung regionaler geogener Hintergrundwerte ist das Einzugsgebiet der Saale, da nur Daten für die Grundgebirgsbereiche vorliegen. Es ist also nur lokal möglich, entsprechende Medianwerte zu berechnen (vgl. Tab. 5).

Tab.5. Mittlere Elementgehalte (P50 in mg/kg) in Bachsedimenten (< 200 µm), berechnet für das westelbische Einzugsgebiet der Saale ohne Weiße Elster

Fluß	n	As	B	Cr	Cu	Li	Ni	Pb	Zn
Saale, Oberlauf[1]	2104	14	82	60	37	50	40	51	143
Unstrut, Harz	313	13	96	60	53	78	40	52	163
Saale[2], Harz	595	8	75	53	44	63	33	54	144
Bode, Harz	1462	10	71	48	37	54	45	85	230

[1] im Bereich des Thür.-Vogtl. Schiefergebirges, ohne Unstrut, [2] ohne Unstrut und ohne Bode

Mit Hilfe der gewählten Methodik der Flächenverschneidungen können regionale geogene Hintergrundgehalte (P50) für das Elbeeinzugsgebiet abgeleitet werden. Dabei ist eine kleinräumige Unterteilung zu favorisieren, die die geochemischen Verhältnisse am besten widerspiegelt. Bei der Interpretation ist der unterschiedliche geochemische Charakter der Elemente (chalkogen, lithogen, pedogen, anthropogen) zu beachten.

Literatur

Greif, A., Pälchen, W. (1996) Umsetzung von Altdaten in das Geographische Informationssystem ARC/INFO am Beispiel von Bachsedimentuntersuchungen des Erzgebirges.- Tagungsband zum Vorseminar „Gewässer-Informationssysteme - Datenmanagement und Modellierung von Stromlandschaften" zum 7. Magdeburger Gewässerschutzseminar vom 20.-22.10.1996 in Budweis, 154-157

Pälchen, W., Rank, G., Berger, R. (1982) Regionale geochemische Untersuchungen an Gesteinen, fluviatilen Sedimenten und Wässern im Erzgebirge und Vogtland. Geologische Forschung und Erkundung, Archiv LfUG, unveröff. Bericht

Wirkungsorientierte Untersuchungen von Sedimentextrakten der Elbe

Evelyn Claus, Peter Heininger, Steffi Pfitzner

1 Einleitung

Standardparameter („prioritäre Schadstoffe") liefern in vielen Fällen nur ein unzureichend genaues Bild des Belastungszustandes von Sedimenten. Deshalb wurden zur Erfassung organischer Schadstoffe non-target-screening-Untersuchungen durchgeführt. Diese Befunde wurden kombiniert mit ökotoxikologischen Untersuchungen, um toxische Wirkungen von Stoffen oder Stoffklassen zu ermitteln (Schmidt und Kurz 1996).

Für diesen Zweck wurden frische Sedimentproben aus einem Referenzgebiet (Alte Elbe, km 252) und belasteten Gewässerabschnitten (Hafen Meißen, km 83,2 und Fahlberg-List Magdeburg, km 319,4) der Elbe sowie einem Untersuchungsgebiet an der Spree (Freienbrink) als naturnahem Vergleichsgebiet ausgewählt und unter Verwendung eines speziell entwickelten Aufarbeitungsschemas (Kolb 1993) zur Fraktionierung von Sediment-Extrakten mit dem Ziel untersucht, sowohl die Gesamtprobe als auch die einzelnen Fraktionen im Hinblick auf ihr ökotoxikologisches Gefährdungspotential mit Hilfe des Leuchtbakterientests zu beurteilen (Kwan und Dutka 1990, Svenson et al. 1996).

Die Ergebnisse sollen Hinweise auf das Schadstoffverhalten organischer Stoffe oder Stoffgruppen in Sedimenten geben.

2 Stufenverfahren zur Bearbeitung von Sedimentproben

Zur Bearbeitung der Sedimentproben wurde folgendes Stufenverfahren entwickelt:
1. Extraktion mit verschiedenen Extraktionsmitteln (Methanol oder Hexan/Aceton) und -methoden (Ultraschallbehandlung oder Schüttelmethode),
2. Fraktionierung der Extrakte nach Polarität, d.h. Stoffgruppen unter Einsatz verschiedener Aufarbeitungs- und Reinigungstechniken (verschiedene Festphasen und Elutionsmittel, Gelpermeationschromatographie),
3. gaschromatographisch/massenspektrometrische Analyse zur Identifizierung von Schadstoffen (SIM- und SCAN-Modus) und Semiquantifizierung ihrer Gehalte,
4. ökotoxikologische Untersuchungen - Leuchtbakterientest.

Die folgende Abbildung (Abb. 1) zeigt am Beispiel einer Sedimentprobe aus dem Buhnenfeld unterhalb der Einleitungsstelle der Fahlberg-List GmbH vom Oktober 1997 die unterschiedliche toxische Wirkung (Hemmwirkung in % in der Verdünnungsstufe G1) einzelner Fraktionen und der Gesamtprobe im Leuchtbakterientest.

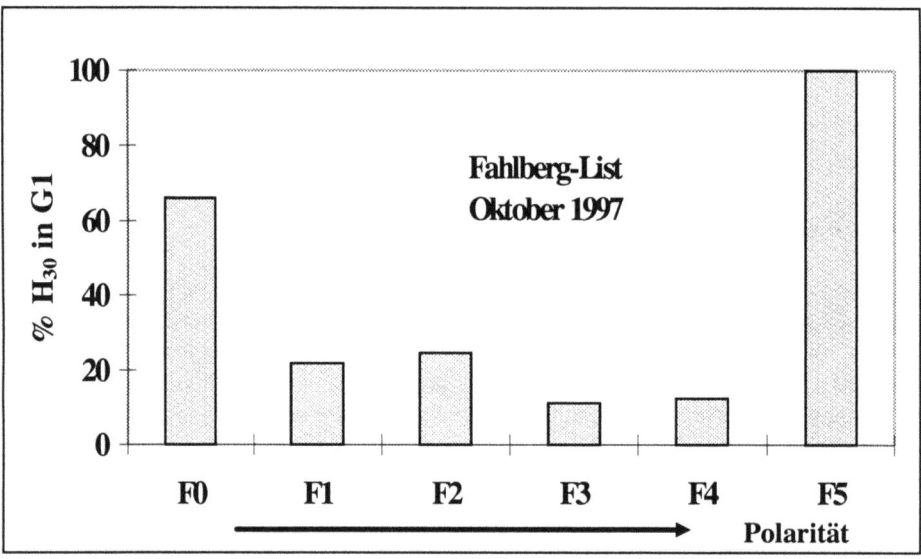

Abb.1. Toxische Wirkung einer Gesamtprobe (F0) und einzelner Fraktionen (F1-F5) im Leuchtbakterientest

3 Schlußfolgerungen

Im Ergebnis der bisherigen Arbeiten können folgende Schlußfolgerungen gezogen werden:
- Der Extraktions- und Fraktionierungsablauf für Sedimente wurde optimiert.
- Der Bearbeitungsablauf ist auch auf Schwebstoffproben übertragbar.
- Die vorgeschlagene Fraktionierung und der Leuchtbakterientest sind kombinierbar.
- Elbe-Sedimente besitzen auch nach Schließung vieler Industriebetriebe ein hohes ökotoxikologisches Gefährdungspotential.
- Die gezielt zur Untersuchung ausgewählten Sedimentproben der Elbe unterscheiden sich eindeutig in ihrer qualitativen und quantitativen Zusammensetzung sowohl in Bezug auf die Gesamtprobe als auch auf die einzelnen Fraktionen und deren toxische Wirkung.
- Die toxische Wirkung im Leuchtbakterientest kann teilweise einzelnen Stoffen oder Stoffgruppen zugeordnet werden.
- Einige Einzelstoffe bzw. Substanzklassen erweisen sich als besonders toxisch.
- Auch anorganische Bestandteile können im Leuchtbakterientest eine wesentliche Rolle spielen.

Literatur

Kwan, K.K., Dutka, B.J. (1990) Simple Two-step sediment extraction procedure for use in gentoxicity and toxicity bioassays. Toxic.Assess. 5, 395-404

Kolb, M. (1993) Entwicklung einer analytischen Trennmethode zur Bestimmung organischer Schadstoffe in Sedimenten. Dissertation TU Braunschweig

Schmidt, B., Kurz, J. (1996) Vergleich zwischen akuter Toxizität und den Ergebnissen eines non-target-screenings von Elbesedimenten. Tagungsband Kurzreferate, Umwelttagung 7.-10.10. 1996, Ulm

Svenson, A., Edsholt, E., Ricking, M., Remberger, M., Röttorp, J. (1996) Sediment contaminants and Microtox toxicity tested in a direct contact exposure test. Environ.Toxicol.Wat.Quality 11, 293-300

Schätzung der Konzentrationen von Schwermetallen und Gesamtphosphor in den Sedimenten des tschechischen Elbeabschnitts

Miroslav Rudiš, Karel Trejtnar, Jiři Medek

1 Einleitung

Die Verschmutzung der Sedimente durch Schwermetalle wurde bisherigen Erfahrungen entsprechend mit Analysen der Fraktion < 20 µm ermittelt. Dieses Verfahren wird unter der Voraussetzung angewendet, daß diese Fraktion in der Korngrößeverteilung überwiegt und daß ihre sehr kleine spezifische Oberfläche den größten Anteil der Verschmutzung an sich bindet. Um diese Voraussetzung zu beweisen, wurden im Rahmen des vom Kernforschungszentrum Karlsruhe GmbH unterstützten Projektes 523 KfK 9404 Korngrößemessungen und Analysen höherer Kornfraktionen in Sedimenten des tschechischen Elbeabschnitts durchgeführt. Die Ergebnisse wurden im Abschlußbericht veröffentlicht (Rudiš et al. 1998, Rudiš 1998, Petrùjová 1997).

Das Ziel dieser Arbeit ist es zu zeigen, daß diese Voraussetzung auch im tschechischen Abschnitt gerechtfertigt ist, da die Kornanalysen sehr kleine Anteile der Fraktion < 20 µm. ergaben.

2 Meßmethoden

Die Korngrößeverteilungen wurden im Zeitraum Oktober 1996 bis Juli 1997 in 12 Profilen untersucht. Die letzten Messungen geben den Zustand der Sedimente nach der Flut von 1997 wieder; in diesem Zusammenhang ist zu bemerken, daß diese Flut auf der unteren Elbe dank der Schutzfunktion der Moldauer Talsperrenkaskade nur als ein einjähriges Hochwasser auftrat.

Die Proben für die Analysen wurden aus tieferen Schichten mit Hilfe des Entnahmegeräts Becker der Firma Eijkelkamp und aus der Oberfläche mit einem Kolbenentnahmegerät vom Typ VÚV entnommen.

Die Proben wurden zuerst im Kühlschrank gelagert, danach im Liophylisator Alpha 1-4 (Christ) enteist und nach der Entfernung der Partikel, die größer als 2 mm waren - meist organischen Ursprungs - besiebt. Es wurde eine Trockensiebung (für die Fraktionen > 630 µm und 639 > 200 µm) und eine Naßsiebung mit Ultraschall (Fraktionen 200 > 60 µm, 60 > 20 µm und < 20 µm) durchgeführt. Einige Proben konnten im Bereich von < 4 µm bis 1,5 mm durch Trockensiebung und mit Hilfe des Lasergerätes Fritch-Analysette 22 analysiert werden.

Danach wurden die Proben aller Fraktionen weiter für die Bestimmung ausgewählter Metalle und Metalloide sowie des Gesamtphosphors benutzt. Das Quecksilber wurde direkt mit Hilfe des Quecksilberanalysators AMA-245 (Altec) bestimmt, für die übrigen Bestimmungen wurde eine totale Analyse der Probe mit Zugabe von Salpetersäure und

Fluorwasserstoffsäure im Mikrowellen-Mineralisationsapparat MLS 1200 M (Milestone) durchgeführt; nach der Beseitigung der Fluorwasserstoffsäure wurde die Analyse im Mikrowellen-Mineralisationsapparat unter Beigabe von Chlorwassersäure fortgeführt. Die Bestimmung von Ag, Al, Ba, Cd, Co, Cu, Fe, Mn, Mo, Ni, Pb, U und Zn wurde mit Hilfe der ICP-OES-Technik mit dem ICP-Spektrometer JY-138 Ultrace (Jobin Yvon) vorgenommen. As, Sb und Se wurden mit der Hybrid-Technik AAS mit dem Gerät Solar 939 (ATI Unicam) bestimmt. Die Bestimmung des Gesamtphosphors erfolgte ebenfalls durch die ICP-Methode.

Die Probenanalyse wurde entsprechend den Empfehlungen der IKSE vorgenommen und ist mit der Methodik identisch, die in anderen deutsch-tschechischen Projekten zur Anwendung kommt.

3 Granulometrische Ergebnisse

Der Vergleich aller Ergebnisse erbrachte einige interessante Erkenntnisse. So kann man z.B. im tschechischen Abschnitt der Elbe keine Senkung des Kornmittelwertes mit dem Längsverlauf des Flusses beobachten. Der Kornmittelwert ist nach der Trockenperiode ungleich höher. Die Fluten entfernen die grobkörnigen Sedimente und bringen das feinkörnige Material mit sich.

Einige Schichten der Sedimente unterscheiden sich granulometrisch nur wenig voneinander. Das deutet darauf hin, daß die Ablagerung in sehr niedrigen Schichten entsprechend den momentanen hydrologischen Bedingungen vor sich geht. Sedimentablagerungen findet man im tschechischen Elbeabschnitt (mit oder ohne Schiffverkehr) nur in Ausbuchtungen, hinter den Buhnen und hinter Strömungshindernissen, wie es in Rudiš (1998) beschrieben ist.

Resuspension der Sedimente ist nur während höherer Durchflußmengen möglich, wenn die Stromgeschwindigkeit über den Ablagerungen die kritische Geschwindigkeit der Resuspension übersteigt.

Die Bestimmung des Alters der einzelnen Schichte ist in Anbetracht der hydrologischen Bedingungen sehr schwierig; es ist überdies auch diffizil, die tatsächliche Position der Schicht durch die Probe festzustellen, denn während der Entnahme wird die Probe komprimiert. Deshalb wurde auch eine Probe aus einer Schicht, die nicht dicker als 0,5 m war, im Gegensatz zu allen anderen tiefer entnommenen Proben für eine Oberflächenprobe gehalten.

Die Ergebnisse der Messung vom April 1997 sind in der folgenden Tabelle (Tab. 1) zusammengefaßt.

Tab.1. Ergebnisse der Messung vom April 1997

Fraktion	durchschnittlicher Anteil unten (%)	durchschnittlicher Anteil - oben (%)
> 630	43	40
630 > 200	32	34
200 > 60	17	13
60 > 20	5	9
< 20	3	4

Tab. 1 zeigt, daß der Anteil verschiedener Fraktionen oben und unten sehr wenig abweicht und daß der Anteil der Fraktion < 20 µm gering ist. Daraus kann man schließen, daß eine ganze Probe nur dann durch die Fraktion < 20 µm repräsentiert werden kann, wenn die Schadstoffkonzentrationen aller Fraktionen ungefähr gleich sind. Wenn jedoch die Konzentration innerhalb der Fraktion < 20 µm größer ist, wird die totale Konzentration in der Probe höher geschätzt, wovon man sich einfach durch die Berechnung des gewogenen Mittels überzeugen kann.

4 Ergebnisse der chemischen Analyse und Schätzung der Konzentration der einzelnen Schadstoffe innerhalb der Fraktion < 20 µm

Die Ergebnisse der Schadstoffanalyse sind in Rudiš (1998) zu finden. Aus ihnen folgt, daß die einzelnen Schadstoffe mit verschiedenen Fraktionen verschiedenartig verbunden werden. Tab. 2 zeigt die Schadstoffgruppen mit Rücksicht auf den Fehler, der durch die Benutzung lediglich der Fraktion < 20 µm entsteht.

Tab.2. Fehler bei der Schätzung der Gesamtkonzentration von Schadstoffen

Schätzung der Gesamtkonzentration	Schadstoff
ohne bedeutsamen Fehler	Ag, Al, As, Ba, Fe, Mo, Ni, Se
zweifacher Fehler in Konzentration	Co, Cu, Mn, Sb, Zn
dreifacher und höherer Fehler	Be, Cd, Cr, Hg, P, Pb, V

Diese Ergebnisse sind Resultate der im April 1997 entnommenen Proben. Die Probennahme nach der Flut im Juli 1997 hat eine Senkung des Kornmittelwertes sowie eine gleichmäßigere Verteilung der Kornfraktionen erbracht - das bedeutet, daß sich die Schätzungsfehler verringern. Dieses Verfahren zeigt jedoch, daß die Korngrößeverteilung bekannt sein muß; wenn eine Unregelmäßigkeit nachweislich vorhanden ist, muß die Analyse an höheren Fraktionen vorgenommen werden.

Die Schätzungsergebnisse lenken das Augenmerk auf die Schadstoffgruppen, bei denen der Fehler von Bedeutung ist.

Bei diesen Berechnungen wurden Unterlagen benutzt, die vom Tschechischen Nationalen Elbeprojekt und vom Tschechischen Umweltministerium zur Verfügung gestellt wurden.

Literatur

Petrůjová, T., Rudiš, M., Halířová, J. (1997) Sledování plavenin a sedimentů v povodí Labe, Moravy a Odry. Dílčí zpráva za rok 1997 pro úkol PPŽP: 510/3/97. Èeský hydrometeo-rologický ústav Brno a Výzkumný ústav T. G. Masaryka Praha, Brno

Rudiš, M. (1998) Odhad látkového toku kovů a dalších prvků plaveninami ve vybraných profilech kanalizovaného úseku Labe. Výroèní zpráva Projektu Labe č. 126/210 za rok 1997. Výzkum-ný ústav vodohospodářský T. G. Masaryka Praha

Rudiš, M., Trejtnar, K. und Mitarbeiter (1998) Transport und Belastung von Schwebstoffen und Sedimenten in der tschechischen Elbe. Abschlußbericht des Projektes 523 KfK 9404 für 1995-97, VÚV und Povodí Labe, Praha - Hradec Králové

Stofftransport und Tracerversuche

Kalibrierung des ADZ-Modells für die Vorhersage des Abflusses einer unfallbedingten Wasserbelastung

Šárka Blažková, K. Beven

Die ADZ-Software (Agreggated Dead Zone) wurde an der Universität in Lancaster (z.B. Green et al. 1994) entwickelt. Die ADZ-Analyse macht es möglich, die Reaktionsfunktionen zu identifizieren, die die Transformation der Stoffwelle mit Hilfe der Methoden der Zeitreihenanalyse charakterisieren. Das ADZ-Projekt ist ein Programm für die Wettervorhersage der unfallbedingten Wasserbelastung in Echtzeit. In Großbritannien wurde es von der Organisation Yorkshire Water komplex getestet und wird auf Routinebasis eingesetzt.

BFG hat im Juli 1997 einen Tracerversuch an der deutschen Elbe und im November und Dezember 1997 einen zweiten Versuch in Zusammenarbeit mit Povodí Labe a.s. und VÚV TGM durchgeführt, der auch den tschechischen Elbabschnitt ab Střekov berücksichtigte (BFG 1997).

Abb. 1 zeigt die Anpassungsfähigkeit des Modells erster Ordnung im Abschnitt Hřensko-Bad Schandau, Abb. 2a zeigt die entsprechende Transformationsfunktion. Abb. 2b enthält die bisher kalibrierten Profile und Abb. 3 gibt ein Beispiel für die Vorhersage für das Profil Dresden bei einem hypothetischen Unfall auf dem Abschnitt unterhalb von Střekov an.

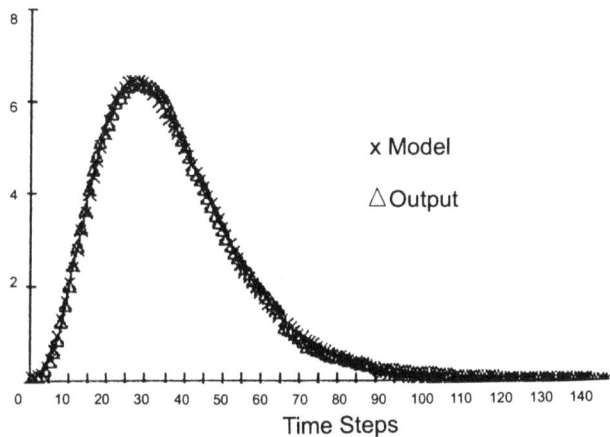

Abb. 1. Kalibrierung des ADZ-Modells im Abschnitt Hřensko-Bad Schandau

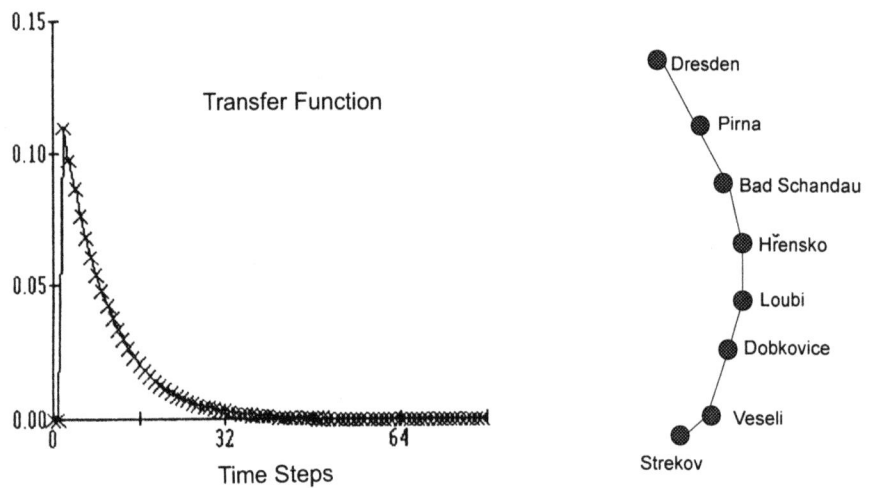

Abb.2a. Transformationsfunktion im Abschnitt Hřensko - Bad Schandau

Abb.2b. Kalibrierter Teil der Elbe

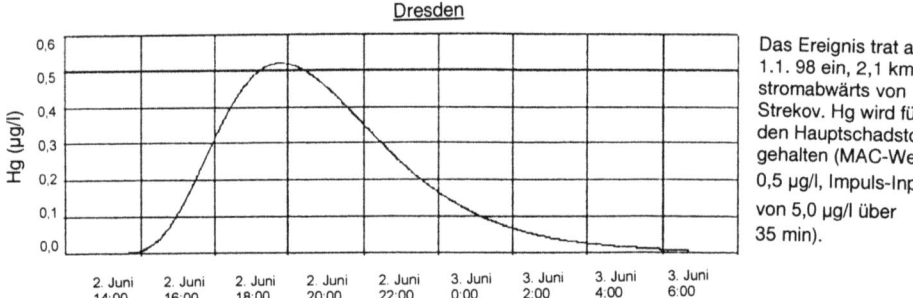

Das Ereignis trat am 1.1. 98 ein, 2,1 km stromabwärts von Střekov. Hg wird für den Hauptschadstoff gehalten (MAC-Wert: 0,5 µg/l, Impuls-Input von 5,0 µg/l über 35 min).

Dresden	Mean	+ 2 S.D.	- 2 S.D.
Time of 1st arrival	2 June 1998, 14:39	n/a	n/a
Time of Peak Arrival	2 June 1998, 19:47	n/a	n/a
Peak concentration (µg/l)	0.5211	n/a	n/a
Up crossing of rising limb of MAC	2 June 1998, 19:12	n/a	n/a
Down crossing of falling limb of MAC	2 June 1998, 20:26	n/a	n/a

Abb.3. Vorhersage für Dresden bei einem hypothetischen Unfall unterhalb Střekov

Literatur

BFG (1997) Tracerversuch Elbe Erfahrungsbericht. Koblenz, 1997

Green, H.M., Beven, K.J., Buckley, K., Young, P.C. (1994) Pollution incident prediction with uncertainty, in: Beven, K.J., Chatwin, P.C., Millbank, J.H. (eds.) Mixing and Transport in the Environment, Wiley, Chichester, 113–140

Stofftransport und Tracerversuche 107

Simulation der Tracerversuche an der Elbe

Regina Eidner, Hans-Hermann Hanisch' Jürgen Ilse, Franz-Josef Specht, Michael Hilden

1 Einleitung

Die Elbe-Tracerversuche vom Juli und Dezember 1997 werden im Hinblick auf die Verifizierung des Alarmmodells Elbe ausgewertet. Die charakteristischen Zeiten des Tracerdurchganges an den Meßquerschnitten bilden dabei das Gerüst, weshalb sie hier schwerpunktmäßig behandelt werden. Angaben zum Versuchsablauf sowie zu den maßgeblichen Datengrundlagen sind in Hanisch et al. (1997) und Eidner et al. (1998a) dokumentiert.

2 Hydraulische Modellierung

Die Parameteridentifikation für das Alarmmodell Elbe setzt voraus, daß die dazugehörigen hydraulischen Modellgrundlagen abgesichert sind. Dabei kamen das Gewässergütemodell QSIM der Bundesanstalt für Gewässerkunde (Kirchesch 1992) und das ATV-Gewässergütemodell FGSM (ATV 1997) zum Einsatz. Die hochgradig instationären Abflußverhältnisse während des 1. Tracerversuchs Elbe lassen sich mit FGSM gut beherrschen. Die Ergebnisse der instationären Abflußsimulation werden den Meßwerten an den Pegeln gegenübergestellt. Am Beispiel der Versuchsauswertung wird gezeigt, wie die Simulation dazu beitragen kann, Unzulänglichkeiten in der Datenbereitstellung, insbesondere in den Wasserstands-Abfluß-Kurven, aufzudecken (Eidner 1998b).

3 Simulation des Stofftransportes

Dem Rechenkern AMOR des zu verifizierenden Alarmmodells liegt ein Stillwasserzonenansatz zugrunde, welcher die Nachrechnung der beobachteten schiefen Durchgangskurven ermöglicht. Die Simulation von Hauptstrom und strömungsberuhigten Seitenräumen sowie deren Wechselwirkung untereinander setzt entsprechend strukturierte Eingangsdaten voraus. Während beim Taylormodell die gesamte Querschnittsfläche abflußwirksam ist, wird beim Stillwasserzonenansatz die um die Totzonen reduzierte durchströmte Fläche zugrunde gelegt (Eidner et al. 1997). Die damit simulierten Fließzeiten im Hauptstrom korrespondieren mit der Fortbewegung der Tracerfront. An jeder Meßstelle liegen sie zeitlich vor der Passage des Massenschwerpunktes (Abb. 1), was die Voraussetzung für eine widerspruchsfreie Parametrisierung des Stillwasserzonenmodells ist. Detaillierte Ergebnisse zu den mit AMOR erhaltenen Modellparametern werden im Poster mitgeteilt.

Zum Vergleich mit dem eindimensionalen Dispersionsansatz nach Taylor wird das ATV-Modell FGSM verwendet. Der abschnittsweise anzupassende Koeffizient der longitudinalen Dispersion steigt in Verbindung mit dem Buhnenverbau ab Elbe-km 121 sprunghaft auf das Dreifache an und nimmt im weiteren Längsverlauf der fließenden Welle tendenziell zu (Eidner 1998b). Obwohl der Tayloransatz den steilen Anstieg und das langsame Abklingen innerhalb der Konzentrationsganglinien nicht nachbilden kann, wird die Fortbewegung des Massenschwerpunktes annähernd richtig berechnet. Nahezu dieselben Zeiten erhält man bei Anwendung einer Routine, die übergangsweise zur Abschätzung von Fließzeiten auf hydraulischer Grundlage unter Verwendung der Gesamtprofile entwickelt wurde (Ilse 1994). Somit sind die dort angegebenen Ergebnisse als mittlere Transportzeiten zu interpretieren. Es wurde gezeigt, daß bei sorgfältiger Wahl der Eingangsdaten alle genannten Modelle zu verwertbaren Ergebnissen führen, wobei jedes Modell seine Stärken hat.

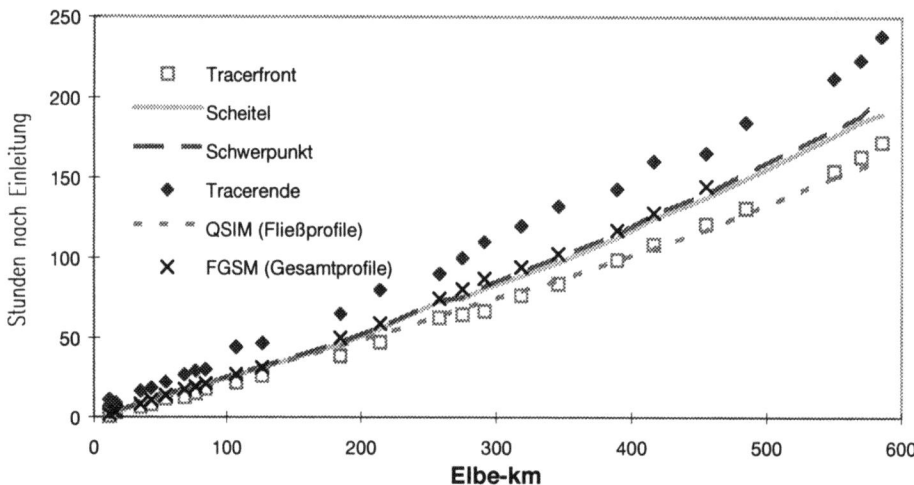

Abb.1. Gemessener und simulierter Tracerdurchgang als Weg-Zeit-Diagramm

Literatur

ATV-Arbeitsgruppe 2.2.3 (1997) Einführung des ATV-Gewässergütemodells. Korrespondenz Abwasser, Bd. 44, Nr.11, S. 2058-2061
Eidner, R. und Bearbeiterkollektiv (1998a) Erster Tracerversuch Elbe. Primärdatenauswertung. BfG-1107, Berlin
Eidner, R. (1998b) Simulation des 1. Tracerversuchs Elbe mit dem ATV-Gewässergütemodell. - BfG-1132, Berlin
Eidner, R., Hilden, M., Steinebach, G. (1997) Der Einfluß von Stillwasserzonen auf den Stofftransport am Beispiel der Elbe - Tagungsband IAD-Konferenz, Wien
Hanisch, H.-H., Specht, F.-J., Eidner, R. (1997) Planung und Durchführung des 1. Tracerversuchs Elbe. Deutsche Gewässerkundl. Mitt., Bd. 41, Heft 5, S. 212-215
Ilse, J. (1994) Mittlere Fließzeiten der Elbe auf der Strecke (Usti) Dresden-Wittenberge (Dömitz) auf der Grundlage von Profilberechnungen, Berlin, BfG-0972
Kirchesch, V. (1992) Ein Gütemodell zur Simulation und Prognose des Stoffhaushaltes von Fließgewässern. 4. Magd. Gewässerschutzseminar, 22.-26.9.1992, Spindlermühle, Tagungsband S. 357

Simulation räumlich verteilter Stoffausbreitung in einem Spreealtarm

Christof Engelhardt, Heinz Bungartz, Dieter Prochnow

1 Aufgabenstellung

Mit Hilfe eines dynamischen Schwebstoffmodells für eutrophe Fließgewässer (Programmsystem PAMIR, Prochnow et al. 1998) soll hier ein Absetzprozeß im südöstlich von Berlin gelegenen Freienbrinker Altarm der Müggelspree simuliert werden, um an einem komplexen Szenario der Schweb- und Schadstoffausbreitung die Arbeitsweise der wesentlichen Modellteile in ihrem gekoppelten Zusammenwirken zu demonstrieren. Dabei wird eine im natürlichen Gewässer detailliert vermessene Transportsituation vom Mai 1996 realistisch widergespiegelt.

2 Feldmessung

Für die Berechnung eines konkreten Szenarios mit PAMIR werden neben den für das Spreesystem identifizierten Systemparametern (die sich im wesentlichen aus Langzeitmessungen ergeben, Engelhardt et al. 1996) noch Rand- und Anfangswerte des gekoppelten Strömungs- und Stofftransportproblems benötigt. In örtlich und zeitlich aufeinander abgestimmten Messungen wurden im Mai 1996 Daten erhoben, die sowohl zur Formulierung des konkreten Rand- und Anfangswertproblems als auch zum Vergleich von Experiment und Simulation verwendet wurden:

Zum Beispiel ergaben Längsschnittuntersuchungen auf dem untersuchten Altarmabschnitt einen Sedimentationsprozeß, der die Schwebstoffgesamtkonzentration über den Fließweg von 10,9 mgTM/l auf 7,7 mgTM/l absinken ließ. Den am Zu- und Abfluß des Altarms gemessenen Verteilungen des Schwebstoffs auf Sinkgeschwindigkeitsklassen entspricht eine Verringerung der Mediansinkgeschwindigkeit auf der Fließstrecke von 3,7 cm/h auf 1,3 cm/h.

3 Ergebnisse der mathematischen Simulation

Die von PAMIR in jedem Netzpunkt des zweidimensional diskretisierten Strömungsgebietes berechnete logarithmische Normalverteilung (LNV) des Schwebstoffs auf drei Sinkgeschwindigkeitsklassen kann zu den gemessenen Sinkgeschwindigkeitsspektren in Relation gesetzt werden. Dabei sind die PAMIR-Werte am Zufluß des Altarms (Tab. 1) die Randbedingung bei der Simulation, während der Vergleich der von PAMIR berechneten Verteilung des Schwebstoffs auf die Sinkgeschwindigkeitsfraktionen am Ende des Altarms mit den dort gemessenen Sinkgeschwindigkeitsspektren die Güte der Simulation widerspiegelt. Dieser Vergleich von simulierten und gemessenen Sinkgeschwindigkeitsverteilungen am Observationspunkt Strommitte/Altarmausgang ergibt nur eine Abweichung in der Größenordnung des Approximationsfehlers der LNV (Prochnow et al. 1995), was heißt, daß der fraktionierte Absetzprozeß bei der PAMIR-Simulation mit akzeptabler Genauigkeit vorausgesagt wird.

Tab. 1. Vergleich der am Altarm Freienbrink gemessenen und der mit PAMIR berechneten Größen von Schwebstoffgesamtkonzentration AFS und Mediansinkgeschwindigkeit s_{50}

	AFS in mg Naßmasse/l		s_{50} in cm/h	
	gemessen	PAMIR	gemessen	PAMIR
Zufluß	29,3	29,3 (Randbedingung)	3,7	3,7 (Randbedingung)
Abfluß	20,7	20,69 (Ergebnis)	1,3	2,6 (Ergebnis)

Tab. 2. Gemessene organische Belastung des Schwebstoffs in ng/g

	ΣHCH	ΣDDT	ΣPCB
Zufluß	26,8	49,4	53,0
Abfluß	34,4	55,0	55,5

Wegen des unterschiedlichen Transportverhaltens der einzelnen Fraktionen ist deren Schadstoffbelastung ebenfalls interessant. Für alle untersuchten organischen Spurenstoffe zeigte sich eine zwar unterschiedlich hohe aber eindeutige Zunahme der Schadstoffbelastung des Gesamtschwebstoffs auf der Fließstrecke (Tab. 2). Bei Annahme einer zeitlich konstanten Bindung der Schadstoffe an die Schwebstoffpartikel läßt sich diese Zunahme der Schadstoffe pro Schwebstoffmasse auf der Fließstrecke auch dadurch erklären, daß die Spurenstoffe vorwiegend von der Partikelfraktion transportiert werden, die die Altarmpassage ohne wesentliche Massenverluste übersteht, während weniger belastete Partikel sedimentieren. Hier wurden die Ergebnisse der Simulation mit PAMIR genutzt, um diese Hypothese von der bevorzugten sorptiven Bindung an die langsam aussinkende Partikelfraktion zu quantifizieren. Zum Beispiel war laut Simulation diese Bindung der untersuchten Organika an Partikel der Fraktion mit Sinkgeschwindigkeiten größer 30 cm/h vernachlässigbar klein.

Literatur

Engelhardt, C., Bungartz, H., Thiele, M., Krüger, A., Prochnow, D. (1996) Settling behavior of particulate matter in a slow flow section of a Spree River branch. Arch. Hydrobiol. spec. issues Advanc. Limnol. 47, 469-473

Prochnow, D., Bungartz, H., Engelhardt, C. (1995) Effects of turbulent flow and biomass production on settling velocity spectra of suspended sediments in eutrophic rivers under equilibrium conditions. Proc. Third. Int. Conf. on Water Pollution (Water Pollution 95), Porta Carras (Greece), 147-161

Prochnow, D., Bungartz, H., Engelhardt, C., Krüger, A., Schild, R. (1998) Das Programmsystem PAMIR zur Simulation der turbulenten Strömung und der Ausbreitung von Schweb-, Nähr- und Schadstoffen in Fließgewässern. DGM (in Druck)

Markierungsversuche in der Elbe mit Amidorhodamin G

Hans-Hermann Hanisch, Karel Dostal, Karel Trejtnar, Franz-Josef Specht, Regina Eidner

1 Versuchsvorbereitungen

Die Markierung mit Tracern in Gewässern erfordert in Deutschland wie in Tschechien eine „Wasserrechtliche Erlaubnis", bzw. eine entsprechende Genehmigung, die auch für wissenschaftliche Untersuchungen bei den zuständigen Wasserbehörden zu beantragen ist.

Im Vorfeld der Beantragungen waren bereits die human- und ökotoxischen Wirkungen der in Betracht kommenden Markierungsmittel untersucht worden. Nach der vom Institut für Wasser-, Luft- und Bodenhygiene vorgenommenen toxikologischen Bewertung eignete sich insbesondere das Amidorhodamin G (SRG) für die Markierung von Gewässern. Auch seine physikalischen Eigenschaften, wie gute Löslichkeit, lange Halbwertszeit und Stabilität der Fluoreszenz bei Temperatur- und pH-Wert-Änderungen prädestinierten das SRG für die in der Elbe geplanten Tracerversuche.

Während der Genehmigungsphase begannen bereits die organisatorischen und technischen Vorbereitungen für die geplanten Untersuchungen. Längs der Elbe wurden von Usti (38,8 km oberhalb der tschechischen Staatsgrenze) bzw. von Schmilka (km 4,0) bis Geesthacht (km 685,0) 25 bzw. 30 geeignete Meßstellen ausgesucht, die als strömungsgünstige Standorte für Probenehmer und Fluorometer in Frage kamen. Daneben mußten mit kooperierenden Behörden und beteiligten wissenschaftlichen Instituten der Versuchsablauf an Hand der Prognoserechnungen geklärt, der Geräte-, Schiffs- und Personaleinsatz abgestimmt und die erforderlichen Zeitpläne erstellt werden. Gleichzeitig wurden fehlende Probenehmer und Fluorometer beschafft, ihre Funktion überprüft sowie die Erfassung und Funkübertragung von Daten getestet. Es wurde das Einsammeln und Transportieren der Proben organisiert sowie die Laborauswertung vorbereitet.

2 Versuchsauflagen

Nach Anhörung der zu beteiligenden Behörden und der betroffenen Elbeanlieger, insbesondere nach Klärung aller vorgebrachten Bedenken und Einwände über die toxikologischen und sonstigen Wirkungen des Amidorhodamins, konnten von den zuständigen Behörden den Tracerversuchen zugestimmt und die „Wasserrechtliche Erlaubnis" erteilt werden. Die damit verbundenen Auflagen sahen vor, daß je 100 m^3 Abfluß nur 10 kg SRG eingeleitet werden durften. Des weiteren wurde eine maximal zulässige Konzentration von 100 µg/l vorgegeben, die unterhalb der SRG-Einleitung eingehalten werden mußte. Hinzu kamen Kontrollmessungen und eine umfassende Informationspflicht, die eine rechtzeitige Bekanntgabe aller Versuchsbedingungen an Behörden, Anlieger und Öffentlichkeit vorsah.

3 Versuchsdurchführung

Am Vortag der Einleitung des Tracers wurden mit den neuesten Abflußdaten die Zeitpläne aktualisiert und die einzuleitende Tracermenge festgelegt. Gleichzeitig waren an den Meßstellen die Schuten für die Stationierung der in situ-Fluorometer und der Probenehmer bereitgestellt und der Zugang auf Anlegern und Brückenpfeilern genehmigt worden. Nach der Tracereinleitung ließen sich mit den installierten Fluorometern Eintreffzeit und Scheiteldurchgang der Tracerwolke sehr genau bestimmen, so daß für die stromab gelegenen Meßstellen der Probenehmereinsatz auf die Passage des Amidorhodamins vorbereitet werden konnte.

Stellte man die gemessenen Zeiten den prognostizierten Werten gegenüber, so zeigte sich, daß die zwischen einzelnen Meßstellen erkennbaren Unterschiede auf die unsicheren Angaben der Fließgeschwindigkeiten zurückzuführen waren. Beim Vergleich gemessener und vorhergesagter Tracerkonzentrationen ergaben sich ebenfalls Abweichungen. Die Ursache war im wesentlichen auf die Tracerverluste zurückzuführen, die durch die Bestimmung der Wiederfindungsrate erkennbar wurden.

4 Erster Tracerversuch

Für die Durchführung des 1. Tracerversuchs wurde im Sommer 1997 der erforderliche Antrag zur Untersuchung der Stofftransportvorgänge mit Amidorhodamin G vom Regierungspräsidium Dresden als zuständiger Wasserbehörde genehmigt. Am 15. 07. 1997 erfolgte vom Schiff aus die Einleitung des Tracers quer über die Elbe bei einem Abfluß von 330 m^3/s. Gemäß Auflagen konnten 33,5 kg SRG gelöst und eingeleitet werden, das an 25 Meßstellen bis Geesthacht nachgewiesen werden konnten (Hanisch et al. 1997).

5 Zweiter Tracerversuch

Ende November 1997 genehmigte die Kreisverwaltung Usti für die böhmische Elbe einen 2. Tracerversuch. Die SRG-Einleitung erfolgte am 30. 11. 1997 vor den Turbineneinläufen der Stauanlage Strekov. Der Abfluß betrug am Pegel Usti 127 m^3/s, so daß in die Elbe 12,14 kg gelöstes SRG eingeleitet wurden. Der Tracer konnte auf seinem Talweg an 30 Meßstellen bis Geesthacht beobachtet werden. Zusätzlich wurden bei Hrensko vom Tracerdurchgang alle 30 min Konzentrationsquerprofile aufgenommen (Dostal et al. 1998).

Literatur

Hanisch, H.-H., Specht, F.-J., Eidner, R., Grigo, J., Lippert, D. (1997) Erster Tracerversuch Elbe. - Erfahrungsbericht. BfG-1088.Koblenz

Dostal, K., Koza, V., Rederer, L. (1998) Bericht über den Markierungsversuch in der Elbe. Povodi Labe AG Hradec Kralove

Gewinnung und Verwendung von Konzentrationsdaten der Tracerversuche Elbe

Hans-Hermann Hanisch, Regina Eidner, Karel Dostal, Karel Trejtnar, Frans-Josef Specht

1 Probenahme und Messungen

Voraussetzung für die erfolgreiche Durchführung der Tracerversuche war eine umfassende Ausstattung mit Probenehmern, Fluorometern und Wartungspersonal, die auf der Untersuchungsstrecke von rund 600 km Länge die Probenahmen und die Messungen störungsfrei gewährleisteten. Die Dauer und die räumliche Ausdehnung der Tracerversuche erforderten die Aufstellung genauer Zeitpläne, die den Betrieb und die Wartung der Probenehmer und der Fluorometer regelten. Während der Taldrift der Tracerwolke erfolgte mittels Fluoreszenzmessung *in situ* die Erfassung des Tracerdurchgangs mit der Lokalisierung des Scheitels (Dostal et al. 1998). Über die so von Meßstelle zu Meßstelle - erhaltenen Laufzeiten des Tracers konnten die mit einer eindimensionalen Transportgleichung (Taylorgleichung) kalkulierten Einsatzpläne ständig aktualisiert werden. Dabei bewährte sich der Einsatz von Funktelefonen, mit denen die Fluorometerfunktionen überprüft sowie der Abruf und die Weitergabe von in situ-Meßdaten und Informationen ermöglicht wurden.

2 Laborauswertung mit Spektrofluorometer

Die Auswertung von rd. 1700 Elbeproben oblag dem Berliner Labor der Bundesanstalt für Gewässerkunde, das über ein Spektrofluorometer verfügt. Die Intensitätsmessungen bei 552 nm erfolgten kurz nach Einlieferung der Proben, wobei die Anregung bei 532 nm an den abgesetzten Proben in 5 ml Einwegküvetten vorgenommen wurde (Eidner et al. 1998). Die gemessenen Intensitäten wurden vor der Umrechnung in Konzentrationen um die Grundbelastungen des Elbewassers und um die Leersignale der Einwegküvetten vermindert. Für die Eichung wurde eine Verdünnungsreihe mit destilliertem Wasser angesetzt. Die Abhängigkeit zwischen der Fluoreszenzintensität (bei 533 nm) und der Konzentration erwies sich für die vorgefundenen Werte unter 100 µg/l als nahezu linear.

Die anschließenden spektralen Untersuchungen an ausgewählten Proben beanspruchten erheblich mehr Zeit. Wegen den nur 20 nm auseinander liegenden Anregungs- und Emissionsmaxima sind Messungen geringer Intensitäten im Überlappungsbereich durch die Lichtstreuung gestört. Alternativ konnten beide Wellenlängen mit einer konstanten Wellenlängendifferenz synchron variiert werden, so daß ein schmaler glockenähnlicher Kurvenverlauf mit einem Peak im Absorptionsmaximum erhalten wurde, der auch extrem niedrige SRG-Konzentrationen bis zu 10 ng mit einem charakteristischen Peak bei 533 nm noch erkennbar machte. Neben der qualitativen und quantitativen Analyse des Tracers SRG ermöglichte die Fluoreszenzspektralanalyse das Erkennen von Fremdstof-

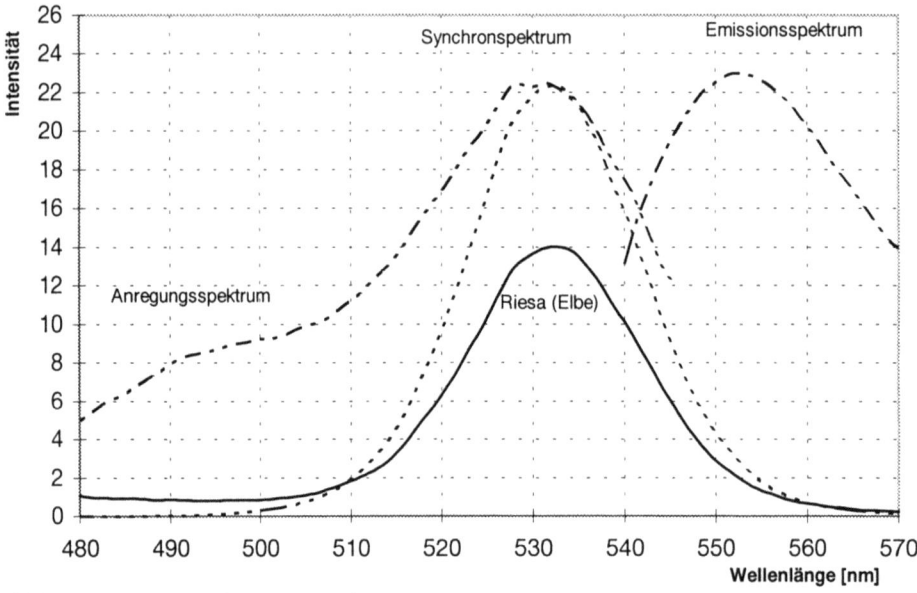

Abb. 1. Fluoreszenzspektren von SRG

fen an Hand von geänderten Peaklagen, die als sekundäre Peaks bzw. Ausreißer in Erscheinung traten.

In Abb. 1 ist ein Fluoreszenz-Synchronspektrum einer Elbewasserprobe während des Tracerdurchgangs in Riesa (km 107.2) im Vergleich zur SRG-Reinsubstanz dargestellt.

3 Verwendung der Konzentrationsdaten

Für die Tracerfront und das Tracerende, für den Durchgang des Scheitels und der halbmaximalen Konzentration vor und nach dem Scheitel ergeben sich aus dem Verlauf der Konzentrationsganglinie an jeder Meßstelle charakteristische Zeiten, die u. a. für die mathematische Simulation der Tracerversuche von Bedeutung sind. Außerdem läßt sich durch Integration der Konzentrationsganglinie die Wiederfindungsrate gewinnen, die einerseits über die Größe der Verluste Auskunft gibt und die andererseits Hinweise über die Eignung der Meßstelle enthält.

Literatur

Dostal, K., Koza, V., Rederer, L. (1998) Bericht über den Markierungsversuch in der Elbe. Povodi Labe AG Hradec Kralove

Eidner, R. und Bearbeiterkollektiv (1998) Erster Tracerversuch Elbe. - Primärdatenauswertung. BfG-1107, Berlin

Tracerversuche in der Elbe - Qualitative Beurteilung der Meßstellen als Beitrag zur Modellierung des Stofftransports

Franz-Josef Specht, Regina Eidner, Hans-Hermann Hanisch

1 Einleitung

Der Stofftransport gelöster Stoffe in Fließgewässern stellt sich als dreidimensionales Problem dar (Rutherford 1994). Nach der vollständigen Durchmischung des Stoffes in vertikaler Richtung (Nahfeld) und quer zur Fließrichtung (Übergangsbereich), ist es in der Regel ausreichend, die Transportprozesse auf ein eindimensionales Problem zu beschränken und zu modellieren. Die angenommene Gleichverteilung des Stoffes liegt aber aufgrund des Strömungsprofils des Gewässers und lokaler Einflüsse (z.B. Buhnenfelder und seitliche Einleitungen) nur bedingt vor.

2 Bewertung der Probenahmestellen

Bei den Tracerversuchen an der Elbe war es aus verschiedenen Gründen nur an wenigen Stellen möglich, ansatzweise die Querverteilung des Tracers im Querschnitt zu bestimmen. In der Regel wurden die Konzentrationsganglinien ufernah von Anlegern, Booten, Buhnenköpfen oder direkt vom Ufer aufgenommen. Da eine Probenahmestelle aber jeweils den gesamten Flußquerschnitt und auch einen Elbe-Abschnitt repräsentieren soll, ist die Auswahl sehr sorgfältig vorzunehmen. Ferner sind die unvermeidlichen Einflüsse des Standortes zu interpretieren und zu eliminieren.
  Die unterschiedliche Querverteilung äußert sich wie folgt:
- verzögerte Ankunftszeit der Tracerfront in Ufernähe,
- geringere Maximalkonzentration in Ufernähe,
- lange Nachlaufkonzentrationen (Tailing) durch geringe Fließgeschwindigkeiten in Ufernähe,
- Interaktion zwischen dem Hauptstrom und seitlichen Stillwasserzonen (Buhnenfeldern).

Zum Teil finden sich diese Phänomene in den statistischen Größen, die die Ganglinien beschreiben (Erwartungswert, Varianz und Schiefe), und in der Wiederfindungsrate wieder. So weisen z.B. die Meßstellen auf den Buhnenköpfen eine signifikant höhere Wiederfindungsrate auf als weniger gut angeströmte Meßstellen, wenn rechnerisch eine Gleichverteilung des Tracers im Querschnitt angenommen wird. Über den Erwartungswert der Tracerganglinie (entspricht der mittleren Stofftransportzeit) lassen sich Rückschlüsse auf die Fließzeit ziehen. Einige Meßstellen lassen sich über den Erwartungswert als ungünstig angeströmte Meßstellen identifizieren. Die Transportzeiten sind aber sicher zu korrigieren, sofern die Fließgeschwindigkeit bekannt ist oder zumindest stichprobenartig Konzentrationsmessungen an besser angeströmten Stellen durchgeführt werden konnten. Noch deutlicher wird die zeitliche Verzögerung der Ganglinien und die Abnahme der Konzentrationen im Bereich der Buhnenfelder. Das Stillwasserzonenmodell, das im Gegensatz zum Ansatz von Taylor nicht durchflossene Querschnittsteile wie die Buhnenfelder als Austauschzone berücksichtigt, ist in der Lage, die in den Tracerversuchen gemessenen steilen Fronten und das langsame Abklingen des Tracers nachzubilden. Da der Eintrag des Stoffes aus dem Hauptstrom in die Stillwasserzone genau wie das Austragen in den Hauptstrom zurück nur in einer sehr schmalen Zone im Bereich der Kontaktfläche stattfindet, in der auch die Proben von den Buhnenköpfen genommen wurden, weisen dies Stellen eine extrem lange, aber auch nur sehr geringe Nachlaufkonzentration auf. Außerhalb dieser Austauschzone (weiter in Flußmitte) treten diese extrem langen Nachlaufkonzentrationen nicht auf.

3 Einfluß auf die Modellierung

Ein Hauptproblem der Stofftransportmodellierung ist es, ein sinnvolles Konzept anzuwenden, mit dem durch eine eindimensionale Modellierung ein Prozeß widerspruchsfrei beschrieben werden kann, der sich in der Natur mehrdimensional, besonders im Bereich der Stillwasserzonen, darstellt. Ansätze dieser Art sind am Rhein verwirklicht (Mazijk 1997).

Die exakte Definition der Stillwasserzonen im Modell (sofortige Gleichverteilung der Konzentration, nur dispersiver, aber kein konvektiver Stoffaustausch mit dem Hauptstrom, die Geometrie der Stillwasserzonen wird nur über den volumetrischen Anteil, nicht aber über die Form erfaßt) spiegelt sich in der Natur nicht wieder. Der Tracer dringt vergleichbar einer Welle in die Buhnenfelder vor. Die Konzentration im Buhnenfeld ist sehr stark auch vom Ort und nicht nur von der Zeit abhängig.

Gelingt es, diese Probleme bei vertretbarem Meßaufwand einzugrenzen und somit auch die Konzentrationsganglinien in den Stillwasserzonen zu erfassen, kann ein wichtiger Beitrag dazu geleistet werden, die longitudinalen Dispersionsprozesse und den Einfluß der Buhnenfelder auf die Längsdispersion auch separat zu quantifizieren und somit die physikalischen Prozesse exakter nachzubilden. Anhand einiger Meßstellen der bisherigen Tracerversuche an der Elbe wird der Einfluß der Probenahmestelle sowohl im Hauptstrom als auch in einem Buhnenfeld verdeutlicht. Als Modell wird das Stillwasserzonenmodell angewendet. Es wird sowohl ein numerischer Lösungsansatz der BfG (AMOR) als auch ein analytischer Ansatz nach der Momentenmethode von Schmid (1995) angewendet. Beide Ansätze liefern nahezu identische Ergebnisse.

Literatur

Mazijk, A. van (1997) One-dimensional approach of transport phenomena of dissolved matters in rivers - TU Delft, 310 S.

Rutherford, J.C. (1994) River mixing - John Wiley and Sons, Chichester, 347 S.

Schmid, B.H. (1995) Zur Berechnung unfallbedingter Schadstoffkonzentrationen in offenen Gerinnen mit Stillwasserzonen: Näherungslösung mit Hilfe der Pearson-III-Verteilung - Österreichische Wasser- und Abfallwirtschaft, Jahrgang 47, Heft 3/4, S. 68 - 73

Schwermetallbilanzierung für die Elbe und für ihre Teileinzugsgebiete

Rona Vink, Horst Behrendt, Wim Salomons

1 Einleitung

Die Schwermetallbelastung der Flüsse wird durch punktförmige und diffuse Eintragsquellen verursacht. Für weiterer Maßnahmen zur Reduzierung der Schwermetallbelastung sollen verschiedene Methoden (Immissions- und Emissionsschätzung) für die Feststellung der Anteile der punktförmigen und diffusen Einträge an der gesamten Gewässerbelastung eines Flußgebietes z.B. der Elbe angewandt werden. Beide Schätzmethoden wurden bisher für verschiedene Regionen in Deutschland bzw. für verschiedene Flußgebiete angewandt (Behrendt 1993), wobei die Methoden generell analog zu denen sind, die für die Quantifizierung der Nährstoffbelastung angewandt wurden (Werner und Wodsack 1994, Behrendt 1993).

2 Immissionsmethode

Die Immissionsmethode zur Separierung von punktförmigen und diffusen Stoffeinträgen (Behrendt 1993, Vink et al. 1997 und 1998) ist für alle Flußgebiete der 1. Ordnung der Elbe für zwei Zeiträume (1988-1991 und 1992 - 1995) angewandt worden. In Tab. 1 sind die Resultate zusammengefaßt.

Tab.1. Punktförmige und diffuse Schwermetall-Immissionen in den Flußgebieten der Elbe

Zeitraum	As (t/Jahr)		Cd (t/Jahr)		Cu (t/Jahr)		Hg (t/Jahr)		Pb (t/Jahr)		Zn (t/Jahr)	
	1988-1991	1992-1995	1988-1991	1992-1995	1988-1991	1992-1995	1988-1991	1992-1995	1988-1991	1992-1995	1988-1991	1992-1995
Punktuel (mean)		18	2.4	3.6	56	57	1	3	29	24	377	654
Diffuse (mean)		74	3.8	2.1	157	70	8	0.3	56	65	1504	963
Total (mean)		92	6.2	5.7	212	127	9	3.4	86	89	1882	1617

3 Emissionsmethode

Die punktförmigen Schwermetalleinträge der kommunalen Kläranlagen in die einzelnen Flußgebiete sind abhängig vom Anschlußgrad der Bevölkerung an die Kanalisation und an die verschiedenen Klärwerkstypen ermittelt worden. Für die Abschätzung der Größe der Schwermetalleinträge von industriellen Direkteinleitern und deren Veränderung wurden für das Elbeeinzugsgebiet Daten der IKSE und des VÚV T.G.M. genutzt.

Die Emissionsschätzung für die diffusen Eintragspfade berücksichtigt die Schwermetalleinträge infolge Erosion und Oberflächenabfluß, den Grundwasserpfad, Deposition und urbane Flächen. Die gesamte Emissionschätzung wird in Tab. 2 gezeigt.

Tab.2. Punktförmige und diffuse Emissionen in den Flußgebieten der Elbe

	As (t/Jahr)		Cd (t/Jahr)		Cu (t/Jahr)		Hg (t/Jahr)		Pb (t/Jahr)		Zn (t/Jahr)	
Zeitraum	1988-1991	1992-1995	1988-1991	1992-1995	1988-1991	1992-1995	1988-1991	1992-1995	1988-1991	1992-1995	1988-1991	1992-1995
Punktuel (mean)	>6.1	12.3	8.7	2	>147	75.1	13.3	2	>65	41.1	1116	582
Diffuse (mean)	110	75.5	13	7.3	162	158	5	3.5	476	195	1901	1211
Total (mean)	117	87.8	22	9.3	309	233	18	5.5	541	236	3016	1793

4 Vergleich der ermittelten Schwermetallemissionen und Schwermetallfrachten

Insgesamt kann davon ausgegangen werden, daß im Zeitraum 1988-1991 punktuelle Emissionen dominierten und im zweiten Zeitraum stark abgenommen haben. Zugleich sind aber auch bestehende Diskrepanzen zwischen der Summe der Schwermetalleinträge und der realisierten Fracht in den Flüssen zu klären (mögliche Schwermetallverluste und -rückhalte in der Elbe und ihren Nebenflüssen) analog zur Nährstoffretention (Behrendt 1996). Da die Datenlage bezüglich der Quellen der Schwermetalleinträge und auch der gemessenen Konzentrationen im Fluß insgesamt noch deutlich schlechter ist als bei den Nährstoffen, kann man Abschätzungen zu deren Schwermetalleinträgen und -frachten z.Z. vermutlich nur für Flußgebiete mit einer Mindestgröße von 10 000 km² durchführen (Behrendt, Pers. Kom.).

Literatur

Behrendt, H. (1993) Point and diffuse load of selected pollutants in the River Rhine and its main tributaries. Research report, RR-1-93, IIASA, Laxenburg, Austria, 84 S.

Behrendt, H. (1996) Inventories of point and diffuse sources and estimated nutrient loads - A comparison for different river basins in Central Europe. Water, Science and Technology, 33, 99-107

Vink, R.J., Behrendt, H., Salomons, W. (1997) Point and diffuse source analysis of heavy metals in the Elbe drainage area: Comparing heavy metal emissions with transported river loads GKSS-report, Germany

Vink, R.J., Behrendt, H., Salomons, W. (1998) Point and diffuse source analysis of heavy metals in the Elbe drainage area: comparing heavy metal emissions with transported river loads. Submitted to Hydrobiologia

Werner W., Wodsak, H.-P. (1994) Regional differenzierter Stickstoff- und Phosphateintrag in Fließgewässer im Bereich der ehemaligen DDR unter besonderer Berücksichtigung des Lockergesteinsbereiches. Agrarspektrum, 22

Schadstoff-belastung in Wasser und Schwebstoffen

Transport von Schwermetallen in der Tideelbe in den Küstenbereich: Bewertung der das Transportverhalten beeinflussenden Prozesse

Wilhelm Petersen, Kristof Hennies, Claudia Kühne

1 Einleitung

Der Transport von Schwermetallen in der Tideelbe und dann weiter in den Küstenbereich ist von verschiedenen physikalischen, chemischen und biologischen Faktoren bzw. Prozessen beeinflußt. Neben physikalischen Mischungsvorgängen zwischen höher (liminisch) und weniger hoch (marin) belastetem Material im Tidebereich der Elbe spielen aber auch biogeochemische Prozesse, die die Verteilung zwischen partikulär und gelöstem Anteil steuern, eine wichtige Rolle (Petersen et al. 1997), da das Transportverhalten der gelösten und partikulären Phase sehr unterschiedlich ist. Kenntnisse über die Beeinflussungen des Transportverhaltens sind bedeutsam sowohl zur Abschätzung und Vorhersage von Schwermetallbelastungen in Sediment (z.B. Baggergutproblematik im Hamburger Hafen) als auch zur genaueren Quantifizierung der Schwermetallfrachten in den Küstenbereich der Nordsee.

2 Physikalische Vermischungsvorgänge

Schwermetallanalysen an einer langsam und einer schnell sinkenden Schwebstofffraktionen können zur Quantifizierung der aus Unterstrom und Oberstrom eingetragenen Mengen in den Hamburger Hafen in Abhängigkeit vom Oberwasserabfluß herangezogen werden. Auswertungen von Sedimentfallen der ARGE-Elbe zeigen ebenfalls, daß aus langjährigen Zeitreihen das Mischungsverhältnis der sedimentierenden Fraktion des Schwebstoffes zwischen marinem und limnischem Material durch den Oberwasserabfluß bestimmt wird. Aus der bekannten Belastung von marinem und limnischen Material kann daraus über den Oberwasserabflusses die Beladung der Sedimente mit Schwermetallen sehr gut abgeschätzt werden (Abb. 1).

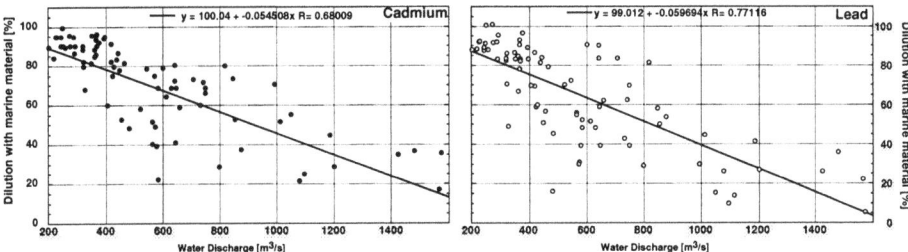

Abb.1. 'Verdünnung' von Schwebstoff (SPM) mit marinem Material in Abhängigkeit vom Oberwasserabfluß an der Station Blankenese (km 636) unterhalb Hamburgs. SPM monatlich gesammelt in Schwebstoffallen von 1985 - 1995

3 Biogeochemische Prozesse

Untersuchungen zur Mobilisierung von Spurenelementen beim aeroben Schwebstoffabbau von algenreichem Material in der Wassersäule zeigen, daß ein durch Lichtmangel induziertes Absterben von Algenbiomasse innerhalb von 2 bis 4 Wochen eine Freisetzung von bis zu zwei Drittel der algengebundenen Reservoire von Cd, Cu, Pb und Zn bewirkt (Hennies 1997). Dies entspricht ca. 50% der schwebstoffgebundenen Anteile der Metalle. Unterschiedliche Affinitäten zum Schwebstoff der einzelnen Metalle führen aber zu metallspezifischen Verteilungskoeffizienten zwischen gelöster und partikuläre Phase, die sich auch auf den Transport durch die Trübunszone auswirken. Mit einem automatisiertem Probennehmer für gelöste und partikulär gebunden Schwermetalle (Petersen et al. 1998) wurde direkt nach einem Hochwasserereignis das Transportverhalten der Schwermetalle für gelöste und partikulär gebundene Schwermetalle durch die Trübungszone untersucht (Abb. 2).

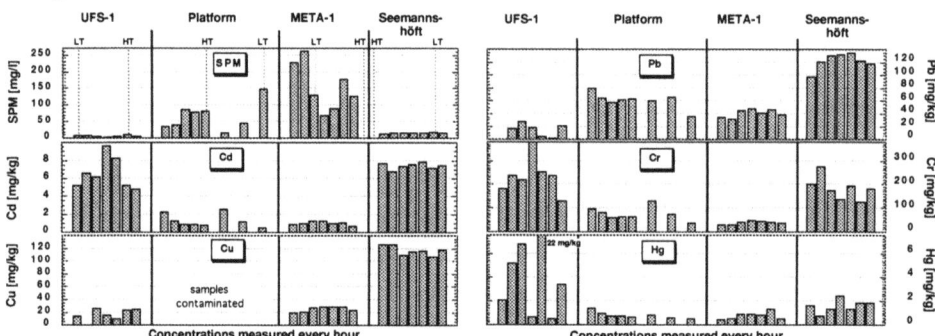

Abb.2. Vergleich von Schwebstoffkonzentrationen u. partikulär gebundenen Metallen im Küstenbereich (UFS-1 und Platform), in der Trübungszone (META-1) und im limnischen Bereich (Seemannshöft)

Die Messungen zeigen, daß der Schwebstoff direkt nach dem Hochwasserer mit einigen Metallen wie z.B. Cd, Cr, und Hg extrem angereichert ist. Ein Vergleich der Gesamtkonzentrationen (gelöst und partikulär) an den verschiedenen Stationen zeigt, daß Blei aufgrund seiner besonders starken Affinität zur partikulären Phase während dieser Phase deutlich in der Trübungszone zurückgehalten wird, während andere Metalle dagegen durch die im Salzgradienten induzierten Remobilisierungsprozesse, d.h. zwischenzeitlicher Übergang in die gelöste Phase, effektiv in die Nordsee transportiert werden.

Literatur

Hennies, K. (1997) Biogeochemische Prozeßuntersuchungen zum Transportverhalten von Spurenelementen in der Tide-Elbe, Dissertation, TU Hamburg-Harburg

Petersen, W., Geisler, C.-D., Schroeder, F., Knauth, H.-D. (1998) AISIT - A new device for remote controlled sampling of dissolved and particle bound trace elements in surface waters. J. Sea Research, in Druck

Petersen, W. Willer, E. Willamowski, C. (1997) Remobilization of trace elements from polluted anoxic sediments after resuspension in oxic water. Water Air Soil Pollut.; 99: 515-522

Vorhersage von Elementkonzentrationen in Filtraten aus denen von Schwebstoffen und umgekehrt - eine Möglichkeit zur Vereinfachung von Gewässergüteuntersuchungen?

Armin Aulinger, Andreas Prange, Jürgen W. Einax

Ziel der hier vorzustellenden Arbeit ist die Optimierung der Gewässergüteuntersuchungen in der Elbe, in Bezug auf die Schwermetalle in der Wasserphase. Eine wesentliche Fragestellung, die in diesem Zusammenhang z.Z. auch in den entsprechenden Gremien der IKSE diskutiert wird, lautet: Ist es ausreichend, die Spurenstoffe entweder in der gelösten oder in der Schwebstoffphase zu messen und dabei gleichzeitig Rückschlüsse auf die jeweils andere Phase ziehen zu können, ohne daß dabei ein wesentlicher Informationsverlust gegenüber der separaten Messung beider Phasen entsteht?

Die Bewertung der Meßergebnisse der Gesamtkonzentration in der Wasserphase (gelöst + partikulär gebunden) ist für eine Beurteilung der Wassergüte oftmals unzureichend, da für viele Spurenstoffe unterschiedliche Transportverhalten und ökotoxikologische Verhaltensweisen in den beiden Phasen nachweisbar sind. Eine Phasentrennung, z.B. durch Filtration, erhöht die Aussagekraft der analysierten Schadstoffkonzentrationen, zieht aber auch einen erhöhten analytischen Aufwand nach sich. Ferner lassen sich die Elemente trennen in solche, die zu einem größeren Anteil gelöst oder partikulär gebunden vorkommen und somit in einer der beiden Phasen besser zu bestimmen sind. Unter diesen Gesichtspunkten sollte eine Strategie entwickelt werden, in der bestimmte für die Elbe relevante Elemente entweder im Schwebstoff oder im Filtrat gemessen werden, und anschließend die damit erhaltene Information nutzen, um deren Gehalte in der jeweils komplementären Phase vorherzusagen.

Anhand von Vergleichen der in den Meßkampagnen bestimmten Elementgehalte im Schwebstoff mit den von Prange et al. 1997 ermittelten geogenen Hintergrundwerten für die Elbe wurde eine Auswahl an Elementen getroffen, die für eine Überwachung der Wasserqualität in der Elbe regelmäßig bestimmt werden sollten. Zusätzlich wurden noch elbetypische Elemente wie U, das von tschechischen Bergwerksbetrieben in die Elbe eingebracht wird, und Elemente, die den großen Einfluß der Saale auf die Salzfracht in der Elbe anzeigen (Na, K), in diese Liste mit aufgenommen.

Eine Betrachtung der Verteilungskoeffizienten von Elementkonzentrationen zwischen der gelösten und der partikulären Phase an Hand von Wasserproben aus mehreren Probennahmekampagnen zeigte, daß sich diese entlang des Elbelängsprofiles deutlich ändern und somit nicht für eine Beschreibung der Beziehung zwischen der Konzentration eines Elementes im Schwebstoff und im Filtrat herangezogen werden können.

Die Auswertung derselben Analysenergebnisse mit Hilfe der Partial Least Squares Regression, einer Variante der multivariaten Regression (Lorber et al. 1987, Einax et al. 1998) führte diesbezüglich zu vielversprechenderen Ergebnissen. Mit Hilfe dieser Methode war es möglich, den Konzentrationsverlauf einer Reihe von Elementen in einem Kompartiment mit Hilfe bekannter Elementkonzentrationen des anderen Kompartimentes zu modellieren. Dazu wurden die Elementgehalte in dem Kompartiment, in dem sie

leichter bestimmbar waren, in Spalten, geordnet nach Probennahmestelle entlang des
Flußlaufes zu einer Matrix von Prediktoren zusammengefaßt. Mit den ebenso sortierten
"schwer bestimmbaren" Elementen als Prediktanden wurden die Regressionskoeffizienten für die Vorhersagemodelle errechnet.

Tab.1. Mittlere prozentuale Abweichung der vorhergesagten Variablen im Schwebstoff (S) u.
Filtrat (F) Herbst 95 bei Kalibrierung mit Proben aus derselben Kampagne (**A**) und Proben aus der
Kampagne Herbst 93 (**B**)

	Li-S	Na-S	P-S	Sr-S	Mo-S	U-S	K-S	Ca-S	Ni-S	As-S	Cu-F	Zn-F	W-F	Mn-F	Co-F	Al-F
A	3.5	3.7	3.9	6.6	10.5	8.9	3.5	7.6	5.2	6.8	14.9	17.7	11.7	18.0	9.6	9.7
B	28.0	21.0	56.0	10.3	38.4	17.4	21.7	19.0	6.4	11.3	11.0	23.1	119.6	50.7	29.8	36.1

Wurden für die Modellbildung nur Flußabschnitte mit ähnlicher Geologie verwendet -
z.B. der Abschnitt von der deutsch-tschechischen Grenze bis zum Wehr bei Geesthacht -
konnten Vorhersagen gemacht werden, deren Abweichung von den gemessenen Werten
im Bereich des gesamtanalytischen Fehlers von ca. 15% lagen (Tab. 1). Natürlich können
mit einem PLS-Modell nur dann vernünftige Vorhersagen gemacht werden, wenn sich
Mittelwert und Varianz einer Variable für die Kalibration und für die Vorhersage nicht
wesentlich unterscheiden. Das war im allgemeinen der Fall, wenn die Proben für die
Kalibration und für die Vorhersage aus der gleichen Kampagne stammten (Cross Validation), nicht immer jedoch, wenn sie aus verschiedenen Kampagnen stammten. Für einige
Elemente konnten Unterschiede in Mittelwert und Varianz ausgeglichen werden, indem
sie auf den Scandiumgehalt des Schwebstoffes normiert wurden (Abb. 1).

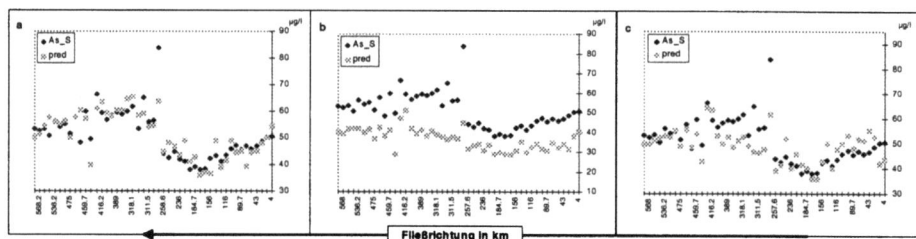

Abb.1. Vergleich vorhergesagter und gemessener As Konzentrationen der Kampagne Herbst 95
bei Cross Validation (**a**), Kalibrierung mit der Kampagne Herbst 94 (**b**) und Kalibrierung mit der
Kampagne Herbst 94 aber vorherige Normierung auf Sc (**c**)

Literatur

Prange, A., Bössow, E, Jablonski, R., Krause, P., Lenart, H., Meyercorst, J., Pepelnik, R., Erbslöh,
B., Jantzen, E., Krüger, F., Leonhard, P., Niedergesäß, R., von Tümpling jun., W. (1997) Erfassung und Beurteilung der Belastung der Elbe mit Schadstoffen, Teilprojekt 2: Schwermetalle-Schwermetallspezies. BMBF-Forschungsvorhaben: 02-WT 9355/4, Abschlußbericht
Lorber, A., Wangen, L. E., Kowalsky, B. R. (1987) J. Chem. 1, 19-31
Einax, J.W., Aulinger, A., v. Tümpling, W., Prange, A. (1998) Fresenius J. Anal. Chem. (in Druck)

Untersuchungen zum Sinkverhalten von suspendierten partikulären Stoffen in der Elbe bei Magdeburg

Martina Baborowski, Kurt Friese

1 Einleitung

Innerhalb des suspendierten partikulären Materials (SPM) in Fließgewässern liegen Partikel bzw. Flocken unterschiedlichen Sinkverhaltens nebeneinander vor. Partikel mit hoher Sinkgeschwindigkeit können sich in Stillwasserbereichen ablagern bzw. bei Hochwasser in die Aue ausgetragen werden. Für die Abschätzung des Stoffaustrages durch Sedimentation bzw. die Modellierung des stromab gerichteten Stofftransports stellt die Sinkgeschwindigkeit somit eine relevante Größe dar.

Zur Erfassung der saisonalen Variabilität des Sinkverhaltens suspendierter partikulärer Stoffe in der mittleren Elbe wurden zwischen Januar 1995 und November 1996 Untersuchungen an der IKSE-Dauermeßstelle bei Magdeburg (Strom-km 318,1) durchgeführt.

2 Methodik

In Anlehnung an Untersuchungen in der Unterelbe (Puls und Kühl 1989) erfolgte die Probenahme mit dem Owen-Rohr.

Nach Bornholdt et al. (1992) wurden die Gesamtschwebstoffe in eine schnell sinkende (S-Fraktion, Sinkgeschwindigkeit > 0,19 cm/s) und eine langsam sinkende (L-Fraktion, Sinkgeschwindigkeit < 0,19 cm/s) Fraktion getrennt und auf ihren Gehalt an SPM und ausgewählten Schwermetallen untersucht.

Die Analyse der Schwermetallgehalte erfolgte aus der angesäuerten Probe nach Mikrowellenaufschluß (HNO_3/H_2O_2) mittels ICP-OES (Al, Fe, Mn, Zn), GF-AAS (Cd, Cr, Pb), CV-AAS (Hg) und ICP-MS (Cu, Ni).

3 Ergebnisse

Der prozentuale Anteil des SPM der S-Fraktion am Gesamtschwebstoffgehalt unterlag jahreszeitlichen Schwankungen von 0-13 %. Bezogen auf die Schwermetallkonzentration der nichtfraktionierten Probe variierte der Gehalt an partikulären Schwermetallen der S-Fraktion für Cd von 0-19 %, für Pb von 0-18 %, für Ni und Zn von 0-17 %, für Fe und Cr von 0-15 % sowie für Cu und Mn von 0-11 %. Hinsichtlich des zeitlichen Auftretens der Maxima der Metalle in der S-Fraktion zeigten jeweils Fe und Mn, Pb (Abb. 1.) und Cd sowie Cr (Abb. 2.) und Cu ein ähnliches Muster. Das vorwiegend gelöst vorkommende Ni unterschied sich von den übrigen Metallen.

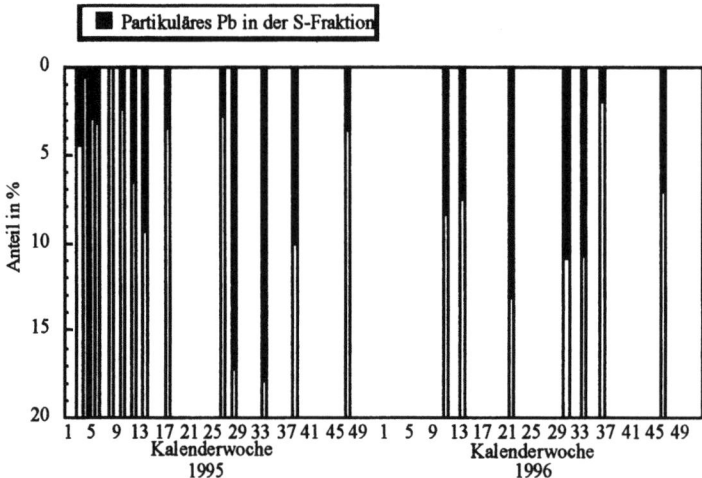

Abb. 1. Schwankungsverhalten des partikulären Pb in der S-Fraktion

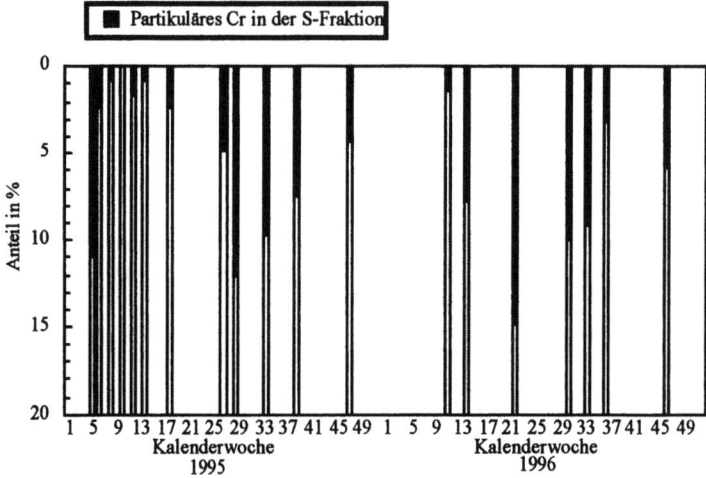

Abb. 2. Schwankungsverhalten des partikulären Cr in der S-Fraktion

Literatur

Bornholdt, J., Puls, W., Kühl, H. (1992) Die Flockenbildung von Elbeschwebstoff: Untersuchungen an Fraktionen unterschiedlicher Sinkgeschwindigkeit; GKSS 92/E/88, GKSS-Forschungszentrum Geesthacht GMBH

Puls, W., Kühl, H. (1989) Die Sinkgeschwindigkeit von Elbeschwebstoff bei Lauenburg und Bunthaus, August 1989, GKSS 89/E/54, GKSS-Forschungszentrum Geesthacht GMBH

Belastung des Schwebstoffes der Elbe bei Magdeburg mit organischen und anorganischen Schadstoffen: Auswertung mit Methoden der multivariaten Statistik

Olaf Büttner, Marcus Winkler, Kurt Friese, Maritta Lohse, Thomas Neu

1 Einleitung

Viele unpolare organische Schadstoffe und Schwermetalle in Fließewässern werden überwiegend an Schwebstoffen gebunden transportiert (Winkler et al. 1998). Mit Hilfe der multivariaten Datenanalyse sollen die Strukturen des vorliegenden Datensatzes, zu dem neben den gemessenen Konzentrationen von organischen Spurenstoffen und Schwermetallen an den Schwebstoffen auch allgemein beschreibende Wasserbeschaffenheitsdaten wie z.B. Temperatur und Schwebstoffgehalt gehören, verdeutlicht werden.

2 Material und Methoden

Die im Zeitraum von Juni 1996 bis Oktober 1997 mit einer Durchlaufzentrifuge gewonnenen Schwebstoffproben der Elbe bei Magdeburg wurden auf ihre Belastung mit Schwermetallen, PAH, PCB, chlorierten Pestiziden und künstlichen Moschusduftstoffen hin untersucht. Darüber hinaus wurde der Kohlenstoffgehalt des Schwebstoffes und der Schwebstoffgehalt, die Temperatur und der gelöste organische Kohlenstoff des Wassers bestimmt. Der Datensatz besteht aus 47 Variablen die an 40 Proben gemessen worden sind. Dabei handelt es sich um 4 allgemeine Parameter, 8 Schwermetalle und 35 organische Spurenstoffe. Die Daten wurden logarithmiert und mit Hilfe des Kolmogoroff-Smirnoff-Testes auf Normalverteilung geprüft. Bis auf 4 Ausnahmen war diese Verteilungsannahme erfüllt. Da die Anzahl der Variablen die der Beobachtungen nicht übersteigen sollte, wurden verschiedene Kombinationen von Variablen für die statistische Analyse zusammengestellt. Mit der Hauptkomponentenmethode (Fahrmeir und Hamerle 1984, Henrion und Henrion 1995) wurden zunächst die Faktoren extrahiert, die den größten Teil der Varianz des Datensatzes erklären. Die Anzahl der Hauptkomponenten (Principal Components, kurz PC) wurde dabei nach dem Kaiser/Dickman-Kriterium festgelegt. Unter Anwendung linearer Regressionsansätze wurde dann geprüft, ob bestimmte Parameter zur Normierung der Schwebstoffkontaminationen insbesondere mit organischen Schadstoffen herangezogen werden können. Für die Berechnungen wurden die Programmpakete SYSTAT, STATISTIKA sowie MATLAB genutzt.

3 Ergebnisse

In der Gruppe der organischen Spurenstoffe konnten 7 signifikante Faktoren identifiziert werden, die insgesamt 82 % der Gesamtvarianz erklären. Dabei besteht PC1 aus zehn PAH und PC2 aus den PCB, HCB sowie ausgewählten chlorierten Pestiziden. In PC3 sind zwei polycyclische Moschusduftstoffe (Galaxolide, Tonalide) enthalten. Da sich über den gesamten Untersuchungszeitraum die PAH-Muster der Schwebstoffe gleichen, gruppieren sich die PAH in PC1. Die beiden Duftstoffe (PC3) werden in Waschmitteln und Kosmetika eingesetzt und treten in Kläranlagen in recht konstanten Verhältnissen zueinander auf, was auch für ihr Vorkommen in aquatischen Systemen gilt (Winkler et al. 1998).

Für die untersuchten Schwermetalle ergeben sich drei Faktoren, die 85% der Varianz erklären. Dabei besteht PC1 aus Ti, Cr, Fe, Ni, Sr und As, PC2 aus Mn und Zn und PC3 aus Ca, Cu, Sr und Pb. PC1 ist nicht eindeutig zu interpretieren, da er sich aus geogenen und anthropogenen Elementen zusammensetzt (Prange und Krause 1995). PC2 zeigt einen Zusammenhang zwischen Zn und Mn, der auch bei Hochflutsedimenten der Elbe gefunden wurde (Lohse und Krüger 1998).

Die multiplen linearen Regressionen von allgemeinen Daten wie Schwebstoffgehalt, Temperatur, Kohlenstoffgehalt des SPM und DOC, mit den meisten organischen Schadstoffen wie PAH, HCH, PCB führen zu keinen signifikanten linearen Zusammenhängen. Für einzelne Verbindungen wie Galaxolide und p,p-DDD konnten Korrelationen bestimmt werden. Bei einigen Schwermetallen lassen sich signifikante Zusammenhänge feststellen. So läßt sich Cu als Linearkombination von Schwebstoffgehalt und Temperatur darstellen. Der Korrelationsfaktor zwischen gemessenen und errechneten Werten beträgt in diesem linearen Modell 0,9. Auch die in PC2 hoch geladenen Metalle Mn und Zn können als Linearkombination aus Schwebstoffgehalt und Kohlenstoffgehalt des Schwebstoffes dargestellt werden.

Literatur

Fahrmeir L., Hamerle A. (1984) Multivariate statistische Verfahren. Walter de Gruyter & Co.
Henrion, R., Henrion, G. (1995) Multivariate Datenanalyse. Springer Verlag Berlin Heidelberg.
Lohse, M., Krüger, F. (1998) Persönliche Mitteilung
Prange A., Krause, P. (1995) Erfassung und Beurteilung der Bekastung der Elbe mit Schadstoffen Teilprojekt 2: Schwermetalle-Schwermetalspezies. Zwischenbericht, BMBF-Forschungsvorhaben 02-WT 9355/4
Winkler, M., Kopf, G., Hauptvogel, C., Neu, T. (1998) Fate of artificial musk fragrances associated with suspended particulate matter (SPM) of the river Elbe (Germany) in comparison to other organic contaminants. *Chemosphere*, in press

Erfahrungen zur Online Messung von Quecksilber in der Meßstation Schnackenburg/Elbe

Olaf Elsholz, Carsten Frank, Birgit Matyschok, Frank Steiner, Burkhard Stachel, Heinrich Reincke, Manfred Schulze

1 Fragestellung

Bekanntlich ist das Sediment in großen Teilen der Elbe stark mit Quecksilber belastet (Wilken und Weiler 1986). Die Quecksilberbelastung des Elbewassers hat inzwischen deutlich abgenommen. Zur Beurteilung der aktuellen Schadstoffbelastung (durch Remobilisierung und durch neue Einleitungen) ist im Untersuchungsprogramm der Elbe Quecksilber jedoch weiterhin von besonderem Interesse.

Im Rahmen einer Zusammenarbeit der Fachhochschule Hamburg, der Wassergütestelle Elbe und des StAWA-Lüneburgs wurde 1996 in der Meßstation Schnackenburg/Elbe der Prototyp eines Gerätes zur Online Messung von Quecksilber installiert. Die Meßstation Schnackenburg liegt an der Grenze zur ehemaligen DDR und diente früher u.a. dazu die aus diesem Bereich stammende Belastung des Elbewassers zu dokumentieren, so daß für diesen Abschnitt der Elbe umfangreiches Datenmaterial vorliegt.

Beim Vergleich von Gesamt-Quecksilberwerten in Stichproben und Wochenmischproben, fällt z.T. ein erheblicher Konzentrationsunterschied auf. Dies liegt vermutlich an den zeitlichen Schwankungen der Konzentrationen, die mit den bisher üblichen Sediment-, Muschel- und Wassermischprobenuntersuchungen nicht erfaßt werden. Die großen Abstände zwischen den Stichproben ermöglichen keine fundierte Aussage zu dieser Problematik; eine häufigere Probenahme stellt einen großen zusätzlichen Aufwand dar, weil die Anfahrtszeiten zu den Meßstationen zum Teil erheblich sind.

2 Geräteaufbau

Ziel des hier beschriebenen Projektes ist, die einzelnen Analysenschritte zur Quecksilberbestimmung (Probenahme, Aufschluß, Erzeugung von Hg-Kaltdampf, Messung) so abzustimmen, daß diese automatisiert in einem Gesamtsystem durchführbar sind.

Als Grundgerät wird bisher ein Quecksilberanalysator „SpectroMerc" (Fa. Spectro A.I.) verwendet, der so modifiziert wird, daß die Ventilanordnung ein Arbeiten im Fließinjektionsbetrieb ermöglicht (Elsholz 1996). In Abb. 1 ist die verwendete Anordnung als Fließdiagramm schematisch dargestellt.

Zunächst werden beide Pumpen (P1 und P2) eingeschaltet und transportieren Proben aus dem Überlaufbecken in der Meßstation und Oxidationsmittel (BrCl) für den Online-Aufschluß in die Fließapparatur. Nach 10 Sekunden wird die externe Pumpe (P2) wieder ausgeschaltet, um Reduktionsmittel ($SnCl_2$) und Trägerlösung (HNO_3) zu sparen. Gleichzeitig werden die zu einem Injektionsventil kombinierten Schlauchquetschventile eingeschaltet, so daß die im SpectroMerc enthaltene Pumpe (P1) die 10 mL Injektionsschleife mit Probe und Oxidationsmittel füllt. Ist dies erfolgt, werden alle Komponenten des Systems ausgeschaltet und eine Aufschlußzeit von ca. 30 Minuten abgewartet. Die im System aufgeschlossene Probe wird dann durch Anschalten beider Pumpen mit dem Trägerstrom in das Manifold transportiert, fließt dort mit der Reduktionslösung zusammen und passiert anschließend den Gasflüssigkeitsseparator (GLS). Der entstehende Quecksilberdampf wird durch einen Stickstoffstrom (N_2) aus der Flüssigkeit ausgetrieben und über die kalte Goldfalle (Au) geleitet an der sich das Quecksilber anreichert. Zur Messung wird die Goldfalle mittels Heizdraht erwärmt.

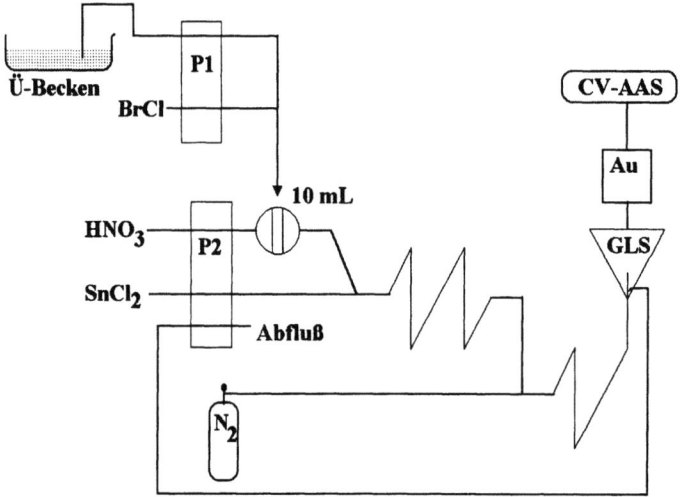

Abb.1. Fließdiagramm des Online Quecksilberanalysators

3 Erste Erfahrungen

Bis Mai 98 sind eine Test- und zwölf reguläre Meßkampagnen durchgeführt und dabei an 23 Tagen 26 Bezugsfunktionen erstellt worden. Die Meßwerte (und weitere Angaben zum Projekt) sind im Internet unter „www.rzbd.fh-hamburg.de/~prmercol" abrufbar.

Software bedingt sind bisher automatisiert nur Meßintervalle von bis zu acht Stunden möglich. Bei sechs der Meßkampagnen verliefen die Meßabläufe störungsfrei, bei zwei Meßkampagnen traten Beeinträchtigungen des Injektionsventils vermutlich durch Schwebstoffe auf. Eine ebenfalls mehrfach beobachtete Störung ist die Erschöpfung der Funktionsfähigkeit des Goldnetzes der Amalgamierungseinheit.

Literatur

Elsholz, O. (1996) Fresenius J. Anal. Chem. 355, 295-296
Wilken, R.-D., Weiler, K. (1986) Deutsche gewässerkundliche Mitteilungen 1, 19

Mutagene Bis(dichlorpropyl)ether aus der Elbe im Uferfiltrat

Stephan Franke, Götz Neurath, Christiane Meyer

Isomere Bis(dichlorpropyl)ether, sogenannte Haloether, kommen im µg/l Maßstab im Wasser der Elbe vor. (Franke et al. 1995, 1998). Diese Substanzen, die als Nebenprodukte der industriellen Synthese von Epichlorhydrin anfallen, gelangen mit dem Abwasser solcher Produktionsstätten in die Umwelt und stellen eine der Hauptkontaminationen der Elbe mit chlororganischen Verbindungen dar.
Im Zeitraum zwischen 1994 und 1997 wurden Bis(1,3-dichlor-2-propyl)ether (I), 1,3-Dichlor-2-propyl-2,3-dichlor-1-propylether (II) und Bis(2,3-dichlor-1-propyl)ether (III) im Elbabschnitt bei Schmilka in Konzentrationen bis zu 57 µg pro Liter festgestellt. Von Anfang 1995 bis Mitte 1996 waren die Gehalte vergleichsweise sehr niedrig, sie stiegen im Herbst 1996 jedoch wieder stark an. Bei der Uferfiltration werden diese Haloether nicht völlig zurückgehalten, so daß in Uferfiltratbrunnen eines Wasserwerks bei Dresden 1994 und 1995 zwischen 0.5 und 3 µg/l dieser Substanzen beobachtet werden konnten. Zwei 1997 bei einem privaten Verbraucher zufällig ausgewählte Trinkwasserproben aus Dresden wiesen ca. 9 ng/l Bis(dichlorpropyl)ether auf.
Da bisher keine hinreichenden toxikologischen Befunde über Bis(dichlorpropyl)ether vorliegen, kann ein möglicherweise von diesen Verbindungen ausgehendes Risiko für den Menschen und die Umwelt derzeit nicht abgeschätzt werden. Zur Erhebung erster toxikologischer Daten wurden diese Haloether auf erbgutschädigende/verändernde Aktivität untersucht (Neurath et al. 1996, 1997). Dabei erwiesen sich Bis(dichlorpropyl)ether-Isomere als potente Mutagene im Ames Test in den Stämmen TA1535 und TA100. Bis(1,3-dichlorpropyl)ether (I) zeigt Mutagenität bereits ohne metabolische Aktivierung, wird aber durch die aus Rattenleber gewonnene Homogenatfraktion S9, die den Metabolismus von Säugern imitiert, nicht zusätzlich aktiviert. Die beiden anderen Isomere (II, III) weisen demgegenüber ohne metabolische Aktivierung keine Mutagenität auf, werden aber durch S9 stark aktiviert und sind dann mutagener als (I). Mutagenität konnte für die Isomere II und III auch in der TA98 festgestellt werden. Bei Bis(dichlorpropyl)ethern handelt es sich demnach um genotoxische Substanzen, die sowohl Leseraster-, besonders stark jedoch Punktmutationen verursachen können. Aufgrund der mutagenen Aktivität der Bis(dichlorpropyl)ether besteht daher der Verdacht auf eine krebserzeugende Wirkung dieser Elbverunreinigungen. Da strukturell eng verwandte Verbindungen kanzerogene Aktivität aufweisen, wird dieser Verdacht untermauert.
Die mutagene Aktivität von Bis(dichlorpropyl)ethern im Ames Test läßt eine weitere Klärung des toxischen Potentials - auch angesichts ihrer strukturellen Verwandschaft mit bekannten Kanzerogenen sowie ihres Vorkommens im Uferfiltrat - dringend erforderlich erscheinen.

Literatur

Franke, S., Hildebrandt, S., Francke, W. (1995) The Occurrence of Chlorinated Bis(propyl)ethers in the Elbe River and Tributaries. Naturwissenschaften 82, 80-83

Franke, S., Meyer, C., Specht, M., König, W. A., Francke, W. (1998) Chloro-bis-propyl Ethers in the Elbe River - Isomeric Distribution and Enantioselective Degradation. J. High Resol. Chromatogr. 21, 113-120

Neurath, G., Franke, S., Francke, W., Marquardt, H. (1996) The mutagenic activity of tetrachlorobis(propyl)ether in the Salmonella/ Microsome assay. Naunyn-Schmiedeberg's Arch. Pharmacol. 354, R 19.

Neurath, G., Gutendorf, B., Westendorf, J., Franke, S., Francke, W., Marquardt, H. (1997) Mutagenic activity of chlorinated bis(propyl)ethers: Major pollutants in the Elbe River. Mutat. Res. 397, S 102

Ökotoxikologisch relevante Pestizide im Elbeeinzugsgebiet

Jürgen Gandraß, Monika Zoll

1 Einleitung

Während vor 1990 die Situation in der mittleren und unteren Elbe durch hohe Einträge aus Punktquellen (Pflanzenschutzmittelproduktion) geprägt war, finden sich heute typische saisonale Konzentrationsverteilungen (Einträge aus der Landwirtschaft) deutlich unterhalb von 1 µg/L je Einzelverbindung. Das untersuchte Stoffspektrum der Pestizide umfaßte 76 Einzelverbindungen unterschiedlicher Stoffklassen (u.a. Triazine, Phosphorsäureester, Carbamate, Phenylharnstoffe, Phenoxycarbonsäuren, aliphatische Chlorcarbonsäuren). Diese wurden u.a. in aus Tagesproben gewonnenen Monatsmischproben an den Elbequerschnitten Schmilka (Grenze Tschechien, km 0) und Wittenberge (mittlere Elbe, km 455) sowie in durch Hubschrauber-Längsprofilbeprobungen der Elbe von der Mündung bis zur Quelle erhaltenen Proben analysiert.

2 Positivbefunde und Frachten

Von den 76 Substanzen traten im Untersuchungszeitraum 42 dieser Verbindungen in Konzentrationen oberhalb der Bestimmungsgrenze auf. Grundsätzlich zeigte sich eine hohe zeitliche und räumliche Variabilität des Auftretens einzelner Wirkstoffe. So wurden einzelne Pestizide (z.B. Atrazin) in beträchtlichem Umfang bereits im Bereich der Tschechischen Republik in die Elbe eingetragen während andere Wirkstoffe (z.B. Dimethoat) erst in der mittleren bzw. unteren Elbe nachgewiesen wurden.

Atrazin (Herbizid) und Trichloressigsäure (Herbizid) wiesen im Vergleich zu den anderen untersuchten Stoffen die höchste Zahl an Positivbefunden auf. Die Frachten von Atrazin, für das seit 1991 ein Anwendungsverbot in Deutschland besteht, waren für den Untersuchungszeitraum 1994-1996 in der Elbe bei Schmilka (3 Tonnen) und Wittenberge (2,5 Tonnen) vergleichbar hoch. Für TCA ergaben sich für die Elbe bei Schmilka 80 Tonnen TCA und eine ca. halb so große Fracht für die Elbe bei Wittenberge (39-40 Tonnen TCA).

3 Bewertung im Hinblick auf Qualitätsziele bzw. -kriterien

Zur Bewertung des Schutzgutes „Trinkwassergewinnung" wurde der Grenzwert der Europäischen Trinkwasser-Richtlinie (0,1 µg/L) herangezogen. Es traten 28 Pestizide in Konzentrationen oberhalb des Trinkwassergrenzwertes auf. Von Atrazin, Dimethoat und TCA abgesehen wurde der Trinkwassergrenzwert nur selten überschritten. Die 90-Perzentile betrugen für Atrazin (0,13 µg/L), Dimethoat (0,11 µg/L) und TCA (3,8 µg/L). Für Dimethoat zeigte sich darüber hinaus seit 1995 ein deutlicher Rückgang der

Belastung. Im Hinblick auf die Trinkwassergewinnung durch Uferfiltration und der damit verbundenen Verweilzeiten in der Grundwasserpassage sollten die untersuchten Pestizide, abgesehen von Atrazin in der oberen Elbe und abgesehen von TCA, grundsätzlich kein Problem darstellen. Es sei jedoch darauf hingewiesen, daß der Trinkwassergrenzwert pragmatisch für alle Pestizide einheitlich festgelegt wurde und ihm keine toxikologische Bewertung zugrunde liegt.

Eine Bewertung im Hinblick auf das Schutzgut „aquatische Lebensgemeinschaften (AQL)" konnte für den überwiegenden Teil der analysierten Substanzen nicht vorgenommen werden, da keine entsprechenden Qualitätsziele bzw. -kriterien vorlagen. So konnte u.a. für die im Untersuchungszeitraum häufiger aufgetretenen Pestizide Epoxiconazol, Metalaxyl, Metazachlor, Propham, Sebuthylazin und DNOC keine Bewertung vorgenommen werden. Als für die Elbe eindeutig nicht-prioritäre Stoffe (Schutzgut AQL) eingestuft wurden: Bentazon, Bromoxynil, Chlorpyrifos, Chlortoluron, Cyanazin, 2,4-D, Dicamba, Isoproturon, Linuron, MCPA, Mecoprop, Metolachlor, Metribuzin, Pirimicarb, Propachlor, Simazin, Terbutylazin, 2,4,5-T und Triallat.

Im Untersuchungszeitraum 1994-1996 waren Atrazin für die obere Elbe, Dimethoat für die Elbe unterhalb der Muldemündung und Diuron (Positivbefunde nur 1995) für die mittlere Elbe als prioritäre Stoffe im Hinblick auf das Schutzgut AQL einzustufen. Für eine Anzahl weiterer Pestizide (Diazinon, Dichlorvos, Parathion-methyl, Trifluralin, Dinoseb und Dinoterb) lag ein begründeter Verdacht vor, daß sie möglicherweise als prioritäre Stoffe einzustufen waren (bzw. es konnte zumindest nicht ausgeschlossen werden). Der Grund, daß für diese Substanzen keine eindeutige Bewertung vorgenommen werden konnte, lag in den, im Hinblick auf die Qualitätsziele bzw. -kriterien unzureichenden, analytischen Bestimmungsgrenzen. Als Konsequenz hieraus wurden in einem, vom Umweltbundesamt geförderten und von der GKSS durchgeführten, Folgeprojekt neue, ausreichend empfindliche und selektive, Analysenverfahren mittels Ion Trap GC/MS^2 entwickelt. Ziel des Projektes war es, für Pestizide mit niedrigen Qualitätszielen bzw. Effekt-Konzentrationen (EC_{50}) für das Schutzgut AQL eine eindeutige Bewertung zu ermöglichen. Hierzu werden erste Ergebnisse vorgestellt.

Aufgrund der guten Wasserlöslichkeit und der damit verbundenen geringen Akkumulation in Sedimenten der untersuchten Pestizide wird die Entwicklung der Belastungssituation im wesentlichen durch die zukünftigen Einträge (Stoffspektrum und Menge der eingesetzten Wirkstoffe) bestimmt werden.

Im internationalen Meßprogramm der IKSE sind zur Zeit die Pestizide Atrazin, Simazin, Parathion-methyl und Dimethoat enthalten. Lediglich für die beiden letzteren wurden von der IKSE Zielvorgaben festgelegt. Es ist zu erwarten, daß zukünftig weitere Pestizide im Hinblick auf das Schutzgut „aquatische Lebensgemeinschaft" als prioritäre Stoffe für die Elbe definiert werden müssen und die Meßprogramme einer entsprechenden Aktualisierung bedürfen.

Bestimmung der Verteilung von organischen Kontaminanten zwischen wäßriger und partikulärer Phase in der Elbe

Olaf P. Heemken, Burkhard Stachel, Norbert Theobald, Jürgen Kuballa, Rolf-Dieter Weeren

1 Einleitung und Zielsetzung

Als einer der wichtigsten Prozesse, der über Ausbreitung, Verbleib und Bioverfügbarkeit von organischen Kontaminanten in aquatischen Systemen entscheidet, gilt der Austausch zwischen wäßriger und partikulärer Phase. Um Aussagen über die Größenordnungen von Anreicherungen innerhalb eines dieser beiden Kompartimente treffen zu können, kommt der Bestimmung von Schwebstoff/Wasser-Verteilungskoeffizienten (log K_{OC}-Werte) und deren Abhängigkeiten erhebliche Bedeutung zu.

Im Rahmen eines Sondermeßprogramms der ARGE-ELBE wurden in Zusammenarbeit mit den o.a. Instituten bzw. Laboratorien für Verbindungen aus den Stoffgruppen der Mineralölkohlenwasserstoffe (MKW), der polycyclischen aromatischen Kohlenwasserstoffe (PAK), der Organochlorverbindungen (CKW) und der Organozinnverbindungen log K_{OC}-Werte und deren saisonalen Variabilitäten bestimmt.

2 Probenahme und Analytik

Die Probenahme zu diesen Untersuchungen erfolgte in der Zeit von März 1997 bis Januar 1998. Sie beinhaltete im März 1997 eine viermalige Beprobung der Elbe an der Staustufe Geesthacht mit einem Abstand von einer Woche zwischen den jeweiligen Beprobungen. Im Abstand von drei Monaten schlossen sich drei weitere Beprobungen an.

Die Schwebstoffabtrennung erfolgte mit einer Durchlaufzentrifuge, die während jeder Probenahme für die Dauer von 6 h betrieben wurde. Teilproben des Zentrifugats wurden zur Bestimmung des gelösten Anteils Flüssig/Flüssig-Extraktionen unterzogen. Der Feststoffanteil wurde mittels ASE bzw. nach modifizierter DFG-Methode S19 aufgearbeitet.

Eine Vorreinigung der Extrakte für die Bestimmung der MKW, PAK und CKW erfolgte mit der HPLC auf Kieselgel, die Quantifizierung mittels GC-AAS bzw. GC-MSD.

3 Ergebnisse

Die experimentell ermittelten Schwebstoff/Wasser-Verteilungskoeffizienten sind als log K_{OC}-Werte in der nachfolgenden Abbildung in Form von Box&Whisker-Plots enthalten.

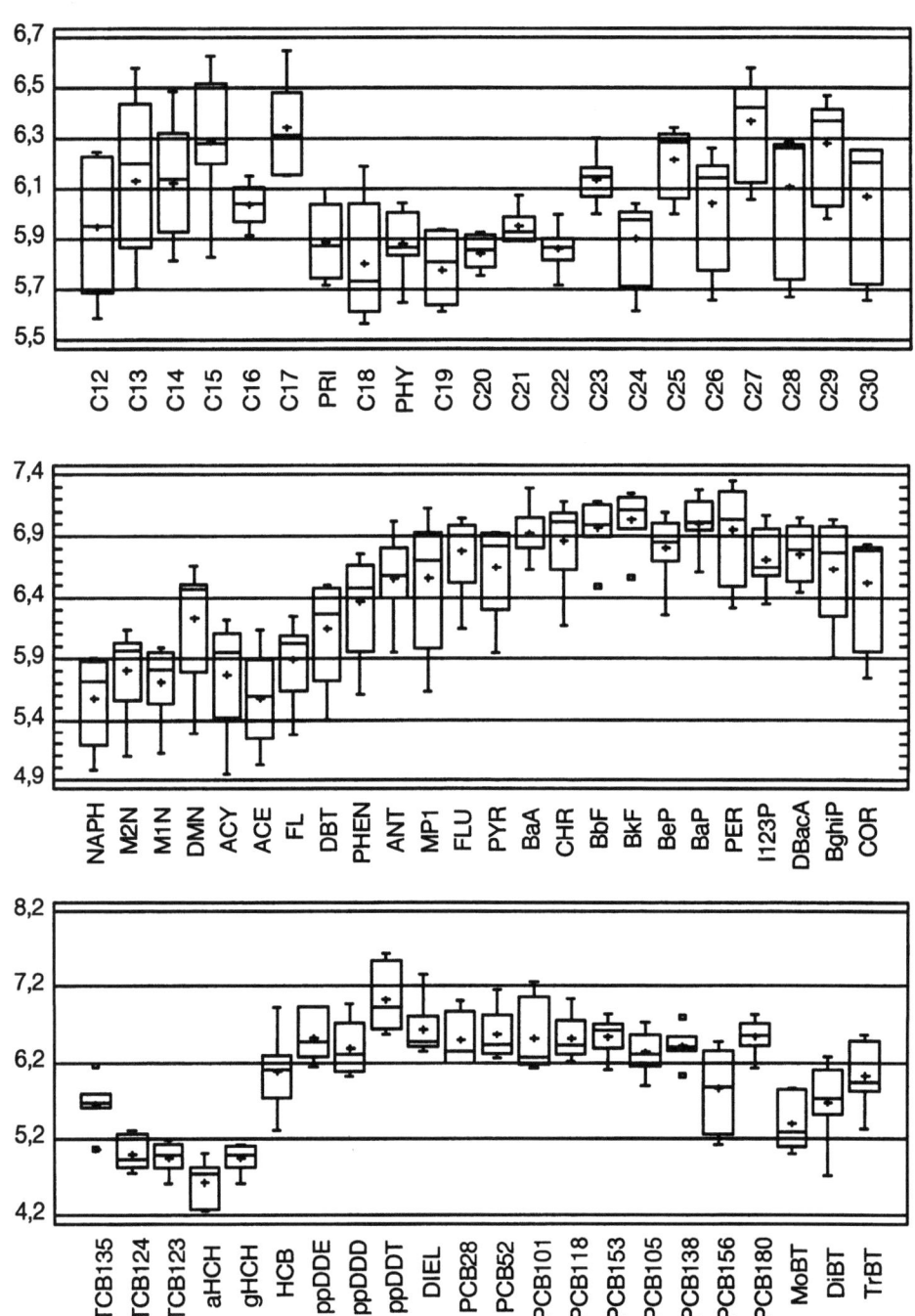

Abb. 1. Schwebstoff/Wasser-Verteilungskoeffizienten (log K_{oc}-Werte) von MKW (oben), von PAK (Mitte) sowie CKW und Organozinnverbindungen (unten) in der Elbe bei Geesthacht.

Partikulärer Transport organischer Schadstoffe in der Elbe

Peter Heininger, Volker Lange, Andreas Schmidt, Vladimir Kuzilek, Vaclav Tolma, Miroslav Rudis, Vladimir Ocenasek

1 Einleitung

Polychlorierte Biphenyle (PCBs) gehören neben dem Hexachlorbenzen zu den prioritären organischen Schadstoffen, die gegenwärtig den nachhaltigsten negativen Effekt auf die Schwebstoffqualität der Elbe und damit die Umlagerungsfähigkeit rezenter Sedimente haben. Sie reichern sich auch in Biota an und sind damit zugleich ein Haupthindernis auf dem Wege zur Vermarktungsfähigkeit der Elbefische. In einem deutsch-tschechischen Forschungsprojekt wird deshalb seit 1996 am Beispiel der PCBs der partikulär gebundene Transport organischer Schadstoffe in der Elbe untersucht.

2 Untersuchungsgebiet und Hauptquellen der PCB-Belastung

Signifikante PCB-Quellen liegen heute vor allem in der Tschechischen Republik. Als Zufluß spielt die Bilina dabei eine besondere Rolle. Wesentliche Punktquellen sind die Einleiter VCHZ Pardubice, Sepap Steti und Spolana Neratovice (Kuzilek et al. 1998). Weiterhin betrifft eine wesentliche Bilanzierungsaussage den Eintrag in den Tidebereich und damit langfristig in die Wattbereiche der Nordsee. Folglich erstreckt sich unser Untersuchungsgebiet von Obristvi oberhalb der Moldaumündung bis Schnackenburg als dem Bilanzierungsprofil für den Eintrag in den limnischen Tidebereich. Zwischen diesen Endpunkten wurden, ausgehend von einem Längsschnitt der Sedimentbelastung durch PCBs in den Jahren 1993 und 1996, weitere sechs Bilanzierungsprofile ausgewählt: Pocalpy und Usti n.L.(Aussig/Elbe) in der Tschechischen Republik und Bad Schandau, Dresden und Magdeburg in Deutschland. Abbildung 1 zeigt im Längsschnitt die Schwebstoffbelastung durch PCBs vom Sommer 1997.

3 Analytische Aspekte

Zur Bilanzierung des PCB- Transportes sind einmal analytische Fragestellungen zu beantworten. Hierzu zählt v.a. die qualitätsgesicherte, zwischen den beiden Labors abgestimmte Methodik (vgl. Heininger et al. 1998, Kuzilek et al. 1998). Weiterhin war eine Auswahl eines repräsentativen Spektrums an PCB-Kongeneren zu treffen. Auf der Grundlage massenspektrometrischer und gaschromatographischer Untersuchungen von Sedimenten und Schwebstoffen (Heininger et al. 1998) wurden für Bilanzierungszwecke insgesamt 15 Kongenere ausgewählt: PCB 13, 28, 31, 52, 77, 101, 110, 118, 149, 153, 163, 170, 180, 187, 194.

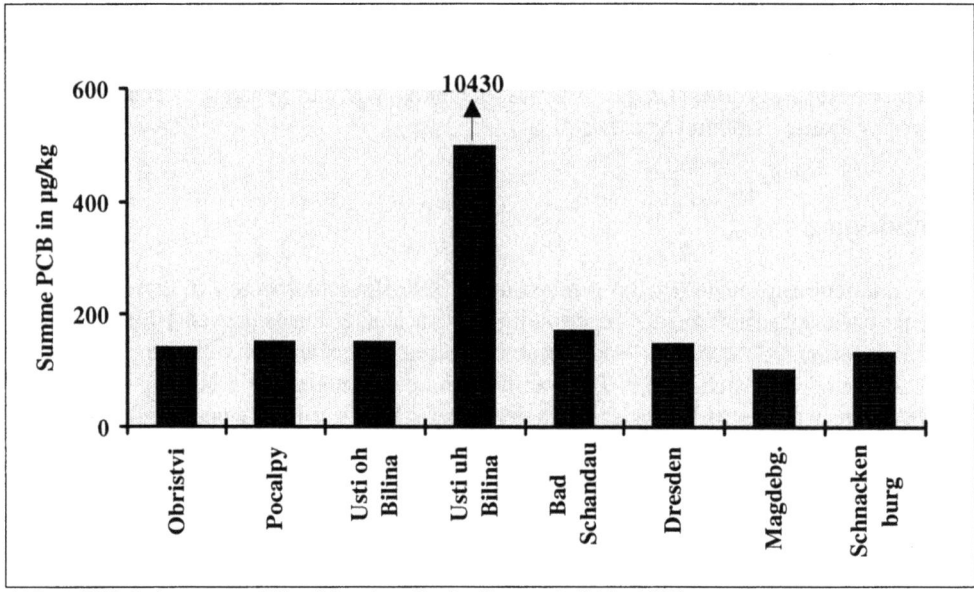

Abb. 1. PCB-Belastung von Elbe-Schwebstoffen im Sommerhalbjahr 1997

4 Frachtermittlung

Die Frachtermittlung wird durch eine Kombination repräsentativer Daten über den quantitativen Schwebstofftransport (Schmidt 1996) und über stichprobenartige Aussagen zur PCB-Belastung von Schwebstoffen vorgenommen. Dazu erfolgt unter wechselnden Abflußbedingungen und zu unterschiedlichen Jahreszeiten im Rahmen dieses Vorhabens die quantitative Bewertung der Schwebstoffverhältnisse an den Bilanzierungsprofilen auf der Grundlage von Vollprofilmessungen mit dem Meßschiff Elbegrund. Diese Daten werden mit den Ergebnissen langjähriger Einpunktmessungen kombiniert und in Relation gesetzt zu den Stichproben, die üblicherweise Verwendung finden, um Schwebstoffe qualitativ zu beschreiben (Durchflußzentrifuge, schwimmender Sammler bzw. Sedimentationsbecken).

Frachtaussagen sollen zum Abschluß des Projektes im Frühjahr 1999 vorgelegt werden.

Literatur

Heininger, P., Lange, V., Berger, M., Bade, M. (1998) Eintrag und Verbleib polychlorierter Biphenyle im Elbe- Einzugsgebiet, Zwischenbericht, Bundesanstalt für Gewässerkunde, Berlin
Kuzilek, V., Tolma, V., Schindler, J., Kostelecka, N., Pochop, J., Ocenasek, V., Rudis, M. (1998) Eintrag und Verbleib polychlorierter Biphenyle im Elbe- Einzugsgebiet, Zwischenbericht, Institut für Wasserwirtschaft, Prag
Schmidt, A. (1996) Überblick über den Schwebstofftransport in der Elbe, 7. Magdeburger Gewässerschutzseminar, Budweis, Materialien der Tagung, S. 100-105

Wie beeinflussen technische Parameter von Schwebstoffzentrifugen die Analyseergebnisse?

Angela Krüger, Christof Engelhardt, Volker Lange, Peter Heininger

1 Fragestellung

Zur Bewertung der Schadstoffbelastung von Gewässern muß auch der mit den Schwebstoffen sorptiv transportierte Anteil von Schadstoffen bestimmt werden. Eine für die Spurenanalytik ausreichende Menge an partikulärem Material kann mit einer sogenannten Schwebstoffzentrifuge (mobile Kombination von Pumpe, Schlauchzuleitung und Durchflußzentrifuge) gewonnen werden (Krüger und Bungartz 1996, Breitung 1997). Der Beantwortung der Frage, inwieweit technische Parameter bei der Probenahme das Analysenresultat beeinflussen, d.h. wie repräsentativ Schwebstoffe gewonnen werden können, diente ein gemeinsamer Feldversuch des Institutes für Gewässerökologie und Binnenfischerei (IGB) und der Bundesanstalt für Gewässerkunde, Außenstelle Berlin (BfG) bei Ratzdorf (Oder-km 542) im Mai 1997. Es kamen zwei Zentrifugen unterschiedlicher Bauart zum Einsatz (Tab.1).

Tab.1. Parameter der verwendeten Schwebstoffzentrifugen

	IGB	BfG
Zentrifugentyp	Westfalia Separator KA1-06-025	Padberg/Lahr Z61
Betriebsdrehzahl	9 000 U/min	17 000 U/min
Stromversorgung	Lichtstrom	Drehstrom
Pumpe	Nemo-Blockpumpe NU15A	Tauchpumpe
Durchfluß	180 l/h	300 l/h
Geräteträger	einachsiger Pkw-Anhänger 2,60 m x 1,07 m x 1,37 m	zweiachsiger Pkw-Anhänger 4,30 m x 2,90 m x 1,83 m
Gesamtgewicht des mobilen Gerätes	ca. 400 kg	ca. 1 200 kg

2 Versuchsablauf, Ergebnisse und Ausblick

Eine während des achtstündigen Versuchs an beiden Zentrifugenzuläufen gleiche Wasserqualität (mittlere Schwebstoffkonzentration 23,7 mg/l) wurde durch das zeitgleiche Pumpen an derselben Stelle im Fluß gewährleistet. Die Wassermenge, die der BfG-Zentrifuge zugeführt wurde, war dabei ca. doppelt so hoch wie die Menge Oderwasser, die von dem kleineren IGB-Gerät mit einer nur ca. halb so großen Drehzahl zentrifugiert wurde (Tab. 1).

Die in diesem Versuch ermittelten Abscheideraten (BfG-Zentrifuge: 93%, IGB-Zentrifuge: 83%) zeigten, daß die höhere Drehzahl der BfG-Zentrifuge einen vollständigeren Entzug von Partikeln aus dem zentrifugierten Wasser bewirkte. Dank der höheren Drehzahl gelingt es der BfG-Zentrifuge, zusätzliche Partikel abzutrennen (und damit der Analyse zugänglich zu machen), welche sich durch kleinere Dichte, geringeren Korndurchmesser (Anteil < 20 µm) und größeren organischen Anteil auszeichnen. Deren Einfluß auf die Eigenschaften des Gesamtschwebstoffs zeigt Tab. 2.

Tab.2. Eigenschaften des zentrifugierten Schwebstoffs

	Trockendichte	Glühverlust	C-Anteil	Anteil <20 µm	N-Anteil
IGB	2,1726 g/cm³	26,4 %	10,96 %	54,0%	11,84 %
BfG	2,1488g/cm³	28,9 %	13,16 %	63,5%	13,15 %

Wie wirken sich nun diese Unterschiede in den Eigenschaften der von den beiden Zentrifugen separierten Partikelensemble (Tab. 2) auf die Analysen von sorptiv transportierten Schadstoffen aus? Lohnt sich der Mehraufwand bei Beschaffung und Einsatz einer leistungsfähigeren Schwebstoffzenrtifuge (Tab. 1), weil die dadurch der Analyse zusätzlich zur Verfügung stehenden Partikel sehr kleiner Dichte die gemessenen mittleren Schadstoffkonzentrationen am Schwebstoff wesentlich beeinflussen?

Tab.3. Schwermetallkonzentration (in mg/kg) am Schwebstoff aus IGB- und BfG-Zentrifuge

	Hg	Pb	Ni	Zn	Cu	Cd
IGB	0,7	81,27	37,63	624,60	100,20	3,76
BfG	0,9	82,54	40,29	650,30	91,73	3,87

Die in Tab. 3 dargestellten Analysen zeigen für hier beispielhaft betrachtete Schwermetalle eine, wegen der bevorzugten Bindung von Schwermetallen an die leichten Partikelfraktionen (Baborowski 1996) zu erwartende, höhere Konzentrationen am BfG-Schwebstoff. Diese relativ geringe Erhöhung zeigt, daß mit der kleineren IGB-Zentrifuge für eine Reihe von Parametern repräsentatives Schwebstoffmaterial zur Bestimmung der partikulär transportierten Schwermetalle separiert werden konnte. Für andere Stoffe, z.B. Hg, läßt sich der Minderbefund nicht ohne weiteres tolerieren. Dies müßte gegebenenfalls für Schwebstoffe anderer Herkunft und Zusammensetzung sowie für weitere sorptive Schadstoffe bestätigt werden.

Literatur

Baborowski, M., Friese, K. (1996) Charakterisierung des Transportverhaltens von Schwermetallen während einer Hochwasserwelle anhand der Partikelgrößenverteilung in Schwebstoffen. 7. Magdeburger Gewässerschutzseminar, Budweis, Tschechische Republik, 303-305

Breitung, V. (1997) Probenahme mit einer Durchlaufzentrifuge zur Gewinnung von Schwebstoffen für die Schadstoffanalyse aus fließenden Gewässern. DGM 41, 113-117

Krüger, A., Bungartz, H. (1996) CKW-Belastung von Zentrifugenproben als Kriterium für den partikelgebundenen Schadstofftransport in der Spree. 7. Magdeburger Gewässerschutzseminar, Budweis, Tschechische Republik, 533-535

Monitoring auf Arzneimittelwirkstoffe im Elbeeinzugsgebiet

Erik Lochow, Frank Sacher, Heinz-Jürgen Brauch, Jörg Pietsch, Wido Schmidt

1 Einleitung

Pharmazeutische Wirkstoffe, deren jährliche Produktionsmengen bis zu einigen 100 Tonnen betragen können, gelangen in der Regel durch menschliche Ausscheidungen bzw. durch unsachgemäße Entsorgung in kommunale Kläranlagen, wo sie nicht in allen Fällen vollständig eliminiert werden. Mit Hilfe eines neuentwickelten Analysenverfahrens wurden im Jahr 1997 umfangreiche Untersuchungen zum Vorkommen von Arzneimittelrückständen im Elbeeinzugsgebiet durchgeführt (Sacher et al. 1998).

2 Methode

Die Analyten werden aus 1 L Wasserprobe mittels automatisierter Festphasenextraktion an einer RP-C_{18}-Phase angereichert. Die Wirkstoffe werden nach der Elution mit Aceton mittels einer Reaktionsmischung, bestehend aus N,O-Bis(trimethylsilyl)acetamid (BSA) und Trimethylchlorsilan (TMCS), in die Trimethylsilylderivate überführt. Der Nachweis der Zielverbindungen erfolgt mittels GC-MS. Mit dieser Methode lassen sich aus Oberflächenwässern Bestimmungsgrenzen zwischen 5 und 25 ng/L erreichen. Die Palette der untersuchten Verbindungen ist in Tab. 1 dargestellt.

Tab.1. Untersuchte Arzneimittelwirkstoffe bzw. Metabolite

Gemfibrozil	Ketoprofen
Bezafibrat	Phenacetin
Fenofibrat	Indometacin
Clofibrinsäure	Carbamazepin
Ibuprofen	Pentoxifyllin
Fenoprofen	

3 Ergebnisse

Mit der beschriebenen Methode wurden Wasserproben sowohl aus der Elbe an verschiedenen Meßstellen (Schmilka, Torgau, Wittenberge) als auch aus Nebenflüssen wie z.B. Mulde, Saale und Havel untersucht, wobei zahlreiche Zielsubstanzen nachzuweisen waren. Die Hauptkomponenten waren Diclofenac, Ibuprofen, Gemfibrozil, Clofibrinsäure und Carbamazepin, die in Konzentrationen bis zu mehreren 100 ng/L auftraten. In den Nebengewässern wurden aufgrund der geringeren Abflüsse deutlich höhere Konzentrationen gemessen. In Tab. 2 sind für die Elbe sowie für die Nebenflüsse Mulde, Saale und Weiße Elster die 50- und 90-Perzentilwerte für die Arzneimittelwirkstoffe

Diclofenac, Ibuprofen und Gemfibrozil dargestellt. Abb. 1 zeigt exemplarisch den Verlauf der Diclofenac-Konzentration im Jahr 1997 für die Meßstelle Elbe bei Torgau.

Tab.2. Arzneimittelrückstände im Elbeeinzugsgebiet im Jahr 1997

Meßstelle	Diclofenac		Ibuprofen		Gemfibrozil	
	$c_{50\%}$ in ng/L	$c_{90\%}$ in ng/L	$c_{50\%}$ in ng/L	$c_{90\%}$ in ng/L	$c_{50\%}$ in ng/L	$c_{90\%}$ in ng/L
Elbe/Dresden	56	120	16	36	< 5	23
Elbe/Schmilka	59	170	9	74	16	21
Elbe Torgau	74	330	7	240	< 5	110
Mulde/Dessau	72	870	< 5	100	< 5	81
Mulde/Zwickau	110	390	46	100	21	68
Saale/Nienburg	180	420	19	45	53	73
Weiße Elster/Halle	380	650	63	200	50	87

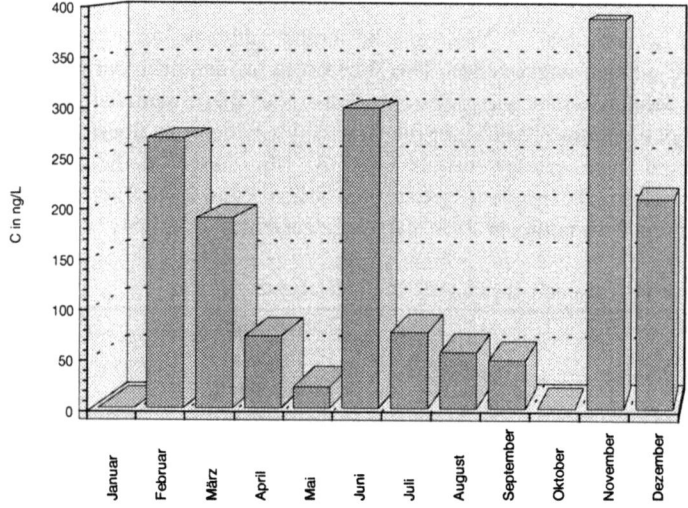

Abb.1. Jahresverlauf der Diclofenac-Konzentration für die Meßstelle Elbe bei Torgau für das Jahr 1997

Literatur

Sacher, F., Lochow, E., Bethmann, D., Brauch, H.-J. (1998) Vorkommen von Arzneimittelwirkstoffen in Oberflächenwässern. Vom Wasser 90, 233-243

Pharmaka und endokrin wirksame Verbindungen in Gewässern

Rolf-Dieter Wilken, Thomas A. Ternes

1 Einleitung

Substanzen, die zur medizinischen Versorgung eingesetzt werden, weisen in Deutschland aufgrund des ausgedehnten Gesundheitswesens beträchtliche Anwendungsmengen auf. Aus pharmakokinetischen Studien ist bekannt, daß der überwiegende Teil der aufgenommenen Pharmaka nach Reaktionen in Phase I und/oder Phase II (Abb.1) metabolisiert als polare Substanzen ausgeschieden werden. Mit ihrem Auftreten in den Fließgewässern ist daher zu rechnen.

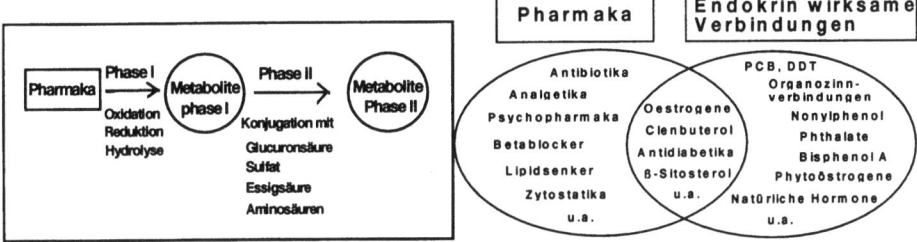

Abb.1. Schematische Darstellung zum Metabolismus von Pharmaka

Abb.2. Pharmaka und endokrin wirksame Verbindungen

In Abb. 2 sind ausgewählte Pharmaka und einige potentiell endokrin wirksame Verbindungen gemeinsam dargestellt.

2 Pharmaka

In kommunalen Abwasserteilströmen wurden Konzentrationen von über 20 µg/l für einige Pharmaka quantifiziert. Der höchste Medianwert (2,1 µg/l) in Kläranlagenabläufen war für das Antiepileptikum Carbamazepin detektierbar. Nachweislich reichen die üblichen Abwassertechnologien nicht aus, um die Arzneistoffe vollständig aus dem Abwasser zu entfernen.

In den Fließgewässern bewegten sich die Pharmakakonzentrationen zwar größtenteils im ng/l-Bereich; vereinzelt wurden jedoch auch Spitzenwerte von über 1 µg/l gemessen.

3 Endokrin wirksame Verbindungen (Östrogene, Phytoöstrogene)

Von den Kontrazeptiva und Östrogenen waren vor allem Estron und Ethinylestradiol in kommunalen Kläranlagenabläufen nachweisbar, wobei die Konzentrationen in der Regel unter 10 ng/l lagen. Inwieweit diese geringen Konzentrationen für die endokrinen Effekte verantwortlich sind, die in solchen Abläufen beobachtet wurden, muß noch experimentell verifiziert werden. Besonders für das pflanzliche Steroid β-Sitosterol, das neben seinem natürlichen Vorkommen vor allem durch die Abwässer der Papierindustrie, aber auch über seine pharmazeutische Verwendung als Lipidsenker in die Umwelt gelangt, ist seit einigen Jahren eine endokrine Wirkung bekannt (Römbke 1996). Für β-Sitosterol konnte im ESWE-Institut gezeigt werden (Stumpf 1996), daß es in einer ausgewählten Kläranlage nur zu 58% eliminiert und in Folge dessen im Kläranlagenablauf in Konzentrationen bis zu 0,4 µg/l und auch in Fließgewässern in Konzentrationen bis zu 0,05 µg/l nachweisbar war. Selbst in Trinkwässern waren vereinzelt positive Befunde mit bis zu 0,06 µg/l bestimmbar.

4 Bewertung der Ergebnisse

Die wenigen in der Literatur beschriebenen ökotoxikologischen Daten stammen größtenteils von akuten Testsystemen. Die akuten Toxizitäten der untersuchten Pharmaka liegen in der Regel im mg/l-Bereich, so daß die Substanzen nach diesen Tests als relativ untoxisch einzustufen wären. Aufgrund der bekannten spezifischen pharmakologischen Wirkungen von Pharmaka sind jedoch eher chronische Effekte zu erwarten. Die gegenwärtig zur Umweltverträglichkeitsprüfung nach ChemG, PflSchG oder Biozidrichtlinie verwendeten ökotoxikologischen Standardtestsyteme wurden nicht für die spezifischen Wirkungen der Arzneimittelwirkstoffe entwickelt, so daß sie vermutlich auch deren Umwelttoxizität unzureichend wiedergeben (Henschel et al. 1997). Vielmehr müssen bestehende Testsysteme modifiziert oder neu entwickelt werden, um der Besonderheit der Arzneimittelwirkstoffe Rechnung zu tragen. Dies gilt insbesondere zur Erfassung der endokrinen Wirkungen.

Literatur

Henschel, K.L., Wenzel, A., Dietrich, M., Fliedner, A. (1997) Environmental hazard assessment of pharmaceuticals. Regulatory Toxicol and Pharmacol 25, 220-225

Römbke J., Knacker T., Stahlschmidt-Allner, P. (1996) Studie über Umweltprobleme im Zusammenhang mit Arzneimitteln, F+E Vorhaben Nr.106 04 121, Umweltbundesamt, Berlin

Stumpf, M., Ternes, T.A., Haberer, K., Baumann, W. (1996) Nachweis von natürlichen und synthetischen Östrogenen in Kläranlagen und Fließgewässern. Vom Wasser 87: 251-261

Schadstoffbelastung in Sedimenten

Der Bitterfelder Muldestausee - eine bedeutende Schadstoffsenke im Einzugsgebiet der Elbe

Andreas Arnold, Karl Jendryschik, Ansgar Müller

Die Mulde durchfließt etwa 50 km vor ihrer Mündung den Bitterfelder Muldestausee, ein ehemaliges Tagebaurestloch. Der Muldestausee hat eine Fläche von 6,1 km² und ein Volumen von 118 Mio m³. Er ist bis 29 m tief. Das Einzugsgebiet der Mulde oberhalb des Sees beträgt 6170 km². Das sind 81 % des Muldeeinzugsgebietes. Im Einzugsgebiet der Mulde befinden sich zahlreiche bedeutende stillgelegte Bergbauanlagen, die zusammen mit industriellen Einträgen zu einer hohen Belastung mit verschiedenen Schwermetallen führen. Seit September 1992 wurden im Rahmen eines BMBF-Verbundprojektes Untersuchungen zur Hydrodynamik (Schichtung, Strömung), Hydrochemie (Sauerstoffhaushalt) und Sedimentation vorgenommen. Es wurden Fracht und Sedimentation von Schwebstoffen und zahlreichen chemischen Elementen in partikulärer und gelöster Form untersucht und daraus Jahresbilanzen der Sedimentation im Stausee errechnet. Diese Bilanzen wurden zusätzlich durch Einsatz von Sedimentfallen überprüft (vgl. Poster Zerling et al.) und die gewonnenen Werte den Beprobungen der Sedimente durch Kernbohrungen und Kastengreifer (Born 1996) gegenübergestellt. Alle diese durch Bilanzrechnung, Sedimentfallen und Sedimentproben gewonnenen Ergebnisse stimmen weitgehend überein.

Tab. 1. Gegenüberstellung von mittlerer Wasserführung der Mulde (am Stausee) und Elbe (Pegel Schnackenburg) sowie von Sedimentation im Muldestausee und Fracht in der unteren Elbe für einige umweltrelevante Elemente in den Jahren 1993 bis 1995

	Mulde 1993	Elbe 1993	Mulde 1994	Elbe 1994	Mulde 1995	Elbe 1995
MQ (m³/s)	49,3	510	66,7	860	105,8	908
As (t/a)	13,2	67	17,5	120	30,4	83
Cd (t/a)	4,7	5	5,4	6	8,1	5,5
Cr (t/a)	12,4	81	13,9	110	20,5	51
Cu (t/a)	22,3	110	21,5	100	39,9	140
Ni (t/a)	13,2	93	11,3	150	22	140
Pb (t/a)	33,2	75	37,6	52	65	96
Zn (t/a)	213	1100	231	2600	365	1600

Die relativ hohe Schadstoffbelastung der Mulde und ihre besondere Bedeutung für die Elbe wird durch Gegenüberstellung der Wasserführung deutlich (Tab. 1). Der mittlere Durchfluß der Mulde im Stausee betrug in den Jahren 1993 bis 1995 zwischen 7,8 und 11,7 % des Durchflusses der unteren Elbe am Pegel Schnackenburg. Die im Muldestausee in diesem Zeitraum abgelagerten Mengen verschiedener umweltbelastender Elemente lagen jedoch weit über 10 % der Jahresfrachten der Elbe. Sie erreichen bei Arsen, Chrom, Kupfer und Zinn Größenordnungen von 1/4 und bei Blei mehr als die Hälfte der Jahresfracht der Elbe bei Schnackenburg. Bei Kadmium ist die im Stausee jährlich sedimentierte Fracht der Jahresfracht der Elbe sogar ebenbürtig. Daran wird die überragende Bedeutung des Bitterfelder Muldestausees für die Reduzierung der Schwermetallbelastung der unteren Elbe deutlich. Die Menge der im Muldestausee abgelagerten Sedimente ist stark von der Wasserführung der Mulde abhängig, die in den letzten Jahren sehr unterschiedlich war. Diese Schwankungen verwischen den mehrjährigen Trend der Belastungssituation, der in Richtung eines Rückgangs der Metallgehalte weist. Die Untersuchungen werden fortgesetzt.

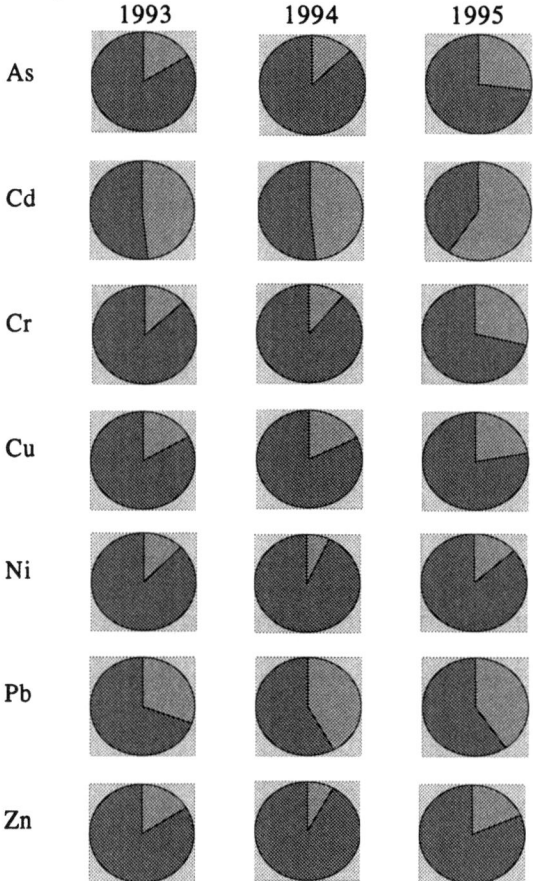

Abb 1. Im Bitterfelder Muldestausee in den Jahren 1993, 1994 und 1995 sedimentierte Menge einiger umweltrelevanter Elemente (hell) in Relation zur Jahresfracht der Elbe bei Schnackenburg (dunkel). Quellen: Sächs. Akad. d. Wiss. (unveröff.); ARGE Elbe (unveröff.)

Literatur

Born, J. (1996) Sedimentgeochemie des Muldestausees bei Bitterfeld. Heidelberger Beiträge zur Umwelt-Geochemie Bd. 9 Heidelberg

Identifikation ökotoxikologisch wirksamer Substanzen in Sedimenten des Spittelwassers

Werner Brack, Rolf Altenburger, Uwe Ensenbach, Sebastian Nehls, Helmut Segner, Gerrit Schüürmann

1 Einleitung

Der Bach Spittelwasser wurde über Jahrzehnte mit unzureichend oder nicht gereinigten Abwässern aus dem Chemiestandort Bitterfeld belastet. Etwa 6 Jahre nach der Schließung eines großen Teils der Anlagen wurden Sedimentextrakte des Spittelwassers auf ihr ökotoxikologisches Gefährdungs-potential hin untersucht und wirksame Substanzen identifiziert.

2 Methoden

Das Verfahren umfaßt drei Stufen: 1. Detektion von Effekten und Eingrenzung wirksamer Fraktionen; 2. Identifikation potentieller Wirkstoffe; 3. Bestätigung der Substanzen als für die Wirkung verantwortlich.

Als Untersuchungsmethode wurde folgende sequentielle Teststrategie angewandt: Soxhlet-Extraktion mit Aceton, physikalisch-chemische Fraktionierung (Säulenchromatographie, HPLC), Anwendung einer Batterie biologischer Wirkungstests (Leuchtbakterien (*Photobacterium phosphoreum*), Grünalgen (*Scenedesmus subspicatus*), Daphnien (*Daphnia magna*), Fischembryos (*Danio rerio*), Fischzellinien RTG und RTL (Cytotoxizität, EROD-Induktion, DNA-Strangbrüche)). Die Identifikation und Quantifizierung relevanter Inhaltsstoffe erfolgte mittels chemischer Analytik (GC/MSD).

3 Ergebnisse

Alle Biotests zeigen eine deutliche Wirkung des Acetonextrakts an. Die Toxizitätsmuster als Ergebnis einer Kombination aus physikalisch-chemischer Fraktionierung und Biotestbatterie (Tab.1) zeigen dabei, daß die verschiedenen biologischen Wirkungen von unterschiedlichen Fraktionen und damit Substanzen verursacht werden. F1 ist sehr wirksam gegenüber *Photobacterium phosphoreum*, *Daphnia magna*, *Scenedesmus vacuolatus* und zeigt starke EROD-Induktion in RTL-Zellen. F2 zeigt geringere akute Toxizität bei starker EROD-Induktion. F3 ist algen- und daphnientoxisch, zeigt aber kaum Toxizität gegenüber *Photobacterium* und nur geringe EROD-Induktion. F4 fällt durch Algentoxizität und EROD-Induktion in niedrigen Konzentrationen auf, während F5 starke Toxizität gegenüber RTG-Zellen und Fischembryos (*Danio rerio*) aufweist. Sämtliche Fraktionen verursachen eine signifikante Erhöhung der Zahl der DNA-Strangbrüche bei RTL-Zellen.

Tab.1. Biotestergebnisse mit den Fraktionen F1 - F6. Die höchste Toxizität je Test ist hervorgehoben.

	F1	F2	F3	F4	F5	F6
	ED50 (mg Sediment/l)					
Photobacterium phosphoreum	0,95	3,96	11,6	>80	7,15	55,9
Daphnia magna	2,93	13,0	3,78	25,9	18,9	44,8
Scenedesmus subspicatus	3,95	6,33	2,8	4,70	6,91	23,9
RTG-Zellen (Cytotoxizität)	>80	>80	>80	>80	13	>80
	Lethalität bei 41 mg Sediment/l (%)					
Danio rerio (Embryos)	0	0	40	0	100	20
	ED (10 pmol/mg P/min)$^{*)}$					
RTL-Zellen (EROD-Induktion)	0,0192	0,0153	0,0487	0,0164	0,0551	-$^{**)}$
	Zahl der DNA-Strangbrüche (% der Kontrolle)					
RTL-Zellen (DNA-Strangbrüche)	4,84	4,78	4,94	4,33	5,50	3,81

*) Verdünnung (effect dilution) bei der eine EROD-Induktion von 10 pmol/mg P/min) erreicht wird;
**) EROD-Induktion von 10 pmol/mg/min wird nicht erreicht.

Die weitere Auftrennung der Fraktionen F1 - F6 mittels HPLC und anschließende Biotestung der Subfraktionen erbrachte eine weitere Differenzierung des Wirkmusters, wie Tab. 2 am Beispiel von F1 zeigt.

Tab. 2. Biotestergebnisse der Subfraktionen F1.1 - F1.8. Die höchste Toxizität je Test ist hervorgehoben.

	F1.1	F1.2	F1.3	F1.4	F1.5	F1.6	F1.7	F1.8
	ED50 (mg Sediment/l)							
Photobacterium phosphoreum	>80	2,33	>80	>80	>80	>80	>80	>80
Daphnia magna	1,64	17,7	20,3	16,6	17,1	16,6	16,6	>80
Scenedesmus subspicatus	16,4	4,91	>80	>80	>80	14,0	12,9	7,79
	ED (10 pmol/mg P/min)$^{*)}$							
RTL-Zellen (EROD-Induktion)	-$^{**)}$	0,0633	2,29	-$^{**)}$	-$^{**)}$	-$^{**)}$	-$^{**)}$	0,199

*) Verdünnung (effect dilution) bei der eine EROD-Induktion von 10 pmol/mg P/min) erreicht wird;
**) EROD-Induktion von 10 pmol/mg/min wird nicht erreicht.

Als für die biologische Wirkung verantwortlich konnten bisher folgende Substanzen identifiziert und bestätigt werden: Elementarer Schwefel (Bakterien- und Algentoxizität, F1), Tetra- und Tributylzinn sowie hohe Alkangehalte (Daphnientoxizität, F1), Methylparathion (Daphnientoxizität, F3), N-Phenyl-ß-Naphthylamin (Algentoxizität, F3) und Prometryn (Algentoxizität, F4).

Die selektive Detektion unterschiedlicher Schadstoffe durch die einzelnen Biotests zeigt die Notwendigkeit des Einsatzes einer breiten Testbatterie zur Abschätzung des Gefährdungspotentials komplexer Umweltproben wie zur Identifikation der wirksamen Substanzen.

Ökotoxikologische Charakterisierung von Sedimenten der Saale

Uwe Ensenbach, Rolf Altenburger, Werner Brack, Albrecht Paschke, Peter Popp, Helmut Segner, Rainer Wennrich, Gerrit Schüürmann

1 Einleitung

Die Risikobewertung von kontaminierten Reststoffen und Sedimenten kann weder durch eine chemische Einzelstoffanalytik noch durch summarische Biotestverfahren allein geleistet werden. Während die chemische Analytik keine Informationen zu Bioverfügbarkeit und komplexen Schadstoffinteraktionen liefert, bietet die Toxizitätsuntersuchung keinen eindeutigen Rückschluß auf die für die Wirkung verantwortlichen Inhaltsstoffe. Ziel unseres Forschungsprojektes ist die Entwicklung und Anwendung eines integrierten chemisch-analytischen und toxikologischen Ansatzes zur differenzierten Bewertung von Reststoffen.

Für die Untersuchungen wurden Baggerschlämme aus der Saale im Abstrom der Chemiestandorte Leuna und Buna (Meuscha, Böllberg, Planena) aus unterschiedlichen Tiefen verwendet. Die Proben wurden nach dem Deutschen Einheitsverfahren (S4) und einem neuen Alternativverfahren (pH-stat) gelaugt. Die resultierenden Eluate wurden chemisch analysiert und biologischen Wirkungstests unterzogen. Hierzu wurden folgende Biotests verwendet: Ureasetest, Leuchtbakterientest, Neutralrottest, EROD-Induktionstest, Algentest, Fischembryonentest.

2 Ergebnisse und Diskussion

Tab.1. Effekte *Eluat der pH-stat Extraktion*

	PLA I	PLA II	MEU I	MEU II	BÖLL I
Neutralrot	-	-	-	-	-
EROD	+	+	+	+	+
Leuchtbakterien	++	++	++	++	++
Algen	+++	+++	+++	+++	+++
Urease	++	++	+	++	+++
Embryo	++	++	+	++	+++

+, ++, +++ Effektstärke; - kein Effekt

In den S4-Eluaten konnte keine Toxizität festgestellt werden. Daher wurde in den folgenden Experimenten nur das pH-stat Verfahren verwendet. Tab. 1 zeigt, daß die pH-stat Extrakte starke Effekte verursachten.

Aufgrund der Ergebnisse der chemischen Analytik konnte vermutet werden, daß Schwermetalle, insbesondere Zink, für die aufgetretene toxische Wirkung verantwortlich sind. Um diese Vermutung zu unterstützen wurden zusätzliche Untersuchungen durchgeführt. Der Fischembryotest und der Ureasetest wurden unter Zusatz von Ethylendiamintetraessigsäure (EDTA) durchgeführt. Diese Substanz bindet Metalle und wird als indirekter Indikator für Metalltoxizität verwendet. Durch die Bindung wird die Bioverfügbarkeit im Medium gesenkt und es ist eine schwächere Toxizität zu erwarten. Sowohl im Fischembryonentest (Abb.1) als auch im Ureasetest wurden nach Zugabe von EDTA schwächere Effekte festgestellt.

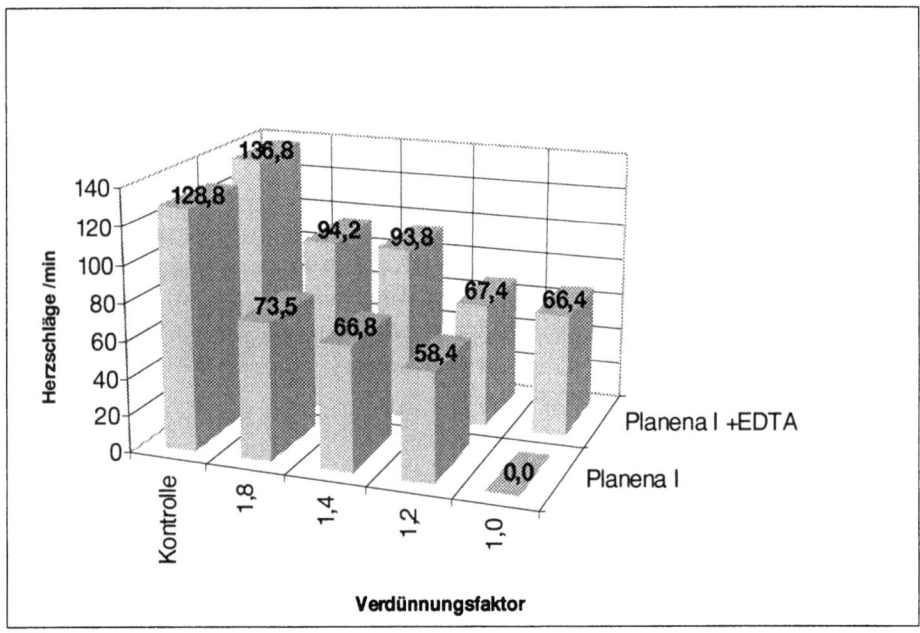

Abb.1. Einfluß des Komplexbildners EDTA auf die Toxizität von Umweltproben bei Fischembryonen (*Danio rerio*)

3 Ausblick

Die untersuchten Sedimente stellen eine Schadstoffsenke besonders für Schwermetalle dar und können aufgrund der ökotoxikologischen Untersuchungen nicht als unbedenklich eingestuft werden. Unter ungünstigen Bedingungen kann es zu einer Remobilisierung der Schadstoffe aus dem Sediment kommen und dies könnte zu einer Schädigung der umliegenden Flora und Fauna führen.

Nähr- und Schadstoffkonzentrationen im Überflutungswasser eines Mittelelbeabschnittes bei Wittenberge

Frank Krüger, Maritta Lohse, Holger Rupp, Karin Muhs, Livia Schachel, Kurt Friese

1 Einleitung

Im Rahmen des BMBF-Projektes „Wirkung von Hochwasserereignissen auf die Schadstoffbelastung von Auen und kulturwirtschaftlich genutzte Böden im Überschwemmungsbereich von Oka und Elbe" werden Nähr- und Schadstoffe in verschiedenen Umweltkompartimenten zwischen den Flußkilometern 435-440 bei Wittenberge untersucht. Neben der geochemischen Charakterisierung der Böden und Bodenwässer sowie der Unterwasser- und Hochflutsedimente erfolgt auch die Erfassung der chemischen Zusammensetzung der gelösten und partikulären Phase des Überflutungswassers.

Seitdem sich der Gewässerzustand der Elbe durch unterlassene Einleitungen verbessert (Kühn 1996), gewinnen die diffusen Quellen für den Belastungszustand der Elbe an Bedeutung. Am Beispiel der Nähr- und Schadstoffkonzentrationen der Überflutungswässer des Frühjahrs- und Sommerhochwassers 1997 wird herausgearbeitet, für welche Stoffe und Stoffgruppen das Vorland Quelle oder Senke darstellt.

2 Probenahme und Analytik

Die Probennahme erfolgte während der Hochwässer täglich an verschiedenen charakteristischen Punkten des Vorlandes. Es wurden anorganische und organische Kohlenstoffanteile sowie Phosphat-, Nitrat-, Sulfat- und Chloridkonzentrationen untersucht. Des weiteren fanden Schwermetallanalysen mittels ICP-MS im Filtrat < 0,45 µm und im Schwebstoff (z.B. Cd, Co, Cr, Cu, Fe, Mn, Mo, Ni, Pb, U, Zn) statt.

3 Ergebnisse und Diskussion

Es wurde untersucht, in welchem Ausmaß sich die chemische Zusammensetzung des Überflutungswassers einschließlich seiner Schwebstoffe beim Überströmen des Vorlandes mit seinen Altwässern ändert. Die Schwebstoffkonzentrationen der flußnahen Standorte „Kronenholz" und „Siel" (Abb. 1) zeigen, daß im Vorland entsprechend der Untersuchungen im Elbestrom (Spott 1994) die größten Schwebstoffkonzentrationen vor dem Hochwasserscheitel auftreten. Bezüglich des deichnahen Standortes „Schönberg" wird deutlich, daß im Verlauf der Hochwasserwelle die Schwebstoffkonzentrationen steigen. Dies wird als Remobilisierung aus Altwassersedimenten interpretiert und spiegelt sich auch in den Elementgehalten (z.B. Zn, Co, Pb, Cu) der Schwebstoffe wieder.

Entsprechend der Untersuchungen am Schwebstoff treten auch in den Filtraten die höchsten Konzentrationen der Schwermetalle vor dem Hochwasserscheitel auf. Weiterhin wurde festgestellt, daß die Böden und Altarme im Verlauf der Hochwasserwelle die gelösten Schwermetallkonzentrationen im Gegensatz zur Schwebstoffphase nicht nachweisbar beeinflussen, jedoch für den anorganischen Kohlenstoff eine Quelle darstellen.

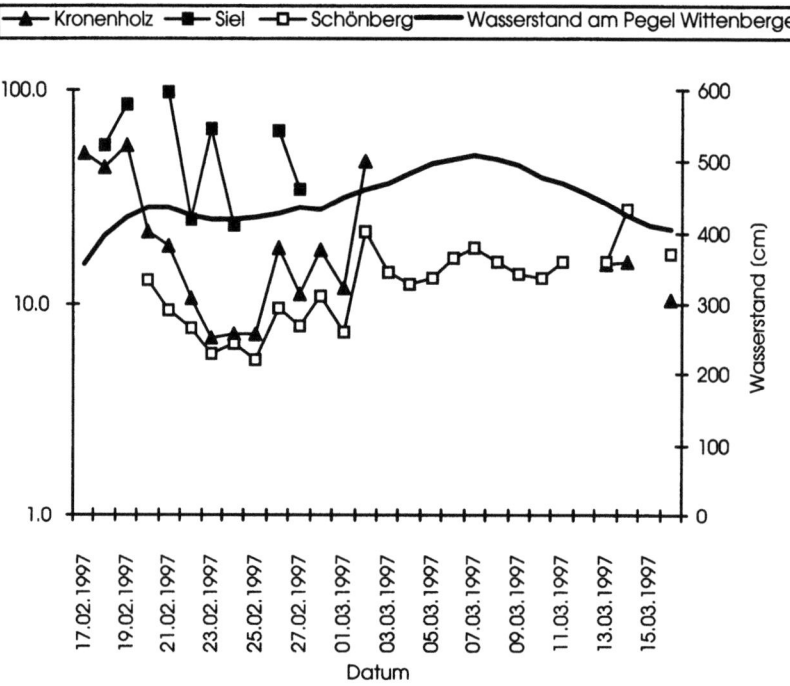

Abb.1. Schwebstoffkonzentrationen im Überflutungswasser - Frühjahr 1997

Danksagung: Der Dank der Autoren gilt dem BMBF für die Förderung und Finanzierung der Forschungsarbeiten (Förderkennzeichen: 02 WT 9617/0).

Literatur

Kühn, R. (1996) Entwicklung der Wasserbeschaffenheit der Elbe in Sachsen-Anhalt im Zeitraum 1989-1995 unter Berücksichtigung der Abwasserbelastung der Elbe und ihrer Nebenflüsse Saale, Mulde und Schwarze Elster. In: Prange, A., Wilken, R.-D., von Tümpling, U., Spoustová, J., Puncochár, P., Lencová, E. (Hrsg.) Ökosystem Elbe - Zustand, Entwicklung und Nutzung, 298-302

Spott, D. (1994) Schwebstoff- und Schwermetallbelastung der Elbe bei Hochwasser - Untersuchungen am linken Ufer von Magdeburg im Zeitraum Dezember bis Mai 1994. In: Guhr, H., Prange, A., Puncochár, P., Wilken, R.-D., Büttner, B. (Hrsg.) Die Elbe im Spannungsfeld zwischen Ökologie und Ökonomie, Stuttgart: Teubner. 499-502

Untersuchungen zur Belastung von Ablagerungsfolgen der Mulde mit organischen Schadstoffen und Metallen auf der Grundlage von Bohrkernen

Rolf Lüschow, Karl-Heinz Runte, Erwin Becker, Helmut Erlenkeuser, Ingrid Große, Monika Pohl, Heinrich Reincke, Tom Schillings, Burkhard Stachel

1 Anlaß der Untersuchungen

In einem geplanten Forschungsprojekt beabsichtigt die Wassergütestelle Elbe der ARGE ELBE eine Erfassung von prioritären organischen Schadstoffen in Ablagerungsabfolgen von Sedimentkernen aus wichtigen Nebenflüssen der Elbe. Anlaß dieser Untersuchungen ist eine Abschätzung, mit welchem Belastungspotential für die Elbe zu rechnen wäre, sollten die organischen Schadstoffe in den Sedimenten durch natürliche Remobilisierung beim Sedimenttransport oder durch technische Maßnahmen wieder freigesetzt und elbewärts verfrachtet werden. Hierzu wurde eine Vorerkundung in der Mulde bei Dessau durchgeführt, die auf eine erste Abschätzung der Belastungen von Sedimentschichten zielte. Ihr Ablagerungsalter sollte über ^{137}Cs-Datierungen angenähert werden.

2 Vorgehensweise

An der unteren Mulde oberhalb des Stauwehrs bei der Jonitzer Mühle in Dessau wurde Anfang Dezember 1997 ein Sedimentkern im Vibrocore-Verfahren erbohrt. Die Beprobung der organikreichen obersten Flußsedimente erfolgte über einen Stechkasten, so daß eine Schichtprofillänge von 220 cm erreicht wurde. Das Schichtprofil wurde sedimentologisch aufgenommen, in Schichteinheiten gegliedert und beprobt. Die chemischen Analysen wurden im Staatlichen Amt für Umwelt Magdeburg durchgeführt. Der Untersuchungsumfang umfaßte HCH, DDT, PCB, Chlorbenzole, PAK sowie As, Cd, Cr, Cu, Hg, Ni, Pb, Zn, Fe, Mn, Al. Darüberhinaus wurden α- und γ-spektroskopische sowie granulometrische Untersuchungen am Sediment durchgeführt.

3 Ergebnisse

Der Sedimentkern charakterisiert sich durch hohe Feinkörnigkeit im oberen Meter ohne Sandbeimengungen, was auf einen gleichförmigen Sedimentationsvorgang hinweist. Der Kernentnahmeort in einer Altarmmündung oberhalb des Jonitzer Mühlenwehrs erklärt diese Sedimentationsbedingungen. Unterhalb einer ausgeprägten mS-gS-Lage bei 103 - 113 cm verschiebt sich die Korngrößenzusammensetzung zum Grobsilt mit geringen Sandanteilen. Die TOC-Gehalte liegen oberhalb der Sandlage zwischen 7,4 und 14,4 Gew.-%, unterhalb der Sandlage werden TOC-Werte deutlich < 1 Gew.-% vorgefunden.

Organische Schadstoffe sind fast ausschließlich oberhalb der Sandlage analysierbar. Lediglich zwei PAK (Fluoranthen und Pyren) sind unterhalb der Sandlage geringfügig oberhalb der Bestimmungsgrenze quantifizierbar.

Als Beispiel ist der Konzentrationsverlauf der Gehalte an α-HCH, dem Hauptbestandteil des technischen HCH, in Abb. 1 dargestellt. Bis zur Tiefe von 65 cm liegen die α-HCH-Gehalte unter 100 µg/kg. In der Tiefenstufe zwischen 70 und 94 cm werden dann deutlich höhere HCH-Gehalte vorgefunden. Trotz der bereits 1982 eingestellten Produktion von HCH im Chemiekombinat Bitterfeld sind in den Mulde-Schwebstoffen weiterhin α-HCH-Gehalte im Jahresmittel von 115 µg/kg enthalten (ARGE ELBE 1997), die in der Größenordnung der Belastung der oberen Sedimentschichten liegt.

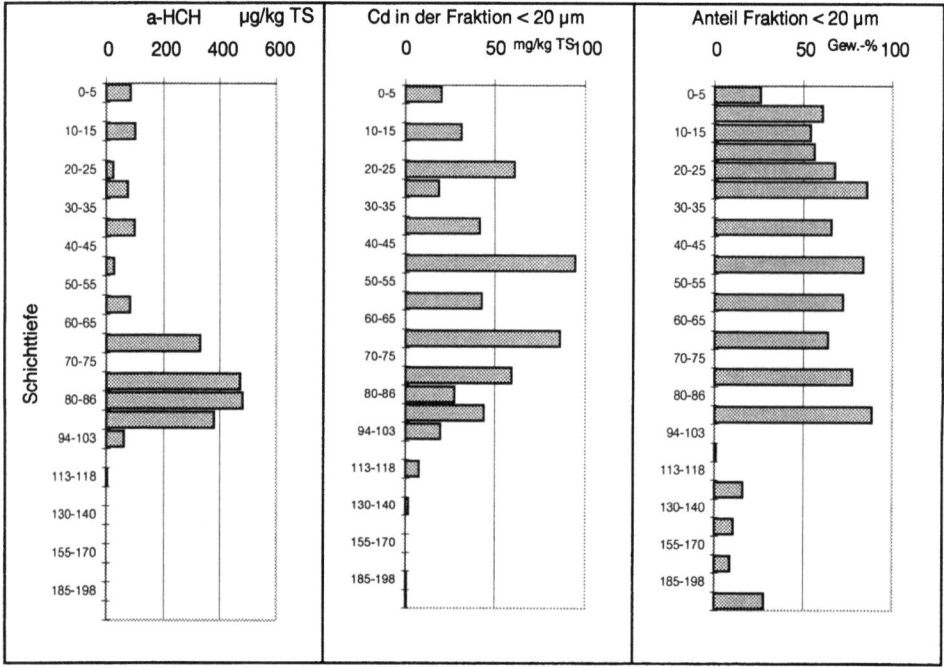

Abb.1. Konzentrationsprofile ausgewählter Parameter der schichtgestaffelten Analysen an der Jonitzer Mulde. Lücken sind durch nicht analysierte Schichten bedingt.

Zur zeitlichen Einordnung des Sedimentationsgeschehens konnten auch die Ergebnisse der Metallbestimmungen herangezogen werden. Der abgebildete Verlauf der Cadmiumgehalte im Schichtprofil kennzeichnet außerordentlich hohe Cd-Gehalte mit bis zu 94 mg/kg TS. Unterhalb der Sandlage liegen die Cd-Gehalte überwiegend im Hintergrundbereich, ein Faktum, das auf ein vorindustrielles Ablagerungsalter deutet.

Eine Datierung des Sedimentschichten über die ^{137}Cs-Aktivität bestätigt die zeitliche Einordnung der oberen 100 cm als jüngere Ablagerungsfolgen seit 1945.

Literatur

ARGE ELBE (1997) Wassergütedaten der Elbe - Zahlentafel 1995.- Hamburg

Zeitliche und räumliche Veränderung von Elementverteilungsmustern in Elbsedimenten zwischen 1991 und 1997

Jürgen Pelzer, Gabriele Steppuhn

1 Problemstellung

Die chemische Zusammensetzung der Elbsedimente hat sich durch die anthropogene Beeinflussung des Einzugsgebietes (Besiedlung, Waldrodung, Bergbau, Industrialisierung) nachhaltig verändert. Die Ermittlung der Veränderungen der Elementverteilungsmuster ist für Trendaussagen, die Optimierung von Untersuchungsprogrammen und die Ableitung von Sanierungsmaßnahmen notwendig.

2 Material und Methoden

Zwischen 1991 und 1997 wurden zwischen Schmilka und Cumlosen halbjährlich an 11 Dauermeßstellen nach dem Frühjahrshochwasser und im Herbst Sedimentproben entnommen und darin 23 Elemente analysiert. Um Sedimente unterschiedlicher Korngrößenzusammensetzung vergleichen zu können, wurden die Untersuchungen in der Kornfraktion < 20 µm durchgeführt (Ackermann 1980).

Multivariate statistische Methoden wie Cluster- und Hauptkomponentenanalysen wurden unter Einbeziehung der hydrologischen Verhältnisse eingesetzt, um in den umfangreichen Datensätzen die wesentlichen zeitlichen und räumlichen Veränderungen der Elementverteilungsmuster zu erkennen (Henrion und Henrion 1995).

3 Ergebnisse

Die Einträge aus Tschechien und über die Nebenflüsse Mulde und Saale prägen nachhaltig die Elementmuster der Elbsedimente. Ein signifikanter Einfluß der Nebenflüsse Schwarze Elster und Havel sowie der Städte Dresden und Magdeburg kann aufgrund dieser hohen Vorbelastung derzeit nicht nachgewiesen werden.

Das Elementmuster zwischen der deutsch-tschechischen Grenze und der Muldemündung ist durch den geogenen und anthropogenen Eintrag vor allem von Cadmium, Quecksilber, Zink, Blei, Phosphor, Kupfer und Arsen aus Tschechien geprägt. Die Belastungssituation hat sich in diesem Abschnitt bis 1997 mit Ausnahme des Quecksilbers nur mäßig verbessert.

Die durch die Mulde beeinflußten Sedimente, die sich vorzugsweise am linken Elbufer ablagern, weisen vergleichsweise hohe Gehalte an Arsen, Cadmium und Zinn auf (Abb. 1). Im Vergleich zu 1991 hat sich die Schwermetallbelastung in diesem Abschnitt etwa halbiert.

Die Sedimente unterhalb der Saalemündung werden zusätzlich durch hohe Bor- und Strontiumgehalte charakterisiert (Abb. 1). Die Metallbelastung der durch die Saale beeinflußten Elbsedimente hat sich seit 1991 um etwa 30% verringert. Mit der Verbesserung der Qualität der durch diese Nebenflüsse geprägten Sedimente hat sich auch im Abschnitt bis Cumlosen die Belastungssituation deutlich verbessert.

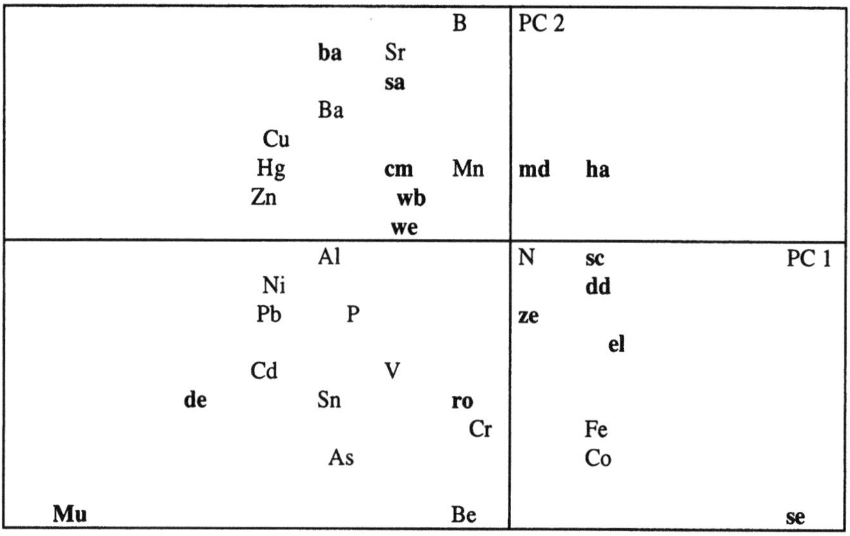

```
                              B        PC 2
                   ba    Sr
                         sa
                   Ba
          Cu
          Hg            cm   Mn      md    ha
          Zn            wb
                        we
                   Al            N    sc        PC 1
             Ni                       dd
             Pb    P            ze
                                           el
             Cd        V
        de        Sn         ro
                             Cr        Fe
                   As                  Co
    Mu                      Be                  se
```

Abb. 1. 2-Wege-Hauptkomponentendiagramm von Sedimenten der Elbe und Elbenebenflüssen (PC 1: 1. Hauptkomponente, PC 2: 2. Hauptkomponente, ba: Barby, cm: Cumlosen, de: Dessau-Leopoldhafen, dd: Dresden-Neustadt, el: Elster, ha: Havel, md: Magdeburg, mu: Mulde, ro: Roßlau, sa: Saale, sc: Schmilka, se: Schwarze Elster, we: Werben, wb: Wittenberge, ze: Zehren)

4 Schlußfolgerungen

Die Untersuchungsergebnisse zeigen, daß eine weitere Verbesserung der Qualität der Elbsedimente erreicht werden kann, wenn die Einträge aus der tschechischen Elbe und den Nebenflüssen Mulde und Saale weiter verringert werden.

Zinn bzw. Bor und Strontium prägen die Elementmuster der durch die Mulde bzw. Saale beeinflußten Sedimente und sollten daher in den entsprechenden Meßprogrammen berücksichtigt werden.

Literatur

Ackermann, F. (1980) Environ. Techn. Lett. 1, 518-527
Henrion, R., Henrion, G. (1995) Multivariate Datenanalyse. Springer Verlag, Berlin, Heidelberg

Alkylsulfonsäure Arylester in Sedimenten der Elbe und ihrer Nebenflüssen

Jan Schwarzbauer, Stephan Franke, Wittko Francke

Bei Screening-Untersuchungen organischer Substanzen in Sedimenten und Schwebstoffen der Elbe sowie ihrer Nebenflüsse Mulde, Havel und Spree wurde ein komplexes Gemisch von langkettigen Alkylsulfonsäurephenyl- und -cresylestern identifiziert (Franke et al. 1998). Diese Verbindungsklasse wurde damit erstmalig in einem Umweltkompartiment nachgewiesen. Sie steht in direktem Zusammenhang sowohl mit unmittelbar industriellen als auch mit diffusen Emissionen, da solche Sulfonsäureestergemische intensiv als Weichmacher in der PVC-Verarbeitung genutzt werden. Technische Formulierungen sind unter den Handelsnamen „Mesamoll„ und „Weichmacher ML„ bekannt (Geilenkirchen 1953, Haslam et al. 1951).

GC/MS Analysen von Sediment- und Schwebstoffproben belegen ein Congenerengemisch mit unverzeigten C_{12}- bis C_{18}-Alkylketten. Bis auf 1-Alkylsulfonsäureester konnten alle Substitutions-isomere innerhalb der einzelnen Homologengruppen nachgewiesen werden. Die Massenspektren gleichen denen entsprechender Alkylarylether, was Anlaß zu Fehlinterpretationen und falschen Spekulationen über das Vorkommen solcher Substanzen gegeben hat (Theobald et al. 1995), Ehrhardt et al. 1990). Genaue massenspektrometrische Analysen geben jedoch Aufschluß über Substituent und Alkylkettenlänge, so daß in Kombination mit den gaschromatographischen Eigenschaften auf die korrekten Strukturen geschlossen werden kann. Detaillierte Isomerenbestimmungen zeigten eine sehr einheitliche Verteilung im Elbesystem, die nur geringe Abweichungen zu technischen Formulierungen besitzt.

Offenbar werden Alkylsulfonsäure Arylester im aquatischen System relativ schlecht abgebaut und dementsprechend im partikulären Material akkumuliert, so daß in Abhängigkeit vom Ort der Emission relativ hohe Konzentrationen beobachtet wurden. In Sedimenten der Havel, Spree und großen Teilen der Mulde wurde ein Belastungsniveau von 2 bis 9 mg/kg TM festgestellt. Im Raum Bitterfeld stiegen die Konzentrationen in den Sedimenten stark auf über 40 mg/kg TM an. Diese lokale Emission konnte auch im Schwebstoff der Elbe gut nachvollzogen werden. Oberhalb des Muldezuflußes wurden Gehalte von 0.2 bis 4 mg/kg TM beobachtet, während unterhalb Höchstwerte bis 25 mg/kg TM auftraten. Der Konzentrationsverlauf elbabwärts zeigte dann ein kontinuierliches Absinken der Belastung. Alkylsulfonsäurephenylester sind aber noch in Sedimenten des Elbästuars in nennenswerten Konzentrationen vorzufinden.

Literatur

Ehrhardt M, Wattyakorn G, Dawson R (1990) Estuarine, Coastal and Shelf Science 30:439 – 451
Franke S., Schwarzbauer J., Francke W. (1998) Fresenius J Anal Chem 360: 580 – 588
Geilenkirchen W (1953) Deutsche Farben-Zeitschrift 7:251 - 256

Haslam J, Soppet W, Willis HA (1951) J Appl Chem 1:112 - 124
Theobald N, Lange W, Gählert W, Renner F (1995) Fresenius J Anal Chem 353: 50 - 56

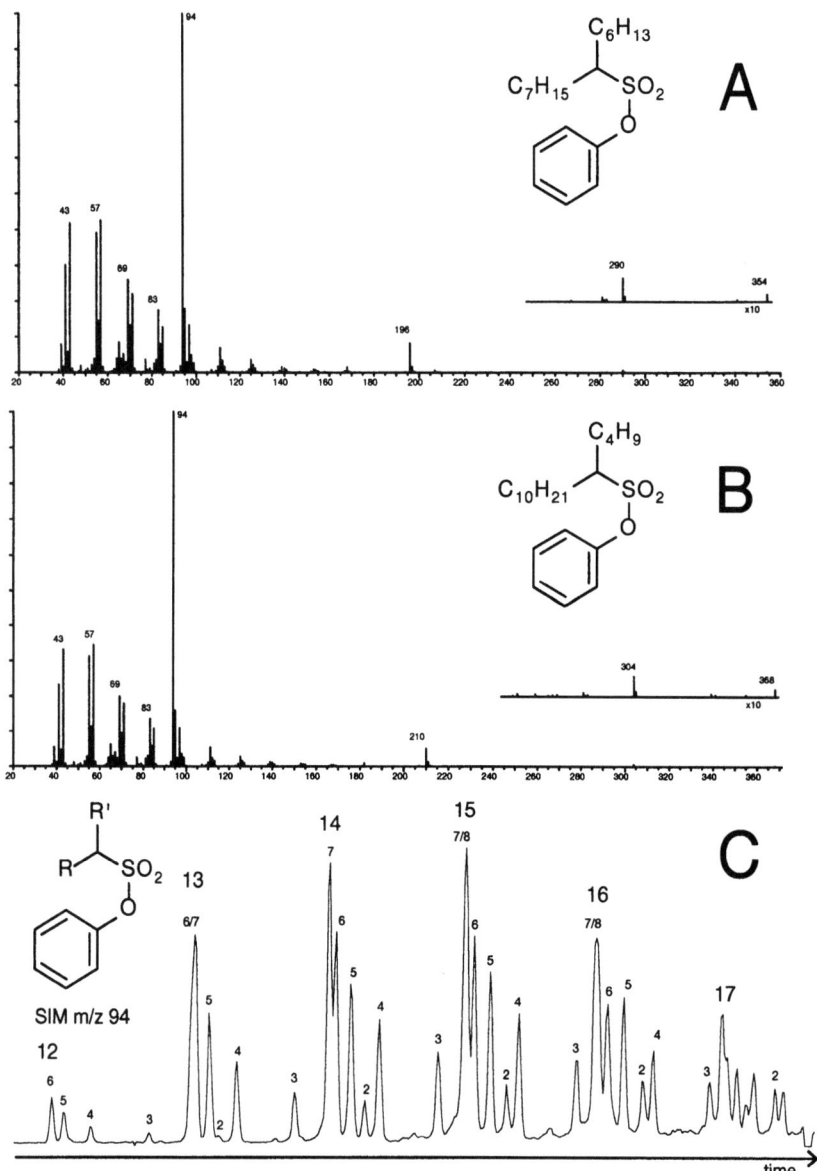

Abb. 1. Massenspektren von 7-Tetradecylsulfonsäurephenylester (A) und 5-Pentadecylsulfonsäurephenylester (B). Verteilung von isomeren und homologen Alkylsulfonsäurephenylestern im Sediment (C)

Ergebnisse einer Ringanalyse zur Bestimmung von organischen Stoffen in schwebstoffbürtigen Sedimenten der Elbe

Burkhard Stachel, Andrea Jankowsky, Jörg Winkler, Stefan Wolff

1 Einleitung

In abgestimmten Meßprogrammen der IKSE und ARGE ELBE werden umfangreiche Untersuchungen durchgeführt mit der Zielsetzung, das komplexe Fließsystem Elbe beschreiben zu können. Chemisch analytisch erfaßt werden Metalle, organische Stoffe, Organozinnspezies, Nährstoffe und Summenmeßgrößen in unterschiedlichen Matrices. Um die erhobenen Daten vergleichen und bewerten zu können, müssen Mindestvoraussetzungen der analytischen Qualitätssicherung erfüllt sein wie die Etablierung und Einhaltung von internen und externen Qualitätssicherungsmaßnahmen. Zu den externen Qualitätssicherungsmaßnahmen zählt die regelmäßige Durchführung von Ringanalysen, hier im internationalen und nationalen Monitoringbereich.

In 1997 hat die ARGE ELBE eine Änderung der Untersuchungsstrategie zur Bestimmung der Analyten in unterschiedlichen Kompartimenten beschlossen. Begründet wird diese Änderung u.a. damit, bei der Analyse von Wasserproben die Anzahl der Meßwerte unterhalb oder im Bereich der Bestimmungsgrenze deutlich zu reduzieren. Als Entscheidungsgrundlage dienen Verteilungskoeffizienten zur Beschreibung der Stoffverteilung zwischen der Wasser- und Feststoffphase der Elbe sowie n-Oktanol/Wasserverteilungskoeffizienten. So werden ab 1998 im deutschen Flußabschnitt die unpolaren schwerflüchtigen chlorierten Kohlenwasserstoffe und polycyclische aromatische Kohlenwasserstoffe (PAK) nicht mehr in Wasserproben (von Ausnahmen abgesehen), sondern in schwebstoffbürtigen Sedimenten bestimmt. Dieser Schritt ist mit einer Änderung der Analysenmethoden verbunden.

Um Informationen über die Qualität der angewandten Analysenverfahren und die Vergleichbarkeit von Daten zu erhalten, wurde im Herbst 1997 eine Ringanalyse unter der Beteiligung von 20 Laboratorien (tschechische und deutsche Teilnehmer) durchgeführt. In einer gefriergetrockneten Mischprobe aus der Oberen und Mittleren Elbe wurden HCH-Isomere, DDT und seine Metaboliten, Trichlorbenzene, HCB, PCP, 6 PCB-Kongenere und 16 PAK (Einzelstoffe nach US-EPA) analysiert (Vierfachbestimmung), wobei überwiegend die Soxhlet-Extraktion angewandt wurde in Kombination mit instrumentellen Metoden wie GC/ECD, GC/MS oder HLPC/FLD. Die Auswertung erfolgte nach DIN 38 402 Teil 42.

2 Ergebnisse

In Tab. 1 sind die Kenngrößen der Ringanalyse zusammengefaßt. Vergleichsweise hohe VR-Werte treten auf bei der Bestimmung von γ-HCH, 1,2,3-Trichlorbenzen (jeweils niedrige Gehalte), Naphthalin und Acenaphthylen. Unter Einbeziehung von VR-Werten und der Häufigkeit von Ausreißern lassen die Kenngrößen im allgemeinen eine gute Vergleichbarkeit der Analysenergebnisse erkennen.

Tab.1. Kenngrößen der Ringanalyse von 1997 zur Bestimmung organischer Stoffe in schwebstoffbürtigen Sedimenten der Elbe
Lab* = Anzahl der ausgewerteten Labore, Ausr. = Ausreißer, Mittel = ausreißerfreier Mittelwert, SR = Vergleichsstandardabweichung, VR = Vergleichsvariationskoeffizient, SI = Wiederholstandardabweichung, VI = Wiederholvariationskoeffizient

Stoff	Labore	Lab*	Ausr.	Mittel µg/kg	SR	VR %	SI	VI %
α-HCH	16	15	4	4,18	1,85	44,31	0,43	10,20
β-HCH	16	16	0	23,40	11,50	49,05	4,27	18,30
γ-HCH	16	16	0	4,27	2,90	67,96	0,34	8,00
p,p'-DDE	18	17	4	18,00	7,25	40,20	1,38	7,66
o,p'-DDD	15	15	0	16,40	3,87	23,50	1,11	6,74
p,p'-DDD	16	16	1	33,60	8,58	25,50	2,23	6,63
o,p'-DDT	17	15	8	9,24	4,13	44,67	1,57	17,00
p,p'-DDT	17	17	0	39,10	15,60	39,81	6,08	15,50
PCB 28	18	17	5	5,23	1,72	32,50	0,49	9,31
PCB 52	18	18	1	11,60	4,14	35,72	1,01	8,70
PCB 101	18	17	4	8,20	2,55	31,12	1,00	12,20
PCB 138	18	17	4	14,70	4,09	27,72	1,96	13,30
PCB 153	18	17	6	14,50	3,41	23,50	1,95	13,40
PCB 180	18	17	4	10,70	2,92	27,21	2,12	19,70
1,2,3-Trichlorbenzen	14	14	0	5,18	3,31	63,87	0,85	16,50
1,2,4-Trichlorbenzen	16	16	0	32,70	13,90	42,58	2,86	8,73
1,3,5-Trichlorbenzen	16	15	4	10,40	5,36	51,61	1,59	15,30
HCB	18	17	4	164	39,3	23,91	8,35	5,08
PCP	10	9	5	15,50	6,79	43,73	1,73	11,20
Acenaphthen	16	14	8	67,90	34,1	50,18	8,04	11,8
Acenaphthylen	7	7	1	81,30	49,70	61,16	4,61	5,67
Anthracen	19	18	4	269	72,70	26,98	33,40	12,40
Benzo(a)anthracen	19	18	4	642	179	27,96	83,40	13,00
Benzo(a)pyren	19	19	0	548	222	40,49	74,80	13,60
Benzo(b)fluoranthen	19	19	0	620	302	48,63	93,40	15,10
Benzo(k)fluoranthen	18	18	1	380	181	47,62	47,60	12,50
Benzo(ghi)perylen	19	19	0	441	216	49,05	57,30	13,00
Chrysen	19	19	0	794	362	45,63	80,30	10,10
Dibenzo(ah)anthracen	16	14	8	91,20	53,30	58,42	15,90	17,40
Fluoranthen	19	18	4	1624	288	17,76	161	9,92
Fluoren	17	16	4	167	69,1	41,32	20,50	12,30
Indeno(1,2,3-cd)pyren	18	17	4	463	136	29,48	63,10	13,60
Naphthalin	19	19	0	519	341	65,72	59,40	11,40
Phenanthren	19	17	8	1104	224	20,35	134	12,10
Pyren	19	18	4	1476	333	22,59	146	9,89

Der Einsatz von Sedimentfallen als Beitrag zur Schadstoffbilanzierung im Bitterfelder Muldestausee

Lutz Zerling, Andreas Arnold, Christiane Hanisch, Karl Jendryschik, Maritta Lohse

Seit 1991 erfolgen an der Sächsischen Akademie der Wissenschaften langfristige Untersuchungen am Bitterfelder Muldestausee. Sie dienen vor allem der Quantifizierung der Rolle dieses durchflossenen Sees als Schadstoffsenke für Schwermetalle (vgl. Poster Arnold et al.). Eine wesentliche Basis der Arbeiten stellt die kontinuierliche Entnahme von Wasserproben – getrennt nach Schwebstoff und gelöster Phase – sowohl am Ein- als auch am Auslauf des Sees dar. In den Jahren 1993, 1994 und 1997 kamen zur Verifizierung der Schadstoffbilanz (Einlauf – Sedimentation – Auslauf) einige im See verteilte Sedimentfallen, bestehend aus je 4 Rohren (ca. 1 m über Grund), zum Einsatz.

Tab.1. Massegehalt und Glühverlust des schwebstoffbürtigen Sedimentes

Verweilzeit von ... bis	Meßpunkt	Trockenmasse je Falle / Monat [g]	Standardabw. [%]	Glühverlust Fraktion < 20µm [%]
Mai - Dez. 1993	2.4	151	12	15,8
"	4.6	22	30	20,2
"	6.2	6	1	21,8
"	12.4	18	60	22,3
Juni - Dez. 1994	2.4	45	2	14,6
"	4.3	18	3	12,7
"	4.6	38	3	12,3
"	6.4	7	37	15,7
April - Nov. 1997	3.7	702	8	15,4
April - Dez. 1997	1.5	405	7	14,5
"	3.8	180	13	15,7

Die Trockenmassen (Tab. 1) weisen trotz Berücksichtigung der unterschiedlichen Verweildauer sowohl innerhalb eines Jahres als auch über die Jahre hinweg erhebliche Abweichungen auf, die als Ausdruck deutlich differenzierter Sedimentationsverhältnisse im See zu werten sind. Selbst die vier Rohre einer Falle sind teilweise sehr unterschiedlich gefüllt (vgl. Standardabweichung). Hohe Sedimentationsraten finden sich jeweils in Einlaufnähe und im Stromstrich der Mulde; hier wurden insbesondere die Fallen im Jahre 1997 eingesetzt.

Die aus den Fallen errechneten Sedimentationsraten zeigen interessante Übereinstimmungen mit den Ergebnissen der Schwebstoffbeprobung am Einlauf (Abb. 1):
- Die mit Ausnahme von 1997 (s.o.) vergleichbaren Sedimentationsraten werden stärker vom Durchfluß als vom Schwebstoffgehalt bestimmt; beide verhalten sich indirekt proportional.

- In den Fallen stattfindende Abbauprozesse führen zur Reduzierung der organischen Anteile auf die Hälfte; die Veränderung im Glühverlust über die Jahre sind gleich gerichtet.

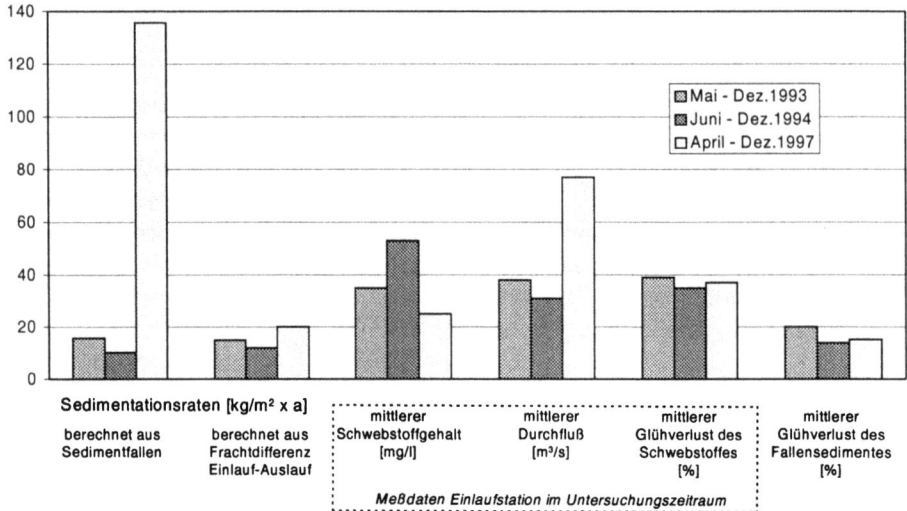

Abb.1. Sedimentationsraten im Vergleich zu hydrologischen Parametern am Einlauf des Sees

Die Gegenüberstellung der Metallgehalte im Schwebstoff am Einlauf (Medianwerte) zu den Metallgehalten der Sedimentfallen im See zeigt folgende Aspekte (Tab. 2.):

Tab.2. Metallgehalte im Schwebstoff (Swe in mg/kg) und im schwebstoffbürtigen Sediment der Fallen (Angabe in %, bezogen auf den des Schwebstoffs)

	Cu		Pb		Zn		Cd		Cr		Ni		Mn	
	Swe	Falle	Swe	Falle	Swe	Falle	Swe	Falle	Swe	Falle	Swe	Falle	Swe	Falle
1993	216	109%	361	105%	2384	92%	42	123%	158	93%	130	92%	3516	83%
1994	120	90%	210	84%	1779	66%	32	77%	89	76%	109	82%	5281	49%
1997	174	89%	271	111%	1796	103%	28	103%	93	94%	105	88%	3448	80%

Für die meisten untersuchten Metalle (hier: Cu, Pb, Cd, Cr, und Ni) sind die Gehalte sehr gut vergleichbar. Ausnahmen gibt es insbesondere bei Zn und Mn 1994. Zumindest bei Mn erkennt man ein Überangebot am Einlauf; daher der besonders niedrige Prozentwert in den Fallen. Tendenziell läßt sich über die Untersuchungsjahre eine deutliche Beziehung der Metallgehalte zum Gehalt an organischer Substanz erkennen.

Die Ergebnisse zeigen, daß der Einsatz von Sedimentfallen als zeitlich kontinuierlich, örtlich diskrete Probenahme mit einem erheblich geringeren Aufwand wesentlich zur Einschätzung der Sedimentation beitragen kann. Sie stellen eine sehr gute Ergänzung zur zeitlich diskreten Probennahme am Einlauf dar.

Die *kontinuierliche* Beprobung des Schwebstoffes mit aufwendiger Metallanalytik am Einlauf des Sees kann somit unter Nutzung der gewonnenen Erfahrungen im Einsatz von Sedimentfallen zugunsten *ereignisbetonter* Meßstrategien zurücktreten.

Schadstoff-belastung in Organismen/ Ökotoxikologie

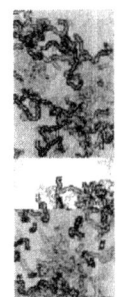

Akkumulation von Schwermetallen in Biofilmen der Elbe

Kurt Friese, Susan Zimmermann, Margarete Mages, Harald Horn, Thomas R. Neu

1 Einleitung

Biofilme sind komplexe, heterogene Systme aus Zellen und anorganischen Partikeln, die eingebettet in einer organischen polymeren Matrix mikrobiellen Ursprungs an Oberflächen haften (Characklis und Marshall 1990). Sie spielen in natürlichen Gewässersystemen eine bedeutende Rolle beim Abbau oder der Akkumulation von Schadstoffen. Ziel der vorliegenden Untersuchung war es, die Aufnahme bzw. Sorption von ausgewählten Schwermetallen an aquatischen Biofilmen unter definierten Bedingungen im Labor zu untersuchen.

2 Material und Methoden

Um die Ergebnisse auf Biofilme der Elbe übertragen zu können, wurden die Untersuchungen in speziellen Reaktoren (roto torque reactor, Neu und Lawrence 1997) mit Wasser der Elbe als wässrigem Medium durchgeführt. Es wurden die Elemente Zink, Kupfer und Arsen in zwei Mischungen mit unterschiedlicher Konzentrationszusammensetzung dotiert und über einen Zeitraum von 20 Tagen Proben analysiert (Tab. 1). Die chemischen Analysen erfolgten mit der totalreflektierenden Röntgenfluoreszenzanalyse (TXRF) (Friese et al. 1997) und der Atomabsorptionsspektrometrie (AAS). Ergänzt wurden die Untersuchungen durch die Darstellung der Biofilmentwicklung mit Hilfe der konfokalen Laser Scanning Mikroskopie (CLSM) und durch rasterelektronenmikroskopische Aufnahmen (Zimmermann 1997).

Tab.1. Zusammensetzung des dotieren 'Cocktails'

Dotiertes Element	Dotierte Menge (µg)		Konzentration im System (mg/l)	
	Reaktor 1	Reaktor 2	Reaktor 1	Reaktor 2
As	150	750	0.01	0.05
Cu	300	1500	0.02	0.1
Zn	1500	7500	0.1	0.5

3 Ergebnisse

Die Dotierung führte für Kupfer und Zink bereits nach 60 Minuten zu einer starken Anreicherung im Biofilm. Nach ca. 4 Tagen war für beide Elemente ein Anreicherungsmaximum feststellbar. Arsen erreichte erst nach 7 Tage ein Akkumulationsmaximum (Abb. 1). Aufgrund von Systemverlusten sanken die Gehalte der zudotierten

Elemente in der weiteren Versuchsdauer, ohne das eine komplementäre Anreicherung in der Wasserphase feststellbar war. Die zweite Versuchsserie mit einer höheren Dotierung führte zu ähnlichen Resultaten.

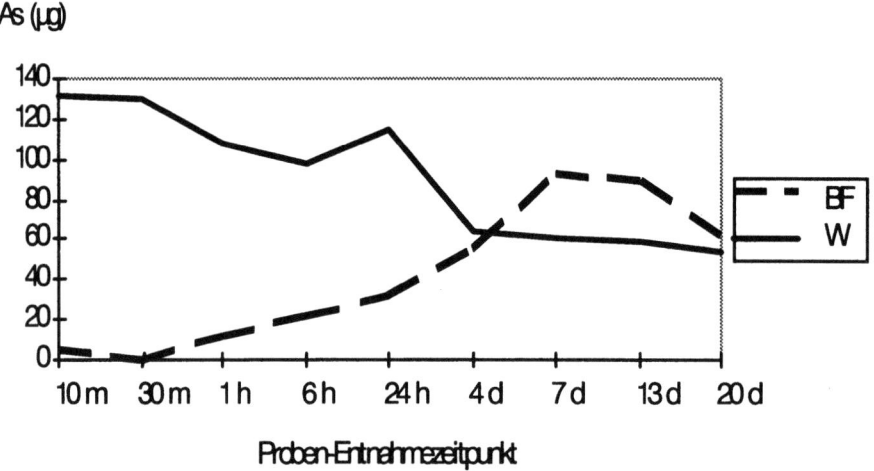

Abb.1. Absolutgehalte von Arsen (µg) in Biofilm (BF) und Wasser (W) von Reaktor 1

Im Gesamtergebnis läßt sich eine Anreicherungsabfolge Cu > Zn > As im Biofilm sowie ein Konkurrenzverhalten zwischen Kupfer und Zink feststellen. Es wird vermutet, daß die Dotierung, die einer Stoßbelastung mit Schwermetallen gleichkommt, zu der beobachteten Reduzierung der Biofilmmasse in Reaktor 2 führte.

Literatur

Characklis, W. G., Marshall, K.C. (1990.) Biofilms. John Wiley & Sons, Chichester
Friese, K., Mages, M., Wendt-Potthoff, K., Neu, T.R. (1997) Determination of heavy metals in biofilms from the river Elbe by totalreflection X- ray fluorescence spectrometry. Spectrochimica Acta Part B, 1019-1025
Neu, T.R., Lawrence, J.R. (1997) Development and structure of microbial biofilms in river water studied by confocal laser scanning microscopy. FEMS Micorbiol. Ecol. 24, 11-25
Zimmermann, S. (1997) Laborversuche zum Adsorptionsverhalten von Zink, Kupfer und Arsen an Biofilmen der Elbe. Dipl.-Arbeit, 66 S. u. Anhang, Fachhochschule Magdeburg

Ein neues Klassifizierungssystem für die elbespezifische Schadstoffbelastung im Weichkörper der Dreikantmuschel (*Dreissena polymorpha*) - Ergebnisse des internationalen aktiven Schadstoff-Biomonitorings

Thomas Gaumert

Im Jahr 1989 wurde im Rahmen eines Pilotprojektes der ARGE ELBE die Eignung von *D. polymorpha* als Testorganismus für ein aktives Schadstoff-Biomonitoring untersucht. Nach den Ergebnissen der Studie erwies sich die Muschel als geeigneter Indikator sowohl für Aussagen zur Bioverfügbarkeit von Schadstoffen, zur Anreicherung im Gewebe und teilweise zur Wirkung auf die inneren Organe des Tieres (ARGE ELBE 1991).

Folgerichtig wurde das Muschelmonitoring in das Gewässerüberwachungskonzept der ARGE ELBE übernommen (ARGE ELBE 1993). Der erfolgreiche Einsatz 1990/91 in der Mittleren Elbe bei Schnackenburg (Strom-km 474,5) führte nachfolgend zur Übernahme der Methode für die Elbe-Meßstationen Schmilka (Strom-km 4,1), Zehren (Strom-km 98,6) und Magdeburg (Strom-km 318,1) in den neuen Bundesländern. Seit 1993 wird das Muschel-Monitoring auch in der Station Hamburg-Blankenese (Strom-km 634,3) betrieben. Ab 1995 sind auch an der zum Teil hochgradig belasteten Mulde bei Dessau (km 7,6) und an der Oberen Elbe in Tschechien (Obristvi, Strom-km 114,0) weitere Muschelhälterungsanlagen in Betrieb gegangen. Somit wurde eine gute Abdeckung des gesamten bundesdeutschen Längsprofils einschließlich der Mulde erreicht.

Zur Einstufung der Befunde (Schwermetalle und schwerflüchtige CKWs) wurde durch Dipl.-Biol. Hans Joachim Krieg in enger Zusammenarbeit mit der Wassergütestelle Elbe (Dipl.-Biol. Thomas Gaumert) ein Klassifizierungssystem mit einer zweckmäßigen Hierarchie entwickelt (Tab. 1 - 3). Diese Hierarchie spiegelt unter Berücksichtigung der anthropogenen Hintergrundbelastung die regionalspezifische Kontamination bzw. Aufstockung im Weichkörper der elbewassergehälterten Muscheln schrittweise wider. In Anlehnung an die bundesweit verbreitete Gewässergüteklassifizierung (LAWA) mündete die Darstellung substanzbezogen in ein siebenstufiges Belastungssystem mit verbaler Beschreibung der einzelnen Stufen. In diesem Ansatz werden auch Vorstellungen zu akzeptablen und nicht-akzeptablen Belastungszuständen berücksichtigt.

Die Klassifizierung der regionalen Kontamination von der Oberen Elbe bis zur Tideelbe einschließlich des Nebenflusses Mulde zeigt zuverlässig die Belastungsschwerpunkte auf. So überragen beispielsweise die Cadmium- und Pestizidbefunde von der Mulde deutlich das Elbeniveau. Andererseits beeinflussen die HCB- und OCS-Gehalte aus Tschechien die Elbe bis in ihren Unterlauf.

Tab.1. Verbale Definition und farbliche Darstellung der Belastungsklassen

Belastungsklasse	Farbe	Verbale Definition
I	dunkelblau	unbelastet bis gering belastet
	hellblau	gering belastet
	dunkelgrün	mäßig belastet
II - III	hellgrün	kritisch belastet
III	gelb	stark belastet
III - IV	orange	sehr stark belastet
	rot	übermäßig belastet

Tab.2. Elbespezifische Belastungsklassen für Schwermetalle in *Dreissena polymorpha* (Belastungsklasse I: abgeleitete und gerundete Hintergrundbelastung unter Berücksichtigung von Daten aus Muschelproben des Gartower Sees)

Belastungsklasse:	I			II - III	III	III - IV	
Element*):							
Quecksilber	≈ 5	≤ 25	≤ 50	≤ 250	≤ 750	≤ 2 000	> 2 000
Cadmium	≈ 15	≤ 25	≤ 125	≤ 500	≤ 1 000	≤ 3 000	> 3 000
Blei	≈ 70	≤ 250	≤ 1 000	≤ 5 000	≤ 10 000	≤ 20 000	> 20 000
Kupfer	≈ 350	≤ 750	≤ 1 500	≤ 2 500	≤ 5 000	≤15 000	> 15 000
Zink	≈ 12 000	≤ 20 000	≤ 30 000	≤ 100 000	≤ 250 000	≤ 500 000	> 500 000
Arsen	≈ 400	≤ 500	≤ 750	≤ 1 000	≤ 2 500	≤ 5 000	> 5 000

*) Einheiten in µg/kg FS

Tab.3. Elbespezifische Belastungsklassen für SCKW in *Dreissena polymorpha* (Belastungsklasse I: abgeleitete und gerundete Hintergrundbelastung unter Berücksichtigung von Daten aus Muschelproben des Gartower Sees)

Belastungsklasse:	I			II - III	III	III - IV	
Substanz*):							
α-HCH	≈ 15	≤ 50	≤ 75	≤ 125	≤ 250	≤ 500	> 500
β-HCH	≈ 20	≤ 25	≤ 40	≤ 100	≤ 200	≤ 500	> 500
χ-HCH	≈ 40	≤ 50	≤ 150	≤ 300	≤ 500	≤ 750	> 750
δ-HCH	≈ 15	≤ 20	≤ 40	≤ 100	≤ 200	≤ 500	> 500
pp'-DDE	≈ 150	≤ 200	≤400	≤ 500	≤ 750	≤ 1 500	> 1 500
pp'-DDD	≈ 75	≤ 225	≤ 500	≤750	≤ 1 000	≤2 000	> 2 000
HCB	≈ 10	≤ 50	≤ 250	≤ 750	≤ 1 500	≤ 3 000	> 3 000
OCS	≈5	≤ 25	≤ 50	≤ 125	≤500	≤ 1 000	> 1 000
PCB Nr. 101	≈ 50	≤ 150	≤ 300	≤500	≤ 1 000	≤2 000	> 2 000
PCB Nr. 138	≈ 50	≤ 125	≤ 300	≤ 500	≤ 1 000	≤ 2 000	>2 000
PCB Nr. 153	≈ 45	≤ 125	≤ 250	≤ 500	≤ 1 000	≤ 2 000	>2 000
PCB Nr. 180	≈ 20	≤ 100	≤ 200	≤ 400	≤ 800	≤ 1 500	> 1 500

*) Einheiten in µg/kg Fett

Entwicklung einer Testbatterie zur Erfassung gentoxischer Aktivität im aquatischen Bereich

Tamara Grummt, Heinz-Günter Wunderlich

Ziel des Verbundvorhabens „Erprobung, Vergleich, Weiterentwicklung und Beurteilung von Gentoxizitätstests für Oberflächenwasser" ist es, für die Beurteilung des gentoxischen Potentials in Oberflächenwasser und Uferfiltraten geeignete Verfahren zu entwickeln. Obwohl in der internationalen Literatur zahlreiche Testmethoden für die gentoxikologische Untersuchung von Wasserproben beschrieben werden, gibt es aber zur Zeit noch keine fundierten Erfahrungen darüber, ob die bisher eingesetzten gentoxikologischen Verfahren ausreichend empfindlich sind und sich für Routineuntersuchungen von Oberflächenwasser eignen. Im Rahmen des Verbundvorhabens werden deshalb verschiedene Indikatortests unter definierten Experimentalbedingungen vergleichend auf ihre Einsatzfähigkeit untersucht und einer Validierung zugeführt. Die eingesetzten Testverfahren werden dabei auf Praktikabilität, Sensitivität und Aussagekraft geprüft, um daraus eine für die Untersuchung von Oberflächenwasser und Uferfiltraten einsetzbare Testbatterie erstellen zu können.

Das Verbundvorhaben umfaßt hinsichtlich des thematischen Projektablaufes drei Phasen:

1. Phase: Optimierung und vergleichende Untersuchung der eingesetzten Verfahren durch den Einsatz von Referenzsubstanzen
2. Phase: Anwendung der optimierten Methoden auf native Wasserproben; 4 Probenahmestellen an der Rheinschiene: Rhein bei Karlsruhe, Köln und Düsseldorf; Wahnbachtalsperre sowie
   3 Probenahmestellen im Elbeeinzugsgebiet: Elbe bei Schmilka und Schnackenburg, Mulde bei Dessau).
3. Phase: Gemeinsame Bewertung der Ergebnisse in Hinblick auf die Standardisierbarkeit, Einsatzfähigkeit und Vergleichbarkeit der Testverfahren

Die nachfolgende Tab. 1 zeigt die Auswahl der Testverfahren und Testorganismen:

Tab.1. Testverfahren und Testorganismen

Testverfahren	Testorganismen
Alkalische Filterelution	– Muschel *Corbicula fluminea* – Grünalge *Chlamydomonas reinhardtii*
DNA-Aufwindungstest	– Fischzellinien RTG-2, PLHC-1 – Fischlarven *Brachydanio rerio, Oncorhynchus mykiss* – Krebse *Astacus astacus, Corophium volutator, Gammarus pulex* – Muschel *Dreissena polymorpha*

Comet Assay	– Primäre Fischhepatocyten *Oncorhynchus mykiss*, *Brachydanio rerio* – Grünalge *Chlamydomonas reinhardtii* – Protozoe *Acanthamöba castellanii* – Säugerzellinie V 79 – Fischzellinien RTG-2, RTL-W1 – Muschel *Dreissena polymorpha* – Fisch *Brachydanio rerio*
UDS-Test	– Säugerzellinien V 79, CHO – Primäre Fischhepatocyten *Oncorhynchus mykiss*
umu-Test	– Bakterien *Salmonella typhimurium* Teststämme TA 1535/ pSK 1002, NM 2009 *Escherichia coli* Teststämme KY 946, KY 700, KY 706, UA 4537, UA 4749
AMES-Test	– Bakterien *Salmonella typhimurium* Teststämme TA 98, TA 100, TA 7005

Die Optimierung der Testverfahren hinsichtlich der Sensitivität, Zuverlässigkeit und Reproduzierbarkeit erfolgte mit bekannten gentoxischen Referenzsubstanzen. Im Zeitraum Februar 1997 bis Januar 1998 wurden im monatlichen Wechsel 4 Meßstellen am Rhein und 3 Meßstellen an der Elbe auf gentoxische Aktivität getestet. Für das chemische Analytikprogramm wurde eine empfindliche und zuverlässige Einzelstoffanalytik für 41 gentoxische Verbindungen erarbeitet. Die Untersuchungen der nativen Wasserproben ergaben in verschiedenen Testsystemen positive gentoxische Effekte sowohl für die Proben vom Rhein als auch an der Elbe. Auf der Grundlage der vorliegenden Datensätze ergeben sich in der Diskussion zur Erstellung einer Testbatterie „Gentoxizität im aquatischen Bereich" u.a. folgende Aspekte:

1. Unter der Voraussetzung, daß für die Gentoxizitätsprüfung im aquatischen Bereich eine Testbatterie (Stufenkonzept) entwickelt werden soll, muß unter dem Aspekt der Endpunktspezifität und dessen Aussagefähigkeit die schutzgutbezogene Relevanz von positiven Befunden diskutiert werden.
2. Die Standardisierung und Validierung der Testverfahren zur Erkennung gentoxischer Aktivität in komplexen Gemischen für den aquatischen Bereich muß vorangetrieben werden.

Organozinngehalte in schwebstoffbürtigen Sedimenten und unterschiedlichen Biotaproben der Elbe und Elbenebenflüsse

Jutta Krinitz, Rolf Lüschow, Heinrich Reincke, Burkhard Stachel

1 Einleitung

Aufgrund z.T. hoher Belastungen von Fließgewässern und Sedimenten sind Organozinnverbindungen, die überwiegend aus Anti-Fouling-Schiffsanstrichen stammen, in den letzten Jahren zunehmend ins öffentliche Interesse gerückt. Durch seine unmittelbar (hoch-)toxische und endokrine Wirkung auf die Gewässerfauna, die bei einigen Wasserschnecken zum Aussterben der Populationen führt, stellt insbesondere Tributyl- zinn (TBT) eine große Gefahr für die Gewässerökologie dar (vgl. de Mora 1996).

2 Organozinngehalte in schwebstoffbürtigen Sedimenten

Im Längsschnitt der Elbe und im Mündungsbereich der Nebenflüsse (s. Abb. 1) sind insbesondere die hohen TBT-Gehalte in Dessau (Mulde) auffällig. Hohe Werte waren Anfang der 90er Jahre ebenfalls in Schnackenburg zu messen, in den letzten Jahren haben die Gehalte dort jedoch abgenommen. An der Station Seemannshöft spiegeln die TBT-Gehalte im schwebstoffbürtigen Sediment den Einfluß des Hamburger Hafens wider (Werftbetrieb, Schiffsverkehr). Dort wurden in den Jahren 1996 und 1997 erneut höhere TBT-Gehalte gemessen als in den Vorjahren (ARGE-Zahlentafeln 1978 ff).

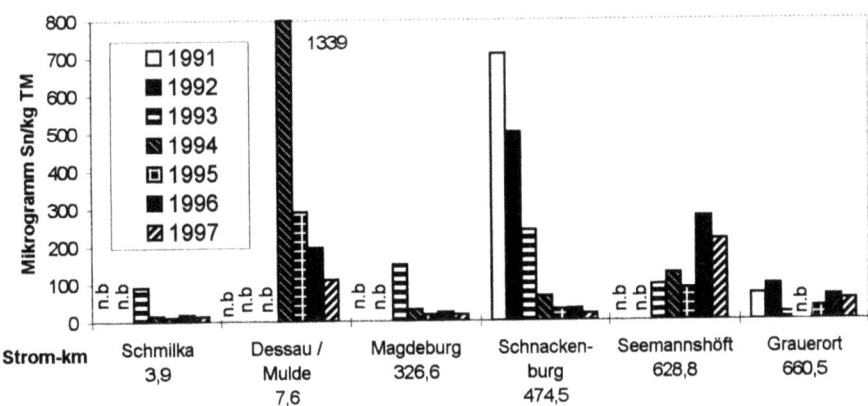

Abb.1. TBT-Gehalte in schwebstoffbürtigen Sedimenten (Jahresmittelwerte 1991-1997)

Als eine Hauptquelle der Organozinnverunreinigungen der Mulde ist eine Chemiefabrik im Raum Bitterfeld anzusehen, die ihre Abwässer bis 1994 direkt in die Mulde einleitete (s. Spitzenwert 1994 in Abb. 1). Durch den Anschluß dieser Fabrik an das Gemeinschaftsklärwerk Bitterfeld Wolfen im Laufe des Jahres 1994 ist die TBT-Belastung offensichtlich stark zurückgegangen. Dies gilt ebenfalls für Tetrabutylzinn (TeBT), den Ausgangsstoff für die Herstellung von alkylierten Organozinnverbindungen. Insgesamt ist seit 1994 an allen Meßstationen eine deutliche Abnahme der TeBT-Gehalte zu beobachten, so daß die ehemals von TeBT geprägten Stoffmuster derzeit zu Tributyl- und z.T. auch Monobutylzinn hin verschoben sind.

3 Organozinngehalte in Biota

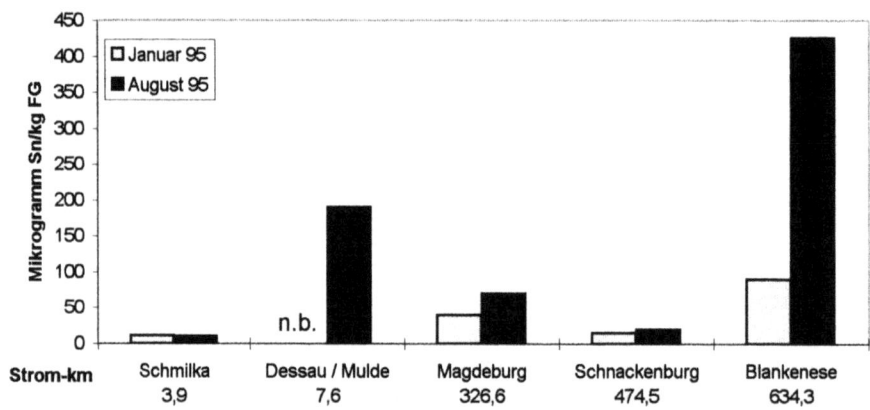

Abb.2. TBT-Gehalte in Dreikantmuscheln (Monitoring-Untersuchungen 1995)

Bei den Biota sind als TBT-Belastungsschwerpunkte im Längsprofil der Elbe und in den Nebenflüssen wiederum die Mulde (s. Abb. 2), insbesondere aber der Einflußbereich des Hamburger Hafens (Mühlenberger Loch, Blankenese und unterhalb von Hamburg Fährmannssand, Haseldorfer Nebenelbe) zu erkennen (s. Abb. 2 und 3).
mannssand, Haseldorfer Nebenelbe) zu erkennen (s. Abb. 2 und 3).

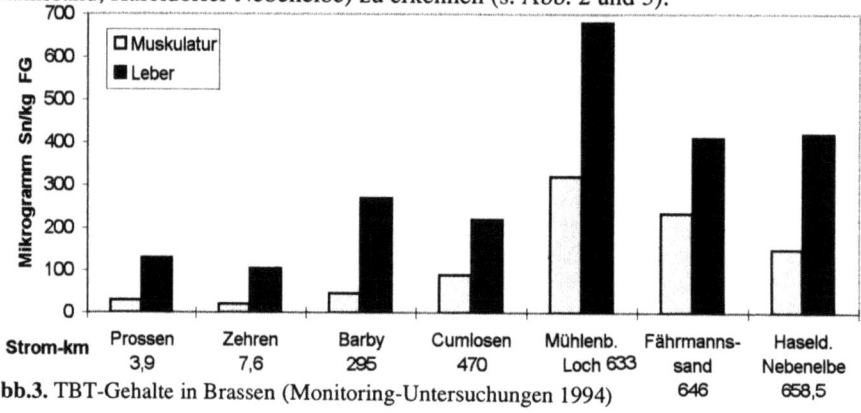

Abb.3. TBT-Gehalte in Brassen (Monitoring-Untersuchungen 1994)

Literatur

ARGE-Zahlentafeln 1978 ff.
De Mora, S.J. (Hrsg.) (1996) Tributyltin: case study of an environmental contaminant. Cambridge: University Press

… 175

Neue Methoden des biologischen Effektmonitorings für gering bis mäßig belastete Oberflächengewässer

Matthias Oetken, J. Oehlmann, U.S. Leffler, B. Markert

Einleitung

In zunehmendem Maße wird der Einsatz von Methoden des biologischen Effektmonitorings in der Fließgewässerüberwachung gefordert (Schirmer et al. 1992, Steinberg 1992, Pluta 1994).

Die in der Abwasserüberwachung etablierten Biotests (Algen-, Daphnien- und Leuchtbakterientest) erweisen sich als zu wenig sensitiv, um geringe Schwermetallkonzentrationen in Fließgewässern anzuzeigen. Dies macht die Entwicklung sensiverer Biotestverfahren dringend erforderlich.

Im Rahmen von Untersuchungen zur Schwermetallbelastung der Neiße wurden verschiedene Organismengruppen (Wassermoose, Schnecken und Mücken) eingesetzt, bei denen unterschiedliche toxikologische Endpunkte Berücksichtigung fanden. In diesem Zusammenhang erweisen sich Versuche mit der Zwergdeckelschnecke *Potamopyrgus antipodarum* als sehr vielversprechend.

2 Methoden

Die Neiße wurde von der Quelle in Tschechien bis nördlich der Stadt Görlitz (120 km Fließstrecke) in monatlichen Intervallen ein Jahr untersucht und die Schwermetallbelastung mit Hilfe der ICP-MS ermittelt.

Im Rahmen von Laborversuchen wurden Zwergdeckelschnecken umweltrelevanten Konzentrationen der Schwermetalle Cadmium und Chrom exponiert. Darüber hinaus wurden die Tiere Standortwasser verschiedener Probestellen an der Neiße sowie im aktiven Monitoring ausgesetzt. Anschließend wurden die Embryonenzahl dieser ovoviviparen Art sowie die Konzentrationen von Cadmium und Chrom im Gewebe der Tiere bestimmt.

3 Ergebnisse und Diskussion

Es konnte festgestellt werden, daß der Oberlauf für viele Schwermetalle die höchsten Konzentrationen aufwies. Bereits nach 5 km Flußlauf wurde die höchste Cadmiumkonzentration (0,5 µg/l) und nach 22 km die höchste Chromkonzentration (4,3 µg/l) gemessen (als mediane Jahreskonzentrationen).

Bei *Potamopyrgus antipodarum* zeigte sich nach einer Expositionsdauer von acht Wochen bei einer Cadmiumkonzentration von 200 ng/l bzw. einer Chromkonzentration von 10 µg/l eine im Vergleich zur Kontrollgruppe signifikante Reduktion der Embryonenzahl im Brutsack der Tiere. Diese Effekte traten bei Konzentrationen weit unterhalb des Trinkwassergrenzwerts auf, der für Cadmium um den Faktor 25 und für Chrom um den Faktor 5 höher liegt (TVO-BRD 1990).

Die Expositionsversuche in realen Umweltproben ergaben häufig signifikante Korrelationen im Hinblick auf die Schwermetallakkumulation der Tiere (Tab.1). Darüber hinaus korreliert die Cadmiumkonzentration im Gewebe mit der Embryonenzahl. Im Gegensatz dazu ließen sich diese Effekte beim Chrom nicht zeigen.

Tab. 1. *Potamopyrgus antipodarum.* Korrelationskoeffizienten (Wasser/Weichkörper sowie Weichkörper/ Embryonen) für Cadmium bzw. Chrom nach Exposition in verschiedenen Wasserproben aus der Neiße; * p = 0,05.

Ansatz	Labor (10 Wochen)	Freiland (4 Wochen)
Cd Wasser/ Cd Weichkörper	0,698*	0,627
Cd Weichkörper/ Embryonen	0,802*	0,673*
Cr Wasser/ Cr Weichkörper	0,996*	0,739*
Cr Weichkörper/ Embryonen	0,636	0,01

Zusammenfassend läßt sich festhalten, daß die Zwerdeckelschnecke *Potamopyrgus antipodarum* für die Überwachung gering belasteter Fließgewässer geeignet ist. Effekte auf die Reproduktion dieser Art konnten bereits bei sehr geringen und umweltrelevanten Konzentrationen der Schwermetalle Cadmium und Chrom gezeigt werden. Der Endpunkt Reproduktion ist dabei von hoher ökologischer Relevanz, da nur eine ungestörte Reproduktion die Fortpflanzung und den Bestand einer Art sichern kann (Gunkel 1994).

Literatur

Gunkel, G. (1994) Bioindikation in aquatischen Ökosystemen. Gustav Fischer Verlag, Jena, Stuttgart; 540 S.

Pluta, H.-J., Knie, J., Leschber, R. (1994) Biomonitore in der Gewässerüberwachung. Fischer-Verlag, Stuttgart, Schriftenreihe des WaBoLu, Band 93

Schirmer, M., Busch, D., Claus, B. (1992) Aktuelle Entwicklungen in der Überwachung von Fließgewässern. Geographische Rundschau 44, 502-509

Steinberg, C., Kern, J., Pitzen, G., Traunspurger, W., Geyer, H. (1992) Biomonitoring organischer Schadstoffe in Binnengewässern., Ecomed Fachverlag, Landsberg am Lech, 312 S.

TVO (1990) Verordnung über Trinkwasser und über Wasser für Lebensmittelbetriebe. Trinkwasserverordnung - TrinkwV vom 5.Dezember 1990, (BGBL 1S. 2612) i.d.F. vom 26.2.1993 (BGBL. 1S. 278)

Ergebnisse des chemischen und biologischen Monitoring der Kontamination der Fische in der tschechischen Elbe

Zdenka Svobodová, Blanka Vykusová, J. Kolárorová, H. Modrá, L. Groch

In den Jahren 1991 - 1993 wurden im Rahmen des Projektes Elbe I Fische untersucht, die an 15 Orten der Elbe zwischen Opatovice und Hřensko gefangen wurden. Insgesamt wurden 1147 Fische untersucht, die 25 Arten angehörten. Es war die erste breit angelegte Untersuchung sowohl der Zusammensetzung der Ichtyozenose als auch des Gehalts an Fremdstoffen im Gewebe der Fische. Neben chemischen Methoden wurde auch die hislopathologische Bewertung des Zustandes der parenchymantosen Gewebe der Fische angewendet. Einzelne Ergebnisse dieser Arbeit wurden publiziert (Svobodová et al. 1993 a, 1993 b, 19994) und auf Konferenzen vorgestellt (Groch 1993, Svobodová 1995 und 19997, Vykusová, 1993 und 1994). Eine kurze Bewertung der Kontamination der in der Elbe in den Jahren 1991 - 1993 gefangenen Fische wurde auch auf dem 7. Magdeburger Gewässerschutzseminar vorgestellt (Svobodová 1996).

Im Rahmen des 1996 durchgeführten Projektes Elbe II wurden Fische untersucht, die an 6 Orten der Elbe zwischen Němčice (bei Opatovice) und Hřensko gefangen wurden (Abb. 1). Insgesamt wurden 101 Fische aus 3 Arten untersucht. In diesem Falle richtete sich die Aufmerksamkeit nur auf die Signalarten, und zwar den Blei (*Abramims brama,* L.), den Flußbarsch (*Perca fluviatilis,* L.) und die Barbe (*Barbus barbus,* L.). Im Rahmen des chemischen Monitoring wurde der Gehalt an Gesamtquecksilber und ausgewählten organischen Pollutanten (PCB, DDT und Metaboliten, HCH- und HCB-Isomere) in den Geweben der Fische gemessen. Im Rahmen des Biomonitoring wurden die parenchymantosen Gewebe der Fische histologisch untersucht, ferner wurden die Differenzialzahl an Leukozyten als Indikator der Immunkraft der Fische und das Auftreten von Mikrokernen in den Erythrozyten (MNT) als Anzeiger der Genotoxizität der untersuchten Umgebung ermittelt.

Bei Blei und Flußbarsch zeigten die Ergebnisse der Quecksilberuntersuchung den Ort Němčice als am wenigsten belastet im Vergleich zu den übrigen untersuchten Orten im Abschnitt Valy bis Hřensko, die als stark quecksilberbelastet betrachtet werden können. In Obříství (bei Neratovice) und Děčín wurde ein abnehmender Trend im Quecksilbergehalt verzeichnet. Das Muskelgewebe der Bleie aus Hřensko enthielt jedoch schon einen erhöhten Quecksilbergehalt (Abb. 2). An den stärker belasteten Orten wurde ein wesentlich höherer Gesamtquecksilbergehalt in den inneren Geweben als im Muskelgewebe festgestellt. Daraus folgt die Bedeutung des Vergleichsindexes (Quecksilbergehalt im inneren Organ im Vergleich zum Quecksilbergehalt im Muskelgewebe) als Bioindikator (Svobodová et al. 1996 und 1997) für die einzelnen verglichenen Orte (Abb. 3).

Die Belastung der einzelnen untersuchten Orte an der Elbe wurde ferner nach dem PCB-Gehalt im Muskelgewebe der Fische bestimmt, und zwar konkret nach dem Gehalt von 7 Indikatorkongenern (K-28, K-52, K-101, K-118, K-138, K-153, K-180) und 5 toxischen Kongenern (K-77, K-105, K-126, K-159, K-169). Die Orte von Němčice bis Obříství zeigen bei Blei und Barsch in etwa dieselbe Belastung. Höhere Werte der

Summen an Indikatorkongenern wurden bei Bleien aus Děčín und Hřensko festgestellt. Beim Flußbarsch waren diese Werte jedoch immer niedriger als beim Blei (in einigen Fällen bis zu dreimal). Von den einzelnen Indikatorkongenern überwiegen K-153 und K-138, vor allem bei Bleien aus Němčice, Děčín und Hřensko. Eine höhere Konzentration des Kongeners K-28 wurde bei Valy und Lysá nad Labem festgestellt (Abb. 4). Die Anwesenheit von toxischen Kongenern wurde vor allem bei Bleien und Barben aus Děčín und Hřensko ermittelt.

Die höchsten Gehalte an DDT und seinen Metaboliten im Gewebe von Bleien und Barben wurden in Děčín und Hřensko gemessen. Mittelmäßig belastet sind Lysá nad Labem und Obříství (Neratovice). Nach den oben angeführten Werten ist bei allen analysierten Fischarten die Reihenfolge von DDT und seinen Metaboliten wie folgt: DDE > DDD > DDT (Abb. 5). Die allgemeine Zunahme von DDE-Residuen in der Umwelt wurde so auch bei Fischen aus der Elbe nachgewiesen.

Erhöhte HCB-Werte in den Geweben wurden bei Barben aus Děčín und Bleien aus Děčín und Hřensko gefunden. Erhöhte Werte von HCH-Isomeren wurden bei Fischen aus den untersuchten Orten der Elbe nicht nachgewiesen.

Bei der histopathologischen Untersuchung der Elbfische wurden wesentliche Veränderungen in Leber (Hepatopankreas) und Nieren vor allem bei Fischen aus Děčín und Hřensko gefunden. Charakteristisch war der Fund einer Proliferation der Gallenleiter- und Blutadernwände der Leber mit Auftreten von perivaskularen und pericholangialen Zellreaktionen. An den Leberzellen wurden dystrophische Veränderungen festgestellt, die bis zu einer Nekrose der Hepathozyten führten. Gleichfalls wurde eine auffallende Hyperplasie und Vermehrung der makrophagen Zentren in der Leber ermittelt. Die angeführten histopathologischen Veränderungen entsprechen der Belastung der einzelnen untersuchten Orte mit Pollutanten, vor allem durch persistente organische Verbindungen. Der Orientierungstest der Genotoxizität (MNT) zeigte bei den untersuchten Fischen aus der Elbe keine Veränderungen in der Frequenz des Auftretens von Mikrokernen in den Erythrozyten. In der Differenzialzahl der Leukozyten wurden Veränderungen bei Fischen aus Děčín und Hřensko festgestellt, wo es am meisten „plasmatische Zellen" gab. Das zeugt von einer Verschlechterung des Gesundheitszustandes der Fische.

Die Arbeit zeigte die Notwendigkeit von gleichzeitigen chemischen und biologischen Untersuchungen. Die Ergebnisse beider Untersuchungen hängen eng zusammen. Zur exakten Bestimmung von Tendenzen der Schadstoffbelastung der Fische in der Elbe müssen wiederholte Untersuchungen in einem längeren Zeitraum durchgeführt werden. Die Ergebnisse des Monitoring an der Elbe von 1996 sind mit den Ergebnissen aus den Jahren 1991 - 1993 vergleichbar.

Danksagung: Die vorgestellten Ergebnisse wurden im Rahmen einer Forschungsarbeit gewonnen, die in Zusammenarbeit mit dem Institut für Wasserwirtschaft T. G. Masaryk Prag aus Mitteln der Projekte Elbe I und Elbe II finanziert wurden.

Literatur

Groch, L., Svobodová, Z. (1993) Vysledky histologickopatologického vyšetření parenchymatózních orgánů ryb z různých lokalit řeky Labe a jeho přítoků. In: Máchová, J., Vykusová, B., Svobodová, Z. (Hrsg.) Toxicita a biodegradabilita odpadů a látek vyznamných ve vodním prostředí, VÚRH Vodňany, Aquachemie Ostrava, s. 216–221

Svobodová, Z., Hektmánek, M., Vykusová, B., Dušek, L. (1997) Zhodnocení kontaminace řeky Labe rtutí – ryby (1991–1993). Sborník referátů Mikroelementy 97´, České Budějovice, v tisku

Svobodová, Z., Piačka, V., Vykusová, B., Máchová, J., Hrbková, M. (1995) Problematika hodnocení stavu zatížení vodního prostředí PCB. In: Máchová, J., Vykusová, B., Svobodová, Z. (Hrsg.) Toxicita a biodegradabilita odpadů a látek vyznamných ve vodním prostředí, VÚRH Vodňany, Aquachemie Ostrava, S. 180–190

Svobodová, Z., Vykusová, B., Máchová, J., Bastl, J., Hrbková, M., Svobodník, J. (1993 a) Monitoring cizorodých látek v rybách z řeky Labe v úseku od Ústí nad Labem po Hřensko. Bull. VÚRH Vodňany, 29, č. 3, S. 79–100

Svobodová, Z., Vykusová, B., Piačka, V., Dušek, L., Groch, L., (1996) Zhodnocení kontaminace ryb odlovených z řeky Labe v létech 1991–1993. Sborník referátů ze 7. Magdeburského semináře o ochraně vod, České Budějovice, VÚV TGM Praha, S. 469–499

Svobodová, Z., Vykusová, B., Piačka, V., Máchová, J., Bastl, J Hrbková, M., Svobodník, J. (1993 b): Monitoring cizorodých látek v rybách z řeky Labe v lokalitě Čelákovice. Bull. VÚRH Vodňany, 29, č.2, s. 47–61

Svobodová, Z., Vykusová, B., Piačka, V. Máchová, J., Bastl, J., Hrbková, M., Svobodník, J. (1994) Monitoring cizorodych látek v rybách z řeky Labe v lokalitě Opatovice. Bull. VÚRH Vodňany, 30, č.3, S. 89–105

Vykusová, B., Svobodová, Z., Máchová, J (1993) Obsah toxickych kovů v tkáních ryb odlovených v různých lokalitách řeky Labe. In: MIKROELEMENTY 93´, XXVII. seminář o metodice stanovení a významu stopových prvků v biologickém materiálu (sborník referátů), Praha, S. 12–15

Vykusová, B., Svobodová, Z., Piačka, V., Máchová, J. (1994) Monitoring polutantů v rybách z různých lokalit řeky Labe a jeho přítoků. In: Mikešová, J., Adámek, Z. (Hrsg.). Sborník referátů z ichtyologické konference, Vodňany, VÚRH, S. 156–157

1 – Němčice (bei Opatovice)
2 – Valy (unter Pardubice)
3 – Lysá nad Labem
4 – Obříství (unter Neratovice)
5 – Děčín
6 – Hřensko

Abb.1. Untersuchte Orte der Elbe

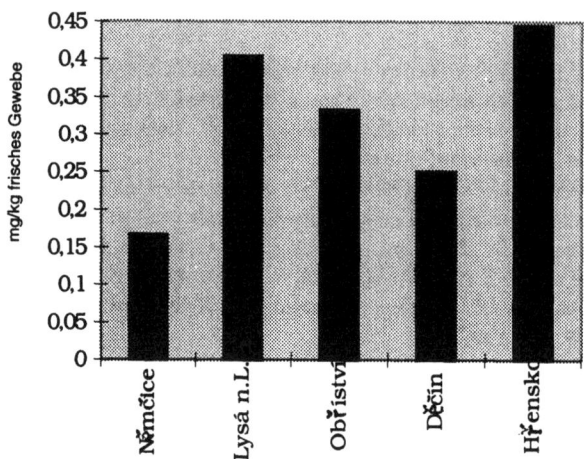

Abb.2 Gehalt an Quecksilber (gesamt) im Muskelgewebe des Blei

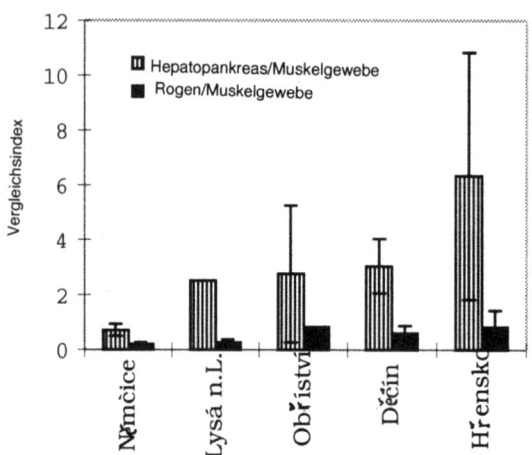

Abb.3. Vergleichsindizes des Quecksilbergehalts beim Blei

Schadstoffbelastung in Organismen/Ökotoxikologie

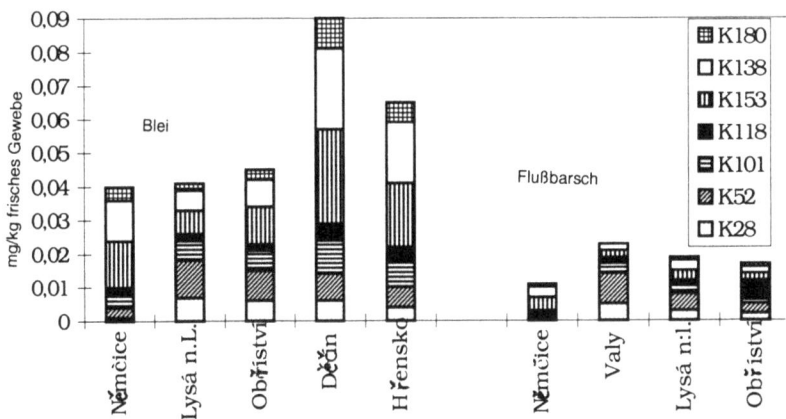

Abb.4. Gehalt an PCB-Indikatorkongenern im Muskelgewebe des Blei und Flußbarsches

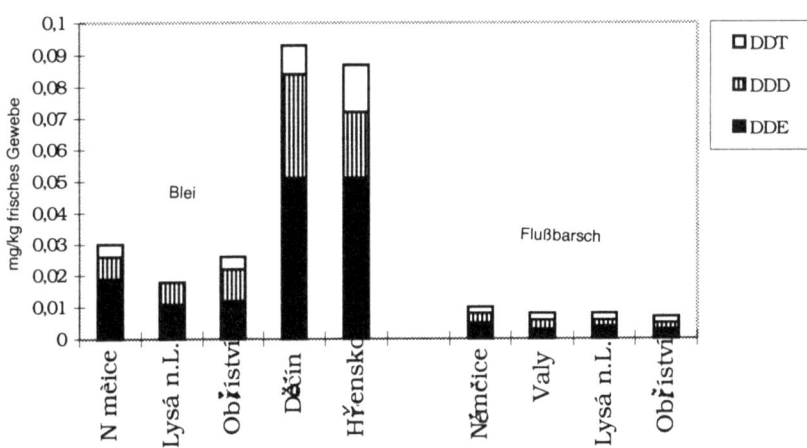

Abb.5. Gehalt an DDT und seinen Metaboliten im Muskelgewebe des Blei und Flußbarsches

Geogene Hintergrund- werte

Anwendung statistischer Verfahren bei der Interpretation von Bachsedimentdaten des Elbeeinzugsgebietes

Annia Greif, Werner Pälchen

1 Einleitung

Das Sächsische Landesamt für Umwelt und Geologie bearbeitet ein Teilprojekt in dem vom BMBF geförderten Verbundvorhaben „Geogene Hintergrundbelastung im Elbeeinzugsgebiet" und wertet umfangreiche Bachsedimentuntersuchungen (Fraktion < 200 µm) in den grundgebirgsgeprägten Einzugsgebieten der Elbenebenflüsse aus (vgl. auch Pälchen und Greif in diesem Band).

2 Datenanalyse

Vor einer Einlagerung der Bachsedimentdaten aus dem dBASE in das GIS ARC/INFO und vor einer kartenmäßigen Darstellung werden die Daten mit dem Statistikpaket SPSS analysiert. Dort erfolgt die Auswertung der Häufigkeitsverteilungen und die Festlegung der Klasseneinteilung für das jeweilige Element und das zu betrachtende Gebiet.
  Je nach dem Ziel der folgenden Kartendarstellung werden die Elementgehalte
- belassen → flächendeckende Rasterdarstellung des Elementgehaltes (Anwendung eines Interpolationsverfahrens, z.B. Kriging)
- mit den geologischen Grenzen verschnitten → flächenbezogene Darstellung des mittleren Elementgehaltes (Median = P50) über geologischen Einheiten
- mit den Gewässereinzugsgebieten verschnitten → flächenbezogene Darstellung des mittleren Elementgehaltes (Median = P50) in ausgewählten Teileinzugsgebieten.

Die Ausgangsdaten sowie die bei Berechnungen im SPSS anfallenden Ergebnisse werden in das GIS ARC/INFO überführt und zusammen mit topographischen bzw. geowissenschaftlichen Informationen dargestellt. Dadurch wird eine schnelle Visualisierung der Ergebnisse möglich.
  Für die anschließende Auswertung und Interpretation der erstellten Karten werden multivariate statistische Verfahren angewendet. Neben der Faktorenanalyse als ein Verfahren zur Datenreduktion und Erkennung von Elementmustern wird verstärkt die Clusteranalyse als ein Verfahren zur Gruppenbildung eingesetzt. Mit Hilfe der Clusteranalyse lassen sich regionale Zusammenhänge zwischen den Gewässereinzugsgebieten aufdecken.

3 Anwendung der Clusteranalyse

Die berechneten mittleren Elementgehalte (P50) in ausgewählten Teileinzugsgebieten des Grundgebirges der ehemaligen DDR und Nordsachsens wurden einer Clusteranalyse unterzogen. Berücksichtigung fanden folgende Parameter bzw. Verfahren:
- Verwendung der logarithmierten Medianwerte der Elemente As, B, Ba, Be, Co, Cu, Cr, Li, Mn, Ni, Pb, Zn und der Parameter elektrische Leitfähigkeit, pH-Wert
- Bestimmung der Anzahl der signifikant unterscheidbaren Cluster mit dem „Elbow"-Kriterium (stärkster Heterogenitätszuwachs der Fehlerquadratsumme)
- Durchführung einer hierarchischen Clusteranalyse unter Anwendung des WARD-Algorithmus (Berechnung der quadrierten euklidischen Distanz), Werte auf Z-Werte standardisiert.

Im Ergebnis der 7-Clusterlösung können die Gewässereinzugsgebiete je nach ihrer Lage über dem geologischen Untergrund relativ gut in Grundgebirgs- bzw. Deckgebirgscluster unterteilt werden. Die Gruppenbildung grenzt grundgebirgsgeprägte Teileinzugsgebiete über metamorphen Einheiten (Cluster 1, 7) deutlich von denen über (sauren) Magmatiten/Vulkaniten (Cluster 6) ab. Die Verbreitung von Mineralisationen und Lagerstätten im Erzgebirge geht nur untergeordnet in das Cluster 1 ein. Milieubedingte Besonderheiten, wie die Versauerung in Waldgebieten im oberen Erzgebirge, werden ebenfalls nur untergeordnet im Cluster 6 sichtbar. Das Cluster 4 vereint kleine Einzugsgebiete der Elbe über verschiedenartigen geologischen Untergründen, vom Rand des Granulitgebirges über die sauren Magmatite des Meißner Massives bis zu den Sedimenten der Kreide. Dieses „Mischcluster", in dem auch einige Teileinzugsgebiete datenmäßig nicht belegt sind, kann auch bei der Verfeinerung der Clusteranalyse nicht getrennt werden.

Tab. 1. Ergebnisse der Clusteranalyse über die mittleren Elementgehalte (P50) in ausgewählten Teileinzugsgebieten des Grundgebirges der ehemaligen DDR und Nordsachsens

Clu.-Nr.	Zuordnung*	Geologische/Petrografische Prägung	charakteristische Gewässereinzugsgebiete
1	GC	präkambrische Gneise des Erzgebirges	Freiberger Mulde
2	DC	pleistozäne Flußterassen in der Lausitz	Lausitzer Neiße, Spree
3	DC	Grundmoränen, Schmelzwasserbildungen in Nordsachsen	Mittell. vereinte Mulde Unterlauf Weiße Elster
4	GC	saure Vulkanite und Magmatite Nord- und Ostsachsens, Sedimente der Kreide	kleine Elbe-Einzugsg. z.B. Lachsb., Ketzerb.
5	GC	Tonschiefer und basische Vulkanite des Thüringisch-Vogtländischen Schiefergebirges, Tonschiefer und Grauwacken des Harzes	Oberlauf Saale (östl.) und Weiße Elster (westl.) Ober-Mittellauf Bode
6	GC	saure Magmatite Westsachsens	Oberl. Zwickauer Mulde
7	GC	kambrische Glimmerschiefer/Phyllite des Westerzgebirges, gesamter Thüringer Wald	Oberlauf Weiße Elster (östliche Zuflüsse) Oberlauf Unstrut, Werra

* GC - Grundgebirgscluster, DC - Deckgebirgscluster

Spurenelementgeochemie von Sedimenten aus Buhnenfeldern der Elbe

Andrea van der Veen, Dieter W. Zachmann, Kurt Friese

1 Probennahme und Analysenmethoden

Sedimente aus Buhnenfeldern des linken und rechten Elbufers bei Breitenhagen (km 287: 4 km oberhalb der Saalemündung) sowie am südlichen Stadtrand von Magdeburg (km 318) wurden auf Spurenelement-Gehalte und vorliegende Mineral-Speziationen untersucht. Aus jedem Buhnenfeld wurden Ende November/Anfang Dezember 1996 fünf Sedimentkerne mit einer Mächtigkeit von 1 m genommen und nach makroskopischen Merkmalen (Farbe, Konsistenz) in oberen und unteren Horizont geteilt. Zu den an den Tonfraktionen der Sedimente durchgeführten Analysenmethoden zählen u.a. Flußsäure-Gesamtaufschluß und sequentielle Extraktion in sechs Schritten nach Jakob et al. (1990). Betrachtet wurden Spurenelemente wie Cadmium, Kobalt, Chrom, Kupfer, Nickel, Blei und Zink.

2 Ergebnisse

Tab. 1 gibt die Schwermetall-Gesamtgehalte der untersuchten Tonfraktionen wieder. Ein relatives Maß für die Belastung der Sedimente mit einzelnen Schwermetallen ist der Index der Geoakkumulation nach Müller (1979). Es zeigt sich, daß insbesondere Cd stark bis übermäßig angereichert ist. Für Cr, Cu, Ni, Pb und Zn ergibt sich eine mäßige bis starke Belastung, während Co praktisch nicht angereichert ist.

Tab.1. Gemittelte Schwermetall-Gesamtgehalte in Buhnenfeldern der Elbe

Cd	Co	Cr	Cu	Ni	Pb	Zn
15 mg/kg	35 mg/kg	305 mg/kg	280 mg/kg	110 mg/kg	430 mg/kg	2185 mg/kg

Für eine Gefährdung von Ökosystemen sind allerdings weniger die Gesamtgehalte entscheidend als vielmehr die Bindungsformen, in denen die toxischen Elemente vorliegen (Abb. 1). Die Bindungsformen wurden nach der sechsstufigen Methode nach Jacob et al. (1990) bestimmt, wobei auf den operationalen Charakter der Bindungen hinzuweisen ist.

In den Tonfraktionen der untersuchten Sedimente sind Spurenelemente zu mehr als 50% in der leicht (3. Schritt) und weniger leicht (4. Schritt) reduzierbaren Form gebunden, wobei der überwiegende Anteil in höher kristallinen Oxiden und Hydroxiden mit Fe, Al und Mn festgelegt ist (4. Schritt). Zuordnungen von Schwermetallgehalten mittels Korrelationsversuchen zu den einzelnen Bindungsformen der Hauptelemente ergibt für den dritten Schritt lediglich für Co die bevorzugte Bindung an bzw. Assoziation mit Mn. Eine Differenzierung der mit Fe bzw. Al (4. Schritt) assoziierten Spurenelemente ist nicht möglich, da die Konzentrationen beider Elemente grundsätzlich miteinander korrelieren. Über die Korrelation mit Fe und Al ist die Bindungung folgender Spurenelemente an Fe- und Al-Oxide belegt: Co, Cr, Cu, Ni, Pb und Zn. Einige Elemente wie z.B. Cu und Pb lassen keine Korrelation erkennen, so daß sie als eigenständige Oxide vorliegen, die ebenfalls im vierten Elutionsschritt freigesetzt werden.

Die residual gebundenen Spurenelemente erreichen einen ähnlich hohen Anteil wie die reduzierbaren Fraktionen. Es handelt sich dabei überwiegend um Silikate, die gegenüber den pH/Eh-Schwankungen der sequentiellen Extraktion und somit auch im Sediment als stabil zu bezeichnen sind. Von geringerem Ausmaß sind die übrigen Bindungsformgruppen, d.h. adsorptive, karbonatische und organisch/sulfidische Phase.

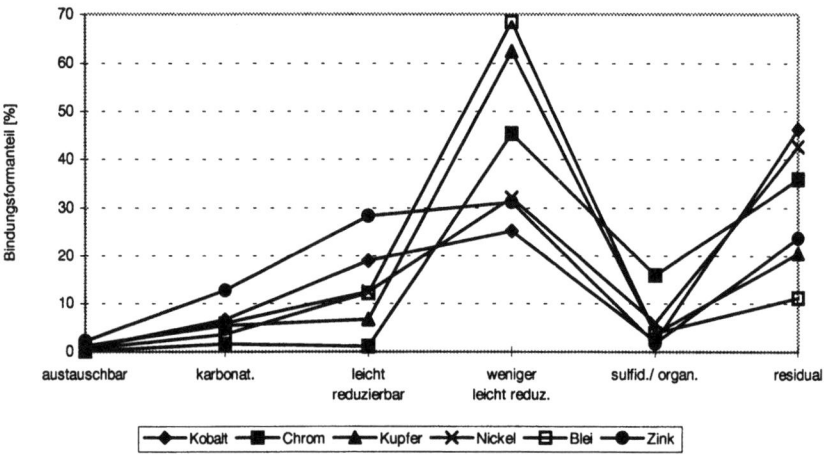

Abb.1. Freisetzung von Schwermetallen während der sequentiellen Extraktio

3 Zusammenfassung

Abschließend läßt sich feststellen, daß die Sedimente aufgrund der vorliegenden Bindungsformverteilung unter oxidierenden Bedingungen eine relativ geringe Gefährdung für das Ökosystem Elbe bilden. Durch den Wechsel zwischen oxidierenden und reduzierenden Bedingungen können größere Mengen an toxischen Elementen freigesetzt werden. Durch die insbesondere in der oxidischen Phase (4. Schritt) festgelegten Schwermetalle ergibt sich ein hohes Schadstoffpotential für die Elbe.

Literatur

Jakob, G., Dunemann, L., Zachmann, D., Brasser, T. (1990) Untersuchungen zur Bindungsform von Schwermetallen in ausgewählten Abfällen. Abf. Wirtsch. J. 2, 7/8, 451-457.

Müller, G. (1979). Schwermetalle in den Sedimenten des Rheins - Veränderungen seit 1971. Geologische Umschau, 24, 778-783.

van der Veen, A. (1997) Schwermetallspeziationen in Sedimenten der Elbe bei Magdeburg. Dipl.-Arb. TU Braunschweig Inst. f. Geowissenschaften: unveröffentlicht

Aktuelle Metallbelastung und geogener Hintergrund im Flußsediment der Weißen Elster

Lutz Zerling, Christiane Hanisch, Ansgar Müller, Antje Mroczek, Annette Walther

Das vom BMBF geförderte Verbundprojekt „Geogene Hintergrundgehalte im Elbeeinzugsgebiet" zielt u.a. auf die Gewinnung von Orientierungswerten zur künftig besseren Planung von Sanierungsmaßnahmen und Beurteilung von Sanierungserfolgen.

Die königswasserlöslichen Schwermetallgehalte des durchlüfteten, anthropogen unbelasteten und pedogen kaum überprägten M-Horizontes von Auenlehmen der Fraktion < 20 µm sollen u.a. als Kriterien für die Einstufung aktueller Sediment- (Schlamm)-Belastungen der Flüsse unter Berücksichtigung der geochemischen Rayonierung herangezogen werden (vgl. Vortrag von A. Müller et al.)

Die Gegenüberstellung von Ergebnissen einer langjährigen Meßreihe zur Entwicklung der Metallgehalte im schwebstoffbürtigen Sediment der Weißen Elster vor ihrer Mündung zu den lokal gültigen geogenen Hintergrundgehalten (Abb. 1) zeigt:

1. Maßnahmen zur Reduzierung der Schadstoffbelastung im Einzugsgebiet, wie Neubau und Erweiterung von Kläranlagen, Produktionsumstellungen und Stillegungen, lassen sich in ihrer positiven Wirkung an einer allgemein geringeren Sedimentbelastung 1997 gegenüber 1992 erkennen. Mit einem Rückgang der organischen Belastung (Glühverlust: auf 73% gegenüber 1992) gehen auch Kupfer (auf 76%), Blei (auf 77%), Chrom (auf 58%) und Cadmium (auf 59%) zurück. Andere, weniger durch

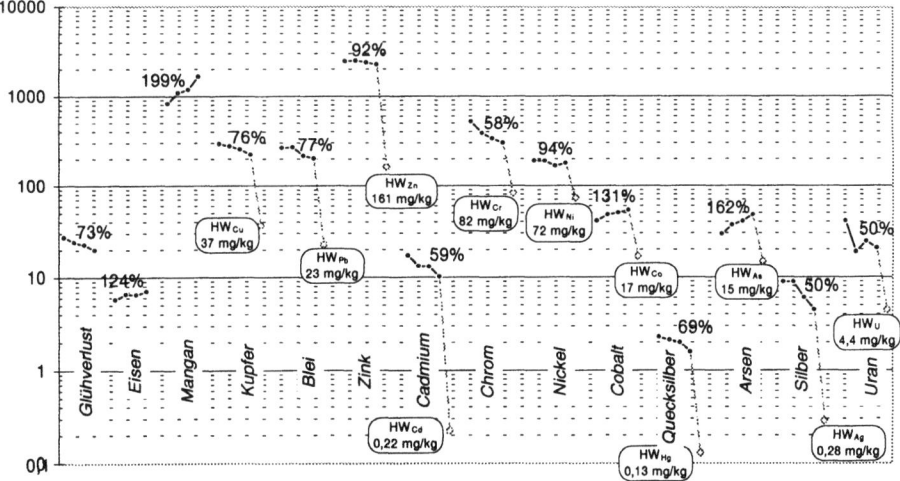

Abb.1. Entwicklung der Metallgehalte [mg/kg; KW; < 20 µm] im schwebstoffbürtigen Sediment der Weißen Elster vor Mündung 1992 bis 1997 (Gehalte 1997 in % von 1992); HW – geogener Hintergrundwert

anthropogene Nutzung angereicherte als geogen zugeführte Elemente zeigen eine gegenläufige Tendenz (Cobalt: auf 131%; Arsen: auf 162 %).
2. Die Sedimentgehalte besonders der technophilen Elemente betragen trotz der teilweise erheblichen Reduzierung bis 1997 noch ein mehrfaches des anzusetzenden regionalen Hintergrundwertes, so z.B. bei Cadmium das 45fache oder bei Silber das 16fache des Hintergrundwertes.
3. In der starken, z.T. noch vorhandenen Belastung zeigt sich das erhebliche Nachlieferungspotential des Einzugsgebietes sowohl aus noch wirksamen punktuellen Einleitern und diffusen Quellen als auch durch Remobilisierung und Umlagerung der über Jahrzehnte abgelagerten, kontaminierten Schlammassen.

Aus früheren Untersuchungen (Müller et al. 1998) ergibt sich eine im gesamten Flußlauf der Weißen Elster einschließlich der Staueinrichtungen abgelagerte Gesamtmasse von 1.370.000 t kontaminierter Flußschlämme (Trockenmasse). Für ausgewählte Elemente heißt das (s. Tab. 1):

Tab.1. Kontaminierte Flußschlämme im Flußlauf der Weißen Elster

	Cd	Zn	Pb	Cu	Cr	Ni	Co	Hg	Ag
Metallmasse in t	15,5	2.200	220	270	580	180	36	1,4	7
Anzahl Jahresfrachten	37	22	28	21	45	10	12	14	31

Wenn auch nur rein mathematisch auf der Basis der jährlich partikulär und gelöst ausgetragenen Matallfrachten berechnet, veranschaulicht die Anzahl der Jahresfrachten, mit welch erheblichem Nachlieferungspotential noch zu rechnen ist.

Weitere Untersuchungen zur Frage der Verlagerung und des Austrags noch vorhandener kontaminierter Flußschlämme sind für eine Prognostizierung der langfristigen Verbesserung der Gewässerqualität notwendig.

Literatur

Müller, A., Hanisch, C., Zerling, L., Lohse, M., Walther, A. (1998) Schwermetalle im Gewässersystem der Weißen Elster. Abh. Sächs. Akad. Wiss. Leipzig 58, H. 6

Nährstoff-
belastung,
Gewässergüte,
Plankton

Mikrobieller Abbau organischer Nährstoffe in der Elbe

Gerald Bormki, Bernhard Karrasch, Helmut Guhr

Die Elbe ist ein Fluß mit einer hohen organischer Belastung, die anthropogenen und natürlichen Ursprungs ist. Der mikrobielle Abbau höhermolekularer, organischer Verbindungen trägt entscheidend zu einer Belastungsreduzierung bei (Vorstufe des biologischen Selbstreinigungsprozesses). Organische Substanzen liegen im Gewässer oft als Polymere vor. Mit Hilfe von Exoenzymen, die Bakterien in das Wasser abgeben, werden diese Verbindungen zu Oligo- oder Monomeren hydrolysiert. Daneben existieren zellwandgebundene Enzyme (Ektoenzyme) mit gleicher Funktion. Die räumliche und zeitliche Dynamik einer organischen Belastung im Gewässer kann durch die Ermittlung mikrobieller Abbauraten (EEA) charakterisiert werden.

Die Bestimmung der EEA erfolgte mittels Fluoreszenztracer-markierter Substratanaloga (4-Methylumbelliferyl-αD-Glucose, 4-Methylumbelliferyl-βD-Glucose, 4-Methylumbelliferyl-Phosphat, 7-Amino-4-Methylcoumarin-L-Leucin) und fluorimetrischer Detektierung.

Wöchentliche Messungen in der Vegetationsperiode 1996 bei Magdeburg zeigten eine ausgeprägte Variabilität in den Enzymaktivitäten (α-, β- Glucosidase, Phosphatase und L-Leucin-Aminopeptidase). Dabei traten Maxima Anfang Juni und Anfang August auf (Glucosidase- und Phosphataseaktivität: 2-10 µg C l^{-1} h^{-1} ; L-Leucin-Aminopeptidaseaktivität: ca. 200 µg C l^{-1} h^{-1}), die einher gingen mit einer hohen Phytoplankton-Biomasse (100-120 µg Chl a l^{-1}) und hohen POC - Konzentrationen (6 mg l^{-1}). Dabei lag die maximale Proteinabbaurate im allgemeinen um das 30 - 100 fache über der maximalen Abbaurate von Kohlenhydraten. Die geringsten Abbauraten wurden zu Beginn und am Ende der Vegetationsperiode gemessen.

Die ermittelten Ergebnisse von extrazellulären Enzymaktivitäten bei 24h- Messungen (Probenahme alle 3 h) in Schmilka, Magdeburg und Lauenburg (Beprobung September 1997) ließen eine hohe Dynamik in den maximalen Abbauraten von Kohlenhydraten, Proteinen und organischen P - Verbindungen erkennen. Jedoch zeigten sich Zusammenhänge zwischen der Glucosidaseaktivität und der Konzentration an gesamtgelösten Kohlenhydraten sowie der L-Leucin-Aminopeptidaseaktivität und der Konzentration an gelösten, freien Aminosäuren. In diesen Untersuchungen konnte eine Dominanz freier extrazellulärer Enzyme im Vergleich zur Gesamtenzymaktivität (prozentualer Anteil: 37-58%) mittels Partikelgrößenfraktionierung herausgestellt werden (Abb.1). Unterschiede in der mikrobiellen Besiedlung von Schwebstoffaggregaten äußerten sich in einer Varianz der Anteile enzymatischer Aktivitäten von selektiven Schwebstoffgrößenklassen (Partikeldurchmesser >0,2 bis <2 µm, >2 bis <10 µm, >10 bis <20 µm und >20 µm) an der Gesamtenzymaktivität.

Sowohl die saisonalen als auch die diurnalen Untersuchungen ließen erkennen, daß der biologische Selbstreinigungsprozeß, der vor allem in den Sommermonaten durch eine hohe mikrobielle Aktivität gekennzeichnet ist, in der Elbe hauptsächlich in der gelösten

dem organischen C- Gehalt und der mikrobiellen Aktivität zeigten in der Elbe, daß die Bestimmung der EEA methodisch zur Charakterisierung von Belastungszuständen geeignet ist.

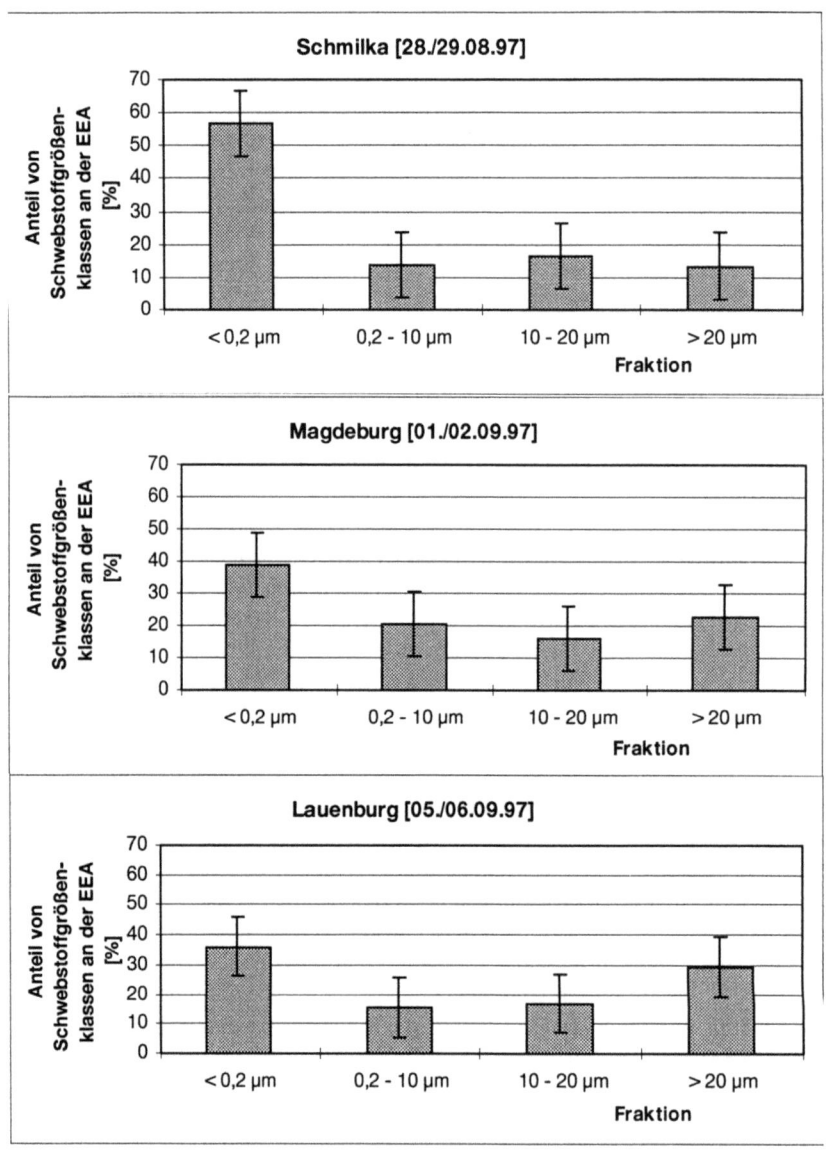

Abb.1: Prozentualer Anteil ausgewählter Schwebstoffgrößenklassen an der exoenzymatischen Aktivität bei diurnalen Meßkampagnen während der Elbe- Längsbeprobung im Sommer 1997

Gütemodellrechnung zum Sauerstoffhaushalt der tschechischen und der deutschen Elbe mit Hilfe des Programms QSIM

Peter Fischer, Regina Eidner, Maria Kalinová, Dieter Müller, Jakub Langhammer

1 Zielstellung

Durch den fortschreitenden Neu- und Ausbau der Abwasserreinigungsanlagen wird der Einfluß von toxischen Verbindungen auf das Ökosystem reduziert. Da Phosphor und Stickstoff aus punkt- und linienförmigen Quellen weiterhin in großen Mengen eingetragen werden, kann dies zu einer Erhöhung der Sekundärverschmutzung führen. Das Phytoplanktonwachstum wird im tschechischen Teil durch die vorhandenen Staustufen in der Elbe gefördert (Trejtnar 1993). Die ganzheitliche Betrachtung großer Teile der weitgehend stauregelten tschechischen Elbe sowie der freifließenden deutschen Elbe soll die Wechselwirkungen zwischen Biozönosen und Wasserbeschaffenheit aufzeigen und letztlich Aussagen zum Nährstoffeintrag in die Nordsee ermöglichen. Teilziele des zu erstellenden einheitlichen Modells sind
– das Erkennen von Algendynamiken im Längsschnitt und in ihrer zeitlichen Entwicklung,
– Prognosen der Auswirkung des erhöhten „Algenstartgehalts" an der tschechisch/deutschen Grenze auf den Stoffhaushalt im deutschen Elbeabschnitt.

2 Hydraulisches Modell

Für den tschechischen Teil der Elbe wurde von Němčice bis Hřensko ein hydraulisches Modell auf der Basis des Fließgewässergütemodells QSIM erstellt. Aus folgenden Gründen wurde Němčice (km 252,6) als Startprofil gewählt:
– Die Modelleingangsgrößen sind verfügbar,
– die wichtigsten Abschnitte für Gütemodellaussagen liegen flußabwärts,
– der oberhalb Němčice liegende Abschnitt mit dem hier abzweigenden Opatovický-Kanal ist derzeit nich adäquat zu beschreiben.
Das Startprofil befindet sich in einem noch nicht durch Staustufen beeinflußten Abschnitt, jedoch gelangt der Fluß an der Mündung der Loučna (km 244,17) bald in den Rückstau des Wehres Pardubice. Abb. 1 gibt einen Längsschnitt der Wasserspiegellagen für die Abflußsituation im August 1996 wider und läßt die Wirkung der Staustufen auf die Fließgeschwindigkeit erkennen.
   Dieser Monat repräsentiert eine sommerliche Niedrigwassersituation, welche für die Analyse der Belastungssituation am interessantesten ist. Für das gesamte Simulationsgebiet wurde eine Fließzeit von 13,5 Tagen berechnet. Damit liegt sie wesentlich über der Fließzeit unter Verwendung des langjährigen MQ (1931-1990) von 7,3 Tagen.

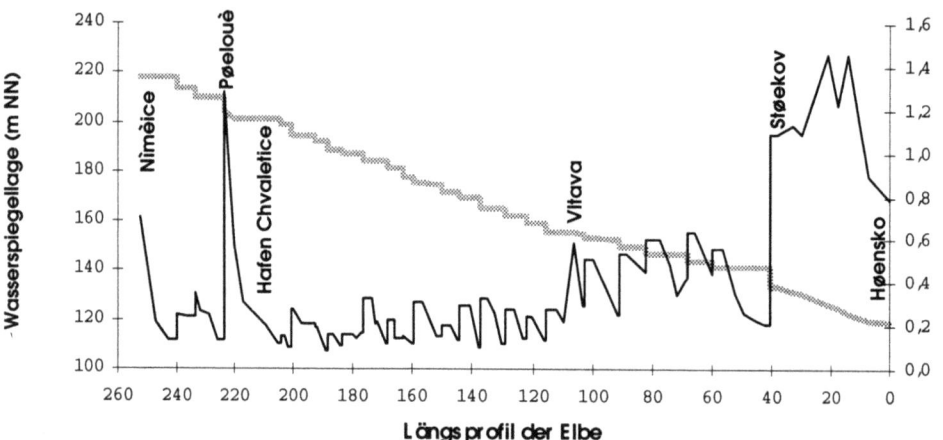

Abb.1. Wasserspiegellagen und Fließgeschwindigkeiten im tschechischen Elbeabschnitt von Němčice bis Hřensko

3 Ausblick

Basierend auf dem hydraulischen Modell wird der Stoffhaushalt der Elbe unter besonderer Berücksichtigung des Sauerstoffs und des Phytoplanktons für den Zustand vom August 1996 und verschiedene Einleitungsvarianten berechnet. Zusätzlich wird eine Langzeitsimulation der Gewässergüte über das gesamte Jahr 1996 den Einblick in noch nicht erforschte Wirkungsmechanismen gewähren. Während seiner nunmehr 18jährigen Anwendung wurden Abweichungen zwischen Messung und Simulation unter Verzicht auf eine formale Kalibrierung im deterministischen Sinne ausgewertet und das Modell durch neue bzw. weiterentwickelte Algorithmen ergänzt (Schöl et al. 1997). Aus diesem Grund ist das Modell besonders gut geeignet, den Einfluß toxischer Verbindungen des Abwassers auf das Phytoplankton zu verfolgen, wie er auch durch Desortová (1993) beschrieben wurde.

Literatur

Desortová, B. (1993) Distribuce fytoplanktonu podél toku Labe ve vztahu ke koncentraci živin (Verteilung des Phytoplanktons entlang des Laufs der Elbe im Bezug zur Nährstoffkonzentration. VÚV T.G.M. Praha, 4 u. 16 S.

Schöl, A., Bergfeld, T., Kirchesch, V., Müller, D. (1997) IKSMS-Project: Oxygen budget and biological processes in the regulated rivers Mosel and Saar, Final report 1997 - Bundesanstalt für Gewässerkunde, BfG - 1091, Textband 78 S. + Annex-Band 167 S.

Trejtnar, K. (1993) Vliv provozu na tocích a řízení vodohospodářských soustav na jakost vody (Einfluß des Verkehrs auf Flüssen und der Führung des wasserwirtschaftlichen Systems auf die Gewässergüte). Povodí Labe a.s. Hradec Králové, 132 S.

Darstellungsmöglichkeiten für Gewässergütedaten

Michael Hilden, Martin Keller

1 Einleitung

Zur Überwachung der Qualität der Fließgewässer werden Meßprogramme betrieben. Hier werden in regelmäßigen Zeitabständen Wasser- und Schwebstoffproben auf zahlreiche Schadstoffe (Eutrophierende Stoffe, Schwermetalle, organische Mikroverunreinigungen uvm.) untersucht. Diese Meßprogramme sind z.T. mit hohem finanziellem, technischem und personellem Aufwand verbunden. Daraus resultiert die Pflicht und Verantwortung, die Ergebnisse der Meßprogramme geeignet auszuwerten und darzustellen.

Ziel ist es, eine Darstellungsform für Gewässergütedaten zu entwickeln, welche einen geeigneten Kompromiß zwischen der Einfachheit und Übersichtlichkeit der Darstellung auf der einen Seite und einem hohen Informationsgehalt auf der anderen Seite bildet.

2 Datengrundlage

Für viele Kenngrößen (z.B. Ammonium-Stickstoff (NH_4-N)) ergeben sich in den Meßprogrammen sehr dynamische Meßreihen mit z.T. deutlich ausgeprägten Jahresgängen. Es ist üblich, aus diesen Daten einige Hauptwerte zu aggregieren, die für weitere Analysen als charakteristisch für das Meßjahr herangezogen werden können. Dazu zählen neben den Standardwerten Minimum, Mittelwert und Maximum auch einige Perzentilwerte (z.B. 50-Perzentil oder 90-Perzentil). Perzentilwerte sind statistische Größen, die sich aus der jährlichen Verteilung der Werte ergeben. So ist z.B. das 90-Perzentil der Wert, der zu 90% der Zeit unterschritten bleibt. Er ist kein gemessener Wert, sondern wird aus den Meßwerten geschätzt.

Aus einer Analyse der zeitlichen Variabilität solcher Hauptwerte lassen sich Aussagen zur Entwicklung der Wasserbeschaffenheit ableiten. Zusätzlich zum Erkennen solcher Entwicklungen der Wasserbeschaffenheit ist eine Beurteilung der gemessenen Werte wünschenswert. Damit kann man bewerten, ob sich bei einer Verbesserung der Zustand von gut auf sehr gut, oder von schwer belastet auf mäßig belastet entwickelt hat. Hier ist eine Klassifizierung erforderlich, die eine Einordnung von Konzentrationswerten chemischer Kenngrößen in Güteklassen und somit eine Bewertung erlaubt.

3 Güteklassifizierung für chemische Kenngrößen

Die Länder-Arbeitsgemeinschaft Wasser (LAWA) hat eine solche Güteklassifizierung für insgesamt 28 chemische Kenngrößen entwickelt. Dabei handelt es sich um ein System von sieben Güteklassen analog zum bekannten Saprobiensystem der biologischen Gewässergüte mit den entsprechenden Signalfarben. Basis dieses kenngrößenspezifischen Systems ist die Zielvorgabe (ZV), ein Konzentrationswert, der beispielsweise zum

Schutze der aquatischen Lebensgemeinschaften anzustreben ist. Diese ZV bildet die Grenze zur Güteklasse II und aus ihr werden die weiteren Grenzen abgeleitet. Diese ergeben sich in der Regel durch Multiplikation bzw. Division der ZV mit dem Faktor 2.

4 Darstellungsmöglichkeiten

Damit ist es möglich, ermittelte Konzentrationswerte in ein bewertendes System von Güteklassen einzuordnen und die entsprechenden Signalfarben für aussagekräftige Darstellungen zu nutzen. Die LAWA hat für eine Vielzahl von Kenngrößen beschlossen, den 90-Perzentilwert als relevanten Wert eines Meßjahres heranzuziehen. Die Farbe der entsprechenden Güteklasse charakterisiert somit die kenngrößenspezifische Gewässergüte des Meßjahres. Somit wird das Ergebnis des Jahresmeßprogrammes als Farbpunkt oder als Farbkästchen dargestellt. Für mehrere Jahre ergibt sich dann eine ganze Reihe von Farbkästchen, die die Entwicklung der 90-Perzentilwerte darstellen. Die Farbkästchen können in einer Karte an den Positionen der jeweiligen Meßstellen eingefügt werden und einen schnellen Überblick über zeitliche und räumliche Variabilitäten geben.

Diese Darstellung ist sehr übersichtlich und insbesondere bei Kenngrößen mit großen zeitlichen und räumlichen Variabilitäten sehr aussagekräftig. Dafür wird jedoch der Informationsgehalt erheblich reduziert und das ganze Jahresmeßprogramm auf eine einzige Farbinformation zusammengestrichen.

Eine Alternative hierzu bietet ein Visualisierungskonzept, welches einen geeigneten Kompromiß zwischen der Einfachheit und Übersichtlichkeit der Darstellung auf der einen Seite und einem hohen Informationsgehalt auf der anderen Seite darstellt.

Anstatt das ganze Meßjahr nur mit einem einzigen Wert (oder nur einer einzigen Farbe) zu beschreiben, sollte sowohl ein mittlerer Zustand als auch die Dynamik des Meßjahres wiedergegeben werden. Dazu bieten sich beispielsweise der Mittelwert und die Spanne von Minimum zum 90-Perzentilwert an. Die Entwicklung des Mittelwertes wird in einem Diagramm als schwarze Treppenkurve dargestellt. Die die Güteklassen repräsentierenden Farben im Hintergrund des Diagramms erlauben eine Einordnung in die entsprechende Güteklasse. Außerdem beschreibt die dargestellte Farbfläche die Dynamik und stellt die Spannweite von Minimum bis zum 90-Perzentilwert dar. Die Skalierung der Achse kann derart abschnittsweise linear gewählt, daß alle Güteklassen gleich breit sind (Hilden und Keller 1997).

In solchen Diagrammen können die Entwicklungen von Mittelwert und Minimum und 90-Perzentil (Spanne als Dynamik des Meßjahres) über mehrere Jahre in farbigen Darstellungen verdeutlicht werden. Analog zu den Darstellungen der LAWA können diese Diagramme in einer Trägerkarte an den entsprechenden Positionen der Meßstellen eingefügt werden (Kartodiagramm). Die LAWA-Darstellung des 90-Perzentils ist darin enthalten und durch die Folge der Farben am oberen Randes gegeben.

Literatur

Hilden M., Keller M. (1997) Kartographische Darstellungsmöglichkeiten für Gewässergütedaten. DGM 41, H.4, 170-173

Trends der Wassergüte und Entwicklung der Stoffströme in den Abschlußprofilen der Haupteinzugsgebiete der tschechischen Elbe

Marie Kalinová

1 Einleitung

Ein langfristiges Problem des Gewässerschutzes ist die Reduzierung der „klassischen" Gewässerbelastung. Der Einfluß des Kläranlagenbaus macht sich in der globalen Bewertung der Wassergüte nur allmählich bemerkbar. Gleichzeitig spiegeln die Änderungen der Wassergüte die Folgen der gesellschaftlichen Entwicklung sowie die natürlichen Einflüsse, in diesem Zusammenhang insbesondere das unterschiedliche Flutungsvolumen der einzelnen Jahre wider. Demzufolge ist es häufig sehr schwierig, die Entwicklung der Wasserbeschaffenheit ganz eindeutig zu bewerten.

2 Berechnungsdaten und -methode

Das grundlegende, vom Tschechischen Hydrometeorologischen Institut verwaltete Netz, in dessen Rahmen die Wassergüte ermittelt wird, verfügt über langfristige Angaben über die Wasserbeschaffenheit. Diese Angaben machen es möglich, die Entwicklung der Wassergüte anhand von Trends zu beschreiben. Bei der Berechnung der Trends wurde von der bilogaritmischen der Konzentrationsabhängigkeit von der Zeit sowie von den Angaben aus den letzten 10 Jahren ausgegangen.

$\log C = B_0 + B_1 \log t + B_2 . \log Q$
C = Jahresdurchschnittskonzentration
Q = Jahresdurchschnittsabfluß (errechnet anhand der Meßtage)
t = Jahre
B_0, B_1, B_2 = Regressionskoeffiziente

Aufgrund dieser Berechnungsergebnisse wurde die Zeitkomponente der Trends, welche die Bedeutung der Trends dokumentiert, in den Karten des tschechischen Abschnitts des Elbeinzugsgebietes graphisch dargestellt.

Bei der Bewertung der Änderungen ist es notwendig, sich außerhalb der langfristigen Konzentrationsentwicklung, die durch die Trends beschrieben ist, auch mit der Entwicklung der Stoffabflüsse in den Abschlußprofilen der Haupteinzugsgebiete zu befassen. Bei dem Stoffabfluß kommt es zu großen Veränderungen, falls der erhöhte Abfluß große Mengen an Belastung aus diffusen Quellen mit trägt. Die Komponente des Stoffabflusses aus Punktquellen ist stabil, falls sich die, aus den Punktquellen eingeleitete Belastung nicht ändert. Um die Stoffabflüsse aus den einzelnen Jahren miteinander vergleichen zu können, kann der unterschiedliche Einfluß der diffusen Belastungsquellen in den einzelnen Jahren mit Hilfe der Umrechnung (Korrektur) auf den gleichen Abfluß in allen Jahren mit der nachfolgenden Gleichung umgerechnet werden:

$\log LO = B_0 + B_1 \log Q$
LO = Tagesstoffabfluß
B_0, B_1 = Regressionskoeffiziente

Durch den Vergleich der beiden Typen des Stoffabflusses, das heißt des tatsächlichen und des korrigierten, kann man zu einer präziseren Bewertung der Stoffabflußänderungen gelangen.

3 Ergebnisse und Diskussion

Bei der Kennziffer BSB_5 ist eine steigende Tendenz nur in einigen Profilen des tschechischen Elbeinzugsgebiets ermittelt worden. Sinkende Trends der Kennziffer BSB_5 wurden insbesondere an der Eger, der Elbe sowie deren Nebenflüssen oberhalb des Zusammenflusses mit der Moldau ermittelt.

Ein steigender Trend bei der Kennziffer $CHSB_{Cr}$ und beim Phosphorgehalt wurde im Elbeinzugsgebiet nur ausnahmsweise festgehalten. Ein bedeutender Teil der bewerteten Profile weist zurückgehende Trends hinsichtlich des Phosphatgehalts, und zwar insbesondere im Elbeinzugsgebiet oberhalb des Zusammenflusses mit der Moldau sowie im Egereinzugsgebiet aus.

Der Trend des NOX-Gehalts ist in den bewerteten Profilen vorwiegend ohne Bedeutung, stark zurückgegangen ist jedoch der Gehalt an Ammoniakstickstoff. Sinkende Trends des Stickstoffgehalts sind im gesamten Bereich des Elbeinzugsgebietes verzeichnet worden.

Im Profil Vltava - Zelčín sank der Stoffabfluß des aus Prag stammenden Phosphats, die diffuse Quellen erhöhten in den Jahren 1995 - 96 den Stoffabfluß des Phosphats ebenso wie den Abfluß von NOX, BSB_5 und $CHSB_{Cr}$. Unterhalb von Český Krumlov (Böhmisch Krummau) ist seit dem Jahre 1991, als die Kläranlage (odparka) im Papierwerk in Větřní in Betrieb genommen wurde, ein markanter Rückgang der Konzentrationen der organischen Belastung in der Kennziffer $CHSB_{Cr}$ zu verzeichnen. Im Abschnitt unterhalb von Prag hat sich nach dem Jahre 1993 die Reduzierung des Phosphatstoffabflusses aus der Stadt bemerkbar gemacht, der gesamte Stoffabfluß ist infolge des höheren Abflusses sowie der Auswirkungen der diffusen Belastung in den Jahren 1995 - 96 angestiegen.

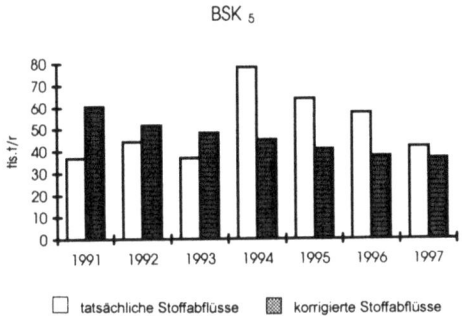

Abb.1. Entwicklung der Stoffabflüsse im Profil Elbe-Děčín

Im Profil Elbe-Děčín ist der Stoffabfluß des Ammoniakstickstoffes infolge der Emissionsreduzierung aus den Industriebetrieben an der Elbe gesunken, der Stoffabfluß $CHCB_{Cr}$ ist in den Jahren 1995 - 96 in Verbindung mit einem höheren Abfluß gestiegen. Es waren die diffusen Quellen, die den größeren Abfluß dieser Belastung verursachten. Die Sauerstoffverhältnisse in der Elbe verbessern sich, die abbaubare organische Belastung (Abb. 1) aus den Punktquellen ist zurückgegangen, was insbesondere der Inbetriebnahme der Kläranlage Pardubice sowie der Regulierung der Emissionen aus der Spirituosenbrennerei in Kolín zu verdanken ist.

4 Schlußbetrachtung

Die Trends der Kennziffern, die die Wassergüte dokumentieren, haben im letzten Jahrzehnt häufig einen Charakter, der die kontinuierliche Verbesserung der Wasserbeschaffenheit nachweist. Die Entwicklung der Stoffabflüsse in den Abschlußprofilen der Haupteinzugsgebiete zeigt, daß die Wasserbelastung aus Punktquellen in den letzten Jahren zurückgegangen ist, wobei der tatsächliche Stoffabfluß im Zusammenhang mit einem höheren Abfluß oft ansteigt, was auf den erhöhten Abtrag aus diffusen Belastungsquellen zurückzuführen ist.

Literatur

Kalinová, M. (1997) Hodnocení zmìn jakosti vody v tocích, Zpráva pro přejímací řízení úkolu 452/220, listopad

Nesměrák, I. (1978) Hodnocení a modelování jakosti vody v tocích v pevném kontrolním profilu, publikace MLVH ČR

Phytoplanktonentwicklung in der Elbe zwischen Schmilka und Hamburg am Beispiel des Jahres 1997

Lutz Küchler, Klaus Roch, Birgit Kormann, Uwe Raschewski

Im Rahmen des IKSE/ARGE Elbe-Meßprogramms werden vierwöchentlich (13x/a) an den Meßstellen Schmilka, Zehren, Dommitzsch, Magdeburg, Schnackenburg, Hamburg-Zollenspieker, Hamburg-Seemanshöft und Grauerort die biologischen Kenngrößen Chlorophyll/Phaeopigment sowie die Phytoplanktonzellzahl in systematischen Gruppen bestimmt. Eine möglichst weitgehende Artbestimmung erfolgt zweimal jährlich während des Frühjahrs- und Herbstaspektes.

Die höchsten Phytoplanktonzellzahlen treten in der tidefreien Mittelelbe auf. Die Spitzenwerte bei Magdeburg sind auf die Dominanz der Kieselalgen (18. Woche) bzw. auf hohe Zellzahlen von Kieselalgen und Grünalgen (34. Woche) zurückzuführen (Abb. 1. u.2.).

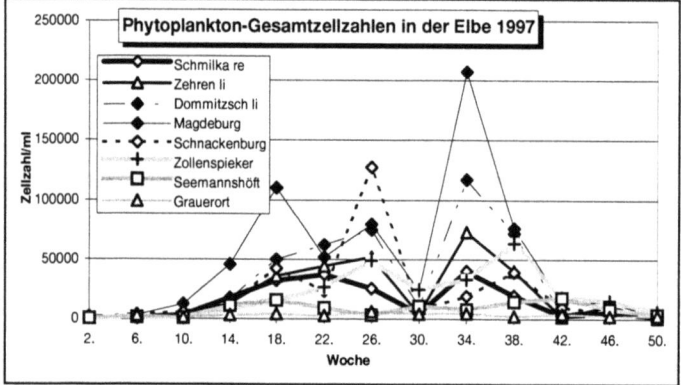

Abb.1. Phytoplankton-Gesamtzellzahlen an verschiedenen Meßpunkten in der Elbe 1997

Sowohl die Anzahl der Zellen als auch die Dominanz einzelner Gruppen erfährt im Elbelängsverlauf große Veränderungen. In der Tideelbe unterhalb des Wehres Geesthacht (Meßstellen Zollenspieker, Seemannshöft, Grauerort) in Richtung Nordsee ist ein drastischer Rückgang der Zellzahlen zu verzeichnen (Abb.1 u. 2).

Die Elbe zählt eindeutig zu den planktondominierten Fließgewässern, wobei der Chlorophyll-a-Gehalt im Elbe-Längsverlauf von Werten zwischen 2 - 70 µg/l bei Schmilka (Strom-km 3,9) auf 4 - 212 µg/l bei Zollenspieker (Strom-km 598,7) ansteigt. Die Jahresgänge von Chlorphyll a und Phaeopigment bei Schmilka und Magdeburg zeigen wie auch an anderen Meßstellen zwei Spitzen während des Sommerhalbjahres (Abb. 3.).

Das Massenauftreten von Kieselalgen mit zwei ausgeprägten Spitzen im jahreszeitlichen Verlauf wird begünstigt durch die hohen Silikatgehalte in der Elbe. Während dieser „Kieselalgenspitzen" weisen die Gehalte an gelöstem Silikat durch Festlegung in den Kieselalgenschalen ausgeprägte Tiefstwerte auf. Die „Kieselalgenblüten" in der Mittelelbe prägen den Silikathaushalt im weiteren Elbeverlauf (Abb. 4).

Nährstoffbelastung, Gewässergüte, Plankton

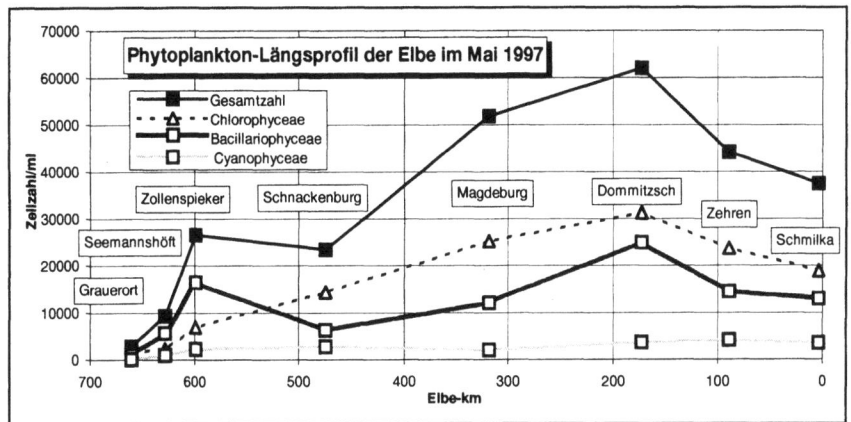

Abb.2. Längsprofil der Phytplankton-Zellzahlen in der Elbe von Schmilka bis Grauerort im Mai 1997

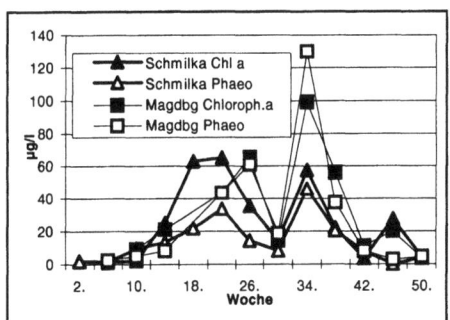

Abb.3. Jahresgänge 1997 der Chlorophyll a- und Phaeopigmentkonzentrationen an den Meßstellen Schmilka (Strom-km 3,9) und Magdeburg (Strom-km 318,1)

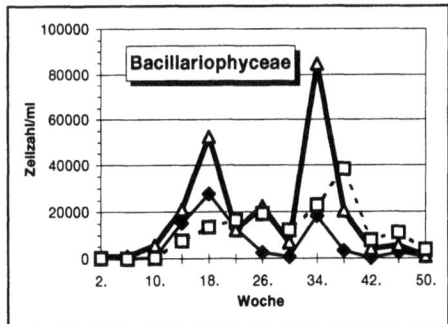 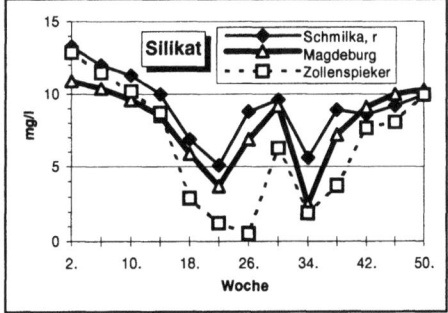

Abb.4. Jahresgänge 1997 der Bacillariaceae-Zellzahlen und der Silikatkonzentration an den Meßstellen Schmilka (Strom-km 3,9), Magdeburg (Strom-km 318,1) und Zollenspieker (Strom-km 587,9)

Einfluß des Baus der Kläranlage Jirkov auf den Fluß Bílina

Hana Kutlvašrová, M. Miškovská

1 Einleitung

Der Fluß Bílina gehört zu den Wasserläufen im Einzugsgebiet des Flusses Eger (Ohře), die im Erzgebirge entspringen und deren Wasserbeschaffenheit hier sehr gut ist. Die Zone am Stausee Jirkov, aus welcher Trinkwasser bezogen wird, wurde als Schutzzone deklariert. Der Charakter des Wasserlaufes ist bis zum Stausee Březenec wildbachartig. In diesen Stausee wird hier ebenfalls Wasser aus dem erzgebirgischen Vorgebirge eingeleitet, was jedoch die Wassergüte im Fluß nicht stark ändert.

Die erste markante Einleitungsquelle am Fluß ist die Kläranlage Jirkov, die aufgrund der starken Überlastung der Kläranlage Údlice gebaut wurde, denn in diese Kläranlage werden sämtliche Abwässer aus dem Gebiet Chomutov und Jirkov eingeleitet. Der Bau dieser Kläranlage führte dazu, daß ein Teil des Wassers aus dem Einzugsgebiet des Wasserlaufes der Chomutovka ins Einzugsgebiet des Flusses Bílina umgeleitet wurde. Die Kläranlage ist Ende September 1991 in Probelauf genommen worden, die Bauabnahme erfolgte am 16.6. 1993.

Das Volumen des aus der Kläranlage eingeleiteten Wassers beträgt etwa 3 Mio. m³/Jahr mit durchschnittlich 95 l/s. Der durchschnittliche Jahresabfluß der Bílina ist 824 l/s. Aus diesen Angaben geht hervor, daß bei einem durchschnittlichen Durchfluß sowohl aus der Kläranlage als auch im Fluß das Verdünnungsverhältnis ungefähr bei 1 : 9 liegt. In der ungünstigsten Situation, d.h. bei einem max. Abfluß von 227 l/s aus der Kläranlage und bei Q_{355} im Fluß von 148 l/s, ist das Verdünnungsverhältnis jedoch nur 2,5 : 1.

2 Vorgehensweise bei der Auswertung des Einflusses der Kläranlage Jirkov auf den Fluß Bílina

Bei der Auswertung des Einflusses der Kläranlage auf den Fluß Bílina wurde von 4 Kontrollprofilen ausgegangen, an welchen mindestens 6x pro Jahr Analysen durchgeführt wurden. Als erstes Profil wurde der Stausee Jirkov ausgewählt. Das zweite Profil ist der Zufluß ins Staubecken Újezd (beobachtet seit 1995), das dritte Profil ist der Abfluß aus diesem Staubecken (gemessen seit 1990), das letzte Profil ist der Fluß Bílina „oberhalb der Brücke". Den Ausgangpunkt für den Vergleich der einzelnen Profile bildeten die Durchschnittswerte im jeweiligen Profil. Ein charakteristischer Wert wurde nicht verwendet, denn in einigen Profilen stehen uns nur 6 Meßwerte zur Verfügung. Aus den Durchschnittswerten der Kennziffern BSB_5, NL, $N-NH_4$ und $P_{ges.}$ ergaben sich im Verlauf der einzelnen Jahre Resultate, die in der folgenden Abbildung (Abb. 1) dargestellt sind.

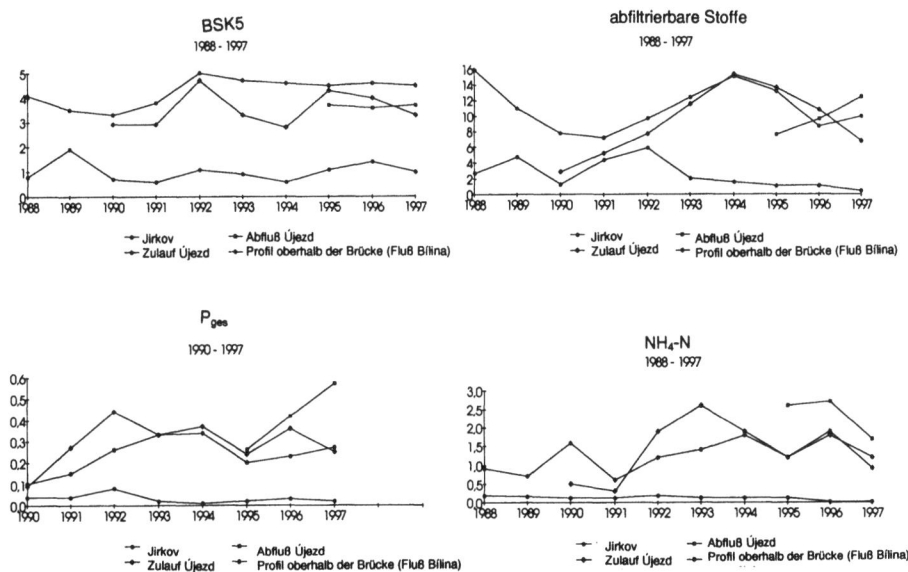

Abb.1. Durchschnittswerten der Kennziffern BSB$_5$, NL, N-NH$_4$ und P$_{ges}$

3 Auswertung

Wenn wir das Profil „oberhalb der Brücke" als das für die Auswertung des Einflusses der Kläranlage auf den Wasserlauf am besten geeignete Profil auswählen, weil in diesem Profil die regelmäßige Bestandsaufnahme der einzelnen Kennziffern sichergestellt ist, stellt man eindeutig fest, daß nach der Inbetriebnahme der Kläranlage, d.h. seit 1992, eine Erhöhung aller Parameter verzeichnet werden konnte. Diese Steigerung ist jedoch in keiner Kennziffer so stark, daß sie sich auf die Wasserbeschaffenheit im Fluß markant ausgewirkt hätte (im Durchschnitt betrug die Steigerung der Werte nur Zehntel mg/l).

Beim Vergleich der Zufluß- und Abflußlinien des Staubeckens Újezd stellte sich heraus, daß es zu einer Reduzierung der Konzentrationswerte am Abfluß aus dem Staubecken gekommen ist. Dieses ist besonders bei den Kennziffern P$_{ges.}$ sowie bei Ammoniakstickstoff zu beobachten. Daraus kann man schlußfolgern, daß dieses Becken ebenfalls als Nachreinigungsbecken dient. Bei der Kennziffer BSB$_5$ liegt die Zuflußlinie in das Becken tiefer als die Abflußlinie aus dem Becken (in den Jahren 1995 und 1996). Da es sich jedoch nur um Zehntel mg/l handelt, könnte die Ursache in der Ausmündung des Überlaufs des Beckens Zaječice liegen; in dieses Becken wird das ungereinigte Abwasser aus der Gemeinde Zaječice eingeleitet (die Entwicklung der Wassergüte wird in diesem Profil leider nicht verfolgt). Weiter sind die BSB$_5$-Werte im Profil „oberhalb der Brücke" höher als am Abfluß aus dem Staubecken Újezd, was damit zusammenhängen kann, daß der Fluß Bílina durch Rohre fließt.

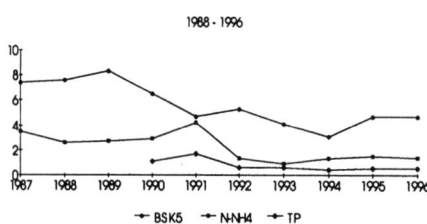

Abb.2. Wassergüte im Wasserlauf der Chomutovka

Der Vollständigkeit halber zeigen wir eine Abbildung (Abb. 2), die die Wassergüte im Wasserlauf der Chomutovka veranschaulicht. Es ist ersichtlich, daß sich die Wasserbeschaffenheit im Wasserlauf der Chomutovka nach der Inbetriebnahme der Kläranlage Jirkov verbessert hat. Die Werte, die der Abbildung zugrunde lagen, sind die Durchschnittswerte im Profil des Flusses Chomutovka - Fluß-km 1,2 - Profil Postopoprty (Profil ÈHMÚ).

4 Schlußfolgerungen

Abschließend kann festgehalten werden, daß der Bau der Kläranlage Jirkov die Wassergüte im Fluß Bílina nicht in dem Maße beeinträchtigt, wie es anzunehmen wäre. Eine wichtige Rolle spielt in diesem Zusammenhang das Staubecken Újezd, das zur Verbesserung der Wasserbeschaffenheit des Flusses Bílina beiträgt, wie von den Messungen bestätigt werden konnte. Gleichzeitig wird die Chomutovka aufgrund des Baus der Kläranlage Jirkov und der daraus folgenden Umleitung eines Teils des Abwassers ins Einzugsbegiet der Bílina nicht mehr so stark belastet.

Zeitreihenanalyse von Elbemeßdaten mit Hilfe univariater Modelle

Michael Rode, Axel Lehmann, Heide Wendt, Erich Weber

1 Einleitung

Ziel der Untersuchung war die mathematisch-statistische Analyse der Entwicklung von Wasserbeschaffenheitsgrößen der Elbe. Als Datengrundlage konnten langjährige wöchentliche Einzelproben von beiden Elbufern bei Elbekilometer 322,2 (Magdeburg) herangezogen werden. Die ausgewerteten Beschaffenheitsmeßgrößen umfaßten allgemeine Gewässergüteparameter, die organische Belastung, Nährstoffe, biologische Parameter, die Salzbelastung sowie Schwermetalle. Desweiteren standen zehnminütige Mittelwerte im Zeitraum von 04/91-03/97 der automatischen Gewässergütestation Magdeburg Westerhüsen mit den Parametern Wasser- und Lufttemperatur, pH-Wert, Trübung, Leitfähigkeit, Sauerstoffgehalt und Sauerstoffsättigung sowie der Globalstrahlung zur Verfügung.

2 Ergebnisse

Aus den berechneten Gleitmittelwerten lassen sich bereits die Formen der Trendfunktionen und der Saisonfiguren für die einzelnen Parameter ableiten. Die Modellierung der Beschaffenheitsmeßgrößen erfolgte mit Hilfe univariater Verfahren der Zeitreihenanalyse (vgl. Bhangu und Whitefield 1997). Sowohl das autoregressive Komponentenmodell als auch die verwendeten ARIMA-Modelle gestatteten eine gute Anpassung an die vorhandenen Datenreihen (vgl. Lehmann und Weber 1997).

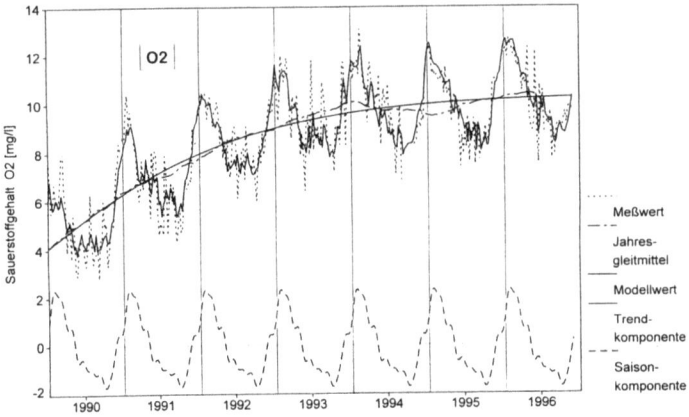

Abb.1. Trendschätzung und Prognose des Sauerstoffgehaltes der Elbe bei Magdeburg (km 322,2) auf der Basis des autoregressiven Komponentenmodells und wöchentlicher Einzelmeßwerte

Für die Beschaffenheitsgrößen konnten Trend- und Saisonkomponenten ermittelt werden. Für den Parameter Sauerstoffgehalt trat beispielsweise ein signifikanter Trend nur zu Beginn des Beobachtungsabschnittes (1/90) auf. Da die Sauerstoffwerte ein konstantes Niveau (Sättigungsgrenze) erreicht haben, wurde eine logistische Wachstumskurve gewählt (s. Abb. 1). Für die Charakterisierung der Entwicklung der organischen Belastung wurde der Parameter chemischer Sauerstoffbedarf (CSB) ausgewählt. Gegenüber dem Vorwendezeitraum (1984-1989) betrug der CSB-Mittelwert (Medianwert) für die Periode 1994-1996 nur noch ca. 55%. Insgesamt zeigen die Summenparameter der organischen Belastung (CSB, TOC, AOX) eine Stabilisierung ab 1994. Der direkte Schwermetalleintrag wurde infolge der seit 1990 erfolgten Produktionsstillegungen stark reduziert und mittleren Konzentrationen sanken beim Blei von ca. 12µg/l (1990) auf ca. 5µg/l (1996). Trotzdem weist die Elbe noch immer eine hohe Belastung mit toxischen Schwermetallen auf, wobei hohe Werte bei hohen Durchflüssen auftraten und auf partikulären Schwermetallaustrag aus diffusen Quellen hinweisen (vgl. Vink et al. 1998). Die Nitrat-N Gehalte zeigen einen steigenden Trend, wobei sich die Konzentrationen seit 1993 auf einem mittleren Niveau von ca. 5,5 mgNO$_3$-N/l stabilisiert haben (Tab. 1). Die Veränderungen der überwiegenden Zahl der Wasserbeschaffenheitsgrößen seit 1990 haben zu keinen Veränderungen der Chlorophyll-a-Gehalte geführt. Die Konzentrationen des Chlorophyll-a, als Maß für die Biomasse des Phytoplanktons, weisen seit 1990 keine statistisch nachweisbaren Trends auf. Die gleitenden Monats- und Jahresmittel weisen vor und nach 1990 ein nahezu gleiches Verhalten auf.

Tab.1. Bestimmtheitsmaße (korrigiertes R^2) und Sättigungsgrenzen (exp(A)) der autoregressiven Komponentenmodelle für ausgewählte Wasserbeschaffenheitsgrößen der Elbe (km 322,2), Anpassungszeitraum 01/90-11/96, wöchentliche Messungen

	O_2	SSI	CSB-u	NO_3-N	gesamt Pb	Chl-a
R^2	0,85	0,79	0,75	0,36	0,36	0,73
exp(A)	10,35	94,1	21,9	5,58	4.55	-
	(mg/l)	(%O_2)	(mg/l)	(mg/l)	(µg/l)	

Der Vergleich unterschiedlicher statistischer Berechnungsansätze zeigte, dass bei aufwendigeren statistischen Verfahren und Verwendung täglicher Meßdaten zwar das Bestimmtheitsmaß erhöht werden kann, tendenziell sich jedoch ein gleiches Verhalten wie bei den Wochendaten zeigt. Zur Ermittlung von jährlichen Saisonfiguren sowie von Trendschätzungen sind daher Wochenwerte in Verbindung mit einfachen Komponentenmodellen hinreichend.

Literatur

Bhangu, I., Whitefield, P.H. (1997) Seasonal and long-term variation in water quality of the Skeena river at Usk, British Columbia. Wat. Res., Vol. 31, No. 9, 2187-2194

Lehmann, A., Weber, E. (1998) Statistische Auswertung von Meßdaten der Elbe mittels Zeitreihenanalyse. Limnologica (in Druck)

Vink, R., Behrendt, H., Salomons, W. (1998) Point and diffuse sources analysis of heavy metals in the Elbe Drainage Area: Comparing heavy metal emissions with transported river loads. GKSS Report, S. 61

Modellgestützte Analyse der Gewässergüte in der oberen und mittleren Elbe

Michael Rode, Ursula Suhr

1 Einleitung

Die Reduzierung der organischen Belastung der Elbe seit 1990 hat zu einer deutlichen Verbesserung der Wasserqualität geführt, die sich beispielsweise in einer merklichen Erhöhung des Sauerstoffniveaus zeigt. Aufgrund der immer noch erheblichen Stoffmengen, die in die Gewässer im Einzugsgebiet der Elbe eingeleitet werden, kommt es neben der hiermit verbundenen Eutrophierung und Sekundärbelastung der Elbe auch zu einer wesentlichen stofflichen Belastung der Nordsee. Ziel der Untersuchung ist die Analyse und Quantifizierung der Transport- und Umsatzmechanismen von Nährstoffen im ungestauten Elbeabschnitt von Schmilka bis Lauenburg. In der Arbeit sollen die Selbstreinigungs- und Stoffretentionsprozesse zunächst im Pelagial und dann im Sediment des Kernstroms der Elbe mathematisch beschrieben werden. Dabei stehen der Haushalt von C, N, P, Si und O_2 sowie die Entwicklung des Phytoplanktons im Vordergrund.

2 Material und Methode

Für die Implementierung des Modells wurde auf neuste Querprofilpeilungen der WSA (Stand 1996) zurückgegriffen. Als Randbedingungen werden neben den Stoffeinträgen durch die Nebenflüsse sämtliche Direkteinleiter entlang der Elbe erfaßt. Die Kalibrierung des Modells erfolgt anhand von zwei fließzeitkonformen Längsschnittuntersuchungen, die in den Jahren 1996 und 1997 von der Sektion Gewässerforschung des UFZ durchgeführt wurden (s. Guhr 1998). Aus diesen Untersuchungen stehen umfangreiche Daten zu N- und P-Verbindungen, organischen Komponenten sowie biologischen Größen wie Phytoplankton- und Zooplanktonbiomasse zur Verfügung. Neben diesen Daten konnten die meteorologischen Messungen (z.B. Globalstrahlung) der automatischen Güteüberwachungsstationen der Landesumweltbehörden mit berücksichtigt werden. Die Analyse der Gewässerbeschaffenheit wurde in Abhängigkeit von hydraulischen, physikalischen und chemischen Zustandsgrößen mit dem Gewässergütemodell QSIM der BfG durchgeführt.

3 Ergebnisse

Die gemessenen Chl-a-Konzentrationen im Elbelängsschnitt von Schmilka bis Neu Darchau wurden, da das Gütemodell eindimensional arbeitet, auf Mittelwerte verdichtet (s. Abb. 1). Die Chl-a-Zunahme als Äquivalent der Biomasse wird unter Berücksichtigung der Vermischung, der Respiration, der Mortalität, des Grazings und der produktiven Schicht im Wasserkörper fließzeitgerecht vom Modell berechnet.

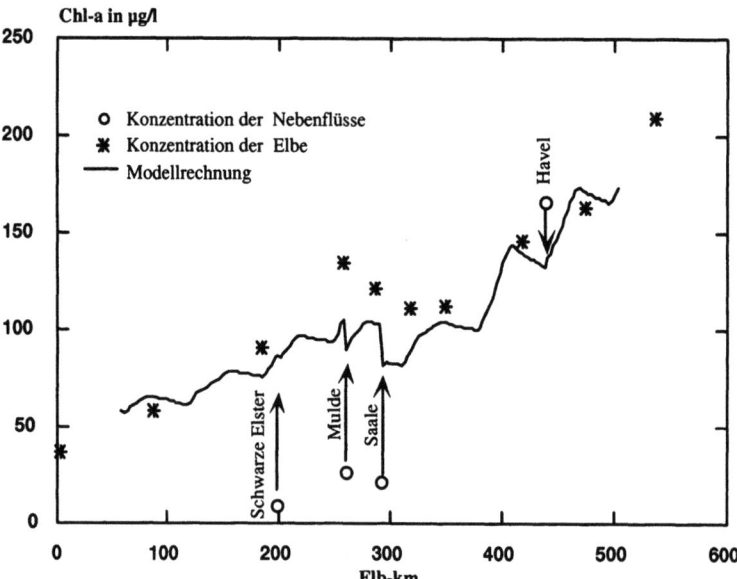

Abb.1. Gemessene und berechnete Chlorophyll-a-Konzentrationen in der Elbe bei MNQ und Sommerbedingungen, Simulation von Elb-km 59 (29.8.97; 11:00 Uhr) bis Elb-km 504 (4.9.97; 11:00 Uhr)

Die Simulation zeigt eine befriedigende Ermittlung des Trends der Chl-a-Konzentrationen im Längsverlauf der Elbe. Lediglich im Bereich der Mulde- und Saalemündung werden die gemessenen Werte vom Modell deutlich unterschätzt. In dem beprobten Zeitabschnitt wiesen die Nebenflüsse gegenüber der Elbe mit Ausnahme der Havel wesentlich niedrigere Konzentrationen auf. Die Tag-Nacht-Schwankungen der Chl-a-Konzentrationen werden von QSIM deutlich nachvollzogen. Die gemessene Tagesschwankung des Chl-a-Gehaltes betrug beispielsweise für die Meßstelle Magdeburg 30 µg Chl-a/l. Auf der Basis der Modellsimulationen werden die wesentlichen Steuergrößen insbesondere der Phytoplanktondynamik analysiert. Zur Validierung des Modells wird auf weitere Längsschnittbeprobungen im Jahre 1998 zurückgegriffen werden. Aufbauend auf der Modellüberprüfung sollen zukünftig großräumige Prognosen der Gewässergüte der Elbe ab Schmilka für unterschiedliche saisonale und hydraulische Randbedingungen durchgeführt werden. Durch Szenarienrechnungen zu unterschiedlichen Belastungssituationen sollen ereignisorientierte Aussagen zu Retentionsvorgängen möglich und Veränderungen der Nordseebelastung abgeschätzt werden.

Literatur

Guhr, H. (1998) Raum-Zeit-Dynamik der Nährstoffe Stickstoff, Phosphor und Silizium in der Stromelbe. 8. Magdeburger Gewässerschutzseminar, 20.-23. Oktober in Karlsbad, Tschechische Republik, in diesem Heft

Lebende Muschelkrebse (Crustacea, Ostracoda) aus der Elbe

Burkhard Scharf

1 Einleitung

Über die lebenden Muschelkrebse der Seen ist viel gearbeitet worden, über die der Flüsse jedoch relativ wenig (Tétart 1971, 1974, 1981, Marmonier 1988, Marmonier und Creuzé des Châtelliers 1992, Marmonier und Ward 1990, Scharf 1988). Die vorliegende Untersuchung steht im Zusammenhang mit der Verbesserung der Wasserbeschaffenheit der Elbe nach Verminderung der Belastung ab 1989.

2 Untersuchungsgebiet und Methode

Das Untersuchungsgebiet erstreckt sich von km 250 (oberhalb Roßlau) bis km 454 (Wittenberge) in der Elbe, einschließlich der Mündungsgebiete der Zuflüsse: Mulde, Elbe-Havel-Kanal und Havel. Die Proben wurden zwischen 1992 und 1994 im Rahmen der Untersuchung des Makrozoobenthos durch Dreyer (1996) insbesondere von Steinen und in Buhnenfeldern genommen. Die Methode ist bei Scharf et al. (in Druck) beschrieben.

3 Ergebnisse und Diskussion

In dem Untersuchungzeitraum von 1992 bis 1994 gab es keine Entwicklung in der Muschelkrebsbesiedlung der Elbe. Die dominierenden Arten waren: *Cypridopsis vidua*, *Potamocypris smaragdina* und *Limnocythere inopinata*. Keine dieser drei Arten war häufig an irgendeiner Sammelstelle. Zwischen Roßlau und Rogätz (km 351), und zwar fast ausschließlich auf der linken Flußseite, kam vor allem *C. vidua* vor. Unterhalb von Rogätz fanden wir regelmäßig *C. vidua* zusammen mit *P. smaragdina*, unterhalb von Tangermünde (km 386) die beiden Arten auch auf beiden Seiten des Flusses. *L. inopinata* ist die dritthäufigste Art. Ihre Verbreitung innerhalb des Untersuchungsgebietes ist hauptsächlich auf die Strecke zwischen km 375 und 449 beschränkt.

Obwohl die Mulde die niedrigste elektrische Leitfähigkeit aufwies, lebte dort 1994 *Herpetocypris chevreuxi*, eine Art, die meist in oligothalinen Gewässern angetroffen wird. In der Saale wurden die höchsten Leitfähigkeitswerte gemessen (bis 2.500 µS/cm). Die erhöhte Salinität hatte sich jedoch nicht auf die Muschelkrebsbesiedlung ausgewirkt. Die Havel durchfließt eine Reihe von Seen und enthält lakustrine faunistische Elemente wie: *Candona neglecta*, *Pseudocandona compressa*, *Cypria ophtalmica*, *Physocypria kraepelini* und *Cyclocypris ovum*. 20 km unterhalb der Havelmündung sind diese Arten in der Elbe nicht mehr nachweisbar.

Im Untersuchungszeitraum war die Muschelkrebsfauna der Elbe sehr arm im Vergleich zur Rhône und Oder (Scharf et al. in Druck). Leider wissen wir nichts über die Muschelkrebsbesiedlung der Elbe aus dem Zeitraum vor der vorliegenden Untersuchung. Sicherlich hat sich die einstige starke Abwasserbelastung der Elbe mit Schwermetallen und Pestiziden negativ auf die Fauna ausgewirkt. Inbesondere die Buhnenfelder, in denen sich Sedimente ansammeln, die normalerweise gerne von Muschelkrebsen angenommen werden (Sand und organischer Detritus), waren frei von Ostracoden. Für die Kontamination der Sedimente spricht auch, daß in dem oberen Bereich der Elbe nur schwimmende Arten (*C. vidua* und *P. smaragdina*) angetroffen wurden, die keinen direkten Kontakt mit dem Interstitialwasser haben.

Literatur

Dreyer, U. (1996) Potentiale und Strategien der Wiederbesiedlung am Beispiel des Makrozoobenthons in der mittleren Elbe. UFZ-Bericht 3 (Diss. TH Darmstadt)

Marmonier, P. (1988) Biocénoses interstitielles et circulations des eaux dans la sous-écoulement d'un chenal aménagé du Haut-Rhône français. S. 319. Doctoral thesis, University Claude Bernard Lyon

Marmonier, P., Creuzé des Châtelliers, M. (1992) Biogeography of the benthic and interstatial living ostracods (Crustacea) of the Rhône River (France). J. Biogeography 19: 693-704

Marmonier, P., Ward, J.V. (1990) Superficial and interstitial Ostracoda of the South Platte River (Colorado, USA). - Systematics and Biogeography. Stygologia 5: 225-239

Scharf, B.W. (1988) Living ostracods from the nature reserve „Hördter Rheinaue" (Germany). In: Hanal, T., Ikeya, N., Ishizaki, K. (Hrsg.) Evolutionary biology of Ostracoda. Devoluments in paleontology and stratigraphy 11: 501-517. Tokyo (Kodansha, Elsevier)

Scharf, B.W., Herzog, M., Dreyer, U., Baborowski, M, Karrasch, B. (in Druck) Living Ostracoda (Crustacea) from Elbe River and Oder River (Germany). - Hydrobiologia

Tétart, J. (1971) Etude de quelques populations d'Ostracodes, dans les milieux astatiques de la vallée de l'Isère. Trav. Lab. Hydrobiol. Grenoble 62: 75-130

Tétart, J. (1974) Les Entomostracés des milieux peu profonds de la vallée du Rhône. Essai d'étude écologique: composition des associations et répartition des espèces. Trav. Lab. Hydrobiol. Grenoble 64/65: 109-245

Tétart, J. (1981) Les Entomostracés des zones lisières de la vallée du Rhône . S. 1-32. Rapport du Ministère de l'Environnement, commission Fauna-Flora

Qualitative und quantitative Zusammensetzung des Makrozoobenthon in der Mittelelbe, ihren großen Nebenflüssen und in ausgewählten Nebengewässern der Elbaue

Steffen Zahn

Die Ergebnisse sind Bestandteil eines MRLU-Projektes des Landes Sachsen-Anhalt, das von 1993-96 die Erarbeitung von Grundlagen und Richtwerten zum Wiederaufbau einer Fischerei auf der Elbe zur Aufgabe hatte.

In 1993/94 wurde die Makrozoobenthon-Besiedlung auf den Hartsubstraten (Steinschüttungen) und in den Buhnenfeldsedimenten der Mittelelbe (km 185-473) untersucht. Dies wurde 1995/96 ergänzt durch Untersuchungen in der Schwarzen Elster, Saale, Mulde, Havel sowie in ausgewählten Nebengewässern der Elbaue mit unterschiedlicher Anbindungssituation. Erfaßt wurden u.a. Artenstruktur (Abb. 1), Biomassen (Tab. 1) und Individuendichten.

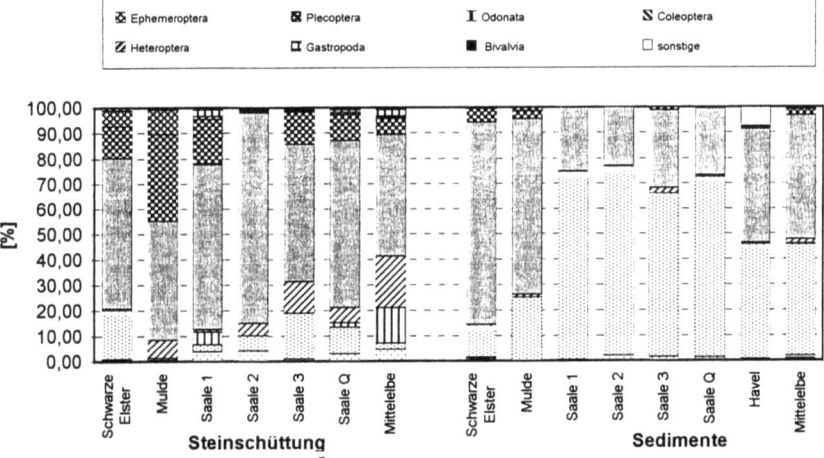

Abb.1. Allgemeine Besiedlungsstruktur des Makrozoobenthon in Mittelelbe und Nebenflüssen

In der Mittelelbe war im Raum Magdeburg ein Wechsel des Besiedlungsmusters zu beobachten. Eine weitere Eindrift und Etablierung typischer und sensibler Fließgewässerarten war festzustellen, die auch eine Verbesserung der biologischen Gewässergüte indizierten. Die Artenvielfalt nahm flußabwärts auf ca. 20-30% der Ausgangswerte (km 185-200) ab. Allgemein höhere mittlere Artenabundanzen zeigten die Nebenflüsse, wobei driftflexible Insektenlarven deutlich gegenüber sessilen Organismengruppen dominierten.

Im Gegensatz zu früheren Erhebungen wurde für die Mittelelbe eine Konzentration des Makrozoobenthon auf den Hartsubstraten und eine wesentliche Depression der Sedimentbesiedlung deutlich. Ähnliche Erscheinungen waren auch in den Unterläufen der Schwarzen Elster und Mulde erkennbar.

Tab.1. Mittlere Makrozoobenthon-Biomassen (ohne Mollusken), [g TS/m²]

Gewässer	mittl. Biomasse (Hartsubstrate)	Min./Max.	mittl. Biomasse (Sedimente)	Min./Max.
Mittelelbe	1,43 - 2,20	0,01 - 9,81	0,33 - 0,68	0,03 - 1,85
Schwarze Elster	1,32 - 2,12	0,77 - 3,48	0,02 - 0,12	0 - 0,47
Mulde	1,38 - 2,15	1,36 - 2,15	0,01 - 0,19	0,004 - 0,28
Saale	5,53 - 12,8	0,34 - 18,08	1,34 - 3,26	0,05 - 9,52
Havel	/	/	0,88	0,22 - 1,78
NG (angebunden)	/	/	1,04 - 1,16	0 - 9,51
NG (zeitw. angeb.)	/	/	1,08 - 1,30	0,17 - 3,44
NG (abgetrennt)	/	/	1,04	0,09 - 3,86
Hafen	/	/	0,16 - 0,34	0,03 - 1,20

Zum Vergleich wurden für die Hartsubstratbesiedlung der Mittelelbe (Buhnen, Deckwerke) 1937 Biomassen von ca. 0,28 g TS/m² und 1954/55 ca. 0-0,02 g TS/m² angegeben. Die Sedimentbesiedlung der Buhnenfelder wies 1937 Biomassen von ca. 9,02 g TS/m² und 1954/55 noch ca. 1 g TS/m² auf. Neuere Erhebungen ergaben für die Hartsubstratbesiedlung 1990 mittlere Biomassen von ca. 1,65 g TS/m² (0,03...13,31 g TS/m²) und 1991 2,33 g TS/m² (0,08...6,18 G TS/m²). Daraus scheint sich für die Biomassen der Hartsubstratbesiedlung allgemein eine Stagnation bzw. leicht rückläufige Tendenz abzuzeichnen. Darüber hinaus nahmen sie von km 185-473 auf ca. 10% der Ausgangswerte ab (ähnliche Verhältnisse wurden auch bei den Individuendichten ersichtlich). Die Sedimentbesiedlung der Buhnenfelder wies allgemein leicht steigende Biomassen auf, jedoch lagen diese bei nur 5% bzw. 50% der früheren Biomassen (1937 bzw. 1954/55). Bei den Nebenflüssen zeigten sich im Vergleich zur Mittelelbe in der Saale sowohl auf den Hartsubstraten als auch in den Sedimenten deutlich höhere mittlere Biomassen (2 - 6 bzw. 10fache). Von Naumburg bis zur Mündung wurde dabei ebenfalls eine Abnahme der Biomassen erkennbar. In der Schwarzen Elster und Mulde entsprachen die Biomassen der Hartsubstratbesiedlung etwa dem Niveau der Mittelelbe. Die Biomassen der Sedimentbesiedlung blieben hingegen noch deutlich unter denen der Elbe. Für die Sedimentbesiedlung der Havel konnten doppelt höhere mittlere Biomassen als in der Elbe festgestellt werden. In den ausgewählten Augewässern der Elbe betrugen die mittleren Biomassen etwa das 2 - 3fache des Elbniveaus. Im Vergleich zu 1937 (ca.12,7 g TS/m²) und 1954/55 (3,4...9 g TS/m²) lagen sie jedoch bei etwa 10% ihrer früheren Werte. Außerdem zeigten sich bei den ständig angebundenen Gewässern flußabwärts steigende, bei den nur zeitweise angebundenen Gewässern hingegen sinkende mittlere Biomassen. Häfen folgten in ihrer früheren Produktivität den Werten der Augewässer. Der untersuchte Hafen wies jedoch in der Sedimentbesiedlung Biomassen auf, die noch unter dem Elbniveau lagen.

Die festgestellten Besiedlungs- und Biomassegradienten bzw. -depressionen in der Mittelelbe, den Nebenflüssen und Augewässern lassen v.a. die direkte und indirekte Wirkung von Schadstoffen vermuten, da Beziehungen zu anderen Untersuchungsergebnissen erkennbar wurden.

Gewässer und Wassernutzung

Entwicklung der Wasserspiegel- und Sohlenhöhen in der deutschen Binnenelbe innerhalb der letzten 100 Jahre - Einhundert Jahre „Elbestromwerk"

Petra Faulhaber

1 Problemstellung

Vor genau 100 Jahren wurde „das" Buch über die Elbe und ihre wichtigsten Nebenflüsse herausgegeben, das auch heute noch als Grundlagenwerk für alle diejenigen anzusehen ist, die hydrografische, geografische, wasserwirtschaftliche und wasserbauliche Angaben im Einzugsgebiet der Elbe benötigen. Das sog. „Elbestromwerk" entstand am Ende des vorigen Jahrhunderts aus dem Wunsch der Elbuferstaaten, die Abflußverhältnisse der Elbe gemeinsam zu untersuchen, der sich letztendlich aus den Vereinbarungen zur internationalen Schiffahrt in der Wiener Kongreßakte von 1815 ergab. 1898 wurde das durch zahlreiche Behörden erarbeitete „Elbestromwerk" in 3 Bänden sowie Tabellenband und Kartenbeilage herausgegeben (Königliche Elbstrombauverwaltung Magdeburg 1898).

Eine Aktualisierung entsprechend der zwischenzeitlichen Veränderungen im Einzugsgebiet (bauliche Eingriffe, Nutzungsänderungen) sowie auch für Erhebungen der im „Elbestromwerk" nicht berücksichtigten Datenarten, die ähnlich umfassend die verfügbaren Kenntnisse zusammenführt, liegt leider nicht vor. Heute erhält das „Elbestromwerk" eine besondere Bedeutung dadurch, daß gerade zur Bewertung der ökologischen Auswirkungen der anthropogenen Eingriffe in das Flußsystem oftmals auf jetzt historische Angaben aus dem „Elbestromwerk" zurückgegriffen wird.

Eine solche historische Betrachtung wird mit den Untersuchungen zur Entwicklung der Wasserspiegel- und Sohlenhöhen der deutschen Binnenelbe von der deutsch-tschechischen Grenze bis Hohnstorf (El-km 0 bis 568) vorgestellt. Hiermit wird eine Datengrundlage geliefert, die helfen soll, die Diskussion um die Tiefenerosion zu versachlichen. Unter „Erosion" ist nachfolgend der zeitlich anhaltende und räumlich ausgedehnte Trend zur Eintiefung der Flußsohle zu verstehen. Lokal und kurzzeitig kommt es in dynamischen Flüssen selbstverständlich immer wieder zu Änderungen der Flußgeometrie. Da Flüsse bereits durch die Festlegung des Hochwasser- und später des Mittelwasserbettes wesentlich am Umsetzen ihrer Kräfte über die gesamte Breite der ursprünglichen Aue gehindert wurden, laufen alle Eintiefungsprozesse in der heutigen Kulturlandschaft deutlich schneller ab, als dies für geomorphologische Prozesse der Fall ist. Wegen der Unterschiedlichkeit der konkreten Randbedingungen tritt aber eine langanhaltende, großräumige Erosion nicht zwangsläufig auf. Durch die Vereinbarung tragfähiger Entwicklungsziele für die Stromlandschaft Elbe muß der Weg für erforderliche Gegenmaßnahmen dort frei gemacht werden, wo die schädlichen Auswirkungen dies erfordern. Zur Eingrenzung dieser Elbeabschnitte trägt die vorgestellte Untersuchung der Bundesanstalt für Wasserbau im Auftrag der Wasser- und Schiffahrtsdirektion Ost bei.

2 Verfahren zur Analyse der Tiefenerosion im Flußbett

In Auswertung von Natur-Wasserspiegelmessungen im Durchflußbereich des mittleren Niedrigwassers zwischen 1883 und 1998, von Wasserstandshauptwerten langjähriger Reihen im Durchflußbereich bis Mittelwasser, von Durchflußmessungen an den Pegeln und abschnittsweise aus dem Vergleich der mittleren Sohlenhöhen aus Querprofilmessungen sowie der Bilanzierung von Feststoffmessungen kann die Veränderung des Niveaus der Flußsohle analysiert werden. Die Analyseverfahren werden u.a. in Faulhaber 1996 erläutert.

Soll die gesamte deutsche Elbe mit einem einheitlichen Verfahren analysiert werden, kann durchgängig nur auf den hier vorgestellten Vergleich von auf einen Bezugsdurchfluß normierten Wasserspiegelfixierungen zurückgegriffen werden. Als Bezugsdurchfluß wurde der Durchfluß Q_{GlW}, der Durchfluß beim gültigen Bezugswasserstand GlW 1989*(20d), gewählt (GlW - gleichwertige Wasserstände: einander entsprechende Wasserstände in verschiedenen Abflußquerschnitten eines Fließgewässers bei gleicher Unter- (Über-)schreitungsdauer). Der GlW 1989*(20d) liegt im Bereich des mittleren Niedrigwassers.

3 Entwicklung der Wasserspiegel im Bereich des GlW 1989*(20d)

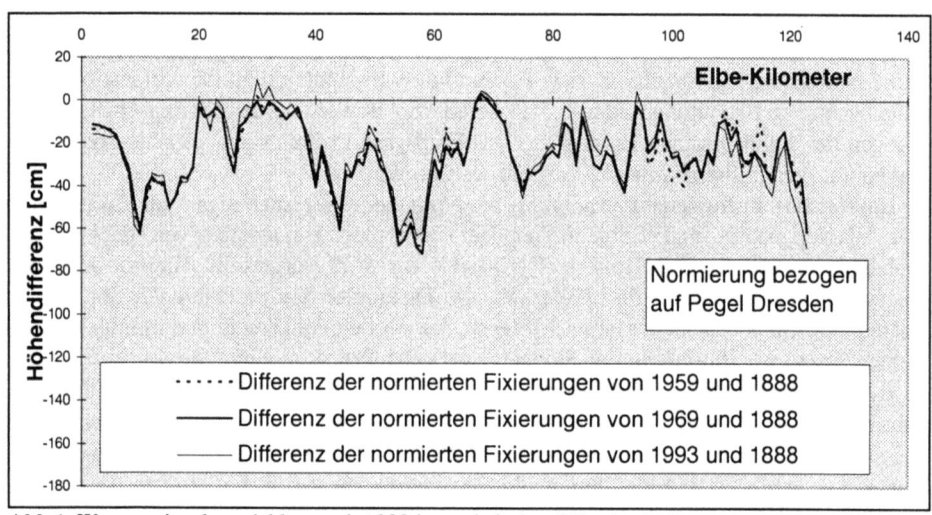

Abb.1. Wasserspiegelentwicklung seit 1888 im sächsischen Elbeabschnitt

Im sächsischen Elbeabschnitt bis km 121 (s. Abb. 1) war seit Ende des 19. Jahrhunderts bis zur Mitte dieses Jahrhunderts ein Wasserspiegelverfall von im Mittel 25 cm zu verzeichnen, der seitdem zum Stillstand gekommen ist. Feststellbare Veränderungen zwischen 1959 und 1993 bewegen sich mehrheitlich im Ungenauigkeitsbereich der Erhebungen von etwa 10 cm.

In Abb. 2 sind für den Elbeabschnitt, in dem die Strecke mit der aktuell stärksten Tiefenerosion liegt, der sog. „Erosionsstrecke" El-km 120 bis 230, die Wasserspiegelent-

Gewässer und Wassernutzung

wicklungen seit 1888 als Indiz für die Sohlenhöhenänderung aufgetragen. Zwischen km 150 und 180 kam es in den letzten nahezu 100 Jahren zu einem Wasserspiegelverfall bei vergleichbaren Durchflüssen von bis zu 1,7 m. Aktuell tritt etwa im Abschnitt El-km 150 bis 220 eine jährliche Erosion von 1 bis 2 cm/a auf, deren Haupterosionsbereiche sich in Längsrichtung verlagern. Der Abschnitt unterhalb von Magdeburg muß wegen der sog.

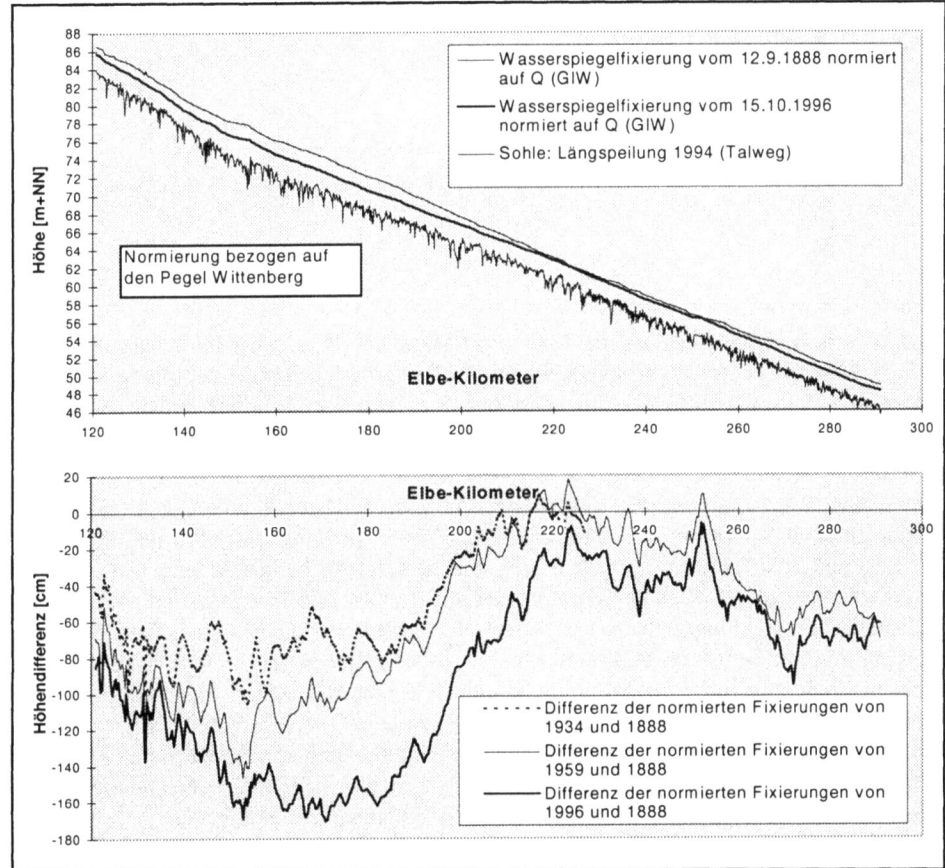

Abb.2. Entwicklung der Wasserspiegel seit 1888 im Nahbereich der Erosionsstrecke

„verschärft regulierten Strecke" weiterhin sorgfältig beobachtet werden.

Die Eintiefungsgrößen zwischen Wittenberg (km 214) und Tangermünde (km 388) liegen in den letzten 35 Jahren bei etwa 0,5 cm/a, abschnittsweise sind sie deutlich geringer. Zwischen Tangermünde und Schnackenburg (km 474) ist in den letzten 35 Jahren keine Erosion zu verzeichnen (s. Abb. 3), sondern teilweise leichte Wasserstandsanhebung. Zwischen Schnackenburg und Neu Darchau (km 536) ist abschnittsweise (Fortführung des unterbrochenen Niedrigwasserausbaus in den 50er/60er Jahren) leichte Erosion festzustellen. Unterhalb von Neu Darchau kam es seit der Fixierung von 1959 zur Wasserspiegelstützung durch das Wehr Geesthacht (El-km 581).

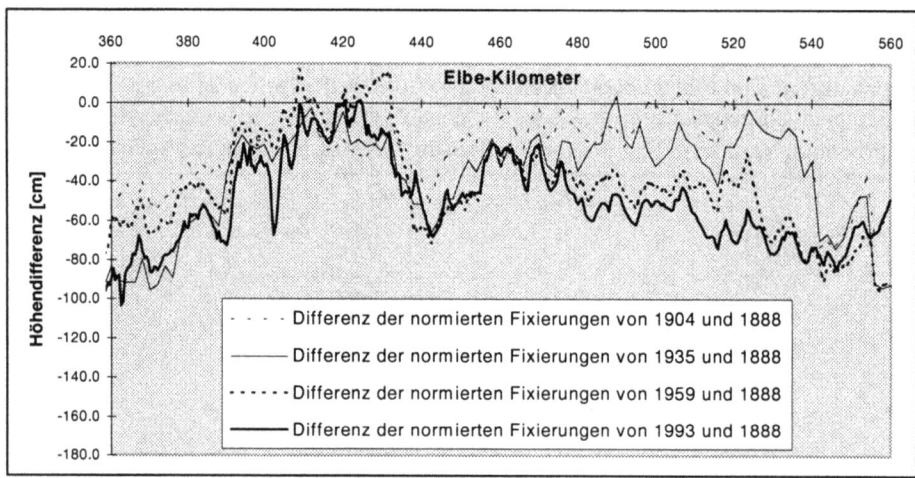

Abb.3. Wasserspiegelentwicklung seit 1888 in der Mittelelbe (Bereich der Havelmündung El-km 432 - 438 unsicher bei der Normierung), Normierung bezogen auf den Pegel Wittenberge

Bis El-km 130 sowie zwischen Wittenberg und Geesthacht kann somit aktuell von keiner ausgeprägten Erosionstendenz mehr gesprochen werden, nachdem der Wasserstandsverfall infolge Mittel- und Niedrigwasserausbau (Ende 19./Anfang 20. Jahrhundert bzw. 30er Jahre dieses Jahrhunderts) abgeklungen ist. Die höchsten Eintiefungsgeschwindigkeiten traten und treten in der „Erosionsstrecke" auf. Hier müssen neben den durch die Wasser- und Schiffahrtsverwaltung bereits eingeleiteten Gegenmaßnahmen (z.B. ständige Geschiebezugabe) Wege der Zusammenarbeit mit den Ländern gefunden werden, um akzeptable Entwicklungsziele zu erarbeiten und umzusetzen. Die Eindämmung der Erosion nur durch Eingriffe im Flußschlauch ohne Einbeziehung der Vorländer ist auf Dauer nicht möglich, zumal die bis heute eingetretenen Sohlendifferenzen von lokal über 2 m innerhalb der letzten 100 Jahre als irreversibel betrachtet werden müssen. Es ist jedoch ein anspruchsvolles Ziel, die fortschreitende Erosion deutlich abzumindern und eine Anhebung der Wasserspiegel im Bereich einiger Dezimeter gegenüber dem heutigen Zustand ist bei Einsatz gesellschaftlich akzeptierbarer Maßnahmen realisierbar.

Die Analyse der Entwicklung der Wasserspiegel in den letzten hundert Jahren war möglich durch die Nutzung der im „Elbestromwerk" veröffentlichten Daten zu Durchflußmessungen, Pegellagen und Wasserspiegelnivellements sowie weiteren Meßunterlagen der Wasser-und Schiffahrtsverwaltung.

Literatur

Faulhaber, Petra (1996) Flußbauliche Analyse und Bewertung der Erosionsstrecke der Elbe. Mitteilungsblatt der Bundesanstalt für Wasserbau Nr.74, 33-49

Königliche Elbstrombauverwaltung Magdeburg (Hrsg.) (1898) Der Elbstrom, sein Stromgebiet und seine wichtigsten Nebenflüsse. Eine hydrographische, wasserwirtschaftliche und wasserrechtliche Darstellung. Im Auftrag der deutschen Elbuferstaaten und unter Beteiligung des preußischen Wasser-Ausschusses, Berlin: Verlag von Dietrich Reimer

Erosionsstrecke der Elbe - Feststofftransportmodell für den Abschnitt El-km 140,3-163,4

Matthias Alexy

1 Problem

Die Erosionstrecke der Elbe erstreckt sich über 110 km etwa von Riesa bis kurz unterhalb von Wittenberg (El-km 120-230) und ist durch eine weiträumige und bereits seit längerer Zeit anhaltende Eintiefung der Flußsohle gekennzeichnet. Die Ursachen für diese Erosionserscheinungen sind in erster Linie:
1. Festlegung des Flusses im Hochwasserbett (Deichbau),
2. Gefälleverstärkung durch Flußlaufverkürzung (Ausführung von Durchstichen),
3. Verhinderung der Seitenerosion und Verringerung des Abflußquerschnittes durch Uferbefestigung (Buhnen und Parallelwerke),
4. fehlender Geschiebeeintrag von oberstrom infolge
   - des Staustufenbaus im Einzugsgebiet,
   - einer abgepflasterten (nicht erodierbaren) Sohle oberhalb der untersuchten Strecke,
   - der Verringerung des Geschiebeeintrags aus dem Einzugsgebiet.

Besonders deutlich werden die Auswirkungen der Erosion im Bereich Torgau, wo eine im Flußbett liegende Felsrippe durch die Eintiefung der Elbe langsam aus der Sohle herauswächst und damit seit langem ein Hindernis für die Schiffahrt darstellt (Abb. 1).

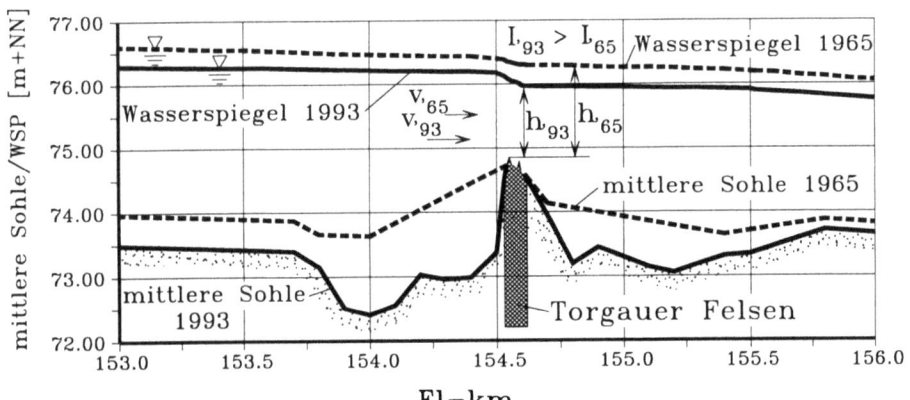

Abb.1. Auswirkungen der Erosion im Bereich Torgau von 1965 bis 1993

Nachdem zwischen 1930 und 1934 der Felsen um bis zu 70 cm und nochmals zu Beginn der 60-er Jahre um etwa 15 cm abgemeißelt wurde, hatte sich durch die andauernde Sohlenerosion in den letzten 30 Jahren die Wassertiefe über dem Felsen wiederum um 20 cm verringert (bezogen auf einen Abfluß von 135 m³/s am Pegel Torgau, der im Durchschnitt an 20 eisfreien Tagen im Jahr unterschritten wird). Deshalb machte sich Anfang der 90-er Jahre erneut eine Abgrabung des Felsens um ca. 30 cm erforderlich. Gleichzeitig wurden unterwasserseitig Grundschwellen zur Sohlsicherung und Wasserspiegelstützung eingebaut.

2 Modell

Da ein Ende des Wasserspiegelverfalls nicht abzusehen ist, hat sich die Erkenntnis durchgesetzt, daß die Sohlenerosion möglichst großräumig und langfristig eingedämmt werden muß. Um geeignete Maßnahmen zur Verhinderung der weiteren Eintiefung der Elbesohle in diesem Bereich zu finden, wurde deshalb in einem ersten Schritt im Rahmen der Gesamtuntersuchungen der Bundesanstalt für Wasserbau zur Erosionsstrecke ein eindimensionales Feststofftransportmodell für einen Teilabschnitt (Gefälleausgleichsstrecke El-km 140,3-163,4) entwickelt.

Das zentrale Problem bei der Kalibrierung (Eichung) eines Feststofftransportmodells ist der Versuch, durch das „Nachfahren" der für den Eichzeitraum bekannten Abflußganglinie die in der Natur beobachteten Veränderungen der Sohlenlagen im untersuchten Flußabschnitt möglichst genau nachzuvollziehen. Für das vorliegende Modell konnten dabei die Differenzen der im Bereich des Fahrrinnenkastens festgestellten mittleren Sohlenhöhen zwischen der Streichlinienpeilung von 1961 und der Querprofilpeilung aus dem Jahr 1993 herangezogen werden. Mit der Verwendung einer speziell für diesen Bereich der Elbe entwickelten Transportformel gelingt es, die relativ differenzierte Entwicklung der Sohlenlagen auch im Detail gut wiederzugeben (Abb.2).

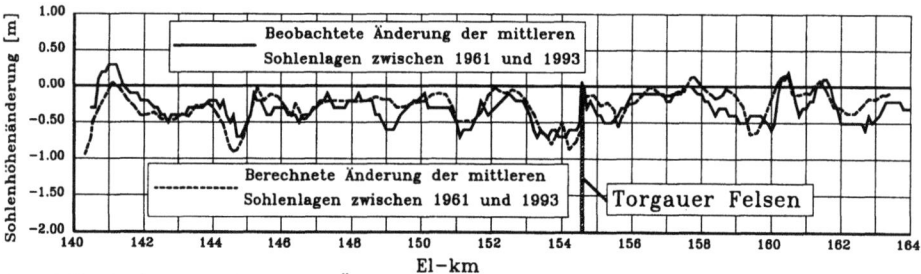

Abb.2. Beobachtete und berechnete Änderungen der mittleren Sohlenlagen

3 Prognoserechnungen

Nach der Kalibrierung (Eichung) des Feststofftransportmodells wurden Prognoserechnungen durchgeführt. Dazu war die Abschätzung der zukünftigen Abflußverhältnisse erforderlich. Um den hierbei auftretenden Unsicherheiten Rechnung zu tragen, wurden verschiedene 15-jährige Ganglinien aus „trockenen", „mittleren" und „feuchten" Abflußjahren verwendet.

Nachdem sich die mittlere Sohle in der untersuchten Flußstrecke im Zeitraum zwischen 1961 und 1993 um ca. 23 cm (= 0,7cm/Jahr) abgesenkt hat, ergaben die Prognoserechnungen unter der Annahme ähnlicher hydrologischer Bedingungen in den nächsten 15 Jahren eine weitere Eintiefung der Sohle von ca. 8 cm (= 0,5 cm/Jahr). Eine geringere bzw. stärkere Erosion ist bei der Vorgabe einer trockenen bzw. feuchten Ganglinie zu verzeichnen (Abb. 3).

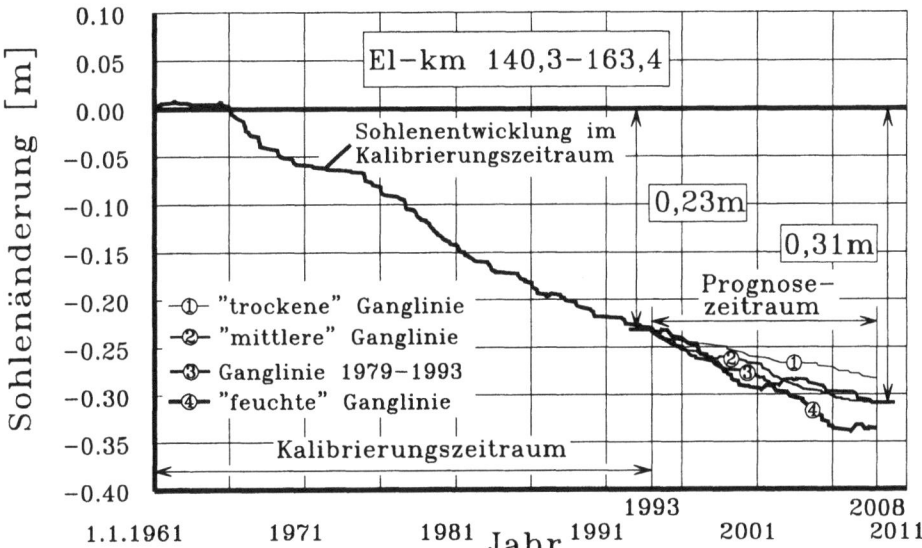

Abb.3. Prognose für die Entwicklung der mittleren Sohlenhöhen

Bleibt der Ausbauzustand in dem Elbe-Abschnitt unverändert, kann davon ausgegangen werden, daß die bisher beobachtete Erosion weiter voranschreitet, wobei die Intensität allerdings spürbar abnimmt. Das stimmt mit der Beobachtung überein, daß sich der Schwerpunkt der Erosion im Laufe der Zeit weiter nach stromab verlagert hat.

4 Geschiebezugabe

Im Rahmen eines Naturversuches erfolgte über einen Zeitraum von drei Monaten (16.4-15.7.1997) am oberstromigen Rand der Modellstrecke eine versuchsweise Geschiebezugabe, wobei 9120 t Elbekies und 2145 t Meißner Granit als Tracermaterial verklappt wurden. Damit sollte die Möglichkeit einer dynamischen Sohlstabilisierung näher untersucht werden.

Auf der Grundlage des während der Zugabe erhobenen Datenmaterials erfolgte eine Validierung des entwickelten Feststofftranportmodells, d.h. eine Überprüfung des Modells mit Hilfe nicht zur Kalibrierung verwendeter Naturdaten. Dabei konnte mit dem gegenüber der Eichung *unveränderten* Modell der während der Verklappung beobachtete deutliche Anstieg sowie der anschließende Abfall der mittleren Sohlenlagen gut nachvollzogen werden (Abb. 4).

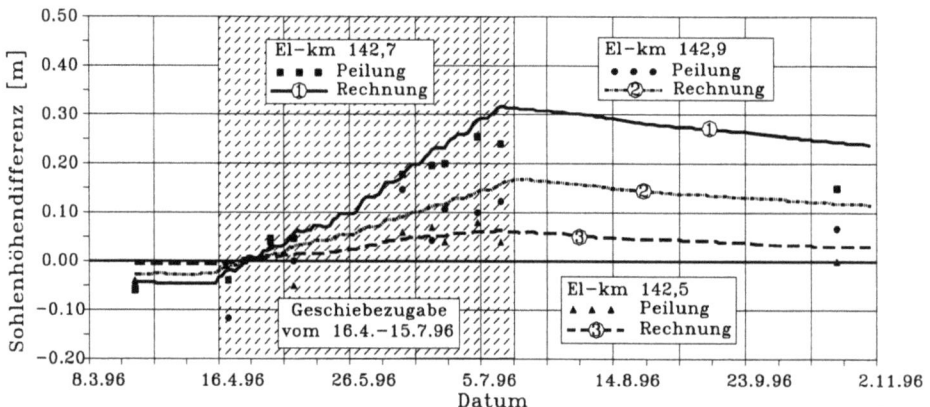

Abb. 4. Beobachtete und berechnete Entwicklung der mittleren Sohlenhöhen während und nach der Geschiebezugabe

Mit weiteren Simulationsrechnungen wurde die Fortsetzung der Geschiebezugabe sowie alternative Standorte unter Variation der Menge und Kornverteilung der verklappten Feststoffe über einen Zeitraum von 15 Jahren untersucht.

Diese Untersuchungen dienten der wissenschaftlichen Vorbereitung einer zunächst auf 5 Jahre befristeten Geschiebezugabe an verschiedenen Stellen der Erosionsstrecke.

5 Buhnenabsenkung und Kolkverbau

Aufgrund der langjährigen Eintiefung der Sohle liegen die Buhnenköpfe in der untersuchten Elbestrecke durchgängig deutlich (bis zu 1 m) über dem sich bei MQ=340 m³/s einstellenden Wasserstand. Als eine denkbare Maßnahme zur Eindämmung der anhaltenden Erosion wurde deshalb die Absenkung aller Buhnen auf den aktuellen Mittelwasserstand unter Beibehaltung des Streichlinienabstandes untersucht. Die Simulationsrechnungen ergaben, daß eine Absenkung der Buhnen praktisch nichts an der Erosionstendenz im untersuchten Elbeabschnitt ändert, aber ein deutliches Absinken der Wasserstände bewirkt.

Bereits bei einem MNQ von 130 m³/s beträgt die Differenz gegenüber dem unveränderten Zustand bis zu 10 cm, so daß durch die Baumaßnahme negative Auswirkungen hinsichtlich der Sicherheit und Leichtigkeit der Schiffahrt zu erwarten sind. Das Maximum des Wasserspiegelverfalls wird bei mittleren Hochwasserabflüssen erreicht und ist wegen der damit verbundenen merklichen Grundwasserspiegelabsenkung in der Talaue sowie der weniger häufig überfluteten Vorländer aus ökologischer Sicht bedenklich.

Zur Simulation eines Kolkverbaues wurde die Sohle im gesamten Modell auf 2 m unter den gleichwertigen Wasserstand (GlW1989*(20d)) angehoben. Die Prognoserechnungen ergaben, daß nach dem Kolkverbau genau in den Abschnitten eine verstärkte Erosion auftritt, die vorher die größten Eintiefungen aufwiesen und deshalb insbesondere vom Kolkverbau und der damit einhergehenden Fließflächenverringerung betroffen waren. Der Fluß strebt also wieder die vor dem Kolkverbau herrschenden geometrischen Verhältnisse an, die sich nach der Flußregelung herausgebildet haben. Gleichzeitig bewirkt der Kolkverbau ein deutliches Ansteigen der Wasserstände, wobei die stärksten Auswirkungen im Niedrigwasserbereich auftreten, während bei Hochwasser nur noch ein geringer Einfluß spürbar ist.

6 Zusammenfassung

Im Ergebnis der mit dem eindimensionalen Feststofftransportmodell durchgeführten Untersuchungen läßt sich feststellen, daß zur Eindämmung der Erosion insbesondere die Geschiebezugabe und die Befestigung stark erodierender Flußabschnitte geeignet sind, während eine Absenkung der Buhnen praktisch keine Verbesserungen hinsichtlich der fortschreitenden Eintiefung der Flußsohle bringt.

Ein neues Entwicklungskonzept für die Havel?

Karl-Heinz Jährling

1 Allgemeine Grundlagen

Die Havel wurde bereits sehr frühzeitig durch wasserbauliche Eingriffe anthropogen verändert. Diese Eingriffe bestanden bis zum ausgehenden Mittelalter in der Errichtung zahlreicher Mühlenstaue und Fischwehre. Die später folgenden Auswirkungen in Gewässern und Aueflächen sind direkt von den Änderungen des Hochwasserabflußregimes durch den Deichbau hervorgerufen worden. Hierbei sind, neben dem Bau von Deichen und Hochwasserschutzanlagen selbst, vor allem die Deichbauten an der Elbe im Bereich ehemaliger Durchbruchstäler und Rückstaubereiche in die Havel hervorzuheben. Die letzte große wasserbaulich-hochwasserschutztechnische Maßnahme zur Senkung der Rückstauhöhe der Elbe in der Havel kann mit dem Bau des Gnevsdorfer Vorfluters im Jahre 1956 datiert werden. Die Ursachen für die Baumaßnahmen sind vor allem in den Klagen der Landwirtschaft zu suchen, welche sich bis in das Mittelalter zurückverfolgen lassen. Wesentliche Auswirkungen hatten desweiteren zunehmende Maßnahmen des Verkehrswasserbaues zur Schiffbarmachung der Havel, welche das Fließgewässer in Form von Uferbefestigungen sowie Wehranlagen- und Schleusenbauten immer wieder neuen Schiffsgrößen anpaßten und damit die heutigen hydraulisch-wasserwirtschaftlichen Verhältnisse der Havel festlegten.

Infolge der Maßnahmen in und an der Havel stellt sich das Fließgewässer und dessen Einzugsgebiet heute gegenüber dem natürlichen Zustand völlig verändert und anthropogen deutlich überformt dar. Hiervon sind primär die hydraulisch-hydrologischen und die strukturell-morphologischen Bedingungen einschließlich aller naturraumtypischen, dynamischen Prozesse betroffen. Die verbreitete Meinung des weitgehend natürlich erhaltenen Haveleinzugsgebietes entspringt der langen historischen Entwicklung des heute prägenden Bildes sowie dem völligen Verlust bzw. der wesentlichen Unkenntnis der Merkmale eines natürlich belassenen Niederungsstromes. Die jahrhundertealten anthropogenen Veränderungen hatten, neben der grundlegenden Wandlung der Nutzungsbedingungen in der Fläche, u.a. weitreichende Auswirkungen auf die gewässerökologische und wassergütewirtschaftliche Situation der Gewässer im gesamten Haveleinzugsgebiet.

Hinsichtlich der prognostischen Entwicklung des Flusses, seiner Nebengewässer und Auengebiete bieten sich unter Beachtung aktueller verkehrspolitischer Bedingungen wesentlich neue Gesichtspunkte zur Berücksichtigung im Sinne eines komplex angelegten Gewässerschutzes an. Dies begründet sich vor allem mit der sogenannten „Elbeerklärung", welche im September '96 unterschrieben wurde. Bei diesem Arbeitspapier handelt es sich um eine Vereinbarung zwischen dem Bundesverkehrsministerium (BMV), den großen Naturschutzverbänden Deutschlands (NABU, BUND, EURO-NATUR) und der Umweltstiftung WWF zur Zukunft der Binnenschiffahrt auf der Strecke Hamburg-Magdeburg-Tschechien. Inhaltlich vertreten die unterschreibenden Partner die Auffassung, daß der Elbe-Seitenkanal (ESK) im Vergleich zur Elbe die deutlich bessere Alternative für die Schiffahrt auf der o.a. Strecke nach Herstellung eines gewissen Ausbauzustandes darstellt. Gemeinsames Ziel ist die Erreichung des dazu notwendigen Ausbauzustandes des ESK zum frühestmöglichen Zeitpunkt. Neben den dort vereinbarten Einzelzielen zur Elbe und zum ESK soll die Untere-Havel-Wasserstraße vom Wehr Bahnitz bis zur Havelmündung als Bundeswasserstraße aufgegeben werden. Entsprechend der Vereinbarung unterstützt der BMV im Rahmen seiner Zuständigkeit die Renaturierungsvorhaben an der Havel.

2 Gewässerschutz und Morphologie

Aus wassergütewirtschaftlicher Sicht ist die Havel als organisch mäßig belastetes Gewässer mit einem stabilen Sauerstoffhaushalt, erhöhter Nährstoffzufuhr sowie hoher interner Stoffumsetzung zu charakterisieren. *Limitierend für die resultierende wassergütewirtschaftliche Gesamtsituation der Havel wirken primär die flußmorphologischen Rahmenbedingungen.* Diese ergeben sich aus der aktuellen Nutzungssituation und der damit begründeten Stauregulierung, welche alle nachfolgenden Faktoren wie Verweilzeit, Strömung und Aufwärmung entscheidend beeinflußt. Mit diesen hydrologisch-hydraulischen Rahmenbedingungen (zeitweise hydraulischer Totalverlust mit Auswirkungen auf Morpho- und Geschiebedynamik, Wasserstandsänderungen durch Ausschluß des Rückstaus aus der Elbe und Aufstau zu Niedrigwasserzeiten mit Änderungen des Lichtklimas und der Temperaturamplitude etc.) waren und sind in der Havel grundlegend geänderte gewässerökologische und wassergütewirtschaftliche Bedingungen zu kombinieren. Dies sind insbesondere die Vernichtung rheophiler, fließgewässergebundener Artengemeinschaften und kompletter naturraumtypischer Fließgewässerbiozönosen unter Ausschluß der tragenden Prozesse der natürlichen Selbstreinigungsleistung selbstregulierender Nahrungsnetze eines Niederungsflusses. *Dadurch bedingt stellt sich die Havel in der jüngeren Vergangenheit bzw. Gegenwart als ein meist trübes, rückgestautes und durch Phytoplankton beeinflußtes Fließgewässer mit einer ausgeprägten Eutrophie dar.*

In Zukunft ist im Haveleinzugsgebiet mit einer weiteren Abnahme des punktförmigen Anteils der Nährstoffeinträge durch Erhöhung des Anschlußgrades, Kläranlagenneubau und -modernisierung zu rechnen. Dadurch wird sich der relative Anteil aus diffusen Nährstoffeinträgen weiter erhöhen. Auch hinsichtlich der Absolutgröße ist nur mit geringen Änderungen der schwer faßbaren landwirschaflichen Einträge zu rechnen. Sicherlich stellen abwassertechnologische Sanierungsmaßnahmen juristische und moralische Verpflichtungen aus Sicht des technischen Umweltschutzes des Bundes und der Länder dar; bei Beachtung des vorliegenden Sachstandes, d.h. bei fachlicher Vernachlässigung der Gewässermorphologie, werden diese Sanierungen jedoch vermutlich nicht bezüglich der Verbesserung der Gewässergüteklasse in der Havel wirksam werden. *Gerade unter Beachtung der relativ geringen Eingriffsmöglichkeiten über externe Sanierungen von Stoffquellen bezogen auf das Gesamtsystem kommt den gewässerinternen Faktoren die entscheidende Rolle in Bezug auf klassenwirksame Güteverbesserungen der Havel zu, d.h. es muß eindeutig davon ausgegangen werden, daß nicht allein die summarische*

Belastung mit Nährstoffen, sondern die morphologische Gesamtsituation die beschaffenheitslimitierende Größe darstellt.

3 Zielstellungsanspruch und Entwicklungsmöglichkeiten

Die grundlegende Zielstellung der Wassergüte in der Unterhavel sollte in der Erreichung eines „naturnahen" Beschaffenheitsbackgrounds, etwa in den Größenordnungen einer Gewässergüteklasse II, bestehen. Selbst jedoch dann, wenn die Stoffkonzentrationen eine stabile Klasse II signalisieren, wird die nächstschlechtere Gewässergüteklasse charakteristisch bleiben, da kaum mit einer naturraumtypischen, makrozoobenthischen Besiedlung in Form der entsprechenden Indikatorarten zu rechnen ist. Damit sind spürbare und nachhaltige Güteverbesserungen der Havel nur durch gezielte wasserbauliche Eingriffe zur Änderung der Gewässerdynamik und gewässerinterner Prozesse als Verkettungsfaktoren zur Gewässermorphologie bei gleichzeitiger Veränderung der Stoffaustragsgröße aus dem Havelsystem und der Eigenregulationsprozesse zu erreichen. Bei der Beachtung künftiger Entwicklungen im Havelgebiet muß deutlich zwischen derzeitig machbaren und prognostisch möglichen wassergütewirtschaftlich-gewässerökologischen Zielstellungen auf Grund o.a. veränderter verkehrspolitischer Rahmenbedingungen unterschieden werden. Unter diesen Bedingungen ist die Verbesserung der Wassergüte und der Besiedlungsmöglichkeiten im aquatischen System der Havel nach Realisierung der abwassertechnischen Sanierungsmaßnahmen sowie unter Zugrundelegung neuer wassergütewirtschaftlicher Möglichkeiten durchaus denkbar. *Die wichtigsten Grundlagen stellen dann Eingriffsregelungen über den Nährstoffinputfaktor hinaus, d.h. auf gewässerinterne Prozesse über die Fließ- und Morphodynamik des Gewässers, dar.* Dabei geht es primär um die Vermeidung zeitlich und räumlich orientierter, statischer Zustände und Abhängigkeiten sowie um die Förderung aller selbstregulierenden, dynamischen Entwicklungen in und an der Havel zwischen Bahnitz und der Mündung in die Elbe einschließlich der Nebengewässer sowie der Auenflächen bei Beachtung folgender inhaltlicher Schwerpunkte:

Realisierung naturnaher Schwankungsbreiten - Die gewässerökologisch wünschenswerten Wasserstände der Havel sollten sich, gegenüber den seit Jahrzehnten anthropogen gesteuerten Amplituden, an denen der natürlichen Schwankungsbreiten sowohl der Havel selbst als auch an denen der Elbe orientieren. Nach dem Wegfall der Stauziele für die Bundeswasserstraße sind diese Vorstellungen durch gezielte Entfernung der Wehranlagen bei Beachtung der Zielstellungen anderer Nutzer durchaus realistisch, wobei geringere Wasserstände im Niedrigwasserfall zu erwarten sind. Aus ökologischer Sicht des sandigen Niederungsflusses ist dies durchaus erwünscht, wobei Eingriffe und Entwicklungen der letzten Jahrzehnte (Flußbettvertiefungen, Profilaufweitungen, Mäanderdurchstiche, Höhenlagen) zu berücksichtigen sind. Das Ziel besteht in der Erreichung eines dynamischen, frei abfließenden und im Mündungsbereich zeitweise bis auf neu festzusetzende Höchstmarken rückgestauten Niederungsflusses. Dabei ist auch der Geschiebe- und Morphodynamik der Havel, soweit vertretbar, weitestgehender Freiraum zu lassen.

Durchsetzung des aquatischen Längskontinuums - Diesem Entwicklungsziel dürfte bezüglich seiner ökologischen Notwendigkeit unter heutigen Kenntnissen kaum etwas hinzuzufügen sein. Im speziellen Fall ist dieses Ziel überhaupt erst durch die Aufgabe der Bundeswasserstraße diskutabel geworden, da die Erreichung einer ökologischen Durchgängigkeit bei zwischengeschalteten Standgewässerabschnitten aufwendig und ökologisch fragwürdig ist.

Entfernung von Uferbefestigungen - Nach Aufgabe der Bundeswasserstraße sind Uferbefestigungen im wesentlichen funktionslos. Dies gilt vor allem für Deckwerke bei ausbleibender Belastung der Ufer durch schiffahrtsbedingten Wellenschlag. Hinsichtlich der anzustrebenden Morpho- und Geschiebedynamik sollte der weitgehende Abbau der Deck- und Leitwerke angestrebt werden, da nur so der notwendige Entwicklungsfreiraum der Havel bei gleichzeitiger Beachtung eines Mindestgeschiebetransportes erreichbar ist.

Reaktivierungen von Altauenflächen - Die Realisierung einer Überführung von Altauenflächen in die rezente Hochflutaue bietet sich in Form von Deichrückverlegungen und/ oder Entfernungen vorhandener Hochwasserschutzanlagen an. Zu derartigen Überlegungen liegen bereits erste Ausarbeitungen als mögliche Diskussionsgrundlagen vor.

Altarmanschluß - Gerade an der Havel stellen Wiederanschlüsse von temporär durchflossenen Altarmen und ständig durchflossenen Havelnebenarmen einen tragenden Bestandteil des Gesamtkonzeptes für eine zukünftige, naturnahe Entwicklung des Fließgewässers dar. Dabei ist zu bedenken, daß auch temporäre Wasserführungen durchaus ökologisch wünschenswert und naturraumtypisch sein können.

4 Zusammenfassung

Unter Beachtung geänderter verkehrspolitischer Zielstellungen für die Havel als Bundeswasserstraße, bestehen zukünftig grundsätzlich neue Entwicklungsmöglichkeiten für das gesamte Einzugsgebiet der Unteren Havel zwischen dem Wehr Bahnitz und der Mündung in die Elbe. Aus Sicht der Grundsätze eines komplexen, zukunftsweisenden und ökosystemaren Gewässerschutzes muß dabei das Hauptziel in der Wiederherstellung eines naturnahen, dynamischen Niederungsflusses, einschließlich der derzeit noch vorhandenen rezenten Aue und der realistisch-reaktivierbaren Altaue, bestehen. Nur durch diese Maßnahmen sind nachhaltige und spürbare Güteverbesserungen der Havel als Reaktion auf kostenintensive abwassertechnische Sanierungsmaßnahmen zu erreichen. Neben der Einheit von Wassermenge und Wassergüte kann nur so der dringend notwendige Schritt zur Berücksichtigung der Gewässergüte vollzogen werden. Der Verfasser ist sich durchaus der Tragweite dieser Aussagen hinsichtlich der juristischen und finanztechnischen Aufwendungen bewußt. *Wohl nirgendwo sonst in Mitteleuropa bietet sich jedoch eine derartig einmalige Chance der ganzheitlichen und ökosystemar-komplexen Wiederherstellung des Großteils eines Niederungsflusses mit allen damit verbundenen Prozessen und Randbedingungen.*

Das vorliegende Vortragsmanuskript stellt die stark gekürzte Fassung einer Informationsbroschüre gleichen Titels (Herausgeber: Staatliches Amt für Umweltschutz Magdeburg) dar. Auf Grund des zur Verfügung stehenden, sehr geringen Platzes war es weiterhin nicht möglich, das Literaturverzeichnis zu veröffentlichen. Bei Bedarf kann die Informationsbroschüre bzw. eine Literaturliste beim Verfasser angefordert werden.

Fisch-
wirtschaft

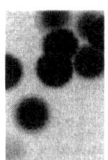

Die neue Fischaufstiegshilfe am Elbewehr Geesthacht - Bau und Erfolgskontrollen

Thomas Gaumert

Die freie Durchgängigkeit eines Fließgewässers ist neben einer natürlichen Gewässermorphologie unabdingbare Voraussetzung für eine standortgerechte Ausbildung der Fischbiozönose. Sind beide Bedingungen durch die vom Menschen verursachten Eingriffe gestört, z.b. durch Querbauwerke oder Ausbaumaßnahmen, verliert der Fluß ein Stück Lebenskraft und damit einen Teil seiner Funktion im gesamten Naturhaushalt. Besonders betroffen sind hiervon die Wanderfischarten, wie z.B. Flußneunauge, Meerneunauge, Stör, Finte, Lachs, Meerforelle, Stint, Aal, Dreistachliger Stichling und Flunder, die ihrem Trieb gehorchend entweder lange Wanderungen von bis zu mehreren 1.000 km stromauf in die Flüsse oder stromab zu ihren Laichplätzen im Meer ausführen müssen. Aber auch innerhalb der einzelnen Flußgebietsabschnitte gibt es eine Vielzahl von weiteren Fischarten, die mehr oder weniger große saisonale Wanderbewegungen vollziehen, um z.B. geeignete Nahrungsgründe, Winterlager, Laichgründe, Jungfischstuben und Refugien im Falle von Havarien oder Sauerstoffmangelsituationen zu erreichen.

Mit dem Bau von 93 Querbauwerken an der tschechischen Elbe (2 Talsperren, 24 Staustufen mit Schiffahrtsschleusen sowie 67 Wehre und Sohlschwellen), einer Staustufe an der deutschen Elbe bei Geesthacht sowie einer Vielzahl von unterschiedlichen Wehren und Talsperren an den Nebenflüssen wurde die frühere Einheit des Elbeeinzugsgebietes zerstückelt, wodurch eine gravierende Änderung der Hydromechanik und damit auch der Lebensräume für Fische eintrat. Beispielsweise wurde im tschechischen Elbeabschnitt die natürliche Abfolge von Forellen-, Äschen- und Barbenregion erheblich gestört; stattdessen finden sich zum Teil Fragmente dieser Gliederung zwischen den Stauhaltungen auf vergleichsweise kurzen Strecken wieder. Die für die Ausbildung von natürlicherweise vorkommenden Fischbeständen erforderliche Durchgängigkeit der Elbe ist hier nicht mehr gegeben. Fischaufstiegshilfen sind nur teilweise vorhanden; diese wiederum sind - soweit überhaupt bekannt - nur bedingt funktionstüchtig. Eine ähnliche Situation findet sich praktisch mehr oder weniger stark ausgeprägt an fast allen Elbenebenflüssen.

Gerade in den letzten Jahren hat es an der Elbe erhebliche Aktivitäten gegeben, durch Verbesserung bestehender Fischaufstiegshilfen und durch Neubau solcher Einrichtungen die Durchgängigkeit zu verbessern, so z.B. am Wehr Geesthacht.

Das im Jahre 1960 in Betrieb genommene Wehr Geesthacht (Strom-km 585,9) ist die Schnittstelle zwischen tidefreier Elbe und tidebeeinflußtem Elbeabschnitt. Durch dieses Wehr war die freie Durchzugsmöglichkeit der aquatischen Organismen schon im Unterlauf der Elbe stark behindert, mit der Folge, daß ein Großteil der stromauf ziehenden Fische die für ihren Lebenszyklus erforderlichen oberstrom liegenden Biotopstrukturen, z.B. in den östlichen Bundesländern und der CR, nicht mehr erreichen konnten. Trotz Errichtung einer Fischtreppe und eines Fischpasses trat keine grundlegende Verbesserung der mit Inbetriebnahme des Wehres entstandenen schlechten ökologischen Situation ein. Durch ein Gutachten wurde festgestellt, daß beide Einrichtungen aufgrund konstruktiver Mängel und baulichem Verfall nur ungenügend ihre Aufgabe erfüllen.

Daraufhin hat das Wasser- und Schiffahrtsamt Lauenburg in seiner Zuständigkeit, unter fachlicher Beteiligung der Wassergütestelle Elbe und des Niedersächsischen Dezernates für Binnenfischerei, einen entsprechenden Planungsentwurf für eine großzügig dimensionierte neue Fischaufstiegshilfe als Rauhgerinne erarbeitet. Er berücksichtigt den Stand der Technik und des fischökologischen Wissens auf diesem Sektor. Das neue Rauhgerinne, das am 8. April 1998 probeweise in Betrieb genommen wurde, weist einen durchschnittlichen Abfluß von 6,3 m^3/s auf. Es ist insgesamt 200 m lang und in 3 Gefällestrecken und 2 Ruhebecken gegliedert. Die Breite an der Sohle der Fischaufstiegshilfe beträgt 8 m, die des Wasserspiegels (Oberfläche) ca. 12 m. Die durchschnittliche Wassertiefe wurde mit 0,8 m in den Gefällestrecken und mit 1,2 m in den Ruhebecken vorgegeben. Auf Wunsch der Fischereibehörden, die bei der Planung die Interessen der Fischer einbrachten, wurde eine Wollhandkrabben-Sperre installiert. Zusätzlich wurde für Erfolgskontrollen das Bauwerk mit 4 Fischreusen und 2 Reusen zur Beobachtung des Jungaal-Aufstieges versehen. Die Anlage ist derzeit eine der größten dieser Art in Deutschland.

Die Finanzierung des Projektes (ca. 3 Mio DM) erfolgte mit mehr als 1 Mio DM durch die Wasser- und Schiffahrtsverwaltung als „Ablösesumme" für unterlassene Unterhaltungspflichten bei den alten Fischaufstiegshilfen. Ein Betrag in Höhe von 600.000 DM wurde durch die HEW-Umweltstiftung eingebracht. Der verbleibende Differenzbetrag wurde durch die ARGE-ELBE-Partnerländer abgedeckt.

Im Rahmen der Erfolgskontrolle, für die rd. 290.000 DM eingeplant wurden, werden folgende Arbeiten ausgeführt:

1 Funktionsüberprüfung der neuen Fischaufstiegsanlage

Die Untersuchung zielt auf eine Erfolgskontrolle der durch die Errichtung der neuen Fischaufstiegsanlage am Elbewehr bei Geesthacht bezweckten Verbesserung des Fischwechsels ab. Die Untersuchungen orientieren sich methodisch und inhaltlich an der Funktionsüberprüfung der alten Fischaufstiegsanlagen am Elbewehr Geesthacht der Jahre 1993/94.

2 Farbpunkt-Gruppenmarkierung

Ziel dieser Untersuchung ist die Ermittlung der Akzeptanz der neuen Fischaufstiegsanlage am Elbewehr bei Geesthacht durch den Wiederfang markierter Fische nach vorangegangener Farbpunkt-Gruppenmarkierung größerer Individuengruppen.

3 Erfassung der Benthosmigration

Die geplante Untersuchung ist als Vorstudie für eine eventuell nachfolgende grundlegende Überprüfung benthischer Wanderbewegungen in der neuen Fischaufstiegsanlage am Elbewehr bei Geesthacht konzipiert. Ziel ist es, einen Eindruck von der sukzessiven Besiedlung des in die neue Fischaufstiegsanlage eingebrachten Substrates durch benthische Organismen sowie von der Bedeutung dieses Bauwerkes für Austauschprozesse dieser Faunengruppe zwischen der unter- und oberhalb des Wehres gelegenen Flußabschnitte zu gewinnen. Darüber hinaus sollen Erkenntnisse über mögliche Auswirkungen der im Bauwerk integrierten Wollhandkrabbensperre auf die untersuchten Wanderbewegungen erarbeitet werden.

4 Erstellung einer Fotodokumentation „Neue Fischaufstiegsanlage am Elbewehr Geesthacht"

Die Fotodokumentation stellt neben der Beschaffenheit der ehemaligen am Elbewehr bei Geesthacht existierenden Fischaufstiegsanlagen, insbesondere im Hinblick auf ihre Schwachstellen, begleitend den Fortgang der Bauphase der neuen Fischaufstiegsanlage sowie exemplarisch die nachfolgende Erfolgskontrolle in Form einer Funktionsüberprüfung sowie evtl. weitere Untersuchungen dar.

5 Erstellung einer Broschüre „Neue Fischaufstiegsanlage am Elbewehr bei Geesthacht"

Diese Broschüre stellt basierend auf der Fotodokumentation neben der Beschaffenheit der alten am Elbewehr bei Geesthacht existierenden Fischaufstiegsanlagen, insbesondere im Hinblick auf ihre Schwachstellen, begleitend den Fortgang der Bauphase der neuen Fischaufstiegsanlage, das neu errichtete Bauwerk sowie exemplarisch die nachfolgende Erfolgskontrolle in Form einer Funktionsüberprüfung sowie evtl. weitere Untersuchungen dar.

6 Erstellung eines Posters „Neue Fischaufstiegsanlage am Elbewehr bei Geesthacht"

Dieses Poster zeigt basierend auf der Fotodokumentation im Überblick die Beschaffenheit der alten Fischaufstiegsanlagen, insbesondere deren Schwachstellen. Gleichzeitig wird der Fortgang der Bauphase der neuen Fischaufstiegsanlage und der Endausbau sowie exemplarisch die nachfolgende Erfolgskontrolle in Form einer Funktionsüberprüfung dargestellt. Die biologisch/ökologischen Erfolgskontrollen beginnen nach Abschluß des Probebetriebes der neuen Fischaufstiegshilfe und erforderlichen Korrekturen im Juni 1998. Über erste Ergebnisse wird auf dem 8. Magdeburger Gewässerschutzseminar im Rahmen eines Vortrages berichtet.

Die Bedeutung von Schiffsschleusen für den Fischaufstieg - Untersuchungen am Elbwehr bei Geesthacht

Hans-Jochaim Schubert

Die Erkenntnis über die Bedeutung von Schiffsschleusen als alternative Fischwanderwege im Bereich von Staustufen ist noch sehr lückenhaft. So beschränken sich die wenigen vorliegenden Untersuchungen meist nur auf Betrachtungen relativ kurzer Zeiträume. Die Ergebnisse deuten jedoch darauf hin, daß Schiffsschleusen - zumindest in beschränktem Umfang - von Wanderfischen als Aufstiegswege genutzt werden. Darüber hinaus finden sich erste Hinweise darauf, daß die Akzeptanz von Schiffsschleusen als Fischaufstiegswege durch einen modifizierten Schleusenbetrieb verbessert werden kann.

Im Rahmen des BMBF-Projektes „Elbe-Ökologie" wurde das Büro *Limno-Bios* durch das Dezernat Binnenfischerei im Niedersächsischen Landesamt für Ökologie mit „Untersuchungen zum Wanderverhalten von Fischen im Bereich von Staustufen großer Ströme am Beispiel des Elbewehrs bei Geesthacht unter besonderer Berücksichtigung der Schiffsschleuse" beauftragt.,

Ziel der von August 1997 bis März 1999 andauernden Untersuchungen ist es, Kenntnisse über die Bedeutung von Schiffsschleusen für Fischwanderungen im Längsverlauf eines großen Stromes zu gewinnen. Am Beispiel der Staustufe Geesthacht wird die Nutzung der verschiedenen möglichen Wanderwege vergleichend untersucht. Hierbei werden insbesondere Fragen der den Fischwechsel beeinflussenden verhaltens- und bestandsbedingten Faktoren bearbeitet. Aus den Ergebnissen sollen Empfehlungen zur Verbesserung des Fischwechsels abgeleitet werden.

Im Rahmen des Projektes sind die Erfassung der Bestandssituation am Wehr durch Markierungsexperimente sowie regelmäßige Befischungen im Unter- und Oberwasser und im Schleusenkanal (Elektro-, Schleppnetz-, Stellnetz- und Reusenfischerei, Echolotsurveys), Verfolgung der Wanderbewegungen mittels Telemetrie, Überprüfung des Fischaufstiegs in den Fischpässen (Reusen) und der Schleuse (Stellnetze, Reusen, Echolot) sowie die begleitende Erfassung abiotioscher Faktoren vorgesehen.

Untersuchungen zu Fischbestandsstrukturen und fischereilicher Produktivität von Buhnenfeldern der Mittelelbe

Erik Fladung

Mit dem Ausbau der Mittelelbe zur Wasserstraße erlangten Buhnenfelder eine zunehmende fischereiliche Bedeutung, da sie teilweisen Ersatz für den Verlust zahlreicher Nebengewässer boten und anfänglich eine hohe Bioproduktion aufwiesen. Neben den wasserbaulichen Veränderungen führte die zunehmende Wasserbelastung durch Abwässer und Schadstoffe zu gravierenden Veränderungen der Fischartengemeinschaft in qualitativer und v.a. quantitativer Hinsicht. Die Verbesserung der Wasserqualität ab 1990 läßt neben einer Erhöhung der Artendiversität auch positive Auswirkungen auf Fischbestandsgröße sowie mengenmäßige Artenzusammensetzung erwarten.
Im Poster werden erste Ergebnisse von Fischbestandsuntersuchungen an Buhnenfeldern der Mittelelbe vorgestellt sowie anhand von Untersuchungen zur Nährtiersituation Aussagen zur gegenwärtigen fischereilichen Produktivität gemacht.

1 Fischereiliche Produktivität

Eine vergleichende Ertragsschätzung anhand von 1993-96 durchgeführten quantitativen Erhebungen zur Fischnährtierbesiedlung (Benthon) in 14 Buhnenfeldern sowie 5 ständig angebundenen Nebengewässern der Mittelelbe (s. Poster II) mit früheren Untersuchungen (Pape 1952, Bauch 1958) macht die gegenwärtig überaus geringe fischereiliche Produktivität der Buhnenfelder deutlich. Der nach Bauch (1958) für das Jahr 1937 geschätzte potentielle Fischertrag lag demnach mit ≈ 43 kg/ha um eine Zehnerpotenz über dem derzeitigen Niveau (3,7 kg/ha). Gegenwärtig konzentriert sich das vorhandene Nährtierangebot auf den Hartsubstraten der Buhnen. Die Besiedlungsdichte hat bereits wieder den Stand von 1937 (vor Beginn der Wasserverschmutzung) erreicht und teilweise übertroffen. Dagegen wird das Besiedlungspotential in den Sedimenten der Buhnenfelder und der Altwässer noch nicht annähernd ausgeschöpft. Mögliche Ursachen sind in der suppressiven Wirkung von Schadstoffen im Schlamm, der Sedimentbeschaffenheit und -bewegungsdynamik sowie dem weitgehenden Fehlen einer Litoralzone im unmittelbaren Strombereich zu sehen. Mittelfristig erscheinen daher – bei weiterhin steigender Bioproduktion – Erträge von 10-15 kg/ha als realistisch.

2 Fischbestand

Im Rahmen eines mehrjährigen BMBF-Projektes wurden 1997 insgesamt 10 Buhnenfelder an 3 Standorten (Havelberg, Wittenberge, Rogätz) zu jeweils 4 verschiedenen Zeitpunkten im Jahr nach einheitlicher Methodik mit Elektrofischfanggerät und Zugnetz befischt. Die Auswertung der Probefänge ergab sowohl hinsichtlich der Individuenhäufigkeit als auch der Biomasseanteile eine starke Dominanz eurytoper Arten (Barsch, Blei, Plötze, Güster), die ca. 70 % des Gesamtfanges ausmachten (Abb.1).

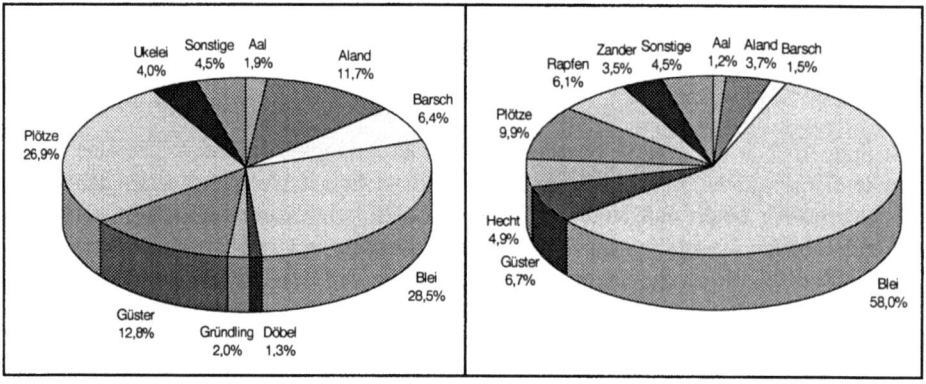

Abb.1 Fischartenzusammensetzung in den untersuchten Buhnenfeldern nach Individuenhäufigkeit (links) und Biomasseanteilen (rechts)

Anhand der Präsenz in den Fängen können Aland, Barsch, Blei und Plötze als Charakterfischarten sowie Aal, Döbel, Gründling, Güster, Hecht, Quappe, Rapfen und Ukelei als Begleitfischarten der Buhnenfelder bezeichnet werden. Bemerkenswert ist ein offensichtlicher Anstieg der Döbel- und Quappenbestände in den letzten Jahren. Insgesamt konnten 22 Fischarten nachgewiesen werden. Hinsichtlich einer Typisierung der Charakter- und Begleitfischarten nach öko-ethologischen Gesichtspunkten wie Strömungs- und Laichsubstratpräferenzen überwogen ebenfalls die indifferenten Fischarten. Die positiven Auswirkungen der Wassergüteverbesserung müssen demnach durch Verbesserungen der Flußmorphologie ergänzt werden. Aus den Untersuchungen resultierende Schwerpunkte der zukünftigen Gestaltung von Buhnenfeldern liegen aus fischereiökologischer Sicht in der Erhaltung und Förderung morphologisch heterogener Kleinstrukturen mit unterschiedlichen Habitatangeboten, wobei insbesondere die rheophilen und Wanderfischarten stärkere Beachtung finden sollten. Eine Möglichkeit bietet die Erhaltung bzw. Gestaltung von Buhnendurchbrüchen. Von den untersuchten Buhnenfeldern wiesen solche mit durchbrochenen Buhnen eine größere Artenvielfalt auf. Sowohl bezüglich der Gesamtartenzahl als auch hinsichtlich der Zahl rheophiler Arten konnten im Mittel 12-16 % bzw. 12-24 % mehr Arten im Vergleich zu reparierten oder intakten Buhnen nachgewiesen werden. Aufgrund des bislang noch zu geringen Probenumfanges und der starken Dominanz eurytoper Arten war eine Verschiebung in der Artenzusammensetzung statistisch nicht zu sichern. Bezüglich der Fischbiomasse pro Hektar Wasserfläche fanden sich dagegen keine Unterschiede zwischen Buhnenfeldern mit defekten und solchen mit intakten Buhnen.

Literatur

Bauch, G. (1958) Untersuchungen über die Gründe für den Ertragsrückgang der Elbfischerei zwischen Elbsandsteingebirge und Boizenburg. Z.f.Fischerei N.F. 7 (3-6), 361-437

Pape, A. (1952) Untersuchungen über die Erträge der Fischerei der Mittelelbe und die Auswirkungen ihres Ertragsniederganges. Z.f.Fischerei N.F. 1 (7), 45-73

… 239

0+ Fischgemeinschaften in unterschiedlichen Nebengewässern der Elbe

Sven Oesmann, Matthias Scholten, Henry Holst, Ralf Thiel

1 Einleitung

Im Rahmen des interdisziplinären BMBF-Verbundprojektes „Ökologische Zusammenhänge zwischen Fischgemeinschafts- und Lebensraumstrukturen der Elbe" – ELbe Fische werden seit dem 01.03.1997 unterschiedliche Nebengewässer der Elbe fischökologisch untersucht. Das übergreifende Ziel dieses Projektes besteht darin, grundlegende Zusammenhänge zwischen morphodynamischen Habitatparametern und Fischgemeinschaftsstrukturen quantitativ aufzuklären und die bislang fehlende Datengrundlage für eine Habitatmodellierung in großen Fließgewässern zu schaffen.

2 Untersuchungsgebiete, Material und Methoden

Das Hauptuntersuchungsgebiet liegt im Bereich der mittleren Elbe zwischen Rogätz bei Magdeburg (Stromkilometer 350) und der Seegemündung (Stromkilometer 488). Es werden unterschiedliche Nebengewässertypen untersucht:
– Zuflußmündungen,
– permanent angebundene Altwässer,
– semipermanent angebundene Nebengewässer.
Zur quantitativen Erfassung aller Arten und Lebensstadien der 0+ Fische werden unterschiedliche Fanggeräte, vor allem Uferzugnetze, Elektrofischereigeräte und Ringnetze eingesetzt.

3 Ergebnisse

In einer ersten Analyse der bisher ausgewerteten Fischdaten aus 15 Zugnetzfängen der Bereisung Ende August 1997 wurde für den Raum Havelberg ein Vergleich der Fischgemeinschaften zwischen einem abgetrennten, einem angebundenen Nebengewässer und dem Hauptstrom vorgenommen. Insgesamt konnten zu diesem Zeitpunkt im Raum Havelberg 15 Fischarten registriert werden (Tab. 1). Die höchsten Artenzahlen wurden im Hauptstrom, die höchsten Abundanzen im abgetrennten Nebengewässer festgestellt. Hier dominierten Güster (*Blicca björkna*) und Brassen (*Abramis brama*) mit über 50% und Perciden mit über 25% Gesamtabundanzanteil (Abb. 1). Im angebundenen Nebengewässer dominierte *Blicca björkna* zwar noch mit fast 30% Gesamtabundanzanteil, es wurde jedoch darüber hinaus ein höherer Anteil der Rotaugen (*Rutilus rutilus*) und des Ukeleis (*Alburnus alburnus*) festgestellt. Die dominierenden Arten im Hauptstrom waren Ukelei

(*Alburnus alburnus*) mit fast 40%, Aland (*Leuciscus idus*) mit 28 % und Gründling (*Gobio gobio*) mit 17% Gesamtabundanzanteil.

Tab.1. Liste der im August in den unterschiedlichen Makrohabitaten gefangenen Fischarten

SPECIES	Abgetrenntes Nebengewässer	Angebundenes Nebengewässer	Hauptstrom
Alburnus alburnus	x	x	x
Leuciscus idus		x	x
Rutilus rutilus	x	x	x
Blicca björkna	x	x	x
Abramis brama	x	x	x
Perca fluviatilis	x	x	x
Gymnocephalus cernuus	x	x	x
Stizostedion lucioperca	x	x	x
Gobio gobio	x	x	x
Aspius aspius	x		x
Esox lucius	x	x	x
Leuciscus cephalus			x
Leuciscus leuciscus			x
Abramis ballerus	x		
Scardinius erythrophthalmus	x		
Summe	12	10	13

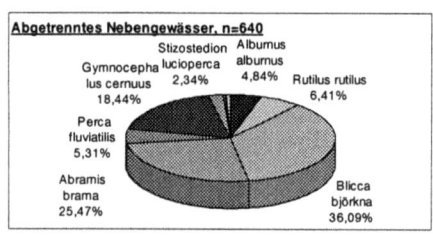
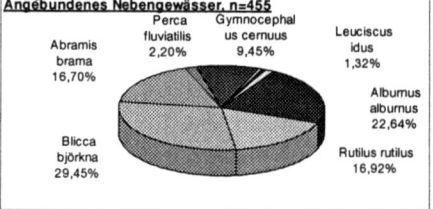
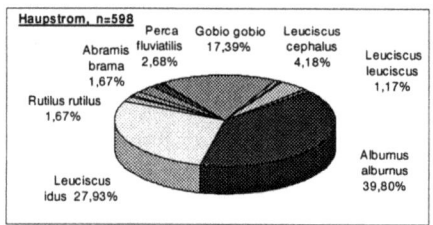

Abb.1. Dominanzstruktur (% Individuen) der Fischgemeinschaft im Querschnitt der Elbe bei Havelberg im August 1997

Nutzung von Wehr- und Stauanlagen im Sächsischen Muldesystem

Uwe Peters

1 Einleitung

In zunehmenden Maße werden seit 1990/91 sachsenweit Wehr- und Stauanlagen in Flußläufen 1. und 2. Ordnung für die Energieerzeugung mittels Kleinwasserkraftwerken genutzt bzw. reaktiviert. Im Energieprogramm des Freistaates Sachsen wird das Ziel formuliert, die Möglichkeiten der in Sachsen verfügbaren erneuerbaren Energiequellen zu mobilisieren. Im Auftrag der Sächsischen Landesanstalt für Landwirtschaft, Referat Fischerei, erfolgte im Rahmen eines Projektes 1996 und 1997 eine Bestandsaufnahme, Kartierung, von Wasserkraft-, Wehr- und Stauanlagen an Sächsischen Flüssen. Die Arbeiten werden 1998 fortgesetzt und beendet. Die Kartierung von Wehr- und Stauanlagen im Sächsischen Teil des Muldesystems ist weitestgehend abgeschlossen und soll in den weiteren Ausführungen kurz vorgestellt werden.

2 Material und Methodik

Zum Erhalt aussagefähiger Daten zur Nutzung der Wehr- und Stauanlagen wurden Befragungen des Betreibers bzw. Eigentümers, Akteneinsichten, Auswertungen der Dokumentation des Flußlaufs sowie Ortsbesichtigungen durchgeführt. Darüber hinaus erfolgte im Rahmen der Kartierung
– die Einschätzung der möglichen Wiederinbetriebnahme der Wasserkraftanlage,
– eine Bewertung der Passierbarkeit der Querverbauung für aufwandernde Fische,
– die vergleichende Gegenüberstellung der mit zunehmender Wasserkraftnutzung eintretenden Veränderungen im jeweiligen Flußlauf (Wehrteiche, Ausleitungsstrecken, Veränderung der Passierbarkeit von Wehranlagen für Fische),
– die Beurteilung der Funktionsfähigkeit von vorhandenen Fischaufstiegshilfen sowie die Durchführung von Funktionskontrollen.

3 Ergebnisse

Die Nutzung der Wasserkraft hat in Sachsen eine Tradition, die in das 11. bis 13. Jahrhundert zurück reicht. Die Aufgaben der Mühlen änderten sich stetig mit der Entwicklung der wirtschaftlichen Verhältnisse und den technischen Möglichkeiten. Nach den Kartierungen zur Nutzung der Wasserkraft im vorigen Jahrhundert (Steglich 1895) waren zum Beispiel an der Zwickauer Mulde 67, dem Schwarzwasser 27, der Freiberger Mulde 87, der Zschopau 82 und der Flöha 52 Wehranlagen vorhanden. Den Höhepunkt erreichte die Wasserkraftnutzung Mitte der dreißiger Jahre. Zu diesem Zeitpunkt wurden die meisten Wasserräder durch Turbinen ersetzt. Mit der veränderten Energiepolitik erfolgte bis in die siebziger Jahre eine Stillegung der Wasserkraftanlagen im erheblichen Umfang. In dessen Folge wurde oft der Wehraufsatz entfernt. Meist setzte ein zunehmender baulicher Unterhaltungsstau der Wehre ein, dem teilweise der bauliche Verfall oder im Extremen die Zerstörung des Wehres folgte. Mit Ausnahme der Querverbauung und des Wehrteichs war in vielen längeren Gewässerabschnitten eine natürliche Abflußdynamik kennzeichnend. In Bearbeitung des Projektes wurden im Muldesystem an bisher 40 untersuchten Fließgewässern 604 Querverbauungen aufgenommen, die aktuell die lineare Durchgängigkeit mehr oder weniger einschränken, behindern oder ganz unterbinden. Die kartierten Querbauwerke im Muldesystem unterliegen einer differenzierten Nutzung. Mit 40 bis 70 Prozent dienen die Wehranlagen für Wasserkraftanlagen (s. Abb. 1). Diese greift in nicht unerheblichen Maße in die Abflußdynamik und Ökologie der Gewässer ein.

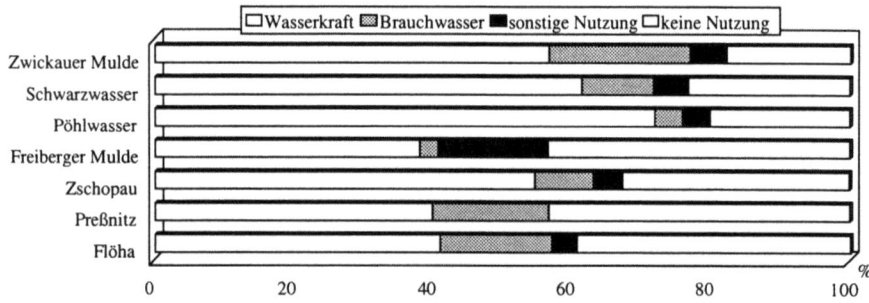

Abb.1. Prozentuale Nutzung von Querbauwerken in ausgewählten Gewässern des Muldesystems

Für die Gewährleistung der ökologischen Durchgängigkeit des durch Querverbauungen unterbrochenen Fließgewässers stellen funktionsfähige Fischaufstiegshilfen eine Alternative dar. Aktuell sind derzeit im Muldesystem 44 Fischaufstiegshilfen in 10 Fließgewässern mit sehr differenziert zu bewertender Funktionstüchtigkeit vorhanden. Im Zeitraum der Funktionsprüfung (1. April bis 15. Juni 1997) des Beckenpasses am Wehr des Wasserkraftwerkes Thierbach, Zwickauer Mulde, nutzten insgesamt 3.484 Fische verteilt auf 10 Fischarten den Beckenpaß zur Ortsveränderung. Die Aussagen zum Fischbestand der Zwickauer Mulde (Füllner et al. 1996) konnten bestätigt werden, wobei einige Fischarten infolge von nicht passierbaren Querbauwerken im untersuchten Abschnitt gegenwärtig fehlen.

Literatur

Füllner, G., Pfeifer, M., Zarske, A. (1996) Die Fischfauna von Sachsen. Sächsische Landesanstalt für Landwirtschaft, Staatliches Museum für Tierkunde Dresden

Steglich, B. (1895) Die Fischgewässer im Königreich Sachsen. Schönfeld's Verlagsbuchhandlung, Dresden

Saisonale Nutzung von Buhnenfeldern der mittleren Elbe durch die 0+Fischgemeinschaft

Matthias Scholten

Der erfolgreiche Verlauf der frühen ontogenetischen Entwicklung ist für viele Fischarten eng an das Vorhandensein unterschiedlicher Habitate gekoppelt. Speziell für rheophile Arten zeigten sich bei Untersuchungen an der Donau enge Verknüpfungen zwischen einzelnen Entwicklungsstadien und der Nutzung unterschiedlicher Habitatstrukturen (Schiemer et al. 1991). Die bisherigen Untersuchungen an großen europäischen Flüssen bezogen sich auf Analysen der Makrohabitatstrukturen und ihrer Nutzung durch die 0+Gruppe. Arbeiten zur Mikrohabitatwahl sowie zur Entwicklung spezieller Habitatmodelle wurden bisher nur in kleineren Fließgewässern durchgeführt. Im Rahmen des BMBF-Projektes „Ökologische Zusammenhänge zwischen Fischgemeinschafts- und Lebensraumstrukturen der Elbe" wird das Vorkommen unterschiedlicher Entwicklungsstadien der Fischgemeinschaft in Abhängigkeit von Habitatparametern untersucht. Ein Teilaspekt beschäftigt sich mit der Analyse dieser Beziehungen in unterschiedlichen Buhnenfeldern der Mittelelbe. Als wichtiger Teilaspekt wird das saisonale Vorkommen der 0+Gruppe in den ausgewählten Buhnenfeldern dargestellt. Zur Untersuchung der 0+Gruppe der Fischgemeinschaft in der mittleren Elbe wurden zweiwöchentlich ausgewählte Buhnenfelder zwischen Sandau (Skm 418) und der Havelmündung bei Quitzöbel (Skm 427) mit einem Zugnetz beprobt. Das Netz ist 15 m lang und 3 m hoch bei einer Maschenweite von 1 mm. Die dargestellten Ergebnisse basieren auf der Auswertung von 20 Zugnetzfängen, die Ende Juni/Anf. Juli und Ende Aug./Anf. Sept. 1997 durchgeführt wurden. Die gefangenen Individuen der 0+Gruppe wurden im Feld in 5% Borax-gepufferter Formaldehydlösung fixiert und zu Determination und Vermessung mit ins Labor genommen. Es konnten 13 Fischarten festgestellt werden. Im Juni/Juli wurde die 0+Gruppe in den Buhnenfeldern durch die Perciden dominiert (Tab. 1). Besonders die zu dieser Zeit bereits juvenilen Zander (*Stizostedion lucioperca*) bestimmten mit ca. 1/3 der Fänge das Bild. Gemeinsam mit Flußbarsch (*Perca fluviatilis*) und Kaulbarsch (*Gymnocephalus cernuus*) waren sie zu diesem Zeitpunkt bereits aus den Laichgebieten der Altarme in den Hauptstrom ausgewandert. Fast ein Viertel der 0+Gruppe stellten Ende Juni die ebenfalls Juvenilen der Cyprinidenarten Hasel (*Leuciscus leuciscus*), Rapfen (*Aspius aspius*) und der Aland (*Leuciscus idus*). Von den spätlaichenden Arten waren die zu diesem Zeitpunkt noch larvalen Gründlinge (*Gobio gobio*) mit ca. 15% vertreten. Die eurytopen Arten Plötze (*Rutilus rutilus*), Brassen (*Abramis brama*) und Güster (*Blicca björkna*) bildeten nur einen sehr geringen Anteil in der 0+Gruppe.

Tab.1. %-Anteil einzelner Arten an der 0+Gruppe d. Fischfänge in Buhnenfeldern d. mittl. Elbe

	frühlaichende rheophile Cypriniden					frühlaichende Perciden			
	Hasel	Rapfen	Aland	Summe	Flußbarsch	Kaulbarsch	Zander	Summe	
Juni/Juli	0,10	12,18	14,05	**26,33**	7,03	2,62	33,35	**43,00**	
August/Sept.	2,15	1,43	25,81	**29,39**	2,15	0,36	0,00	**2,51**	
	spätlaichende Cypriniden				spätlaichende Cypriniden mit langer Laichzeit				
	Rotauge	Brassen	Güster	Summe	Gründling	Ukelei	Döbel	Summe	Hecht
Juni/Juli	2,81	0,94	0,00	**3,75**	14,75	0,84	0,56	**16,16**	0,52
August/Sept.	0,72	0,18	0,90	**1,79**	23,12	39,61	3,41	**66,13**	0,18

Im Spätsommer hatte sich dieses Bild stark gewandelt. Erwartungsgemäß stieg der Anteil der spätlaichenden Arten Gründling (*Gobio gobio*), Döbel (*Leuciscus cephalus*) und Ukelei (*Alburnus alburnus*) deutlich an (Abb. 1). Besonders die larvalen Ukelei dominierten um diese Zeit mit fast 40 % die 0+Gruppe in den Uferbereichen der Buhnenfelder. Juvenile Perciden wurden Ende August mit dem Zugnetz fast nicht mehr gefangen. Ebenso die Rapfen machten prozentual nur noch einen geringen Anteil an der 0+Gruppe aus. Im Gegensatz dazu erhöhte sich der Anteil der Alande erheblich, obwohl es sich auch hier um eine frühlaichende Art handelt, die Ende August bereits eine durchschnittliche Größe von 75,5 mm (N = 251) erreicht hatte. Bei vielen Fischarten unterliegen die frühen Larvenstadien hohen Sterblichkeiten. Neben anderen Faktoren können Prädation und Nahrungsverfügbarkeit dabei eine Rolle spielen (Bailey und Houde 1989). Allerdings sind die Untersuchungen an der Mittelelbe noch nicht so weit fortgeschritten, daß hierzu verläßliche Aussagen gemacht werden können. Ein reduzierender Einfluß des Sommerhochwassers wäre ebenso denkbar, doch sind Ende Juli viele der betroffenen Arten bereits im Juvenilstadium, so daß von einer erhöhten Schwimmleistung ausgegangen werden kann (Kaufmann 1990). Trotzdem sollte ein „wash-out" Effekt beachtet werden, wie einzelne Funde von juvenilen Barben (*Barbus barbus*) in der unteren Mittelelbe nach dem Hochwasser vermuten lassen. Als Ursache für den geringeren Fang an juvenilen Zandern und Rapfen kommen auch Habitatwechsel in Frage.

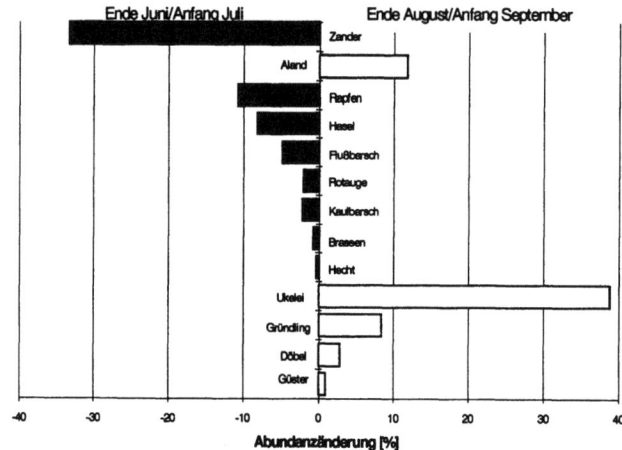

Abb. 1. Prozentuale Veränderung der Anteile einzelner Arten an der 0+Gruppe in den Buhnenfeldern zwischen Ende Juni/Anf. Juli und Ende Aug./Anf. Sept.

Literatur

Bailey, K.M., Houde, E.D. (1989) Predation on eggs and larvae of marine fishes and the recruitment problem. Adv. Mar. Biol. 25, 1-83

Kaufmann, R. (1990) Respiratory cost of swimming in larval and juvenile cyprinids. J. ex. Biol. 150: 343-366

Ökologische Zusammenhänge zwischen Fischgemeinschafts- und Lebensraumstrukturen der Elbe

Ralf Thiel

Für die Elbe fehlen quantitative Datensätze über die Beziehungen zwischen Morphodynamik und Fischgemeinschaftsstrukturen, so daß derzeit eine präzise fischökologische Bewertung nicht möglich ist.

Es ist zu befürchten, daß wasserbauliche Maßnahmen, wie sie jetzt in der Elbe in Angriff genommen werden, schnell zu einschneidenden negativen Auswirkungen auf die Fischfauna führen. Ihre Auswirkungen lassen sich gegenwärtig aber nicht genauer einschätzen. Um die bestehenden Wissenslücken zu schließen, wird seit dem 1. März 1997 das interdisziplinäre Verbundprojekt „Ökologische Zusammenhänge zwischen Fischgemeinschafts- und Lebensraumstrukturen der Elbe" vom Bundesministerium für Bildung, Wissenschaft, Forschung und Technologie (BMBF) gefördert. Das Projekt hat das übergreifende Ziel, grundlegende Zusammenhänge zwischen morphodynamischen Habitatparametern und Fischgemeinschaftsstrukturen quantitativ aufzuklären:

– Die Laich-, Aufwuchs- und Rückzugshabitate der Elbfische werden erfaßt und ihre Bedeutung für Populationsstruktur und Dynamik der Fischgemeinschaften bewertet.
– Die Habitatnutzung von Larven, Jungfischen und Adulten elbetypischer Fischarten wird parametrisiert und in einem Habitatmodell dargestellt.
– Der Umfang, in dem wasserbauliche Maßnahmen bestehende Fischgemeinschaftsstrukturen verändern, wird untersucht.
– Als Endergebnis werden ein fischökologisches Leitbild formuliert, fischökologische Entwicklungsziele abgeleitet und entsprechende Maßnahmen vorgeschlagen.

Im Verbundprojekt arbeiten sechs Institute in sieben Teilprojekten an der Realisierung der genannten Projektziele. Seit Projektbeginn werden auf 21 Stationen entlang der mehr als 240 Stromkilometer zwischen Magdeburg und Boizenburg wichtige abiotische und biotische Habitatparameter sowie die Fischgemeinschaftsstrukturen bestimmt. Um alle Arten und Lebensstadien der Fische quantitativ erfassen zu können, werden verschiedene Fanggeräte, z.B. Uferzugnetze und Elektrofischereigeräte eingesetzt.

Bislang wurden insgesamt 34 Fischarten im Untersuchungsgebiet nachgewiesen (Abb. 1). Am häufigsten kamen Aland, Brassen, Güster, Plötze und Ukelei vor. Die höchste Artenzahl von 27 wurde in der Stepenitz, einem Nebenfluß, gefunden. In der Elbe selbst weist der Raum Havelberg mit 21 Arten die höchste Fischartenzahl auf.

Durch interdisziplinäre Verbundforschung von Fischökologen und Flußmorphologen soll erstmals in einem großen Fließgewässer wie der Elbe die Makro- und Mikrohabitatnutzung von Flußfischgemeinschaften während aller Lebensstadien parametrisiert werden. Die Untersuchungen haben das gemeinsame Ziel, zuverlässige Prognosen zu erlauben und Entscheidungshilfen bereitzustellen, wie sie für die anstehenden Sanierungs- und Renaturierungskonzepte gebraucht werden. Die am Beispiel der Elbe entwickelten Vorstellungen sollen auf andere große Fließgewässer übertragen werden.

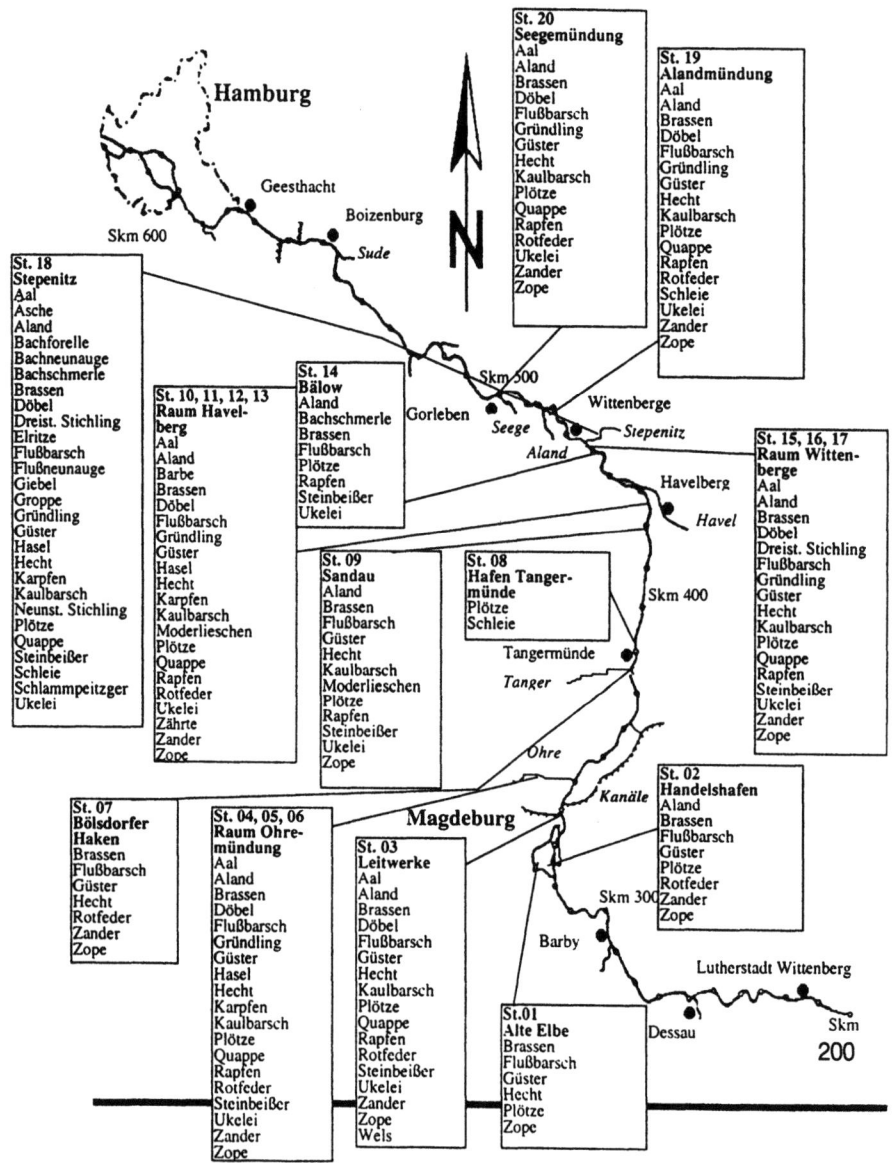

Abb.1. Artenzusammensetzung der Fischfauna in der mittleren Elbe zwischen Magdeburg und Gorleben (1.3. bis 31.12. 1997)

Bestimmung und Modellierung morphodynamischer Habitatparameter als Grundlage für ein fischökologisches Habitatmodell

Carsten Wirtz

1 Projektinhalte

Das Teilprojekt 3 (Morphodynamik) des Institutes für Geographische Wissenschaften der Freien Universität Berlin untersucht im Rahmen des BMBF-Verbundprojektes „Ökologische Zusammenhänge zwischen Fischgemeinschafts- und Lebensraumstrukturen der Elbe" die morphodynamischen Parameter Ufer- und Gewässermorphologie sowie die Korngrößenverteilung und Strömungsfelder in verschiedenen Fischhabitaten der Elbe. Die Arbeiten erfolgen in Kooperation mit fischereibiologischen Instituten unter Leitung des Hamburger Institutes für Hydrobiologie und Fischereiwissenschaft (IHF).

2 Ziele

Ziel des Teilprojektes ist es, die typischen Merkmale (Erosionsbereiche, Akkumulationsbereiche, Strömungsfelder u.a.) der ausgewählten Habitattypen zu erfassen und zu beschreiben. Von Bedeutung sind die wechselseitigen Beziehungen sowie die Modellierung von Änderungen, welche sich aufgrund von Eingriffen ergeben. Beispiele hierfür wären der Vergleich von Buhnenfeldern mit durchbrochenen und intakten Buhnen und die daraus folgenden Auswirkungen auf Strömung, Sedimenttransport und Morphologie (Strukturvielfalt, Ufererosion, Sandbänke etc.). Weiterhin werden künstliche und natürliche Einmündungen von Nebenflüssen, permanent und temporär angebundener Nebengewässer sowie unterschiedliche wasserbauliche Einrichtungen (Buhnen, Leitwerke) verglichen. Nach Ablauf der Untersuchungen gehen die modellierten morphodynamischen Zusammenhänge in ein fischökologisches Habitatmodell ein, um Aussagen über die Bedeutung unterschiedlicher Strukturen für ausgewählte Arten und deren Lebenszyklen zu ermöglichen.

3 Ergebnisse

Auffallend sind besonders in den Buhnenfeldern die kleinräumige Verteilung und Heterogenität der Sedimente. In den äußeren flußseitigen Bereichen und in Durchbrüchen mit hohen Strömungsgeschwindigkeiten dominieren Mittel- und Feinkiese. In strömungsberuhigten Bereichen an den Wurzeln der stromabgelegenen Buhnen treten hingegen deutlich höhere Anteile an Sanden, Schluff, Ton und Mudde auf. Diese Verteilung konnte tendenziell in allen Buhnenfeldern festgestellt werden. Ein ebenfalls typisches Merkmal ist die im Lee-Bereich der stromaufgelegenen Buhne vorkommende Sandbank, welche vor allem bei Hochwasser akkumuliert wird. Sind diese Buhnen durchbrochen, findet eine seitliche Erosion der Sandbänke statt und es kommt zu Ablagerungen gröberen Materials (Grobsand, Kiese).

Parallel zu den heterogenen Korngrößenverteilungen treten in den Buhnenfeldern unterschiedliche Strömungsbereiche auf, die sich in kurzen Zeitabständen verlagern und verändern können. So wurden besonders im Überlagerungsbereich von benachbarten Strömungsfeldern des öfteren Kippbewegungen festgestellt. Dabei treten in relativ kurzen Zeiträumen von 3 - 5 Minuten Änderungen der Strömungsgeschwindigkeiten und der Strömungsrichtung von bis zu 180 Grad auf. Im Gegensatz dazu verhalten sich Strömungsrichtung und -geschwindigkeit im Zentrum der beobachteten Strömungsfelder relativ konstant.

Das Poster stellt die Morphologie, Korngrößenverteilung und Strömungsfelder von zwei Buhnenfeldern mit intakten und durchbrochenen Buhnen gegenüber. Dazu gehen die mit GPS und Geodimeter sowie dem Echolot aufgenommenen Höhen- und Tiefenangaben in ein dreidimensionales Geländemodell ein (Abb. 1). Dieses Modell veranschaulicht die strömungsbedingten Reliefformen der Gewässersohle und läßt umgekehrt Rückschlüsse auf die Strömungsbedingungen zu. In Übersichtskarten sind die mit der Ultraschall-Velocimetrie aufgenommenen Strömungsverhältnisse sowie die Korngrößenzusammensetzung an den Probestellen dargestellt.

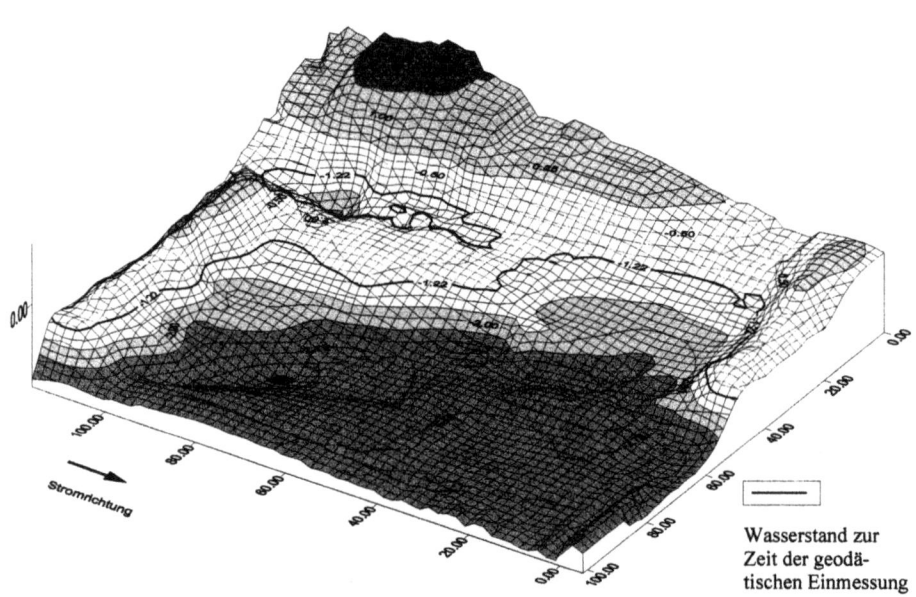

Abb.1. Dreidimensionale Darstellung geodätischer und echogeloteter Daten eines Buhnenfeldes mit durchbrochener stromaufgelegener Buhne

Hochwasser-schutz

Optimalisierung der Wasserabführung in den wasserwirtschaftlichen Speichern bei Hochwasserdurchflüssen

Josef Hejzlar

Die Qualität des in die Speicher bei Flutwellen und Hochwasser fließenden Wassers ist in der Regel sehr schlecht. Ursache ist die Resuspendierung der in Zeiten geringeren Durchflusses vorübergehend in den Flußbetten abgelagerten Sedimente, Erosion aus dem Einzugsgebiet, die Oberflächen- und hypodermische Ausspülung aus dem Boden, bei der organische Stoffe und Närstoffe aus den obersten Bodenhorizonten ausgespült werden, Ausspülungen aus der Kanalisation u.ä.. Der Durchgang einer Hochwasserwelle durch die Speicher und die Beeinträchtigung der Wasserqualität in der Wassersäule hängt insbesondere von der Morphologie des Speichers, dem Zustand der Stratifizierung, dem Verhältnis des Volumens der Hochwasserwelle zum Volumen des Speichers und auch von der Lage des Auslasses ab. Wenn es unter Bedingungen der Destratifikation (Frühjahr, Herbst) zu Hochwasser kommt, wird der Durchfluß im gesamten vertikalen Profil des Speichers vermischt, ohne Einfluß auf die Höhe des Auslasses. Wenn es im Speicher eine Wärmedichtestratifikation gibt (die meisten Speicher bei uns im Zeitraum Mai - Oktober), kann eine Dichteströmung des anfließenden Wassers in einer bestimmten Schicht eintreten. Durch Wahl der Höhe des Auslasses kann dann erreicht werden, daß das Hochwasser mit der schlechten Qualität direkt ausgeleitet wird, ohne große Folgen für die Trinkwasserentnahme. Es kann aber auch erreicht werden, daß überwiegend früher akkumulliertes Wasser abgelassen und durch schlechteres Wasser aus der Hochwasserwelle ersetzt wird, was sehr negative Auswirkungen für die Wasseraufbereitungstechnologie haben kann. Beide Situationen traten z. B. während des Hochwassers im Einzugsgebiet des Flusses Morava (Maar) im Sommer 1997 auf. Im Speicher Stanovnice schloß das Ablassen des Überflusses das verunreinigte eingeströmte Hochwasser durch das Epilimnium und Metalimnium kurz und die wasserwirtschaftliche Entnahme aus dem Hypolimnium wurde nicht beeinflußt (Jahnová et al. 1998). Im Speicher Vír verursachte eine untere Ablassung eine Verschlechterung des CSB_{Mn} des entnommenen Rohwassers von 5 mg/l vor dem Hochwasser auf 9-16 mg/l zwei Monate nach dem Hochwasser (Válek 1998). Abb. 1 zeigt die Verläufe der vertikalen Temperaturverteilungen und CSB_{Mn}, die mittels des hydrodynamischen Modells DYRESM für das Becken Římov 1996 gewonnen wurden. Dort gab es im Mai ein Hochwasser, das etwa einem 10-jährigen Wasserstand entsprach. Im linken Teil der Abbildung sind Temperatur und CSB_{Mn} im Falle des tatsächlichen Ablassens während des Hochwassers dargestellt, d. h. überwiegend durch unteres Ablassen und z.T. durch Überfluß. Dabei kam es zu einem mehrtägigen Havariezustand und die Wasserqualität in der gesamten Wassersäule war mehrere Monate wesentlich verschlechtert. Im rechten Teil der Abbildung wird die Situation dargestellt, die entstehen würde, wenn das Wasser während des Hochwassers ausschließlich durch den oberen Ablaß und Überfluß abgeleitet würde. Die Temperaturstratifikation würde teilweise eingehalten und im Hypolimnium würde ein Bestand von gutem Wasser verbleiben, das während des gesamten Zeitraums der Stratifikation für eine problemlose wasserwirtschaftliche Nutzung zur Verfügung stünde.

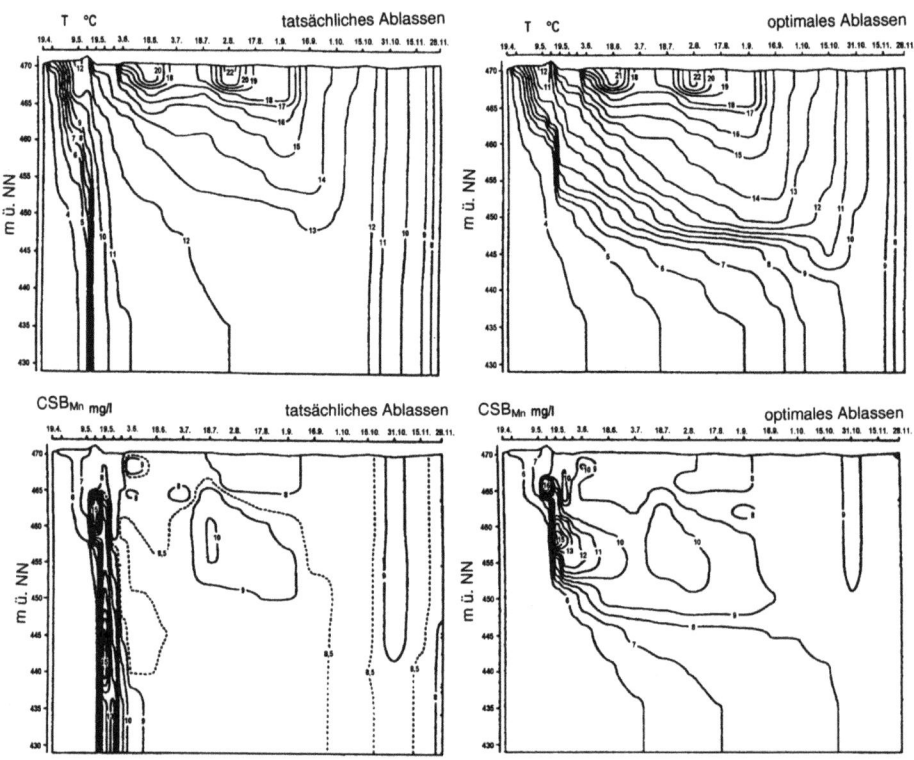

Abb. 1. Simulierte Temperatur- und CSB_{Mn}-Stratifikation im Speicher Římov 1996 im Falle des tatsächlichen Ablassens (Juni - September von der Oberfläche und durch Überfluß, ansonsten von unten; linke Kurven) und im Falle eines optimalen Ablassens (Mai - Oktober aus einer Tiefe von 4 - 6 m; rechte Kurven)

Literatur

Jahnová, V., Staňová, B., Hugo, L. (1998) Ovlivnění jakosti vodárenské nádrže Vír červencovými povodněmi a následné problémy s technologií úpravy surové vody. Sborník semináře Aktuální problémy vodárenské biologie, Praha, 4. - 5. února 1998, Česká vědeckotechnická vodohospodářská společnost, Praha, s. 149 - 153

Válek, J. (1998) Vliv povodně na vodárenskou soustavu Stanovnicer - úpravna Karolinka. Sborník semináře Aktuální problémy vodárenské biologie, Praha, 4. - 5. Února, Česká vědeckotechnická vodohospodářská společnost, Praha, s. 154 - 157

Hochwasserschutzkonzeptionen im Flußgebiet der Saale - Grundlage nicht nur für die Ausweisung von Überschwemmungsgebieten und Deich(rück)bau

Hans-Werner Uhlmann, Frank Göricke

Im Bundesland Sachsen-Anhalt ist die Saale der bedeutendste Nebenfluß der Elbe. Das Einzugsgebiet beträgt 23.687 km². Auf Sachsen-Anhalt entfallen mit 182 km Lauflänge 19.039,9 km² Einzugsgebiet. Die Saale ist von der Landesgrenze Thüringen bis zum km 124,16 bei Kreypau/Bad Dürrenberg Landesgewässer, von dieser Stelle bis zur Elbemündung Bundeswasserstraße.

Die Schwankungsbreiten der Durchflüsse betragen am Pegel:

	NNQ (m³/s)	MQ (m³/s)	HHQ (m³/s)
Naumburg-Grochlitz	6,72 (1934)	66,4	695 (1994)
Calbe-Grizehne	11,5 (1934)	115	895 (1994)

und zeigen auch hinsichtlich einer angestrebten, aber nach wie vor umstrittenen Schiffahrt die bestehenden Probleme auf.

Eine deutliche Cäsur im Hochwasserregime brachte der mit Beginn dieses Jahrhunderts 1919-1942 verstärkt durchgeführte Bau von Talsperren und Speichern. Die größten Hochwässer nach dem vollen Wirksamwerden des Saale-Talsperrensystems mit seinem Inhalt von 415 Mio m³ waren die Ereignisse von 1946, 1947 und 1994. Die in der oberen Saale extremen Werte von 1946 wurden durch das Hochwasser 1994 deutlich überschritten, obwohl während der Scheitelbildung die Abgabe aus den Saaletalsperren vollkommen zurückgenommen wurde. In der oberen Saale bis zum Pegel Naumburg-Grochlitz wurden in diesem Zusammenhang neue HHWs erreicht, so daß 80,1 km Deichschutzsysteme neu zu bewerten sind.

1 Ausweisung der Überschwemmungsgebiete

Bereits Anfang der 90er Jahre stellte sich das Staatliche Amt für Umweltschutz in Halle das Ziel, die Ausweisung der Überschwemmungsgebiete an der Saale und deren *Hauptnebenflüsse* mit einer umfassenden Bestandsaufnahme in der Örtlichkeit und der Ableitung von HWS-Maßnahmen zu verbinden. Seit 1993 wurden die Gewässer *Unstrut, Wipper*, die *Saale* in 2 Abschnitten und die *Weiße Elster* untersucht, die Ausarbeitungen zur *Helme* dauern derzeit noch an (s. Tab. 1).

Tab.1. Charakterisierung der Gewässer

	F_E [km²]	Lauflänge [km]	NNQ [m³/s]	MQ [m³/s]	HHQ [m³/s]	Deichlängen [km]
Unstrut	6342,7	45,0	3,52	30,6	363,0 (1946)	4,9
Wipper	606,0	71,7	0,01	1,18	79,8 (1994)	9,8
Weiße Elster	5154,0	53,94	7,52	25,5	331,0 (1975)	52,9
Helme	1316,8	33,8	0,65	7,69	168,0 (1946)	61,5

Nach Erarbeitung der Aufgabenstellung und Organisation aller notwendigen, auch finanziellen, Voraussetzungen wurden die Arbeiten an Ingenieurbüros vergeben. Ausgangspunkt aller Flußgebietskonzeptionen bildeten umfangreiche Datenerhebungen im hydrologischen Fundus und in der Örtlichkeit; die Hochwasserstände des Hochwassers 1994 wurden nach Ablauf des Hochwassers im Gelände markiert und eingemessen. Die Deiche und Vorländer wurden geophysikalisch untersucht und vermessen.

Im Abstand von ca. 100-200 m an der Unstrut bis 500 m an der Saale wurden als Voraussetzung für die anschließende mathematische Modellierung zusätzliche Querprofile im Gewässer und Vorland eingemessen und der Abfluß bestimmt. Alle Brücken, Querbauwerke, Querschnittsveränderungen, Einläufe, Entnahmen... wurden gesondert vermessen und bewertet. Die Pegelausstattung und das Vorhandensein von aussagefähigen Daten ließ auf die Modellierung von Nebeneinzugsgebieten verzichten. Ergebnis der hydrologischen Untersuchungen sind Hochwasserabflußspendenlängsschnitte für HQ_2, HQ_5, HQ_{10}, HQ_{25}, HQ_{50} und HQ_{100} sowie ein näherungsweise ermittelter Längsschnitt für den Mittelwasserabfluß. Anhand dieser Längsschnitte werden die der hydraulischen Berechnung und letztendlich der Ausweisung der Überschwemmungsgebiete abschnittsweise zugrundezulegenden Hochwasserabflüsse $HQn(x)$ festgelegt.

Die abschnittsweise hydraulische Berechnung erfolgte mit dem Programm HEC-2 bzw. mit BOSS HEC-2 für AUTOCAD. Mit diesem Programm können die Wasserspiegellagen in offenen Gerinnen mit beliebigen Querschnitten für stationär ungleichförmige Abflüsse im schießenden und im strömenden Fließzustand berechnet werden. Einflüsse durch Sonderbauwerke wie Brücken, Durchlässe und Wehre sowie Stromverzweigungen können dabei ebenfalls berücksichtigt werden. Die Eichung der Modelle erfolgt anhand vorliegender Wasserstandsmeßwerte an den Pegeln einschließlich der Ober- und Unterpegel der Schleusen an Saale und Unstrut sowie ggf. vorhandener Hochwassermarken.

Zur Ermittlung des abflußwirksamen Querschnittes, wobei die bei Hochwasser im Bereich der Vorländer entstehenden Hauptströmungsrichtungen sowie die Einflüsse von Einengungen und anderen Strömungshindernissen berücksichtigt werden mußten, wurden zusätzlich die Überschwemmungsgebietskarten M 1:10 000 der Hochwässer März 1981 bzw. April sowie die Luftbildaufnahmen aus der HW-Befliegung vom April 1994 heran-

bzw. April sowie die Luftbildaufnahmen aus der HW-Befliegung vom April 1994 herangezogen. Die Ermittlung der Überflutungsgrenzen erfolgte für den Hochwasserabfluß HQ_{100}, indem die an den Querprofilen berechnete Wasserspiegelhöhe in die amtlichen topographischen Karten M 1:10 000 übertragen und zwischen den Profilen interpoliert wurde. Die Lage- und Höhengenauigkeit entspricht damit der Genauigkeit der topographischen Karte. Eine wesentliche Voraussetzung für die richtige Widerspiegelung der Abflußverhältnisse ist die Ermittlung der wirksamen Abflußbreite im Bereich der Vorländer, der Rauhigkeitsbeiwerte des Flußbettes und der Vorländer sowie der maßgebenden Einzelverlustbeiwerte.

Der Ausweis der Überschwemmungsgebiete erfolgt durch Eindruck in amtliche digitalisiert übergebene topographische Karten M 1:10 000, in denen die Grenze der Überschwemmungsgebiete als Vollinie in blau und die Grenze des Abflußbereiches als Punktlinie in blau eingetragen wurden. Des weiteren sind als Orientierungshilfe der Flußverlauf, die Schnittpunkte der Querprofile mit der Flußachse, die Gewässerstationierung, die Brücken und die Wehre angegeben. Die Koordinaten der Karteneckpunkte sind genau definiert und dargestellt. Das Raster der zukünftigen Liegenschaftsrahmenkarte (M 1:1 000) wurde in die Datei integriert und ist im Maßstab 1:10 000 sichtbar. Die grundstücksbezogene Abgrenzung des Überschwemmungsgebietes ist durch ausschnittsweise Vergrößerung möglich, wobei Lageungenauigkeiten der topographischen Karten M 1:10 000 an dieser Stelle auszugleichen sind.

Die Grundlagen und Ergebnisse der Wasserspiegellagenberechnung sowie das Kartenwerk liegen in Form von AUTOCAD-Datein vor und sind als dxf-File weitgehend kompatibel zu anderen Systemen (GIS). Die so erstellten Unterlagen sind für die Obere Wasserbehörde, das Regierungspräsidium Halle (S) Grundlage für die Erarbeitung des Entwurfes einer Feststellungsverordnung. Dieser Entwurf wird den betroffenen Gemeinden und Trägern öffentlicher Belange zur Kenntnis und Stellungnahme übergeben; anschließend erfolgt die Feststellung des Überschwemmungsgebietes auf der Grundlage des § 96 des Wassergesetzes für das Land Sachsen-Anhalt.

2 Hochwasserschutzkonzeptionen

Die Aufgabenstellung an das Ingenieurbüro war neben der Ausweisung der Überschwemmungsgebiete damit verbunden, Defizite im Hochwasserschutz und Maßnahmen zu deren Behebung aufzuzeigen und flußabschnittsbezogene Vorschläge im Sinne einer HWS-Konzeption zu unterbreiten. Für die *Saale* werden erste Maßnahmen der Deichrückverlegung, des Anschlusses und der Schaffung von Retentionsräumen durch Entschlammung und Öffnung von Altarmen, Stillgewässern u.ä. anläßlich des 7. Magdeburger Gewässerschutzseminars in Budweis im Herbst 1996 vorgestellt.

Fertiggestellt wurden Deichrückverlegungen o.h. Halle in Wörmlitz und Beuchlitz, in Vorbereitung befindet sich eine Deichrückverlegung bei Goddula Vesta. Auf der alten Deichtrasse wurden mit Erhöhung und Verbreiterung Deichabschnitte in Eulau, Schellsitz und Ostrau neu gebaut. Im Sinne einer Auenrevitalisierung wurden die Altarme Beyers Loch und Reisfelder ertüchtigt, Planunterlagen einschließlich UVS liegen für die

Öffnung/den Anschluß zweier weiterer Altarme (Tepnitz und Pferdeschwemme) vor. Hier zwingt die finanzielle Situation aber zu einem Maßnahmenaufschub. Insgesamt sind an der Saale 15 Deichrückverlegungen möglich; der Erfolg in der relativ engen Talaue ist aber bescheiden, ca. 700 ha können freigemacht werden.

Wir sind uns bewußt, daß vorgenannte Kleinmaßnahmen nicht zu einer deutlichen Scheitelsenkung eines Hochwassers, wenn man sie einzeln betrachtet, führen. Sie tragen als Gesamtheit der Maßnahmen aber dazu bei, lokale HW-Spitzen zu kappen, die Abflußgeschwindigkeit zu dämpfen, die Korrespondenz zum Grundwasser zu erhöhen. Eine maßnahmenbezogene Effektivität läßt sich nicht nachweisen. Nur die Überlagerung mit Zielen der Auenökologie veranlaßt uns z.B. bei Deichabschnitten, die zu rekonstruieren sind, über mögliche Rückverlegungen nachzudenken. Im ersten Abschnitt bis Bad Dürrenberg kann von einer Vergrößerung der rezenten Aue von ca. 10% ausgegangen werden.

Die vorgeschlagenen Maßnahmen an der *Unstrut* betreffen den Rückbau eines Deichabschnittes bei Memleben mit Öffnung von 124 ha Abflußbereich und Schutz von 7 Siedlungsgebieten durch örtliche Maßnahmen wie Uferaufhöhungen, Flutmulden u.ä. Gegenwärtig werden diesbezügliche Vorplanungen erarbeitet.

An der *Wipper* wurden und werden Vorhaben zum Anlegen von Umflutmulden um Ortslagen, Überleitung in andere Flußgebiete, Ausbau des Gewässers in Ortslagen und Bau eines grünen, modern bewirtschafteten und ökologisch ertüchtigten Rückhaltebeckens im HW-Entstehungsgebiet vorbereitet und veranlaßt.

Die Konzeption der *Weißen Elster* befindet sich derzeit in der Umsetzungsphase. Schwerpunkte bilden:
– Rückbau von Deichen bei Raba auf ein Niveau HQ_{25} *ohne* Freibord, um für größere HW den Abflußbereich und die Retentionsfläche hinter den Deichen zu öffnen,
– Ausgleich der Deichhöhen in der Stadt Zeitz, Steuerung und Einbeziehung von Mühlgrabensystemen, Rückbau von Rückstaudeichen.

An der *Helme* zeichnet sich schon jetzt als Schwerpunkt die Homogenisierung des vorhandenen Deichsystems und die Wiederherstellung der vollen Funktionsfähigkeit der Querbauwerke ab.

An allen Gewässern war auch eine Kilometrierung der Gewässer und Stationierung der Deichanlagen Ergebnis der Studien. Die entsprechende Versteinung hat begonnen. Bei allen Arbeiten wird geprüft, inwieweit sich diese in das Fließgewässerprogramm des Landes Sachsen-Anhalt einfügen.

Einfluß einer Hochwasserwelle auf den Wassergehalt und das Redoxpotential von Auenböden an der Mittelelbe

René Schwartz, Brigitte Schmidt, Günter Miehlich

Sehr starke Regenereignisse im Oberlauf der Elbe (und der Oder!) führten im Zeitraum Juli bis August 1997 zu einem Sommerhochwasser mit einem Höchstwasserstand am Pegel Lenzen von 17,0 m NN. Folge war eine großflächige Überflutung des Deichvorlandes bei Lütkenwisch (Stromkilometer 475). Lediglich einzelne Kuppen des Deichvorlandes ragten noch aus den Fluten hervor. Senkenpositionen waren drei Wochen lang bis zu 1,5 m hoch überstaut. Die Auswirkungen des Hochwassers auf den Wassergehalt (Wassersättigung) und das Redoxpotential in zwei Horizonten werden aufgezeigt.

Die Abb. 1 zeigt den Verlauf der Wassersättigung und des Redoxpotentiales in zwei Horizonten während des Zeitraumes vom 15. Juli bis zum 15. September 1997. Im obersten Ergebnisblock ist der standortgebundene Niederschlag und der Verlauf der Hochwasserwelle aufgetragen. Die beiden unteren Ergebnisblöcke stellen den Wassergehalt (ausgedrückt als Wassersättigung) und das Redoxpotential in den Horizonten „Senke" und „Kuppe" dar. Diese zwei Horizonte befinden sich gleichsam auf ca. 15,9 m NN. Während es sich beim Senkenhorizont um einen Oberbodenhorizont handelt (Humusgehalt: 18,2%, Stickstoffgehalt: 0,69%, C/N-Verhältnis: 13, Bodenart: Lu), ist der Kuppenhorizont ein Unterbodenhorizont (Humusgehalt: 0,2%, Bodenart: mS).

Die Betrachtung des zeitlichen Verlaufes der Wassersättigung des sandigen Kuppenhorizontes und des schluffig lehmigen Senkenhorizontes offenbart den räumlichen Zusammenhang. Während der erste Pegelanstieg zu keiner Veränderung des Wassergehaltes in den beiden Horizonten führt, ist beim Eintreffen des zweiten Gipfels der Hochwasserwelle schlagartig, nahezu gleichzeitig, parallel ein Ansteigen der Wassersättigung auf annähernd 100% zu verzeichnen. Anschließend bleibt der Wassergehalt im Kuppenhorizont über 14 Tage nahezu konstant, während er im Senkenhorizont bereits kurz nach der Überstauung kontinuierlich (mit einer Treppe versehen) abnimmt. Die beobachteten Gemeinsamkeiten begründen sich in derselben Höhenlage, die Unterschiede sind auf die Körnung und die Lage im Profil bzw. im Gelände zurückzuführen. Der sprungartige Anstieg der Wassersättigung liegt im Falle des Kuppenhorizontes an der hohen Wasserleitfähigkeit des horizontbildenden Sandes. Beim Senkenhorizont sind die Morphologie und der gefügebedingte hohe Sekundärporenanteil im Ausgangszustand ausschlaggebend - es handelt sich um eine abflußlose Senke, die erst überflutet wird, wenn eine Geländeschwelle überstaut wird. Entscheidend für den zeitlichen Verlauf der Entwässerung sind bei dem Sandhorizont die hohe Wasserleitfähigkeit und die steile Saugspannungskurve (pF-Funktion). Nach Rückgang des Hochwassers kann nur wenig Wasser entgegen der Schwerkraft im Horizont gehalten werden. Der schluffig lehmige Horizont ist dagegen aufgrund der Wassersättigung gequollen. Infolge der sich erneut ausbildenden Sekundärporen kommt es zunächst zu einer schnellen Wassergehaltsabnahme, anschließend erfolgt die weitere Austrocknung (durch Evapotranspiration) infolge des körnungsbedingten hohen Wasserhaltevermögens und der geringen Wasserleitfähigkeit nur noch langsam.

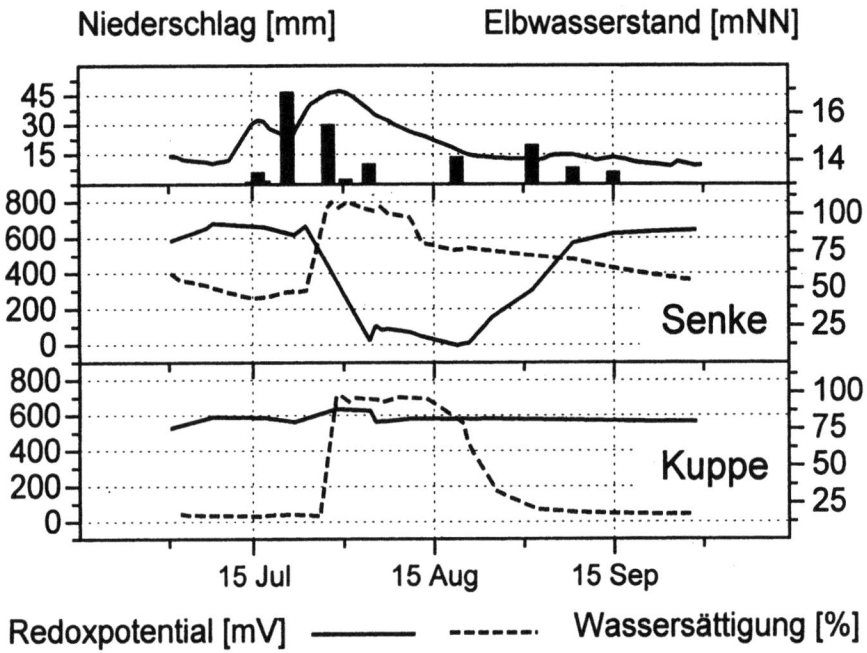

Abb.1. Niederschlag, Elbwasserstand, Wassersättigung und Redoxpotential in zwei Horizonten während einer Hochwasserwelle

Der Verlauf des Redoxpotentiales im Vergleich zu der Wassersättigung ist in den beiden Horizonten vollkommen unterschiedlich. Beim Ansteigen des Sättigungsgrades auf annähernd 100% sinkt das standardisierte Redoxpotential im Senkenhorizont von fast +700 mV auf 0 mV ab. Dem gegenüber verbleibt das Redoxpotential im Kuppenhorizont auch bei vollständiger Wassersättigung bei ungefähr +600 mV. Ursachen für dieses unterschiedliche Verhalten sind vor allem die unterschiedlichen Gehalte an organischer Substanz. Der Oberboden-Senkenhorizont hat im Gegensatz zum Unterboden-Kuppenhorizont einen sehr hohen Anteil frischer organischer Substanz. Da das die Horizonte aufsättigende Elbwasser sauerstoffreich und arm an organischer Substanz ist, kann es nur im humusreichen Oberboden durch den mikrobiellen Abbau (Mineralisierung) der dort bereits vorhandenen organischen Substanz zu einer Sauerstoffzehrung und somit zu einem Absinken des Redoxpotentiales kommen.

Das diesem Bericht zugrundeliegende Vorhaben wurde mit Mitteln des Bundesministeriums für Bildung, Wissenschaft, Forschung und Technologie unter dem Förderkennzeichen 03395571 gefördert. Veröffentlichung Nr. 12 des Forschungsvorhabens „Auenregeneration durch Deichrückverlegung".

Vorbeugender Hochwasserschutz im Einzugsbereich der Oberen Elbe - eine zentrale Aufgabe der Raumordnung

Bernd Siegel, Gerhard Richter

1 Forschungshintergrund

Die in immer kürzeren Abständen an unseren großen Fließgewässern auftretenden Hochwasserkatastrophen geben Anlaß, den vorsorgenden Hochwasserschutz zu überdenken. Da extreme Hochwasserereignisse nur begrenzt beeinflußbar sind, muß sich im Hochwasserschutz ein Paradigmenwechsel vollziehen. Die Hochwassergefahr darf nicht länger, wie seit dem vorigen Jahrhundert praktiziert, der menschlichen Nutzung angepaßt werden, sondern die menschliche Nutzung muß wieder der Hochwassergefahr angepaßt werden.

Mit der Entschließung „Beiträge räumlicher Planungen zum vorsorgenden Hochwasserschutz" wurden auf der Ministerkonferenz für Raumordnung vom 8. März 1995 die Institutionen der Raumordnung aufgefordert, Modellvorhaben in für den vorsorgenden Hochwasserschutz bedeutsamen Regionen zu erarbeiten. Umfassende räumliche Konzepte und Maßnahmenprogramme sollen einen Beitrag zur Hochwasservorsorge und damit zur Minderung der volkswirtschaftlichen Schadensausmaße leisten.

2 Projektdarstellung

Seit 1998 arbeitet das Institut für ökologische Raumentwicklung e.V. in Dresden an der Verbesserung der Prävention zum Hochwasserschutz an der Elbe. Gemeinsam mit tschechischen Wissenschaftlern soll eine grenzübergreifende Strategie entwickelt werden, die mittel- und langfristig raumordnerische Konsequenzen für hochwassergefährdete Gebiete postuliert. Aus exemplarisch geführten Untersuchungen in Einzugsbereichen von Nebenflüssen zur Elbe bzw. Labe werden Empfehlungen für die Praxis abgeleitet und verallgemeinerungsfähige Leitbilder zu einer den Hochwassergefahren angepaßten Landnutzung konzipiert. Dabei wird versucht, der oft fehlenden Risikowahrnehmung und der zum Teil mangelhaften Risikoakzeptanz auf Seiten der Nutzer, aber auch der Behörden, entgegenzuwirken, um eine schadenvermindernde Standortplanung durchzusetzen. Im Hinblick auf eine länderübergreifende Gesamtplanung wird versucht, auf eine Harmonisierung der länderbezogenen gesetzlichen Bestimmungen und Verordnungen Einfluß zu nehmen, um die Hochwasservorsorge an Fließgewässern von der Quelle bis zur Mündung auf der Basis eines einheitlichen Planungs- und Rechtsverständnisses durchsetzen zu können. Im Zusammenhang mit der Minderung von Hochwassergefahren verfolgt die Arbeit auch das Ziel, im Einzugsbereich der Gewässer das Verständnis für die Solidarität zwischen Ober- und Unterliegergemeinden zu stärken, damit erforderliche lokale Investitionsmaßnahmen zum vorsorgenden Hochwasserschutz von mehreren Gemeinden gemeinsam getragen und schneller umgesetzt werden können.

Gewässer-situation in den Grenzregionen

Versauerungssituation ausgewählter Gewässer im Erzgebirge, dem Elbsandsteingebirge und der sächsischen Tieflandsbucht

Bruno Kifinger, Gerhard Burkl, Reinhold Lehmann, Joachim Wieting

1 Einleitung

Zur Beurteilung der Versauerung von Oberflächengewässern wurde innerhalb der „Konvention über den weiträumigen, grenzüberschreitenden Transport von Luftverunreinigungen" von der Wirtschaftskommission der Vereinten Nationen für Europa (UN-ECE) ein Überwachungsprogramm entwickelt. Am Programm nehmen neben allen von der Versauerung betroffenen Staaten Europas auch die USA und Kanada teil. Die Auswertung erfolgt am Norwegischen Institut für Wasserforschung (NIVA) in Oslo (Lükewille et al. 1997). Deutschland beteiligt sich an dem Programm seit 1986 im Rahmen des vom Bundesministerium für Umwelt, Naturschutz und Reaktorsicherheit geförderten Vorhabens. Die Erhebung der Daten erfolgt mit Unterstützung der Bundesländer durch die entsprechenden Landeslabore. Das Bayerische Landesamt für Wasserwirtschaft, München, koordiniert das deutsche Programm, wertet die deutschen Daten aus und betreibt die Qualitätssicherung der Meßwerte (Schnelbögl 1996, Kifinger et al. 1998). Ziel des Programms ist es, eine Langzeiterhebung chemischer und biologischer Daten auf regionaler Ebene durchzuführen, um Grad und geographische Ausbreitung der Versauerung von Oberflächengewässern zu dokumentieren, Langzeittrends zu ermitteln und Informationen über die ablaufenden Prozesse zu gewinnen. Die bereits durchgeführten Maßnahmen zur Verminderung der Schwefel- und Stickstoffemissionen sollten anhand der ermittelten Daten überprüft und weitergehende Anforderungen formuliert werden. Seit 1986 werden über 30 Gewässer in Deutschland untersucht. Im Jahre 1992 wurden auch 9 Gewässer in den neuen Bundesländern in das Meßnetz aufgenommen.

2 Meßstellen im Elbe-Einzugsgebiet

Das Erzgebirge besteht hauptsächlich aus Gneisen und Graniten. Hier wurden der *Wolfsbach*, die *Große Pyra*, *Rote Pockau*, *Wilde Weißeritz* sowie die Talsperren *Sosa* und *Neunzehnhain* untersucht. Alle Fließgewässerprobestellen befinden sich in den Kammlagen, zum Teil direkt an der Grenze zur Tschechischen Republik. Der *Taubenbach* liegt im Elbsandsteingebirge, westlich des Großen Zschirnsteins. Im Einzugsgebiet, das sich zum überwiegenden Teil in der Tschechischen Republik befindet, dominiert Quadersandstein. In der sächsischen Tieflandsbucht wurden der *Ettelsbach* und der *Heidelbach* untersucht. Das Gestein im Einzugsgebiet des *Ettelsbaches* setzt sich aus Quarzporphyr sowie teilweise tertiären und pleistozänen Kiesen und Sanden zusammen, im Einzugsgebiet des *Heidelbaches* besteht das Gestein vorwiegend aus Kiesen und Sanden.

Die Einzugsgebiete sind unterschiedlich bewaldet, teilweise sind die Bäume stark geschädigt bzw. abgestorben (Rauchschadenszone 1).

3 Ergebnisse der chemisch/physikalischen Untersuchungen

Nach fast zehnjähriger Beprobung der ECE-Meßstellen lassen sich bundesweit erste Langzeittrends ermitteln. Der pH-Wert zeigt fast überall aufwärts gerichtete (64%) oder gleichbleibende Trends (22%) an. Gleichzeitig verringern sich meist die Konzentrationen der versauernden Anionen Sulfat und Nitrat oder stagnieren zumindest. An einigen Meßstellen (14%) ist jedoch eine Zunahme der Versauerung festzustellen. Ganz allgemein deutet sich mit dieser Entwicklung ein Rückgang der Versauerung in Deutschland an, wobei allerdings große regionale Unterschiede festzustellen sind (s. Tab. 1 und Abb. 1).

Die Meßstellen im Elbe-Einzugsgebiet weisen im Vergleich (ECE-Monitoring) die höchsten Sulfat- und Nitratkonzentrationen auf. Auffallenderweise steigt die Sulfatkonzentration bei den extrem hoch belasteten *Ettels-* und *Heidelbach* in der Sächsischen Tieflandsbucht noch weiter an. Dies trifft auch auf die *Rote Pockau*, *Wilde Weißeritz* und die Talsperre *Sosa* zu. Ein Ansteigen der Nitratkonzentrationen ist bei der *Roten Pockau*, den Talsperren *Sosa* und *Neunzehnhain* und am *Ettelsbach* zu beobachten.

4 Biologie

In Anlehnung an die Modelle von Raddum et al. (1988) und Braukmann (1992) wurde für Bayern (BStMLU 1993) ein Bioindikationssystem zur Kartierung des Säurezustands entwickelt. Hierbei wird die unterschiedliche Säureempfindlichkeit verschiedener Arten ausgenützt, um ein biologisches Meß- und Bewertungssystem zur Einstufung von Fließgewässern in Säurezustandsklassen zu erhalten. Analog zur Gewässergüteeinstufung wurden vier Säurezustandsklassen definiert; mit zunehmendem Säuregrad wird die Artenvielfalt stark reduziert und die Individuendichte nimmt ab. Gleichzeitig verschiebt sich das Spektrum der Ernährungstypen, wobei der prozentuale Anteil der Weidegänger und Filtrierer zurückgeht, der Anteil der Zerkleinerer jedoch zunimmt.

Tab.1. Mittelwerte und Trends ausgewählter versauerungsrelevanter Parameter bis 1996

+ = Verbesserung   0 = gleichbleibend   − = Verschlechterung   ☐ = keine Untersuchung

Probenahmestelle	pH-Wert		SO_4 mg/l		NO_3 mg/l		Makrozoobenthos
Wolfsbach	6,8	+	45,2	+	4,34	+	+
Große Pyra	4,3	0	29,5	+	1,73	+	+
TS Sosa	4,6	−	31,1	−	0,92	−	
Rote Pockau	4,6	−	40,4	−	1,93	−	0
TS Neunzehnhain	5,8	0	43,1	0	3,35	−	
Wilde Weißeritz	5,1	+	35,4	−	2,24	+	0
Taubenbach	5,8	+	66,9	+	1,73	+	+
Ettelsbach	4,2	0	184,4	−	1,80	−	0
Heidelbach	3,7	+	179,0	−	0,40	+	0

Trotz der bundesweit im allgemeinen positiven Ergebnisse bei den chemisch-physikalischen Werten zeigen die biologischen Befunde, daß der Rückgang der Versauerung nur sehr gering ist und äußerst langsam erfolgt (s. Tab.1 und Abb.1). Eine Auswirkung auf die Biologie kann erst nach einer Stabilisierung der wasserchemischen Situation festgestellt werden.

Im Elbe-Einzugsgebiet zeigen nur der *Wolfsbach*, die *Große Pyra* und der *Taubenbach* die Tendenz zur Einstufung in eine bessere biologische Säurezustandsklasse.

5 Zusammenfassung

Die im UN-ECE - Meßprogramm untersuchten Oberflächengewässer zeigen in einem Großteil der säuresensitiven Gebiete Deutschlands einen Rückgang der Gewässerversauerung an. Dieser Trend vollzieht sich jedoch nur sehr langsam und kann auch nicht in allen Untersuchungsgebieten beobachtet werden. Insbesondere an einigen Meßstellen im Elbe-Einzugsgebiet tritt bei den wichtigsten versauerungsrelevanten Parametern noch eine weitere Verschlechterung der Versauerungssituation auf.

Literatur

Bayerisches Staatsministerium für Landesentwicklung und Umweltfragen (BStMLU) (1993) Flüsse und Seen in Bayern, Wasserbeschaffenheit und Gewässergüte 1992. Wasserwirtschaft in Bayern 26, 23 S.

Braukmann, U. (1992) Biological indication of stream acidity in Baden-Württemberg. In: Bioindikationsverfahren zur Gewässerversauerung. Veröffentlichungen Projekt „Angewandte Ökologie" (PAÖ), Landesanstalt für Umweltschutz Baden-Württemberg, Karlsruhe (Hrsg.) 3, 58 - 71.

Kifinger, B., Burkl, G., Lehmann, R. (1998) Monitoringprogramm für versauerte Gewässer durch Luftschadstoffe in der Bundesrepublik Deutschland im Rahmen der ECE. Bericht der Jahre 1995 - 1996. Bayerisches Landesamt für Wasserwirtschaft, unveröffentlicht

Lükewille, A., Jeffies, D., Johannessen, M., Raddum, G.G., Stoddard, J.L., Traeen, T.S. (1997) The nine year report: Acidification of surface water in Europe and North America - Long-term developments (1980s and 1990s). NIVA, Oslo, 1 - 168

Raddum, G.G., Fjellheim, A., Hesthagen, T. (1988) Monitoring of acidification through the use of aquatic organisms. Verh. Internat. Verein. Limnol. 23, 2291 - 2297

Schnelbögl, G. (1996) Monitoringprogramm für versauerte Gewässer durch Luftschadstoffe in der Bundesrepublik Deutschland im Rahmen der ECE. Forschungsbericht Nr. 102 04 362, Umweltbundesamt, Berlin, 1 - 251

Gewässersituation in den Grenzregionen

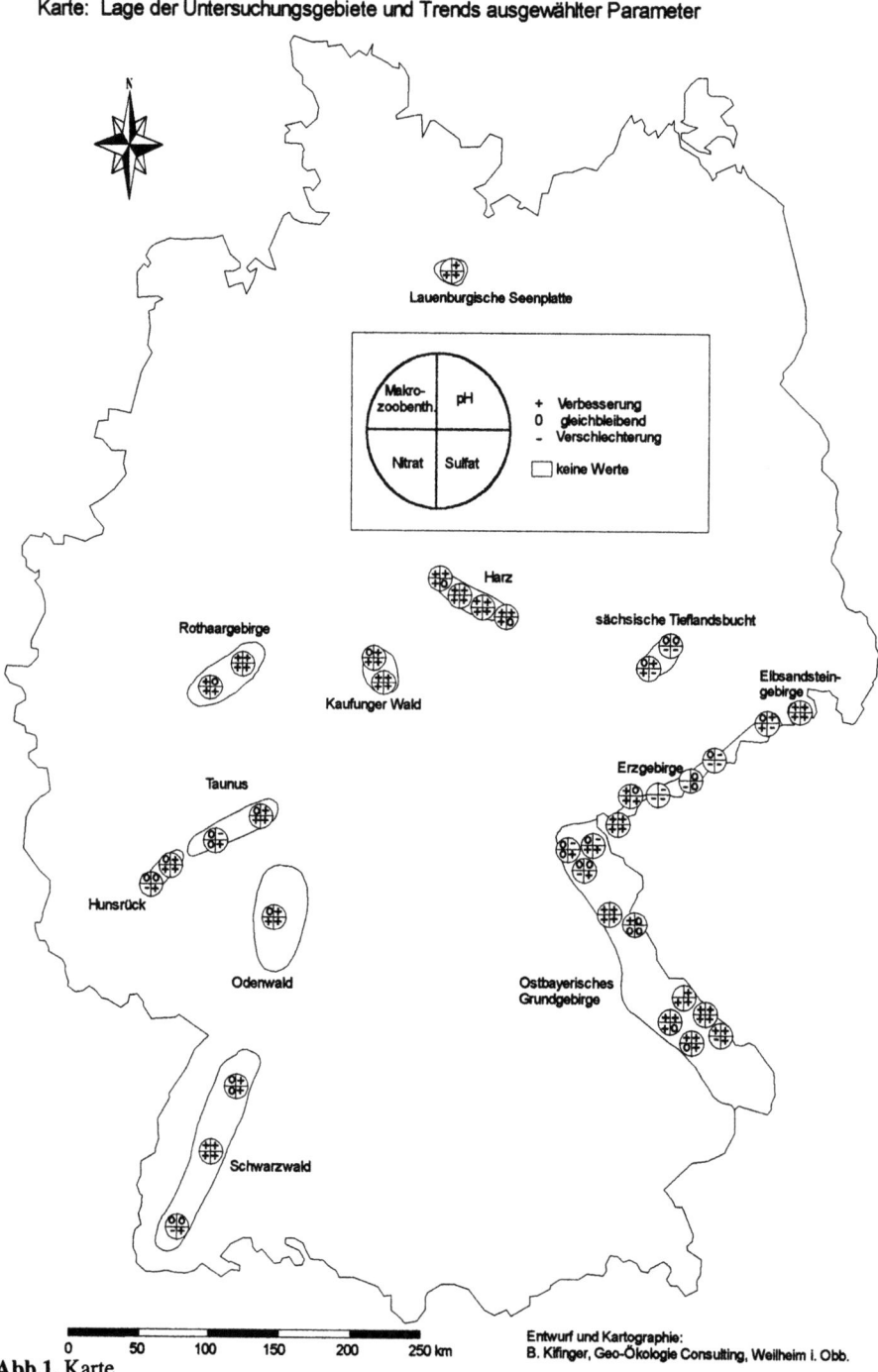

Abb.1. Karte

Belastung des Großen Arbersees, Bayerischer Wald, durch luftgetragene Depositionen

Christian E.W. Steinberg, Ingrid Jüttner, Bernhard Bruckmeier

1 Einleitung

Die Versauerung aquatischer Systeme in kalkarmen bis kalkfreien Regionen durch versauernde Depositionen ist ein weitverbreitetes Phänomen der Umweltdegradation (s. Steinberg und Wright 1994). Negative Folgen der Versauerung sind außer den ökologischen Konsequenzen der Niedergang der Fischwirtschaft und die Trinkwassergefährdung. Als Ursachen kommen sowohl natürliche als auch anthropogene Faktoren in Frage. Beide Ursachen-Komplexe wirken häufig gleichzeitig auf das betreffende Ökosystem ein und sind oft schwer trennbar. Bei den anthropogenen Ursachen werden vor allem die Zunahme der Säurebildner SO_2 und NO_x in der Atmosphäre, aber auch Änderungen der Landnutzungen diskutiert. Je nach persönlicher, wissenschaftlicher oder politischer Haltung der jeweiligen Autoren werden die Gewichtungen dieser anthropogenen Quellen häufig weniger aus wissenschaftlicher denn aus umweltpolitischer Sicht vorgenommen. Dabei gibt es mindestens eine paläolimnologische Methode, anthropogene Versauerungsquellen weitgehend eindeutig zu identifizieren: Bei dem Brand fossiler Energieträger werden neben den Säuren auch organische und anorganische Spurenstoffe aus denselben Quellen freigesetzt. Verschiedene Emissionsquellen haben charakteristische Muster an polycyclischen aromatischen Kohlenwasserstoffen (PAKs) oder polychlorierten Dibenzo-p-dioxinen und Dibenzofuranen (PCDD/Fs). Da diese Stoffe im Sediment nicht oder nur zu einem sehr untergeordnetem Maße abgebaut werden, kann man über Verfahren der Mustererkennung auf die Hauptemissionsquellen rückschließen, sofern kein allzu großer Mix an Quellen bestand (Jüttner et al. 1997).

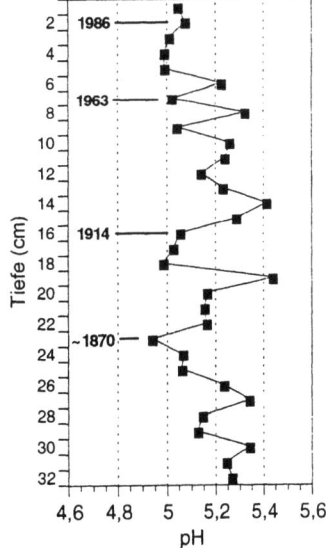

2 Ergebnisse

pH-Wertes-Chronologie

Aus der relativen Häufigkeit der pH-Toleranzgruppen unter den Diatomeen läßt sich über die multiple Regressionsgleichung von Arzet (1987) der in Abb. 1 wiedergebene Verlauf des pH-Wertes rekonstruieren. Der pH-Verlauf deutet auf mehrere Versauerungsschübe (um 1870, 1914, Anfang der 60er Jahre) und zwischenzeitliche Erholungen hin.

Abb. 1. pH-Verlauf nach multipler Regression der Toleranzgruppen. Zur zeitlichen Einordnung sind vier Datierungsmarken angegeben.

Die Ursachen sind mit großer Wahrscheinlichkeit auf anthropogene Aktivitäten zurückzuführen. Dies sei an dieser Stelle mit Belegen der regionalen Entwicklungsgeschichte aufgezeigt. Lokale Industriezweige wie Bergbau, Erzverhüttung und Glasfabrikation spielten bis zum 1. Weltkrieg eine wichtige Rolle im Arbergebiet. Da bei der Verhüttung die sulfidischen Erze geröstet wurden, entstanden schwefligsaure Abgase; vom Silberberg bei Bodenmais wird berichtet, daß er früher nackt und kahl war, da die Vegetation durch die Abgase zerstört wurde. Das Erzlager bei Bodenmais wurde für Vitriol-, Alaun- und Polierrotproduktion abgebaut (Rutte 1992). Hier ist zu bemerken, daß der Arbersee im Windschatten von Bodenmais (Hauptwindrichtung West bis Südwest) exponiert liegt.

Die pH-Änderungen vollziehen sich parallel zu Aktivitäten der Industrie. So liegt der pH-Wert in der ersten Hälfte des 19. Jahrhunderts relativ hoch (Niedergang der Glashütten im ersten Drittel des Jahrhunderts (Winkler 1981). Während des Minimums von 1850-1870 wurden drei Glashütten in Betrieb genommen. Im Übergang zum 20. Jahrhundert blühte die Polierrotproduktion, die dann im 1. Weltkrieg eingestellt wurde. Die pH-Absenkung bei 18-16 cm fällt in diese Zeit. Eine pH-Erhöhung infolge der Produktionseinstellung findet sich ab 16 cm Tiefe (1911).

Während lokale Industrieansiedlungen bis zum 1. Weltkrieg von wesentlicher Bedeutung für pH-Änderungen waren, findet ab etwa 1950 eine zunehmende Versauerung statt, die eine überregionale Zunahme der Säureemissionen widerspiegelt.

PCDD/F-Stratigraphie

Nach dem Chlorierungsgrad lassen sich die 210 polychlorierten Verbindungen der Dioxine und Dibenzofurane in tetra-, penta-, hexa-, hepta- und octa-Chlor-Kongenere einteilen. Abb. 2 gibt diese vereinfachten Muster in elf Sedimentabschnitten wieder. Der Anteil der PCDD liegt in den tieferen Schichten zunächst deutlich unter dem der PCDF, um 1967 (6 cm) ist er etwa gleich und in den folgenden jüngeren Schichten überwiegen schließlich die PCDD.

Auffällig ist das Dominieren von OCDD in den Mustern, mit Ausnahme der Tiefen von 6-8 cm. Wie Emissionsforschungen in regionaler Nachbarschaft (Bayreuth) gezeigt haben, sind höherchlorierte Kongenere bevorzugt partikelgebunden. Das Muster an der Sedimentoberfläche des Großen Arbersees ist dem in der Partikelphase (Flugasche, Abb. 3) auffällig ähnlich.

Die Konzentrationen der PCDD/F haben zur Sedimentoberfläche sehr stark zugenommen. Zwischen 1870 und 1915, also bereits vor Beginn der industriellen Chlorchemie, nehmen OCDD um das 6-fache, TCDD um das 4-fache zu. Die entsprechenden Werte für die OCDF betragen das 13-fache bzw. 25-fache.

Die quantitativ bedeutenden PCDD/F-Emissionen entstehen bei der Produktion von Chlorphenolen und ihren Derivaten, ebenso bei der Müllverbrennung, in Metallschmelzen und bei allen Verbrennungsprozessen mit chlorhaltigen Materialien. Geringe Spuren werden offensichtlich durch Brände aller Art verursacht, wie die tiefsten Sedimentschichten (nicht nur dieses Sees, sondern auch anderer, entfernt liegender Seen wie der Stechlin-See (Schramm et al. 1997)) belegen. Die Ausbreitung erfolgt vermutlich durch Anlagerung an Staubpartikel, wobei Schwebstaub z.T. in entferntere Gebiete transportiert wird.

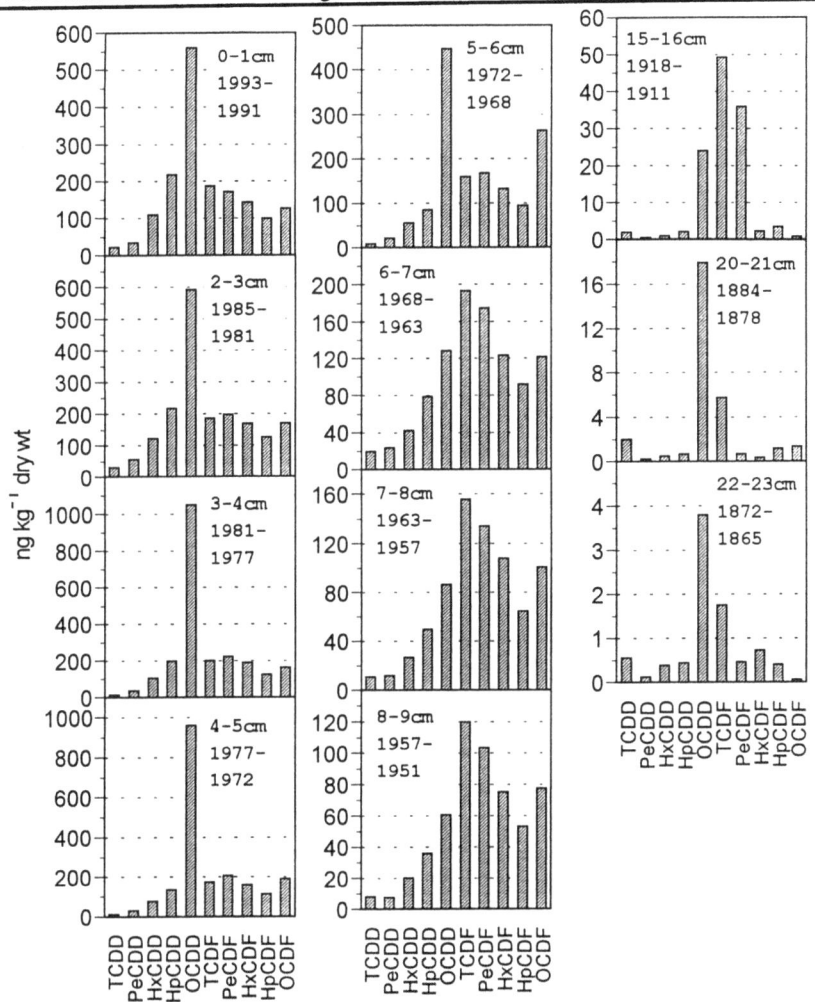

Abb. 2. Stratigraphie der PCDD/Fs nach Chlorierungsklassen zusammengefaßt. (beachte: unterschiedliche Konzentrationsmaßstäbe). TCDD/F: Tetra-; PeCDD/F: Penta-; HxCDD/F: Hexa-; HpCDD/F: Hepta-; OCDD/F: Octa-Kongenere

Vergleicht man die verschiedenen Muster den (wenigen) Mustertypen in Abb. 3, so lassen sich - zumindest für die PCDD/Fs - die wichtigsten Quellen benennen. Die Dominanz des OCDD in den Mustern der Schichten, die seit den späten 60er Jahren abgelagert worden sind, deutet auf die zunehmende Bedeutung von Müllverbrennungsanlagen als Luftverschmutzung hin. Die tieferen Schichten - mit ihrer Dominanz von TCDF - wurden offensichtlich stärker durch die verschiedenen Formen der Hausfeuerung belastet.

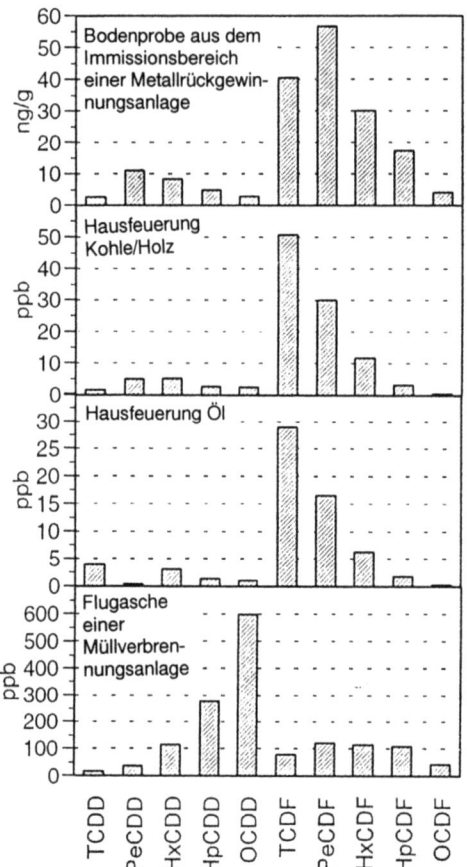

Abb. 3. Kongeneren-Profile von PCDD/F aus unterschiedlichen thermischen Verfahren. Bei der Hausfeuerung wurde Ruß untersucht. (nach Hutzinger und Fiedler 1989, Hagenmaier et al. 1994)

Diese Quellen werden mit Sicherheit ebenfalls eine wichtige Rolle bei der Freisetzung von versauernden Substanzen, insbesondere SO_2, gespielt haben, worauf der Verlauf der Schwefelkonzentrationen in den betreffenden Sedimentschichten hinweist (Bruckmeier 1994).

Literatur

Arzet, K. (1987) Diatomeen als pH-Indikatoren in subrezenten Sedimenten von Weichwasserseen. Diss. Abt. Limnol. Innsbruck 24, 266 S

Bruckmeier, B. (1994) Einträge von Säuren, PCB, PCDD und PCDF in den Großen Arbersee über eine Spanne von 130 Jahren (1860-1990). Diplomarbeit, Technische Universität München

Hagenmaier, H., Lindig, C., She, J. (1994) Correlation of environmental occurrence of polychlorinated dibenzo-p-dioxins and dibenzofurans with possible sources. Chemosphere 29, 2163-2174

Hutzinger, O., Fiedler, H. (1989) Sources and emission of PCDD/PCDF. Chemosphere 18, 23-32

Jüttner, I., Henkelmann, B., Schramm, K.-W., Steinberg, C.E.W., Winkler, R., Kettrup, A. (1997) Occurrence of PCDD/F in dated lake sediments of the Black Forest, Southwestern Germany. Environ. Sci. Technol. 31, 806-812

Rutte, E. (1992) Bayerns Erdgeschichte. Der geologische Führer durch Bayern. Ehrenwirth Verlag.

Schramm, K.-W., Winkler, R., Casper, P., Kettrup, A. (1997) PCDD/F in recent and historical sediment layers of Lake Stechlin, Germany. Wat. Res. 31, 1525-1531

Steinberg, C.E.W., Wright, R.F. (eds.) (1994): Acidification of Freshwater Ecosystems: Implications for the Future. John Wiley and Sons, Chichester

Winkler, U. (1981) Zwischen Arber und Osser, historische Bilder vom Lamer Winkel im Bayerischen Wald aus sieben Jahrhunderten 1279-1979. Verlag Morsak, Grafenau

Die Entwicklung des Grubenwasserchemismus im Verlauf der Flutung der Zinnerzgrube Ehrenfriedersdorf

Werner Klemm

1 Einleitung

Die geochemisch-analytischen Untersuchungen von Wasser, Schweb und Sediment in der Freiberger und Zwickauer Mulde haben erhebliche Einträge an Schwermetallen und Arsen durch Wässer aus dem Bergbau als Ursache für die Belastung dieses Gewässersystems nachgewiesen. Nach wie vor sind zuverlässige Vorhersagen und Modellierungen für die Gehalte an umweltrelevanten Elementen wie As, U, Pb, Zn Cd u.a. in den austretenden Grubenwässern im Hinblick auf den Konzentrationsverlauf und die Zeitdauer nicht möglich. Deshalb kommt dem Monitoring des Flutungsverlaufes in diesen Gruben eine besondere Bedeutung zu.

Im Falle der Zinnerzgrube Ehrenfriedersdorf/Erzgebirge konnte von Beginn der Flutung an (August 1994) eine monatliche Beprobung und Analyse der Haupt- und Spurenkomponenten im Wasser und Schweb vorgenommen werden.

2 Angaben zur Lagerstätte

Die Sn- Lagerstätte Ehrenfriedersdorf befindet sich ca. 20 km südlich von Chemnitz im Mittleren Erzgebirge. Im Zentralteil der Lagerstätte erfolgte Bergbau seit dem 13. Jahrhundert. Die Vererzung wird durch folgende Hauptminerale gebildet: Quarz, Kassiterit, Löllingit, Arsenopyrit, Fluorit, Hämatit, Topas.

Insbesondere der mit dem Kassiterit assoziierte Arsenopyrit und Löllingit muß als Quelle für die auftretenden erhöhten As-Gehalte im Grubenwasser angesehen werden.

Detaillierte Angaben zur Lagerstätte wurden von Hösel 1994 zusammenfassend publiziert.

Nach Einstellung des Bergbaubetriebes im Jahre 1990 wurde das Grubengebäude durch Errichtung von 3 Wasserdämmen in die Reviere Röhrenbohrer, Nordwestfeld und Sauberg/Westfeld getrennt und unabhängig voneinander in zeitlicher Versetzung geflutet.

Im zentralen Revier Sauberg/Westfeld, das über den Tiefen Sauberger Stolln entwässert, war ein bergmännischer Hohlraum von 1 751 802 m^3 zu fluten. Die im August 1994 begonnene Flutung dauerte bis August 1996, wobei die Zuflußraten wetterabhängig zwischen 68 und 200 m^3/h variierten.

Während des Anstieges des Flutungswassers erfolgte die Probenahme über den offengehaltenen Schacht 2 sowie von den jeweils noch zugänglichen Sohlen und nach Füllung am Überlauf.

3 Ergebnisse

Das Flutungswasser wird von einem schwach mineralisierten oberflächennahen Grundwasser mit deutlichen Konzentrationsschwankungen und einer Dominanz von Ca und SO_4 gebildet. Nach Erreichen des Flutungsniveaus von 499 m NN trat für die wesentlichen Hauptkomponenten am Überlauf eine deutliche Konzentrationserhöhung ein (Tab. 1).

Tab.1. Variation des Wasserchemismus während der Flutung und im Überlauf

Komponente		Schacht 2 (08/94-08/96)	Überlauf (08/96/10/97)
Lf	/mS/cm/	400 - 806	1000 - 1200
pH		6,3 - 6,8*)	5,7 - 6,2
O2	/mg/l/	5,4 - 8,7	0,7 - 2,3 (5,5)')
Ca	/mg/l/	27 - 94	140 - 230
Mg	/mg/l/	7 - 54	28 - 75
Na	/mg/l/	9 -. 60	12 - 15
K	/mg/l/	4 - 27	6 - 8
SO4	/mg/l/	100 - 340	42 - 609
HCO3	/mg/l/	190 - 90	15 - 55
Cl	/mg/l/	14 - 46	13 - 25
NO3	/mg/l/	3 - 18	2 - 19

*) Durch zeitweilige Auslaugung des Magerbetons der Blombenabdeckung des Schachtes 2 kam es zu verfälschenden pH-Änderungen bis in den alkalischen Bereich. Diese wurden nicht berücksichtigt. Diese Vorgänge sind auch die Ursache für erhöhte Gehalte an K und Na in den jeweiligen Zeiträumen.
') Ausnahme infolge Dominanz von frischem Infiltrationswasser

Während des Wasseranstieges in der Schachtröhre wurde keine tendenzielle Entwicklung des Wasserchemismus registriert. Lediglich während der Flutung der 5. und 3. Sohle kam es zu deutlichen Erhöhungen der Konzentrationen von Fe, Al, Mn, As, Zn, Ni, Co und Cd (Klemm und Tägl 1996). Eine konvektive Durchmischung mit dem überstehenden Wasser konnte in der Schachtröhre nicht nachgewiesen werden.

Das Flutungsniveau (499 m NN) liegt etwa 4 m unterhalb der 2. Sohle, so daß nach dem Prinzip kommunizierender Röhren das Wasser neben dem direkten Zulauf nur über die 3. Sohle am Gesenk aufsteigen, sich dabei mit frischem Infiltrationswasser mischen und in den Ablauf des Tiefen Sauberger Stollns eintreten kann. Aus diesem Vorgang resultieren die Veränderungen der Konzentrationen von Haupt- und Spurenelementen. Sie zeigen keine strenge Beziehung zur austretenden Wassermenge. Nach ca. fünf Monaten erfolgten deutliche Erhöhungen der Fe(II)- und As-Konzentrationen im Wasser, was auf Änderungen der Redoxverhältnisse in der Grube zurückgeführt werden muß. Der partikulär gebundene Anteil bleibt nahezu konstant (Abb. 1).

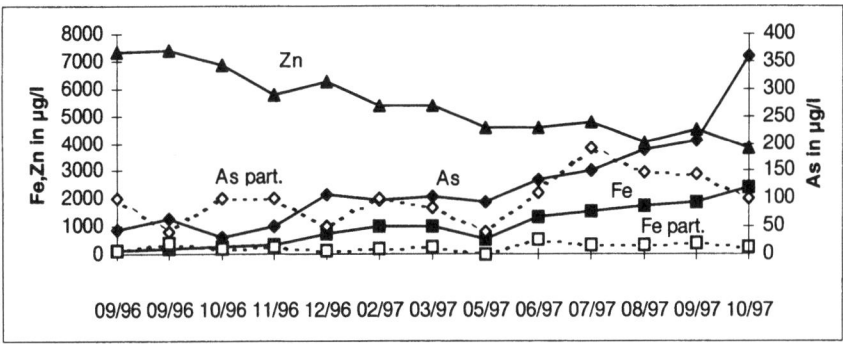

Abb.1. Änderung der As- und Fe-Konzentration im austretenden Grubenwasser für den Zeitraum 08/96 bis 10/97

Der stetige Anstieg insbesondere der Problemkomponente As parallel zu Fe(II) war Anlaß für die Frage nach dem zu erwartenden Maximalwert. Wenn das genannte Strömungsmodell zutrifft, sollten die Konzentrationen im Originalwasser der dritten Sohle orientierende Werte liefern. In Tab. 2 ist eine Auswahl von Wasseranalysen am Überlauf (08/96; 08/97) und von der 3. Sohle im Bereich des Schachtes 2 (Oktober 97) zusammengestellt. Sowohl für die Gehalte an Haupt- als auch Spurenkomponenten zeigt sich

Tab.2. Konzentration von Metallen und Arsen im Flutungswasser am Überlauf (SBÜ) und im Bereich der 3. Sohle differenziert nach gelöstem Anteil (< 0,45 mm) und Gesamtghalt (Angaben in mg/l)

Komponente	SBÜ 08/96 gel./ges.	SBÜ 10/97 gel./ges.	3. Sohle (10/97) gel./ges.
Fe	193/620	2390/2630	4040/4620
Fe(II)	<100	2340	4020
As	65/165	358/450	640/740
Mn	7110/7110	8100/8100	10100/10100
Al	5650/5650	8130/8130	nb
Ni	405/nb	290/290	220/230
Zn	7310/7310	5650/5660	1860/209

eine differenzierte zeitliche Entwicklung. Für Ca, Mg und SO_4 ist seit Beginn des Überlaufs eine leichte Abnahme und für HCO_3 eine geringe Zunahme der Konzentration zu verzeichnen. Für Na, K, Cl, NO_3 und F ist bei der üblichen Variation keine tendenzielle Änderung ausgeprägt. Die Entwicklung der Spurenelementgehalte ist gekennzeichnet durch einen Anstieg bei Fe, As, Mn und Al und eine Abnahme bei Ni und Zn, was auf unterschiedliche Eintragsquellen hinweist. Der partikuläre Anteil von Fe und As bleibt praktisch konstant (Abb. 1).

Die Änderung der Redoxbedingungen im wassererfüllten Grubengebäude wirkt sich insbesondere auf den Austrag von Fe und As aus. Fand die Oxidation des Fe(II) zu Fe(III) während des Wasseranstieges und in den ersten Monaten des Wasseraustrittes noch innerhalb des Grubengebäudes statt, erfolgt diese später nur noch teilweise nach Austritt des Wassers im offenen Ablauf des Tiefen Sauberger Stollns. Dementsprechend verringerte sich der Anteil des an das ausflockende Eisenoxidhydrat fixierten As und der damit verbundene Übergang in das Sediment, so daß es zu Grenzwertüberschreitungen für As im Wasser kommt. Obwohl die As-Abreicherung im Ablauf des Tiefen Sauberger Stollns wegen der unvollständigen Oxidation des Fe(II) und der hohen Fließgeschwindigkeit nicht die Effektivität der oberirdischen Ablaufgräben der Spülhalden erreicht, können letztere als Modell für die Installation von Bedingungen für eine geochemische Barriere im Grubenbereich betrachtet werden. Bei ähnlicher Fe- und As-Konzentration sowie vergleichbarem pH-Wert erfolgt in diesen Gräben eine Abreicherung des Arsengehaltes von 1 - 3 mg/l bis auf < 50 µg/l. Nach gleichem Prinzip durchgeführte Laborversuche mit Originalwasser der 3. Sohle bestätigen die prinzipielle Möglichkeit zur As-Abreicherung.

4 Zusammenfassung

Die analytischen Untersuchungen des Grubenwassers während des Anstieges und nach Überlauf in der Zinnerzgrube Ehrenfriedersdorf zeigen die gravierende Änderung der Konzentrationsverhältnisse im Flutungswasser zwischen beiden Etappen auf. Der deutliche Anstieg der Fe(II) und As(III) Konzentration weisen auf die Änderung der Redoxverhältnisse im wassergefüllten Grubengebäude hin. Die unterschiedliche Entwicklungstendenz für die Konzentration verschiedener Element im austretenden Wasser wird durch Mischvorgänge zwischen Grubenwasser der 3. Sohle und Infiltrationswässern erklärt. Die Fe-Konzentration im Wasser ist bei vollständiger Oxidation ausreichend, als geochemische Barriere für die Abreicherung der As-Gehalte zu wirken.

Literatur

Hösel, G. (1994) Das Zinnerz-Lagerstättengebiet Ehrenfriedersdorf/Erzgebirge. Bergbau in Sachsen Band 1, Landesamt für Umwelt und Geologie in Sachsen

Klemm, W., Tägl, U. (1996) Hydrogeochemische Untersuchungen während der Flutung der Zinnerzgrube Ehrenfriedersdorf/Erzgebirge, GeoCongress Band 2, 258-261, Grundwasser und Rohstoffgewinnung, Köln: Sven von Loga

Einfluß des Grubenwassers aus dem Kohlebecken Sokolov auf die Wassergüte des Flusses Eger und dessen Nebenflüsse

Vlastimil Zahrádka, P. Nedelka

1 Einleitung

Der Fluß Eger (Ohře), der eines der am meisten industrialisierten Gebiete der Tschechischen Republik - das Braukohlebecken Sokolov (Falkenau)- durchfließt, ist heute nur relativ wenig belastet. Die Art der Belastung ändert sich mit dem Verlauf des Flusses. Während am Oberlauf des Flusses das größte Problem sehr lange der Gehalt an Quecksilber war, das der Nebenfluß am rechten Ufer der Eger - die Röslau - aus der BRD in die Eger mitführte, ist die Verunreinigung am mittleren Lauf hinter dem Industriegebiet Sokolov vor allem auf den hohen Gehalt der gelösten Stoffe zurückzuführen. Dabei handelt es sich insbesondere um Sulfate, aber auch um einige Metalle, wie z.B. Eisen und Mangan. Diese Belastung wird vorwiegend durch das Grubenwasser verursacht, dessen Einleitung in der Tschechischen Republik rechtlich nicht ausreichend geregelt ist.

2 Rechtliche Regelung der Einleitung des Grubenwassers

Die Einleitung des Grubenwassers ist in der Tschechischen Republik kraft Gesetz ohne jegliche Einschränkungen erlaubt (Bergbaugesetz). Das Wassergesetz gibt dann den Wasserwirtschaftsbehörden die Möglichkeit, für die Einleitung Bedingungen zu erlassen. Diese Situation führt dann zu einer unkontrollierten Einleitung des Grubenwassers, denn für die Bergbaugesellschaften ist es günstiger, wenn keine einschränkenden Bedingungen bestehen. Ebenso unlogisch ist die Praxis, daß diejenigen, die belastetes Wasser ins Grubenwasser einleiten, nicht verpflichtet sind, Gebühren für das eingeleitete Abwasser zu zahlen. Auch das neue Gesetz über die zu zahlenden Gebühren für die Einleitung des Abwassers, das Anfang des Jahres 1999 in Kraft treten wird, sieht keine Gebühren für das ins Grubenwasser eingeleitete Abwasser vor. Dadurch wird ganz unlogisch einer ganzen Industriebranche im Vergleich zu allen anderen Branchen ein Vorteil eingeräumt. Dabei wird auch im kommunalen Sektor auf die Bezahlung der Gebühren für die Abwassereinleitung nicht verzichtet (z.B. Einleitung aus öffentlichen Wasserleitungen und der Kanalisation), obwohl es sich um den nichtproduktiven Sektor handelt - z.B. bei den Gemeinden handelt es sich lediglich um eine Verschiebung der Finanzen zwischen verschiedenen staatlichen Fonds.

3 Anteil des Grubenwassers an der Wasserbelastung der Eger im Bereich des Kohlebeckens Sokolov

Das Grubenwasser im Bereich des Kohlebeckens Sokolov ist besonders stark durch den hohen Gehalt an Sulfaten sowie Eisen belastet, denn die hiesigen Kohleflöße enthalten hohe Mengen an Pyrit. Durch die Öffnung der Stollen oxidiert das Pyrit, wobei Schwefel und Eisen freigesetzt werden. Das Volumen der so freigesetzten Stoffe kann nicht außer Acht gelassen werden. Unterhalb dieses Gebiets ist eine einzige Bergbaugesellschaft (Sokolovská uhelná a.s.) für das Vorkommen von fast einem Drittel (31,7 %) des Sulfatstoffabflusses verantwortlich ist.

4 Belastung der Eger und der Svatava im Jahre 1997

Die nachfolgenden Abb. 1 und 2 veranschaulichen die gestiegene Belastung der größten Wasserläufe auf diesem Gebiet. An der Eger ist das Profil Jindřichov durch das Grubenwasser nicht belastet, das Profil Citice liegt in der Mitte des Beckens (oberhalb des Zusammenflusses mit der Svatava, die die größte Menge des Grubenwassers abführt) und das Profil Tuhnice liegt bereits unterhalb des Kohlebeckens Sokolov. An der Svatava ist das Profil Kraslice durch das Grubenwasser nicht belastet, das Profil Sokolov liegt an der Mündung der Svatava in die Eger.

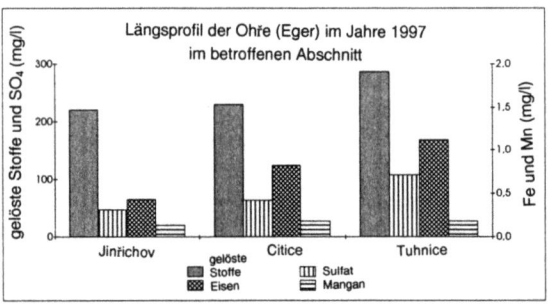

Abb.1. Gewässerbelastung der Ohře (Eger)

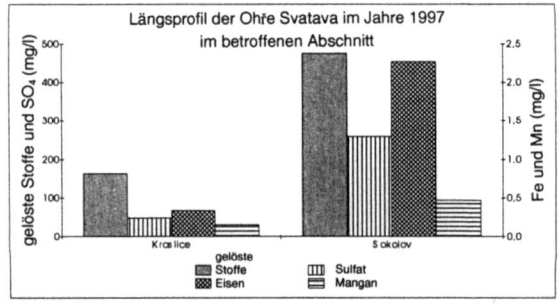

Abb.2. Gewässerbelastung der Svatava

Einfluß der anthropogenen Tätigkeit auf die Flußsysteme des Erzgebirges

Václav Pondělíček

1 Einleitung in die Problematik und Aufteilung

Zur Übersichtlichkeit wurde das gesamte Flußsystem im Bereich des Erzgebirges in drei Zonen aufgeteilt, die nach ihrer Höhe ü. NN, nach dem Verwalter des Gebietes und der Flüsse und nach dem Charakter der wasserwirtschaftlichen Maßnahmen in Beziehung zu ihrer Funktion und zum Zustand der Umwelt gegliedert sind. Die Zone A schließt das Gebiet mit der größten Zerstörung des Waldbewuchses durch Immissionen in Tschechien ein. Das Gebiet und die Gewässer dieser Zone werden überwiegend von der AG Lesy ČR (Wälder der Tschechischen Republik) verwaltet. Aus wasserwirtschaftlicher Sicht handelt es sich um den oberen Teil des Einzugsgebietes der Flüsse mit ausgedehnten Quellgebieten. Die Zone B wird aus dem Übergang der Hochebenen des Erzgebirges zum Geländebruch gebildet. Hier werden die Gewässer in tiefen Tälern mit großem Gefälle als Wildbäche in das Becken abgeleitet. Verwalter des Gebietes ist zum größten Teil wiederum die AG Lesy ČR. Die Gewässer werden von Lesy ČR und Povodí Ohře AG (wasserwirtschaftlich bedeutende Ströme) verwaltet. Die Zone C umfaßt die unteren Ausläufer des Erzgebirges und das Becken, das reich an Bodenschätzen, vor allem an Kohle, ist,.

Die größte Umweltbelastung, d. h. auch Belastung der Flüsse, besteht in einem zusammenhängenden Band zwischen den Städten Chomutov (Komotau), Most (Brüx), Teplice und Ústí n. L. (Aussig).

Zur Erfüllung der Aufgaben der Wasserwirtschaft unter diesen Bedingungen ist deshalb die Zusammenarbeit von wissenschaftlichen Institutionen, Schulen sowie fachlichen und betrieblichen Abteilungen der Povodí Ohře AG notwendig. Das Ergebnis ist ein funktionierendes System von komplexen wasserwirtschaftlichen Maßnahmen, die die geplanten Funktionen und Anforderungen gewährleisten und eine weitere Entwicklung von Nordwestböhmen in allen nötigen Bereichen ermöglichen. Ein Schema des Erzgebirgischen Flußsystems wird in Abb.1 dargestellt.

2 Einfluß der Devastation der oberen Teile des Einzugsgebietes auf die hydrologischen Verhältnisse der Flußsysteme des Erzgebirges, Zone A: Hochebenen und Quellgebiet

Im Jahre 1964 wurde das erste großflächige Waldsterben auf den Hochebenen des Erzgebirges festgestellt. Seitdem wurden praktisch alle Wälder in diesem Gebiet vernichtet. Gleichzeitig wurde ein Ersatz gesucht. Voraussetzung für eine erfolgreiche Anpflanzung war jedoch eine Absenkung des Grundwasserspiegels auf 30 - 40 cm unter der Erdoberfläche. Nach der Liquidation der Fichtenmonokulturen kam es in den meisten Fällen zu einer Versumpfung der Flächen, auf denen sie vorgekommen waren. Das flache Wurzel -

system des Fichtenbewuchses hielt zusammen mit der ursprünglichen Wasserableitung den Grundwasserspiegel natürlich aufrecht. Insgesamt wurden so 12.500 ha entwässert. Um das Überleben des Waldes und des Ersatzbewuchses zu sichern wählten die Forstfachleute verschiedene Methoden der Bodenvorbereitung geeignete Gehölze aus. Zur Vorstellung über die Funktion des Waldes unter diesen Umständen möchte ich nur die Ergebnisse einer Messung von Flury anführen, die von ihm in der Schweiz durchgeführt wurde: von schwach bewaldeten Hängen fließen bis zu 60 % der Niederschläge ab, von Waldhängen nur 14 %. Die Störung der Funktion des Waldes und die teilweise völlige Entwaldung des natürlichen Flußsystems führten zu veränderten hydrologischen Werten für die meisten Ströme in diesem Gebiet. Die Werte von Q_{100} erhöhten sich meist um 40 - 60 %. Eine natürliche Folge war die Erfordernis, die Kapazität aller bestehenden Werke zu erhöhen, aber auch Maßnahmen vor allem zum Schutz wichtiger Orte.

Ein spezifisches Problem stellte der erforderliche Schutz der Bergwerke dar. Diese mußten mindestens auf Q_{100} und in ausgewählten Fällen auch auf Q_{200} in Werten nach der Entwaldung geschützt werden.

Im Zeitraum von 1964 - 1998 kam es bislang noch nicht zu den geschätzten „roten" Zahlen in der Hydrologie der Erzgebirgsflüsse. Deshalb arbeiten wir zusammen mit dem VÚV TGM (Institut für Wasserwirtschaft T. G. Masaryk, Prag) an ihrer Änderung.

3 Einfluß der Devastation des Einzugsgebietes auf die Flußsysteme des Erzgebirges, Zone B: Bergbäche und Gebirgsflüsse

Erosionserscheinungen: Örtliche Hochwasser und die Frühjahrsabflüsse zeigten, daß sich aufgrund der Zerstörung der Wälder auch die Schwebstoffverhältnisse der Erzgebirgsflüsse veränderten. Deshalb wurden umfangreiche Studien erstellt, deren Ergebnis die Bestimmung der Transportfähigkeit der Ströme in Beziehung zu Änderungen des Einzugsgebietes war. Der AG Povodí Ohře wurde auferlegt, den Schutz vor diesen Gefahren an allen Flüssen zu gewährleisten, an denen dieses Problem noch durch keine Staustufe oder kein Wehr bewältigt wurde. Dabei wurden vor allem Erfahrungen aus den Alpen (Mayer-Peter) und Jugoslawien (Gavrilovič) angewendet und überprüft.

An allen Flüssen mußten geeignete Profile für den Bau eines Wehrs ausgewählt werden. Gleichzeitig mußten die besten technischen Methoden angewendet werden. Außer klassischen Schwerkonstruktionen wurden deshalb auch die bei uns noch nicht sehr verbreitete Gewölbekonstruktion und bei kleineren Wehren auch Holzkonstruktionen gewählt, die sich gut in die Landschaft einfügen. Insgesamt bauten die AG Lesy ČR und die AG Povodí Ohře mehr als 60 Wehre.

Eis und Winterhochwasser: Durch historische Untersuchungen wurde belegt, daß das Einzugsgebiet der Erzgebirgsflüsse immer geeignete Bedingungen für die Entstehung von Winterhochwassern und Eiserscheinungen bot. Das hängt mit dem Erzgebirgsbruch und der Exposition zusammen. In den letzten 30 Jahren wurde diese objektive Disposition noch durch die Zerstörung des Waldes in den oberen Teilen des Einzugsgebietes verstärkt. Bei häufigen Inversionen mit Tauwetter erhöhten sich die Durchflüsse auf diesen Flächen stark. Die Folge waren häufige Eisgänge, die einen sehr ähnlichen Charakter wie eine Lavine haben, einschließlich des Geräusches. Wegen ihrer Zufälligkeit, ihrer schnellen Kulminierung, ihres kurzen Andauerns und ihres häufigen Auftretens waren und sind sie eine große Gefahr (allein 1987 forderten sie fünf Menschenleben und große materielle Schäden). Zu einer möglichen Erklärung der angeführten Erscheinungen verwendeten wir die Auswertungen von dokumentierten Fällen. Im Zeitraum von 1979 - 1997 verzeichneten wir an 37 Wasserläufen in 64 Fällen solche Erscheinungen. Erste Informationen über die Untersuchungsergebnisse wurden auf dem Symposium über Eiserscheinungen in Pieštany (Slowakei) 1988 vorgestellt. Auf dem Prager Symposium von 1998 wurden die Erfahrungen mit der Wirksamkeit der technischen Maßnahmen zum Schutz vor diesen Erscheinungen und Ergebnisse aus der Erforschung der Ursachen ihrer Entstehung vorgetragen.

4 Veränderungen im Talbereich und Wasserwirtschaft - Zone C

Die größten Eingriffe in die Flußsysteme dieses Teils des Gebietes wurden im Interesse der Brennstoff- und Energieindustrie vorgenommen. Von entscheidender Bedeutung war die Änderung des Kohleabbaus vom Untertagebau zum Tagebau und dem gleichzeitigen Bau von Wärmekraftwerken. Im Gebiet Chomutov - Most - Teplice - Ústí n. L. war davon fast jedes Dorf betroffen, mehr als 90 wurden liquidiert. Diese Tätigkeit hatte auch für die Flußsysteme ähnliche Auswirkungen. Es wurden Dutzende km von Flußverlegungen, künstlichen Kanälen und wasserwirtschaftlichen Ersatzobjekten gebaut. Die größte Maßnahme ist ein Komplex von Bauwerken im Gebiet zwischen Chomutov und Most.

Für die Nutzung einer solchen Konzentration von Anlagen, Bauwerken und Ressourcen war die Schaffung einer entsprechenden Steuerung wichtig. So entstand ein System von wasserwirtschaftlichen Komplexen, das von einem wasserwirtschaftlichen Dispatching rund um die Uhr gesteuert wird. Bei gefährlichen Situationen (Hochwasser, Trockenheit, Havarien u.ä.) ist das Dispatching auch Informationszentrale für die Beeinflussung dieser Erscheinungen. Für eine rationelle und wirksame Beeinflussung der hydroökologischen Prozesse wurden auch die wasserwirtschaftlichen Tätigkeiten der spezifischen Situation angepaßt. Deshalb entstand ein System der Pflege der Wasserqualität mit entsprechenden finanziellen Mitteln, ein Programm der Pflege des Uferbewuchses und der Vegetation an unseren Bauwerken, die Fischereiwirtschaft an den Wasserspeichern und eine umfangreiche Revision in ihren hygienischen Schutzzonen. Einer der wertvollsten Erfolge der angeführten Maßnahmen ist die Einhaltung einer sehr guten Rohwasserqualität in diesen Ressourcen. Alle diese Aktivitäten werden in Zusammenarbeit mit den staatlichen Behörden durchgeführt, für die wir Unterlagen zur Entscheidung vorbereiten. Nach der Inbetriebnahme des Regionalen Hydroökologischen Informationssystems, das Bestandteil des gerade geschaffenen Informationssystems der AG Povodí Ohře ist, erwarten wir eine weitere Verbesserung dieser Tätigkeiten und Dienstleistungen.

5 Schlußbetrachtungen

Der vorgelegte Beitrag ist nur eine kurze Zusammenfassung der Erfahrungen, die bei der Behandlung der Problematik der Wasserwirtschaft im angegebenen Gebiet in den letzten 35 Jahren gesammelt wurden. Aus Platzgründen nicht eingehender über die Tiefe der behandelten Probleme und über die damit zusammenhängenden Bemühungen informiert werden. All jenen, die eine vollständigere Vorstellung über die erwähnte Problematik bekommen wollen, empfehle ich einen Besuch der Gegend um Chomutov und Most.

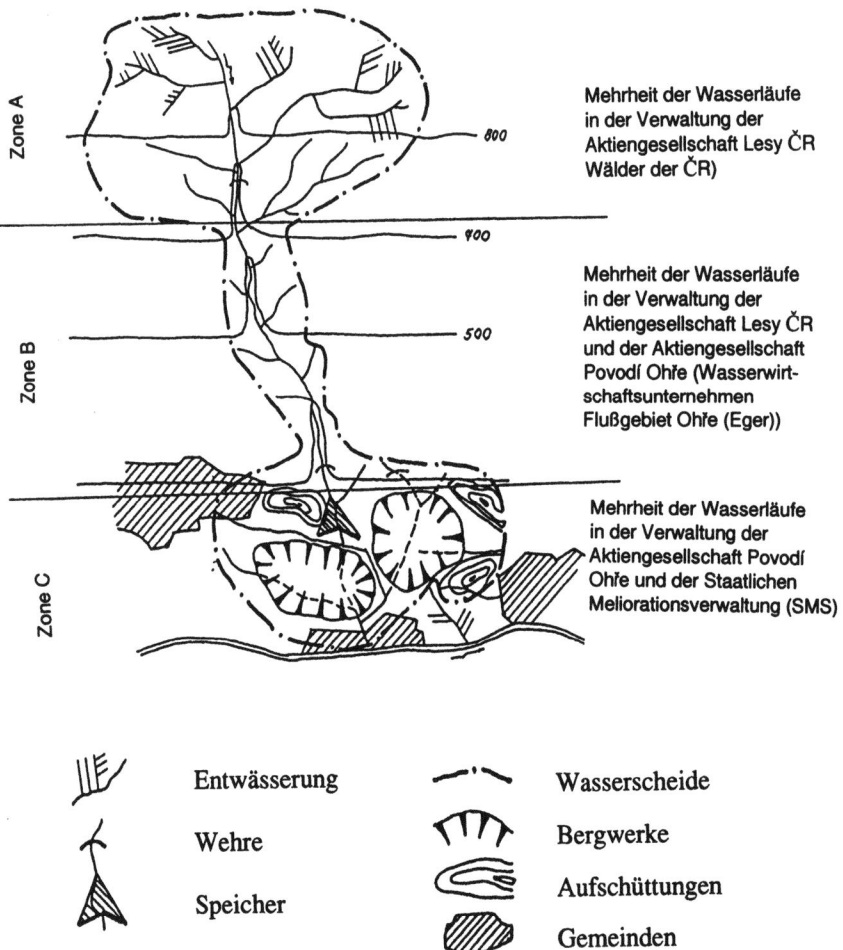

Abb.1. Schematischer Grundriß des Erzgebirger Flußsystems (Zone A: Mehrheit der wasserläufe in der Verwaltung der AG ČR, Zone B: Wasserläufe in der Verwaltung der AG Lesy ČR und der AG Povodí Ohře, Zone C: Wasserläufe in der Verwaltung der AG Povodí Ohře un der SMS)

Schutz der Flußperlmuscheln im Dreiländereck Böhmen-Bayern-Sachsen

Martin Grambow

1 Bestandssituation

Im Gewässersystem der Südlichen Regnitz, einem Nebengewässer der Sächsischen Saale, leben am Dreiländereck Böhmen-Bayern-Sachsen ca. 50-70000 Exemplare der Flußperlmuschel (Margaritifera margaritifera L.). Sie bilden gemeinsam mit einer nur wenige Kilometer entfernten weiteren Population im Schwesnitz-System das größte mitteleuropäische Vorkommen neben der Blanice (CR) im Moldau-Einzugsgebiet. Ebenso wie die noch mit einem Restvorkommen anzutreffende Bachmuscheln (Unio crassus L.) - dieses Zusammenleben ist bayernweit einzigartig- leidet die Population an Überalterung. Seit vielen Jahren ist das Aufkommen der wenigen Jungmuscheln zu gering, um die Altersausfälle ausgleichen zu können. Deswegen versuchen die Anliegerländer -gestützt auf ein seit ca. 20 Jahren laufendes Wasseruntersuchungsprogramm und sonstige Erhebungen im Einzugsgebiet- ein umfangreiches Gewässerschutzkonzept zur Stabilisierung der Vorkommen der beiden in Deutschland hochbedrohten Arten umzusetzen.

2 Abwasserbehandlung

Im Abwasserbereich konnten bisher ein Großteil der in Streusiedlung lebenden Einwohner an ein unterhalb der Population liegendes vollbiologisches Klärwerk bzw. an den Zinnbachsammler (Pilotprojekt einer Bachkläranlage aus den 80er Jahren) angeschlossen werden. Weitere Projekte in Sachsen und Böhmen zur Ableitung der Abwässer aus dem Einzugsgebiet stehen kurz vor der Realisierung. Selbst die Abwässer einer nach der Wendezeit neu errichteten Kreisstraße werden über Abscheider geleitet. Mehrere Fischteichanlagen wurden von der öffentlichen Hand angekauft und sollen rückgebaut werden, der Rest soll extensiviert werden, so daß alle punktförmigen Belastungsquellen saniert sind.

3 Landnutzung

Weitere problematische Gewässerbelastungen stammen aus der landwirtschaftlichen Nutzung des Einzugsgebietes. Diese diffusen Quellen liefern in erster Linie Nährstoffe, welche über die sog. Sekundärverunreinigung größere Mengen feiner, organisch belasteter Schwebstoffe liefern, die den Stoffhaushalt des Gewässers, insbesondere das Sand- und Kieslückensystem (Interstitial) an der Sohle besonders beanspruchen. Dort ist aber der Lebensraum der in den ersten Lebensjahren besonders empfindlichen Jungmuscheln. Deswegen wurde von den in der deutsch-tschechischen Grenzgewässerkommission tätigen Behörden und Institutionen ein zoniertes Landnutzungskonzept an den perlmuschelführenden Hauptgewässern und den zahlreichen Seitengewässern entwickelt, welches das gesamte Einzugsgebiet der Südlichen Regnitz umfaßt. Von einem ungenutzten Gewässerrandstreifen bis hin zu abgestuftem Einsatz von Mineraldünger und Pflanzenschutzmitteln reichen die Maßnahmen.

4 Schutzgebiete

Zur Unterstützung wurden in Sachsen und Böhmen schon großflächige Naturschutzgebiete ausgewiesen. In Bayern ist derzeit geplant, ein älteres, schmales Naturschutzgebiet zu erweitern und die Südliche Regnitz selbst unter Schutz zu stellen. Daneben wurden die Gewässer zu Fisch- und Laichschongebieten erklärt.

5 Gewässerrenaturierung

Da der überwiegende Teil der Seitengewässer -im Gegensatz zu den muschelführenden Gewässerabschnitten- in einem naturfernen Zustand ist, sollen mittel- bis langfristig auch diese Bäche in einen naturnäheren Zustand überführt werden. Dies soll ebenso wie der tierzugerechte Umbau einiger Triebwerksanlagen dazu dienen, den morphologischen und hydrologischen Zustand zu verbessern.

6 Zusammenfassung

Zusammenfassend betrachtet dienen die umfangreichen Maßnahmen der Umsetzung des trilateralen Landschaftsentwicklungskonzeptes der Euregio Egrensis*. Daß die zahlreichen Eingriffe nur unter aktiver Beteiligung der betroffenen Bevölkerung im Sinne der Agenda 21 umgesetzt werden, ist bei einer derart anspruchsvollen Aufgabe Grundvoraussetzung.

* Die Mitglieder der 4 Arbeitsgruppen der Bevollmächtigten für Grenzgewässer an der Grenze BRD/CR gehen davon aus, daß die Gewässerentwicklung zu intakten Perlmuschelgewässern mit ausreichender natürlicher Reproduktion mittel- bis langfristig angelegt ist.

Die Wassergüte in den azidifierten Wasserläufen des Nationalparks Šumava

Jana Růžičková, L. Benešová, L. Růžička

1 Einleitung

Der Nationalpark und CHKO Šumava (Böhmerwald - Gesamtausmaß über 94 000 ha, Meereshöhe 510-1378 m ü.d.M.) ist ein relativ wenig bewohntes und gleichzeitig auch stark bewaldetes Gebiet in Mitteleuropa, das überwiegend Gebirgscharakter hat. Ein bedeutendes landschaftliches Element sind im Gebiet des Böhmerwaldes Feuchtgebiete mit reicher Flora und Fauna. Der Böhmerwald ist nicht nur ein Biosphärenreservat, sondern auch ein geschütztes Gebiet bezüglich der natürlichen Wasserakkumulation und somit vom Standpunkt der Wasserquellenbildung unser bedeutendstes Gebiet.

In den Jahren 1994-96 verlief die Erforschung der Ökosysteme in den Einzugsgebieten der Vydra und der Křemelná (Oberlauf der Otava) im Rahmen des internationalen Projektes Global Environment Facility - Biodiversity Protection in the Czech Republic (Růžičková und Benešová 1996, Růžičková 1997 und 1998, Růžičková et al. 1997). Es wurden Wasserqualität, Struktur und Biodiversität der Wasserinsektenbiozönosen sowie weitere ausgesuchte Aspekte des Schutzes von Natur und Landschaft wie Bewirtschaftung und Management ausgewertet. Im Jahre 1996 fand ebenfalls eine Orientierungsforschung statt, die die Wasserqualität im Gebiete der oberen Moldau zum Thema hatte.

2 Material und Methodik

Die Bestimmung der physikalisch-chemischen Kennziffern der Wasserqualität wurden nach Standardverfahren durchgeführt und nach der tschechischen Norm ČSN 75 7221 ausgewertet. Die biologischen Proben wurden nach Standardmethoden durch Benthossammler in der Stromlinie der untersuchten Wasserläufe entnommen. Es wurde die Diversität der Wasserinsektenbiozönose bestimmt (Klem 1990).

3 Ergebnisse

Die Untersuchung erbrachte, daß die Wasserläufe im westlichen Gebiet des tschechischen Nationalparks Šumava in verschiedenem Masse azidifiert sind. Am stärksten betroffen sind die Wasserläufe im gebirgigen Gebiet des Böhmerwaldes um 1000 m, wo gleichzeitig natürliche sowie anthropogene Azidifierung zu finden ist. Es handelt sich dabei insbesondere um die Wasserläufe Roklanský und Modravský (über Modrava) und Jezerní, der aus dem See Prášilské jezero abfließt. Die durchschnittlichen pH-Werte liegen an den genannten Stellen bei 4.9-5.6. Während der Schneeschmelze im Frühjahr sind minimale pH-Werte von 4.2-4.5 keine Ausnahme. Die genannten Biotope sind auch durch niedrige Leitfähigkeit und oligotrophe Bedingungen gekennzeichnet, die keine ausgeprägte Entfaltung und vor allem keine Diversifikation der aquatischen Biozönosen ermöglichen. Gegenüber den anderen Wasserläufen zeigen sich hier etwas erhöhte Werte von $CHSK_{Mn}$ (höhere Huminwerte) und im Gebiet der Modrava auch eine erhöhte Nitratkonzentration (offensichtlich Auswirkung der intensiveren Nutzung der Waldbiomasse, die durch Börkenkäferkalamität entwertet wurde).

Die anderen Wasserläufe im Einzugsgebiet der Vydra (Hamerský, Hrádecký, Vydra) und der Křemelná (Prášilský, Křemelná, Slatinný) einschließlich der Otava nach ihrem Zusammenfluß, bei welchen die Probeentnahmestellen zumeist in niedrigeren Höhen (um 700 m) lagen, erzielten höhere pH-Durchschnittswerte (pH = 6.0-6.3). Außer einer schwachen Azidifikation sind für diese Wasserläufe eine höhere Leitfähigkeit und auch reichere trophische Bedingungen charakteristisch, die eine größere Entfaltung und Vielfältigkeit der Biozönosen ermöglichen. Der anthropogene Einfluß durch Besiedlung, touristische Exploration und - ausnahmsweise - auch durch landwirtschaftliche Aktivitäten (vor allem Nutzung als Viehweide) äußert sich vor allem durch die Anreicherung des Wassers mit Nährstoffen. In den Wasserläufen des Einzugsgebietes der Křemelná kommt auch der unterschiedliche geologische Charakter zur Geltung.

Analoge Gesetzmäßigkeiten bezüglich der Höhe über dem Meeresspiegel und der anthropogener Beeinflussung wurden auch im Gebiet des Oberlaufes der Moldau festgestellt. Für die am höchsten gelegenen Stellen (Kvildský-Bach und Teplá Vltava bei Kvilda) sind niedrige pH-Werte und niedrige Leitfähigkeiten typisch. Im weiteren Wasserlauf reichert sich die Moldau mit Nährstoffen an, was durch den Charakter des Wasserlaufes, durch anthropogene Beeinflussung (vor allem Landwirtschaft) in ihrer Umgebung und durch Zuflüsse (Račí, Zelenohorský, Řásnice). bedingt ist. Die Konzentration der H^+ Ionte bewegt sich oft in der Nähe neutraler Werte; die Leitfähigkeit ist erhöht. Studená Vltava bei Stožec ist dann, wie auch die Moldau im Oberlauf, azidifiert und die Leitfähigkeitwerte entsprechen den trophisch reicheren Gewässern im Einzugsgebiet der Vydra und Křemelná.

Literatur

Klem D.J. et al. (1990) Macroinvertebrate Field and Laboratory Methods for evaluating the Biological Integrity of Surface Waters. US Environmental Protection Agency, 1-256

Růžičková J. (1997) Diversität des Makrozoobenthos in ausgesuchten Wasserläufen des Einzugsgebiets der Otava. Sammelbuch der XI. Limnol. Konf. ČLS und SLS, Třeboň, 158-162

Růžičková J. (1998) Struktur der Biozönose des Makrozoobenthos in den Flussläufen des Böhmerwaldes mit verschiedenem Grad der Azidifikation. Silva Gabreta (in press)

Růžičková J., Benešová L. (1996) Benthic macroinvertebrates as indicators of biological integrity in lotic freshwater ecosystems of large-scale protected areas in the Czech Republic. Silva Gabreta 1, ed. J. Jeník, Vimperk, 165-168. Proceedings of the MAB UNECS conference Geo-biodiversity of the Bohemian/Bavarian Forest: Trilateral Research, Conservation and Management of the Frontier Mountains held at Prachatice, Czech Republic, 11th to 14th September, 1995

Růžičková J., Benešová L., Čihař M., Hovorka J. (1997) Der Schutz der biologischen Diversität der Wasserläufe im Gebiet des Nationalparks und der Biosphärischen Reservation Šumava. Bericht des internat. Global Environment Facility Programme (Biodiversity Protection in the Czech Republic). Institut für Umweltschutz, Naturwissenschaftliche Fakultät UK Praha, 1-69

Ökologische Entwicklungskonzepte

Ökologische Forschung in der Stromlandschaft Elbe (Elbe-Ökologie) - Aktueller Stand der Arbeiten im BMBF-Forschungsverbund

Dirk Bornhöft, Bettina Gruber

1 Einleitung

Mit seinem Förderschwerpunkt „Ökologische Konzeptionen für Fluß- und Seenlandschaften" verfolgt das Bundesministerium für Bildung, Wissenschaft, Forschung und Technologie (BMBF) das übergreifende Ziel, Entscheidungsgrundlagen für die vollziehende Praxis zu schaffen. Im Mittelpunkt des Interesses stehen der Erkenntniszuwachs über das natürliche Funktionieren von Ökosystemen, Strategien für eine umwelt-, wirtschafts- und sozialverträgliche Gestaltung sowie Managementkonzepte für eine nachhaltige Entwicklung der Elbelandschaft. Auf der Basis der im August 1995 bekannt gemachten Forschungskonzeption „Ökologische Forschung in der Stromlandschaft Elbe (Elbe-Ökologie)" werden durch das BMBF seit Juli 1996 interdisziplinäre Verbundforschungsvorhaben mit ökologischen und sozio-ökonomischen Fragestellungen in der Stromlandschaft Elbe gefördert.

2 Aufgaben und Ziele der Projektgruppe Elbe-Ökologie

Vorrangige Aufgabe der Projektgruppe Elbe-Ökologie in der Bundesanstalt für Gewässerkunde (BfG) ist die übergreifende fachliche Koordination und Organisation der Forschungsverbünde. Hierzu finden u.a. Arbeitstreffen mit den Vorhaben zu unterschiedlichen Themenbereichen statt mit dem Ziel, eine möglichst effiziente Zusammenarbeit zu ermöglichen. Zur Unterstützung des wechselseitigen Informationsflusses zwischen den Projekten wird gegenwärtig in der BfG das Informationssystem ELISE aufgebaut, das unter der Internetadresse *http://elise.bafg.server.de* erreicht werden kann. Desweiteren nimmt die Projektgruppe Aktivitäten im Bereich Öffentlichkeitsarbeit wahr, zukünftig soll die übergreifende Auswertung und Präsentation von Forschungsergebnissen den Schwerpunkt der Aufgaben bilden.

3 Forschungsprojekte im Elbe-Ökologie-Verbund

In Tab. 1 ist eine Übersicht über die z.Z. bewilligten Vorhaben im Forschungsverbund Elbe-Ökologie dargestellt. Die Projekte sind thematisch den Teilbereichen „Ökologie der Fließgewässer", „Ökologie der Auen" sowie „Landnutzung im Einzugsgebiet" zuzuordnen.

Tab. 1. Übersicht über lfd. Vorhaben im Forschungsverbund Elbe-Ökologie (Stand: 29.05.1998)

Projektleitung	Projekttitel	Laufzeit
Universität Karlsruhe	Morphodynamik der Elbe	01.08.1996 - 31.07.1999
Universität Hamburg	Ökologische Zusammenhänge zwischen Fischgemeinschafts- und Lebensraumstrukturen der Elbe	01.04.1997 - 31.03.2000
Niedersächsisches Landesamt für Ökologie (NLÖ)	Untersuchungen zum Wanderverhalten von Fischen im Bereich von Staustufen großer Ströme am Beispiel des Elbewehres Geesthacht	01.07.1997 - 30.06.1999
Bundesanstalt für Wasserbau (BAW)	Untersuchung der Auswirkung von Maßnahmen im Elbevorland auf die Strömungssituation und die Flußmorphologie	01.01.1997 - 31.12.1999
TU Darmstadt	Auswirkungen von Buhnen auf semiterrestrische Flächen	01.11.1997 - 31.10.2000
Landesanstalt für Großschutzgebiete (LAGS)	Möglichkeiten und Grenzen der Auenregeneration und Auenwaldentwicklung am Beispiel von Naturschutzprojekten an der Unteren Mittelelbe	01.08.1996 - 31.07.1999
Thüringer Landesanstalt für Umwelt (TLU)	Revitalisierung der Unstrutaue (Thüringen)	01.09.1996 - 31.08.1999
Alfred Töpfer Akademie für Naturschutz (NNA)	Leitbilder des Naturschutzes und deren Umsetzung mit der Landwirtschaft in den niedersächsischen Elbtalauen	01.09.1997 - 31.08.2000
Umweltforschungszentrum Leipzig-Halle (UFZ)	Übertragung und Weiterentwicklung eines robusten Indikationssystems für ökologische Veränderungen in Auen	01.09.1997 - 31.08.2000
Potsdam Institut für Klimafolgenforschung (PIK)	Auswirkungen der Landnutzung auf den Wasser- und Stoffhaushalt der Elbe und ihres Einzugsgebietes	01.01.1997 - 30.06.1999
Forschungszentrum Jülich (FZJ)	Gebietsumfassende Analyse von Wasserhaushalt, Verweilzeiten und Grundwassergüte im Elbe-Einzugsgebiet	01.07.1996 - 30.06.1998
TU Dresden	Potentielle Auswirkungen von Umweltveränderungen auf den Stickstoffaustrag aus Festgesteinseinzugsgebieten der Elbe	01.09.1997 - 31.08.2000
Zentr. f. Agrarlandschafts- u. Landnutzungsforschung	Wasser- und Stoffrückhalt im Tiefland des Elbeeinzugsgebietes	01.11.1997 - 31.10.2000
Umweltforschungszentrum Leipzig-Halle (UFZ)	Gebietswasserhaushalt und Stoffhaushalt in der Lößregion des Elbegebietes als Grundlage für die Durchsetzung einer nachhaltigen Landnutzung	01.03.1998 - 28.02.2001
Bundesanstalt f. Gewässerkunde (BfG)	Aufbau eines WWW-basierten Informationssystems für die „Elbe-Ökologie" (ELISE)	01.10.1997 - 31.05.1999

Die morphologische Entwicklung der Fließgewässer und der angrenzenden Uferbereiche in der Stromlandschaft Elbe, auch in ihrer Bedeutung als Lebensraumstrukturen, stellen den Schwerpunkt der Projektarbeiten im ersten Teilbereich dar. Ziele dieser Vorhaben sind u.a. die Erfassung der dynamischen Wechselwirkungen zwischen hydrologischen und morphologischen Prozessen, um z.B. großräumig die Folgewirkungen wasserbaulicher Eingriffe auf die Entwicklung der Sohl- und Uferstrukturen mit Hilfe eines Simulationsinstrumentariums prognostizieren zu können. Da beispielsweise Fische eine stark strukturgebundene Lebensweise besitzen, kann die Zusammensetzung ihrer Gemeinschaften als Indikator für die Bewertung des ökologischen Zustandes der Elbe herangezogen werden. Die im Rahmen der Forschung erzielten Erkenntnisse liefern Vorgaben für die Erhaltung und Verbesserung des Lebensraumes Elbe und ermöglichen Prognosen im Hinblick auf eine ökologisch verträgliche Durchführung wasserbaulicher Unterhaltungs- und Baumaßnahmen. Mit dem Ziel, Kenntnisse über die Bedeutung von Schiffsschleusen für Fischwanderungen zu erhalten, werden entsprechende Untersuchungen am Beispiel des Elbewehres Geesthacht und der dortigen Schleusen durchgeführt. In einem weiteren Vorhaben wird ein Prognoseinstrument entwickelt, das die Auswirkungen unterschiedlicher Ausführungsformen von Buhnen auf den Grenzlebensraum zwischen aquatischen und terrestrischen Biotopen vorhersagt mit dem Ziel, die Ausbau- und Unterhaltungsmaßnahmen in einer umweltgerechten Form durchzuführen.

In den Vorhaben, die dem Themenbereich „Ökologie der Auen" zuzuordnen sind, werden u.a. Fragen des ökologischen Hochwasserschutzes im Zusammenhang mit Retentionsflächenrückgewinnung untersucht. Hierbei werden z.B. die Auswirkungen unterschiedlicher Deichrückverlegungsvarianten auf die Strömungsverhältnisse in den Vorlandbereichen untersucht. Die Möglichkeiten einer Auenwaldneubegründung in potentiellen Überflutungsbereichen sind ebenfalls Gegenstand der ökologischen Forschung an der Elbe. In weiteren Projekten werden umweltverträgliche Nutzungskonzepte für Auen entwickelt, die die sozio-ökonomischen Ansprüche der Landnutzer, insbesondere der Landwirtschaft, berücksichtigen, damit eine kurzfristige Umsetzung von Maßnahmen gewährleistet wird. In den Vorhaben werden ökologisch und ökonomisch relevante Parameter untersucht, damit über eine Analyse und Bewertung des Ausgangszustands hinaus eine Erfolgskontrolle umgesetzter Maßnahmen möglich ist. Auf der Basis von Umweltqualitätszielen werden regionale Leitbilder formuliert, die als Grundlage für die Ableitung von Konzepten für eine integrierte Entwicklung von Landwirtschaft und Naturschutz dienen. Ferner wird ein Bioindikationssystem aufgebaut mit dem Ziel, mit möglichst geringem Aufwand verläßliche Aussagen zum abiotisch-biotischen Zustand von Auenökosystemen zu erhalten. Hierbei werden insbesondere die Wechselwirkungen zwischen der Morphodynamik des Fließgewässers und der Auendynamik berücksichtigt.

Im Themenbereich „Landnutzung im Einzugsgebiet" stehen Fragestellungen im Zusammenhang mit einer Verbesserung des Landschaftswasser- und -stoffhaushalts im Vordergrund. Hierbei geht es insbesondere um eine Reduzierung der diffus aus der Landschaft in die Gewässer eingetragenen Nährstoffe, vor allem Stickstoff und Phosphat. Ziel der Projekte ist es u.a., verläßliche Prognosen der Gewässerbelastung durch veränderte Landnutzung zu erhalten. Im Ergebnis soll ein Instrumentarium zur Verfügung stehen, daß die Auswirkungen von Nutzungsänderungen maßstabsübergreifend vorhersagt. Hiermit sollen Grundlagen für ein umfassendes Flußgebietsmanagement geschaffen werden. Die Untersuchungen erstrecken sich zum einen großräumig auf das Gesamteinzugsgebiet und zum anderen auf die drei Hauptnaturräume im Elbegebiet: pleistozänes Tiefland, Lößregion und Mittelgebirgsbereich. Ausgangsbasis der Untersuchungen ist eine naturräumliche Klassifizierung des Elbegebiets sowie eine Grobanalyse der besonders austragsgefährdeten Regionen. In den naturraumbezogenen Projekten werden insbesondere die Ursache-Wirkungszusammenhänge zwischen den Stoffausträgen in die Gewässer und den sie verursachenden Faktoren ermittelt, um regional angepaßte Nutzungsszenarien zu erarbeiten. Damit aus den Forschungsergebnissen umsetzbare Handlungskonzepte im Hinblick auf konkrete Planungsaufgaben resultieren, werden nicht nur die ökologischen, sondern auch die sozio-ökonomischen Auswirkungen von Entwicklungszielen analysiert.

In Tab. 2 sind die Arbeitstitel von weiteren im Rahmen der Elbe-Ökologie beantragten Vorhaben dargestellt. In diesen sollen u.a. Untersuchungen zu strukturgebundenen Stoffumsetzungen in Buhnenfeldern sowie an der Gewässersohle und im Interstitial realisiert werden. Im Rahmen dieses Themenbereiches soll auch ein Bioindikationssystem aufgebaut werden, das auf den Lebensstrategien der Makroinvertebraten aufbaut.

Tab. 2. Übersicht über beantragte Projekte im Forschungsverbund Elbe-Ökologie (Arbeitstitel)

Retentionsflächenrückgewinnung und Altauenreaktivierung an der Mittelelbe im Bereich Sandau und im Bereich Rogätz (Sachsen-Anhalt)
Ökologische Indices zur Bewertung von dynamischen Habitaten als Lebensraum für ausgewählte Carabidenarten im Elbauenbereich
Entwicklung von dauerhaft-umweltgerechten Landbewirtschaftungsverfahren im sächsischen Einzugsgebiet der Elbe
Ökologische Optimierung von Wasserbauwerken in der Elbe: Gestaltung, Entwicklung und Auswirkung von Buhnen auf das Ökosystem Fluß/Aue
Bedeutung der Nebenflüsse für den Feststoffhaushalt der Elbe
Stofftransport und –umsatz in Buhnenfeldern der Elbe
Struktur und Dynamik der pelagischen, benthischen und aggregatassoziierten Biozönosen, ihrer Wechselwirkungen und Stoffflüsse
Bedeutung flußmorphologischer Strukturelemente für partikuläre Stoffaustausch- und –umsetzungsprozesse sowie für die Sedimentfauna der Elbe
Bedeutung der Stillwasserzonen und des Interstitials für die Nährstoffeliminierung in der Elbe
Bedeutung der Biofilme im Interstitial der Elbe für die Stoffdynamik, die Sohlpermeabilität und die Nährstoffelimination
Integration von Schutz und Nutzung im Biosphärenreservat Mittlere Elbe – Westlicher Teil – durch abgestimmte Entwicklung von Naturschutz, Tourismus und Landwirtschaft
Forstliches und ökologisch begründetes Konzept zur naturnahen Bewirtschaftung, Renaturierung und Vermehrung von Elbe-Auenwäldern (Auenwaldökologie)
Ermittlung der natürlichen Charakteristik der Elbauen-Ökosysteme als Grundlage für die Erstellung von ökologischen Leitbildern

Ökologische Forschung in der Stromlandschaft Elbe (Elbe-Ökologie) - Fachliche Koordination der Forschungsvorhaben im BMBF-Forschungsverbund

Bettina Gruber, Dirk Bornhöft

1 Einleitung

Im Mittelpunkt des Förderschwerpunktes „Ökologische Forschung" des Bundesministeriums für Bildung, Wissenschaft, Forschung und Technologie (BMBF) steht seit 1994 die Stromlandschaft Elbe. Im Rahmen der Fördermaßnahme sollen ökologische Zusammenhänge aufgeklärt, umwelt-, sozial- und wirtschaftsverträgliche Konzepte erarbeitet und so ein Beitrag für eine dauerhaft-umweltgerechte, d.h. nachhaltige Entwicklung von Raum, Aue und Fluß geleistet werden. Die Bundesanstalt für Gewässerkunde (BfG) wurde vom BMBF mit dem Aufbau der organisatorischen und inhaltlichen Struktur der ökologischen Forschung an der Elbe betraut. Im Mai 1994 wurde die interdisziplinär zusammengesetzte „Projektgruppe Elbe-Ökologie" mit Sitz in der Außenstelle der BfG in Berlin ins Leben gerufen. In der ersten Phase (01.05.1994 - 31.12.1995) war es die Hauptaufgabe der Projektgruppe, gemeinsam mit Wissenschaftlern und Entscheidungsträgern auf Bundes- und Landesebene sowie in enger Abstimmung mit der Internationalen Kommission zum Schutz der Elbe (IKSE) die Forschungskonzeption „Ökologische Forschung in der Stromlandschaft Elbe (Elbe-Ökologie)" zu erarbeiten. Diese umfaßt ein Rahmenkonzept sowie Teilkonzepte für die drei Schwerpunktthemen Ökologie der Fließgewässer, Ökologie der Auen und Landnutzung im Einzugsgebiet und bildet die Grundlage des Forschungsprogramms, auf dessen Basis das BMBF im August 1995 die Fördermaßnahme im Bundesanzeiger bekanntgab.

2 Fachliche Koordination der Forschungsvorhaben

Schwerpunkt der zweiten Projektphase (01.01.1996 - 30.06.1999) ist die fachliche Koordination und Organisation der interdisziplinären (Verbund-) Forschungsvorhaben. Die Forschungsprojekte sind dabei so zu gestalten, daß die folgenden Arbeitsschritte eingehalten werden: *Ökologische Istzustände* sind zu analysieren und anhand naturnaher *Referenzzustände* zu bewerten, 2. *ökologische Leitbilder* sind zu definieren, die die - unter den heutigen Gegebenheiten - maximal erreichbare Annäherung an die naturnahen Referenzzustände darstellen, 3. *Entwicklungsziele* sind festzulegen, die - als Ergebnis eines gesellschaftspolitischen Abstimmungsprozesses - die kurzfristig umsetzbare Annäherung an das ökologische Leitbild darstellen, 4. *Erfolgskontrollen* von umgesetzten Maßnahmen sind hinsichtlich ihrer ökologischen und sozio-ökonomischen Effizienz durchzuführen. Im einzelnen nimmt die Projektgruppe in dieser Phase folgende Aufgaben wahr:

- *Mitgestaltung und fachliche Koordination von Forschungsverbünden*: Zur Unterstützung der Antragsteller bei der fachlichen Ausgestaltung von Forschungsanträgen und zur Koordinierung des Gesamtprogramms Elbe-Ökologie werden von der Projektgruppe zahlreiche Beratungs-, Abstimmungs- und Koordinierungsgespräche geführt. Zu ausgewählten Themenbereichen werden projektübergreifende Arbeitstreffen organisiert, um die gegenseitige Information der Projektnehmer über die jeweils verfolgten Ziele, Vorgehensweisen und angewandten Methoden sowie eine Abstimmung über sich hieraus ergebende Ergänzungs- und Kooperationsmöglichkeiten zu gewährleisten.
- *Fachliche Bearbeitung von Schwerpunktthemen* Zu ausgewählten Themenbereichen (u.a. „Leitbildentwicklung" „Bioindikation und statistische Auswertungsmethoden", „Mesoskalige Stoffhaushaltsmodellierung") werden Tagungen und Fachgespräche veranstaltet, auf denen im Gespräch mit Experten aus Wissenschaft und Verwaltung, den Entscheidungsträgern des Bundes und der Länder sowie der Internationalen Kommission zum Schutz der Elbe (IKSE) Defizite und Erfordernisse ermittelt werden, an denen Planung und Koordinierung der Projekte ausgerichtet werden.
- *Unterstützung des Informationsaustausches*: Auf der Basis des unter der Internetadresse *http://elise.bafg.server.de* erreichbaren Informationssystems ELISE ist es Aufgabe der Projektgruppe, die Rolle einer „Informationsdrehscheibe" für die Elbe-Ökologie zu übernehmen, d.h. den Informationsfluß und Erfahrungsaustausch der Forschungsnehmer untereinander und zwischen Forschungsnehmern und Praxis effizient zu unterstützen.
- *Zusammenführung und Aufbereitung von Forschungsergebnissen*: Forschungsergebnisse sollen für die verschiedenen Nutzeransprüche zusammengeführt und - auch im Hinblick auf ihre Übertrag- und Umsetzbarkeit - aufbereitet werden. Zu diesem Zweck werden Berichte, Zusammenfassungen, Tabellen usw. erstellt sowie projekt- und disziplinübergreifende Auswertungsgespräche mit Projektnehmern und Behördenvertretern geführt.
- *Öffentlichkeitsarbeit*: Ziel der von der Projektgruppe durchgeführten Öffentlichkeitsarbeit ist es, die fachlich zuständigen Bundes- und Landesbehörden, die länderübergreifenden Institutionen, Großforschungseinrichtungen, wissenschaftlichen Institute und Universitäten sowie die Öffentlichkeit über das Verbundvorhaben, seinen Fortgang und die erzielten Ergebnisse zu informieren, z.B. in Form von Publikationen, Berichten, Vorträgen, Pressemeldungen. Einen wichtigen Aspekt stellt dabei die Schaffung von Akzeptanz bei der Umsetzung ökologisch begründeter Maßnahmen in Gewässer, Aue und Einzugsgebiet dar. Im einzelnen werden kurze und ausführliche Informationen zu den am Elbe-Ökologie-Verbund beteiligten Vorhaben erarbeitet, in denen Ziele und Vorgehensweisen der einzelnen Vorhaben dargestellt sind und Vorträge und Berichte zum Stand der Arbeiten gehalten bzw. erstellt sowie zusammenfassende Darstellungen zu unterschiedlichen Themenbereichen als Mitteilungen aus der Projektgruppe Elbe-Ökologie in der BfG veröffentlicht (u.a. „Umwelt-/Sozio-Ökonomie im Forschungsprogramm Elbe-Ökologie", „Darstellung und Bewertung von mesoskaligen Stickstoffmodellen", „Bestandsanalyse und Erstbewertung der verfügbaren Unterlagen zur Grundwasser-/Auenproblematik").

Möglichkeiten und Grenzen der Auenregeneration und Auenwaldentwicklung am Beispiel von Naturschutzprojekten an der Unteren Mittelelbe (Brandenburg) - Zwischenergebnisse eines Verbundforschungsvorhabens

Frank Neuschulz, Jochen Purps

1 Projektbeschreibung

An der Unteren Mittelelbe ist geplant, durch weiträumige Deichrückverlegungen mit der Schaffung natürlicher Überflutungsverhältnisse die typischen Lebensbedingungen in einer Flußaue wiederherzustellen. Aufgrund günstiger Voraussetzungen (s. Neuschulz und Lilje 1997) sind die Planungen in einem Projektgebiet besonders weit vorangeschritten. So konnte mit Hilfe der Europäischen Union über ein LIFE-Projekt die Flächenverfügbarkeit für dieses Projekt hergestellt werden (Lilje 1996). Zusätzlich wurde dort die Anlage von ca. 50 ha Auenwald gefördert.

Das Forschungsvorhaben „Auenregeneration durch Deichrückverlegung" untersucht die Potentiale einer Auenrenaturierung beispielhaft anhand dieses Umsetzungsvorhabens in einer durch Grünlandnutzung geprägten Stromtallandschaft. Das Vorhaben wird im Rahmen des Förderschwerpunktes „Elbe-Ökologie" durch das Bundesministerium für Bildung, Wissenschaft, Forschung und Technologie im Zeitraum 8/96 bis 7/99 unterstützt (FKZ 0339571). Die Projektleitung liegt bei der Landesanstalt für Großschutzgebiete des Landes Brandenburg, Naturpark Elbtalaue.

Im Vorfeld der geplanten Deichrückverlegung sollen Prognosen für die Entwicklung der vorhandenen Ökotope und der vorkommenden Lebensgemeinschaften nach einer Deichöffnung geliefert werden. Einen besonderen Untersuchungsschwerpunkt bildet die Beobachtung und Erfolgskontrolle von Auenwaldneuanlagen durch verschiedene Saat- und Pflanzungsvarianten und deren Vergleich mit spontaner Gehölzsukzession. Verglichen werden standörtliche, hydrologische, physiologische, vegetationskundliche, zoologische und wachstumskundliche (Grünlandertrag) Parameter sowie deren Wechselwirkungen in den Ökosystemen des Grünlands, der Auenwaldneuanlagen und der Auenwaldrestbestände im Deichvor- und -hinterland.

Die erhobenen Daten werden in einem Geographischen Informationssystem von der Projektkoordination zusammengeführt. Eine Schlüsselstellung besitzt hierbei eine aufwendige Analyse des Mikroreliefs im gesamten Untersuchungsgebiet.

Die Entwicklungsprognosen werden für verschiedene Szenarien mit je nach Variante bis zu 670 ha zusätzlicher Überflutungsfläche aufgestellt. Der Bearbeitung der Entwicklungsszenarien liegen unterschiedliche sozioökonomische Rahmenbedingungen zugrunde.

2 Methodisches Vorgehen

Das Untersuchungsgebiet liegt an einem Elbmäander zwischen den Ortslagen Lenzen und

Wustrow (Stromkilometer 476-485) und ist rund 900 ha groß. Das unbesiedelte Gebiet ist nur schwach reliefiert und wird landwirtschaftlich extensiv als Grünland genutzt. Ältere Gehölze existieren nur als sehr geringe Reste eines noch vor 200 Jahren nachgewiesen Auenwaldes und als Einzelbäume. In dem interdisziplinär angelegten Forschungsvorhaben arbeiten folgende Projektpartner:
- Teilprojekt Grundwasserhydraulik: TU Darmstadt,
- Teilprojekt Bodenkunde: Universität Hamburg, Institut für Bodenkunde,
- Teilprojekt Vegetationskunde: Universität Hannover, Institut für Geobotanik,
- Teilprojekt Forstwissenschaften:Landesanstalt für ForstwirtschaftEberswalde,
- Teilprojekt Zoologie: Universität Hamburg, Institut für Zoologie,
- Teilprojekt Agrarwissenschaften:Humboldt-Universität Berlin, FGNutztierökologie,
- Teilprojekt Sozioökomomie: Landesanstalt für Landwirtschaft Brandenburg,
- Sozialwissenschaftliches Begleitprojekt: Universität Frankfurt/M., Institut für Didaktik der Biologie.

Zeitgleich werden an der Bundesanstalt für Wasserbau Karlsruhe/Berlin hydraulisch-morphologische Fragestellungen für diesen Elbabschnitt bearbeitet. Die Erhebung abiotischer und biotischer Daten erfolgt räumlich und zeitlich unter allen Projektpartnern abgestimmt auf mehreren Testflächen im Zeitraum 1997 bis 1999.

Mit Hilfe einer Laser-Scan-Befliegung und einer stereoskopischen Auswertung von Schwarz-Weiß-Luftbildern gelang eine Aufnahme des Mikroreliefs mit einer vertikalen Auflösung von einem Dezimeter bei einem horizontalen Punktabstand von höchstens zehn Metern. Die interdisziplinäre Datenverknüpfung wird mit dem geographischen Informationssystem ARCInfo durchgeführt.

3 Erste Zwischenergebnisse

Während der ersten Beobachtungsperiode ist die naturräumliche Ausgangssituation des Projektgebietes untersucht worden. Die Darstellung des Mikroreliefs läßt erkennen, daß die niedrigsten Gebietsteile im elbfernen Teil des Rückdeichungsareals etwa auf Mittelwasserhöhe liegen. Das Gelände steigt allgemein in Richtung Elbe zum vorhandenen binnenseitigen Deichfuß um bis zu fünf Meter an. Der bestehende Deich ist auf eine natürliche Uferrehne aufgesetzt. Neben dem sehr flachen Anstieg des Geländes zeigt die Reliefanalyse zahlreiche, über das Gebiet verstreute Rinnensyteme mit nur geringer Eintiefung (wenige Dezimeter). Diese sind überwiegend parallel zur heutigen Strömungsrichtung der Elbe ausgerichtet. Dort bilden sich in Elbnähe durch Qualmwasseraufstieg temporäre Kleingewässer. Das Gebiet repräsentiert mithin die ausgedehnten Talebenen der Unteren Mittelelbe.

Gröngröft et al. (1997) konnten anhand einer bodenkundlichen Übersichtskartierung zeigen, daß im Gebiet eine im Mittel 1,5 Meter mächtige Auenlehmdecke anzutreffen ist. Der Auenlehm weist an den meisten Stellen hohe schluffige und tonige Substratanteile auf, sandige Lehme treten nur in geringen Anteilen auf. Diese Auenlehmdeckschicht liegt einer mächtigen (> 40 m) Sandschicht auf, deren Oberfläche wesentlich bewegter als die aktuelle Geländeoberfläche ist. Diese Sandschicht weist als oberster Grundwasserleiter große Durchlässigkeiten auf. Montenegro und Holfelder (1997) konnten aus zeitgleichen, hoch aufgelösten Messungen der Grundwasserstandsschwankungen an einem Netz von Beobachtungspunkten feststellen, daß nicht nur Wasserspiegelschwankungen in der Elbe von unmittelbarer Auswirkungen auf die Grundwasserhydraulik sind, sondern auch Abflußschwankungen eines zweiten Fließgewässers, der Löcknitz, Bedeutung besitzen. Dieser kleine Nebenfluß der Elbe grenzt das Untersuchungsgebiet im Norden ab - die Elbe bildet die Südgrenzen - und weist aufgrund wasserbaulicher Steuerung und stromabwärts verlegter Elbeinmündung eigenständige, von der Elbe mitunter stark abweichende Pegelschwankungen auf. In Abhängigkeit von den Pegeldifferenzen Elbe-Löcknitz ergeben sich sehr unterschiedliche Strömungsrichtungen.

Für die Qualmwasserentwicklung sind offenbar Fehlstellen (z.B. tiefer Grabenausbau) oder geringe Mächtigkeiten der Auenlehmdeckschicht von Bedeutung, an denen bei gespannten Grundwasserverhältnissen ein Wasseraustritt erfolgt.

In einer vergleichenden Erfolgskontrolle haben Patz und Kätzel (1997) den Anwuchserfolg der verschiedenen Varianten der Auenwaldneuanlage im Folgejahr nach der Pflanzung anhand ca. 60 000 Probepflanzen überprüft. Es konnten nahezu ausnahmslos hohe Anwuchsprozente (> 90 %) bei mehr als 15 untersuchten Baum- und Straucharten festgestellt werden, unabhängig von der Intensität der Bodenbearbeitung (keine Bodenbearbeitung/Pflugstreifen/Bohrlöcher/Kombination Streifenpflug und Bohrlöcher). Neben der sorgfältigen Pflanzung dürfte dies zunächst einem sehr günstigen Witterungsverlauf geschuldet sein. In den Folgejahren wird mit einer stärkeren Differenzierung nach Pflanzmethode, Baumart und Standortsunterschieden gerechnet. Es zeichnet sich u.a. bereits ab, daß maschinelle Bodenverwundungen der Ausbreitung von Wühlmäusen (*Arvicola terrestris, Microtus arvalis*) begünstigt und so zu nennenswerten Ausfällen führt.

Auf Grundlage gezielt erhobener physiologischer, standörtlicher und vitalitätsbezogener Parameter haben Patz und Kätzel (1997) die These aufgestellt, daß für die angelegten Auwaldpflanzungen Wassermangelsituationen (häufig ausgeprägte Niedrigwasser-situationen der Elbe im Sommer und Frühherbst) den bedeutensten Streßfaktor in der Jungendphase darstellen. Aus diesem Grund untersucht das bodenkundliche Teilprojekt die Abhängigkeit bodenphysikalischer Kennwerte von Bodenstruktur und Lage im Gelände (Überflutungswahrscheinlichkeiten!), um Grenzwerte der pflanzenverfügbaren Wassermengen prognostizieren zu können. Erste Ergebnisse zeigen überraschende Unterschiede von Saugspannungskurven und Entwicklung der Redoxpotentiale von Bodenhorizonten auf gleichem Höhenniveau, aber verschiedener Bodentextur (vgl. Beitrag von Schwartz et al. in diesem Buch).

Die bisherigen strömungsmechanischen Untersuchungen (Faulhaber 1997) haben ergeben, daß die Rückdeichung aus hydraulisch-morphologischer Sicht bei Berücksichtigung entsprechender Randbedingungen grundsätzlich möglich ist. Hinsichtlich einiger hydraulisch-morphologischer Veränderungen wird sich der Gewinn an Retentionsraum mit rund 20 Mio. m^3 positiv auf die Strömungssituation auswirken.

Das diesem Bericht zugrundeliegende Vorhaben wird mit Mitteln des Bundesministeriums für Bildung, Wissenschaft, Forschung und Technologie unter dem Förderkennzeichen 0339571 gefördert.

Veröffentlichung Nr. 13 des Forschungsvorhabens „Auenregeneration durch Deichrückverlegung"

Literatur

Faulhaber, P. (1997) Hydraulisch-morphologische Untersuchungen von Rückdeichungen bei Lenzen (Elbe) (Auszug). Auenreport 3: 66-81. Rühstädt

Gröngröft, A., Schwartz, R., Miehlich, G. (1997) Verbreitung und Eigenschaften der Auenböden in dem geplanten Rückdeichungsgebiet Lenzen - Erste Ergebnisse des BMBF-Projektes. Auenreport 3: 58-65. Rühstädt

Montenegro, H., Holfelder, T. (1997) Untersuchungen der Auswirkungen wasserbaulicher Eingriffe auf die Grundwasserdynamik in Flußauen. Unveröff. Zwischenbericht Teilprojekt Grundwasserhydraulik. Darmstadt

Lilje, S. (1996) Auenschutz an der Elbe. Das EU-LIFE-Projekt in der brandenburgischen Elbtalaue. Auenreport 2: 28-34. Rühstädt

Neuschulz, F., Lilje, S. (1997) Auenschutz und Rückentwicklung von Auwald in der brandenburgischen Elbtalaue. Laufener Seminarbeiträge 1/97: 125-136. Laufen/Salzach

Patz, G., Kätzel, R. (1997) Möglichkeiten und Grenzen der Auwaldentwicklung am Beispiel von Naturschutzprojekten an der Unteren Mittelelbe. Unveröff. Zwischenbericht 1997 des Teilprojektes Forstwissenschaften. Eberswalde

Schwartz, R., Schmidt, B., Miehlich, G. (1998) Einfluß einer Hochwasserwelle auf den Wassergehalt und das Redoxpotential von Auenböden an der Mittelelbe

# Simulationswerkzeuge für hydrodynamisch-morphodynamisch-biodynamische Prozesse in Gewässern

Ulrich C.E. Zanke

1 Einführung

Wesentliche Prozesse in Gewässern werden von der Strömung, den Umlagerungen der Sedimente und von biodynamischen Vorgängen bestimmt. Die einzelnen Komponenten sind dabei rückgekoppelt: Die Strömung verändert durch die Sedimentumlagerungen das Gewässerbett, wodurch sich wiederum die Strömung ändert. Die Lebensgemeinschaften im Wasser werden einerseits von der Strömungs- und Morphodynamik beeinflußt, andererseits greifen biogene Abbauvorgänge selbst in die Strömungs- und Sedimentdynamik ein, wenn in merkbarem Maße eine Bildung organisch/anorganischer Schwebstoffe eintritt. Diese sehr verwickelten Vorgänge lassen sich nicht mit analytisch-deterministischen Ansätzen beschreiben. Die Entwicklung von Rechnertechnik und Programmsystemen eröffnet Möglichkeiten, die Vorgänge numerisch zu simulieren.

Ein solches Werkzeug ist das Darmstädter Programmsystem TIMOR3, mit dem die Strömungen zwei- und dreidimensional berechnet werden können und eine Simulation des Untergrundes in vielen Schichten und Kornfraktionen möglich ist. Bildung, Transport und Ablagerung biogener Schwebstoffe läßt sich mit TIMOR3 koppeln.

2 Morphodynamisches Modell TIMOR3

TIMOR3 (Zanke 1993/1995) basiert auf einem zweidimensionalen hydrodynamisch-numerischen Finite-Element-Strömungsmodell. Zusätzlich zur Strömung wird der Sedimenttransport berechnet, dessen Bilanzierung zu Änderungen des Gewässerbettes führt, was wiederum Einfluß auf die Strömung hat. Einfache Transportmodelle arbeiten auf der Grundlage von einheitlichem Sediment. Fortgeschrittene Modelle erlauben die Auflösung des Gewässerbettes in viele Schichten und die Berücksichtigung der natürlichen Kornverteilung. Das Programmsystem TIMOR erlaubt die
 – Berechnung der Verdriftung sowie der Erosion und der Akkumulation von Feststoffen im Wasser sowohl für Geschiebe als auch für suspendierte Sedimente,
 – Berechnung der Verdriftung von anderen Inhaltsstoffen (z.B. Salz und Schlick).

Das Modell TIMOR3 arbeitet mit geschichtetem Boden, wobei an jedem Rechenpunkt in jeder Bodenschicht die Angabe einer individuellen Körnungskurve möglich ist. Natürliche Bodenaufschlüsse lassen sich damit in das Modell übertragen. Dadurch kann TIMOR3 die sedimentologischen Eigenschaften der Natur dreidimensional wiedergeben. Im Laufe der Berechnung kann sich die Kornzusammensetzung in den aktiven oberflächennahen Schichten ändern (so sammelt sich meist feineres Sediment in Akkumulationszonen, während in Erosionsgebieten durch Austrag von Feinmaterial gröberes Sediment dominiert). Abb. 1 zeigt schematisch die Strukturierung des

Gewässerbodens im Modell. Der Boden ist in Finite Volumina unterteilt, die wiederum in Schichten zerlegt sind. In jeder Schicht in jedem Finiten Volumen kann eine andere Kornzusammensetzung vorliegen. Schichten, die momamntan die Oberfläche bilden, tauschen ihre Sedimente, wodurch wie in der Natur Ver- und Entmischungen eintreten. Selektive Erosion (Sohlenpflasterung) oder gegenseitige Beeinflussung der Sedimentbeweglichkeit infolge großer Schluffanteile, werden von TIMOR3 ebenso berücksichtigt wie pleistozäne Schichten oder unerodierbare Bauwerksstrukturen.

Grundlage der morphodynamischen Prozesse ist die Bodenevolutionsgleichung

$$\frac{\partial z}{\partial t} = \frac{\partial q_{tx}}{\partial x} + \frac{\partial q_{ty}}{\partial y} + E - S$$

mit z = Höhenlage des Bodens (positiv nach oben), q_{tx} = transp. Volumen einschl. Hohlräumen je Zeit- und Breiteneinheit in x-Richtung, q_{ty} = transp. Volumen einschl. Hohlräumen je Zeit- und Breiteneinheit in y-Richtung, E = Quellterm für Bodenabtrag infolge Suspendierung, S = Senkterm für Bodenauftrag infolge absinkenden Sediments.

Die Gleichung wird in den Zeitschritten der Hydrodynamik (i.A. einige Sekunden) mit einem upwinding-Verfahren numerisch gelöst. Der Geschiebetransport wird durch Geschiebeformeln (s. z.B. Zanke 1982) erfaßt, während für die Schwebstoffe ein Aufwirbelungs-Absetzansatz verwendet wird. Die Suspensionskonzentration ergibt sich mit diesem Ansatz in enger Anlehnung an die Natur aus einem Regelkreis, der auf ein dynamisches Gleichgewicht führt.

Ansätze für Entrainment von Sand entwickelten z.B. Einstein, Fernandez Luque, Yalin, Nagakawa-Tsujimoto, de Ruiter, van Rijn. Van Rijn (1984) hat eine Analyse der Ansätze der genannten Autoren durchgeführt und einen neueren Ansatz entwickelt. Nach diesem Ansatz ergibt sich die dimensionslose Bodenabtragsrate zu

$$\frac{E}{\rho' g d_{50}} = 0{,}00033 \; D*^{0,3} \; T^{1,5}$$

mit E = Entrainmentrate, D* = sedimentologischer Korndurchmesser, T = transport stage parameter.

Für den Transport von Inhaltsstoffen gilt allgemein

$$\frac{\partial C}{\partial t} + \frac{\partial (uC)}{\partial x} + \frac{\partial (vC)}{\partial y} + \frac{\partial (wC)}{\partial z} = \frac{\partial}{\partial x}\left(D_{c,x} \frac{\partial C}{\partial x}\right) + \frac{\partial}{\partial y}\left(D_{c,y} \frac{\partial C}{\partial y}\right) + \frac{\partial}{\partial z}\left(D_{c,z} \frac{\partial C}{\partial z}\right)$$

mit C = Konzentration, x,y,z = Ortskoordinaten, u,v,w = Geschwindigkeitskomponenten in x,y,z-Richtung, D = turbulente Diffusivität

$$w s C_z + D_{c,z} \frac{\partial C_z}{\partial z} = 0$$

Bei zweidimensionaler tiefengemittelter Berechnung für eine Substanz mit Sinkgeschwindigkeit kann die Variabilität der Konzentration über die Wassertiefe durch die SCHMIDTsche Differentialgleichung berücksichtigt werden, die sich nach ROUSE auflösen läßt zu

$$\frac{C(z)}{C(a)} = \left(\frac{h-z}{z} \cdot \frac{a}{h-a}\right)^{\frac{w_s}{ku^*}}$$

mit z = Abstand von der Sohle, a = Referenzabstand von der Sohle, h = Wassertiefe, w_s = Sinkgeschwindigkeit der Sedimente, k = VON KARMANsche Konstante, u* = Schubspannungsgeschwindigkeit.

TIMOR3 erlaubt damit auch die Verfolgung von Trübungswolken bei künstlichen Einleitungen oder durch erhöhten Sedimenteintrag aus Nebenflüssen.

3 Biogene Sedimente

Die Produktion biogener Sedimente ist auf das Absterben von Mikroorganismen und deren Aggregation mit feinsten anorganischen Schwebstoffen zurückzuführen. Die Modellierung dieser Prozesse erfordert folgende Schritte:
1. Erfassung der Zusammenhänge für das Absterben von Mikroorganismen. Das Absterben kann z.B. durch die Temperatur, den Sauerstoffgehalt, den Salzgehalt oder Kombinationen von kritischen Größen bedingt sein. Die als relevant erachteten Größen sind im Modell zu simulieren.
2. Rechnerische Umwandlung der abgestorbenen Mikroorganismen in Suspension.
3. Berechnung von Transport, Ablagerung und Resuspension der biogenen Sedimente mit dem Programmteil Morphodynamik.
4. Ggf. Berücksichtigung von Kohäsionsvorgängen der biogenen Sedimente und deren Interaktion mit den anorganischen Sedimenten.

Zwar liegen derzeit keine Gleichungen z.B. für die salzbedingte Produktionsrate von Schlick vor, jedoch kann die Softwarestruktur unabhängig davon aufgebaut und mit sinnvollen Abschätzungen getestet werden. Später können diese Annahmen durch neuere Forschungsergebnisse ersetzt werden. Abb. 1 zeigt das Ergebnis einer Simulation, bei der im Gezeitenbereich der Elbe eine salzgehaltsabhängige Produktion von Schlick und dessen Transport simuliert wurde. Im Modell „entstand" Schlick in der aus der Natur bekannten Hauptschlickstrecke. Mit der Tidedynamik wurde der Schlick verfrachtet, abgesetzt und resuspendiert, wobei er durch den Effekt des tidal pumping schließlich in signifikanter Menge bis nach Hamburg gelangte. Ein Indikator dafür, daß dieser Weg gangbar und die generelle Struktur des Modellansatzes richtig ist, ist z.B. durch Ackermann (1994) gegeben, der marine Schwebstoffe im Hamburger Bereich bestätigt. Mit entsprechend angepaßten Schwebstoffproduktionsansätzen soll das Modell auch für Binnengewässer angewendet werden. Im derzeit laufenden BMBF-Forschungsvorhaben „Auswirkungen von Buhnen auf semiterrestrische Flächen" wird der Einfluß von Baumaßnahmen auf Produktion und Ablagerung von biogenen Sedimenten analysiert und numerisch simuliert.

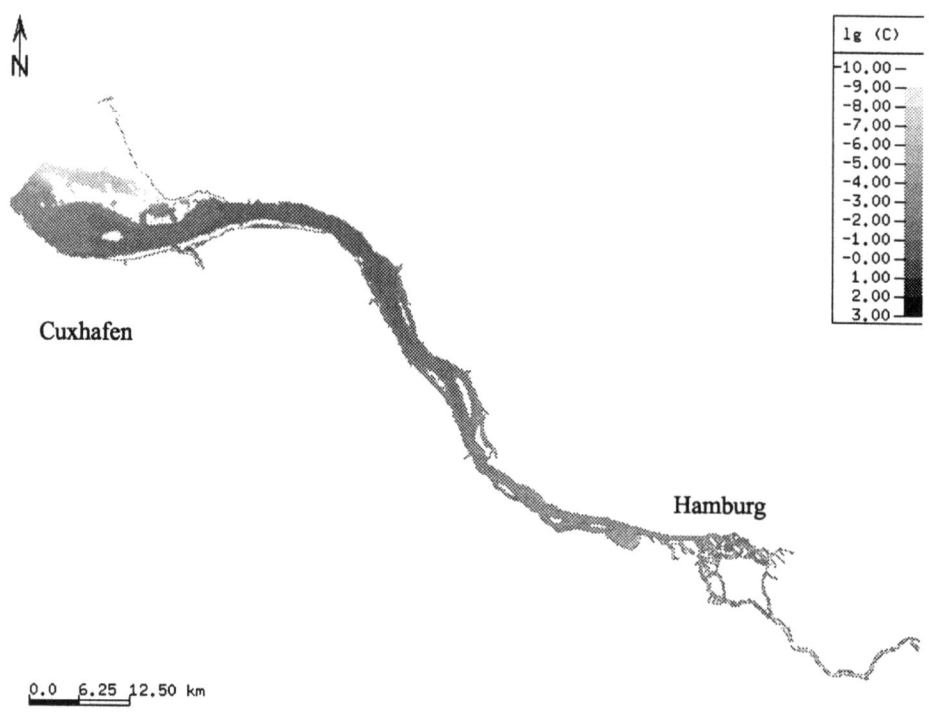

Abb. 1. Verteilung des im Modell der Tideelbe produzierten marinen Schlicks (Momentanzustand im Tidezyklus). Dargestellt ist die logarithmierte Schlickkonzentration in mg/l

Literatur

Ackermann, F. (1994) Postervortrag 6. Magdeburger Gewässerschutzseminar, Cuxhaven
v. Rijn, L. (1984) Sediment Pick-Up Functions. ASCE, Journ. Hyd. Eng., Vol. 110, No. 10
Zanke, U. (1982) Grundlagen der Sedimentbewegung. Springer-Verlag
Zanke, U. (1993/1995) Sachstandsberichte I und II zur Entwicklung eines numerischen Modells mit beweglicher Sohle. HYDRO-CONSULT_HANNOVER (in beschränkter Anzahl veröffentlicht)

Gewässerstrukturgütekartierungen an Flüssen als Grundlage für Bewertung und Planung

Klaus Kern, Thomas Fleischhacker, Georg Rast

1 Einführung

Regulierung, Aufstau, Uferverbau und nutzungsorientierte Unterhaltungsmaßnahmen führten in den meisten Flußsystemen Deutschlands zu einer signifikanten Beeinträchtigung der Biotopqualität. Verfahren zur Zustandsbewertung von Gewässerbiotopen wurden zunächst für Bachsysteme entwickelt und erprobt (DVWK 1996). In einem F+E-Vorhaben des Bundesforschungsministeriums wurde am Beispiel der Mulde ein Verfahren zur Strukturgütebewertung für Flüsse von 10-80 m mittlere Breite erstellt (DVWK 1997) und am Unterlauf der Mulde ab Bitterfeld angewandt. Ein entsprechender Entwurf für Strukturgütekartierungen an Wasserstraßen ist im Auftrag der Bundesanstalt für Gewässerkunde in Bearbeitung. Der hier vorgestellte Ansatz konzentriert sich auf die Zustandsbewertung von Flüssen, deren Sohle nicht mehr vom Ufer aus oder mit Watstiefeln untersucht werden kann. Das ist im allgemeinen ab einer Wasserspiegelbreite von 10 m der Fall.

2 Referenzzustand

Die Bewertung des ökomorphologischen Gewässerzustands erfolgt einheitlich für alle Gewässergrößen gegenüber dem sogenannten „potentiell natürlichen Gewässerzustand". Darunter ist nicht der Urzustand der Gewässer in der unberührten Naturlandschaft zu verstehen, sondern der Gewässerzustand, wie er sich langfristig unter den heutigen klimatischen und landschaftlichen Gegebenheiten nach Aufgabe aller Nutzungen und Eingriffe einstellen würde.

Vom Menschen verursachte landschaftliche Veränderungen, die sich auch in Jahrzehnten nicht regenerieren lassen, werden dem potentiell natürlichen Zustand zugerechnet und somit als irreversibler Ausgangszustand akzeptiert. Hierzu gehören Bergbaufolgen, wie Senkungen und Tagebaurestlöcher, aber auch mineralisierte Moore und Auenlehmdecken.

Bei der Ermittlung des Referenzzustands kann bei Bachsystemen i.d.R. noch auf wenige, weitgehend naturbelassene Gewässerstrecken zurückgegriffen werden. Für große Flüsse und für die deutschen Ströme Rhein, Elbe und Donau existieren fast durchweg hervorragende Flußkarten, die den morphologischen Zustand zu Anfang des 19. Jahrhunderts ausreichend dokumentieren. Am schwierigsten ist die Datenlage bei den mittelgroßen Flüssen (10-80 m Spiegelbreite), die häufig stark reguliert und nur selten geschlossen im historischen Zustand dokumentiert sind.

Die Bewertung gegenüber dem potentiell natürlichen Gewässerzustand heißt keineswegs, daß dieser Zustand in der Gewässerentwicklung überall angestrebt wird. Die tatsächlichen Entwicklungsziele orientieren sich vielmehr am gesellschaftlichen Konsens über die Nutzung der Kulturlandschaft. In Siedlungsgebieten sind oft nur minimale ökologische Verbesserungen zu erreichen. In Wasserstraßen sind der ökologische und ökonomische Nutzen der Schiffahrt mit der Belastbarkeit des Natur- und Landschaftshaushalts abzuwägen. Gleiches gilt für die Wasserkraftnutzung. Für die Aufrechterhaltung der Schiffahrt sind Unterhaltungsarbeiten in der Fahrrinne oft unerläßlich; ökologische Verbesserungen sind deshalb vorrangig im Ufer- und Auenbereich anzusetzen.

3 Verfahrensgrundsätze

Ziel des Verfahrens ist nicht, wie vermutet werden könnte, die Einschätzung der Strukturvielfalt der Gewässer, sondern vielmehr die Bewertung ihrer ökologischen Funktionsfähigkeit. Zu den ökologischen Gewässerfunktionen gehören die Habitateignung für gewässerspezifische Tiere und Pflanzen, die Fähigkeit zur Anpassung des Bettes an das jeweilige Abfluß- und Geschieberegime, das Sedimenttransportvermögen, die biologische Selbstreinigung, die Auenüberflutung u.a. Mit dem Mittel der Strukturgütekartierung kann freilich nur ein Teil der Gewässerfunktionen überprüft werden. Bewertet werden leicht erfaßbare Indikatoren, die entweder ein Qualitätsmerkmal beurteilen, wie z.B. gewässerspezifische Strömungsdiversität, oder die einen schädigenden Eingriff darstellen, wie z.B. Wehranlagen, Ufer- und Sohlensicherungen o.ä. Eine nur geringfügig regulierte Gewässerstrecke ist folglich ausschließlich nach Qualitätsmerkmalen einzustufen.

Die Indikatoren oder Parameter und ihre Merkmale müssen so eindeutig beschrieben und abgegrenzt sein, daß unterschiedliche Kartierer an derselben Strecke zum gleichen Ergebnis kommen (Reproduzierbarkeit). Die eigentliche Bewertung erfolgt durch den Vergleich von Ist- und Referenzzustand. Um Fehlinterpretationen gering zu halten, sollte der potentiell natürliche Gewässerzustand als Bewertungsmaßstab außerhalb des Routineverfahrens von fachkundiger Seite erarbeitet werden.

4 Strukturgüteparameter für Flußsysteme

Das Parametersystem für Strukturgütekartierungen muß der unterschiedlichen Datenlage von Flüssen ab 10 m Spiegelbreite bis zu mehreren hundert Meter breiten Strömen gerecht werden. Hinzu kommt eine breite Palette von Ausbau- und Nutzungsarten, die es zu berücksichtigen gilt. In Tab. 1 wurden die Parameter des Verfahrens für mittelgroße Fließgewässer (DVWK 1997) um solche ergänzt, die der besonderen Situation an Wasserstraßen Rechnung tragen. „Linienführung", „Breitenvarianz" und „Sohlenstrukturen" (Inseln, Bänke, Stromschnellen, Flachwasserzonen) werden entweder im historischen Vergleich bewertet oder nach flußmorphologischen Kriterien beurteilt. Mit „Sohlenstabilität" werden anthropogen verursachten flächenhaften Eintiefungen und Auflandungen bewertet, die in Wasserstraßen durch Geschiebezugabe oder Baggerungen ausgeglichen werden. Veränderungen der Wasserstandsdynamik können in Wasserstraßen i.d.R. recht genau erfaßt werden, während in kleineren Flüssen oft nur vage Angaben über den Ausuferungsbeginn und damit über die Häufigkeit der Auenüberflutung vorliegen. Weitere Einzelheiten sind DVWK (1997) bzw. Kern, Fleischhacker und Rast (im Druck, 1999) zu entnehmen. Mit den Parametern der Hauptgruppe „Gewässerumfeld" wird eine grobe Einschätzung des Zustands der Flußaue vorgenommen. Mit „Entwicklungsraum" wird in erster Linie der heutige Anteil der Überschwemmungsaue an der rezenten Aue bewertet. Bei „Uferstreifen" wird ein 100 m breiter beidseitiger Auenausschnitt nach Intensität der Nutzung beurteilt. Wertvolle Auenbiotope innerhalb der heutigen Deichlinien wie Altgewässer, Auenwälder und Nebenflüsse können das Gesamtergebnis aufwerten. Diese Beurteilung des Gewässerumfeldes kann eine genaue Kartierung und Bewertung der Aue für Planungszwecke nicht ersetzen, wie sie für mittelgroße Fließgewässer entwickelt wurde (DVWK 1997, Pauschert und Buschmann im Druck, 1999).

Tab.1. Parametersystem für Strukturgütekartierungen an Flüssen über 10 m Spiegelbreite

Hauptparameter	Einzelparameter	Bewertung/Art
Flußsohle	Linienführung, Laufform	Indexbewertung
	Breitenvarianz	Indexbewertung
	Sohlensicherung	Malusbewertung
	Sohlenstabilität	Indexbewertung
	Sohlenstrukturen	Indexbewertung
	Substratstörung	Indexbewertung
	Durchgängigkeit	Malusbewertung
	Strömungsdiversität	Indexbewertung
	Niedrigwasserschädigung	Malusbewertung
	Totholz	Indexbewertung
Uferbereich	Ufersicherung	Malusbewertung
	Uferart	Indexbewertung
	Ufererosion/Uferanlandung	Bonusbewertung
	Ufervegetation	Indexbewertung
	Wasserstandsdynamik MNW-MW	Indexbewertung
Gewässerumfeld (oder Auenkartierung nach DVWK 1997)	Wasserstandsdynamik MNW-MHW	Indexbewertung
	Entwicklungsraum	Indexbewertung
	Uferstreifen	Indexbewertung
	Biotopstrukturen in der Überschwemmungsaue	Bonusbewertung
Ergänzende Planungsparameter	Profiltyp, Art der Ufersicherung, Erosionsbereiche, Auflandungs- und Verlandungszonen, Bauwerksangaben, Rückstaubereiche, Abfluß und Wasserstände, Darstellung Uferstreifen, Nutzung und Vegetation im Überschwemmungsgebiet, wertvolle Lebensräume und Schutzgebiete, Eigentumsverhältnisse, Planungsvorhaben	ohne Bewertung (Umfang und Bearbeitungstiefe nach Vereinbarung)

Ergänzend zu den bewertungsrelevanten Parametern können weitere Informationen aufgenommen werden, die von speziellem Interesse für Planungs-, Unterhaltungs- und Entwicklungsaufgaben von Interesse sind. Viele Angaben können gewissermaßen nebenbei erfaßt und in mitgeführte Feldkarten ortsgenau eingetragen werden.

5 Kartierabschnitte

Um den Gesetzmäßigkeiten der Mäandergeometrie gerecht zu werden, muß die Länge der Kartierabschnitte mit der Flußgröße ansteigen. In Tab. 2 wird eine Einteilung der Größenkategorien von Fließgewässern und Abschnittslängen für Strukturgütekartierungen vorgeschlagen, der ein konstantes Verhältnis von Abschnittslänge zu mittlerer Gewässerbreite zugrunde liegt.

Tab.2. Länge der Kartierabschnitte für Strukturgütekartierungen

Größenkategorie	Bezeichnung	Breitenklasse	Abschnittslänge	L_A/B_m
kleine Fließgewässer	Quellbäche	0-1 m		
	Bäche	1-10 m	100 m	18,2
mittlere Fließgewässer	kleine Flüsse	10-20 m	250 m	16,7
	mittlere	20-40 m	500 m	16,7
	Flüsse	40-80 m	1000 m	16,7
große Fließgewässer	große Flüsse	80-220 m	2500 m	16,7
	Ströme	>220 m	5000 m	16,7*

L_A Abschnittslänge, B_m mittlere Breite, *) bei B_m=300 m

6 Bewertungssystem

Die Bewertung des ökomorphologischen Gewässerzustandes erfolgt für jeden Kartierabschnitt in Anlehnung an die deutsche Gewässergütekarte nach einer 7stufigen Skala mit der Spanne „1 = naturnah" bis „7 = übermäßig geschädigt". Der Ist-Zustand der Einzelparameter wird entweder nach einem am Referenzzustand geeichten Indexsystem eingestuft oder mit einem Malus bzw. Bonus versehen (Tab. 1). Die Indexbewertung bedeutet zum Beispiel, daß die Begradigung eines Flusses nach vorgegebenen Klassen mit einer Wertzahl zwischen 1 und 7 belegt wird. Regulierungen in einem von Natur aus gestreckten Flußabschnitt werden dann weniger stark bestraft als Begradigungen in einem Mäanderabschnitt. Die Bewertung der Hauptgruppen „Flußsohle", „Uferbereich" und „Gewässerumfeld" erfolgt durch Mittelung der Indexzahlen und Verrechnung von Malus- und Bonuswerten.

Literatur

DVWK Deutscher Verband für Wasserwirtschaft und Kulturbau e.V. (1996) Gewässerstrukturgütekartierung in der Bundesrepublik Deutschland - Verfahrensbeschreibung. Fachausschuß 4.13 (Bearb.), Mai 1996, Bonn, unveröffentlicht

DVWK Deutscher Verband für Wasserwirtschaft und Kulturbau e.V. (Hrsg.) (1997) Entwicklung eines Kartier- und Bewertungsverfahrens für Gewässerlandschaften mittlerer Fließgewässer und Anwendung als Planungsinstrument am Beispiel der Mulde. Materialien 3/97, Bonn

Kern, K., Fleischhacker T., Rast G. (1999) Strukturgütebewertung mittelgroßer Flüsse - Methodenentwicklung am Beispiel der Mulde/Sachsen. Wasserwirtschaft (im Druck)

Pauschert, P., Buschmann, M. (1999) Ökomorphologische Bewertung von Flüssen und Auen - Kartierung und Bewertung des Gewässerkompartimentes Aue. Wasserwirtschaft (im Druck)

Zeitabhängige Klassifizierung von Überflutungsflächen in einem GIS am Beispiel der Mittleren Elbe bei Dessau

Bruno Büchele, Franz Nestmann

1 Einleitung

Das Verbundvorhaben „Morphodynamik der Elbe", welches 1996 im Rahmen des Forschungsprogramms „Elbe-Ökologie„ des BMBF (FKZ 0339566) seine Arbeit aufnahm, hat sich zum Ziel gesetzt, in einer Gesamtbetrachtung den Stromverlauf der freifließenden deutschen Elbe im Hinblick auf dessen morphologische Entwicklung zu untersuchen. Von Interesse sind vor allem jene abiotischen Faktoren und Prozesse, die die biologische Entwicklung in der Flußlandschaft maßgeblich beeinflussen, insbesondere die Zusammenhänge und Wechselwirkungen von Strömung und Morphologie im Gewässerbett und den angrenzenden Überflutungsbereichen. Durch ihre natürliche Dynamik stellen diese Vorgänge einerseits einen wichtigen Motor der ökologischen Entwicklung und Vielfalt der Vorland- und Auenbereiche dar, andererseits sind sie jedoch stark abhängig von der Gestaltung menschlicher Eingriffe, insbesondere wasserbaulicher Maßnahmen, in das Flußsystem.

Im Schwerpunkt umfassen die laufenden Arbeiten der Teilprojekte im Vorhaben die Erfassung und Bewertung des Ist-Zustands des Fließgewässers, wobei in einer Bestandsaufnahme existierende Datengrundlagen zusammengestellt, analysiert und für weitere Nutzungen in ausbaufähigen Instrumenten wie Simulationsmodellen weiterverarbeitet werden. Im Mittelpunkt stehen die Fachbereiche Hydraulik, Hydrologie, Feststofftransport, Grundwasserdynamik, Geologie und Ökologie, wobei Informationstechnologien wie Geoinformationssystem (GIS) und Datenbankmanagement zum Einsatz kommen (Verbundprojekt „Morphodynamik der Elbe" 1997, 1998). Nähere Informationen sind im Internet abrufbar unter: http:/ihwhp1.bau-verm.uni-karlsruhe.de/~elbe/

Anhand der interdisziplinären Auswertung eines Elbeabschnitts soll im folgenden beispielhaft aufzeigt werden, wie *abiotische Gewässerinformationen im Hinblick auf ökologische Fragestellungen* aufbereitet werden können. Im Vordergrund steht die Klassifizierung von Überflutungsflächen bezüglich der auftretenden Abflußdynamik, die anhand von statistisch abgesicherten Aussagen hinsichtlich der Dauer, Häufigkeit und Höhe des örtlichen Überstaus durchgeführt wird.

Als Untersuchungsgebiet wurde der Stromabschnitt Elbe-km 271,2 bis 288,3 im Bereich des Biosphärenreservats Mittlere Elbe bei Dessau ausgewählt, der aufgrund der Pegelmeßstellen Aken, Barby sowie der Saale hydrologisch klar abgrenzbar ist.

2 Gebietsauswertung

Mit Flächenanteilen des Totalreservates sowie von Natur- und Landschaftsschutzgebieten (Schutzzonen I bis III) ist der zuvor genannte Abschnitt als ökologisch äußerst wertvoll bekannt. Er umfaßt Auenbereiche wie den Lödderitzer Forst mit bedeutenden Hartholzauen-Beständen und die Schöneberger Wiesen, die Gegenstand von Untersuchungen zum Thema Bioindikation eines Vorhabens der Elbe-Ökologie-Forschung sind. Menschliche Eingriffe in die Strömungsprozesse der Elbe liegen vor allem in Form von Bauwerken wie Dämmen, Buhnen, Leit- und Deckwerken vor. Die temporär überfluteten Bereiche (Auen) sind je nach Deichführung bis zu zwei Kilometer breit. Durch ihre strukturelle Vielfalt hinsichtlich Geländerelief und Vegetation sind die wasserhaushaltlichen Austauschprozesse zwischen Oberflächen- und Grundwasser sehr ausgeprägt.

Von grundsätzlicher Bedeutung für die Auswertung ist, daß an erster Stelle die Frage nach der ökologischen Relevanz von Überflutungen stand. Eine erste Orientierung bieten hierzu Angaben der Literatur bezüglich der Hochwassertoleranzen von Baumarten, die versuchen, die *gesamtheitliche Wirkung des Abflußgeschehens* auf die Einzelpflanze oder die Gesellschaft anhand von beobachteten Überflutungsdauern und -höhen zu beschreiben, z.B. von Dister (1980 und 1983), Hügin (1981), Späth (1988) sowie Galluser und Schenker (1992). Ein weiteres Beispiel ist die Ausbildung von Vegetationszonen: Gerken (1988) erklärte sie durch Korrelation von Uferprofil und Wasserstandsdauerlinie. Die Streubreite solcher Anhaltswerte ist im allgemeinen groß; je nach Gattung oder Vorkommen gestalten sich genaue Aussagen offenbar sehr schwierig.

Aus abiotischer Sicht kann grundsätzlich nach folgenden Faktoren unterschieden werden: Wasserstände, ihre Häufigkeit, die ununterbrochene Dauer ihres Auftretens, ihre Charakteristik (periodisch/episodisch) sowie die Monate oder Jahreszeit ihres Auftretens. Die Differenzierung nach diesen Faktoren war somit das Hauptziel der durchgeführten hydrologischen Analyse. Als zuverlässiger Referenzpegel für den Stromabschnitt kann der Pegel Aken angesehen werden, an dem langjährige Wasserstands- und Abflußreihen vorliegen (Tageswerte von 1936 bis 1996, Quelle: BfG). Die Pegeldaten wurden zunächst kritisch auf Fehler und Inkonsistenzen untersucht. Es konnte nachgewiesen werden, daß für Teilabschnitte der 70-er und 80-er Jahre die Verwendung fehlerhafter Abflußkurven vermutet werden muß. Der Korrekturvorschlag, der für die betroffenen Daten erarbeitet und plausibilisiert wurde, ist hier zugrunde gelegt. Da statistisch keine signifikante Veränderung der Hochwasserscheitel ab 1963, d.h. seit der Fertigstellung der tschechischen Speicheranlagen, nachgewiesen werden konnte (Signifikanzniveau 5%), ist eine ungeteilte Verwendung der Gesamtreihen ab 1936 gerechtfertigt.

Bei der Analyse der Zeitreihen wurde neben der üblichen Handhabung gezielt nach der Vegetationszeit, die für die Monate April bis September angesetzt wurde, sowie der ununterbrochenen Überschreitungsdauer von Abflußwerten unterschieden (vgl. Helms und Ihringer 1998). Einige Ergebnisse sind in Tab. 1 exemplarisch zusammengestellt.

Tab.1. Ausgewählte Abflüsse in Abhängigkeit ihres zeitlichen Auftretens

W [cm] Wasserstand Pegel Aken	Q [m³/s] Abfluß = f (W) gültig ab '83	Gesamt-jahr Datenbasis: 1.11.-31.10. (1936-1996)	Vegetati onszeit Datenbasis: 1.4.-30.09. (1936-1996)	Jährlich-keit [a] statistisches Wiederkehr-intervall	Dauer [d] (D) = Dauer-linie = Ø p.a. (E) = Dauer Einzelereignis	Beschreibung
246	437	X		1		MQ – mittlerer jährlicher Abfluß
416	933		X	1	10 (D)	Bereich Ausuferungsbeginn, mittl. jährl. Überschreitung 10 d, Apr./Sep.
431	990		X	10	20 (E)	20-Tage-Ereignis, 10-jährlich, Apr./Sep.
452	1073		X	2	1 (E)	HQ$_{2,veg}$: HW-Scheitel, 2-jährlich, Apr./Sep.
482	1200		X	1	5 (D)	mittl. jährl. Überschreitung 5 d, Apr./Sep.
491	1238	X		10	20 (E)	20-Tage-Ereignis, 10-jährlich
492	1245		X	20	20 (E)	20-Tage-Ereignis, 20-jährlich, Apr./Sep.
496	**1264**		X	1		MHQ$_{veg}$ – mittl. jährl. HW-Scheitelabfluß im Zeitraum April – September
499	1281	X		1	10 (D)	mittl. jährl. Überschreitung 10 d
555	**1632**	X		1		MHQ – mittl. jährl. HW-Scheitelabfluß
559	1665	X		1	5 (D)	mittl. jährl. Überschreitung: 5 d
560	1673		X	50	20 (E)	20-Tage-Ereignis, 50-jährlich, Apr./Sep.
688	3690	X				HHQ – höchstes Ereignis seit 1936
701-712	4023	X		100	1 (E)	HQ$_{100}$: HW-Scheitelabfluß, 100-jährlich mit Unsicherheiten (Extrapolation)

Die Elbe ist bekannt für ihre geringe Wasserführung in den Sommermonaten. Erwartungsgemäß deutlich fallen die Unterschiede zwischen Vegetationszeit und Gesamtjahr aus. So liegt zum Beispiel der mittlere jährliche Hochwasser-Scheitelabfluß in der Vegetationsperiode, hier bezeichnet als MHQ$_{veg}$ = 1264 m³/s, rund ein Viertel unter dem Ganzjahreswert MHQ = 1632 m³/s. Die Jährlichkeit von MHQ$_{veg}$ liegt zwischen zwei und drei Jahren (HQ$_{2,veg}$ = 1073 m³/s, nicht aufgeführt: HQ$_{3,veg}$ = 1361 m³/s).

Interessante Aufschlüsse ergeben sich, vergleicht man die Abflüsse, deren zugehörige Wasserstände in Aken um ≤ 5 cm von MHQ$_{veg}$ abweichen: Ein Ereignis, bei dem ein vergleichbarer Abfluß während *20 aufeinanderfolgenden Tagen* überschritten wird, tritt statistisch alle zehn Jahre, zwischen April und September hingegen nur alle 20 Jahre auf (Q = 1238 bzw. 1245 m³/s). Als gemittelter Wert ergibt sich aus der Dauerlinie, daß Abflüsse dieser Größenordnung im Durchschnitt *an zehn beliebigen Tagen pro Jahr* überschritten werden (Q = 1281 m³/s). Es ist darauf hinzuweisen, daß die Zahlen anhand theoretischer Verteilungsfunktionen ermittelt wurden, die aufgrund der Länge der (korrigierten) Meßreihen von 60 Jahren die Abflußcharakteristik statistisch abgesichert und langfristig wiedergeben. Nicht behandelt sind hierbei interannuelle Variabilitäten und mehrjährige Naß- und Trockenperioden, die bei kürzeren Zeiträumen berücksichtigt werden sollten. Eine weitere Differenzierung der Konstellationen von Überflutungshäufigkeit, -höhe und –dauer, das heißt der Dynamik der Elbe-Abflüsse, im Hinblick auf ihre ökologische Wirkung kann je nach biologischer Fragestellung (Vorgabe von Toleranz-, Grenz- und Schwellenwerten bzw. Genauigkeitsanforderungen) konkretisiert werden.

Um die Wirkung des beschriebenen Abflußgeschehens auf einzelne Flächen übertragen zu können, müssen die Topographie und spezifischen Wasserstände bekannt sein. Im Vorhaben wird dies abgedeckt durch den Aufbau digitaler Geländemodelle (DGM), die die notwendige Geländeinformation für die Strömungsberechnungen liefern.

Die verfügbaren digitalen Vermessungsdaten zur Erstellung der Geländemodelle, die die Grenzlinien Wasser-Land bis zu den Abflußextrema erfassen sollen, sind in vielen Streckenabschnitten der Elbe als unzureichend einzustufen. Dies trifft auch auf den hier bearbeiteten Raum zu. Während im Flußschlauch überwiegend auf Querprofilpeilungen der Wasser- und Schiffahrtsbehörden zurückgegriffen werden kann, sind die für die Berechnung ausufernder Wasserführungen notwendigen Vorlanddaten meist aufwendig zu ergänzen. Im Projekt werden die fehlenden Höhen- und Reliefinformationen topographischen Karten im Maßstab 1:10 000 (Quelle: LVÄ) entnommen, die großräumig vorliegen. Das Digitalisieren der Konturen, Böschungen usw. erfolgt mit dem System AutoCAD. Um das gewünschte DGM zu erhalten, werden die Vektordaten (Linien) durch geeignete Interpolation in gerasterte Flächendaten umgewandelt. Wahlweise wird die Interpolation mit dem GIS ARC/INFO oder der eigenentwickelten Software FAInt (Pfefferle 1997) vorgenommen. Im Ergebnis ist jedem Rasterelement eine Höhenkoordinate zugeordnet, wobei i.d.R. eine Flächenauflösung von 6x6 m gewählt wird. Abb. 1 c) vermittelt in einer 3D-Visualisierung einen Eindruck der auf diese Weise nachgebildeten Reliefstrukturen. Die für die Strömungsberechnung benötigten Geländequerschnitte rechtwinklig zur Flußachse (Querprofile, hier im 100 m-Abstand) können anschließend aus dem DGM rückgelesen werden. Die Methodik der DGM-Erstellung ermöglicht es, bei Bedarf eine Nachbearbeitung bzw. Reliefverfeinerung in Teilbereichen und entsprechende Neugenerierung von Geländemodellen variabler Auflösung vorzunehmen. Neben ihrer Nutzung als Eingangsgröße für hydronumerische Modellierungen bilden sie die Grundlage für Verschneidungsoperationen sowie Flächen- und Volumenberechnungen.

Die abflußspezifischen Wasserstände werden mit dem Programm HEC-2 berechnet. In Anbetracht der Länge der zu modellierenden Gesamtstrecke und der uneinheitlichen Datendichte werden die hydraulisch-numerischen Berechnungen eindimensional, d.h. als mittlerer Wert für jedes Querprofil, durchgeführt (vgl. Adam et al. 1998). In Abbildung 1 a) und 1 b) sind für MHQ und MHQ_{veg} die Berechnungsergebnisse als Überflutungsflächen im DGM dargestellt. Gleichzeitig wurden im GIS alle Geländepunkte bezüglich ihrer relativen Höhenlage zum örtlichen Wasserspiegel klassifiziert (aus Gründen der Darstellung in 1m-Höhenklassen).

Die zwei mittleren Abflußzustände lassen bereits deutliche Unterschiede in den überfluteten Flächen erkennen, wie die Schöneberger Wiesen und der Lödderitzer Forst demonstrieren. Planimetriert ergeben sich für die dargestellten 9,3 Flußkilometer zwischen Steckby und Breitenhagen rechnerisch folgende Überflutungsflächen: 6,912 km² bei MHQ_{veg} und 8,584 km² bei MHQ. Nach Abzug der Wasseroberfläche des Flußbettes (2,222 km² bei Mittelwasser MQ = 437 m³/s) beträgt die mittlere im Sommerhalbjahr überschwemmte Vorlandfläche demnach 55% der des Gesamtjahres.

Ökologische Entwicklungskonzepte 309

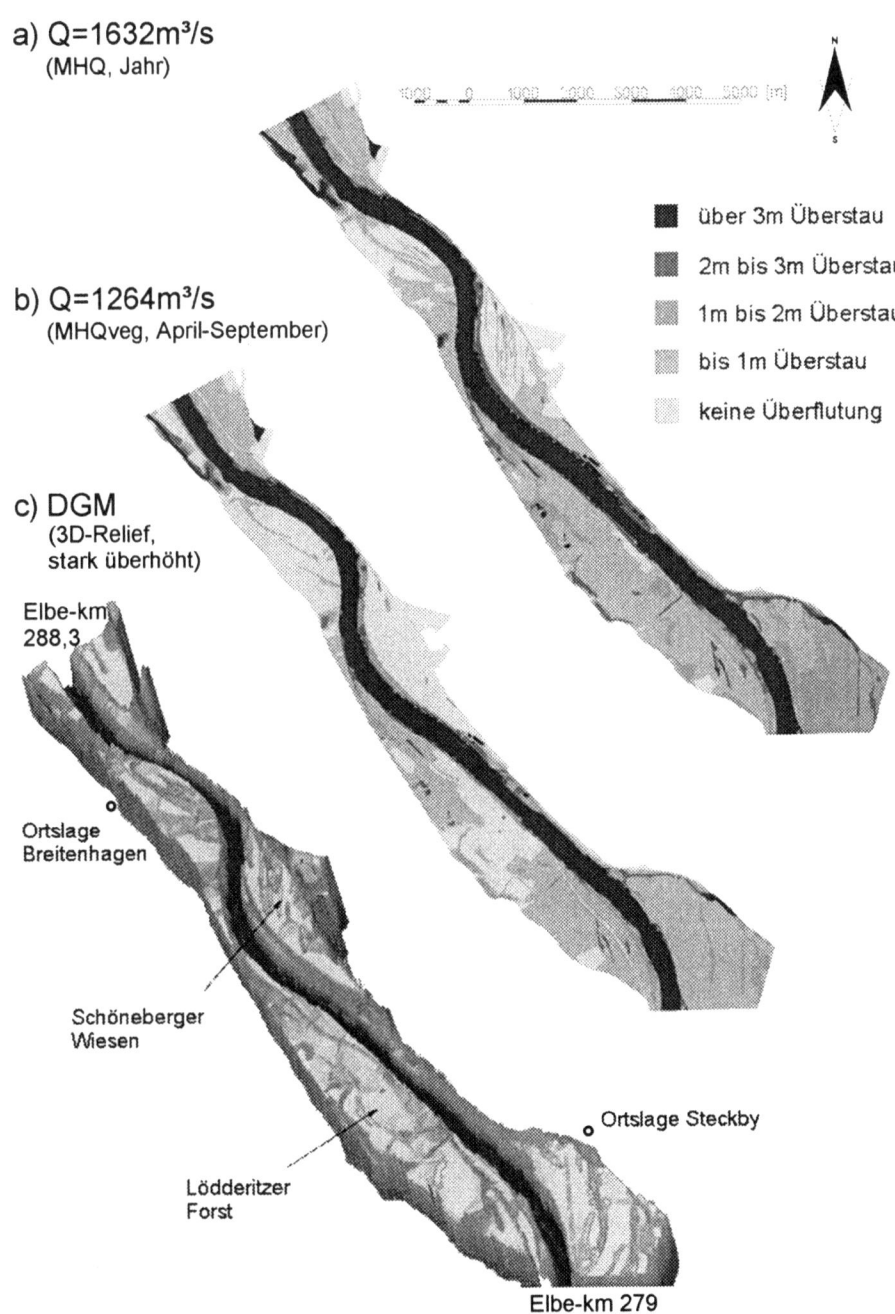

Abb. 1. Überschwemmungszustände im digitalen Geländemodell / GIS

3 Schlußbemerkungen

Der vorliegende Beitrag beschreibt beispielhaft wesentliche Projektaktivitäten, anfallende Daten und Ergebnisse entlang der Gesamtelbe sowie Möglichkeiten ihrer Nutzung. Ausgehend von auenökologischen Gesichtspunkten erfolgte eine Auswertung in den Bereichen Topographie, Hydrologie und Wasserspiegellagen, mit Klassifizierung und Visualisierung im GIS. Die Bearbeitungsschritte wurden interdisziplinär abgestimmt und getrennt realisiert. Ausgehend von einer zu betrachtenden Fläche können sie analog in umgekehrter Reihenfolge zur differenzierten hydrologischen Charakterisierung der Fläche führen. Da die unterschiedlichen Datenkollektive in einer relational gestalteten Datenbank verwaltet und verknüpft werden, ist eine gekoppelte Informationsverarbeitung im GIS möglich. Nicht eingegangen wurde hier auf weitere Schwerpunkte des Projekts, unter anderem die Untersuchung der an der Stromsohle stattfindenden Erosions- und Sedimentationsprozesse in mehreren Teilprojekten.

Aus ökologischer Sicht ist künftig zu bewerten, inwieweit elbespezifische Lebensräume von der Abflußdynamik in Wechselwirkung mit morphologischen Entwicklungen, insbesondere in Bereichen allmählicher Auflandung oder Eintiefung der Stromsohle und dadurch veränderter Oberflächen- und Grundwasserstandsverhältnisse, nachhaltig beeinflußt werden.

Literatur

Adam, K., Meon, G., Rathke, K. (1998) Verbundprojekt „Morphodynamik der Elbe„ - Teilprojekt 1D-Berechnung der Wasserspiegellagen und des Feststofftransports. Fachb. Techn. Umweltsch., Universität-GH Paderborn, 8. Magdeburger Gewässerschutzseminar, Karlsbad/CR

Dister, E. (1980) Geobotanische Untersuchungen in der hessischen Rheinaue als Grundlage für die Naturschutzarbeit. Dissertation, Universität Göttingen

Dister, E. (1983) Hochwassertoleranz von Auenwaldbäumen an lehmigen Standorten. Verhandlungen d. Gesellsch. F. Ökologie (Mainz 1981), Band X, 325-335

Galluser, W.A., Schenker, A. (1992) Die Auen am Oberrhein. Birkhäuser Verlag, Basel

Gerken, B. (1988) Auen, verborgene Lebensadern der Natur. Verlag Rombach, Freiburg

Helms, M., Ihringer, J. (1998) Analyse von Abflußzeitreihen der Elbe. Institut f. Wasserwirtschaft u. Kulturtechnik, Uni Karlsruhe, 8. Magdeburger Gewässerschutzseminar, Karlsbad/CR

Hügin, G. (1981) Die Auwälder des südlichen Oberrheintals – ihre Veränderung und Gefährdung durch den Rheinausbau. Landschaft und Stadt 13 (2), 78-91

Pfefferle, A. (1997) Interpolation von Querprofilen zur Erzeugung digitaler Geländemodelle. Diplomarbeit, Inst. f. Wasserbau u. Kulturtechnik/Inst. f. Fördertechnik, Universiät Karlsruhe, unveröff.

Späth, V. (1988) Zur Hochwassertoleranz von Auenwaldbäumen. Natur und Landschaft 63 (7/8)

Verbundprojekt „Morphodynamik der Elbe" (1997) Zwischenbericht. Universität Karlsruhe, BMBF-Förderkennzeichen 0339566, Karlsruhe

Verbundprojekt „Morphodynamik der Elbe" (1998) Sachstandsbericht 1997. Universität Karlsruhe, BMBF-Förderkennzeichen 0339566, Karlsruhe

Klassifzierung der grundwasserführenden Gesteinseinheiten im Elbeeinzugsgebiet (Deutscher Teil) hinsichtlich ihres natürlichen Nitratabbauvermögens

Frank Wendland, Ralf Kunkel

1 Einleitung

Die Grundwassergüte wird neben einer geogenen Komponente, die durch die chemische Beschaffenheit der durchflossenen Gesteine bestimmt wird, durch anthropogene Faktoren beeinflußt. Im Falle des Nitrats ist die geogene Grundlast im Grundwasser in der Regel gering. Großflächig auftretende Nitratkonzentrationen im Grundwasser von über 1 mg/l können als sichere Anzeiger für flächenhafte Einträge aus der landwirtschaftlichen Düngung interpretiert werden. Aber nicht in allen Regionen mit intensiver landwirtschaftlicher Nutzung sind die Nitratkonzentrationen im Grundwasser erhöht. Unter reduzierenden Grundwasserhältnissen können auch hohe Nitrateinträge ins Grundwasser bei ausreichend langer Verweilzeit mikrobiell abgebaut werden. Infolgedessen weisen Fließgewässer, auf deren unterirdisches Einzugsgebiet diese Bedingungen zutreffen (sofern keine nennenswerten punktuellen Einleitungen erfolgen), nur geringe Nitratkonzentrationen auf.

2 Zielsetzung

Um das natürliche Nitratabbauvermögen im Grundwasserleiter bei der Ausweisung von austragsgefährdeten Teilregionen im deutschen Teil des Elbeeinzugsgebietes berücksichtigen zu können, sollten von den Autoren im Rahmen eines Projektes im BMBF-Förderschwerpunkt „Elbe-Ökologie" eine gebietsumfassende Klassifzierung der grundwasserführenden Gesteinseinheiten im Elbeeinzugsgebiet hinsichtlich ihres Nitratabbauvermögens in reduzierte (potentiell nitratabbauende) und oxidierte (potentiell nicht-nitratabbauende) Aquifere durchgeführt werden. Dadurch sollten regionale Hintergrundinformationen über den Einfluß des hydrochemischen Milieus der grundwasserführenden Gesteinseinheiten auf die Nitratbelastung des Grundwassers bzw. der Oberflächengewässer erarbeitet werden.

3 Nitratabbau im Grundwasserleiter

Dieser Nitratabbau (Denitrifikation) erfolgt anaerob durch Mikroorganismen. Diese decken ihren Sauerstoffbedarf durch den Sauerstoff, der im Nitrat gebunden ist. Die Nitratreduktion kann nur in Anwesenheit von organischen Kohlenstoffverbindungen und/oder reduzierten Schwefel-Eisen-Verbindungen (Pyrit) ablaufen.

Mit jeder Grundwasseranalyse werden eine Vielzahl von Parametern erfaßt. Aus den gemessenen Konzentrationen einzelner Lösungsinhalte können direkte Hinweise auf die Denitrifikationsbedingungen eines Grundwassers abgeleitet werden. Um die grundwasserführenden Gesteinseinheiten in potentiell nitratabbauende (reduzierte) bzw. nicht potentiell nitratabbauende (oxidierte) Aquifere zu untergliedern, wurden in Anlehnung an DVWK 1992, Hannappel 1996, Obermann 1982 und Wendland 1992, für relevante Parameter Konzentrationsbereiche definiert, die als Grenze (c_g) für ein nitratreduzierendes Milieu angesehen werden können.

Tab.1. Grenzbereiche (c_g) für potentiell nitratreduzierende Grundwasserverhältnisse

Parameter	reduzierte Grundwässer	oxidierte Grundwässer
Nitrat	< 1 mg NO_3/l	je nach Eintrag
Eisen (II)	> 0,2 mg/Fe (II)/l	< 0,2 mg/Fe (II)/l
Mangan (II)	> 0,05 mg Mn (II)/l	< 0,05 mg Mn (II)/l
Sauerstoff	< 2 mg O_2/l	> 2 mg O_2/l

4 Datengrundlagen und Vorgehensweise

Für die Untersuchungen wurden ca. 8500 Meßstellen aus den Grundwasserbeobachtungsdaten der aktuellen Montoringmeßnetze der Bundesländer und Altdaten aus den Hydrogeologischen Erkundungsberichten der ehemaligen DDR ausgewertet, wobei jeweils nur eine Grundwasseranalyse pro Meßstelle berücksichtigt wurde. Darüber hinaus wurden Informationen aus hydrogeologischen und geologischen Übersichtskarten, welche digitalisiert und unter besonderer Berücksichtigung von Gesteinsbeschaffenheit, Genese, Stratigraphie und Grundwasserführung klassifiziert wurden, verwendet. Eigene Geländearbeiten wurden nicht durchgeführt. Die Verteilung der Meßstellen in den ausgewiesenen Hydrogeologischen Einheiten ist in Tab. 2 dargestellt.

5 Ergebnisse

Zur konsistenten Interpretation der in den einzelnen hydrogeologischen Einheiten gemessenen Konzentrationen und zur Herausstellung der jeweils spezifischen Besonderheiten wurden die Grundwasseranalysen mit statistischen Methoden untersucht. Hierzu wurden die auf die hydrogeologischen Gesteinseinheiten bezogenen Häufigkeitsverteilungen für die in Tab. 1 aufgeführten Parameter hinsichtlich statistischer Kenngrößen (Mittelwert ($\bar{c}$), Quartile (Q_1, Q_2, Q_3), Quartilsabstand (Q_3-Q_1), Streuung(σ) und Schiefe (λ) ausgewertet. Darüber hinaus wurde jeweils festgestellt, wie hoch der Prozentanteil ($P(c>c_g)$) der Meßwerte ist, der in die Klasse der potentiell nitratabbauenden bzw. nicht potentiell nitratabbauenden Aquifere fällt. Als repräsentative Beispiele für einen reduzierenden Aquifer und für einen oxidierenden Aquifer sind in Tab. 4 die Ergebnisse für die hydrogeologische Einheit „Glaziofluviatile Sande" und in Tab. 3 die Ergebnisse für die hydrogeologische Gesteinseinheit „Sandstein" aufgeführt.

Bei der Gesteinseinheit „glaziofluviatile Sande" handelt es sich um überwiegend ni-

Tab. 2. Anzahl der Meßpunkte in den Hydrogeologischen Einheiten

Hydrogeologische Einheit	Anzahl der Meßpunkte	
	Hydrogeologische Erkundungsberichte	Basismeßnetz der Bundesländer
Glaziofluviatile Sande	2031	123
Fluviatile Kiese und Schotter	1031	44
Moränenablagerungen	1268	114
Hochflächensand, Sander	1006	45
Tonig-, schluffige Beckensedimente	68	12
Geringmächtige känozoische Lockergesteinsbedeckungen des Festgesteins	203	20
Mächtiges tertiäres Lockergestein	35	1
Ton- und Schluffgesteine mit Einlagerungen	487	11
Kalksteine	349	18
Sandstein	945	42
Randzechstein	106	2
Molassegesteine	132	9
Schiefergesteine und Grauwacken	208	14
Metamorphite	66	8
Magmatische Ergußsteine	132	19
Magmatische Tiefengesteine	84	9
	Σ 8151	Σ 491

tratabbauende Aquifere. Kennzeichen hierfür ist das Vorherrschen von Nitratkonzentrationen unterhalb 1 mg/l. Die weitgehende Nitratfreiheit dieser Grundwässer ist zumeist verbunden mit einer relativen Sauerstofffreiheit, während in der Regel merkliche Gehalte an Fe(II) und Mn(II) auftreten. 90% (Fe(II)) bzw. ca. 80% (Mn(II)) der Proben weisen Konzentrationen auf, die oberhalb des Grenzwertes für nitratreduzierende Bedingungen angesehen werden können. Der, verglichen mit dem Median von 0,1 mg/l, relativ hohe Mittelwert der Nitratkonzentration von 4,7 mg/l weist darauf hin, daß es trotz der im allgemeinen guten Abbaubedingungen auch Bereiche mit hohen Nitratbelastungen gibt. Hier ist im Einzelfall zu prüfen, ob es sich um Zonen mit oxidierendem Milieu handelt, oder ob die natürlichen Abflußbedingungen des Grundwassers gestört sind (z.B. Entwässerungsmaßnahmen oder punktuelle Einleitungen).

Bei der Gesteinseinheit „Sandstein" handelt es sich um einen typischen Aquifer ohne nitratreduzierende Eigenschaften. Dort weist der Nitratgehalt stark schwankende Konzentrationen auf, wie sich in einer Standardabweichung von annähernd 97 mg/l zeigt. Kennzeichnend für diesen Grundwassertyp ist weiterhin das Fehlen von Ionen des zweiwertigen Eisens und Mangans. Der Sauerstoffgehalt der Sandsteinaquifere ist ingesamt gering und ist im Zusammenhang mit der häufig hohen Entnahmetiefe (mehr als 60% aller Analysen stammen aus Tiefen oberhalb 50 m) interpretierbar. Diese hydrogeologische Gesteinseinheit ist als potentiell nitratgefährdet einzustufen.

Tab.3. Sandstein

	N	Q_1 [mg/l]	Q_2 [mg/l]	Q_3 [mg/l]	Q_3-Q_1 [mg/l]	$\bar{c}$ [mg/l]	σ [mg/l]	λ	c_g [mg/l]	$P(c>c_g)$
NO$_3$	862	0,2	4,3	18,3	18,1	29,7	96,7	0,3	1	0,7
Fe	915	0	0,1	0,5	0,5	0,7	1,7	0,3	0,2	0,4
Mn	734	<0,01	0,01	0,1	0,1	0,1	0,3	0,4	0,1	0,5
O$_2$	194	0	0,01	1,9	1,9	1,5	2,7	0,6	2	0,4

6 Schlußfolgerungen

Die statistische Auswertung von Grundwasseranalysen im Hinblick auf die für die Beurteilung des Nitratabbauvermögens relevanten Inhaltsstoffe Eisen(II), Mangan(II), Sauerstoff und Nitrat hat gezeigt, daß es möglich ist, hydrogeologische Gesteinseinheiten anhand ihres im Grundwasser gelösten Stoffinhaltes in nitratabbauende bzw. nicht nitratabbauende Aquifere zu untergliedern. Die meisten der in Tab. 2 ausgewiesenen hydrogeologischen Gesteinseinheiten konnten aufgrund der statistischen Analyse dem nitratabbauenden oder dem nicht nitratabbauenden Grundwassertyp zugeordnet werden: Die hydrogeologischen Gesteinseinheiten „Moränenablagerungen" und „Sander" lassen sich den reduzierten Aquiferen zuordnen. Dies gilt jedoch nicht für die Kies- und Schotteraquifere in den Tälern der Festgesteinsregion. Dort zeigt sich genauso wie für die meisten der in Tab. 2 ausgewiesenen Festgesteinseinheiten, daß mit einem nennenswerten Nitratabbau nicht gerechnet werden kann.

Tab.4. Glaziofluviatile Sande

	N	Q_1 [mg/l]	Q_2 [mg/l]	Q_3 [mg/l]	Q_3-Q_1 [mg/l]	$\bar{c}$ [mg/l]	σ [mg/l]	λ	c_g [mg/l]	$P(c>c_g)$
NO$_3$	1858	0	0,1	1	1	4,7	18,5	0,3	1	0,2
Fe	1850	0,7	2,3	7	0,3	4,4	4,9	0,4	0,2	0,9
Mn	1901	0,1	0,3	0,6	0,5	0,5	0,6	0,3	0,1	0,9
O$_2$	774	0,1	1,6	3,9	3,8	2,,5	2,8	0,3	2	0,8

Literatur

DVWK-Regeln 128 (1992) Entnahme und Untersuchungsumfang von Grundwasserproben. DVWK-Fachausschuß Grundwasserchemie, Paul Parey, Hamburg und Berlin

Hannappel, S. (1996) Die Beschaffenheit des Grundwassers in den hydrogeologischen Strukturen in den neuen Bundesländern. Berliner geowiss. Abhandlungen, Reihe A, Band 182, 151 S., Berlin

Obermann, P. (1982) Hydrochemische/hydromechanische Untersuchungen zum Stoffgehalt von Grundwasser bei landwirtschaftlicher Nutzung. – Bes. Mitt. Z. Dtsch. Gewässerkundlichen Jahrbuch, 42; 217 S.; Bonn

Wendland, F. (1992) Die Nitratbelastung in den Grundwasserlandschaften der ‚alten' Bundesrepublik Deutschland. Bericht aus der ökologischen Forschung 8, 206 S., Jülich

Ökologische Entwicklungskonzepte 315

Auswirkung von Landnutzungsänderungen auf den Wasserhaushalt eines mesoskaligen Einzugsgebietes

Werner Lahmer, Alfred Becker

1 Einführung

Die Landnutzung beeinflußt als Randbedingung viele hydrologische Prozesse direkt oder indirekt. Hauptzielstellung des Teiles „Wasser- und Stoffrückhalt im Tiefland des Elbeeinzugsgebietes" des BMBF-Forschungsschwerpunktes „Elbeökologie" ist die Entwicklung und praktische Umsetzung von Konzepten zur dauerhaft umweltgerechten Landnutzung in unterschiedlichen Natur- und Wirtschaftsräumen im Elbegebiet unter Berücksichtigung ihrer Auswirkungen auf den Gebietswasserhaushalt. Dazu wird in einem Modellgebiet des pleistozänen Tieflandes der Landschaftswasserhaushalt dynamisch flächendifferenziert modelliert. In dem für die Untersuchungen ausgewählten Einzugsgebiet der Stepenitz (Land Brandenburg, ca. 575 km^2) sind einige schwierige hydrologisch-wasserwirtschaftliche und landschaftsökologische Probleme zu lösen, die maßgebend aus der intensiven landwirtschaftlichen Nutzung sowie durchgeführten Meliorationsmaßnahmen (Flußbegradigungen, Trockenlegung natürlicher Feuchtgebiete, Flächenstillegungen etc.) resultieren. Diese haben in der Vergangenheit zu erheblichen Verlusten an natürlichen Retentionsflächen geführt und weisen das Einzugsgebiet im Zusammenspiel mit natürlichen Faktoren als ein System mit einer komplexen Problemstruktur aus.

2 Methodisches Konzept

Voraussetzung für das Studium des Einflusses von Landnutzungsänderungen auf den Wasserhaushalt ist ein Modellierungskonzept, das der räumlichen Differenzierung des Untersuchungsgebietes gerecht wird und mit dessen Hilfe die Auswirkungen natürlicher und anthropogener Einflüsse abgebildet werden können. Besonders geeignet sind Modelle, die die räumlichen Variabilitäten detailliert erfassen können (polygon-basierter Ansatz zur Berücksichtigung auch kleiner, hydrologisch aber wichtiger Teilflächen) und deren Parameter physikalisch interpretierbar sind (direkte Kopplung an digitale Daten). Für die hier vorgestellten Untersuchungen wurde das Modellierungssystem ARC/EGMO (Pfützner et al. 1997) verwendet, das sich durch eine variable Unterteilung des Gebietes in *Elementarflächen* (kleinste Modellierungseinheiten), *Hydrotope* (anhand hydrologischer Ähnlichkeitskriterien aggregierte Elementarflächen), *Hydrotopklassen* (ortsunabhängige Zusammenfassung gleicher Hydrotope) und Teilgebiete auszeichnet und damit eine Modellierung auf der Basis von Raumeinheiten unterschiedlicher Größe und Heterogenität erlaubt. Dieses System hat seine Eignung für die meso- bis makroskalige Modellierung bei Untersuchungen in der Oberen Stör (Schleswig-Holstein, ca. 1.200 km^2) (Lahmer et al. 1997, Becker und Lahmer 1997a/b) und bei der elbeweiten Anwendung im Rahmen des o.g. BMBF-Projektes (Lahmer 1997, Becker und Behrendt 1998) bewiesen.

3 Datenaufbereitung und Flächenuntergliederung

Die Untersuchungen in der Stepenitz wurden auf das Gebiet bis zum Pegel Wolfshagen beschränkt, da dieser nicht durch Rückstau aus der Elbe beeinflußt ist. Grundlage der Modellierung mit ARC/EGMO ist die sogn. "Elementarflächen (EFL)-Karte", die sich durch Verschneidung der räumlichen Basiskarten (Landnutzung, Boden, Topographie, Grundwasserflurabstand) ergibt und im vorliegenden Fall zu insgesamt 30.176 Einzelflächen in 64 Teileinzugsgebieten führt. Wasserhaushaltsberechnungen auf EFL-Basis stellen die genaueste Approximation an die Realität dar, doch sind für größerräumige Untersuchungen räumliche Aggregierungen zweckmäßig, um die Anzahl der Flächeneinheiten (und damit die Rechenzeiten) zu reduzieren. Dazu bietet sich die bereits früher erfolgreich praktizierte Untergliederung in Hydrotope und Hydrotopklassen an. Im Fall der Stepenitz wurde eine Unterteilung in 10 solcher Klassen vorgenommen, deren Flächenanteile in Abb. 1 dargestellt sind. Danach stellen landwirtschaftliche Flächen mit 51.3% (grundwasserfern) bzw. 15.1% (grundwassernah) die dominierenden Hydrotopklassen dar.

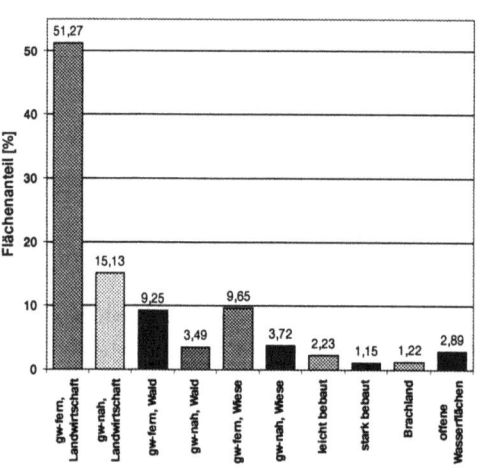

Abb. 1. Flächenanteile der für die Wasserhaushaltsmodellierungen im Stepenitzgebiet verwendeten 10 Hydrotopklassen am Gesamtgebiet.

4 Analyse des Ist-Zustandes

Um die Auswirkungen anthropogen verursachter Einflüsse auf den Wasserhaushalt abschätzen zu können, wurde zunächst eine Analyse des „Ist-Zustands" durchgeführt. Wie die in Abb. 2 dargestellte Ganglinie zeigt, weist dieser im Untersuchungszeitraum 1.1.1981 bis 31.10.1994 erhebliche Abflußschwankungen auf, die durch eine „Trockenperiode" (7/88-3/93) und eine „Feuchtperiode" (1/83-6/88) charakterisiert werden können. Die ebenfalls wiedergegebene simulierte Ganglinie zeigt, daß das Modell den Gebietsabfluß ansprechend reproduziert.

Aus früheren Untersuchungen war bekannt, daß die räumliche Verteilung der meteorologischen Eingangsgrößen (Niederschlag, mittlere Tagestemperatur, relative Luftfeuchtigkeit und Sonnenscheindauer) besonders bei größerskaligen Untersuchungen erheblichen Einfluß auf die Simulationsergebnisse haben kann. Deshalb wurden für die Rechnungen im Stepenitzgebiet alle vorhandenen meteorologischen Informationen genutzt, um eine hohe räumliche Differenzierung bei der Flächenübertragung sicherzustellen. Für die hier dargestellten Ergebnisse wurden Zeitreihen von 9 Klimahaupt- sowie 24 Nieder-

Ökologische Entwicklungskonzepte 317

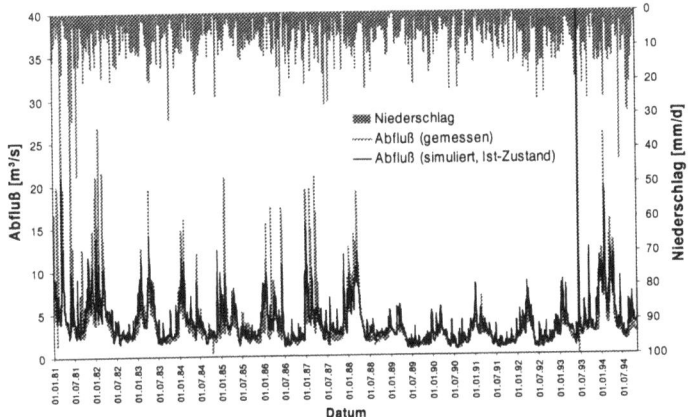

Abb. 2. Niederschlag, gemessener und für den „Ist-Zustand" im Zeitraum 1.1.81 bis 31.10.94 berechneter Abfluß am Pegel Wolfshagen.

schlagsstationen verwendet. Mit Hilfe der interpolierten meteorologischen Eingangsgrößen wurden auf der Basis der 10 Hydrotopklassen für den Zeitraum 1/83 bis 10/94 die für den Wasserhaushalt von Landflächen maßgebenden Wasserhaushaltsgrößen reale Verdunstung, Sickerwasserbildung und Oberflächenabflußbildung berechnet. Exemplarisch sind in Abb. 3 Verteilungen der Sickerwasserbildung dargestellt. Erkennbar sind starke Korrelationen zu den Basiskarten (insb. des Grundwasserflurabstandes und der Landnutzung) sowie eine deutliche Abnahme der Sickerwasserbildung in der Trockenperiode. Geringe (und z.T. negative) Bildungsraten weisen all jene Flächen auf, die durch hohe Verdunstungswerte charakterisiert sind (verdunstungsintensive Zehrflächen). Teilversiegelte Flächen (wie Städte, Straßen etc.) heben sich durch ihre deutlich geringeren Bildungsraten von der Umgebung ab.

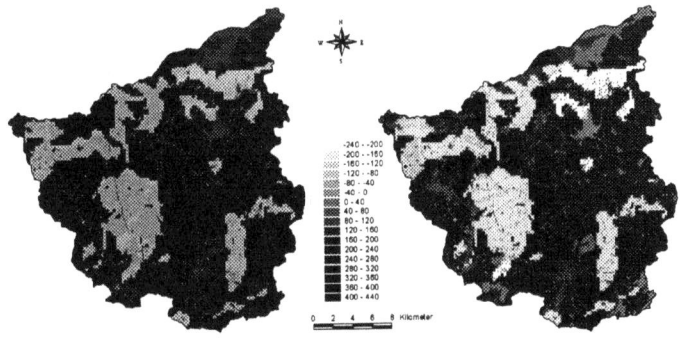

Abb. 3. Räumliche Verteilungen der Sickerwasserbildung für den Zeitraum 1/83-6/88 ("Feuchtperiode", links) sowie 7/88-10/94 ("Trockenperiode", rechts) (mittlere Jahressummen in mm).

5 Szenarioanalysen

Auf der Basis der Ist-Zustands-Analyse wurden erste Berechnungen mit vorgegebenen Änderungsszenarien der Landnutzung durchgeführt. Dabei wurden zunächst recht pauschale Annahmen gemacht, um die Sensitivität des Modellierungsansatzes zu untersuchen. Eine dieser Annahmen bestand darin, die in der Landnutzungskarte ausgewiesenen Ackerflächen in Waldflächen umzuwidmen (Szenario 1), um die Auswirkungen auf die Wasserbilanz und das Abflußverhalten zu überprüfen. Als Beispiel für die auftretenden Auswirkungen sind in Abb. 4 die für den Ist-Zustand und das Szenario 1 simulierten

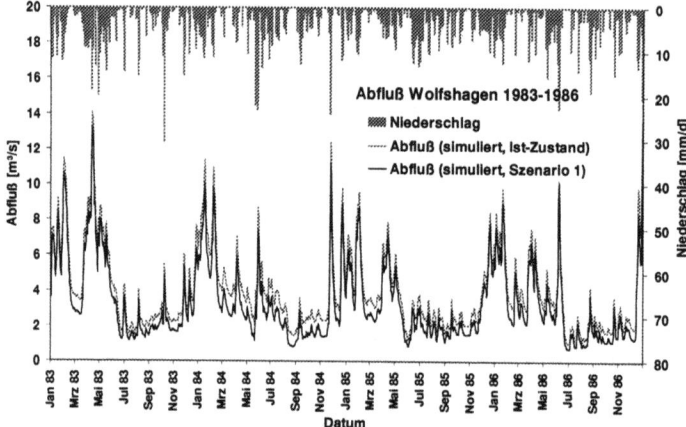

Abb. 4. Am Pegel Wolfshagen für den Ist-Zustand (helle Linie) und das Szenario 1 (dunkle Linie) simulierter Abfluß für den Zeitraum 1983-1986.

Ganglinien für den Zeitraum 1983-1986 dargestellt. Deutlich erkennbar ist die Verringerung des Abflusses gegenüber dem Ist-Zustand. Diese fällt in den Sommermonaten wegen der höheren Verdunstung der Waldflächen besonders hoch aus und erreicht für den dargestellten Zeitraum insgesamt 18.5%. Für den in der „Trockenperiode" gelegenen Zeitraum 1989-1991 werden sogar Werte von fast 37% erreicht, da auch in den Wintermonaten ein deutlicher Abflußrückgang eintritt. Anzumerken ist weiterhin, daß der höhere Waldanteil extreme Abflußspitzen dämpft, was besonders an dem Extremereignis vom 12.6.1993 (117 mm Niederschlag, siehe Abb. 1) deutlich wird. Für den Ist-Zustand wird der Scheitelabfluß mit 66.2 m³/s, für das Szenario 1 dagegen mit lediglich 39.1 m³/s simuliert. Weitere Szenarien umfassen eine Erhöhung versiegelter Flächen sowie Landnutzungsänderungen, die auf Planungsvorgaben des Landes Brandenburg beruhen.

Literatur

Becker, A., Behrendt, H. (1998) Auswirkungen der Landnutzung auf den Wasser- und Stoffhaushalt der Elbe und ihres Einzugsgebietes. Zwischenbericht, Januar 1998

Becker, A., Lahmer, W. (1997a) Abschlußbericht zum Forschungsvorhaben "Großskalige Hydrologische Modellierung" im Rahmen des Schwerpunktprogramms der Deutschen Forschungsgemeinschaft (DFG) "Regionalisierung in der Hydrologie"

Becker, A., Lahmer, W. (1997b) Disaggregierung und Skalierung bei Parameterermittlungen für die hydrologische Modellierung und Regionalisierung. Proceedings zur Fachtagung „Modellierung in der Hydrologie", TU Dresden, 22.-24. Sept. 1997, 155-165

Lahmer, W., Müller-Wohlfeil, D.-I., Pfützner, B., Becker, A. (1997) GIS-based Hydrological Modelling with the Integrated Modelling System ARC/EGMO. International Conference on Regionalization in Hydrology, Braunschweig, FRG, March 10-14, 1997. Accepted for IAHS publication

Lahmer, W. (1997) Flächendeckende Modellierung des Wasserhaushalts im deutschen Teil des Elbegebietes unter Anwendung großflächiger Aggregierungsprinzipien". Bericht an das Potsdam-Institut für Klimafolgenforschung, unveröffentlicht

Pfützner, B., Lahmer, W., Becker, A. (1997) ARC/EGMO - Programmsystem zur GIS-gestützten hydrologischen Modellierung. Kurzdokumentation zur Version 2.0, unveröffentlicht

Elbe, Rhein und Donau im limnologischen Vergleich

Franz Schöll, Thomas Tittizer

Elbe, Rhein und Donau gelten infolge vielfältiger anthropogener Nutzung (Trinkwasser- und Rohstoffgewinnung, Kühlwasserentnahme, Vorfluter für kommunale und industrielle Kläranlagen, Verkehrswasserwege, Freizeit und Erholung, Fischereigewässer) als international bedeutende Flüsse. Gleichzeitig bieten diese Flüsse aber auch einen einzigartigen Lebensraum für Tiere und Pflanzen. Die historische Entwicklung der Lebensgemeinschaft dieser Flüsse soll hier nachgezeichnet werden.

1 Hydrologie (Tab. 1)

Mit 2.857 km Lauflänge ist die Donau über doppelt so lang wie Elbe und Rhein zusammen und führt auch die größte Wassermenge. Der Rhein, obwohl nicht viel größer als die Elbe, besitzt einen wesentlich höheren Abfluß als die Elbe, da sein Einzugsgebiet auch die Alpen umfaßt. Während die Einzugsgebiete von Donau (ca. 82 Mio. Einw.) und Elbe (ca. 25 Mio. Einw.) relativ dünn besiedelt sind, leben am Rhein mit etwa 50 Mio. Einwohnern über doppelt soviel Menschen/km^2 wie an der Donau. Daher wurden die strukturverändernden Maßnahmen (Flußbegradigungen, Uferbefestigung etc.) am Rhein mit höherer Effizienz durchgeführt als an Elbe oder Donau. Es ist allen genannten Flüssen gemeinsam, daß ihre Oberläufe aus Gründen der Energiegewinnung und der Schiffahrt staureguliert sind.

Tab.1. Hydrographische Daten von Elbe, Rhein und Donau

	Lauflänge km	Einzugsgebiet km^2	Abfluß oh. d. Mündung m^3/s	Einwohner/km^2
Elbe	1.092	148.268	720 (Neu-Darchau)	168
Rhein	1.238	189.510	2.240 (Bimmen)	263
Donau	2.857	817.000	6.500 (Cetal Izmal)	100

2 Besiedlung und Wasserqualität (Abb. 1)

Die Bundesanstalt für Gewässerkunde führt seit 1986 im Auftrag des Bundesministeriums für Umwelt, Naturschutz und Reaktorsicherheit faunistisch-ökologische Untersuchungen der schiffbaren Abschnitte von Rhein (seit 1986 zwischen Basel und Emmerich), Elbe (seit 1992 zwischen Schmilka und Cuxhaven) und Donau (seit 1997 zwischen Kelheim und Jochenstein) durch. Dabei wird die bodenbewohnende aquatische Lebensgemeinschaft (Makrozoobenthos) an repräsentativen Untersuchungsbereichen im Längs-

und Querprofil mit Hilfe von Taucherschacht und Schwimmbagger qualitativ und quantitativ erfaßt.

Rhein

Die Bestandserhebungen erbrachten im Rhein über 400 wirbellose Tierarten, darunter viele gewöhnliche und häufige Besiedler größerer Flüsse und Ströme, die keine hohen Ansprüche an ihre Wohngewässer stellen, aber auch seltene und schützenswerte Arten. Insgesamt konnten 30 Arten der „Roten Liste" nachgewiesen werden.

Lokale Unterschiede in der Besiedlung sind vor allem auf unterschiedliche Gewässerbelastungen zurückzuführen. So zeigt die Gesamtartenzahl im Rhein-Längsprofil, daß der südliche Oberrhein die höchste Artenvielfalt aufweist. Im nördlichen Oberrhein nimmt mit zunehmender Gewässerbelastung die Artenzahl ab. Während sich das Besiedlungsbild im Mittelrhein zwischen Mainz und Koblenz verbessert, ist der Niederrhein wieder durch eine artenärmere Lebensgemeinschaft gekennzeichnet.

Eine Betrachtung der Entwicklung des Makrozoobenthos seit Anfang des Jahrhunderts läßt analog zur steigenden Abwasserbelastung des Rheins (Abb. 1) und dem damit einhergehenden sinkenden Sauerstoffgehalt einen drastischen Rückgang der Artenzahlen, vor allem seit Mitte der 50er Jahre bis Anfang der 70er Jahre, erkennen. Von den Anfang des Jahrhunderts nachgewiesenen 112 Insektenarten wurden beispielsweise 1971 nur noch 5 Arten gefunden. Infolge der Verringerung der Abwasserbelastung des Rheins durch den Bau von Kläranlagen und der damit verbundenen Verbesserung der Sauerstoffverhältnisse erhöht sich seit 1975 die Artenzahl stetig (Abb. 1). Auch wenn die Artenvielfalt wieder fast so groß ist wie zu Beginn des Jahrhunderts, ist die Lebensgemeinschaft dennoch nicht identisch mit der vor 100 Jahren. So fehlen beispielsweise viele Insektenarten aus der Gruppe der Steinfliegen. Die Veränderungen der Wasserqualität, aber auch wasserbauliche Maßnahmen, die Schiffahrt und die Einwanderung neuer Tierarten (Neozoen) führten zu einer teilweisen Umstrukturierung der aquatischen Lebensgemeinschaft. Neben Anstrengungen zur weiteren Verbesserung der Wasserqualität sollten daher zukünftig verstärkt Maßnahmen vorgesehen werden, die eine Verbesserung der hydrologischen und morphologischen Verhältnisse bewirken.

Elbe

An der Elbe wurden bei Bestandserhebungen insgesamt über 300 Arten nachgewiesen, davon 13 Arten der „Roten Liste".

Der Elbabschnitt Schmilka-Dresden ist der artenreichste Bereich der Elbe überhaupt. Im Bereich des Elbsandsteingebirges wird die Lebensgemeinschaft dabei von den zahlreichen, z.T. nur wenig belasteten Mittelgebirgsbächen beeinflußt. Unterhalb von Dresden nimmt die Artenzahl ab, da zum einen der positive Einfluß der Zuflüsse des Elbsandsteingebirges nachläßt, zum anderen die Gewässerbelastung aus dem Großraum Dresden zunimmt. Die drei größten Zuflüsse oberhalb Magdeburgs, Schwarze Elster, Mulde und Saale, haben kaum Einfluß auf die Artenzusammensetzung. Unterhalb Magdeburgs kommt es zu einer Umstrukturierung der Lebensgemeinschaft (starke Abnahme der Strudelwürmer, Egel und Insekten), deren Ursache noch unklar ist. Die geringste Artenzahl in der Elbe ist zwischen Hamburg und Cuxhaven zu finden. In diesem Bereich ständig wechselnder Salzkonzentrationen (Nordseeeinfluß) können nur noch wenige besonders angepaßte Organismen siedeln.

Insgesamt spiegelt die vorgefundene Fauna den gegenwärtigen Belastungsgrad der Elbe wider. Die zeitliche Entwicklung seit 1990 zeigt jedoch bereits eine deutliche Erholung (Abb. 1). Aufgrund verminderter Einleitungen (Stillegung von Betrieben, Bau von Kläranlagen) stieg der Sauerstoffgehalt wieder deutlich an. Insbesondere das erneute Auftreten einiger Großmuscheln (*Unio pictorum, Anodonta anatina*), Köcher- und Eintagsfliegen- und Libellenarten (*Gomphus flavipes*) zeigt, daß sich die Elbe am Anfang einer faunistischen Regenerationsphase befindet. Der gegenwärtige Zustand der Elbe ist in etwa mit der Situation zu Beginn der Rheinsanierung vergleichbar. Die noch vorhandene Naturnähe der Elbe bietet nun nach Verbesserung der Wasserqualität gute Voraussetzungen für eine Wiederansiedlung von Pflanzen- und Tiergruppen.

Donau

Die Bestandserhebungen an der 1997 erstmals in das Monitoringprogramm eingebundenen Donau erbrachten über 300 Arten. Aspektbildend sind wie an Rhein und Elbe typische Besiedler größerer Flüsse und Ströme. Daneben beherbergt die Donau regionalfaunistische Besonderheiten, die an Elbe und Rhein nicht vorkommen wie die Flache Federkiemenschnecke (*Theodoxus transversalis*) und die Donau-Kahnschnecke (*Theodoxus danubialis*). Andere (ehemals) typische Donauarten wie einige Kleinkrebse (*Dikerogammarus villosus* und *Dikerogammarus haemobaphes*) sowie die Assel *Jaera istri* erreichten über den 1992 fertiggestellten Main-Donau-Kanal den Rhein und vermehrten sich dort. Umgekehrt sind die Süßwassergarnele *Atyaephyra desmaresti* und die Körbchenmuschel *Corbicula sp.* vom Rhein in die Donau eingewandert.

Die Lebensgemeinschaft der Donau unterscheidet sich in der freifließenden Strecke deutlich von der in den stauregelten Abschnitten. Dort kommt es infolge der abnehmenden Fließgeschwindigkeit zu einer Umstrukturierung der Zoozönose von strömungsliebenden zu Stillwasserarten. Außerdem treten im Oberwasser der Stauwehre aufgrund erhöhter Sedimentation typische Kies- und Steinbewohner zugunsten einer ausgeprägten Schlammfauna zurück.

Die Entwicklung der Lebensgemeinschaft der Donau der letzten 6 Jahrzehnte läßt sich nur lückenhaft darstellen. Dennoch wird deutlich, daß die Donau nicht so belastet war wie etwa Rhein und Elbe (Abb. 1). Besiedlungseinbrüche konnten eher lokal und nicht über die ganze Donaustrecke festgestellt werden. Inzwischen hat sich die Zoozönose auch in diesen Abschnitten normalisiert. Hinsichtlich geplanter Ausbaumaßnahmen steht an der Donau der Schutz noch vorhandener, flußtypischer Strukturen im Vordergrund.

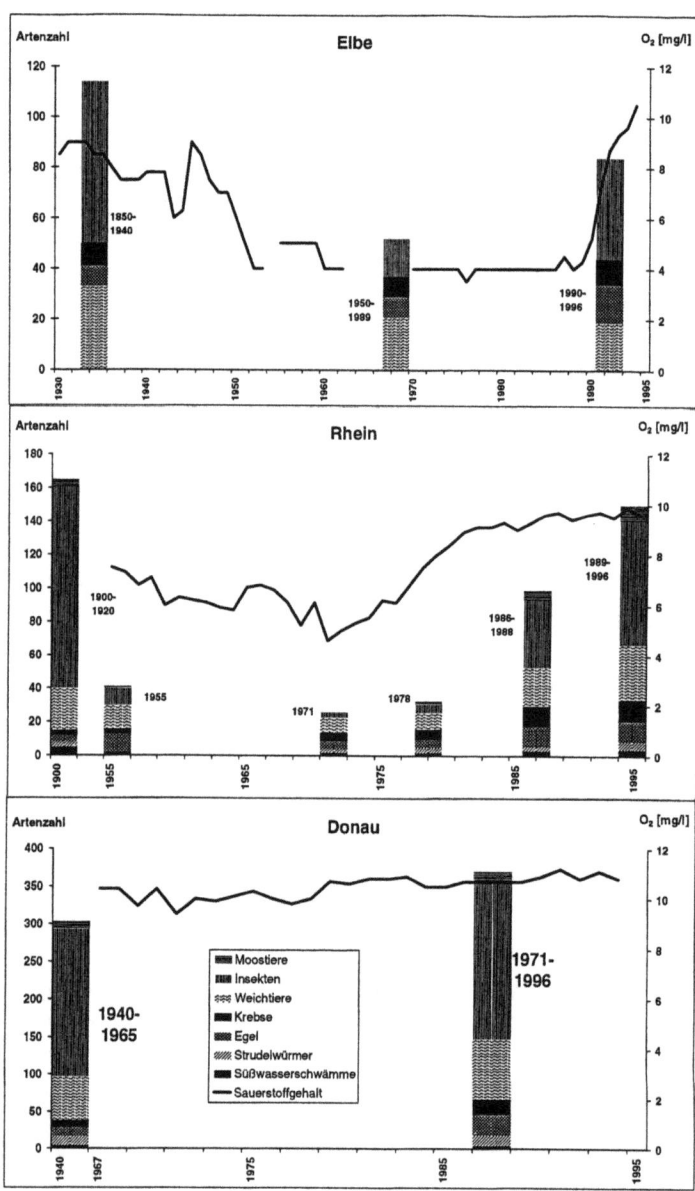

Abb.1. Historische Entwicklung der bodenbewohnenden Lebensgemeinschaft (Makrozoobenthos) sowie durchschnittlicher Sauerstoffgehalt von Rhein, Elbe und Donau. Eine historische Betrachtung der Entwicklung der Lebensgemeinschaft kann keine exakten statistischen Daten liefern. Die absoluten Artenzahlen der Flüsse sind daher nur bedingt vergleichbar. Dennoch lassen sich unterschiedliche Trends deutlich erkennen.

Revitalisierung des Abschnittes der oberen Moldau zwischen den Talsperren Lipno I und Lipno II aus der Sicht des Makrozoobenthos und der Ichthyofauna

Josef Matěna, D. Baudišová, P. Rosendorf, O. Slavík, J. Kubečka

1 Einleitung

Der Moldauabschnitt zwischen Loučovice und Vyšší Brod zeichnet sich durch das größte Gefälle der gesamten Stromlänge aus. Die Wasserqualität in diesem Abschnitt mit seinen vielen Stromschnellen entsprach ursprünglich der Oligosaprobie. Schon in den 30er Jahren unseres Jahrhunderts wurde er jedoch stark durch Abwässer aus Papierfabriken verunreinigt und die Wasserqualität sank bei Loučovice bis zu einer Polysaprobie (Nowak et al. 1937). Der Moldauabschnitt zwischen dem Damm der Talsperre VD Lipno I (Fluß-km 329,5) und dem Ende der Stauung des Ausgleichsspeichers Lipno II (Fluß-km 321,6) mit einem ursprünglichen Durchfluß von 13,72 m^3/s (Angabe für die Jahre 1931 - 1960) hatte deshalb viele Jahrzehnte lang einen sehr geringen Durchfluß. Das Moldauwasser wurde durch einen unterirdischen Kanal über Turbinen in den Ausgleichsspeicher Lipno II geführt; im ursprünglichen Flußbett betrug der Durchfluß nur noch 300 - 400 l/s. Dabei handelte es sich lediglich um das durch die Staumauer durchgesickerte Wasser und Wasser aus dem Zufluß der Nebenflüsse. Der Abschnitt unterhalb der Staumauer hatte fast keinen Durchfluß, Wasser sickerte nur aus der Staumauer durch. Die Einleitung von Abwässern hatte ebenfalls einen negativen Einfluß auf die Wasserqualität und den Zustand der Biozönosen einschließlich der Ichthyofauna, was vor allem unterhalb der Gemeinde Loučovice sichtbar wurde, d.h. in unmittelbarer Nähe des Naturreservats Čertová stena (Teufelswand). Nach einer Vereinbarung mit der ČEZ AG (größter tschechischer Energielieferant) wurde der ständige Durchfluß durch das ursprüngliche Flußbett der Moldau ab 1. 6. 1996 von Null auf 1,5m^3/s erhöht. Die vorliegende Studie soll den Einfluß der Erhöhung des Durchflusses auf Makrozoobenthos und Ichthyofauna dokumentieren.

2 Material und Methoden

Es wurden semiquantitative Proben von Makrozoobenthos entsprechend der sogenannten Kicking-Methode entnommen. Nach Fixierung im Gelände wurden die Organismen im Labor bis zur kleinstmöglichen taxonomischen Stufe determiniert. Wegen des Charakters des Substrats und der Unterschiede der einzelnen Profile konnte keine quantitative Bestimmung des Makrozoobenthos durchgeführt werden. Der Saprobie-Index der Makrozoobenthos-Gemeinschaft wurde nach Sládeček (1981) berechnet. Fische sind mittels eines elektrischen Aggregats abgefangen worden. Sie wurden bestimmt, gemessen, gewogen und wiedereingesetzt. Außer der Artenanzahl wurden Häufigkeit

(Stück/ha) und Biomasse (kg/ha) bestimmt. Makrozoobenthos und Fische wurden in den Jahren 1989, 1995 und 1997 untersucht. Um die Ergebnisse aus den verschiedenen Jahren vergleichen zu können, wurde der gesamte Strom zwischen der Staumauer von Lipno I und dem Ende der Stauung des Ausgleichsspeichers Lipno II in drei Abschnitte aufgeteilt:

1. Abschnitt zwischen der Staumauer von Lipno I und der Papp-Fabrik in Svatý Prokop: Dieser Abschnitt hatte bis 1996 keinen Durchfluß. Im ursprünglichen Flußbett gab es vereinzelt Tümpel. Hier zeigte sich jedoch keinerlei Einfluß der Verunreinigung durch Industrie- oder kommunale Abwässer.
2. Abschnitt im Gebiet Loučovice und unterhalb des Ortes: Auch vor 1996 gab es hier einen Durchfluß von Zuflüssen, hier zeigte sich jedoch eine wesentliche industrielle Belastung.
3. Abschnitt zwischen der Teufelswand und der Stauung des Ausgleichsspeichers Lipno II, wo schon vor Erhöhung des Durchflusses die Selbstreinigungskraft des Stroms wirkte.

3 Ergebnisse und Diskussion

3.1 Makrozoobenthos

Bei der Untersuchung im April 1989 konnte die Gemeinschaft des Makrozoobenthos im gesamten untersuchten Abschnitt in die ß-Mezzosaprobiestufe eingeordnet werden. Die Abschnitte 1 und 3 entsprachen einer besseren ß-Mezzosaprobie mit S_i = 1,76 bzw. 1,87; Abschnitt 2 hatte eine schlechtere ß-Mezzosaprobie mit S_i = 2,08 bzw. 2,37 unter Loučovice. In diesem Abschnitt wurde eine wesentliche qualitative Verarmung des Makrozoobenthos im Vergleich zu den anderen untersuchten Abschnitten festgestellt - die Ordnungen *Ephemeroptera* und *Plecoptera* fehlten ganz (Kubečka und Matěna 1991). Ähnliche Beobachtungen wurden 1995 gemacht, mit einem einzigen Unterschied: die totale Eliminierung von Eintagsfliegen im Gebiet Loučovice (Abschnitt 2) wurde nicht bestätigt. Die Analyse der Artenzusammensetzung des Makrozoobenthos vor Erhöhung des Durchflusses zeigte im Abschnitt 1 unterhalb der Staumauer von Lipno I ein erhöhtes Auftreten von für stehende Gewässer typischen Arten, was dem Charakter des Ortes entspricht, wo Wasser nur aus Durchsickerung und evtl. aus Ablassen kommt. Der wesentlich verminderte Durchfluß im Bereich von Loučovice, der dazu noch von Abwässern belastet war, führte zur Eliminierung von anspruchsvolleren Arten. Eine Verbesserung der Wasserqualität infolge der Selbstreinigungskraft des Stroms wurde erst unterhalb der Teufelswand festgestellt. Die Saprobie der Gemeinschaft des Makrozoobenthos entsprach einer Oligo- bis ß-Mezzosaprobie.

Nach Wiederherstellung eines Mindestdurchflusses wurden 1997 gewisse positive Veränderungen in der Zusammensetzung des Makrozoobenthos festgestellt. Diese äußerten sich jedoch bei den Werten des Saprobieindexes der Gemeinschaft noch nicht wesentlich. Nach den Angaben von Povodí Vltavy betrug 1997 der Saprobieindex im Abschnitt 1 1,6 - 2,4 und im Abschnitt 2 2,0 - 2,7. Von anspruchsvollen reobionten

Formen traten in Abschnitt 2 insbesondere Zweiflügler (*Diptera*) - *Atherix ibis* und *Liponeura sp.* auf. In den übrigen zwei Abschnitten konnte ein zahlreicheres Vorkommen der reophilen Arten im Vergleich zu früher festgestellt werden. Das Auftreten von sehr anspruchsvollen Formen wird offensichtlich durch zwei Faktoren eingeschränkt:
1. andauernde Verunreinigung des Stroms unterhalb von Loučovice, die im Vergleich zu früher verdünnter auftreten,
2. die Qualität des Wassers aus Lipno I, das immer noch eine große Menge organischer Stoffe und Nährstoffe enthält.

3.2 Ichthyofauna

In allen drei untersuchten Jahren waren Bachforelle (*Salmo trutta*) und Flußbarsch (*Perca fluviatilis*) dominante Arten. Sie bildeten in der Regel mehr als 70 % der Ichthyofauna.

Die Längenverteilung der Barsche bestätigte das Auftreten nur der jüngsten Jahrgänge (0+ bis 1). In den Abschnitten 1 und 2 stammt der Barsch eindeutig aus Lipno I, Larven und Brut wurden vor Wiederherstellung des Durchflusses bei Wassersportveranstaltungen angespült. Mit Einsetzen des stabilen Durchflusses ab 1996 wurden die Jungbarsche kontinuierlich angespült; ihre Zahl stieg in den untersuchten Abschnitten wesentlich, insbesondere im Bereich unterhalb der Staumauer. Die Werte der Abundanz der Fische in den einzelnen untersuchten Jahren ist in Abb. 1 angeführt. Auch nach Wiederherstellung des Durchflusses wurde 1997 im Abschnitt 2 (unterhalb von Loučovice) die geringste Zahl an Fischen festgestellt. Dies ist wahrscheinlich durch die andauernde Verunreinigung des Stroms zu erklären. Die Bevölkerung mit Forellen hing vor 1996 von der natürlichen Reproduktion in den Zuflüssen ab. Gegenwärtig wird sie wahrscheinlich vor allem durch Aussetzungen beeinflußt. 1997 wurden die folgenden Arten neu festgestellt: Regenbogenforelle (*Oncorhynchus mykiss*), Saibling (*Salvelinus fontinalis*), Äsche (*Thymallus thymallus*), Ukelei (*Leuciscus leuciscus*), Laube (*Leuciscus cephalus*) und Kleinforelle (*Micropterus salmoides*). Alle diese Arten wurden in Abschnitt 3 (unterhalb der Teufelswand) gefangen. Es ist wahrscheinlich, daß es sich um Einzelfische handelt, die nach Wiederherstellung des Durchflusses aus dem Ausgleichsspeicher Lipno II gegen den Strom gewandert sind.

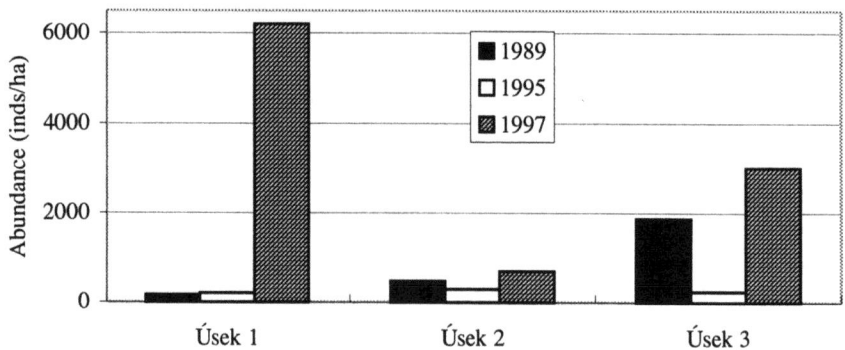

Abb.1. Abundanz der Fische in den einzelnen untersuchten Abschnitten

4 Zusammenfassung

Die Einführung eines ständigen Durchflusses im ursprünglichen Flußbett der Moldau zwischen der Staumauer von Lipno I und dem Ausgleichsspeicher Lipno II hatte einen positiven Einfluß auf die Gemeinschaften des Makrozoobenthos und der Fische. 1997 wurde der Beginn einer Rekolonisierung mit typischen reobionten Formen des Benthos festgestellt. Der erhöhte Durchfluß äußerte sich durch eine Erhöhung der gesamten Fisch-Abundanz, die jedoch überwiegend durch eine erhöhte Ausspülung von juvenilen Stadien des Barsches aus Lipno I verursacht wurde. Wesentliche positive Veränderungen wurden im Abschnitt zwischen der Teufelswand und dem Ausgleichsspeicher Lipno II festgestellt, wo der erhöhte Durchfluß die Fischmigration ermöglichte. Die Revitalisierung des untersuchten Gebietes wird durch die andauernde Verunreinigung des Flusses im Bereich Loučovice und durch den hohen Gehalt an organischen Stoffen aus der Talsperre Lipno I verursacht.
Danksagung: Die Studie wurde von der ČEZ AG Prag finanziert.

Literatur

Kubečka, J., Matěna, J. (1991) Downstream regeneration of the fish populations of three polluted trout streams in Southern Bohemia. Ekológia (ČSFR), 10, 389–404

Nowak, W., Sýkora, L., Dechant, E. (1937) Výsledek biologického výzkumu Vltavy mezi Frymburkem a Týnem n.Vlt. (Ergebnis der biologischen Untersuchung der Moldau zwischen Frymburk und Moldautein). Studie o znečištění vody horní Vltavy (Studie über die Belastung der Gewässer der oberen Moldau). Knihtiskárna K. Fiala, Č. Budějovice, 82–106

Sládeček, V., Zelinka, M., Rothschein, J., Moravcová, V. (1981) Stanovení saprobního indexu. Komentář k ČSN 830632: Biologické hodnocení povrchových vod, Praha186 S.

Ist die ökologische Verbesserung eines Flußgebietes mit den Erfordernissen des Hochwasserschutzes in Einklang zu bringen?

Anne Schulte-Wülwer-Leidig

1 Ausgangslage

Seit 1987 ist die ökologische Aufwertung des Flußsystems internationales politisches Ziel des Gewässerschutzes am Rhein. Es handelt sich dabei um das erste Ziel des Aktionsprogramms Rhein (APR) der Internationalen Kommission zum Schutz des Rheins (IKSR), mit dem beachtliche Erfolge auf dem Gebiet der Gewässerreinhaltung erzielt wurden. Doch die alleinige Verbesserung der Wasserqualität reicht für ein intaktes Ökosystem bei weitem nicht aus. Insbesondere die vielfältigen Änderungen der Gewässerstruktur und der extreme Rückgang der Auen spielen eine sehr große Rolle. So hat das Abschneiden der Auen vom Fluß die für die Aue typischen hydrodynamischen Prozesse unterbunden. Große ökologische Defizite waren die Folge, da die an diese auentypischen Lebensräume angepaßten Lebensgemeinschaften vernichtet oder stark verändert wurden. Dem Rhein wurden in den letzten beiden Jahrhunderten mehr als 85% der natürlichen Überschwemmungsauen genommen, um Siedlungs- und Nutzungsraum für die Menschen zu schaffen. Die letzten großen Hochwasser am Rhein 1993 und 1995 haben sehr deutlich gemacht, daß die Menschen durch wasserbauliche Eingriffe, intensive Bebauung und Nutzung sämtlicher gewässernaher Bereiche die Hochwassergefahren wesentlich verschärft haben. Um dieser Entwicklung Einhalt zu gebieten und sie umzukehren, haben die Rhein-Minister aus der Schweiz, Deutschland, Frankreich, Luxemburg, den Niederlanden sowie der Vertreter der Europäischen Union am 22. Januar 1998 in Rotterdam neue Eckpunkte für die künftige Rheinpolitik gesetzt. Das neue Programm zur nachhaltigen Entwicklung des Rheins wird u.a. den Aktionsplan Hochwasser und den wiederherzustellenden Biotopverbund am Rhein vom Bodensee bis zur Nordsee beinhalten und diese Aufgaben sinnvoll verzahnen. Gleichfalls spielen Wasserqualitätsfragen bei Oberflächen- und Grundwasser im neuen Programm eine wichtige Rolle.

2 Aktionsplan Hochwasser

Die Hochwasserereignisse am Rhein 1993 und 1995 waren Anlaß für die zuständigen Minister, der IKSR den Auftrag zu erteilen, einen Aktionsplan Hochwasser (IKSR 1998-1) aufzustellen. Zweck dieses Aktionsplans ist die Verbesserung des Schutzes von Menschen und Gütern unter Einbindung des Ziels der ökologischen Verbesserung des Rheins und seiner Aue. Er wird den vorsorgenden Hochwasserschutz am Rhein deutlich verbessern und gleichzeitig den Rheinauen guttun. Er soll in den kommenden 20 Jahren in den Rheinanliegerstaaten umgesetzt werden und wird voraussichtlich 24 Mrd DM kosten. Neue Leitsätze prägen den vorsorgenden Hochwasserschutz:

Wasser gehört dazu - Wasser ist auf allen Flächen Bestandteil des Naturhaushalts und der Raumnutzung;

Wasser rückhalten - Wasser muß am Rhein und im gesamten Einzugsgebiet so lange wie möglich zurückgehalten werden;

Raum für den Fluß - wir müssen dem Fluß wieder Platz für einen verzögerten, gefahrlosen Abfluß geben;

Wissen um die Gefahr - trotz aller Anstrengungen bleibt immer ein Restrisiko. Wir müssen wieder lernen, mit diesem Risiko zu leben;

Integriert und solidarisch handeln - integriertes und solidarisches Handeln im gesamten Einzugsgebiet ist die Voraussetzung für den Erfolg des Aktionsplans.

Bisher übliche Maßnahmen wie Deichbau und -erhöhungen sollen künftig nur noch als letzte Möglichkeit ins Auge gefaßt werden. Im Aktionsplan Hochwasser werden konkrete, nachprüfbare Handlungsziele formuliert. Die beiden wichtigsten sind:

Minderung der Schadensrisiken - keine Erhöhung der Schadensrisiken bis zum Jahr 2000, Minderung um 10% bis zum Jahr 2005 und um 25% bis 2020;

Minderung der Hochwasserstände - Minderung der Extremhochwasserstände unterhalb des staugeregelten Bereichs um bis zu 30 cm bis zum Jahr 2005 und um 70 cm bis zum Jahr 2020. Diese Ziele sollen mit Maßnahmen wie Renaturierung, Reaktivierung von Überschwemmungsgebieten, Extensivierung landwirtschaftlicher Flächen, Naturentwicklung, Entsiegelung und durch technische Rückhaltungen erreicht werden. Die Maßnahmen beziehen sich nicht nur auf den stromnahen Bereich, sondern auf das gesamte Rheineinzugsgebiet. Weitere Aktionen zur Verringerung der Schadensrisiken sind speziell im Siedlungsbereich erforderlich. So muß künftig beispielsweise die Überschwemmungsgefahr bei der Festlegung von Flächen- und Raumnutzungen berücksichtigt werden, wenn die Auen nicht freigehalten werden können. Alle hochwassergefährdeten Gebiete in der Rheinniederung vom Bodensee bis zur Nordsee werden im kürzlich publizierten Rhein-Atlas der IKSR (IKSR 1998-2) offengelegt.

Wegen der großen Bedeutung des Aktionsplans Hochwasser und der erheblichen Schadensrisiken in den hochwassergefährdeten Gebieten haben die Minister alle Verantwortlichen nachdrücklich aufgefordert, die Maßnahmen auch in Zeiten finanzieller Engpässe mit hoher Priorität zu ergreifen (IKSR 1998-3). - dies im Bewußtsein, daß das möglicherweise betroffene Gesamtvermögen in diesen Gebieten auf etwa 3.000 Mrd DM geschätzt wird. Für die Umsetzung dieses Plans müssen künftig Wasserwirtschaft, Raumordnung, Naturschutz, Land- und Forstwirtschaft eng zusammenarbeiten. Nicht einzelne Maßnahmen sind zielführend; eher sind zwischen den Bereichen abgestimmte Maßnahmenbündel erforderlich. Häufig erfüllen hochwasservorbeugende Aktivitäten gleichzeitig verschiedene Funktionen und wirken sich positiv auf die Wassermengenwirtschaft, die ökologische Aufwertung, die Wasserqualität, die Siedlungsentwässerung u.a. aus. Die EU hat für die Verbesserung der Hochwasservorsorge an Rhein und Maas in den nächsten vier Jahren Fördermittel in Höhe von rund 270 Mio DM (IRMA –INTERREG IIc) bereitgestellt. Die Anrainerstaaten haben diese Summe auf 850 Mio DM aufgestockt. Am Oberrhein bleibt z.B. als einziger Lösungsweg, durch Schaffung von Überflutungsflächen kritische Hochwasserspitzen abzumindern. Dies ist auf einer Reihe von Flächen möglich, die früher Rheinaue waren und heute forst- oder landwirtschaftlich genutzt werden. In Teilbereichen weisen sie noch die typische

Auenvegetation auf. Diese Flächen müssen für den Hochwasserschutz reaktiviert werden und können sich dadurch gleichzeitig wieder zu naturnahen Auen zurückentwickeln. Hochwasserrückhalt am Rhein ist durch steuerbare Polder oder durch Deichrückverlegung möglich. Polder (künstliche Rückhalteräume), die nicht an die Flußdynamik angebunden werden, erreichen für definierte, in der Nähe liegende Schutzziele hohe Wirksamkeit. Demgegenüber entsprechen Deichrückverlegungen eher der natürlicheren Auenreaktivierung. In den Poldern, die vom Rhein getrennt sind, können jedoch durch sog. ökologische Flutungen die Rahmenbedingungen, wie sie in natürlichen Auegebieten herrschen, nachgebildet werden (Ministerium für Umwelt und Verkehr Baden-Württemberg 1997). Die ökologischen Flutungen erfolgen zusätzlich zu den Hochwasserflutungen schon bei kleineren Abflüssen. Am Oberrhein werden für den Hochwasserrückhalt insbesondere Polder gebaut. Am Niederrhein soll der Hochwasserrückhalt durch Deichrückverlegungen verbessert werden.

3 Leitbild und Entwicklungsziele für den Rhein - Weg zum Biotopverbund

Die Rhein-Minister haben auf der Basis der Bestandsaufnahme ökologisch wertvoller Gebiete vom Bodensee bis zur Nordsee festgestellt, daß erste Schritte zum Schutz, zum Erhalt und zur Verbesserung dieser Gebiete mit Erfolg eingeleitet worden sind (IKSR 1998-4). Mit dem Konzept zum Biotopverbund wird ein Grundstein zur Wiederherstellung des Ökosystems Rhein gelegt. Folgendes *Leitbild für den Rhein* wurde entwickelt:

Es liegt eine Flußlandschaft vor, in der die großen, ökologisch wertvollen, naturnahen Abschnitte die Kerngebiete eines übergreifenden Netzwerkes bilden. Darin ist ein Individuenaustausch zwischen den einzelnen Biotopen möglich, was für das Erhalten der Artenvielfalt und der Bestände der Populationen notwendig ist. Der Rhein bildet in seinen aquatischen und terrestrischen Bereichen inkl. Sohle, Ufer und Überschwemmungsaue einen funktionierenden Lebensraum für Tiere und Pflanzen. Die zahlreichen übrigen Flächen von hohem ökologischen Wert erreichen eine ökologisch funktionsfähige Mindestgröße und sind Bestandteil des Biotopverbundes.

Des weiteren wurde das *Entwicklungsziel* definiert: Das Entwicklungsziel ist das Ergebnis eines Abgleichs der aus ökologischer Sicht erforderlichen Entwicklungen und Zustände, der die Nutzungsinteressen und die sozio-kulturellen Aspekte von Maßnahmen berücksichtigt. Kurzfristige Änderungen, auch in der Substanz der Ziele, sind darin ausdrücklich enthalten.

Das *übergreifende Entwicklungsziel für den Rhein und seine Aue* stellt eine Verallgemeinerung der Entwicklungsziele für die einzelnen naturräumlichen Einheiten Hochrhein, südlicher und nördlicher Oberrhein, Mittelrhein, Niederrhein und Rheindelta dar. Aus der Abweichung des Istzustandes von den Entwicklungszielen ergeben sich die Maßnahmen zur Steuerung der künftigen ökologischen Entwicklung. Der heutige Zustand wird pro Rheinabschnitt erhoben. Alle Gebiete sind gleichfalls im bereits zitierten Rhein-Atlas dargestellt. Jede Maßnahme soll einen Beitrag zum Biotopverbund in der Rheinniederung leisten und die nachhaltige Sicherung des Entwicklungsziels beinhalten.

Im neuen Rhein-Programm der IKSR (IKSR 1998-5) sind folgende wichtige ökologische Aspekte hervorzuheben: Man will künftig freifließende Gewässerstrecken erhalten, den Biotopverbund am Rhein entwickeln, Biotopflächen ausweisen, die Strukturvielfalt der Gewässer vergrößern, die Eigendynamik der Gewässer fördern (lassen statt machen), weitere Fließgewässer renaturieren, Auen besser schützen und erweitern, die Gewässer wieder durchgängig machen, rheintypische Tiere und Pflanzen besser schützen und deren Vorkommen und Verbreitung fördern, die Wasserführung im Restrhein (Oberrhein) und weiteren Ausleitungsstrecken erhöhen u.a.m.

4 Ist die ökologische Verbesserung des Rheins mit den Erfordernissen des Hochwasserschutzes in Einklang zu bringen?

Politisch sind die Weichen für eine ökologische Verbesserung und für den Biotopverbund am Rhein gestellt. Die defizitäre Situation an den einzelnen Rheinstrecken ist offengelegt und ökologisch bewertet worden. Eine Beschreibung der Entwicklungsziele und Maßnahmenschwerpunkte zur ökologischen Verbesserung an den einzelnen Rheinabschnitten liegt vor. Jetzt ist es an der Zeit, die erforderlichen Maßnahmen vor Ort zu realisieren. Dies ist Aufgabe der Staaten auf ihrem jeweiligen Hoheitsgebiet. Der Aktionsplan Hochwasser führt alle Maßnahmen auf, die einen Beitrag zum vorbeugenden Hochwasserschutz liefern. Gerade hier sind - wie aufgezeigt wurde - viele Parallelen vorhanden. Viele der Maßnahmen im Bereich „vorbeugender Hochwasserschutz" können ökologisch wertvoll sein. Diese Tatsache muß bei entsprechenden Planungen von Seiten des ökologisch orientierten Gewässerschutzes und des Naturschutzes optimal genutzt und von Seiten des bisher üblichen, rein technischen Hochwasserschutzes entsprechend berücksichtigt und umgesetzt werden. Es gilt jetzt, alle möglichen Verknüpfungen bei der Umsetzung des Aktionsplans Hochwasser in den nächsten 20 Jahren zu nutzen, um wieder einen intakteren, lebendigeren Lebensraum Rhein zu schaffen.

Die Maßnahmen gehen alle am und mit dem Rhein lebenden Bürger wie auch die im Einzugsgebiet an. Der Aktionsplan kann ohne Akzeptanz und Rückhalt durch die unterschiedlichsten Gesellschaftsgruppen und Eigentümer der in Frage kommenden Flächen nicht umgesetzt werden. Alle (Nutznießer und Schützer) sind angesprochen, nicht nur für sich, sondern gleichfalls vorsorgend und solidarisch für alle am Fluß Lebenden zu denken und zu handeln. Sie müssen sich dem gemeinsamen Ziel verpflichtet sehen, den vorsorgenden Hochwasserschutz und die ökologische Situation am Rhein für sich selbst und die kommenden Generationen zu verbessern. Dies gilt für den gesamten Rhein und sein Einzugsgebiet, vom Bodensee bis zur Nordsee.

Literatur

IKSR (1998-1): Internationale Kommission zum Schutze des Rheins: Aktionsplan Hochwasser
IKSR (1998-2): Rhein - Atlas, Ökologie und Hochwasserschutz
IKSR (1998-3): Kommuniqué der 12. Rhein-Ministerkonferenz vom 22. Januar 1998, Rotterdam
IKSR (1998-4): Bestandsaufnahme der ökologisch wertvollen Gebiete am Rhein und erste Schritte auf dem Weg zum Biotopverbund
IKSR (1998-5): Leitlinien für ein Programm zur nachhaltigen Entwicklung des Rheins, APR-Bericht Nr. 97
Ministerium für Umwelt und Verkehr, Baden-Württemberg (1997): Das Integrierte Rheinprogramm, Hochwasserschutz und Auenrenaturierung am Oberrhein

Zur Schwebstoffbeschaffenheit im Unterlauf von Elbe und Oder

Joachim Lehmann, Karl-Heinz Henning, Thomas Puff, Jürgen Eidam

1 Aufgabenstellung

Die Beschaffenheit fluviatiler Schwebstoffe wird primär durch geologische, klimatische und anthropogene Bedingungen gesteuert. Unter geologisch-geomorphologischen Kriterien betrachtet, bestehen die Einzugsgebiete von Elbe und Oder im Unterschied zur traditionellen hydrologischen Dreiteilung aus dem Oberlauf mit überwiegend präquartären oberflächennahen Festgesteinen und dem Unterlauf mit quartären und holozänen Lockergesteinen. Die Grenze befindet sich ungefähr auf der Linie Magdeburg - Glogau und verläuft in herzynischer Richtung auf dem Höhenniveau von ca. 100 m NN. Sie wird durch weitreichende Störungszonen am Südrand der Norddeutsch-Polnischen Senke markiert.

Die benachbarten Einzugsgebiete weisen insbesondere in den Unterläufen beider Flüsse vergleichbare Bedingungen für die Genese und den Transport von Schwebstoffen auf. Weitgehende Übereinstimmungen bestehen beispielsweise beim Spektrum der anstehenden Gesteine, den klimatischen Bedingungen, der Abflußspende oder dem Flußgefälle. Um die zu erwartenden substantiellen Übereinstimmungen oder anthropogenen Überprägungen erkennen zu können, sind Schwebstoffproben, die zwischen 1989 und 1995 durch Filtration (0,45 µm) oder entsprechende Zentrifugation gewonnen wurden, mit mineralogischen und geochemischen Methoden (Röntgendiffraktometrie, Elektronenmikroskopie, DTA, ICP-AES) analysiert und verglichen worden. Angaben über die Meßpunkte, die analytischen Methoden und weitere Ergebnisse finden sich in Puff et al. 1997 und Henning et al. 1997.

2 Ergebnisse

Die Proben beider Flüsse sind aus den gleichen Hauptbestandteilen aufgebaut: Quarz, Feldspäte, Glimmer, Tonminerale und Karbonate geogener Herkunft, lebende oder tote organische Substanz und amorpher Skelettopal biogener Herkunft sowie Eisen- und Manganoxidhydrate authigener Entstehung. Die Gefügeausbildung ist ebenfalls identisch. Es herrschen Flockenstrukturen vor, die aus diskreten Partikeln und extrazellulären Schleimen bestehen.

Die Meßergebnisse (Tab.1). zeigen jedoch auch quantitative Unterschiede, die insbesondere darin bestehen, daß in den Oderproben die biogenen Komponenten (organische Substanz, Skelettopal) und in den Elbeproben die geogenen mineralischen Komponenten relativ angereichert sind und hier auch die höheren Schwebstoffkonzentration beobachtet wurden. Die Ursachen dafür sind im höheren mittleren Durchfluß der Elbe, in der fraktionierenden Wirkung der Oderstaustufen sowie der stärkeren Nährstoffbelastung der Oder zu suchen. Für den deutlichen anthropogenen, kommunalen Einfluß unter verstärkter Bildung von „Abwasserschwebstoffen" in der Oder sprechen die ebenfalls relativ erhöhten Gehalte an partikulärem Mangan und Phosphor. Die berücksichtigten anthropogenen Spurenelemente Cu, Zn und Cr liegen nur geringfügig über den damaligen Werten der Elbe. Die Elemente Sr und Zr, die bevorzugt in kristallinen Phasen eingebaut sind, erreichen in den Oderproben aufgrund des niedrigeren Mineralanteils nicht die Gehalte der Elbe. Werden die anthropogenen Einflüsse durch Gewässerschutzmaßnahmen reduziert, wird sich die Schwebstoffbeschaffenheit im Unterlauf von Elbe und Oder weiter annähern.

Tab.1. Vergleich von Schwebstoffproben aus dem Unterlauf von Elbe (Barby bis Geesthacht) und Oder (Ratzdorf bis Schwedt), Angaben: Median (Min.-Max.)

Kenngröße	Elbe	Oder
Konzentration (mg/l)	24 (8-50)	17 (2-38)
Phasenbestand (Masse-%) aus n Proben	n = 45	n = 14
Organische Substanz	23 (16-33)	27 (19-35)
Skelettopal	11 (4-22)	17 (6-31)
Eisenoxidhydrate	7 (2-19)	5 (3-5)
Mineralgehalt	59 (26-78)	51 (29-72)
Quarz	19 (4-31)	12 (10-14)
Feldspäte	4 (2-11)	6 (4-10)
Kaolinit-Chlorit	18 (5-36)	10 (4-22)
Dreischichtsilikate	17 (8-26)	8 (4-10)
Karbonate	1 (1-6)	5 (4-8)
Elementgehalt (mg/kg TS) aus n Proben	n = 210	n = 14
P	7400 (3000-29800)	9200 (2400-11300)
Mn	4100 (540-7900)	9030 (870-14300)
Cu	150 (10-590)	182 (82-290)
Zn	1730 (380-4100)	1850 (1140-2280)
Cr	150 (26-4660)	214 (93-355)
Sr	190 (82-450)	182 (109-238)
Zr	85 (5-455)	69 (19-129)

Literatur

Henning, K.-H., Lehmann, J., Kasbohm, J., Damke, H. (1997) Schwebstoff-Atlas. 1.Aufl. Greifswald: GKD mbH

Puff, T., Lehmann, J., Eidam, J., Fietz, J. (1997) Sedimente und Schwebstoffe der Oder: Mineralogische und geochemische Eigenschaften. Greifswalder Geowissenschaftliche Beiträge 5, 167-178

Ökologische Entwicklungskonzepte

Raumordnerische Konzepte und regionale Leitbilder zur Siedlungs- und Landschaftsentwicklung - ein Beitrag zur nachhaltigen Entwicklung der Kulturlandschaft Elbe in Sachsen

Bernd Siegel

1 Forschungshintergrund

Die sensiblen Landschaftsbereiche entlang der Elbe, an einem der letzten großen naturnahen Flußläufe in Europa, vor dem zunehmenden Siedlungsdruck zu sichern bzw. sie im Konsens mit wirtschaftlichen Interessen nachhaltig zu entwickeln, ist ein gesellschaftlicher Auftrag von höchster Priorität. Die Raumordnung hat hierfür in Zusammenarbeit mit den Kommunen eine große Verantwortung zu tragen.

2 Projektdarstellung und Ergebnisse

Am Beispiel der sächsischen Elbelandschaften wurde auf der Grundlage der Primärintegration, mit der der Freistaat Sachsen das Ziel einer nachhaltigen Regionalentwicklung verfolgt, ein räumliches Bewertungs- und Handlungskonzept im mittelmaßstäblichen Anwendungsbereich aus einer ganzheitlichen Sicht entwickelt.

Mit der Ausrichtung der Regionalplanung auf kleinere Untersuchungsräume, die sich an homogenen naturräumlichen Struktureinheiten orientieren, wurde der Versuch unternommen, die Regionalplanung zeitlich besser an den aktuellen dynamischen Entwicklungsprozeß der Wirtschaft anzupassen und gleichzeitig ihre Planungswirksamkeit und Akzeptanz zu erhöhen. Der Bauleitplanung, die lokale Umweltbelange und sozio-ökonomische Forderungen gegeneinander abzuwägen hat, soll in einer frühen Phase zu einer Vorgabe verholfen werden, die aus einer überörtlichen ökologisch determinierten Abwägung resultiert.

Im Rahmen der Untersuchungen wurden aus einem planungspragmatischen Verständnis heraus auf der Basis einer vom Verfasser erarbeiteten Analysematrix für die sächsischen Flußlandschaftsräume

- Elbedurchbruch durch die Sächsische Schweiz,
- Dresdener Elbtalweitung,
- Elbedurchbruch durch die Meißener Syenit-Granit-Platte einschließlich der Nassau,
- Norddeutsches Tiefland

die naturräumlichen, siedlungsrelevanten und sozio-ökonomischen Einflußfaktoren auf die räumliche Planung evaluiert. Aus den landschaftsbezogenen Stärken-Schwächen-Profilen wurden die Planungsorientierungen und Handlungsempfehlungen für eine umweltverträgliche Landnutzung in Form von Leitbildern mit einer mittel- und langfristigen Umsetzungsperspektive abgeleitet. Diese wurden für die Praxis analog der analytischen Untersuchungen kartographisch im Maßstab 1 : 25 000 und 1 : 200 000 aufbereitet und fachbezogen kommentiert. Für die vier sächsischen Flußlandschaftsräume stellt sich heraus, daß die restriktiven Flächen, die unter ökologischen Aspekten Wirtschafts- und Siedlungsentwicklungen zulassen, nicht oder nur in einem ganz begrenzten Umfang, vornehmlich in der Dresdener Elbtalweitung und im sächsischen Anteil des Norddeutschen Tieflandes, zur Verfügung stehen. Unter der Prämisse einer umweltverträglichen Siedlungsentwicklung muß deshalb der Bedarf für den Wohnungsbau, für die Schaffung neuer Arbeitsplätze und zur Aufwertung der Infrastruktur, der im Untersuchungsraum einen hohen sozialen und politischen Stellenwert erreicht, über Flächenangebote von den außerhalb des Flußlandschaftsraumes liegenden Gemeinden mit getragen werden. Dies erfordert zwischen Gemeinden den Ausbau der interkommunalen Beziehungen und die Entwicklung einer gemeinsamen ökologischen Planungsakzeptanz, damit die Elbe als „grünes Rückgrat" für die Gesellschaft erhalten bleibt und für die nachfolgenden Generationen mit dem Anspruch auf Nachhaltigkeit entwickelt werden kann.

Ökologie der Auen, Nutzung und Entwicklung

Ökologie der Auen, Nutzung und Entwicklung

Untersuchung der Rückdeichung bei Lenzen mit einem zweidimensionalen numerischen Modell

Birgit Bleyel

1 Einleitung

Im Bereich der Elbe bei Lenzen (Elbe-km 484,6) sind Veränderungen im Bereich des Vorlands in Form einer Deichrückverlegung geplant. Die Auswirkungen auf die Strömungssituation und die Morphologie werden u.a. mit Hilfe eines zweidimensionalen hydrodynamisch-numerischen Modells ermittelt. Die Untersuchungen wurden im Auftrag des Landesumweltamtes Brandenburg durchgeführt (BAW 1997, Faulhaber 1997) und werden derzeit im Rahmen des Forschungsprojekts „Ökologische Forschung in der Stromlandschaft Elbe" des Bundesministeriums für Bildung, Wissenschaft, Forschung und Technologie fortgesetzt. Ein Hauptaugenmerk der aktuellen Untersuchungen liegt auf der Herausarbeitung der abiotischen hydraulischen Parameter (z.B. Überflutungstiefen und -dauer, Strömungsgeschwindigkeiten) für weiterführende biotische Betrachtungen.

2 Das zweidimensionale hydrodynamisch-numerische Modell

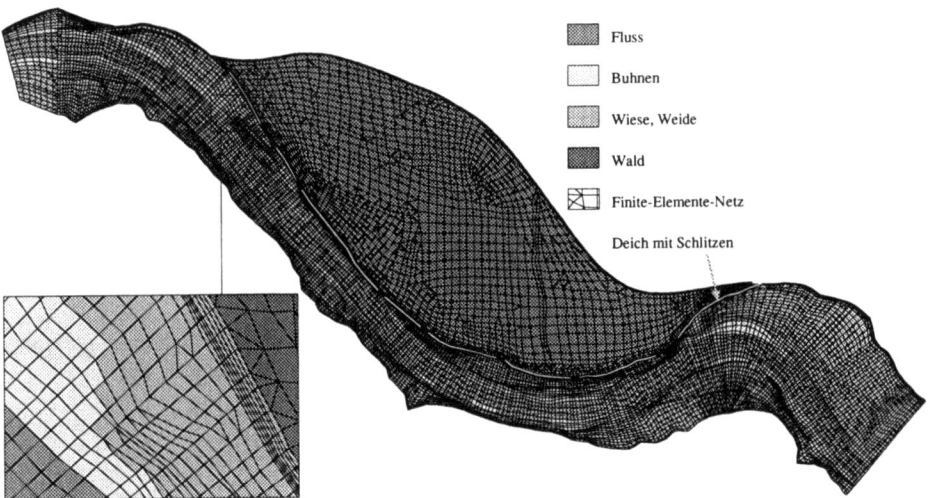

Abb. 1. Rauheitszonen und Finite-Elemente-Netz

Das zweidimensionale Modell erstreckt sich von Elbe-km 475,0 bis 485,5 bei einer maximalen Breite von 2,5 km inklusive Vorland. Es besteht aus einem unstrukturierten Gitter (siehe Abb. 1) mit ca. 13 700 Elementen und arbeitet mit der Methode der finiten

Elemente. Die im Gebiet zahlreich vorhandenen Buhnen werden in ihrer hydraulischen Wirkung nicht in der Topographie des Netzes, sondern über eine eigene Rauheitsklasse abgebildet. Mit dem zweidimensionale Modell werden abiotische Parameter (Berechnung der flächenhaften Verteilung der Wasserspiegellagen und tiefengemittelter Strömungsparameter; s. Abb. 2) für verschiedene Rückdeichungsvarianten (Variation der Deichgestaltung und der Bewuchsannahmen für das zukünftige Vorland bei unterschiedlichen Abflußereignissen) und somit zur Bewertung der hydraulisch-morphologischen Veränderungen durch den Eingriff ermittelt. Durch die Schlitzung des heute noch bestehenden Deichs zwischen dem Fluß und dem projektierten Vorland wird das Vorland bereits bei kleinerem Hochwasser durchströmt. Ein Leitdeich sorgt für die Strömungsführung im Bereich der starken Krümmung. Durch den erweiterten Querschnitt nehmen die Geschwindigkeiten im Flußschlauch im Bereich der Rückdeichung im Überfutungsfall ab. Es werden bei einem HQ_{3-5} je nach Vorlandbewuchs zwischen 26% und 38% des Gesamtabflusses über die Rückdeichungsfläche abgeführt.

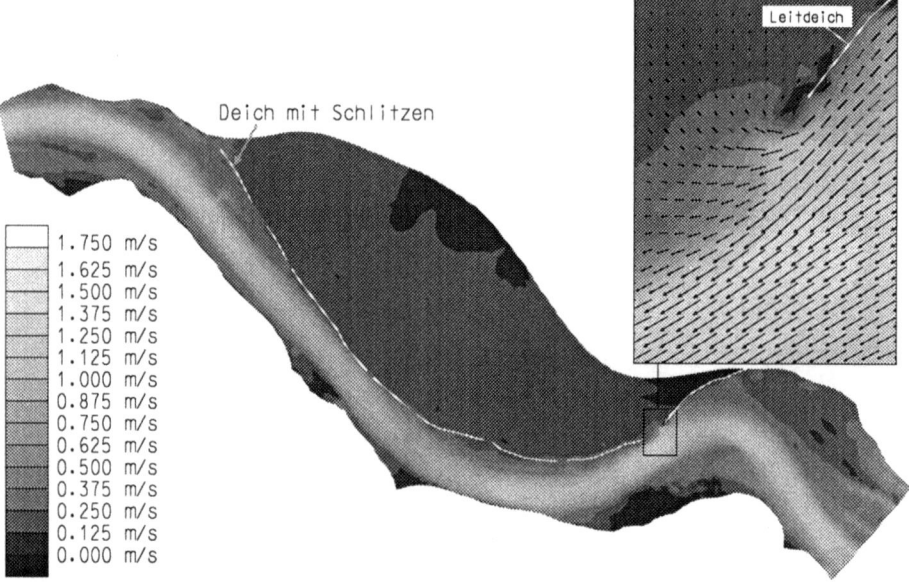

Abb. 2. Berechnete Verteilung der Fließgeschwindigkeiten im Untersuchungsgebiet bei einem HQ_{3-5} (Q = 2300 m³/s) mit Geschwindigkeitsvektoren in der Ausschnittsvergrößerung

Literatur

BAW (1997) Gutachten über hydraulische Untersuchungen der Rückdeichung Lenzen, Bundesanstalt für Wasserbau, Berlin 1997 (unveröffentlicht)

Faulhaber, P. (1997) Hydraulisch-morphologische Untersuchung von Rückdeichungen bei Lenzen (Elbe) (Auszug). Auenreport, Beiträge aus dem Naturpark „Brandenburgische Elbtalaue" 3/1997, 66-81

Untersuchung der Auswirkung von Maßnahmen im Elbevorland auf die Strömungssituation und die Flußmorphologie am Beispiel der Erosionsstrecke und der Rückdeichungsgebiete zwischen Wittenberge und Lenzen

Petra Faulhaber

1 Zielsetzung und Untersuchungsgebiete

Im Rahmen des vom Bundesministerium für Bildung, Wissenschaft, Forschung und Technologie (BMBF) erstellten Forschungskonzeptes zur „Ökologischen Forschung in der Stromlandschaft der Elbe (Elbe-Ökologie)" wird durch die Bundesanstalt für Wasserbau u.a. ein Forschungsprojekt zur Untersuchung der Wechselwirkung zwischen Maßnahmen im Elbevorland und dem Flußschlauch durchgeführt (FKZ 0339575). Das Projekt wird zu 50% vom Bundesministerium für Verkehr finanziert.

An der Elbe sind Veränderungen im Bereich der Vorländer geplant, so z.B. Deichrückverlegungen aus Gründen der Auenregeneration oder des Hochwasserschutzes, Veränderung der Vorlandvegetation (z.B. Auwaldentwicklung), sowie die Schaffung von Flutmulden und Abtragung von Uferrehnen zur Erosionseindämmung im Mittelwasserbett. Die Auswirkungen auf die Strömungssituation und Morphologie müssen untersucht werden, wobei die zu untersuchenden Flußabschnitte aufgrund der Ausdehnung der Eingriffsgebiete sehr groß sind. Dabei liegt ein Hauptaugenmerk der Untersuchungen im Rahmen dieses Forschungsprojektes auf der Herausarbeitung der abiotischen Parameter des oberflächigen Durchflusses (z.B.: Wasserstände, Fließgeschwindigkeiten, Sohlenhöhen, Feststofftransportgrößen) für weiterführende biotische Betrachtungen.

Es werden zwei Strecken unterschiedlicher Charakteristik betrachtet, die jeweils durch starke morphologische Veränderungen gekennzeichnet sind. Während es in der sog. Erosionsstrecke (Elbe-km 120 - 230) auch aktuell anhaltend zu großräumigen Sohleneintiefungen kommt, ist die Strecke zwischen Havelmündung und Gorleben (Elbe-km 438 - 495) durch starke Transportkörperbildung (wandernde Unterwasserdünen) bei nahezu konstanter mittlerer Sohlenlage gekennzeichnet.

2 Arbeitsprogramm

Für zwei an der Elbe typische Eingriffsszenarien (Erosionseindämmung, Rückdeichung) werden durch Anwendung verschiedener gegenständlicher und numerischer Modellarten (s. Tab. 1) die Wirkungen der Veränderungen von Geometrie und Rauheit im Vorland auf das Feststofftransportregime untersucht. Durch den Einsatz von Simulationsmodellen unterschiedlicher Auflösung und Abstraktionsgrade sollen Methoden zur effektiven Untersuchung von Eingriffsfolgen für großräumige Untersuchungsgebiete ermittelt werden.

Die Ausdehnung der Einzelmodelle (Modellart entsprechend der Nummerierung in Tab.1) ist der Übersicht in Tab. 2 zu entnehmen. Folgende Aufgaben werden bearbeitet:
- Analyse der für Veränderungen im Flußvorland relevanten hydraulisch-morphologischen Verhältnisse im Istzustand, Erarbeitung signifikanter hydraulischer und hydrologischer Parameter und Analyse der Feststofftransportverhältnisse,
- Ableitung gebiets- und methodentypischer Untersuchungsszenarien und Aufbau der Modelle, Untersuchung mit Hilfe der verschiedenen Modellarten,
- Gebiets- und methodenübergreifende Bewertung der Untersuchungsergebnisse und Erarbeitung von Empfehlungen für praxisrelevante Szenarien.

Tab.1. Im Forschungsprojekt eingesetzte Modellarten

	Modellart	Ziel der Untersuchungen
	Numerische Modelle:	
1	eindimensional-hydronumerisch, stationär, mit fester Sohle	Berechnung von stationären Wasserspiegelhöhen und über Breite und Tiefe gemittelten Strömungsparametern auch für lange Untersuchungungsabschnitte
2	eindimensional-hydronumerisch, instationär, mit fester Sohle	Berechnung des Wellenablaufs hauptsächlich für lange Untersuchungsabschnitte (mit 2D-Zellen)
3	eindimensional-hydronumerisch, quasistationär, mit Feststofftransport	Berechnung der langfristigen mittleren Veränderung von Wasserspiegel- und Sohlenhöhen sowie über Breite und Tiefe gemittelter Strömungsparameter für lange Untersuchungsabschnitte
4	zweidimensional-hydronumerisch, stationär und instationär mit fester Sohle	stationäre und instationäre Berechnung der flächenhaften, zeitabhängigen Verteilung der Wasserspiegelhöhen und tiefengemittelter Strömungsparameter für einen mittelgroßen Flußabschnitt
	Gegenständliche Modelle:	
5	aerodynamisch, stationär mit fester Sohle	Erhebung räumlicher Strömungsparameter für einen mittelgroßen Flußabschnitt
6	hydraulisch, stationär, mit fester Sohle und Tracer	Erhebung räumlicher, stark aufgelöster Strömungsparameter für einen kleinen Flußabschnitt

Tab.2. Gesamtübersicht der Modelle in den Untersuchungsgebieten

Modellart	Erosionsstrecke	Rückdeichung Lenzen
1	Einzel- und Gesamtmodell km 120-235,6	Modelle im Bereich km 438-495
2	Nicht vorgesehen	Modell El-km 438-495
3	Teilmodell km 140-163, Gesamtmodell km 120-235,6	Gesamtmodell km 438-495
4	Neues Modell für El-km 184-192	Betrieb und Vervollkommnung des bestehenden Modells km 475-485,5
5	Neues Modell für El-km 187-191	Untersuchung neuer Varianten am bestehenden Modell km 474,2-484,1
6	Neues Modell für El-km 160,2-164	Nicht vorgesehen

Leitbilder des Naturschutzes und deren Umsetzung mit der Landwirtschaft im niedersächsischen Elbetal - Ziele, Instrumente und Kosten einer umweltschonenden und nachhaltigen Landnutzung

Mariele Evers, Johannes Prüter, Johann Schreiner

1 Einleitung

Das Forschungsprojekt wird innerhalb der Forschungskonzeption "Elbe-Ökologie" des Bundesministerium für Bildung, Wissenschaft, Forschung und Technologie (BMBF) für drei Jahre (1.09.1997 – 31.08.2000) gefördert. Die Leitung hat die Alfred Toepfer Akademie für Naturschutz (NNA), Schneverdingen übernommen. Untersuchungsraum ist der niedersächsische Teilbereich der Unteren Mittelelbe-Niederung, der wegen seiner Vielfalt an natur- und kulturbetonten Biotoptypen und seiner herausragenden (teilweise nationalen bis internationalen) Bedeutung als Lebensraum seltener und bestandsbedrohter Pflanzen- und Tierarten von besonderem Interesse ist. Die Einrichtung eines Großschutzgebietes durch das Land Niedersachsen soll dieser Bedeutung Rechnung tragen. Eine wesentliche Rolle für Entwicklung und Fortbestand dieser vielfältig ausgeprägten Kulturlandschaft spielt die landwirtschaftliche Nutzung. In diesem interdisziplinären Projekt (beteiligte Institutionen s. 4) werden in engem Zusammenwirken von Wissenschaft und Praxis, von Landwirtschaft und Naturschutz, von Ökonomie und Ökologie Perspektiven und Konzepte für nachhaltige Landnutzung im niedersächsischen Elbetal erarbeitet. Möglichkeiten praktischer Umsetzung unter den gegebenen Rahmenbedingungen stehen von Beginn an im Mittelpunkt des Interesses.

2 Arbeitsziele

Ziel des Projektes ist es, für den Naturraum Untere Mittelelbe-Niederung spezifische, regionale Umweltqualitätsziele zu erarbeiten, die konkret benannt und meßbar bestimmt werden können. Sie beziehen sich auf die Naturgüter Boden, Wasser und Organismen und sollen dazu dienen, definierte Kriterien und Toleranzgrenzen für eine nachhaltige Nutzungsentwicklung aufzuzeigen. Die regionalen Umweltqualitätsziele bilden die Grundlage für die Erarbeitung von Leitbild-Szenarien, aus denen in einem konstruktiven Dialog umsetzungsorientierte Entwicklungsziele für eine integrierte Entwicklung von Landwirtschaft und Naturschutz abgeleitet werden. Es werden modellhaft für ausgewählte links- und rechtselbische Gebiete und Betriebe Konzepte nachhaltiger Landnutzung entwickelt und initiiert, bei denen ökologische und ökonomische Ansprüche gleichermaßen integriert sind. Bei der Leitbild- und Zielentwicklung ist vorgesehen, daß sich Landwirte frühzeitig beteiligen und ihre Interessen einbringen. Auf diesem Wege sollen realisierbare Entwicklungsziele und -maßnahmen formuliert werden, die von den Landwirten der Region mit getragen und umgesetzt werden.

3 Wesentliche Arbeitsbereiche

1. Entwicklung von Indikatorsystemen und Prognosemodellen zur Abschätzung und Bewertung von Veränderungen abiotischer und biotischer Parameter im Zuge von Nutzungsänderungen,
2. Anlage eines Datenpools für Nutzungsalternativen (Bewirtschaftungsformen, Förderprogramme), Integration von betriebs- und regionalökonomischen Analysen,
3. Analysen ökonomischer Auswirkungen der Umsetzung definierter Entwicklungsziele für den gesamten Projektraum,
4. Modellierung ökonomischer Prozesse und Erarbeiten von Marketingstrategien, Initiieren der Umsetzung in der Region,
5. Ermittlung von Kosten und regionalökonomischen Effekten sowie einzelbetriebliche Analysen an ausgewählten repräsentativen Beispielen,
6. Darstellung von Entwicklungsszenarien unter Anwendung eines Geographischen Informationssystems (GIS),
7. Strategieentwicklung zu konstruktiven Problemlösungen zwischen Naturschutzansprüchen und landwirtschaftlichen Nutzungszielen.

4 Beteiligte Teilprojekte mit Schwerpunktthemen

Unter der Leitung der Alfred Toepfer Akademie für Naturschutz (NNA) sind folgende Institutionen an diesem Verbundprojekt beteiligt:
Univ. Bremen, Inst. f. Ökologie u. Evolutionsbiologie (Prof. Dr. Dietrich Mossakowski, Dr. Jörn Hildebrandt): Biologische Grundlagendaten, Modellieren faunistischer Indikatorsysteme, Arten- und Biotopschutzaspekte;
Univ. Lüneburg, Inst. f. Ökologie u. Umweltchemie (Prof. Dr. Werner Härdtle): Sukzessions- u. Regenerationsmodelle, Vegetationskundliche Referenzsysteme;
Univ. Hannover, Inst. f. Landschaftspflege u. Natursch. (Prof. Dr. Christina v. Haaren): Agrarstrukturanalyse, Datenpool angepaßte Nutzungsmöglichkeiten, Förderinstrumente;
AG Umweltplanung (ARUM), Hannover (Dr. Thomas Horlitz): Analyse u. Zielentwicklung Wasser u. Boden, Betriebsbefragungen, Datenaufbereitung f. ökonomische Analyse;
Univ. Hannover, Inst. f. Gartenbauökonomie, Abt. Marktlehre (Prof. Dr. Erich Schmidt): Vermarktungschancen- u. -konzepte;
GHS Kassel, FG Futterbau u. Grünlandökologie, Witzenhausen (Prof. Dr. Günter Spatz): Futterwertberechnungen u. -prognosen, Verwertungsmöglichkeiten;
Büro f. Ökonomie, Naturschutz u. Landw. (BÖNL), Reutlingen (Dipl. Oec. Klaus Tampe): Ökonom. Analysen u. Perspektiven;
Verband f. Agrarforschung (VAFB), Jena (Ldw.-Ass. Heinrich Kuhaupt): Anw. d. Methode „Kritische Umweltbelastung Landwirtschaft" u. eines Betriebsplanungsinstruments

Weichtiergemeinschaften als Teil-Indikatoren für Wiesen- und Rinnen-Standorte der Elbe-Auen

Francis Foeckler, Oskar Deichner, Hans Schmidt

1 Projektziel und Methodik

Die Ziele des Teilbeitrages Mollusken (IV. 1) innerhalb des interdisziplinären BMBF-Verbundprojektes „Übertragung und Weiterentwicklung eines robusten Indikationssystems für ökologische Veränderungen in Auen" (RIVA) unter der Leitung des Umweltforschungszentrums Leipzg-Halle GmbH (Projektleiter: Dr. habil. K. Henle) sind 1. Übertragung und Weiterentwicklung bereits bestehender Indikatorsysteme (z.B. Richardot-Coulet et al. 1987, Foeckler 1990) für Auenstandorte anhand von Land- und Wassermollusken auf ausgewählten Elbauflächen, 2. Erarbeitung von Indikatorarten und -gemeinschaften für die verschiedenen Auenstandorte in Bezug zu ihren Standortfaktoren, 3. Fortführung und Anwendung einer bestehenden Datenbank mit den ökologischen Ansprüchen von Gehäuseschnecken sowie Muscheln und 4. Aufstellung von multivariaten statistischen Habitatmodellen für Prognosen von Auswirkungen zukünftiger Planungen und Entwicklungen unter Berücksichtigung interdisziplinär durch weitere abiotisch/biotische Teilbeiträge des Projektes (Boden, Wasserhaushalt, Vegetation, Laufkäfer, Schwebfliegen) gewonnener Erkenntnisse.

Methodisch wird wie in Colling (1992) und Foeckler (1990) dargestellt vorgegangen. Hinzu kommt die Fortführung der von Dr. P. Obrdlik (WWF Aueninstitut, Rastatt) und G. Falkner (Paläontologische Staatssammlung, München), im Rahmen des FAEWE-Projekts erarbeiteten Datenbank Mollusken. Im Mittelpunkt dieser Datenbank stehen die ökologischen Ansprüche der einzelnen Arten, woraus sich wiederum deren Bioindikatorfunktion in Bezug zu den untersuchten Habitaten erarbeiten läßt.

Darüberhinaus sollen zur zielorientierten Auswertung der Land- und Wassermollusken neueste multivariate statistische Methoden, die in Frankreich entwickelt (Thioulouse et al. 1997) und erfolgreich angewandt (s. z.B. Castella et al. 1994 und Dolédec und Statzner 1994) wurden, zum Einsatz kommen. Bei diesen Ansätzen wird zur faunistischen Beschreibung bzw. funktional ökologischen Analyse von Auenstandorten eine dreistufige Datenanalyse vorgenommen: 1. Korrespondenzanalyse der qualitativen Artenverteilungsdaten (Vorkommen/Nichtvorkommen einer jeden Art pro Auenstandort), 2. „Fuzzy Multiple Correspondence Analysis" der codierten biologisch/auökologischen Merkmale der Arten (z.B. in o.g. Datenbank) anhand multivariater statistischer Technik (vgl. Castella und Speight 1996) und 3. die Kombination mehrerer Datensätzen, z.B. zur Analyse der Beziehung zwischen den standörtlichen und den biologischen Merkmalen, beschrieben durch die simultane Ordinationsmethode „co-structure analysis" (vgl. Murphy et al. 1994). Die multivariate Auswertung der gewonnenen Daten des Teilprojektes dient der Aufdeckung von gebietsspezifischen Zusammenhängen zwischen den biotisch/abiotischen Parametern und den Indikatorartengruppen verschiedener Habitattypen sowie der Interpretation des Vorkommens von Arten/Artengruppen in Bezug zu deren ökologischen Ansprüchen, d.h. der Erstellung von Habitatmodellen und dem Aufstellen von Vorhersagemodellen darüber, welche Arten bei Änderung der Standortfaktoren verschwinden werden bzw. eine Chance zur Ansiedlung bekommen.

2 Untersuchungsgebiete und Datenanalyse

Hauptuntersuchungsgebiet ist die Schöneberger Wiese bei Steckby. Als Vergleichsgebiete dienen die Schleusenheger Wiese und der Dornwerder bei Sandau. Erstere befindet sich im Biospärenreservat „Mittlere Elbe" bei Dessau, letztere südlich von Havelberg. Alle liegen in der rezenten Elbaue und werden als Wiesen genutzt.

Durch die Verknüpfung des Vorkommens bzw. der Häufigkeit der erfaßten Arten und deren biologische Merkmale werden einzelne Habitatmodelle erstellt, die es im Teilprojekt V.1 über GIS und multivariate Statistik mit den auf den von allen Teilprojekten gemeinsam bearbeiteten Probeflächen erhobenen hydrologischen, wasser- und bodenchemischen sowie vegetationskundlichen und weiteren zoologischen Daten (Teilprojekte TP II und TP III, TP IV.2/3) zu kombinieren und nach Möglichkeit zu vereinfachen gilt. Damit soll ein integriertes biotisch/abiotisches Indikationssystem erstellt werden. Durch Vergleiche zwischen den Haupt- und Nebenuntersuchungsgebieten an der Elbe und mit externen Vergleichsgebieten sollen die Übertragbarkeit und die Robustheit der angewandten Methoden und erarbeiteten Modelle geprüft (TP V.2) werden. Hierdurch soll entsprechend den eingangs genannten Zielen die Indikation ökologischer Veränderungen in Auen ermöglicht werden.

Das übergeordnete Ziel ist, ein Instrumentarium für die Praxis der Wasserwirtschaft, des Naturschutzes sowie für die Landschaftsplanung zu schaffen. Anhand operabler Erfassungs-, Auswertungs- und Interpretationsmethoden soll die Möglichkeit der schnellen Standortanalyse und Prognose der Entwicklung von Auwiesen der Elbe und ihres Einzugsgebietes geschaffen werden, die ohne großen apparativen Aufwand, nach vertretbarer Einarbeitungszeit, in relativ kurzer Zeit durchzuführen sind.

Literatur

Castella, E., Speight, M.C.D., Obrlik, P., Lavery, T., Schneider, E. (1994) A methodical approach to the use of invertebrates for the assessment of alluvial wetlands. Wetlands Ecology and Management 3: 17-36

Castella, E., Speight, M.C.D. (1996) Knowledge representation using fuzzy coded variables: an example based on the use of Syrphidae (Insecta, Diptera) in the assessment of riverine wetlands. Ecological Modelling 85: 13-25

Colling, M. (1992) Muscheln und Schnecken - Einführung in die Untersuchungsmethodik. In: Trautner, J. (Hrsg.) Arten- und Biotopschutz in der Planung: Methodische Standards zur Erfassung von Tierartengruppen. - Weikersheim: 111-118

Dolédec, S., Statzner, B. (1994) Theoretical habitat templets, species traits, and species richness: 548 plant and animal species in the Upper Rhône River and ist floodplain. Freshwater Biology, 31(3): 523-538

Foeckler, F. (1990) Charakterisierung und Bewertung von Augewässern des Donauraums Straubing durch Wassermolluskengesellschaften. Beiheft 7 zu den Berichten der ANL, Bayerische Akademie für Naturschutz und Landschaftspflege, Laufen. 154 S.

Murphy, K.J., Castella, E., Clément, B., Hills, J.M., Obrdlik, P., Pulford, I.D., Schneider, E., Speight, M.C.D. (1994) Biotic indicators of riverine wetland ecosystem functioning. In: Mitsch, W.J. (Hrsg.) Global Wetlands: Old World and New: 659:682, Elsevier, Amsterdam

Richardot-Coulet, M., Castella, E., Castella, C. (1987) Classification and Succession of former Channels of the french upper Rhône alluvial Plain using Mollusca. Reg. Rivers 1: 111-127

Thioulouse, J., Chessel, D., Dolédec, S., Olivier, J.-M. (1997) ADE-4: a multivariate analysis and graphical display Software. Statistics and Computing, 7, 1: 75-83

Rotationsbrache auf Grünland - Untersuchungen in der Elbtalaue bei Lenzen

Peter Gaußmann, Janet Löhn, Michael Schubert, Wenke Stelter, Horst-Jürgen Schwartz

1 Zielsetzung

Die Untersuchungen sollen Erkenntnisse über ökologische und ertragsseitige Auswirkungen von verschiedenen Arten extensiver Grünlandbewirtschaftung liefern. Dabei steht eine spezifische Kombination von Nutzungsfolgen im Vordergrund, die auch die Brache einschließt. Von diesem Verfahren war anzunehmen, daß es bei verringertem Aufwand an Leistungen, Maschinen und Weidetieren und fehlender Düngung einerseits nachhaltige Futterproduktion gestattet und andererseits hohe biotische Diversität einleitet. Die Ergebnisse stoßen insbesondere dort auf Interesse, wo gefährdete Arten oder Lebensräume durch die Landwirtschaft zu erhalten sind (Vertragsnaturschutz).

2 Versuchsbeschreibung

Seit 1994 laufen bei Lenzen/Elbe Untersuchungen auf vormals mäßig intensiv bewirtschafteten ca. 80 ha Grünland, das seit 1990 nicht mehr gedüngt wurde. Es ist in 144 Parzellen (0,2 bzw. 0,5 ha) fest unterteilt, die in 12 langen Streifen angeordnet sind. Je drei benachbarte Streifen bilden eine Versuchseinheit, in der einer dieser Streifen in einem gegebenen Jahr brachliegt, im folgenden beweidet und im dritten gemäht wird. Nach dem Muster Brache - Weide - Mahd erfahren die beiden anderen Streifen derzeit eine der anderen, komplementären Bewirtschaftungen. Auf kleinen, benachbarten Teilflächen findet somit jährlich eine andere „Nutzung" statt: nach Brache eine Beweidung mit Rindern oder/und Schafen (max. 1,4 GV/ha) und eine einschürige Mahd zu 4 verschiedenen Terminen (15.06., 01.07., 15.07., 01.08.). Auf den Weideparzellen des Versuches werden Mutterkühe der Rasse Saler und Mutterschafe der Rasse Schwarzköpfiges Fleischschaf gehalten. In jeder Versuchseinheit befinden sich drei benachbarte Referenzparzellen, deren Nutzung seit Versuchsbeginn gleichgeblieben ist (Dauerbrache, -weide und -mahd). Das Versuchsprogramm umfaßt:
– *Bodenuntersuchungen* (HUB, FG Ökologie der Ressourcennutzung; Univ. Hamburg, Inst. f. Bodenkunde)
– kontinuierliche *Klimamessungen* und Erfassung der Grundwasserstände (HUB, FG Nutztierökologie)
– *Ertragsmessungen* (HUB, FG Nutztierökologie) pflanzlich: quantitativ/Frisch- und Trockenmasseerträge und qualitativ/Rohfett, Rohprotein, Rohfaser, Energiekonzentration tierisch: Lebendmassezunahmen von Kälbern und Lämmern
– *faunistische Untersuchungen* -Inventarisierung.(HUB, FG Nutztierökologie)
– *Vegetationskunde* -Dokumentation der Vegetationsentwicklung.

3 Vegetationskundliche Ergebnisse

Extensiv bewirtschaftetes Flußaue-Grünland zeigt eine von der Bewirtschaftungsart abhängige Entwicklung des biotischen Inventars. Aufgrund der Aushagerung der Böden ist im gesamten Areal eine Zunahme der Artenzahl festzustellen. Diese ist auf Dauerbrachen am geringsten, bestand sogar teilweise in einem Artenschwund. Sie ist auf Parzellen mit zyklischem, jährlichem Wechsel der Nutzungsart besonders hoch und übertrifft darin die Entwicklung sowohl auf Dauerweide- als auch -mahdflächen. Phänologisch ist die Bewirtschaftung im Vorjahr insofern von temporärer Bedeutung, als eine vorausgegangene Brache weniger an Pflanzenarten feststellen läßt. Stark verspätete Mahd, wie sie oftmals aus Gründen des Naturschutzes angestrebt wird, ist im Effekt auf die Artenzahl einer ganzjährigen Brache ähnlich und dämpft deren Entwicklung signifikant. Hinsichtlich der im Weidebetrieb eingesetzten Tierarten wird festgestellt, daß Flächen, die von Schafen plus Rindern genutzt werden, möglicherweise größeren Zuwachs in der Artenzahl zeigen als solche, die nur von einer Tierart beweidet wurden. Ursache hierfür könnte eine raschere Verarmung der Böden sein.

4 Ertragsentwicklung nach einer vollständigen Rotation (1994-1997)

Vorläufige Auswertungen und der Vergleich der Erträge von 1994 bis 1997 auf den beprobten Parzellen (Rotations- und Dauerparzellen) bestätigen die Annahme von einer generellen Aushagerung der Flächen und damit verbundener Ertragsrückgänge bei der vorgestellten Nutzungsform nicht einheitlich.

Tab.1. Beispiele für Rotations(-weide)parzellen (Einzelwerte)

Tierart	Gesamtertrag [dt TM/ha]	
	1994	1997
Rind	30,4	27,0
Schaf	35,6	40,7

Tab.2. Beispiele für Dauernutzungs(-weide)parzellen (Einzelwerte)

Tierart	Gesamtertrag [dt TM/ha]		
	1995	1996	1997
Rind	33,7	16,1	17,4
Schaf	24,9	31,4	44,8

Die gezeigten Versuchsergebnisse (Tab. 1 und 2) bergen jedoch die Gefahr der Fehlinterpretation in sich, weshalb auf folgende Aspekte hinzuweisen ist: Wird die Nutzung von Grünland extensiviert, wirken natürliche Standortverhältnisse wieder stärker und begrenzen die Ertragsleistung. Im Versuchsgebiet mit relativ nährstoffreichen Auenböden (Vega-Gley) kommt der Wasserversorgung als natürlichem Standortfaktor die größte Bedeutung zu. Die gemessenen Grundwasserschwankungen im Versuchsgebiet betragen bis zu einem Meter (niederschlags- und elbpegelabhängig). Der Effekt von Niederschlagsunterschieden in der Region wird auf etwa 30%ige Ertragsschwankungen geschätzt (1995 insges. 549;1996 insges. 501 und 1997 490,5 mm/m^2).

Ökologie der Auen, Nutzung und Entwicklung

Pilotprojekt Radarbefliegung der mittleren Elbtalaue

Irena Hajnsek, Peter Ergenzinger, Christiane Schmullius

1 Vorhaben

Die Flugzeug- und Satelliten-gestützte Fernerkundung der Erde stellt seit vielen Jahren eine anerkannte und vielgenutzte Informationsquelle für kartographische, geodätische und geowissenschaftliche Fragestellungen dar, die auch bereits früh zur aktuellen und großräumigen Erfassung von Umweltveränderungen genutzt wurde. Die Fernerkundung ermöglicht die Abbildung und Untersuchung von Erdoberfläche und Atmosphäre in Abhängigkeit vom Reflexions- und Absorptionsspektrum der interessierenden Objekte in verschiedener räumlicher, zeitlicher und spektraler Auflösung sowie mit unterschiedlicher radiometrischer Empfindlichkeit. Die flugzeuggestützte Radarfernerkundung ist ein relativ neues Werkzeug zur Beschreibung von Topographie, Vegetation und Bodeneigenschaften.

Mit Hilfe der multiparametrigen Radaraufnahme sollen die Möglichkeiten und Grenzen der Radarfernerkundung von Flußauen sowie die Kosten derartiger Untersuchungen aufgezeigt werden. Im Rahmen des BMBF-Verbundprojektes „Morphodynamik der Elbe" im Teilprojekt „Pilotstudie Radarfernerkundung der mittleren Elbtalaue" fanden über der mittleren Elbe-Niederung von Fluß-km 465 (Cumlosen) bis Fluß-km 485 (Lenzen) zwei multifrequente und polarimetrische Radarbefliegungen statt. Es wurden zwei jahreszeitliche Situationen, einmal im Frühjahr unter geringer Vegetation und Hochwasser und einmal im Sommer mit voller Vegetationsentwicklung und niedrigem Wasserstand, an der Elbe erfaßt.

2 Methodik

Zur Anwendung ist das flugzeuggetragene Experimentelles Synthetisches Apertur Radar System der DLR gekommen. Das E-SAR System wurde am Institut für Hochfrequenztechnik spezifiziert und mit dem Ziel aufgebaut, ein leicht modifizierbares Experimentalsystem für die SAR-Verfahrenserprobung und für grundsätzliche Signaturmessungen verfügbar zu haben. Das E-SAR arbeitet zur Zeit im P-, L-, C- und X-Band, wobei C-Band und X-Band ko-polarisiert (HH und VV) und L-Band und P-Band in allen Polarisationen (HH, VV, HV, VH) aufnehmen (Horn 1994). Alle Frequenzen wurden zum Radarüberflug der mittleren Elbaue eingesetzt. Zusätzlich kommt im Gebiet ein interferometrisches System zur Anwendung, mit dem es möglich ist, aus Radardaten Geländehöhen zu gewinnen. Das Gebiet hat eine Größe von 15 km Länge und 5,4 km Breite, die nach den zwei Flugstreifen mit einem Überlapp von 500 m bemessen wurde.

3 Welche Vorteile hat das RADAR zu den optischen Aufnahmen?

Die deutlichen Vorteile der Mikrowellenfernerkundung gegenüber den optischen Fernerkundungsystemen liegen vor allem in den vier Eigenschaften:
- in der Unabhängigkeit von der Tageszeit und den Witterungsbedingungen,
- in der Fähigkeit in Materie einzudringen und sie zu durchdringen,
- in der Information über Rauhigkeit und Feuchtigkeitsgehalt von Oberflächen,
- in der Möglichkeit mit dem Radar die Entfernung des beleuchteten Objektes zu bestimmen.

4 Zielstellung

Mit der Radarfernerkundung sollen flächendeckende Parameter für hydrologische Fragestellungen geliefert werden. Mit den klassischen Methoden der Bodenphysik sind nur punktuelle in situ-Messungen möglich, die einen hohen Arbeits- und Kostenaufwand mit sich führen und eine fehlende Flächenrepräsentanz für großräumige Gebiete aufweisen. Einen sinnvollen Beitrag hierzu leistet die Radarfernerkundung. Sie trägt dazu bei, daß nur noch wenige Referenzmessungen nötig sind, Meßnetze ausgedünnt werden können und erstmalig flächendeckende Angaben zu Wasserhaushaltsparametern und Rauhigkeiten möglich sind. Auf diese Weise können bei gleichzeitiger Erhöhung des Informationsgehaltes Kosten eingespart werden.

5 Im Teilprojekt erstellte Produkte

- Digitales dreidimensionales Geländemodell des Rückdeichungsgebietes,
- Landnutzungskarte für die Testflächen,
- Oberflächenbodenfeuchtekarte für die Testflächen.

Literatur

Horn, R. (1994) DLR Airborne SAR Project, Objectives and Status. Procedings of the First International Airborne Remote Sensing Conference, Strasbourg, France, 11-15

Ökologie der Auen, Nutzung und Entwicklung

Nachhaltige landwirtschaftliche Nutzung auf Rückdeichungsflächen in der Lenzener Elbtalaue (Naturpark Brandenburgische Elbtalaue)

Andreas Heinken, Peter Gaußmann

Die folgend beschriebenen Arbeiten sind Teil des BMBF-Projekts „Möglichkeiten und Grenzen der Auwaldentwicklung und Auenregeneration anhand von Naturschutzprojekten an der Unteren Mittelelbe (Brandenburg)",, Teilprojekt 7 - Landwirtschaft.

Durch die Ausdeichung von landwirtschaftlich genutztem Dauergrünland soll in der Lenzener Elbtalaue (Naturpark Brandenburgische Elbtalaue) der Überflutungsraum für die Mittelelbe ausgedehnt werden. Ein bedeutender Teil der Rückdeichungsfläche soll für die Wiederetablierung von Auwald genutzt werden.
In Abhängigkeit von
– längeren Überflutungsperioden, die die Beweidung und Befahrung der Flächen zeitlich einschränken,
– von wieder aufwachsendem Auwald sowie Bodenaushub für den Deichbau, die die landwirtschaftliche Nutzfläche verkleinern und
– Standortveränderungen, die die Grünlandbestände in ihrer Qualität (Artenzusammensetzung, mögliche toxisch Belastung) verändern bzw. beeinträchtigen könnten,
überprüft das FG Nutztierökologie der HU Berlin die Veränderungen der Vegetation, die Bewirtschaftbarkeit und Ertragsfähigkeit der noch verbleibenden Grünlandflächen und die ökonomische Perspektiven der dortigen landwirtschaftlichen Betriebe.
Vegetationskundliche Untersuchungen (A. Heinken): Im Mittelpunkt der vegetationskundlichen Untersuchungen steht die Frage, welche Standortfaktoren die Verbreitung der wichtigsten Grünlandgesellschaften maßgeblich steuern. Hierzu werden entlang von Geländegradienten im vordeichs und hinterdeichs gelegenen Grünland vegetations- sowie standortskundliche Messungen durchgeführt. Durch die Zuordnung von flächenbezogenen Daten wie Geländehöhen und Bodenparametern wird auf der Basis verschiedener Varianten der Deichrückverlegung sowie Überflutungsszenarien in einem Geografischen Informationssystem (GIS) ein Prognosemodell für die Grünlandvegetation nach der Rückdeichung erstellt.
In einem weiteren Untersuchungsteil sollen alternative Nutzungsvarianten entwickelt werden. Auf vier Grünaldtypen des Vordeich- und Hinterdeichlandes werden hierzu Nutzungsversuche durchgeführt, auf denen der derzeit fast flächendeckend betriebenen Mähweidenutzung zweimalige Schnittnutzungen gegenübergestellt werden, d.h. die Vegetationsveränderungen unter geänderten Nutzungsbedingungen werden dokumentiert.
Die episodischen, von Jahr zu Jahr mitunter stark schwankenden Hochwässer werden die Vegetationsentwicklung verzögern oder auch beschleunigen. Um die möglichen Ertragseinbußen für die landwirtschaftlichen Betriebe quantifizieren zu können, werden Methoden zur Abschätzung von Ertragsentwicklungen entwickelt. Diese sollen es erlauben, mit möglichst wenigen Kenntnissen und einfachen Geräten die stehenden Phytomassen zuverlässig abzuschätzen und die grobe Zuordnung zu Pflanzengesellschaften zu

erlauben.

Betriebswirtschaftliche Untersuchungen (P. Gaußmann): Die Erhebungen lassen sich in drei Schwerpunkten zusammenfassen: Die Erfassung aller *abiotischen*, ertragsbeeinflussenden *Faktoren* im Untersuchungsgebiet (z.B. kontinuierlich Klimamessungen, Grundwasserstände, Elbpegel).

Die *Ertragsmessung* auf ausgewählten Vor- und Hinterdeichsflächen (*quantitativ*/ Ermittlung von Frisch- und Trockenmasseerträgen und *qualitativ*/Rohfett, Rohprotein, Rohfaser, Energiekonzentration).

Die Erfassung *produktionstechnischer und betriebswirtschaftlicher Daten* (z.B. Lebendmassezunahmen von Weidetieren auf den Versuchsflächen, Vermarktungsmöglichkeiten in der Region, Viehbesatz, Flächenausstattung, Infrastruktur, Bewirtschaftungsrisiko).

Das Ziel der Ertragsmessungen im Zusammenhang mit der Charakterisierung der natürlichen Standortverhältnisse und aufbauend auf prognostizierten Veränderungen der Vegetation ist eine Kartierung der potentiellen Flächenerträge. Die Kombination der prognostizierten Vegetationsveränderungen mit abiotischen Untersuchungsergebnissen (z.B. Grundwasserveränderungen abhängig von Elbwasserpegeln) in einem GIS erlaubt eine solche Kartierung in Abhängigkeit von unterschiedlichen Überflutungsmodellen. Die Betroffenheit der Untersuchungsbetriebe hinsichtlich der jeweiligen Flutungsszenarien wird durch Kalkulationen (Teilkostenrechnung) des gegenwärtigen Zustandes und anschließendem Vergleich mit noch möglichen Betriebsvarianten ermittelt.

Die Verknüpfung der Ergebnisse der Untersuchungsteile zeigt Abb. 1.

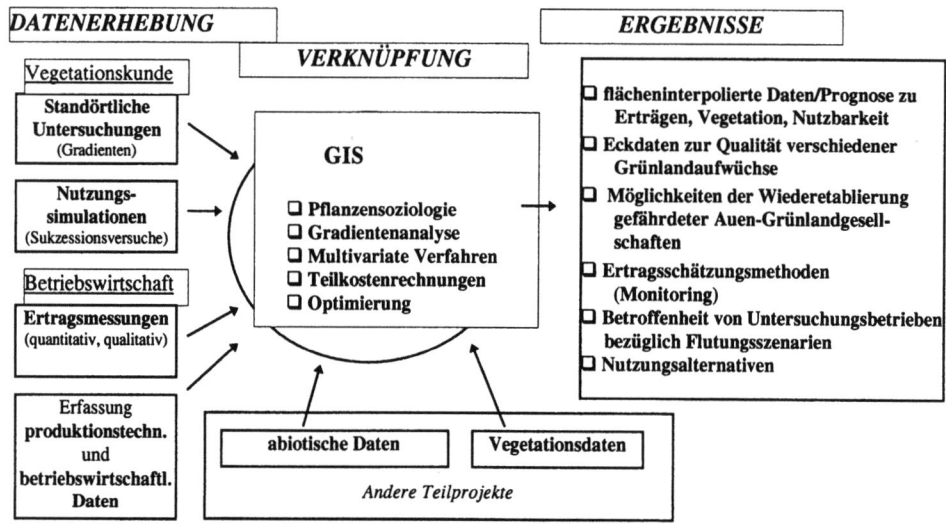

Abb. 1. Untersuchungen im BMBF-Projekt „Möglichkeiten und Grenzen der Auwaldentwicklung und Auenregeneration„ (Naturpark Brandenburgische Elbtalaue), Teilprojekt Landwirtschaft

Übertragung und Weiterentwicklung eines robusten Indikationssystems für ökologische Veränderungen in Auen, Projekt RIVA des UFZ Leipzig-Halle

Klaus Henle, Sabine Stab

1 Einleitung

Die vielfältigen ökologischen Zusammenhänge in Auen können in Planungsvorhaben und bei der Entwicklung von Managementstrategien nur über Indikationssysteme handhabbar gemacht werden. Obwohl Indikationssysteme vielfach für Auen entwickelt wurden, bestehen bisher noch erhebliche Defizite, die dazu führen, daß meistens für jedes Projekt ein neues spezifisches Indikationssystem aufgestellt wird, ohne den Versuch zu unternehmen, bestehende Indikationssysteme aus anderen Flußsystemen zu übertragen. Ebenso stehen auch keine näheren technischen Anleitungen zur Erfassung und Prognose von ökologischen Veränderungen in Auen zur Verfügung.

Mit Förderung des deutschen Bundesministeriums für Bildung und Forschung und unter Leitung des Umweltforschungszentrums Leipzig-Halle haben im September 1997 die Forschungsarbeiten im Verbundprojekt „Übertragung und Weiterentwicklung eines robusten Indikationssystems für ökologische Veränderungen in Auen (RIVA)" begonnen, das sich neben der Entwicklung eines Indikationssystems für die Auengrünländer der Mittelelbe besonders mit der methodischen Weiterentwicklung dieses Instrumentes befaßt.

2 Zielstellung

Es soll ein Indikationssystem entwickelt werden, das durch die Beschränkung auf einfach meßbare Parameter sowie robuste Korrelationen zwischen diesen Parametern praktisch handhabbar wird. Es soll damit einerseits einen gegenüber herkömmlichen Methoden reduzierten Erfassungsaufwand ermöglichen, andererseits die Komplexität von Auen hinreichend berücksichtigen.

Das Verbundprojekt greift bestehende Ansätze für die Entwicklung eines übertragbaren und robusten Indikationssystems auf, um
1. abiotische und biotische Komponenten von Indikationssystemen durch die Einbeziehung von Prozeßstudien abzusichern und weiterzuentwickeln,
2. Ansätze zur Verknüpfung abiotischer und biotischer Parameter und daraus abgeleiteter Indikationssysteme systematisch weiterzuentwickeln,
3. die Möglichkeiten und Grenzen der Übertragbarkeit von Indikationssystemen exemplarisch zu analysieren,
4. die Robustheit des Indikationssystems gegenüber einem reduzierten Erfassungsaufwand zu testen,

5. methodische Anleitungen und Datengrundlagen Entscheidungsträgern zur Verfügung zu stellen.

3 Untersuchungsgebiete

Im Rahmen des Projektes werden verschiedene Grünlandflächen entlang der Elbe mit unterschiedlicher Intensität beprobt:
- Biosphärenreservat Mittlere Elbe (2 Flächen)
- Elb-Havelwinkel (1 Fläche)
- Für den Übertragbarkeitstest werden Daten der BfG vom Niederrhein sowie des EU - Projektes FAEWE von der Loire einbezogen.

4 Projektpartner

- Dr. K. Henle, Projektbereich Naturnahe Landschaften, UFZ, Leipzig
- Prof. Dr. Neue, Sektion Bodenforschung, UFZ, Halle
- Prof. Dr. Gläßer, Sektion Hydrogeologie, UFZ, Halle
- Dr. S. Klotz, Sektion Biozönoseforschung, UFZ, Halle
- Dr. F. Foeckler, ÖKON GmbH, Regensburg
- Prof. Dr. B. Gerken, GHS Abt. Tierökologie, Paderborn
- Dr. E. Fuchs, Bundesanstalt für Gewässerforschung, Koblenz

… Ökologie der Auen, Nutzung und Entwicklung

Beziehungen zwischen faunistischen Lebensgemeinschaften und Standortparametern in der Elbtalaue bei Lenzen

Jörg Kalz-Kaprolat, Stefanie Müller, Horst Wilkens

Im Rahmen des BMBF-Forschungsvorhabens „Deichrückverlegung und Auenregeneration" werden vom Zoologischen Institut und Zoologischen Museum der Universität Hamburg seit Oktober 1996 faunistische Untersuchungen an der Unteren Mittelelbe bei Lenzen (Brandenburg) durchgeführt. Mit dem Ziel, eine Prognose für die Entwicklung der Fauna nach erfolgter Rückdeichung und Auwaldbegründung zu erstellen, werden ausgewählte Gruppen der endogäischen Bodenfauna (Regenwürmer, Kleinringelwürmer), der epigäischen Bodenfauna (Laufkäfer, Spinnen, Heuschrecken, Kleinsäuger), der aquatischen Fauna (Amphibien, Qualmwasserkrebse) und der Avifauna (Brut- und Zugvögel) auf dem geplanten Rückdeichungsgebiet (ca. 760 ha) und drei Vorlandflächen erfaßt.

Die Auswahl der Teststandorte erfolgte nach folgenden Standortparametern:
- Lage in der Aue: Vorland (natürliches Hochwasserregime), Hinterland (kleinflächige Qualmwasserbildung),
- Topographie: Auswahl vergleichbarer Höhenlagen im Vor- und Hinterland,
- Nutzung/Vegetationsentwicklung: Beweidete Grünlandbereiche, Sukzessionsflächen, Auwaldanpflanzungen, Schilfzonen, Waldflächen.

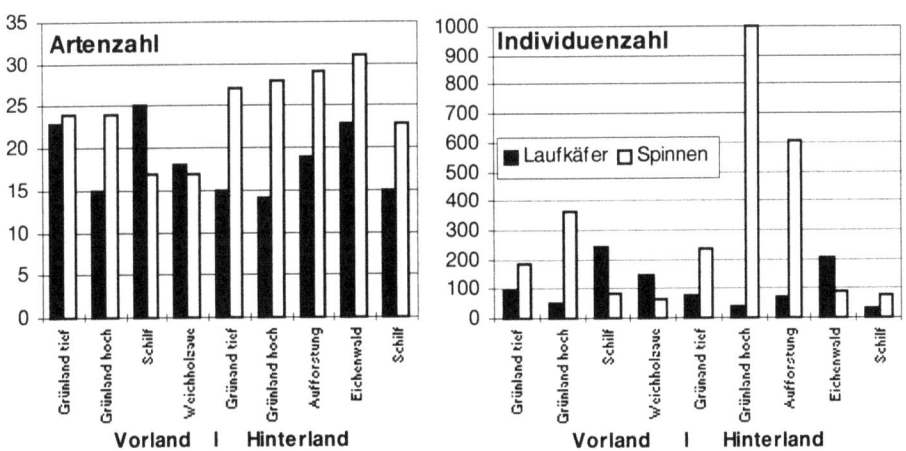

Abb.1. Arten- und Individuenzahlen von Laufkäfern und Spinnen auf ausgewählten Teststandorten der Frühjahrsfangperiode 1997

Die Artenzahlen der Laufkäfer weisen auf der Mehrzahl der Vorland-Teststandorte höhere Werte als auf den entsprechenden Teststandorten im Hinterland auf, während die Spinnenfauna im Hinterland artenreicher ist (Abb. 1). Die Individuenzahlen der Laufkäfer liegen in dem Schilfbereich des Vorlandes und in den Waldflächen am höchsten, die Spinnen erreichen auf den hochgelegenen Grünlandflächen und der Aufforstung höchste Werte.

Die *Laufkäfergemeinschaften* in den tief gelegenen Vorlandflächen (Grünland, Schilf, Weichholzaue) sind durch einen hohen Anteil feuchtepräferierender, überwiegend stenöker Arten gekennzeichnet. Mehrere Arten (z.B. *Agonum afrum, A. micans*) wurden fast ausschließlich im Vorland nachgewiesen (Abb. 2). Die hoch gelegenen Grünlandbereiche vor und hinter dem Deich weisen eine ähnliche Laufkäfergemeinschaft auf, während der im Hinterland gelegene Eichenwald sich durch einen hohen Anteil stenöker Waldarten von den anderen Teststandorten unterscheidet.

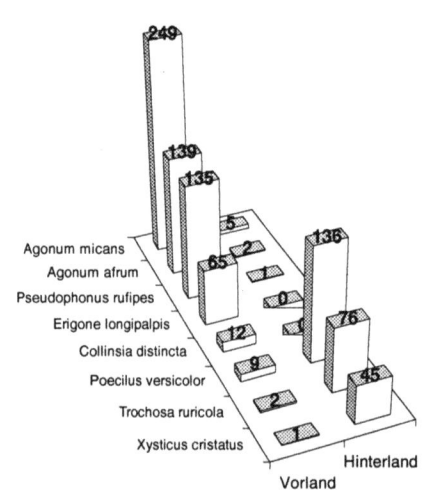

Abb.2. Individuenzahlen einiger Laufkäfer und Spinnen im Vergleich auf Vor- und Hinterlandflächen im Frühjahr 1997.

Die hohen Individuenzahlen der *Spinnen* im Vor- und Hinterland werden von wenigen euryöken Arten (z.B. *Erigone atra, Oedothorax fuscus, Oe. retusus*) gebildet. Zwei weitere euryöke Arten (*Trochosa ruricola, Xysticus cristatus*) kommen fast ausschließlich im Hinterland vor, dagegen sind im Vorland Spezialisten anzutreffen, die im Hinterland fehlen (z.B. *Collinsia distincta, Erigone longipalpis*) (Abb. 2).

Die Ergebnisse der bisherigen *Heuschrecken-* und *Kleinsäugererfassung* zeigen abgrenzbare Artengemeinschaften in verschiedenen Biotopstrukturen (Wälder, Grünland, Röhrichte, Trockenstandort), wobei sich die entsprechenden Teststandorte vor und hinter dem Deich kaum unterscheiden.

Für *Zug-* und *Rastvögel* hat das Vorland durch die Hochwasserdynamik und die daraus resultierenden temporären Gewässer eine höhere Bedeutung als die Hinterlandflächen.

Die meisten *Amphibienarten* laichten bevorzugt in Gewässern des Hinterlandes. Der Moorfrosch bildet im Vor- und Hinterland große Laichbestände, die Kreuzkröte wurde im Vorland häufiger nachgewiesen.

Qualmwasserkrebse wurden im Rückdeichungsgebiet häufig vorgefunden, *Siphonophanes grubii* besonders in beschatteten Gewässern, *Lepidurus apus* auch im Vorland.

Die bisherigen Ergebnisse lassen erwarten, daß von der neu entstehenden Dynamik nach der Rückdeichung und einer Auwaldentwicklung insbesondere auentypische Arten profitieren werden. Einige Arten der Kulturlandschaft werden zurückgedrängt, der Anteil feuchtepräferierender Tiere wird zunehmen.

Auwaldregeneration in der Lenzener Elbtalaue

Gabriele Patz

1 Ziel

In Erwartung der Rückdeichung wird im Schutz des Altdeiches die Wiederbewaldung des bisher als Grünland genutzten Areals initiiert und einer Erfolgskontrolle unterzogen. Die Erfogskriterien sind: die Vitalität von Einzelbäumen und die Stabilität von Beständen differenziert nach Bewaldungsvarianten (auch natürliche Sukzession) und Standortextremen. Dazu sind waldbauliche Beobachtungen und physiologische Analysen gekoppelt.

Die Zusammenschau der Beobachtungs- und Analyseergebnisse mit der zeitlichen und räumlichen Verteilung der Standortparameter (Schwerpunkte: Niederschlag, Temperatur, Bodenfeuchte, Überstauung, Lagerungsdichte) ermöglicht die Beurteilung des Einflusses der Standortextreme auf den Erfolg der Bewaldung.

Ziel der Untersuchungen ist eine Prognose über die räumliche und zeitliche Entwicklung von Vegetationseinheiten - speziell Waldgesellschaften - im Kontext der sich durch die Rückdeichung ändernden Standortbedingungen.

2 Probleme

Dem hinterdeichs liegenden Untersuchungsraum fehlen derzeit typische Standorteigenschaften einer Aue (Überflutung durch fließendes Wasser, Stoffab- und Stoffeintrag).

Die auftretenden Standortextreme der jahreszeitliche Schwankung der Wassersättigung im Wurzelraum, des Freiflächenklimas und der Lagerungsdichte des Auebodens stellen Sonderbedingungen für einen Auwald dar.

Eine natürliche Wiederbewaldung des Untersuchungsgebietes wird unterbunden durch:
- Beweidung und Wildverbiß,
- dichte Krautschicht.

3 Parameter des Bewaldungserfolges

Im Zentrum der Untersuchungen steht die Vitalität von Einzelgehölzen. Die Datenerfassung an 400 Testgehölzen (die typischen Gehölze der Weich- und Hartholzaue, im Alter zwischen 5 - 30 Jahre und 200jährige Eichen) konzentriert sich auf äußere Merkmale der Biomasseproduktion, das Messen der Photosyntheseaktivität und der Saugspannung sowie die Analyse von Stoffwechselparametern und des Ernährungszustandes.

4 Ergebnisse

Vitalität von einzelnen Gehölzen

Das Wasserpotential (gemessen als Saugspannung in ATM mit einer Scholander-Bombe) weist artspezifische und flächenspezifische Differenzen auf. Im Zusammenhang mit dem Jahresgang der Bodenwasserspannung im Wurzelraum lassen sich für die einzelnen Gehölzarten bezogen auf diesen Parameter Standortempfehlungen ableiten.

Die Photosyntheseaktivität (gemessen mit einem PAM-Flourmeter) korreliert innerhalb artspezifischer Unterschiede mit dem Wasserpotential. Bei Alteichen besteht eine Übereinstimmung zwischen der okularen Vitalität (nach Waldschadenserhebung) und der Photosyntheseaktivität.

Die Stoffwechselprodukte Prolin (zur Abwehr von Schädigungen) und Stärke (Biomasseproduktion) sind in unterschiedlichen Relationen in den Blättern nachgewiesen. Bei Jungpflanzen ergeben sich daraus keine eindeutigen Art- oder Flächendifferenzen.

Bei älteren Gehölzen geht eine geringe okulare Vitalität immer mit hohen Prolingehalten einher.

Der Ernährungszustand aller Testgehölze (gemessen an den Blattinhaltsstoffen N, P, K, Ca, Mg) ist sehr gut.

Entwicklung von Auwald

Die Kenntnis der Standortextreme unter denen die Gehölzarten vorkommen und Biomasse produzieren wird mit Hilfe der raumrelevanten Parameter topographische Höhe, aktuelle Vegetation, Bodeneigenschaften und Bodenaktivität in den Untersuchungsraum projiziert. Daraus entsteht die Prognose der Waldentwicklung unter den aktuellen Standortbedingungen. Das Hinzufügen des Überflutungsmodelles (nach Rückdeichung) ermöglicht das Anpassen der Bewaldungsprognose an die Standortbedingungen nach erfolgter Rückdeichung. Ein erstes Zwischenergebnis ist ein Zusammenhang zwischen der Vitalität einzelner Gehölzarten und den Standortparametern topographische Höhe und Elbentfernung sowie dem Porenvolumen im Oberboden. Unter den gegebenen Bedingungen des hohen Lehmgehaltes im Oberboden und einer permanenten Entwässerung heben diese Parameter die Bedeutung der nutzbaren Feldkapazität für die Wiederbewaldung hervor.

Die Arbeitsthese für die Wiederbewaldung favorisiert für die Hartholzaue eher trockenheitsertragende Gehölze (Schlehe, Stieleiche, Feldahorn, Esche, Hainbuche) und für die Weichholzaue Gehölze, die sauerstoffarme Bodenverhältnisse ertragen (Silberweide, Mandelweide, Erle).

5 Offene Fragen

Die Waldentwicklung nach Rückdeichung und die Zyklen der Waldentwicklung werden damit nicht beschrieben. Eine Unterscheidung zwischen gepflanzten Gehölzen und Naturverjüngung ist derzeit nicht möglich.

# Gewässerschutz durch Pufferzonen-Management in Talniederungen des norddeutschen Tieflandes

Winfrid Kluge, Stefan Jelinek, Manfred Martini

1 Situation - Ziele

Gewässerschutz beginnt in den Einzugsgebieten der Kleingewässer. In den breiten, nahezu ebenen und überwiegend entwässerten Talniederungen des norddeutschen Tieflandes gelangen die diffusen Einträge zum wesentlichen Teil über den unterirdischen gesättigten bzw. Grundwasserpfad in die gefällearmen Gräben und Fließgewässer (Jelinek et al.). Durch eine Vielzahl kulturtechnischer und wasserwirtschaftlicher Maßnahmen haben die Feuchtgebiete und Moore der Talniederungen ihre natürliche Retentionsfunktion für Nährstoffe, die aus den umgebenden Einzugsgebieten lateral zugeführt werden, weitgehend verloren oder wirken sogar selbst als Stoffquellen. Obwohl die in Feuchtgebieten ablaufenden hydrologischen und hydrochemischen Teilprozesse im Prinzip bekannt sind, fehlt es noch immer an gebietsrepräsentativen validen Kennwerten, die die reale Pufferoder Retentionswirkung von unterschiedlich genutzten Talniederungen beschreiben.

Ziel der Untersuchungen ist es, nach dem in Abb. 1 dargestellten Pfad-Bilanz-Konzept realistische stoffliche Retentionskoeffizienten für unterschiedlich genutzte Niederungentypen zu ermitteln. Dazu werden vorhandene Gelände-, Nutzungs- und Gewässerdaten sowie simulierte Daten herangezogen. Die damit entstehende Wissensbasis bildet die Grundlage für ein nachhaltiges hydroökologisches Pufferzonen-Management gesamter Talniederungen.

2 Analyse der Retentionswirkung nach einem Pfadkonzept

Die Aufklärung der unterirdischen Wasser- und damit Stofftransportpfade liefert den Zugang zur Aufklärung der stofflichen Wechselwirkungen zwischen den Gewässern mit ihren Uferstreifen, Talniederungen und grundwasserfernen Einzugsgebieten. Die Analyse der Retentionswirkung der Talniederungen erfolgt in folgenden Stufen: (1) datenbasierte Bewertung des Wasser- und Stoffhaushaltes von 40 Teileinzugsgebieten im Gebiet der oberen Stör zur Auswahl repräsentativer Untersuchungsgebiete (Jelinek et al.), (2) geohydrologische Typisierung von Teileinzugsgebieten/Talniederungen mit Grundwasserströmungs- und Feuchtgebietsmodellen (Kluge et al. 1994), (3) Quantifizierung der Retentionskoeffizienten für die in Abb. 1 dargestellten Funktionseinheiten mit Hilfe von Grundwassertransportmodellen und einfach strukturierten, dynamischen Box-Bilanz-Modellen im Abgleich mit vorhandenen Daten des Landes Schleswig-Holstein, des Stör-Projektes (Ripl et al. 1996) und des Bornhöved Projektes, (4) Zusammenstellung einer Wissensbasis zur Retentionswirkung von Talniederungen, (5) Ableitung von Strategien zur Verminderung der Gewässerbelastung in repräsentativen Teilgebieten der oberen Stör.

3 Erste Ergebnisse zum Einzugsgebiet der Stör (Schleswig-Holstein)

Die Analyse von ca. 40 Teileinzugsgebieten ergab, daß mehr als 90% des Gebietsabflusses über den gesättigten bzw. Grundwasserpfad in die Gewässer gelangen (Jelinek et al.). Hydrologisch-stoffliche Gebietsanalysen belegen weiterhin, wie Talniederungen mit ihren Dränen und Gräben die diffusen Stoffeinträge in die Gewässer (Stickstoff und Phosphor) häufig stärker beeinflussen, als das durch intensive Landnutzung in den umgebenden grundwasserfernen Einzugsgebieten der Fall ist.

Geohydrologisch-hydrochemisch repräsentative Einzugsgebietssegmente, die mit Hilfe vorhandener Daten und von Grundwassertransportmodellen abgeleitet wurden, spiegeln die glazial geprägten, charakteristischen Landschaftsräume Schleswig-Holsteins (Hohe und Niedere Geest, Östliches Hügelland) wider. Die Buckener Au - Bünzau wurde als repräsentatives Testgebiet ausgewählt.

Diese Forschungen erfolgen in Zusammenarbeit mit dem Landesamt für Natur und Umwelt Schleswig-Holstein und werden vom BMBF im Rahmen eines beim ZALF Müncheberg angesiedelten Forschungsvorhabens zum „Wasser- und Stoffrückhalt im Tiefland des Elbeeinzugsgebiets" gefördert.

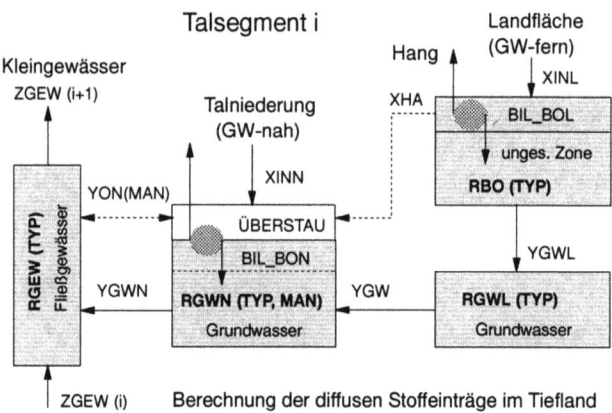

Abb.1. Pfad-Bilanz-Konzept zur Ermittlung der Retentionskoeffizienten R in den Talniederungen in Abhängigkeit von den Stoffinputs X, dem Austausch zwischen den Systemelementen Y und den Austrägen Z in Abhängigkeit vom ökohydrologischen Typ (TYP) und von Maßnahmen (MAN) zur Wasserregulierung und Nutzungsänderung

Literatur

Jelinek, S., Kluge, W., Widmoser, P. (eingereicht) Über das Abflußverhalten kleiner Einzugsgebiete im Norddeutschen Tiefland am Beispiel der oberen Stör in Schleswig-Holstein. Dt. Gewässerkundl. Mitt.

Kluge, W., Müller-Buschbaum, P., Theesen, L. (1994) Parameter acquisition for modelling exchange processes between terrestrial and aquatic ecosystems. Ecol. Modelling 75/76, 399-408

Ripl, W. (wiss. Leitung) (1996) Entwicklung eines Land-Gewässer-Bewirtschaftungskonzeptes zur Senkung von Stoffverlusten an Gewässern (Stör-Projekt). Im Auftr. BMBF und LAWAKÜ Schleswig-Holstein

Wasser- und Stoffhaushalt

Einfluß von Redoxreaktionen in Aueböden auf Mobilität und Bioverfügbarkeit von Nähr- und Schadstoffen

Kathrin Heinrich, Heinz-Ulrich Neue, Jörg Rinklebe, Gunnar Meyenburg

Der bestimmende Steuerfaktor für Auen und Aueböden und ihre Lebensgemeinschaften sind periodische Überflutungen aufgrund von Hochwasser in Flüssen oder an die Oberfläche tretendes Grund- oder Druckwasser. Die räumlich und zeitlich häufig variierenden Oberflächenwasser- und Grundwasserstände verändern die chemisch - physikalischen Steuergrößen, wie beispielsweise Sauerstoffgehalt, pH-Wert, Eh-Wert und Temperatur, im Boden und in darunter liegenden Sedimenten. Die Folgen sind dramatische Änderungen der Bodenchemie, insbesondere Bindungsformen, Festlegungen und Mobilisierung von Nähr- und Schadstoffen. Forschungsbedarf besteht, diese Dynamik mechanistisch zu erfassen und die steuernden Prozesse in ihren Abhängigkeiten von Wasserregime, Bodeneigenschaften und Vegetation zu quantifizieren und flächendeckend zu integrieren.

Ziel der Arbeiten, welche innerhalb des vom BMBF geförderten Projektes RIVA - Übertragung und Weiterentwicklung eines robusten Indikatorsystems für ökologische Veränderungen in Auen durchgeführt werden, ist es, die Dynamik von Aueböden hinreichend zu verstehen und sie für ein robustes Indikationssystem für ökologische Veränderungen in Auen nutzbar zu machen. Spezielle Untersuchungsgebiete dazu sind Auelandschaften der Elbe.

Methodik: Um die zeitlichen Veränderungen chemischer und physikalischer Parameter im Boden und im Grundwasser aufzuzeichnen, wurden an den 6 Standorten von typischen Bodenleitprofilen bodenhydrologische Meßsysteme (Abb. 1) errichtet. Konzeptionell ist jedes Meßsystem in autark arbeitende Module unterteilt, wodurch eine hohe Zuverlässigkeit des Gesamtsystems gewährleistet wird. Modul 1: Messung der Bodenfeuchte, Bodentemperatur, Bodensaugspannung und Probenahme von Bodenlösung, Modul 2: automatische Grundwasserbeprobung mit direkter Messung von Temperatur, pH - Wert, Redoxpotential und Leitfähigkeit, die Steuerung kann ereignis-, zeitgebunden sowie im Handbetrieb erfolgen und Modul 3: zentrale Datenerfassung. Jedes Modul verfügt über eine eigene Solarstromanlage.

Die hohe räumliche und zeitliche Variabilität und Dynamik der Auen mit teilweise stark versetzten Ereignis-, Prozeß- und Wirkungsstrukturen erfordern neben den Felduntersuchungen mechanistische Untersuchungen, die nur mit definierten Parametern unter kontrollierten Bedingungen im Labor einer Lösung zugeführt werden können. Dazu wurden bio-geochemische Mikrokosmen entwickelt, welche eine geregelte Gasphasen-, Temperatur-, pH- und Redoxpotentialeinstellung in homogenisierten Bodensuspensionen ermöglichen (Abb. 2). Damit können die Einflüsse von Vernässungsphasen in Abhängigkeit von Bodenparametern (z.B. Textur, organische Substanz, Redoxpotential, pH, Temperatur) auf die Stoffdynamik hinreichend simuliert und quantifiziert werden. Anschließend werden die im Labor quantifizierten Prozesse an den Feldstandorten verifiziert, in eine flächendeckende Bodenkartierung integriert und mittels Verknüpfung mit parallel erhobenen biotischen Faktoren für ökologische Veränderungen in Auen indiziert.

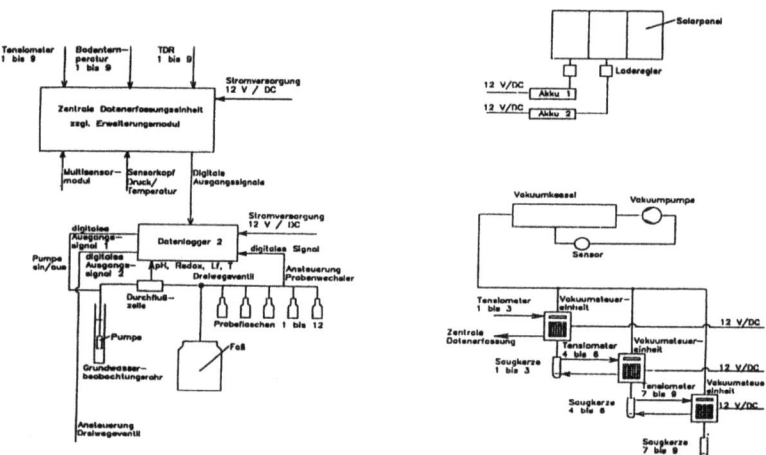

Abb.1. Bodenhydrologisches Meßsystem (Anlagenkonfiguration)

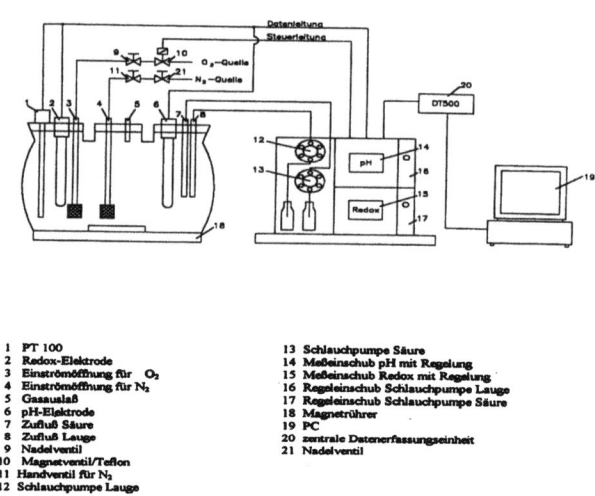

1   PT 100
2   Redox-Elektrode
3   Einströmöffnung für O_2
4   Einströmöffnung für N_2
5   Gasauslaß
6   pH-Elektrode
7   Zufluß Säure
8   Zufluß Lauge
9   Nadelventil
10 Magnetventil/Teflon
11 Handventil für N_2
12 Schlauchpumpe Lauge
13 Schlauchpumpe Säure
14 Meßeinschub pH mit Regelung
15 Meßeinschub Redox mit Regelung
16 Regeleinschub Schlauchpumpe Lauge
17 Regeleinschub Schlauchpumpe Säure
18 Magnetrührer
19 PC
20 zentrale Datenerfassungseinheit
21 Nadelventil

Abb.2. Biogeochemische Mikrokosmen (Anlagenkonfiguration)

Bodenkundlich-geochemische und hydrogeologische Untersuchungen an Böden und Sedimenten der Auen der Mittleren Elbe - konzeptioneller Ansatz und erste Ergebnisse

Gunnar Meyenburg, Heinz-Ulrich Neue, Stefan Geyer, Kathrin Heinrich, Jörg Rinklebe, Robert Böhnke

Naturnahe Auenlandschaften besitzen aufgrund ihrer hohen Biodiversität und ihrer naturräumlichen Vielfalt einen hohen Stellenwert in der Hierarchie der Schutzgüter. Auenlandschaften sind durch periodische Überschwemmungen und stark variierende Grundwasserstände gekennzeichnet. Sie stellen in bezug auf den Wasser- und Stoffhaushalt äußerst dynamische Systeme dar. Die Mobilität und Verfügbarkeit von Nähr- und Schadstoffen wird von zahlreichen Faktoren beeinflußt. Redoxpotential, pH-Wert, Sauerstoffgehalt und Temperatur des Bodens und der Bodenlösung sind hierbei von zentraler Bedeutung, da sie als Steuergrößen den Stoffhaushalt maßgeblich beeinflussen. Veränderungen der hydrologischen Verhältnisse ziehen Veränderungen dieser Steuergrößen nach sich, wobei Ereignis und Wirkung zeitlich oft stark versetzt sind. Die wirksamen Faktoren und Prozesse beeinflussen sich räumlich und zeitlich in unterschiedlichem Ausmaß wechselseitig. Diese vielfältigen Abhängigkeiten und Rückkopplungen stellen in Verbindung mit der hohen räumlichen Variabilität von Bodeneigenschaften in Auensystemen ein äußerst komplexes Ereignis-, Prozeß- und Wirkungsgefüge dar.

Mit dem vom BMBF geförderten Projekt „Übertragung und Weiterentwicklung eines robusten Indikationssystems für ökologische Veränderungen in Auen" (RIVA) soll in einem interdisziplinären Forschungsansatz ein übertragbares Indikationssystem für Auen erstellt werden. Die Untersuchungen im Rahmen dieses Projektes werden ausschließlich im Deichvorland durchgeführt und beschränken sich auf die Grünlandbereiche. In das Indikationssystem fließen biotische und abiotische Parameter ein, welche in Kombination Aussagen zu folgenden Punkten liefern sollen:
- Feststellung und Bewertung des Ist-Zustandes,
- Bewertung von Entwicklungspotentialen,
- Entwicklung von Leitbildern bei Planungsaufgaben,
- Bewertung der ökologischen Folgen von Eingriffen.

Der abiotische Teil umfaßt bodenkundliche und hydrologische/hydrogeologische Untersuchungen, die parallel zu botanischen und zoologischen Erhebungen in 3 Untersuchungsgebieten an der Mittleren Elbe durchgeführt werden. Das Ziel der Untersuchungen ist die adäquate Beschreibung des Wasser- und Nährstoffhaushaltes sowie die Ableitung von Parametern, die als aussagekräftige Indikatoren für das Indikationssystem fungieren.

Um diese Ziele zu erreichen, werden einerseits Untersuchungen durchgeführt, mit denen zeitlich unveränderliche Bodeneigenschaften flächenhaft erfaßt werden. Dynamische Veränderungen, wie z.B. saisonal oder durch schwankende Grundwasserflurabstände bedingte Variationen von Boden- und Bodenlösungseigenschaften werden dagegen punktuell in unterschiedlichen morphologischen Struktureinheiten erfaßt. Hierzu werden auf ausgewählten Testflächen hydrologische Meßstationen errichtet, mit denen in hoher zeitlicher Auflösung wesentliche Wasserhaushaltsgrößen erfaßt und Sickerwasserproben aus unterschiedlicher Tiefe sowie Grundwasserproben gewonnen werden können.

Die Untersuchungen des Bodens und des Sickerwassers konzentrieren sich auf die durchwurzelte Zone, da sich hier die Vorgänge vollziehen, die die Eigenschaften des Bodens als Pflanzenstandort bestimmen. Im einzelnen werden folgende Teilziele verfolgt, die durch die Verknüpfung von Geländeerhebungen und Laborversuchen erreicht werden:

– Charakterisierung und Bewertung der Böden als Pflanzenstandort und als Habitat für Tiere (flächenhafte bodenkundliche Kartierung und Ermittlung zeitlich unveränderlicher Kenngrößen),
– Erfassung der Grundwasserstandsdynamik und hydrologischer Kenngrößen, Erstellung eines hydrologischen Modells (Piezometer, Grundwasserbrunnen),
– Erfassung der Nährstoffdynamik (Sicker- und Grundwasseruntersuchungen),
– Bewertung des Einflusses von Vernässungsphasen auf die Nährstoffdynamik (Laborversuche in Mikrokosmen mit geregelter Gasphasen-, Temperatur-, pH- und Redoxpotentialeinstellung),
– Ableitung steuernder Faktoren und Prozesse auf die Eigenschaften von Boden, Sikker- und Grundwasser (Laborversuche in Mikrokosmen).

Da ein übertragbares, d.h. auf andere Auengebiete anwendbares Indikationssystem erstellt werden soll, reicht es nicht aus, systemspezifische Zusammenhänge und Abhängigkeiten zu ermitteln. Es ist vielmehr erforderlich, zumindest die wesentlichen Prozesse mechanistisch zu untermauern, um zu allgemeingültigen Algorithmen zu gelangen. Die mittels Laboruntersuchungen festgestellten Gesetzmäßigkeiten müssen anschließend anhand von Geländemessungen validiert und ggf. verifiziert werden, da sich die Bedingungen in den Laborversuchen erheblich von denen im Gelände unterscheiden.

Um die im Gelände punktuell erhobenen Daten und die Ergebnisse der Laborversuche für flächenhafte Aussagen zur Nährstoffdynamik nutzen zu können, sind nachfolgend angeführte Verknüpfungen herzustellen:

– Zuweisung von zeitlich unveränderlichen Bodeneigenschaften zu den in der Bodenkarte ausgewiesenen Einheiten,
– Ableitung und Quantifizierung von Beziehungen zwischen zeitlich unveränderlichen und dynamischen Parametern (Geländemessungen sowie Laborversuche in Mikrokosmen).

Erste Ergebnisse der bodenkundlichen Kartierung der 3 Untersuchungsgebiete lassen starke kleinräumige Variationen der Bodeneigenschaften erkennen. Insbesondere in den elbnahen, tiefer gelegenen und häufiger überfluteten Bereichen ist ein heterogener Bodenaufbau festzustellen. Hier sind lehmige und sandige Substrate in Wechsellagerung anzutreffen. Die höher gelegenen Bereiche zeichnen sich durch eine Auendeckschicht aus, die von sandigen und z.T. kiesigen Substraten unterlagert wird. Das Substrat der Auendeckschicht ist zumeist der Bodenartenhauptgruppe Lehm zuzuordnen, wobei hier, bedingt durch morphologische Unterschiede, nahezu alle Bodenartenuntergruppen vorzufinden sind. Variationen zeigen sich außer in der Textur vorwiegend in der Intensität hydromorpher Merkmale sowie im Humusgehalt des Oberbodens. Letzterer ist zumindest als stark humos, in den Flutrinnen teilweise als anmoorig anzusprechen.

Numerische Modellierung der Grundwasserdynamik im Elbetal um die Ohremündung

Ulf Mohrlok, Gerhard H. Jirka

1 Einleitung

Die Grundwasserströmung in Talaquiferen ist vorwiegend durch die hydraulische Wechselwirkung zwischen Oberflächengewässern und Grundwasser bestimmt. Daraus resultiert im wesentlichen als Reaktion auf Hochwasserereignisse des Vorfluters, hier die Elbe, eine hochgradig instationäre Dynamik des Grundwasserstands bzw. des Druckspiegels. Diese bestimmt neben den Überflutungsdauern die Ökologie in den Auen, d.h. speziell die Pflanzen- und Tiergesellschaften. Ein zusätzlicher Einfluß ist durch die hydraulische Anbindung der überstauten Vorländer, auch Altarme und Überflutungsrinnen, ans Grundwasser gegeben.

Die Erstellung des numerischen Modells für den Bereich um die Ohremündung dient der Quantifizierung der instationären Grundwasserdynamik unter Berücksichtigung der hydraulischen Prozesse. Nach Kalibrierung des Modells erfolgt eine Auswertung der Ergebnisse im Hinblick auf ökologische Fragestellungen, z.B. eine statistische Auswertung der Flurabstände wie in den DVWK-Schriften Bd. 112 (1996) dargestellt. Darüber hinaus bietet das kalibrierte Modell die Möglichkeit den Einfluß verschiedener Szenarien, wie z.B. Deichrückverlegungen oder Sohleintiefung der Elbe, zu prognostizieren.

2 Numerisches Grundwasserströmungsmodell

Um eine geeignete Beschreibung der Randbedingungen zu erhalten, wurde für den Talaquifer zwischen Wolmirstedt und Rogätz (Abb. 1) ein großräumiges, zweidimensionales Modellgebiet definiert (ca. 10×6 km^2). Der Talaquifer wird von weichseleiszeitlichen Kiesen und Sanden gebildet. Die Mächtigkeit variiert zwischen ca. 5 und 50 m (HK50).

Die Randbedingungen entlang den nordwestlichen und südöstlichen Talrändern werden von Zuflüssen der angrenzenden Hochflächen gebildet. Im Elbetal stehen Daten einiger weniger Grundwassermeßstellen des Landes Sachsen-Anhalt zur Verfügung, so daß für die Talquerschnitte des südwestlichen und nordöstlichen Talrandes Grundwasserstände als Randbedingung vorgegeben werden können. Die hydraulische Anbindung der Oberflächengewässer, der Altarme, der Vorländer und Überflutungsrinnen im Falle eines Überstaus werden mit Hilfe eines Leakage-Ansatzes unter Verwendung im Labor ermittelter bodenhydraulischer Parametern beschrieben.

Für den Bereich der Deichrückverlegung wurde ein Detailmodell erstellt, dessen Randbedingungen aus dem großräumigen Modell abgeleitet wurden. In diesem Detailmodell fand sowohl das kleinräumige Geländerelief, ermittelt aus CIR-Luftbildern, als auch die differenzierte Auelehmmächtigkeit (Rommel 1998) Berücksichtigung. Die

Berechnungen mit dem numerischen Modell erfolgten mit dem institutseigenen Programm HFLOW_HT (Weiterentwicklung von Herrling 1982).

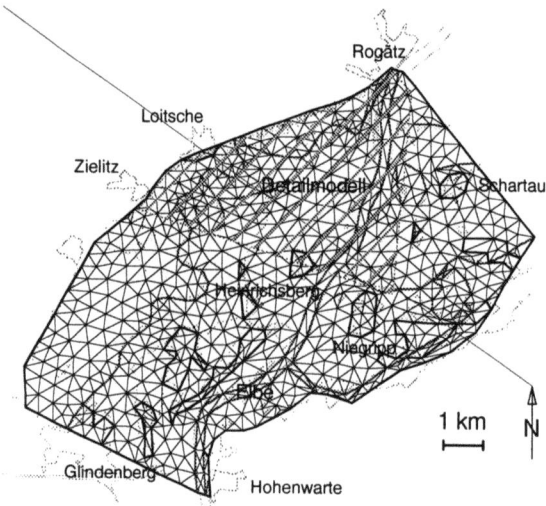

Abb.1. Modellgebiet mit Diskretisierung

3 Erste Ergebnisse

Zur Kalibrierung des Modells standen Meßdaten an zusätzlich installierten Grundwassermeßstellen (Rammpegel) zur Verfügung. Die ersten Berechnungen wurden für das Frühjahrshochwasser 1998 durchgeführt. Ein Vergleich der gemessenen Grundwasserstände mit den berechneten ergibt eine gute Übereinstimmung. Eine detaillierte Auswertung der Ergebnisse zeigt erwartungsgemäß eine Abnahme der Dynamik mit zunehmendem Abstand von der Elbe. Daraus resultiert eine sehr unterschiedliche Statistik für die Flurabstände in der Nähe ökologisch bedeutsamer Flächen wie z.B. Überflutungsrinnen.

Literatur

DVWK-Schriften, Band 112 (1996) Klassifikation überwiegend grundwasserbeeinflußter Vegetationstypen. Bonn

Herrling, B. (1982) Finite element computations of horizontal groundwater flow with moving boundaries. In: Holz, K.P., Meisner, U., Zielke, W., Brebbia, C.A., Pinder, G., Gray, W. (Hrsg.) Finite Elements in Water Resources, Springer Verlag, Berlin, Germany. S. 10.25-10.39.

HK50. Hydrogeologische Karte 1:50 000. Blatt Wolmirstedt, Burg

Rommel, J. (1998) Geologie des Elbetals nördlich von Magdeburg. Unveröffentlichte Diplomarbeit am Lehrstuhl für Angewandte Geologie, Geologisches Institut, Universität Karlsruhe

Untersuchung der Grundwasserdynamik in Flußauen

Hector Montenegro, Tilman Holfelder

1 Einführung

Im Bereich der Brandenburgischen Elbtalaue bei Lenzen werden derzeit Möglichkeiten zur Vergrößerung von Retentionsflächen und zur Wiederherstellung einer natürlichen Flußauenlandschaft untersucht. Zentraler Bestandteil dieser Maßnahmen ist eine Deichrückverlegung. Im Rahmen des "Elbe-Ökologie" Projektes, eines vom BMBF geförderten interdisziplinären Forschungsvorhabens, sollen Leitfragen über die Wechselbeziehungen zwischen den Standortfaktoren und der Entwicklung der Biozönose in den

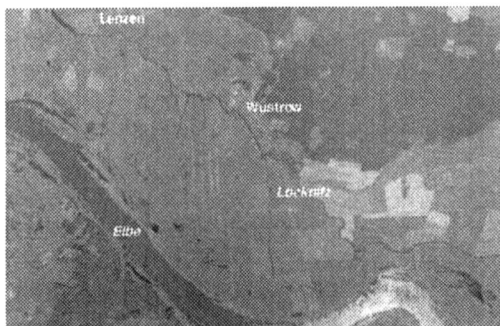

Abb. 1. Lage des Untersuchungsgebietes

Auen exemplarisch untersucht werden. Die TU-Darmstadt soll hierbei mit Hilfe numerischer Grundwassermodelle die Folgen einer Deichrückverlegung auf die Grundwasserdynamik prognostizieren, insbesondere sind die zu erwartenden Veränderungen der Grundwasser- und Flurabstände sowie das Auftreten von Qualmwasserbereichen hinter der neuen Deichlinie zu untersuchen.

2 Auswahl des Modells

In den Flußauen des Untersuchungsgebietes besteht über die gut durchlässigen Sande und Kiessande an der Flußsohle ein enger hydraulischer Kontakt zwischen Oberflächenwasser und Grundwasser. Somit sind Grundwasserstand und Grundwassergefälle unmittelbar vom Flußwasserstand abhängig. Charakteristisch für diese Talaquifersysteme ist ferner die Auelehmdecke, die auf den gut durchlässigen Talfüllungen aufliegt. In einem derart geschichteten Grundwasserleiter kann es je nach Grundwasserstand und Randbedingungen zu Übergängen von gespannten zu ungespannten Zuständen kommen. Im gespannten Zustand können sich Druckwellen im Grundwasser vergleichsweise rasch ausbreiten, da eine Dämpfung infolge Auffüllung der ungesättigten Bodenzone nicht

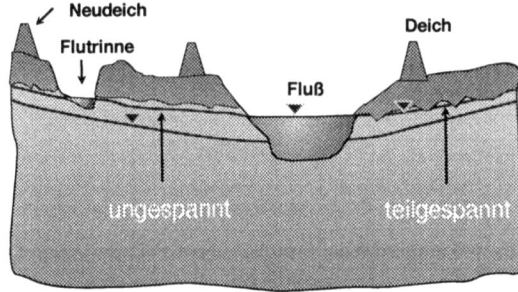

Abb. 2. Vertikalschnitt durch einen Talaquifer

mehr gegeben ist. Die Erfassung dieser Übergänge ist vor allem bei der Interpretation von flußnahen Grundwassermeßstellen bedeutsam. Odenwald (1994) legte ein Finite-Elemente Modell zur Berechnung horizontal-ebener, instationärer Grundwasserströmungen vor, mit dem sich der Übergang gespannt-ungespannt adäquat beschreiben läßt.

3 Numerische Modellierung

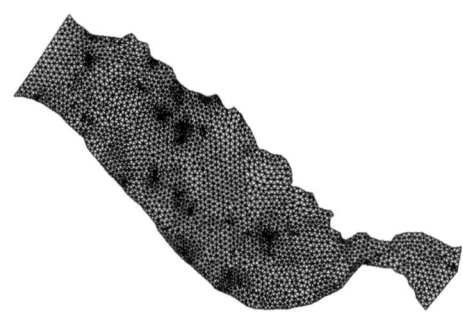

Abb. 3. FE-Netz des Untersuchungsgebietes

Mit dem Grundwassermodell werden für diskrete Punkte (Netzknoten) verschiedene Zustandsvariablen (z.B. Grundwasserstände, Flurabstände, Leakageraten, Fließgeschwindigkeiten usw.) berechnet. Eingang in die numerische Modellierung finden Informationen über die Topographie, Hydrogeologie und Hydrologie, welche teilweise in einem GIS bereitgestellt werden. Zur Bestimmung der Modellparameter wurden Pumpversuche ausgewertet und 12 Grundwassermeßstellen im Untersuchungsgebiet installiert und mit Datensammlern ausgestattet. Des weiteren wurden die erforderlichen Wasserstände der Vorfluter Elbe und Löcknitz, sowie des Grabensystems gesammelt und ausgewertet. Derzeit erfolgt die Kalibrierung und Validierung des Modells anhand der erhobenen Daten. Ergebnisse der Simulationen sind Isolinienpläne für unterschiedliche Zustände der Grundwasserstände oder Zeitreihen einer Zustandsvariablen an vorgegebenen Orten (z.B. Ganglinien der Grundwasserstände). Die Modellvorhersagen des abiotischen Standortfaktors "Grundwasserdynamik" stellen eine wichtige Referenz für andere Projektpartner dar.

4 Ausblick

Im Rahmen der Deichrückverlegung soll ein Teil des erforderlichen Baumaterials im Untersuchungsgebiet entnommen werden, wobei dadurch gezielt Flutrinnen gestaltet werden. In diesen Bereichen wird die Auelehmdecke aufgebrochen, und dadurch ein sehr guter hydraulischer Kontakt des Überflutungsraumes zum Aquifer hergestellt. Zur Prognose der zukünftig entstehenden Situation ist dementsprechend ein weiterer Schwerpunkt auf die adäquate Abbildung der Interaktion zwischen Grundwasser und Oberflächengewässer während eines Überflutungsereignisses zu legen.

Literatur

Odenwald, B., (1994) Parameteridentifizierung bei numerischen Grundwasserströmungsmodellen. VDI Reihe 15, Nr. 125, Düsseldorf: VDI-Verlag

Zweidimensionale Modellierung der Strömungsverhältnisse und des Sedimenttransportes in einem Auengebiet der mittleren Elbe

Stefan Quoika, Olaf Büttner, Frank Krüger, Michael Rode, Martina Baborowski

1 Einleitung

Die Belastung von Auen im Elbegebiet erfolgt wesentlich durch hochwasserbürtige partikulär gebundene Schadstoffe. Die Ableitung von Nutzungskonzepten der kulturwirtschaftlich genutzten Auenböden setzt eine möglichst genaue flächendetaillierte Kenntnis der mit den Schwebstoffen eingetragenen Schadstoffmengen voraus. Hierzu werden in einem ausgewählten Auengebiet neben einer Vielzahl von Felduntersuchungen Modellrechnungen mit einem zweidimensionalen hydrodynamisch-numerischen Modell und einem Sedimenttransportmodell durchgeführt.

Ziel der vorliegenden Arbeit ist es, die Möglichkeit der quantitativen Abschätzung von Erosion und Deposition von partikulär gebundenen Schadstoffen im Untersuchungsgebiet in Abhängigkeit von der jeweiligen hydraulischen Situation mit Hilfe eines zweidimensionalen Sedimenttransportmodells zu prüfen.

2 Methodik

Die Berechnungen wurden für ein Auengebiet im Raum Wittenberge/Falkenberg zwischen Elbekilometer 433 und 443 mit einer Fläche von ca. 1 000 ha durchgeführt. Die Berechnungen erfolgten mit den Komponenten RMA2 (Strömung) und SED2D (Sedimenttransport) der Waterways Experiment Station (US Army Corps of Engineers).

In der Untersuchung konnte auf Vorarbeiten zur Wasserspiegellagenberechnungen mit einem eindimensionalen Strömungsmodell für die Überflutungsflächen zurückgegriffen werden (Büttner et al. 1997), die neben Pegelwerten für die Kalibrierung genutzt wurden. Zur Überprüfung der Modellrechungen sollen zunächst die Daten des Hochwassers vom März 1997 (Scheiteldurchfluß bei 1810 m^3/s) herangezogen werden. Bei diesem Frühjahrshochwasser wurden für die gesamte Dauer der Hochwasserwelle Schwebstoffgehalte sowohl vom Ufer des Hauptstroms als auch in strömungsberuhigten Zonen im Vorland bestimmt. Außerdem wurden ca. 100 Sedimentationsfallen im Gebiet ausgebracht und beprobt. Parameter, die nicht oder nur mit großem Aufwand gemessen werden können, wurden mit Literaturwerten belegt. Neben dem Märzhochwasser wurden zusätzlich Berechnungen für ein Hochwasser mit einer 5jährigen Wiederkehrwahrscheinlichkeit von 2 500 m^3/s durchgeführt.

Zur Diskretisierung des Modellgebiets wurde ein Finite-Elemente-Netz (FE-Netz) generiert, das die Informationen zur Topographie des Untersuchungsgebietes speichert und die Grundlage des zweidimensionalen Strömungsmodells bildet. Das FE-Netz besteht aus 9 700 Elementen, denen etwa 28 300 Berechnungsknoten zu Grunde liegen.

3 Ergebnisse und Ausblick

Für die zwei ausgewählten Durchflußsituationen wurden zunächst vereinfachend stationäre Zustände für einen Rechenzeitraum von 72 Stunden angenommen. Dabei bilden die berechneten Strömungsverhältnisse und Uferlinien die reale Situation gut ab. Die Modellkalibrierung wurde auf Basis der Bezugswasserlagen im Hauptstrom durchgeführt und mit Hilfe der Daten vom Pegel Gnevsdorf auf Plausibilität geprüft. Die zur Kalibrierung genutzten Ergebnisse der 1-D-Modellierung sollen durch Geschwindigkeitsmessungen im Hauptstrom (Elbeschiff des UFZ) und Wasserspiegellagenfixierungen im Gebiet ergänzt werden, um detaillierte quantitative Aussagen zum Strömungsverhalten machen zu können. Weiterhin sind zum Verifizieren der Modellaussagen Luftbildaufnahmen bei zukünftigen Hochwasserereignissen geplant. Da die Qualität der Berechnungen entscheidend von der Qualität des zu Grunde gelegten digitalen Geländemodells (DGM) abhängt, wird gegenwärtig ein neues detailiertes DGM auf der Basis von Orthofotos (Luftbilder) erstellt.

Auch bei der Feststoffmodellierung wurde in dieser ersten Simulation ein konstanter Schwebstoffeintrag über die Rechenzeit angenommen. Da die Feststoffmodellierung auf dem errechneten Strömungsfeld beruht, können hier vorerst nur qualitative Aussagen über das Erosions- bzw. Sedimentationsverhalten der Schwebstoffe getroffen werden. Die errechneten Sohlschubspannungen geben Aufschluß über potentielle Erosions- und Depositionsbereiche im Untersuchungsgebiet. Deutlich erkennt man Bereiche der Sohlerhöhung in den strömungsberuhigten Zonen bzw. der Sohlvertiefung in den Einströmbereichen. Die Ergebnisse der Simulation sollen mit Hilfe der aus den Sedimentfallen gewonnenen Daten kalibriert werden.

In einem nächsten Schritt soll eine dynamische Simulation für das Gebiet durchgeführt werden. Der zeitliche Verlauf einer Hochwasserwelle sowie die zugehörige variable Schwebstofffracht soll nachgebildet werden. Hauptprobleme dabei sind die hohen Rechenzeiten sowie numerische Instabilitäten (Divergenz) in Bereichen der Aue, die im Laufe der Berechnung trocken fallen.

Literatur

Büttner, O., Hagemann H., Suhr, U. (1997) Modellierung von Überflutungsflächen in einem Auengebiet der mittleren Elbe. ESRI 5. Deutsche Anwenderkonferenz. 225-227

Beziehungen zwischen Flußwasserständen und Bodenfeuchtegehalten in Überflutungsböden der Elbaue

Holger Rupp, Frank Krüger, Ralph Meißner, Peter Schonert

1 Einführung

Im Rahmen des vom BMBF geförderten russisch-deutschen Verbundvorhabens „Wirkung von Hochwasserereignissen auf die Schadstoffbelastung von Auen und kulturwirtschaftlich genutzten Böden im Überschwemmungsbereich von Oka und Elbe" werden Untersuchungen im Gebiet der Elbaue bei Wittenberge durchgeführt (km 435 - 440). Speziell ist vorgesehen, die Belastung von Überschwemmungsflächen im Bereich der mittleren Elbe mit Schwermetallen (und organischen Schadstoffen) auszuweisen und den an Hochwasserereignisse gebundenen Stofftransport- und die dazugehörigen Verteilungsmechanismen aufzuklären.

2 Material und Methoden

Zur Charakterisierung der sickerwassergebundenen Schadstoffverlagerung auf Überflutungsböden erfolgte die Einrichtung von bodenhydrologischen Meßplätzen, die zur Beschreibung des Wasser- und Stoffhaushaltes mit Tensiometern, Bodenfeuchtesonden und Saugkerzen in 30, 60, 90 und 120 cm Tiefe bestückt wurden. Aufgrund der zu erwartenden erhöhten Schadstoffakkumulation bei Hochwasserereignissen (Rupp et al. 1996) wurden fünf Meßplätze nach einer vorangegangenen bodenkundlichen Sondierung in Geländesenken positioniert. Eine weitere Station befindet sich auf einem Geländerücken. Die anfallenden Meßwerte (Tensionen und volumetrische Bodenwassergehalte) werden kontinuierlich erfaßt. Die gemessenen Bodenfeuchteverläufe werden den Elbwasserständen am Pegel Gnevsdorf (rechtes Ufer im Bereich des Untersuchungsgebietes; Pegel-Null = NN + 19,15 m) gegenübergestellt, die in dankenswerter Weise vom Wasserstraßenamt Brandenburg zur Verfügung gestellt wurden.

3 Ergebnisse

Anhand der in Abb. 1 dargestellten Meßwerte konnten Beziehungen zwischen Elb-Wasserständen und Bodenwassergehalten in verschiedenen Tiefenstufen belegt werden. Vor allem zeigte sich während des Sommerhochwassers 1997 in den Monaten Juli und August (maximaler Pegelstand in Gnevsdorf 4,45 m; Mittelwasser 2,78 m) eine signifikante Erhöhung der Bodenwassergehalte in 120 cm Tiefe infolge steigender Elb-Wasserstände. Mit Hilfe des statistischen Verfahrens der Kreuzkorrelation konnte zwischen der Ganglinien des Wasserstandes und des volumetrischen Bodenfeuchtegehaltes in der Meßtiefe 120 cm bei einer zeitlichen Verschiebung von 9 Tagen ein enger Zusammenhang (r = 0,897) belegt werden. Diese Beziehungen traten, entgegen den Erwartungen, in einer

Meßtiefe von 90 cm nicht auf. Als Ursache werden vorrangig Differenzierungen in der Substratschichtung des Bodens angesehen. Während sich die TDR-Sonde in 90 cm Tiefe in einer mächtigen Auenlehmauflage befindet, wurde die Sonde in 120 cm in das darunterliegende Sandband eingebaut. Über das sandige Unterbodenmaterial mit relativ hoher hydraulischer Leitfähigkeit findet eine schnelle laterale Infiltration von Elbewasser in die Vorlandböden statt. Der Bodenfeuchtegehalt des darüberliegenden Auenlehms wird durch diese Infiltrationsvorgänge kaum beeinflußt und ist daher durch annähernd konstante Meßwerte gekennzeichnet, obwohl im betrachteten Zeitintervall bis in 90 cm Tiefe mit Hilfe von Tensiometermessungen eine aufsteigende Wasserbewegung belegt werden konnte.

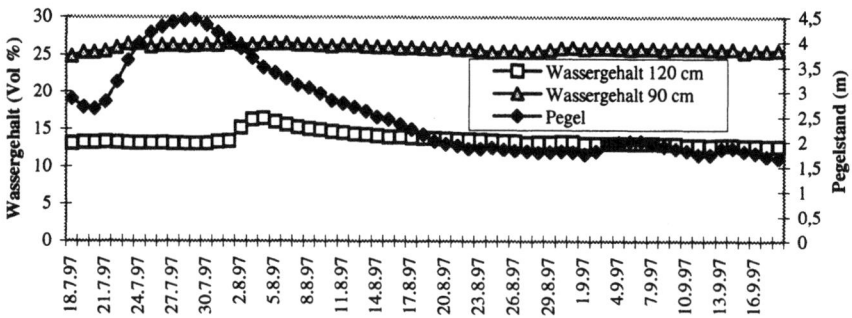

Abb.1 Gegenüberstellung ausgewählter Pegelstände und Bodenwassergehalte

4 Schlußfolgerungen

Allgemeingültige Aussagen zum hochwassergebundenen Stoffeintrag in Auenböden erfordern detaillierte pedogenetische Kenntnisse des Beispielsgebietes (Substrate, Schichtmächtigkeit). In Arealen mit sandigen Unterbodenhorizonten ist bei steigenden Flußwasserständen mit einem Schadstoffeintrag aus dem Interstitial zu rechnen (Bubb und Lester 1994). Das hieraus erwachsende Gefährdungspotential kann erst auf der Grundlage umfassender Untersuchungen des Boden- und Grundwassers sowie nach einer weiteren Klärung der wesentlichen Schadstoffbindungsmechanismen und -transportpfade charakterisiert werden.

Literatur

Bubb, J.M., Lester, J.N. (1994) Anthropogenic heavy metal inputs to lowland river systems, a case study. The river Stour, U.K.. Water, Air and Soil Pollution 78: 279-296

Rupp, H., Meißner, R., Schonert, P. (1996) Untersuchungen zum hochwassergebundenen Sedimenteintrag in die Überschwemmungsgebiete der Elbe bei Wittenberge. 7. Magdeburger Gewässerschutzseminar 22. - 25.10.1996, Proceedings, S. 489-491

Charakterisierung des Wasser- und Stoffhaushalts der Böden im Projektgebiet „Deichrückverlegung an der Elbe bei Lenzen"

René Schwartz, Alexander Gröngröft, Günter Miehlich

Um die Veränderungen der natürlichen Bodenfunktionen 'Lebensraum für Bodenorganismen', 'Standort für höhere Pflanzen' und 'Speicher und Transformator für eingetragene Stoffe' nach einer Deichrückverlegung prognostizieren zu können, ist es notwendig, zunächst die Eigenschaften der unterschiedlichen Standorte des Projektgebietes zu charakterisieren. Im Zentrum der Untersuchungen stehen die physikalischen Eigenschaften (Lagerungsdichte, Wasserspannungskurve, Wasserleitfähigkeit) und der Wasserhaushalt der betroffenen Auenböden. Diese Untersuchungen werden erweitert durch Bestimmungen von Nährstoffvorräten und in der Bodenlösung zeitabhängig vorhandenen Nährstoffgehalten. Zusammen mit den biologischen Untersuchungen soll aus der Wechselwirkung abiotischer und biotischer Prozesse ein Prognoseverfahren für die Auengebiete entwickelt werden. Im folgenden werden einige der bisherigen Ergebnisse zur Ist-Zustands-Erfassung zusammengefaßt. Die Eigenschaften der Auenböden werden primär von der Verbreitung der bodenbildenden Substrate Auensande, Auenlehme und rezenter Auenschlämme bestimmt, in Randlagen der Auen auch von Torfen und Mudden. Wie Transektkartierungen durch das überwiegend eingedeichte Plangebiet gezeigt haben (Gröngröft et al. 1997), kommt im Normalfall auf dem mächtigen sandigen Untergrund eine im Mittel 1.5 m mächtige Schicht von Auenlehm vor. Bei diesem Substrat variiert die Bodenart von sandigem Lehm zu Ton. In der heutigen Geländemorphologie lassen sich zwar noch Rinnen und Wälle erkennen, die liegenden Sandschichten weisen jedoch eine wesentlich bewegtere Oberfläche auf, die im Zuge der Lehm-Sedimentation eingeebnet wurde. Die größte Variabilität der Substratschichtungen sowie damit auch der übrigen Bodeneigenschaften tritt im ufernahen Bereich auf. Hier können sowohl sehr tonige Auenböden als auch Uferwälle aus reinen Sanden vorkommen. In vordeichs gelegenen Rinnen sedimentieren frische Auenschlämme und tragen damit zu erheblichen Nähr- und Schadstoffeinträgen (Miehlich 1994) bei. Innerhalb der Auenböden tritt ein erhebliches Spektrum an Bodenarten auf (Gröngröft et al. 1997). Als Zeichen einer ehemaligen Sedimentation unter sehr stark strömungsberuhigten Bedingungen kommen Auenlehme aus Ton und lehmigem Ton vor. Dagegen wurde festgestellt, daß unter den derzeitigen Stillwasserbedingungen Hochflutsedimente mit deutlicher Schluffdominanz (s. Beitrag Schwartz in diesem Band) abgelagert werden. Die Bodenart hat erheblichen Einfluß auf die Fähigkeit der Böden, Wasser zu speichern. Abb. 2 zeigt, daß die in den Feinporen (< 0.2 µm) des Bodens gespeicherten Wasseranteile tongehaltsabhängig bis fast 50% ansteigen. Dieser Wasseranteil steht der Vegetation nicht zur Verfügung. Daher nehmen die pflanzenverfügbaren Wasseranteile (Abb. 3) mit ansteigendem Tongehalt deutlich ab, wobei dieser Effekt in den humushaltigen Horizonten durch die Speicherfähigkeit der organischen Substanz überdeckt sein kann.

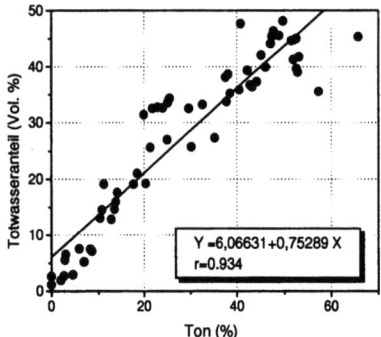
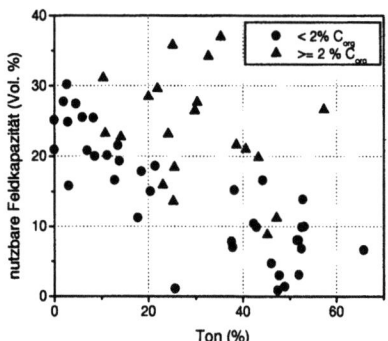

Abb.1 Abhängigkeit des Totwasseranteils vom Tongehalt

Abb.2 Abhängigkeit der nutzbaren Feldkapazität vom Tongehalt

Die variierenden Standorteigenschaften prägen sich in dem Verlauf der Wassergehalte der Böden aus. Abb. 4 zeigt zum Vergleich die Wassergehalte zweier Oberboden-(= Ah-) Horizonte, die sich deutlich in der Bodenart und damit auch in dem Anteil an Totwasser unterscheiden. Während der tonige Oberboden auf höherem Gehaltsniveau bis in den Bereich des Welkepunkts austrocknet, hält der lehmig-sandige Ah-Horizont einen niedrigen, aber bezogen auf den Totwasseranteil relativ hohen Wassergehalt bis zum Herbst.

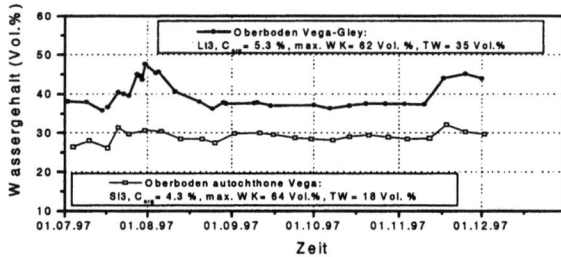

Abb.3. Verlauf des Wassergehalts in zwei Oberböden

Literatur

Gröngröft, A., Schwartz, R., Miehlich, G. (1997) Verbreitung und Eigenschaften der Auenböden in dem geplanten Rückdeichungsgebiet Lenzen - erste Ergebnisse. Beiträge aus dem Naturpark 'Brandenburgische Elbtalaue', Heft 3, S. 58-65

Miehlich, G. (1994) Auen und Marschen als Senken für belastete Sedimente der Elbe. In: Guhr, H., Prange, A., Punchovar, P., Wilken, R.D., Büttner, B. (Hrsg.) Die Elbe im Spannungsfeld zwischen Ökologie und Ökonomie. 6. Magdeburger Gewässerschutzseminar. Teubner, Stuttgart, S. 307-312

Das diesem Bericht zugrundeliegende Vorhaben wurde mit Mitteln des BMBF unter dem Förderkennzeichen 03395571 gefördert. Veröff. Nr. 10 des Forschungsvorhabens „Auenregeneration durch Deichrückverlegung".

Standorteigenschaften von Böden der Mittelelbe
I. Einfluß von Eindeichungen auf den Nährstoffhaushalt

René Schwartz, Frank Krüger, Alexander Gröngröft, Günter Miehlich

Natürliche Auenökosysteme verdanken ihren Artenreichtum extremen abiotischen Bedingungen im Einflußbereich der Flüsse. Im Verlauf seiner Entwicklungsgeschichte hat der Fluß durch Verlagerung seines Bettes und daraus folgend im Wechselspiel von Sedimentation und Erosion ein kleinräumlich variierendes Standortmosaik aus feuchten, tonverfüllten Rinnen, trockenen, sandigen Uferwällen, nassen Böden am Rande von Altarmen und wechselfeuchten Ebenen aus Auenlehm geschaffen. Dieses Mosaik wird auch heute noch (in Bereichen geringer anthropogener Beeinflussung) durch den Fluß umgestaltet. Mit dem Hochwasser gelangen in die nicht eingedeichten Bereiche der Aue, abhängig von der Topographie, Nähr- und Schadstoffe. Infolge von Eindeichungen und der damit ausbleibenden Überflutungen versiegt dieser partikuläre Stoffeintrag. Bodenbildende Prozesse (Entwässerung, Oxidation, Redoximorphose, Verbraunung, Verlehmung) setzen ein, Nährstoffe können ausgewaschen oder dem Boden durch landwirtschaftliche Nutzung entzogen werden. Langandauerndes Ausbleiben des Stoffeintrages führt demzufolge zu einer Veränderung der Nährstoffgehalte und einer Verschiebung der Elementverhältnisse. Die in der Tab. 1 aufgeführten Ergebnisse entstammen dem Bereich der unteren Mittelelbe (Stromkilometer 438 und 480). Es handelt sich um Hochflutsedimente des Jahres 1996-97 (n = 25) und um Oberbodenproben. Diese unterteilen sich einerseits in außendeichs gelegene Auenböden (n = 43) und andererseits in eingedeichte Bereiche (n = 83). Insgesamt ist eine gute Nährstoffversorgung bei einem für landwirtschaftliche Zwecke geeigneten pH-Wert zu verzeichnen. Lediglich der pflanzenverfügbare Anteil des Phosphors ist auf den eingedeichten Bereichen stark erniedrigt. Die drei untersuchten Standorte verhalten sich im Vergleich der untersuchten Parameter zueinander uneinheitlich. Gegenüber den Auenböden (eingedeicht und nicht eingedeicht) sind die Meßergebnisse der frischen Sedimente zumeist erhöht. Während die Parameter Leitfähigkeit, Kohlenstoff, Humus, Phosphor, Natrium und Schwefel eine Abnahme der Gehalte in der Reihenfolge: frische Hochflutsedimente, außendeichsgelegene Auenböden, binnendeichsgelegene Auenböden aufweisen, ist diese Kette beim pH-Wert und bei der Calcium-Konzentration (als Zeugnis von Kalkungsmaßnahmen) unterbrochen. Vereinzelt ist ein nahezu konstantes Gehaltsniveau (Stickstoff und Kalium) oder sogar eine Zunahme (Magnesium und Eisen) zu beobachten. Dabei ist für Magnesium und Eisen eine enge Korrelation zu den Tongehalten festzustellen. Ein Anstieg im Tongehalt führt demzufolge zu einem Anstieg der Elementkonzentration. Zusätzlich ist für das Eisen noch die starke Verlagerung infolge von Reduktions- und Oxidationsprozessen zu nennen.

Das diesem Bericht zugrundeliegende Vorhaben wurde mit Mitteln des Bundesministeriums für Bildung, Wissenschaft, Forschung und Technologie unter dem Förderkennzeichen 03395571 gefördert. Veröffentlichung Nr. 11 des Forschungsvorhabens „Auenregeneration durch Deichrückverlegung".

Tab.1. Vergleich der Kennwerte von Hochflutsedimenten, Auenböden (außendeichs) und Auenböden (binnendeichs)

Auenböden und Sedimente (untere Mittelelbe)		Ton [%]	Schluff [%]	Sand [%]	pH H₂O	pH CaCl₂	LF [µS/cm]	C [%]	Humus [%]	N [%]	C/N
Hochflutsedimente (1996-97)	Min./Max.	7-14	46-62	25-43	6,9-7,5	6,5-7,1	335-383	4,2-10,4	8,3-19,3	0,4-0,8	11-13
	Median	11	60	34	7,2	6,8	359	7,2	11,7	0,5	11,5
Auenböden (außendeichs)	Min./Max.	5,4-32,6	5,1-71,8	0,1-89,5	4,7-7,5	4,1-7,1	7-1176	1,0-11,6	1,9-23,1	0,1-1,0	7-27
	Median	21,9	58,1	18,7	5,9	5,3	192	5,6	10,5	0,5	12
Auenböden (binnendeichs)	Min./Max.	5,6-48,4	8,5-62,1	0,6-99,5	5,0-7,8	3,9-7,4	18-995	1,7-13,9	3,5-27,8	0,1-1,2	9-18
	Median	37,9	46,5	25,5	6,2	5,5	129	4,3	8,5	0,4	11

Auenböden und Sedimente (untere Mittelelbe)		Na [g/kg]	Mg [g/kg]	Ca [g/kg]	Fe [g/kg]	S [g/kg]	P-Ges. [g/kg]	P-DL [mg/kg]	K-Ges. [g/kg]	K-DL [mg/kg]
Hochflutsedimente (1996-1997)	Min./Max.	3,3-5,6	3,5-7,0	1,1-28,7	23,9-48,5	1,0-3,8	1,1-5,0	n.b.	9,6-18,0	n.b.
	Median	5,3	5,6	14,3	27,5	1,7	2,0	n.b.	15,4	n.b.
Auenböden (außendeichs)	Min./Max.	3,0-5,6	1,4-7,8	1,1-15,6	8,3-70,9	<0,1-3,8	0,4-5,2	5-453	8,2-18,5	29-336
	Median	4,2	6,0	6,9	33,7	1,0	1,3	72	16,3	77
Auenböden (binnendeichs)	Min./Max.	2,2-5,5	0,3-7,4	1,4-28,7	3,6-75,2	<0,1-3,6	0,3-5,0	<1-205	6,4-17,6	14-481
	Median	3,2	6,1	8,1	36,5	0,5	0,9	33	15,0	103

n.b. = nicht bestimmt

Standorteigenschaften von Böden der Mittelelbe - Einfluß von Hochwasserereignissen auf den Schadstoffhaushalt

Frank Krüger, René Schwartz, Kurt Friese, Alexander Gröngröft, Maritta Lohse, Ralph Meißner, Holger Rupp, Günter Miehlich

1 Einleitung

Die Elbe hat im Wechselspiel von Sedimentation und Erosion in ihrem Einflußbereich ein kleinräumig variierendes Standortmosaik aus feuchten, tonverfüllten Rinnen und trockenen, sandigen Uferwällen geschaffen. Des weiteren sind nasse Böden am Rande von Altarmen und wechselfeuchte Ebenen aus Auenlehm typisch. Mit dem Hochwasser gelangen in Abhängigkeit von Topographie und morphologischer Exposition Nähr- und Schadstoffe in die überschwemmten Bereiche. Während im Deichvorland der partikuläre Stoffeintrag anhält und zur Belastung beiträgt, ist der Binnendeichbereich von dieser Zulieferung abgeschnitten. Um den Einfluß des Hochwassers auf die Böden beschreiben zu können, ist deshalb ein Vergleich der Belastung zwischen Böden im eingedeichten und nicht eingedeichten Bereich unerläßlich. Es werden Oberbodenhorizonte als auch Horizonte aus rezentem Auenlehm miteinander verglichen.

2 Ergebnisse

Die hier vorgestellten Ergebnisse entstammen aus dem Bereich der unteren Mittelelbe (Stromkilometer 435 bis 480). Die Schwermetalldaten wurden mittels RFA im Institut für Bodenkunde der Universität Hamburg ermittelt. Bei den Oberböden (Tab. 1) zeigte sich, daß die durchschnittliche (Median) Belastung aller untersuchten Metalle (Chrom, Kupfer, Nickel, Zink und Blei) der Außendeichflächen zwei- bis sechfach gegenüber den Binnendeichböden erhöht ist. Während insbesondere Chrom und Nickel der Binnendeichböden signifikant mit den Tongehalten korrelieren, ist die Bindung der Schwermetalle in den Oberböden des Vorlandes an die organische Substanz gekoppelt.

Auch die M-Horizonte (Tab. 2) unterscheiden sich hinsichtlich ihrer Metallgehalte deutlich. Die durchschnittlichen Chrom-, Nickel- und Kupferkonzentrationen sind in den M-Horizonten der Binnendeichböden gegenüber den Vorlandhorizonten erhöht. Selbst die Maximalkonzentrationen dieser Elemente sind bezüglich der M-Horizonte binnendeichs erhöht. Erklärbar ist dies nur durch die deutlich höheren Tongehalte. Bei Blei und Zink treten wiederum im Vorland die höheren durchschnittlichen Konzentrationen auf. Die Maximalkonzentrationen liegen drei- bis vierfach über denen der Binnendeichböden. Während Blei und Zink binnendeichs sowohl mit dem Tongehalt als auch mit der organischen Substanz korrelieren, ist im Vorland der Träger der Belastung wiederum die organische Substanz. Bei geringer Mobilität der Schwermetalle ist daraus zu schließen, daß anthropogene Blei- und Zinkeinträge älter als Chrom-, Nickel- und Kupfereinträge sind.

Tab.1. Vergleich der Schwermetallbelastung von Oberböden von Vorland- und Binnendeichsböden

Oberböden der unteren Mittelelbe		Ton [%]	C [%]	Cr [mg/kg]	Cu [mg/kg]	Ni [mg/kg]	Zn [mg/kg]	Pb [mg/kg]
binnendeichs	Median	42	3,3	79	36	33	141	48
	Min.	10	2	23	13	10	48	25
	Max.	53	5,9	87	43	36	165	52
	Korrel. T*		0,05	0,95	0,56	0,97	0,44	0,15
	Korrel. C**	0,05		-0,04	0,65	-0,01	0,04	0,22
außendeichs	Median	22	7,1	162	243	58	837	234
	Min.	5,4	2,3	30	44	14	208	52
	Max.	44	11	326	466	104	2287	430
	Korrel. T*		0,25	0,55	0,59	0,58	0,51	0,81
	Korrel. C**	0,25		0,88	0,83	0,86	0,74	0,64

Tab.2. Vergleich der Schwermetallbelastung von M-Horizonten von Vorland- und Binnenlandsböden

M-Horizonte der unteren Mittelelbe		Ton [%]	C [%]	Cr [mg/kg]	Cu [mg/kg]	Ni [mg/kg]	Zn [mg/kg]	Pb [mg/kg]
binnendeichs	Median	52	0,7	83	33	42	111	26
	Min.	13	0,4	39	17	16	54	16
	Max.	69	2	102	69	50	177	37
	Korrel. T*		0,67	0,97	0,83	0,95	0,90	0,75
	Korrel. C**	0,67		0,66	0,84	0,57	0,81	0,75
außendeichs	Median	18	0,6	50	24	27	145	45
	Min.	10	0,3	23	10	12	39	16
	Max.	40,8	1,5	85	64	43	451	131
	Korrel. T*		0,69	0,87	0,67	0,85	0,59	0,56
	Korrel. C**	0,69		0,76	0,86	0,75	0,83	0,89

*Korrelationskoeffizient zum Tongehalt, **Korrelationskoeffizient zum Kohlenstoffgehalt

Verteilung und Verhalten anthropogener Spurenstoffe in Elbauen: Erste Untersuchungsergebnisse

Barbara Witter, Frank Krüger, Marcus Winkler

1 Einleitung

Die Auen im Mittellauf der Elbe werden - besonders im Frühjahr - regelmäßig überflutet; hierbei abgelagerte Flußsedimente stellen das Ausgangsmaterial für die Bodenbildung in den Überflutungsflächen dar. Während der überschwemmungsfreien Zeit werden diese jungen Böden bewachsen, so daß sie vor einer Resuspension beim nächsten Hochwasser geschützt sind. Es bildet sich folglich ein Depot von Sedimenten aus, welches zugleich zum Spiegel der Sedimentkontaminationen des Flusses bis in die jüngste Vergangenheit wird (Heinisch 1992, Miehlich 1983).

2 Ergebnisse

Die hier gezeigten Arbeiten wurden an fünf Profilen entlang eines Transektes in der Elbaue bei Schönberg-Deich/Wittenberge durchgeführt, der quer durch die gesamte Aue vom Deich bis zum Ufer verläuft. In Abhängigkeit von der Horizontierung erfolgte die Beprobung in Schichten von maximal 10 cm Mächtigkeit zur Untersuchung der Stoffklassen der schwerflüchtigen chlorierten Kohlenwasserstoffe (CKW), der polycyclischen Aromaten (PAK) sowie der synthetischen Moschusduftstoffe.

Im Bereich der CKW konnten in Bodenproben je Einzelverbindung Gehalte von bis zu einigen Milligramm pro Kilogramm Boden gemessen werden. Flußferne Bereiche wiesen geringere Belastungen bei einer Schadstoffanreicherung nur in den oberen 10 bis 20 cm auf. Zwei Profile im flußnahen Bereich der Aue hatten Anreicherungshorizonte in größerer Tiefe. Besonders auffällig ist eine hohe Kontamination mit HCH-Isomeren und DDT in 30-40 cm Tiefe in einer Probe mit gleichzeitig hohem Kohlenstoffgehalt. Hier liegt offenbar ein Schlickband vor mit fixiertem, nicht metabolisiertem DDT. Die große Dominanz der Pestizide war nur bei diesem einen Profil zu beobachten; Hauptkontaminant ist bei allen anderen Profilen das Hexachlorbenzol.

Die Konzentrationen der untersuchten PAK liegen in ähnlichen Größenordnungen wie die der CKW und haben ebenfalls gleichartige Tiefenverteilungen. Als Hauptverbindungen (aus den 16 nach US EPA zu messenden PAK) kommen Fluoranthen, Pyren und Phenanthren vor.

Diese Ergebnisse stimmen gut mit früheren Untersuchungen der Pevestorfer Elbaue (Landkreis Lüchow-Dannenberg) überein (Witter 1995, Witter et al. 1998). Hier wurde ebenfalls eine Anreicherung in tieferen Schichten gefunden, die jedoch auf Grund variierender Konzentrationsmaxima für unterschiedliche Verbindungen als Ergebnis einer Verlagerung interpretiert wurde.

Danksagung: Die hier gezeigten Untersuchungen wurden durch die Förderung des BMBF ermöglicht (Förderkennzeichen: 02 WT 9617/0)

Literatur

Heinisch, E. (1992) Umweltbelastung in Ostdeutschland. Fallbeispiele: Chlorierte Kohlenwasserstoffe. Darmstadt: Wissenschaftliche Buchgesellschaft

Miehlich, G. (1983) Schwermetallanreicherungen in Böden und Pflanzen der Pevestorfer Elbaue (Kreis Lüchow-Dannenberg). Abhandlungen des naturwissenschaftlichen Vereins Hamburg 25, 75-89.

Witter, B. (1995) Untersuchung organischer Schadstoffe in Auen der mittleren und unteren Elbe unter Anwendung der Supercritical Fluid Extrcation. Dissertation, Universität Hamburg

Witter, B., Francke, W., Franke, S., Knauth, H.-D., Miehlich, G. (1998) Distribution and mobility of organic micropollutants in river Elbe floodplains. Chemosphere 37, 63-78.

Öko-
morphologie

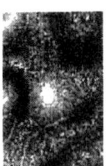

Ökomorphologie

Verbundvorhaben „Morphodynamik der Elbe", Teilprojekt „1D - Berechnung der Wasserspiegellagen und des Feststofftransports"

Kerstin Adam, Günter Meon, Klaas Rathke

1 Zielstellung

Eingebunden in das Forschungskonzept „Elbe-Ökologie" des BMBF befaßt sich das Verbundprojekt „Morphodynamik der Elbe" (FKZ 0339566) mit den hydrologischen, morphologischen und landschaftsökologischen Zusammenhängen und Wechselwirkungen im Bereich der überfluteten Vorländer zwischen den Hochwasserdeichen. In dem hier vorgestellten Teilprojekt werden zunächst verfügbare topographische Daten und Peilungen der deutschen Elbe für das digitale Geländemodell (Teilprojekt „Geländemodell und GIS" des Verbundvorhabens) gesammelt und aufbereitet. Darauf aufbauend werden hydraulische und sedimentologische Berechnungen möglichst für die gesamte deutsche Elbe (Ist-Zustand) nach gängigen, in der Praxis bewährten Verfahren durchgeführt. Aufgrund der Größe des Untersuchungsgebietes (ca. 585 km Fließstrecke) und der Datenlage lassen sich die gestellten Ziele nur über eindimensionale (1D) Betrachtungen realisieren. Die aufbereiteten Daten und Berechnungsergebnisse sollen als Grundlage für lokale Detailuntersuchungen mit anspruchsvoller Modelltechnik dienen (Nestmann et al. 1996).

2 Stand der Bearbeitung

Die abschnittsweise Erfassung der gesamten deutschen Elbe über 1D-Modellierung ist abhängig von der Verfügbarkeit von Querprofilpeilungen, topographischen Daten, hydrologischen Daten und Geschiebe- und Schwebstoffmessungen. Nach der Hälfte der Projektlaufzeit ist abschätzbar, daß aktuelle Flußpeilungen und hydrologische Daten in weiten Strecken verfügbar sind. Die Daten der Vorländer sind dagegen nur selten in digitaler Form verfügbar; sie müssen per Hand aus den Topographischen Karten Maßstab 1:10.000 digitalisiert werden. Die Güte der Vorlanddaten entspricht folglich der Genauigkeit der zugrundeliegenden Karten. Als ein erstes Ergebnis der Untersuchungen läßt sich hier ein dringender Handlungsbedarf für weitere Vermessungen durch z.T. neue Techniken (z.B. Laser-Scanner-Befliegungen) zur Erhöhung der Genauigkeit festhalten. Geschiebe- und Schwebstoffmessungen werden entlang der Elbe an unregelmäßig verdichteten Meßstellen von der Bundesanstalt für Gewässerkunde seit 1990 bei verschiedenen Abflußverhältnissen durchgeführt. Diese Meßgrößen werden für die Berechnung des Feststofftransportes benötigt. Die vorhandene Datendichte ist allerdings in vielen Streckenabschnitten sehr lückenhaft, so daß Feststofftransportmodelle mit höchster Genauigkeit nur in Teilabschnitten erstellt werden können. Darüberhinaus ist in weiten Strecken eine erste Abschätzung sedimentologischer Verhältnisse durch Einfach-Modelle möglich.

3 Möglichkeiten und Grenzen der 1D-Modellierung

Anhand von zwei Teilabschnitten der Elbe soll hier der Einsatzbereich von 1D-Modellen erläutert und im Vergleich zu 2D-Modellen abgegrenzt werden. Für ein Teilgebiet des Biosphärenreservates Mittlere Elbe wurde ein 1D-Modell von km 271,2-288,3 aufgebaut. Im Eingangsbereich dieses Teilstückes von ca. km 272-278 sind sehr breite Vorländer (bis zu 2 km Breite) vorhanden. Zusätzlich wirkt eine angeböschte Bundesstraße als Querriegel bis zu mittleren Hochwasserabflüssen im Einströmungsbereich des rechten Auengebietes. Weiterhin befindet sich ein alter geschlitzter Leitdeich auf dem rechten Vorland hinter dem Querriegel. Bei mittleren Hochwasserabflüssen ist ein langsames Einströmen durch den geschlitzten Deich und über Rinnen und Mulden in die Aue möglich. Der Wasserstand in elbnahen Flußbereichen wird durch die oben geschilderten Verhältnisse allerdings schneller ansteigen als in den Randbereichen der Aue. Im 1D-Modell wird querprofilorientiert gearbeitet und von einem mittleren Wasserstand über das gesamte Profil ausgegangen. Somit werden in der Aue etwas überhöhte Wasserstände berechnet. Im unteren Teilabschnitt ab km 279 mit engerer Deichführung am Fluß und gleichmäßiger Überströmung der Vorländer treten diese Probleme nicht auf, und der gemittelte Wasserspiegel kann über den gesamten Querschnitt als nahezu konstant angesehen werden. Dieses Problem der überströmten großflächigen Auenbereiche tritt allerdings nicht in allen Teilstrecken der Elbe auf. Ca. 100 km unterstromig des Biosphärenreservates Mittlere Elbe liegt das Naturschutzgebiet Bucher Brack. Hier wurde ebenfalls ein 1D-Modell mit teilweise sehr breiten Vorländern (>1 km) von km 274,0-290,0 aufgebaut. In diesem Gebiet ist jedoch ein gleichmäßigeres Einströmen und auch Überströmen der relativ flachen Vorländer gegeben. Die Ergebnisse der 1D-Berechnung lassen sich hier ohne weiteres mit den Ergebnissen eines 2D-Modells, das für diesen Bereich aufgestellt wurde, vergleichen (Quoika und Meon 1997). Hervorzuheben ist hierbei, daß die Erstellung dieses 2D-Modells über ein Finite-Elemente-Netz wesentlich aufwendiger und zeitintensiver ist als der Aufbau des 1D-Modells (erheblich mehr Höheninformationen erforderlich). In Anbetracht der oben geschilderten Datenlage entlang der Elbe wird somit der Einsatz von 1D-Modellen in weiten Streckenabschnitten bei sorgfältiger Prüfung der Strömungsverhältnisse und der Breite der Aue als sinnvoll erachtet. Nach einer ersten Abschätzung der Situation durch 1D-Berechnungen kann darauf aufbauend an problematischen Stellen die Erstellung eines aufwendigeren 2D-Modelles erfolgen. Im Rahmen des Verbundprojektes konnte bereits aufgezeigt werden, daß die erstellten digitalen Geländemodelle interaktiv nachbearbeitet d.h. verfeinert werden können und in Berechnungsnetze für 2D-Modelle einbringbar sind.

Literatur

Nestmann, F., Belz, S., Büchele, B., Kiene, S. (1996) Verbundprojektantrag „Morphodynamik der Elbe", Karlsruhe

Quoika, S., Meon, G. (1997) Deichrückverlegungsmaßnahmen Klietznick/Bucher Brack - Numerische Modellierung - Abschlußbericht, Höxter

Die Datenbank des Verbundprojekts „Morphodynamik der Elbe"

Rolf Becker

1 Einleitung

Die im Verbundprojekt „Morphodynamik der Elbe" anfallenden Daten werden mit Hilfe eines relationalen Datenbank-Managementsystems (DMBS) zentral verwaltet und den einzelnen Teilprojekten durch die aufgebaute Netzwerkstruktur zugänglich gemacht. Im Vergleich zu Systemen, in denen Daten in einzelnen unzusammenhängenden Dateien gehalten werden, bietet ein DBMS folgende Vorteile: Vereinheitlichter Datenbestand ohne Inkonsistenzen, gleichzeitige Nutzbarkeit der Daten für beliebig viele Personen über Netzwerke, Verwaltung großer Datenmengen, zentrale Datensicherung und -wiederherstellung, reduzierte Abhängigkeit von Programmen und Daten, Prüfmöglichkeit der Datenintegrität und -korrektheit.

2 Technische Spezifikationen (Stand Mai '98)

Der Server besteht aus einer HP 715/100 XC Workstation mit 12 GB Festplattenkapazität, Betriebssystem HP-UX 10.20, Oracle8 DBMS, Oracle Web Application Server 3.0 mit PL/SQL und Java Cartridge, TCP/IP und Net8 Kommunikationsprotokoll. Die PC-Clients verfügen über Windows 95 oder NT, Microsoft Office Paket, WWW Browser, ODBC-Treiber, TCP/IP und SQL*Net Protokoll. Auf einigen Client-Workstations ist das GIS ARC/Info installiert, das mit der Datenbank kommunizieren kann.

3 Client-Server-Architektur

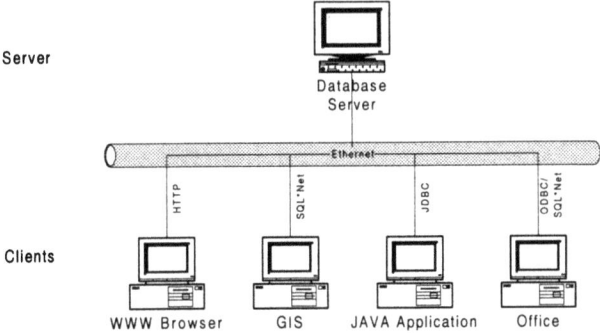

Abb.1. Client-Server-Architektur

Abb. 1. zeigt die wesentlichen dezentralen Datenbankzugänge der Teilprojekte über das Netzwerk. Das GIS ARC/Info verfügt über eine Datenbankschnittstelle. Über das WWW ist ein eingeschränkter Datenbankzugriff durch dynamische HTML-Seiten möglich. Die Verbindung zwischen Datenbank und den auf den PCs installierten Office-Paketen (MS-Excel, MS-Access) stellt den wichtigsten Kommunikationskanal dar, der eine flexible Abfrage und Verschneidung aller zugänglichen Daten erlaubt.

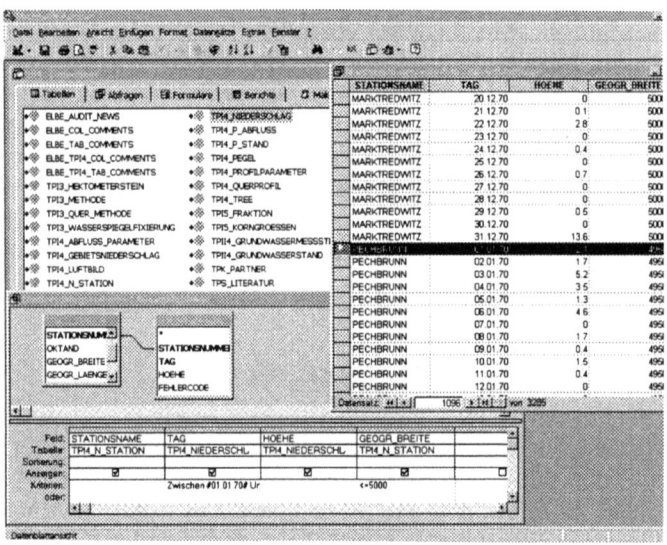

Abb.2. Abfrage der zentralen Datenbank mit MS-Access

Abb. 2. zeigt eine beispielhafte Abfrage mit MS-Access. Links oben befindet sich eine Auswahl der Datenbanktabellen auf dem Server. Die Kreise vor dem Tabellennamen signalisieren, daß es sich um verknüpfte Objekte handelt, die nicht lokal auf dem PC, sondern in der zentralen Datenbank liegen. Im linken unteren Fenster ist folgende Abfrage formuliert worden: „Zeige alle Tageswerte des Niederschlags im Jahr 1970 an den Stationen nördlich des fünfzigsten Breitengrades". Oben rechts sieht man einen Ausschnitt des Ergebnisses. Die große Niederschlagstabelle der Datenbank (11.600.000 Tageswerte, 240 MB Daten + 300 MB Index) wird innerhalb von Sekunden durchsucht.

4 Datenbestand

Eine aktuelle Beschreibung der Daten befindet sich auf den Internetseiten des Projekts: http://ihwhp1.bau-verm.uni-karlsruhe.de/~elbe. Die folgende Liste zeigt einen Ausschnitt: Tageswerte des Niederschlags an 1425 Stationen, der Temperatur an 60 Stationen, des Abflusses und Wasserstands der wichtigsten deutschen Pegel und ihre Extremwertstatistik, Grundwasserdaten, Korngrößenverteilungen von Bohrproben, Querprofile von Gewässer und Vorland, fixierte und berechnete Wasserspiegellagen, Radarbilder.

Morphologische Gewässerstrukturen der Elbe, ihre Entwicklung, ihre ökologische Bedeutung und ihre Entwicklungsmöglichkeiten

Oliver Harms, Susanne Kiene, Franz Nestmann

1 Das Projekt

Das Verbundvorhaben 'Morphodynamik der Elbe' (Förderkennzeichen 0339566) wird im Rahmen des BMBF-Programmes Elbe-Ökologie durchgeführt. In das Verbundprojekt integriert ist das Teilprojekt 'Schnittstelle zwischen Biotik und Abiotik', das am Institut für Wasserwirtschaft und Kulturtechnik der Universität Karlsruhe bearbeitet wird. Das Teilprojekt 'Schnittstelle' soll die Ergebnisse des Verbundvorhabens mit den weiteren Verbundprojekten der 'Elbe-Ökologie' koordinieren und deren biologische Interessen berücksichtigen. Weiterhin werden Beiträge zu den Auswirkungen wasserbaulicher Maßnahmen und zur Leitbildfindung geliefert.

2 Die morphologischen Gewässerstrukturen der Elbe und ihre Entwicklung

Ein wichtiger Beitrag zur Leitbildfindung ist die Analyse der morphologischen Gewässerstrukturen der Elbe und ihrer Ökologie. Am Rhein wurde gezeigt, daß eine hohe Gewässergüte allein für viele aquatische Organismen noch nicht ausreicht, wenn nicht Lebensräume in ausreichender Zahl vorhanden sind, die wiederum vom Vorhandensein entsprechender Gewässerstrukturen abhängen. Da weitere Ausbaumaßnahmen der Elbe geplant werden sollen, ist eine Bestandsaufnahme und ein Vergleich mit den natürlichen oder wenigstens naturnahen Zuständen von höchster Bedeutung. Mehreren Arbeiten zufolge (z. B. Rohde 1971) repräsentierten die Gewässerstrukturen der Elbe vor 200 Jahren noch naturnahe Verhältnisse. Für einen 108 km langen Abschnitt (km 475, Schnackenburg bis km 583, Geesthacht) haben wir eine 200 Jahre alte Karte, die Kurhannoversche Landesaufnahme des 18. Jahrh. von 1776 (Niedersächsisches Landesverwaltungsamt 1961) mit topographischen Karten von 1992 verglichen und alle morphologischen Strukturen, die erkennbar sind, gezählt bzw. gemessen (s. Tab.1). In den letzten 200 Jahren haben dramatische Veränderungen bei den Gewässerstrukturen an diesem Elbe-Abschnitt stattgefunden! Einige Strukturen sind vollkommen verschwunden (Inseln und Uferbänke), andere wurden stark eingeschränkt oder verändert (Seitengewässer), so daß eine Verarmung und Vereinheitlichung der Strukturen erfolgte. Dabei gilt zu beachten, daß vorhandene Strukturen (z. B. Insel) durch ihre hydraulische Wirksamkeit (z.B. Ändern der Fließgeschwindigkeiten, Umlenken der Strömung) weitere Strukturen und Dynamik erzeugen (z. B. Steilufer, Kolke, Sedimentdifferenzierung). Zugenommen haben die Regelungsbauwerke. Buhnen scheinen als Bauwerke noch relativ strukturreich zu sein, da ihre hydraulische Wirkung (z. B. Variation der Fließgeschwindigkeit und der Sedimente) und ihr (Hart-)Substrat natürliche Strukturen nachahmen.

3 Ökologische Bedeutung der Strukturen und Entwicklungsmöglichkeiten

Möglichst vielfältige Gewässerstrukturen sind die Voraussetzung für eine hohe Biotopvielfalt (Nischenbildung) und entsprechende Organismenvielfalt. Bestimmte Organismen scheinen an charakteristische Strukturen gebunden zu sein. Hierzu besteht noch ein großer Forschungsbedarf. Die zukünftigen Entwicklungsmöglichkeiten für natürlichere Gewässerstrukturen an der Elbe sind durch Veränderungen im Einzugsgebiet (Entwaldung), irreversible Veränderungen (Auenlehmdecke) und Nutzungsinteressen eingeschränkt. Da im Flußlauf kaum Maßnahmen vorstellbar sind (Schiffahrt), scheinen die Auenflächen am ehesten geeignet (Auenrückgewinnung!). So könnten z.B. durch Wiederanbindung ehemaliger Seitengewässer verlorengegangene Gewässerstrukturen neu geschaffen oder induziert werden. Voraussetzung muß aber sein, daß die Gewässerstrukturen der Elbe nicht weiter verarmen!

Tab. 1 Die morphologischen Strukturen im Kartenbild von 1776 und 1992.

Struktur/Charakteristik	1776	1992
Länge des Elbe-Abschnittes	ca. 106 km	108 km
Breite der Elbe (Inselbreite inklusive, falls im Querschnitt), 1992 zwischen den Ufern	max. 850m, Durchschnitt 420m, min. 130m	max. 550m, Durchschnitt 340m, min. 230m
Breite der Elbe (ohne Inseln), 1992 zwischen den Buhnenköpfen	max. 750, Durchschnitt 380m, min. 130m	max. 430, Durchschnitt 220m, min. 150m
Länge des Elbelaufes mit Inseln	32 km	0
Inseln (mit Vegetation/ohne)	55 (30/25)	0
Insel-Fläche (mit Vegetation/ohne)	ca. 5.74 km^2 (4.13 km^2 / 1.70 km^2)	0
Länge der amphibischen Zone um die Inseln	ca. 70 km	0
Uferbänke - ohne Vegetation - (Fläche)	26 (2,19 km^2)	0
Regelungsbauwerke	27 Buhnen	ca. 1680 Buhnen
Länge des rechten und linken Ufers mit Bauwerken (% des gesamten Ufers)	5.4 km (2.5%)	198.3 km (91.8 %)
Seitengewässer ohne Elbe-Verbindung	62	142
Seitengewässer mit Elbe-Verbindung. (Gesamtlänge/Durchschnitt)	40 (52.9 km/1.3 km)	28 (23.7 km/0.8)

Literatur

Niedersächsisches Landesverwaltungsamt (Hrsg.) (1961) Kurhannoversche Landesaufnahme des 18. Jahrh. (Nachdruck): Blatt 75 Hitzacker, Blatt 81 Gartow

Rohde, H. (1971) Eine Studie über die Entwicklung der Elbe als Schiffahrtsstraße. - Mitt. d. Franzius-Inst. f. Grund- u. Wasserbau d. Techn. Univ. Hannover, H. 36

Untersuchungen zur Korngrößenverteilung von Feststoffen aus der Elbe und Elbenebenflüssen mit einem laseroptischen Verfahren

Hartmut Heinrich, Burkhard Stachel, Stefan Wolff

1 Einleitung

Zur Bestimmung der Korngrößenverteilung in schwebstoffbürtigen Sedimenten der Elbe und der Elbenebenflüsse Saale und Mulde (jeweils Mündungsbereich) wurden Feinspektren mit einer laseroptischen Meßmethode (CIS) erstellt. Die Feststoffe wurden mit Hilfe permanent durchströmter Sedimentationskammern aus dem Wasserkreislauf in einer Meßstation gewonnen. Die Messung erfolgt nach der „Time-of-Transition-Methode", bei der die Partikeldurchmesser direkt bestimmt werden.

2 Ergebnisse

Die Unterteilung in die Siebklassen < 20 µm, 20-63 µm und >63 µm zeigt, daß es sich bei dem untersuchten Material um tonig-schluffiges Sediment handelt (Tab. 1).

Tab. 1. Grobansprache schwebstoffbürtiger Sedimente aus der Elbe, Saale und Mulde; Angaben in Vol-%.

Station	< 20 µm	20 - 63 µm	> 63 µm
Schmilka	45	33	22
Zehren	47	47	6
Mulde	16	72	12
Saale	21	74	5
Schnackenburg	63	32	5
Bunthaus	58	38	4

Die Feinspektren sämtlicher Proben lassen eine Dominanz von drei Partikelgrößengruppen erkennen: einen Bereich von 8-16 µm, der die Tonfraktion repräsentiert, einen Bereich von 20-50 µm, der den Schluffanteil darstellt und einen Anteil von >60 µm, den Sand (Abb. 1).

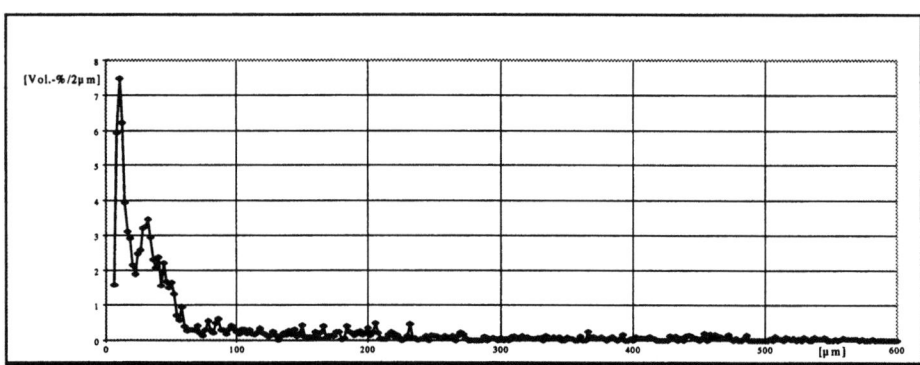

Abb. 1. Mittleres Partikelspektrum (arithmetische Mittelwerte der 2μm-Inkremente aller Proben) über den gesamten Meßbereich

Die Unterschiede in den Korngrößenverteilungen zwischen den einzelnen Proben liegen in den jeweils verschiedenen, prozentualen Anteilen dieser drei Korngrößengruppen. Die Elbeproben sind im wesentlichen tonig-schluffig, die Feststoffe aus der Saale und Mulde sind deutlich grobkörniger, d.h. schluffiger als die von der Unterelbe. Das sandigste Sediment tritt in der Tideelbe auf.

Auf die strittige Frage, welche Sedimentfraktion beim Schadstoffmonitoring zu bevorzugen sei, geben die Messungen eine eindeutige Antwort. Die Minerale mit den höchsten Adsorptionsfähigkeiten, die Tonminerale, befinden sich in der Fraktion 8-16 μm, die deutlich von der nächst gröberen Korngrößengruppe durch ein Minimum bei ca. 20 μm abgetrennt ist. Mit einer Siebung bei 20 μm ließe sich demnach quantitativ und qualitativ eine optimale Anreicherung von partikulär gebundenen Schadstoffen erreichen.

Lokale morphologische Beeinflussung der Stromsohle durch Unterhaltungs- und Ausbaumaßnahmen in der unteren Mittelelbe

Bernd Hentschel

1 Problemstellung

Die ehemals frei fließende alluviale Elbe wurde in den letzten Jahrhunderten durch unterschiedlichste Nutzungsänderungen mit den damit verbundenen Baumaßnahmen in ihrem Gewässerbett verändert und festgelegt. Neben den erheblichen Veränderungen im Einzugsgebiet wirkten sich insbesondere die Eindeichung der Vorländer zum Hochwasserschutz und der Bau von Buhnen, Parallel- und Deckwerken zur Verbesserung der Schiffahrtsverhältnisse nachhaltig auf das Flußbett aus.

Aufgrund der hohen morphologischen Dynamik im untersuchten Elbabschnitt bewirkten diese Veränderungen der Abflußquerschnitte eine Anpassung der Sohlformen an die neuen morphologischen und hydraulischen Randbedingungen. In kiesigen und sandigen Abschnitten findet der Geschiebetransport unterhalb der Havelmündung an der Sohle in Form von Transportkörpern, in weiten Bereichen auch in Form alternierender Bänke statt. Die geometrische Ausbildung dieser Sohlformen (Länge, Höhe und Wandergeschwindigkeit) steht in enger Wechselwirkung mit der Art der Begrenzung des Mittelwasserbettes und ist maßgeblich verantwortlich für die Ökologie der Flußsohle (Substratart und -bewegung, Austausch mit tieferen Bodenschichten, biologische Selbstreinigungskraft etc.).

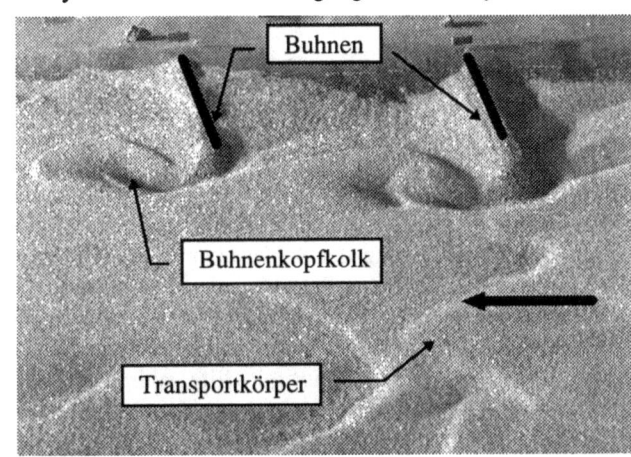

Abb. 1. Modellsohle im Buhnennahbereich

Im Rahmen von Unterhaltungsarbeiten der Wasser- und Schiffahrtsverwaltung des Bundes werden an der Elbe Buhnen instandgesetzt und bei Ausbaumaßnahmen in ihrer Lage und Höhe modifiziert. Die dadurch erzielten Beeinflussungen des Abflusses wirken sich auf den Geschiebetransport an der Gewässersohle und damit auf die Sohlstrukturen aus.

2 Wechselwirkung zwischen Strömungsberandung und Sohlform

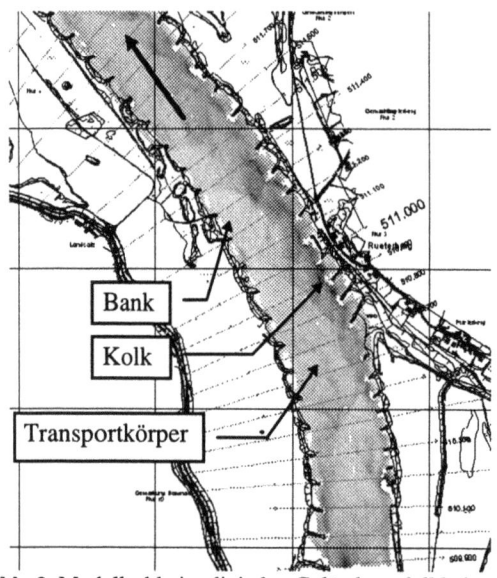

Abb. 2. Modellsohle im digitalen Geländemodell bei Q = 972 m³/s

Aus der Literatur sind umfangreiche Untersuchungen beschrieben, welche Angaben zur Sohlform (Transportkörper) in Abhängigkeit von lokalen Strömungsparametern liefern. Die beschriebenen Ansätze sind jedoch, wie umfangreiche Natur- und Laboruntersuchungen belegen, nicht oder nur unter großen Vorbehalten auf die untere Mittelelbe übertragbar. Insbesondere berücksichtigen sie in der Regel keine instationären Abflußzustände, sondern betrachten ausschließlich die Sohlformen als Resultat statischer Abflußereignisse.

Untersucht werden bei der Bundesanstalt für Wasserbau an einem gegenständlichen Modell (Maßstab 1:110 / 1:40, Naturlänge = 6 Kilometer) die Wechselwirkungen zwischen Buhnengeometrien und Abflußzuständen mit der Form von Transportkörpern an der Flußsohle. Die Entwicklung eines videometrischen Meßsystems zur hochaufgelösten, berührungslosen Erfassung der Sohlstrukturen ermöglicht es, detaillierte digitale Geländemodelle unterschiedlicher Sohlzustände zu erstellen und mit Hilfe statistischer Methoden flächig auszuwerten. Ein besonderes Problem ergab sich aus der hohen räumlichen und zeitlichen Variabilität der auftretenden Strukturen bei nahezu gleichen Rand- und Anfangsbedingungen, so daß nur mit Hilfe zahlreicher Meßreihen und statistischer Auswerteprozeduren reproduzierbare und signifikante Resultate erzielt werden konnten.

Die Ergebnisse zeigen bei vorgegebenen stationären und instationären Abflüssen die Veränderungen der Sohlstrukturen infolge unterschiedlicher Ausbauzustände der Buhnen. Die erwartete Abhängigkeit der Sohlformen von der hydrologischen Vorgeschichte und der Strömungsberandung konnte im Modell nachgewiesen und statistisch belegt werden.

Kartierung der holozänen Sedimentation und alter Flußläufe im Mündungsbereich der Ohře in die Elbe bei Magdeburg

Ulrich Saucke, Jochen Rommel, Josef Brauns

1 Anlaß und Ziele

Die detaillierte geologische Kartierung der holozänen Flußsedimente im genannten Gebiet (Rommel 1998) stellt einen Beitrag zum *Teilprojekt I.5 Untergrundverhältnisse* des Forschungsverbundes „Morphodynamik der Elbe" dar und präzisiert die Randbedingungen eines Grundwassermodelles (*Teilprojekt II.4*). Das ca. 8 km² große Untersuchungsgebiet wurde so gewählt, daß die Ergebnisse für eine erwogene Deichrückverlegung an der Ohremündung verwertbar sind. Durch Einbezug benachbarter Altläufe ist ein geologisches Bild der jüngeren Flußdynamik der Elbe gezeichnet worden.

2 Vorgehensweise

Den Kern der Geländeerkundung bilden 145 Sondierungen bis in durchschnittlich 3 m Tiefe, die anhand der Farbkontraste von CIR-Luftbildern (close-infra-red) positioniert wurden. Der flußsedimentologischen Interpretation der Geländebefunde diente ein 12-gliedriger Faziescode nach Miall (1996). Die Alterseinstufung der Ablagerungen fußt auf Strukturabschneidungen im Luftbild, regionalen Sedimentationstrends sowie historischen und archäologischen Hinweisen.

3 Ergebnisse

Der nördliche Teil der Auenfläche (s. Abb. 1) zeigt typische Ablagerungsmuster eines mäandrierenden Flusses: Die Migration des gewundenen Flußbettes in Talrichtung erzeugte einander schräg durchschneidende Sedimentationskörper innerhalb der Einheiten 7 bis 9. Die Einheit 9 ging aus einem Mäanderhalsdurchbruch infolge Expansion einer Flußschleife der Einheit 8 nahe der heutigen Elbe hervor.

Ein auf über 2.500 Jahre v.h. geschätzter mittlerer Ablagerungskomplex (Einheiten 3 und 4) liegt als Erosionsrest zwischen jüngeren Sedimenten im nördlichen und südlichen Teil.

Im Südabschnitt bei Heinrichsberg sind Sedimente verschiedenen Alters eng verzahnt: Einheit 8 wird als Reaktivierung älterer Flußstrukturen der Ablagerung 5 interpretiert. Zusätzlich ist ein Flutrinnensystem zu verzeichnen, das sich auf den Elblauf der Einheit 9 beziehen läßt (in Abb. 1 nicht dargestellt). Den Südrand der kartierten Fläche bilden deutlich ältere pleistozäne bis frühholozäne Sedimente (Einheiten 1 und 2).

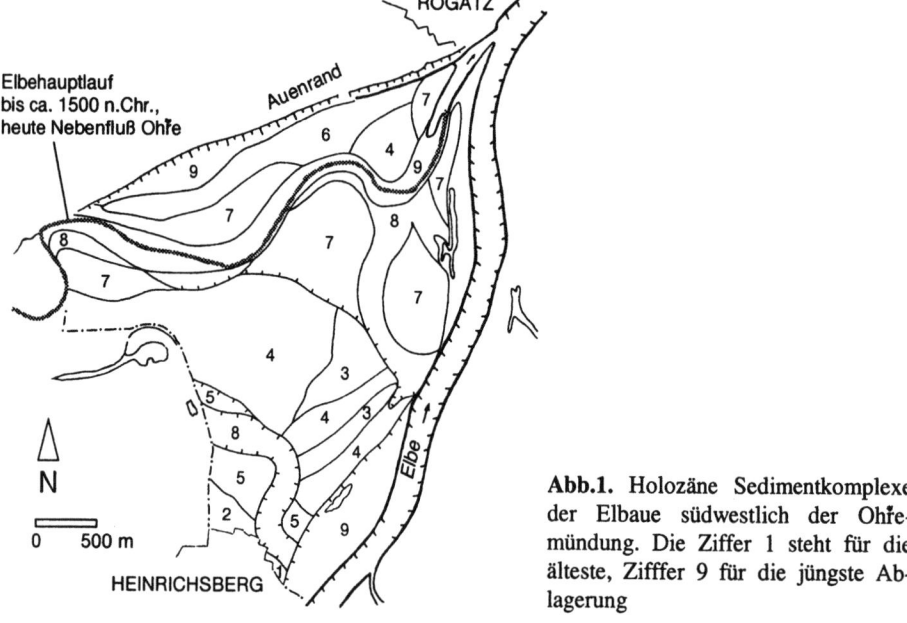

Abb.1. Holozäne Sedimentkomplexe der Elbaue südwestlich der Ohremündung. Die Ziffer 1 steht für die älteste, Zifffer 9 für die jüngste Ablagerung

Der morphologische Kontrast der südlich gelegenen Einheiten zum regelhaft geformten Nordabschnitt des Gebietes wird dadurch verständlich, daß die im Süden ermittelten Strukturen im Verlauf einer durch kräftige Hochwässer induzierten Flußverlegung während des 14. Jahrhunderts geprägt wurden.

Im Gegensatz hierzu wurden zwischen den heutigen Deichlinien in jüngster Vergangenheit die vordem lateral aufgefächerten Sedimentationsbereiche von Grob- und Feinfracht vertikal überlagert. In Verbindung mit Fluterosion entstanden so in der Einheit 9 ausgeprägt heterogene Ablagerungen.

4 Ausblick

Innerhalb eines zurückliegenden Zeitraumes von 500 Jahren hat sich insbesondere die seitliche Morphodynamik der Elbe durch menschliche Eingriffe stark verringert. Daher sollte die Anbindung des rezenten Flusses an präexistierende fluviatile Geländestrukturen ein Kriterium bei Deichrückverlegungen darstellen.

Literatur

Miall, A.D. (1996) The geology of fluvial deposits. Berlin: Springer
Rommel, J. (1998) Geologie des Elbtales nördlich von Magdeburg. unveröffentlichte Diplomarbeit, Geol. Inst. Universität Karlsruhe

Erosionsstrecke der Elbe - Ursachen und Ausmaß der Erosion

Andreas Schmidt, Petra Faulhaber

1 Problemstellung

Die sogenannte Erosionsstrecke der Elbe, ein etwa 110 km langer Abschnitt von Riesa bis kurz unterhalb Wittenberg (El-km 120 bis 230), ist durch eine bereits seit vielen Jahrzehnten anhaltende Eintiefung der Flußsohle gekennzeichnet. Diese fortschreitende Sohleneintiefung führt zu Veränderungen in der Talaue, da der Wasserspiegel des Oberflächenabflusses dem Einsinken der Sohle folgt. Einerseits verringert sich dadurch die Überflutungshäufigkeit im Flußvorland, andererseits sinken mit dem Oberflächenwasser die Grundwasserstände in der gesamten Aue. Darüber hinaus wirkt sich die Entwicklung hydraulischer Unstetigkeiten (z.B. erosionsbedingtes 'Herauswachsen' von Felsschwellen) nachteilig auf die Schiffahrt aus.

2 Ursachen

Die Ursachen für die fortschreitende Eintiefung der Flußsohle sind vielfältig. Neben anthropogenen Maßnahmen (z.B. Gefällezunahme durch Laufverkürzung, Einengung des Abflußquerschnitts durch Uferbefestigung, Unterbindung des Geschiebeeintrags von oberstrom durch Staustufen in der Elbe und ihren Nebenflüssen) sind die Erosionserscheinungen in diesem Elbabschnitt vor allem in der geologisch-morphologischen Charakteristik dieses Elbabschnitts begründet: der Untergrund in diesem Elbeabschnitt ist - bedingt durch die geologischen Gegebenheiten und im Unterschied zum oberhalb gelegenen sächsischen Elbabschnitt - generell erosionsgefährdet. Die Zusammensetzung der Flußsohle weist diesen Abschnitt als Übergangsbereich vom stark grobkiesigen zu feinkiesigem und sandigem Material aus, dem aus dem sächsischen Elbabschnitt auf Grund dessen grober Sohlstruktur kein Geschiebe zugeführt wird.

3 Ausmaß

Wie sich anhand der Wasserspiegelhöhenentwicklung seit 1888 zeigen läßt, nimmt die Sohleintiefung von Beginn der Erosionsstrecke bis etwa km 170 zu und geht bis km 220 (Wittenberg) wieder auf etwa Null zurück, wobei die Eintiefungsgeschwindigkeiten örtlich und zeitlich deutlich variieren (Faulhaber 1996). Für den Bereich zwischen Torgau (km 155) und Pretzsch (km 185) läßt sich daraus für die letzten 100 Jahre eine durchschnittliche Eintiefungsrate von 1,7 cm/a ableiten. Zur Zeit treten die größten Eintiefungsraten bei Pretzsch auf, während bis Torgau und ab Wittenberg nur geringe Eintiefungen zu verzeichnen sind.

Auch die Geschiebetransportmessungen bei Mühlberg (Abb. 1) bestätigen die Annahme, daß dieser Bereich als Beginn der Erosionsstrecke anzusehen ist. Von oberhalb, aus dem sächsischen Elbeabschnitt, wird kaum Geschiebe geliefert, infolge der vorherrschenden Zusammensetzung erweist sich die Sohle bis weit in den Hochwasserbereich als stabil.

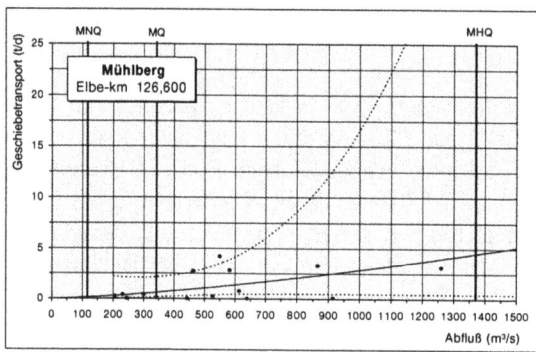

Abb.1. Geschiebetransport am Beginn der Erosionsstrecke

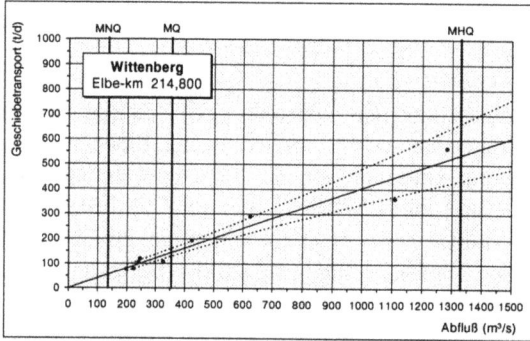

Abb.2. Geschiebetransport am Ende der Erosionsstrecke

Die Messungen bei Wittenberg (Abb. 2) hingegen zeigen, daß dort selbst bei Niedrigwasserverhältnissen erhebliche Feststoffmengen an der Sohle transportiert werden: einerseits wird hier Material von oberhalb eingetragen, andererseits reagiert die Sohle entsprechend ihrem vergleichsweise feinkörnigen Aufbau sehr empfindlich auf Abfluß- und entsprechende Schleppkraftzunahme, der den Bewegungsbeginn kennzeichnende kritische Abfluß liegt vermutlich noch unterhalb des mittleren Niedrigwassers. Die aus den bisherigen Messungen resultierenden Schätzungen (Schmidt 1996) ergeben ein durchschnittliches jährliches Defizit von etwa 50.000 t Geschiebe. Da jedoch erodiertes Material nicht ausschließlich in Form von Geschiebe transportiert wird, sondern - insbesondere bei höheren Abflüssen - auch ganz erhebliche Mengen in Schwebe transportiert werden, muß für eine verläßliche Quantifizierung auch der aus der Sohle stammende Anteil des suspendierten Sandes (d>63 µm) in die Bilanz mit einbezogen werden. Dieser Anteil kann für die Strecke Mühlberg-Wittenberg bisher nur größenordnungsmäßig mit 10.000-30.000 t pro Jahr abgeschätzt werden. Berücksichtigt man diesen Anteil, ist im langjährigen Mittel mit einem erosionsbedingten Austrag aus der betrachteten Strecke von 60.000-80.000 t zu rechnen.

Literatur

Faulhaber, P. (1996) Flußbauliche Analyse und Bewertung der Erosionsstrecke der Elbe. Mitteilungsblatt der BAW, Nr.74, 33-49, Karlsruhe

Schmidt, A. (1996) Ergebnisse neuerer Untersuchungen zu Gewässersohle und Feststofftransport in der Erosionsstrecke. Mitteilungsblatt der BAW, Nr.74, 51-62, Karlsruhe

Geschiebezugabe zur dynamischen Sohlstabilisierung in der Elbe

Andreas Schmidt, Kerstin Riehl, Petra Faulhaber

1 Zielstellung

Seit April 1996 werden im Bereich der Erosionsstrecke der Elbe (km 120-230), einem ausgedehnten, durch jahrzehntelange Tiefenerosion gekennzeichneten Elbeabschnitt im Übergang vom Ober- zum Mittellauf, von der Wasser- und Schiffahrtsverwaltung (WSV) unter der wissenschaftlichen Begleitung der Bundesanstalt für Gewässerkunde (BfG) und der Bundesanstalt für Wasserbau (BAW) Naturversuche zur Geschiebezugabe durchgeführt. Ziel dieser erstmalig in der Elbe durchgeführten Maßnahmen ist es, Möglichkeiten und Grenzen dynamischer Sohlstabilisierung für diesen durch ausgesprochen feinkörniges Sohlmaterial gekennzeichneten Elbeabschnitt aufzuzeigen. Diese Versuche sollen Aufschluß geben über notwendige Randbedingungen und Parameter (geeignete Zugabestellen, Zugabetechnologie, Dosierung, Art und Zusammensetzung des Materials, Feststofftransportverhalten, etc.) und zur Entscheidungsfindung hinsichtlich geplanter erosionsreduzierender Maßnahmen entsprechend der geometrischen, hydraulischen und morphologischen Streckencharakteristik beitragen (BfG und BAW 1997).

2 Versuchsdurchführung

Ab Mitte April 1996 wurden in einem Zeitraum von drei Monaten bei km 142,7 auf einer Strecke von 200 m 11 265 t Geschiebe zugegeben, davon 2 145 t (ca. 20%) Roter Granit ($d_m \approx 20$ mm) als natürlicher Tracer zur Beobachtung des Feststofftransportverhaltens. Vor, während und nach der Zugabe wurden intensive Messungen durchgeführt: Peilungen der Bettgeometrie (im Abstand von 25 - 100 m), Kontrolle des Wasserspiegels, Untersuchungen der Sohl- und Geschiebezusammensetzung, Messungen des Geschiebe- und Schwebstofftransports und Beobachtung des Geschiebetransports mittels Unterwasser-Videokamera.

Die Sohle unterhalb des Zugabebereichs wurde sowohl 5 Monate als auch 11 Monate nach Ende der Zugabe intensiv beprobt, um über die Identifizierung des Tracermaterials Aufschluß über das Transport- und Ausbreitungsverhalten zu erhalten.

Ab Mitte April 1997 wurden im Rahmen eines zweiten Naturversuchs bei km 173,6 - ebenfalls über drei Monate - 28 000 t Geschiebe, davon 23 800 t (85%) natürlicher Tracer (wiederum Roter Granit) zugegeben. Zur Zeit werden als Alternative zu dem bisher genutzten Roten Granit bei km 142,0 sogenannte Luminophore (mit lumineszierendem Farbstoff markierter Elbekies) als Tracer (40-60 mm) eingesetzt.

3 Ergebnisse

Die folgenden Ergebnisse beziehen sich nur auf den ersten Naturversuch (1996), da die Auswertung des 1997 durchgeführten Versuchs noch nicht abgeschlossen ist.

Abb. 1 zeigt die Verteilung des gefundenen Tracers differenziert nach den einzelnen Kiesfraktionen 5 Monate nach Beginn der Zugabe (4/1996) für die ersten 3600 Meter unterhalb der Zugabestelle als Mittelwerte über den Querschnitt.

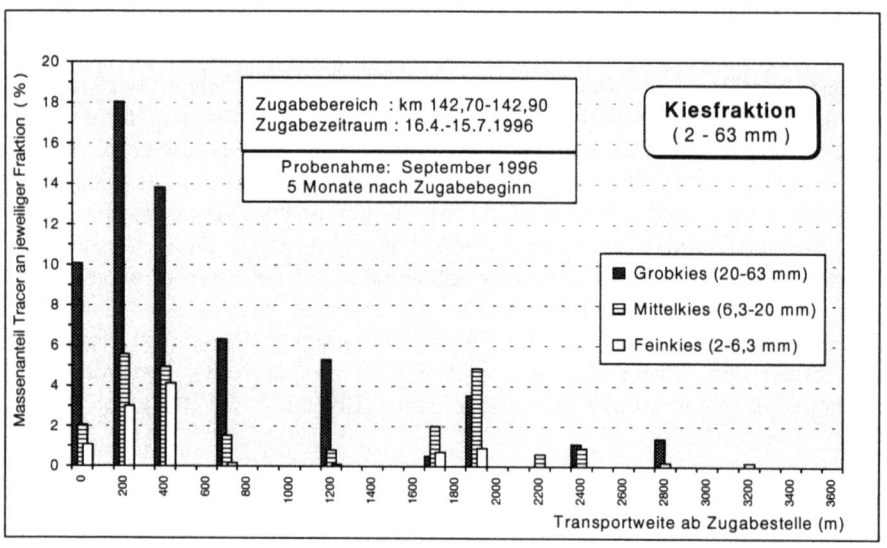

Abb.1. Verteilung des Tracers unterhalb der Zugabestelle

Unter der Annahme, daß sich die Tracerfront aus Material zusammensetzt, das bei Versuchsbeginn (4/96) eingebracht wurde, lassen sich als Ergebnis der beiden Sohlbeprobungen die in Tab. 1 aufgeführten Schätzwerte für die durchschnittlichen maximalen Transportgeschwindigkeiten der unterschiedlichen Kiesfraktionen angeben.

Tab.1. Mittlere Transportgeschwindigkeiten der Tracerfront

Probenahme	Transport-dauer	Feinkies (2-6,3 mm)	Mittelkies (6,3-20 mm)	Grobkies (20-63 mm)
September 1996	155 Tage	58 m/d	37 m/d	18 m/d
März/April 1997	343 Tage	-	21 m/d	12 m/d

Literatur

BfG und BAW (1997) Erosionsstrecke der Elbe - Ergebnisse des ersten Naturversuchs zur Geschiebezugabe. BfG-1093, Berlin

Landnutzung und Wasserhaushalt

Landnutzung und Wasserhaushalt 401

Lysimeter- und Kleineinzugsgebietsuntersuchungen zum Einfluß von Landnutzungsänderungen auf die Wasserqualität

Helmut Balla, Juliane Seeger, Ralph Meissner, Melitta Stratschka

1 Problemstellung

Seit Beginn der 90iger Jahre finden in der Landwirtschaft der neuen Bundesländer verstärkt Landnutzungsänderungen statt (vorrangig Extensivierungen und Flächenstillegungen). Zur Aufklärung der damit verbundenen Auswirkungen auf die Veränderung der Wasserbeschaffenheit, vor allem auf die Nährstoffe Stickstoff (N) und Phosphor (P), werden seit einigen Jahren Untersuchungen in unterschiedlichen Skalenbereichen (UFZ-Lysimeterstation Falkenberg - Mikroskala; Kleineinzugsgebiet „Schaugraben" - Mesoskala) durchgeführt. Aus den seit 1993 durchgeführten Emissions- und Immissionsbetrachtungen ist ersichtlich, daß erhebliche Unterschiede zwischen dem N-Eintrag aus der Bodenzone und dem N-Austrag aus dem Kleineinzugsgebiet zu verzeichnen sind (Differenz zwischen 29 und 54%). Aufgrund stark verringerter Stoffkonzentrationen im Oberflächenwasser des Schaugrabens im Versuchsjahr 1997 gegenüber den zu Beginn der Messungen 1993 festgestellten Werten soll versucht werden, die Frage zu beantworten, inwieweit dieses Ergebnis bereits auf die zwischenzeitlich erfolgten Landnutzungsänderungen zurückzuführen ist oder ob andere Ursachen hierfür verantwortlich sind.

2 Vorgehensweise

Die Kalkulation des N-Austrages aus der Bodenzone (Emission) erfolgt auf der Grundlage der Kopplung von Lysimeter- und Gebietsuntersuchungen zur Landnutzung.
  Lysimeteruntersuchungen ermöglichen in relativ kurzen Zeiträumen eine definierte Untersuchung der Stoffmigration in Verbindung mit den jährlichen klimatischen Veränderungen und unter Berücksichtigung unterschiedlicher Landnutzungsvarianten. Im Interesse der Nutzung der Lysimeterdaten als Stützstellen für eine spätere Modellierung des Austragsverhaltens aus der ungesättigten Bodenzone werden zur Überprüfung der Stoffverlagerung von Nitrat Traceruntersuchungen in beiden Skalenbereichen durchgeführt. Die anfangs manuell durchgeführte Beprobung des Meßpegels am Gebietsauslaß des Kleineinzugsgebietes zur Bestimmung der N- und P-Immissionsgröße wurde 1997 durch die Installation eines automatischen Mengen-Gütepegels ersetzt.

3 Ergebnisse

Beim Versuch der Aufklärung der Diskrepanz zwischen Emissions- und Immissionsgröße wurde zunächst durch die Auswertung von Tracerexperimenten emissionsseitig die Übertragbarkeit von Erkenntnissen aus Lysimeterversuchen auf Freilandbedingungen bestätigt. Dazu wurden u.a. in Lysimetern gemessene und auf Freilandparzellen des Kleineinzugsgebietes berechnete Sickerwassermengen bei weitgehend identischem Aufwuchs und ähnlichem Bodenaufbau gegenübergestellt (Tab. 1). Die bei dem Vergleich erzielte gute Übereinstimmung ist Beweis dafür, daß Lysimeteruntersuchungen die auf Freiflächen ablaufenden bodenhydrologischen Prozesse mit ausreichender Genauigkeit widerspiegeln.

Tab.1. Vergleich von mit Lysimetern gemessenen und auf der Basis von Freilanduntersuchungen berechneten Sickerwassermengen

Lysimeter/ Freilandparzelle	Bewuchs	Auswertezeitraum	Sickerwassermenge mm
Mittelwert aus 4 Lysimetern	Pflugfurche nach Mais	Dezember-April	106
Parzellen-Nr. I	Pflugfurche nach Mais	13.12.1994 - 2.4.1995	110
Mittelwert aus 6 Lysimetern	abfr. Zw.Fr. nach W.Gerste	Dezember-April	62
Parzellen-Nr. II	W.Weizen nach W.Gerste	13.12.1994 - 2.4.1995	59

Eine wesentliche Ursache für die in den Einzeljahren festgestellten Differenzen zwischen Emission und Immission ist das Vorliegen unterschiedlicher hydrologischer Verhältnisse. Die zu Beginn der Immissionsbetrachtung 1993 errechnete mittlere N-Konzentration von 7,5 mg/l (mittlerer Durchfluß von 70 l/s) im Schaugraben wurde bei einem hohen Niederschlagsdargebot von 34% über dem langjährigen Mittel und die 1997 ermittelte N-Konzentration von 0,8 mg/l (mittlerer Durchfluß von 12 l/s) bei einem Niederschlagsdefizit von 14% gemessen.

Die N- und P-Messungen im Schaugraben selbst werden im Interesse der weiteren Aufklärung der Unterschiede durch die Installation eines automatischen Mengen- Gütepegels ab 1997 kontinuierlich durchgeführt, um die Auswirkung aller Niederschlagsereignisse erfassen zu können. Ein seit der Installation des automatischen Pegels durchgeführter Vergleich von Nitratkonzentrationen aus den kontinuierlich gewonnenen Tagesproben und aus manuell 1 mal wöchentlich entnommenen Proben zeigt allerdings keine gravierenden Unterschiede. Beim P wurden bei der automatischen Probengewinnung Spitzenwerte erfaßt, die bei der wöchentlichen Probenahme nicht vorkommen. Es kann davon ausgegangen werden, daß die Umstellung des Meßrhythmusses zu umfangreicheren Abweichungen im Vergleich zu den früheren Immissionsgrößen führte.

Die Frage, inwieweit sich die seit Anfang der 90iger Jahre zu verzeichnenden Landnutzungsänderungen bereits auf die N- und P-Konzentrationen im Schaugraben auswirken oder lediglich ökonomischeres Wirtschaften der Landwirte für die verbesserte Wasserqualität verantwortlich ist, kann gegenwärtig noch nicht beantwortet werden. Neben bereits vorliegenden Erkenntnissen zum vertikalen Stofftransport (für leichtbindige lS-Standorte beträgt die Nitratverlagerung ca. 4,5 mm pro Liter Sickerwasser, bezogen auf $1m^2$ Oberfläche) sind Spezialuntersuchungen zum horizontalen Stofftransport geplant, um so das gesamte Weg-Zeit-Verhalten der Stoffausträge aus der Bodenzone bis zum Eintritt in den Schaugraben aufzuklären. Dazu sind Untersuchungen mit Tracern, die direkt ins Grundwasser appliziert werden, vorgesehen.

Flächendifferenzierte Modellierung des Landschaftswasser- und -stoffhaushaltes im Elbegebiet

Alfred Becker, Werner Lahmer, Valentia Krysanova, Beate Klöcking

1 Einführung

Im Rahmen des Forschungsprogramms "Elbe-Ökologie" der Bundesregierung (BMBF) sollen Grundlagen zur flächen- und zeitdifferenzierten Untersuchung der Auswirkungen eintretender oder möglicher Landnutzungsänderungen auf den Wasser- und Stoffhaushalt geschaffen werden. Für diesen Zweck wurden drei hydrologische Modell- und Programmsysteme entwickelt bzw. weiterentwickelt und für erste Beispielrechnungen eingesetzt:

1. das Modellsystem ARC/EGMO, das hydrologische Modellierungen mit GIS-basierten Flächenuntergliederungen nach Elementarflächen EFL (kleinste homogene Landoberflächeneinheiten), Hydrotopen (Flächen mit ähnlichem bzw. einheitlichem hydrologischen Prozeßverhalten) oder Hydrotopklassen (Gruppierungen von ähnlichen Hydrotopen) zuläßt,

2. das hydrologische Modell HBV-D, eine Weiterentwicklung des schwedischen Modells HBV, das hydrologische Modellierungen mit gröberen Flächenuntergliederungen nach Höhenzonen und jeweils zwei Hydrotopklasssen pro Höhenzone ermöglicht,

3. das Modellsystem SWIM, das für GIS-basierte, gekoppelte hydrologische, Ertrags- und Wasserqualitätsmodellierungen auf der Basis von Hydrotopen und Flußteilgebieten geeignet ist.

Mit diesen drei Modellsystemen wurden erste Berechnungen für den deutschen Teil des Elbegebietes durchgeführt, von denen einige Ergebnisse nachfolgend vorgestellt werden.

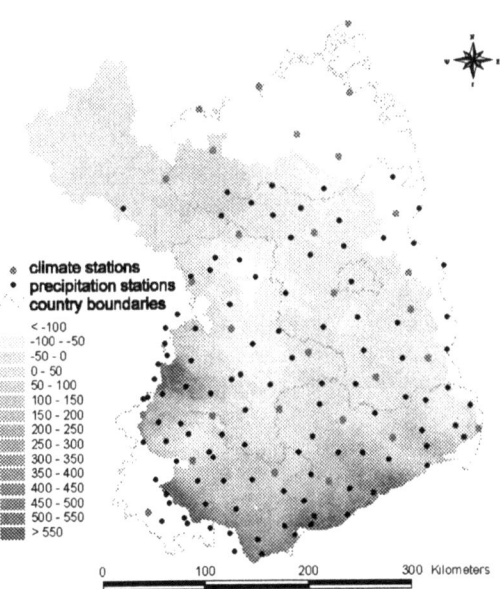

Abbildung 1: Auf EFL-Basis berechnete räumliche Verteilung der klimatischen Wasserbilanz für den deutschen Teil des Elbeeinzugsgebietes (mittlere Jahressumme 1983 bis 1987).

2 Ausgewählte Ergebnisse der naturräumlichen Modellierung

Für flächendifferenzierte Wasserhaushaltsmodellierungen mit ARC/EGMO wurde das Bearbeitungsgebiet GIS-gestützt auf der Basis verfügbarer Grundlagenkarten in 64.500 Elementarflächen unterteilt, und Wasserhaushaltsgrößen wie Verdunstung, Sickerwasserbildung und Oberflächenabfluß in Tagesschritten flächendeckend berechnet. Abb 1. Zeigt die zur Ermittlung der meteorologischen Eingangsdaten benutzten 33 Klima- und 107 Niederschlagsmeßstationen und die Mittelwerte der klimatischen Wasserbilanz für den Zeitraum 1983 - 1987. Gut erkennbar ist die Flächendifferenziertheit dieser Größe, die sich auf alle Wasserhaushaltsgrößen auswirkt und die besondere Trockenheitsgefährdung von Gebietsteilen zwischen Thüringen und Nord-Brandenburg.

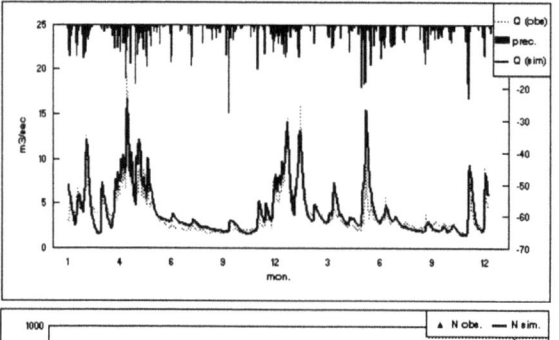

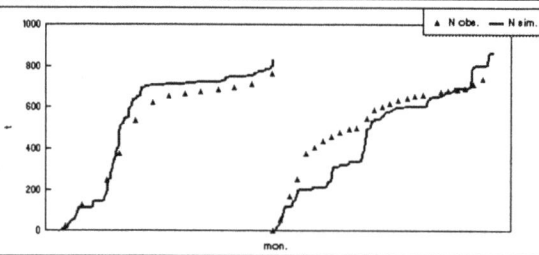

Abbildung 2. Gegenüberstellung der berechneten und gemessenen Zeitreihen des Durchflusses und der Stickstoffgesamtlast am Pegel Wolfshagen, Stepenitz (Jahre 1983/84).

Das Modell SWIM wurde zunächst in 5 Teileinzugsgebieten der Elbe hydrologisch validiert und danach im Einzugsgebiet der Stepenitz (Pegel Wolfshagen; 575 km²) im Nordwesten Brandenburgs für gekoppelte Wasser- und Stoffhaushaltsberechnungen eingesetzt. Abb. 2 stellt die für den Zeitraum 1983/84 berechneten Zeitreihen des Gebietsabflusses (oben) und der Stickstoffgesamtlast (unten) den Meßwerten gegenüber. Die Übereinstimmung ist befriedigend, womit gleichzeitig bestätigt wird, daß die auf Hydrotopbasis für verschiedene Bodenschichten und Abflußkomponenten erzielten Ergebnisse zur Stickstoffdynamik zur Ableitung von Empfehlungen für Änderungen landwirtschaftlicher Praktiken zu Gunsten einer verbesserten Boden- und Grundwasserqualität genutzt werden können.

Darüber hinaus wurden mit SWIM die Auswirkungen mögliche Klimaänderungen auf den Wasserhaushalt und auf die Erträge unterschiedlicher Getreidesorten im Land Brandenburg untersucht. Es wurde gezeigt, daß bei einer Erwärmung um 1,5°C innerhalb der nächsten 100 Jahre eine Zunahme der Verdunstung und des Oberflächenabflusses eintritt, während die Grundwasserneubildung nahezu unverändert bleibt, und daß die Simulationsergebnisse gegenüber jeder möglichen Klimaänderung sehr sensitiv sind. Die Auswirkungen auf die Erträge hängen von der Getreidesorte ab sowie davon, ob ein Düngeeffekt durch eine Zunahme der CO_2-Konzentration berücksichtigt wird oder nicht.

Analyse von Abflußzeitreihen der Elbe

Martin Helms, Jürgen Ihringer

Zur Untersuchung landschaftsökologischer, morphologischer und wasserhaushaltlicher Zusammenhänge im Flußsystem der Elbe ist die Kenntnis der Abflußverhältnisse in der Elbe notwendig. Im Rahmen des BMBF-Verbundprojekts 'Morphodynamik der Elbe' (Förderkennz. 0339566) werden daher hydrologische Untersuchungen durchgeführt. Dieser Beitrag bezieht sich, gemeinsam mit weiteren Beiträgen, auf das Biosphärenreservat Mittlere Elbe, um exemplarisch die Vorgehensweise im Verbundprojekt zu demonstrieren. Es werden die Ergebnisse des Pegels Aken dargestellt, der aufgrund seiner Nähe als Referenzpegel gelten kann. Hiermit wird ein Überblick über hydrologische Verfahren gegeben, deren Ergebnisse bei der weiteren Erforschung des Raums nutzbar sind. Mit den Ergebnissen wird gleichzeitig eine hydrologische Rahmeninformation geliefert, die eine Orientierungsgrundlage darstellt zur detaillierteren Definition von Grenz-, Ziel- und Schwellenwerten, der konkretisierte hydrologische Analysen folgen können. Vor Beginn der Auswertungen der verfügbaren Abflußreihen (mittlere tägliche Abflüsse und Monatsextrema bezüglich der Meßtermine von November 1935 bis Oktober 1996) wurden diese kritisch untersucht. Dabei wurden für Teilabschnitte der 70er und 80er Jahre Inkonsistenzen festgestellt. Nach der Erarbeitung eines Korrekturvorschlags wurden die Reihen für die Auswertungen korrigiert (zum Vgl. Abb. 1). Die weiteren Untersuchungen bezogen sich im Hinblick auf Aussagen zu Hochwasserschutz und Auenökologie vor allem auf den Hochwasserbereich. Hierzu wurden die Reihe der mittleren jährlichen Abflüsse, sowie die der Scheitelabflüsse der Jahre und der Vegetationszeiten (1.4.-30.9.) ermittelt und neben den Tagesreihen analysiert. Aus allgemeinem Interesse und um Verzerrungsfreiheit nachfolgender Analyseergebnisse zu gewährleisten, wurden die Reihen zunächst auf Stationarität geprüft. Aus Doppelsummen- und Trendanalysen ergab sich keine signifikante Instationarität. Es war somit gerechtfertigt, die Reihen in ihren gesamten Längen zu untersuchen, um statistisch fundierte Aussagen zu erhalten. Dennoch wurden für einen Vergleich auch die Teilreihen ab 1964 (nach Einrichtung des Großteils der tschechischen Speicheranlagen) betrachtet. Zunächst wurde untersucht, welche Abflußwerte (bzw. Wasserstände und Überflutungsgrenzen) in bezug auf das Jahr oder die Vegetationszeit mit bestimmten (geobotanisch relevanten) Häufigkeiten überschritten wurden, im Mittel und in Extremjahren. Aussagen hierzu wurden über die Ermittlung von Quantilen aus mittleren Dauerlinien und aus Hüllkurven aller auf Einzeljahre bezogenen Dauerlinien erhalten. Es spielen jedoch v.a. auch die Häufigkeiten zusammenhängender Ereignisse, die einen bestimmten Abfluß überschreiten, eine Rolle. Für vorgegebene Dauern (5, 10, 20, 50 Tage) wurden daher, wieder in bezug auf Jahr und Vegetationszeit, die maximalen Abflußwerte ermittelt, die über die angegebenen Dauern zusammenhängend überschritten wurden (siehe Abb. 1). Die sich ergebenden Reihen, sowie auch die Reihen der Scheitelwerte wurden nach Unabhängigkeitsprüfungen extremwertstatistisch ausgewertet. Geeignete theoretische Verteilungsfunktionen wurden an die Datenkollektive angepaßt (zum Vgl. Abb. 2). Für vorgegebene Überschreitungswahrscheinlichkeiten bzw. Wiederkehr-Intervalle (2, 3, 5, 10, 20, 50, 100 Jahre) wurden die zugehörigen Abflüsse als Quantile aus diesen theoretischen Verteilungsfunktionen ermittelt. Bei den Mehrtagesereignissen mit weniger als 20 Tagen Dauer ergaben sich Unsicherheiten im Bereich geringer Überschreitungswahrscheinlichkeiten. Die nach dem beschriebenen Verfahren ermittelten Werte wurden daher auf Wiederkehrintervalle von 5-10 Jahren begrenzt. Eine Perspektive zur Lösung des angesprochenen Problems stellt die Entwicklung eines stochastischen Simulationsmodells, die ebenfalls im Rahmen des Verbundprojekts betrieben wird, dar. Schließlich soll auf den im großen Einzugsgebiet der Elbe auftretenden Persistenzeffekt im Abflußgeschehen hingewiesen werden. Dieser führt zu Perioden von Naß- und Trockenjahren, die sich anhand der Glättung der Zeitreihen der verschiedenen Abflußparameter mit gleitenden Durchschnitten erkennen lassen. Rückschlüsse aus Untersuchungen mit begrenzter Dauer, beispielsweise einiger Jahre, sollten dementsprechend nicht ohne Berücksichtigung dieses Langzeitaspekts erfolgen.

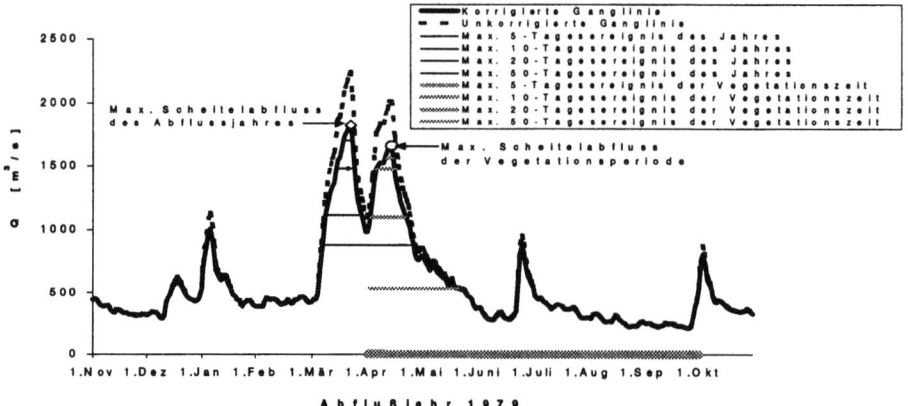

Abb. 1. Unkorrigierte und korrigierte Abflußganglinie des Pegels Aken im Abflußjahr 1979 mit markierten Scheitelabflüssen und max. Abflußwerten, die über verschiedene Dauern zusammenhängend überschritten wurden, jeweils in bezug auf Abflußjahr und Vegetationszeit.

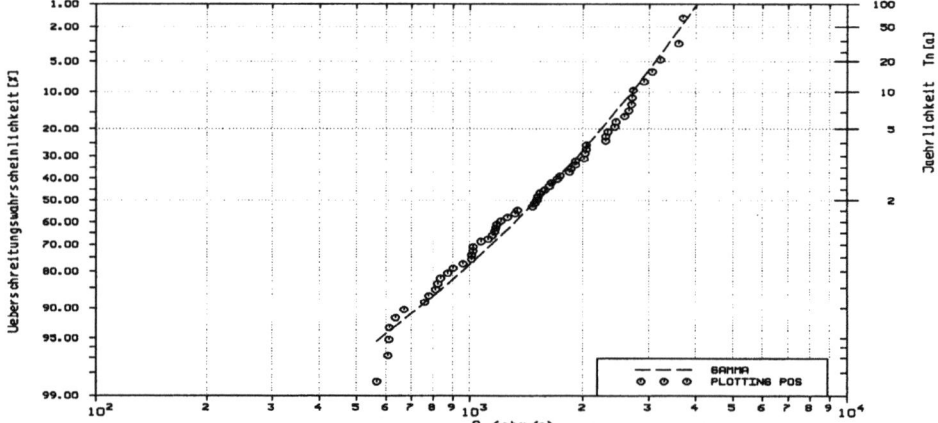

Abb. 2. Plotting positions (nach Weibull) und 2-parametrige Gamma-Verteilungsfunktion für die Reihe der Jahresscheitelabflüsse des Pegels Aken von 1935 bis 1996

Ökologisch-ökonomische Lösungsansätze zum Konflikt Grundwasserschutz und Wirtschaft untersucht am Beispiel eines großräumigen Wasserschutzgebietes im Freistaat Sachsen

Helga Horsch, Felix Herzog

Der Beitrag hat erste Forschungsergebnisse zum Projekt „Nachhaltige Wasserbewirtschaftung und Landnutzung im Elbeeinzugsgebiet" des Umweltforschungszentrums Leipzig-Halle zum Gegenstand. Es wird seit 1997 von Wissenschaftlern der Abteilung Ökologische Ökonomie und Umweltsoziologie sowie der Sektionen Angewandte Landschaftsökologie, Ökosystemanalyse und Hydrogeologie bearbeitet.

Das Projekt ist auf Nutzungskonflikte zwischen Naturressourcenschutz und Wirtschaft in großräumig ausgewiesenen Schutzgebieten fokussiert. Seitens des Ressourcenschutzes werden schwerpunktmäßig der Grundwasser- sowie der Natur- und Landschaftsschutz untersucht. Zu klären sind das notwendige Maß von Schutz und Nutzung regionaler Naturressourcen aus einer ökologischen und ökonomischen Perspektive sowie die aus dem Naturressourcenschutz resultierenden Nutzen und Kosten. Darüberhinaus sind die mit dem Naturressourcenschutz verbundenen Möglichkeiten und Grenzen für eine wirtschaftliche Entwicklung der Region aufzuzeigen. Im Zentrum des Interesses steht dabei die Landnutzung als Produkt der natürlichen Gegebenheiten und den Ansprüchen der Gesellschaft an die Landschaft als Lebens- und Wirtschaftsraum. In diesem Zusammenhang wird untersucht, inwieweit die ökonomischen Rahmenbedingungen zur Förderung ressourcenschonender Landnutzungen modifiziert werden müssen. Insbesondere sollen Vorschläge zur Finanzierung von Leistungen für den Schutz von Grundwasser, Natur und Landschaft unterbreitet werden.

Diese Problematik wird beispielhaft für den in der Elbtalwanne liegenden, ländlich geprägten „Torgauer Raum" untersucht. Das Untersuchungsgebiet entspricht weitgehend dem Altkreis Torgau und ist für Fragen des Naturressourcen*schutzes* besonders relevant. Die Größenordnung des Nutzungskonfliktes zwischen Ressourcenschutz und Wirtschaft wird allein schon durch das Ausmaß der Schutzgebietsausweisungen deutlich. So ist das ca. 700 km² große Untersuchungsgebiet zu einem Drittel durch Trinkwasserschutzgebiete sowie durch eine großflächige Ausweisung von Natur- und Landschaftsschutzgebieten (ca. 38% der Gesamtfläche des Untersuchungsgebietes) geprägt.

Im Zentrum des Projektes steht ein ökologisch-ökonomisches Bewertungsverfahren der Ressource Grundwasser, das im Kern auf einem multikriteriellen Entscheidungsmodell basiert. Es dient der Ableitung nachhaltiger Ressourcenschutzziele sowie ökonomischer Instrumente zur Förderung des Grundwasserschutzes.

Neben der Ableitung von Grundwasserschutzzielen soll aufgezeigt werden, inwieweit diese Ziele durch Landnutzungsänderungen erreicht werden können (Horsch und Geyler 1998). Die grundlegenden Parameter des Landschaftswasserhaushaltes werden mit dem Modell ABIMO ermittelt, mit dem langjährige Mittelwerte des Abflusses im schwach reliefierten Lockergesteinsbereich berechnet werden können (DVWK 1996, Glugla und Fürtig 1997). Erste Ergebnisse machen den dominierenden Einfluss von Klima, Boden und Grundwasserflurabstand auf die Grundwasserneubildung deutlich. Die Bedeutung der Landnutzung ist vergleichsweise weniger ausgeprägt, sie stellt jedoch den am stärksten vom Menschen bestimmten Einflussfaktor des Landschaftswasserhaushaltes dar. Der nächste Arbeitsschritt wird in der Formulierung von Szenarien von Landnutzungsänderungen und der Untersuchung der Auswirkungen dieser Szenarien auf die Quantität und Qualität des Grundwassers bestehen. Diese sind ökonomisch zu bewerten, um die Auswirkung von Landnutzungsänderungen auf den wirtschaftlichen Wert der Ressource Grundwasser zu erfassen. Auch sind die Leistungen der Landnutzer für den Grundwasserschutz aus ökonomischer Sicht zu beurteilen. Eine Honorierung ihrer Leistungen setzt eine Ressourcenbepreisung voraus. Diese Überlegungen sollen den Abwägungsprozeß zwischen den ökologischen und ökonomischen Zielen durch die regionalen Akteure in Richtung einer nachhaltigen Entwicklung unterstützen.

Eine Analyse bisheriger ökonomischer Instrumente auf dem Gebiet der deutschen Gewässerschutzpolitik zeigt, daß eine effiziente Umsetzung grundwasserverträglicher Landnutzungen der Präzisierung und Modifizierung ökonomischer Rahmenbedingungen bedarf. Es ist anzustreben, daß beim Erwerb von Nutzungsrechten sowie auch bei Sicherstellung des kollektiven Schutzgutes Grundwasser die gesamtwirtschaftlich anfallenden Nutzen des Grundwasserschutzes durch eine entsprechende Ressourcenbepreisung und die Kosten des Grundwasserschutzes zur Sicherung von Wasserquantität und -qualität durch die entsprechende Honorierung solcher Leistungen ins wirtschaftliche Kalkül miteinbezogen werden.

Das Problem der Grundwasserressourcenbepreisung sowie der Honorierung von Leistungen für den Grundwasserschutz liegt dabei weniger im theoretischen Ansatz als vielmehr in unzureichenden methodischen Grundlagen. Die theoretische Ableitung der oben genannten ökonomischen Instrumente erfolgt in Anlehnung an Freemann III (1994). Inzwischen liegt eine EPA-Rahmenmethodik vor, die die Ermittlung des ökonomischen Wertes des Grundwassers zum Gegenstand hat und bezüglich ihrer Anwendbarkeit geprüft wird (EPA 1995). Dabei geht es vor allem darum, ökonomische Instrumente für die Förderung des Grundwasserschutzes in Abhängigkeit von bestehenden Nutzungsrechten der Ressource Grundwasser vorzuschlagen.

Literatur

DVWK (1996) Ermittlung der Verdunstung von Land- und Wasserflächen. Deutscher Verband für Wasserwirtschaft und Kulturbau, Merkblätter zur Wasserwirtschaft 238

EPA (1995) A Framework for Measuring the Economic Benefits of Ground Water. Washington D.C.

Freeman III, A.M. (1994) The Measurement of Environmental and Resource Values. Resources for the Future. Washington D.C.

Glugla, G., Fürtig, G. (1997) Dokumentation zur Anwendung des Rechenprogrammes ABIMO. Bundesanstalt für Gewässerkunde, Außenstelle Berlin

Horsch, H., Geyler, S. (1998) Lösungsansätze zum Konflikt Grundwasserschutz und Wirtschaft in Richtung regionaler Nachhaltigkeit — dargestellt am Beispiel des Torgauer Raumes. In: Weigert, B., Drewes, J.E., Lühr, H.-P., Steinberg, C., Franke, P. (Hrsg.): *Wasserwirtschaft in urbanen Räumen*. Schriftenreihe Wasserforschung. Berlin 1998, 151–169

Modellierung der Verlagerung von Pflanzenschutzmitteln mit dem Sickerwasser in Deutschland

Andreas Huber, Martin Bach, Hans-Georg Frede

1 Einleitung

Pflanzenschutzmitteleinträge über Drainagen können zu einem nicht unerheblichen Maße zur Gewässerbelastung beitragen. Die Bedeutung dieses Eintragspfades wird dabei, neben der Drainagedichte, in erster Linie von der Wirkstofffracht im Sickerwasser bestimmt. Das Ausmaß der Tiefenverlagerung von Pflanzenschutzmitteln hängt dabei zum einen von Parametern ab, die räumlich verteilt sind (z.B. Bodeneigenschaften, Anbauflächen und Fruchtfolgesysteme), und zum anderen von Variablen, die einer zeitlichen Differenzierung unterliegen (z.B. Witterungsverlauf, Entwicklungsstand der Kulturen). Schließlich wird die verlagerte Menge auch von den chemischen Eigenschaften der Wirkstoffe selbst beeinflußt.

2 Jährlicher Pflanzenschutzmittelaufwand

Zunächst wurden die auf Landkreis-/Bezirksebene verfügbaren Pflanzenschutzhinweise der Landwirtschaftsämter bzw. -kammern ausgewertet, und regionaltypische Behandlungszeiträume für verschiedene Kulturen festgelegt. Dieses zeitliche Gerüst wurde mit den Ergebnissen einer repräsentativen Marktstudie (Produkt & Markt 1997) verknüpft, in die Angaben zur Pflanzenschutzpraxis von über 3500 landwirtschaftlichen Betrieben eingingen. Unter Hinzuziehung der Agrarstatistik auf Gemeindeebene und den Daten zur Bodennutzung *"Corine-Land-Cover"* (StBuA, 1997) entstand ein umfangreicher Datensatz, in dem regionaltypische Aufwandmengen für 41 Wirkstoffe in 11 Ackerkulturen sowie im Obst- und Weinbau, an unterschiedlichen Zeitpunkten des Jahres, zusammen mit den zugehörigen Ausbringungswahrscheinlichkeiten gespeichert sind (vgl. Huber et al. 1998). Unterschiedliche Spritztermine, aufgrund des klimaabhängigen Beginns der Vegetationsperiode, wurden hierbei berücksichtigt.

3 Methodik der Modellierung

Im Zulassungsverfahren für Pflanzenschutzmittel wird das Verlagerungsrisiko eines Wirkstoffes u. a. mit dem Simulationsmodell PELMO (Klein 1995) ermittelt. Das Ergebnis einer Simulationsrechnung ist dabei die Wirkstoffmenge, die mit dem Sickerwasser bis unterhalb einer bestimmten Bodentiefe verlagert wird. Da einige der von PELMO benötigten Eingabegrößen zum Witterungsverlauf und den Bodeneigenschaften nicht flächendeckend für die Bundesrepublik Deutschland zur Verfügung stehen, wurden für jeden Applikationstermin repräsentative Klima- und Bodenszenarien gerechnet (insgesamt 31360 Faktorkombinationen). Die Ergebnisse wurden dann mittels einer nichtlinearen Regression hochgerechnet. Hierbei gingen die Halbwertszeit und die Sorptionskonstante der einzelnen Wirkstoffe, sowie die Bodeneigenschaften, die Applikationstermine und die jährliche Sickerwassermenge in ihrer räumlichen Verteilung ein. Zur Ermittlung der Sickerwassermenge wurde zunächst der Gesamtabfluß nach dem Verfahren von Renger ermittelt (vgl. Wendland und Kunkel 1997) und dieser dann durch Abzug des oberirdischen Abflußanteils korrigiert. Die auf die Blattfläche applizierte Wirkstoffmenge wurde in der Modellierung nicht weiter berücksichtigt, da der physikalische Abbau auf dem Blatt in der Regel sehr schnell vonstatten geht. Aus diesem Grund verringert sich die verlagerbare Wirkstoffmenge in Abhängigkeit von den Bodenbedeckungsraten in den einzelnen Klimazonen und Kulturen sowie auch an den definierten Behandlungstagen. Schließlich wurde die regional unterschiedlich starke Abweichung der Ackerfläche nach *Corine-Land-Cover* von der tatsächlich ackerbaulich genutzten Fläche auf der Grundlage der Gemeindestatistik korrigiert. Die zur abschließenden Schätzung der Wirkstoffausträge aus Drainagen notwendigen Informationen zur drainierten Ackerfläche in den einzelnen Naturräumen wurden durch Umfragen erhoben.

4 Ergebnisse

Neben den chemischen Eigenschaften der Wirkstoffe wird der Pflanzenschutzmittel-Austrag mit dem Sickerwasser vor allem von der regionalen Bedeutung bestimmter Applikationen und der jährlichen Sickerwassermenge bestimmt. Die Verbindung der PELMO-Szenarienrechnungen mit räumlich und zeitlich aufgelösten Datensätzen innerhalb eines Geographischen Informationssystems erlaubt so eine genauere Beurteilung des vertikalen Verlagerungsrisikos in den Agrarregionen der Bundesrepublik Deutschland.

Danksagung: Das Forschungsvorhaben wurde vom Umweltbundesamt im Rahmen des Umweltforschungsplans des Bundesministers für Umwelt, Naturschutz und Reaktorsicherheit gefördert (FKZ: 107 01 034).

Literatur und Basisdaten

Huber, A., Bach, M., Frede H.-G. (1998) Regional und zeitlich differenzierte Schätzung der Wirkstoff-Aufwandmengen in Feldkulturen in der Bundesrepublik Deutschland. Gesunde Pflanzen 50 (2), 36 - 44

Klein, M (1995) PELMO, Pesticide Leaching Model, Version 2.01. Fraunhofer Inst. f. Umweltchemie u. Ökotoxikologie. Schmallenberg

Produkt & Markt (1997) Marktstudie zu Aufwandmengen von Pflanzenschutzmitteln - Eine Marktstudie bei ca. 3500 repräsentativ ausgewählten landwirtschaftlichen Betrieben. Wallenhorst

StBuA (1997) Bodennutzungsdaten *Corine-Land-Cover*. Statistisches Bundesamt im Auftrag des BMU/UBA. Wiesbaden (unveröffentlicht)

Wendland, F., Kunkel, R. (1997) Gebietsumfassende Analyse von Wasserhaushalt, Verweilzeiten und Grundwassergüte zur naturräumlichen Klassifizierung und Leitbildentwicklung im Elbeeinzugsgebiet. Forschungszentrum Jülich, Programmgruppe Systemforschung u. technolog. Entwicklung (STE). Jülich

Veränderungen in der Stoffdynamik eines Niedermoorgebietes durch Renaturierungsmaßnahmen

Karsten Kalbitz, Holger Rupp, Ralph Meißner, Fred Braumann

1 Einleitung

Seit Beginn der 90er Jahre wird im sachsen-anhaltinischen Niedermoorgebiet Drömling versucht, durch Änderungen in der Landnutzung und durch die gezielte Anhebung des Grundwasserstandes an ausgewählten Standorten den Torfabbau zu vermindern und zu stoppen. Angestrebt wird eine ökologisch orientierte Gesamtbewirtschaftung für das gesamte Gebiet (Anonymus 1996). Die Auswirkungen der Landnutzungsänderungen und der Renaturierungsmaßnahmen auf Wasser und Boden sind aber noch weitestgehend unbekannt. Das ist besonders problematisch, da Wasser aus diesem Niedermoorgebiet zur Trinkwassergewinnung genutzt wird. Dies geschieht durch die Grundwasseranreicherung in einem Trinkwassergewinnungsgebiet mit Wasser aus der Ohre, einem Nebenfluß der Elbe.

2 Methoden

Die Folgewirkungen der veränderten Landnutzung und steigender Grundwasserstände auf die Gewässerqualität und den Boden werden anhand der für die Trinkwasserversorgung und für die Eutrophierung relevanten Parameter Kohlenstoff, Stickstoff und Phosphor untersucht. Diese Untersuchungen finden an sechs unterschiedlich genutzten Standorten unter Einschluß von verschiedenen Extensivierungs- und Renaturierungsvarianten in den Kompartimenten Boden, Sicker-, Grund- und Oberflächenwasser statt.

3 Ergebnisse und Diskussion

Im Oberboden (Abb. 1) spiegelt sich deutlich die Ackernutzung mit den signifikant höchsten Gehalten an mineralischen N-Verbindungen wider. Dies hat allerdings keine erhöhten N-Gehalte im Grund- und Oberflächenwasser zur Folge. Vielmehr deuten sich im Grund- und Oberflächenwasser der extensiv oder nicht genutzten Standorte (EG, Su, EB; heute noch organogene Böden) im Vergleich zu den anderen Standorten (heute nur noch Torfrelikte) höhere N_{min}-Gehalte an (Abb. 1). Diese hohen Gehalte traten vor allem gegen Ende der Vegetationsperiode auf und sind wahrscheinlich das Resultat der Torfmineralisation während der Sommermonate. Extensivierung, Nutzungsaufgabe und steigende Grundwasserstände können den Torfabbau nicht entscheidend bremsen, da die Wasserstände vor allem in den Sommermonaten noch immer stark fallen. Umgekehrt konnte auch die positive Wirkung hoher Grundwasserstände bezüglich einer Verringerung der N_{min}-Gehalte in Boden von Niedermoorstandorten nachgewiesen werden. Die Umstellung der Landnutzung von intensivem Ackerbau zu extensiver Grünlandbewirtschaftung führt zu einem spürbaren Rückgang der N_{min}-Gehalte in Boden und Wasser im Vergleich zur Ackernutzung.

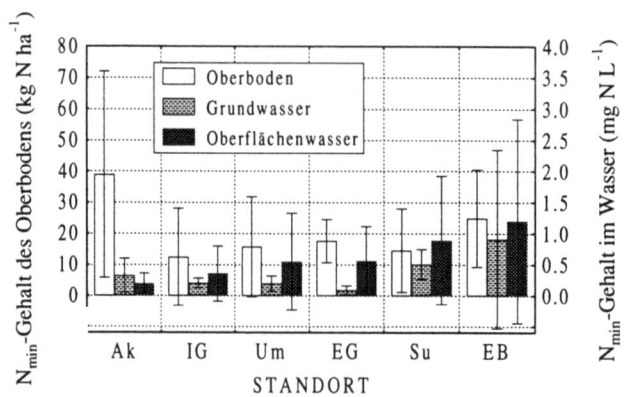

Abb.1. N_{min}-Gehalte im Oberboden (0-25 cm), im Grund- und Oberflächenwasser unterschiedlich genutzter Standorte im Drömling (Kurzeichen der Standorte: Ak (Acker), IG (intensives Grünland), Um (Umwandlung von Ackernutzung in extensives Grünland), EG (extensives Grünland), Su (Grünland in natürlicher Sukzession), EB (Erlenbruchwald)

Im Grundwasser steigt im Vergleich zum Sickerwasser die Phosphatkonzentration an. Dieser Anstieg beginnt bei den Standorten mit den niedrigsten Redoxpotentialen im Grundwasser bereits im Sickerwasser (von 55 zu 95 cm). Signifikante Korrelationen zwischen Phosphatkonzentration und Redoxpotential im Grundwasser lassen die Hypothese zu, daß mit sinkenden Redoxpotentialen eine verstärkte P-Freisetzung erfolgt (Reduzierung Fe^{3+} zu Fe^{2+} und Mobilisierung von Fe-Phosphaten). Daraus muß geschlußfolgert werden, daß bei ansteigenden Grundwasserständen (sinkendes Redoxpotential) die P-Gehalte im Grundwasser weiter ansteigen. Erfolgt eine Renaturierung, werden diese Anstiege besonders stark sein, wo hohe Gehalte an pedogenen Fe-Oxiden vorkommen und die Böden durch die Nutzung mit P angereichert wurden.

Auf allen Standorten besteht ein Zusammenhang zwischen dem Grundwasserstand und der DOC-Konzentration (DOC: dissolved organic carbon) im Grundwasser. Somit führen lang anhaltende hohe Grundwasserstände auch zu lang anhaltenden hohen DOC-Konzentrationen im Grundwasser von Niedermoorstandorten.

4 Schlußfolgerungen

Steigende Grundwasserstände können zur Verminderung der N_{min}-Gehalte organogener Böden beitragen. Jedoch muß durch eine verbesserte P-Löslichkeit mit erhöhten P-Konzentrationen im Grundwasser gerechnet werden. Zusätzlich führen steigende Grundwasserstände auf degradierten Niedermoorstandorten zu erhöhten DOC-Konzentrationen im Grundwasser.

Wasserhaushaltsmodellierung in makroskaligen Flußeinzugsgebieten am Beispiel der Elbe (Deutscher Teil)

Ralf Kunkel, Frank Wendland

Die Analyse des Landschaftswasserhaushaltes ist eine Voraussetzung für die Ausweisung von Teilregionen im Elbeeinzugsgebiet, die eine hohe Austragsgefährdung für Pflanzennährstoffe aufweisen. Für die Abschätzung der potentiellen Nitrataustragsgefährdung ist vor allem die unterirdische Abflußhöhe maßgeblich.

Im Rahmen eines von den Autoren im Rahmen des BMBF-Förderschwerpunktes „Elbe-Ökologie" bearbeiteten Forschungsvorhabens wurde eine Analyse der im langjährigen Mittel typischen Wasserhaushaltssituation im deutschen Teil des Elbeeinzugsgebietes durchgeführt. Die Quantifizierung der wesentlichen Wasserhaushaltsgrößen (Verdunstung, Abfluß) erfolgte auf Basis des Verfahrens von Renger und Wessolek (1996). Dieses beruht auf Feldversuchen und hieraus abgeleiteten korrelativen Beziehungen zwischen Bodenbewuchs, langjährigen, mittleren Klimawerten sowie Bodeneigenschaften. Die Berechnungen wurden auf der Basis langjähriger hydrologischer Mittelwerte für den Referenzzeitraum 1961-1990 durchgeführt.

Die dargestellte Karte (Abb. 1) zeigt als Beispiel die modellierte langjährige mittlere Basisabflußhöhe. Diese liefert Hintergrundinformationen über die unterirdische Gebietsentwässerung und damit über die Austragsgefährdung von Pflanzennährstoffen, die an

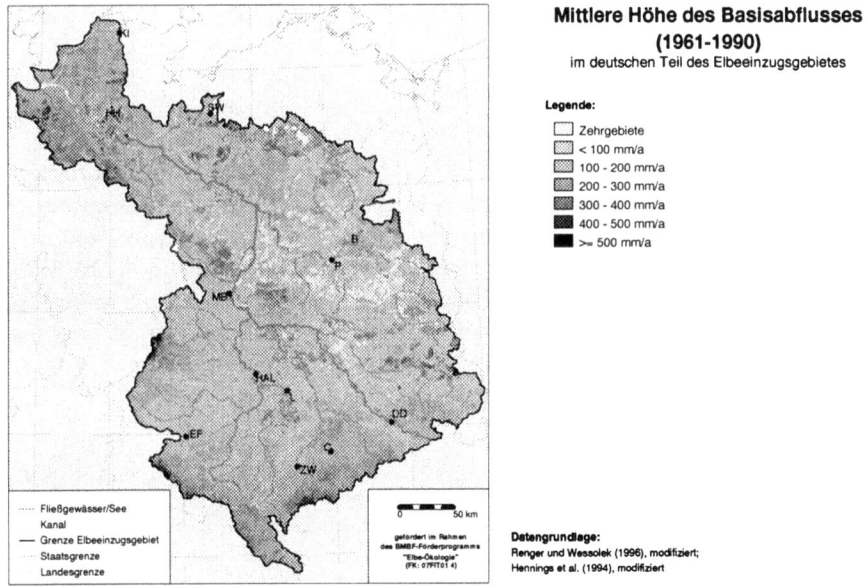

Abb.1. Mittlere Höhe des Basisabflusses (1961-1990)

den Wasserstrom gebunden sind. In grundwasserfernen, ebenen Lockergesteinsregionen entspricht die Basisabflußhöhe weitestgehend der Gesamtabflußhöhe. In grundwasser- und staunässebeeinflußten Lockergesteinsregionen ist der Anteil des Basisabflusses dagegen reduziert. Dort werden weit verbreitet weniger als 50% Gesamtabfluß basisabflußwirksam. Der überwiegende Abflußanteil wird dort als Direktabfluß abgeführt und erreicht die Vorfluter über die Bodenoberfläche oder über die ungesättigte Bodenzone. Bei den Festgesteinsregionen im südlichen Teil des Elbeeinzugsgebietes werden je nach Hangneigung und Untergrundbedingungen ca. 40 und 70% der Gesamtabflußhöhe als Basisabfluß abgeführt.

Zur Überprüfung der Zuverlässigkeit und Repräsentanz wurden die modellierten Basisabflußhöhen integral mit an Pegeln gemessenen Abflußdaten verglichen. Bei der Auswahl der Meßstellen wurde vor allem darauf geachtet, daß eine größtmögliche Variabilität von Einzugsgebietsgrößen sowie Landnutzungs- und Klimaregionen berücksichtigt werden. Aus Kontinuitätsgründen wurden nur solche Pegel ausgewählt, für die langjährige Zeitreihen zu monatlichen Mittelwerten aus dem Zeitraum 1961-1990 vorliegen. Wie aus Abb. 2 hervorgeht, ist die Abweichung von berechneten und gemessenen Werten für die untersuchten Teileinzugsgebiete im allgemeinen gering. Für 35 der 49 ausgewählten Teileinzugsgebiete liegt sie bei weniger als 15%. Die Einzugsgebietsgröße spielt dabei keine Rolle. So zeigen kleine Einzugsgebiete (Einzugsgebietsgröße < 500 km^2) eine genauso gute Übereinstimmung der modellierten mit den gemessenen Werten, wie große Einzugsgebiete (Einzugsgebietsgröße > 2 500 km^2). Die bei sieben der untersuchten Einzugsgebiets auftretenden Abweichungen > 25% sind auf anthropogene Einflüsse zurückzuführen.

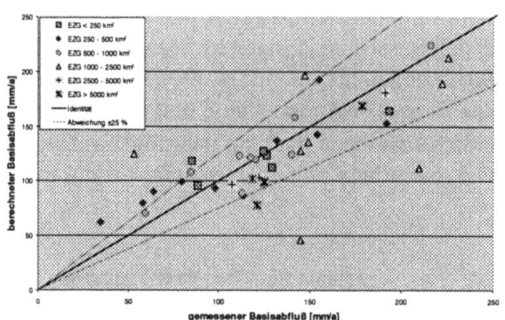

Abb. 2. Vergleich der gebietsbezogenen gemessenen und berechneten Basisabflußdaten

Das gewählte Verfahren ist damit gut geeignet, die mittlere langjährige Wasserhaushaltssituation im Elbeeinzugsgebiet nachzubilden. Das Modellergebnis zur Basisabflußhöhe kann deshalb auch für weitergehende Untersuchungen, z.B. zur Abschätzung der Gefährdung des Grundwassers durch diffuse Nitrateinträge verwendet werden.

Literatur

Renger, M., Wessolek, G. (1996) Berechnung der Verdunstungsjahresnummern einzelner Jahre. In: DVWK-Merkblätter zur Wasserwirtschaft, Heft 238, S. 47, Bonn

Trends der quantitativen und qualitativen wasserwirtschaftlichen Bilanz im Einzugsgebiet der Orlice

Petr Martínek, Stanislav Verner

1 Einleitung

Die Orlice (Adler) ist ein bedeutender linker Zufluß im oberen Teil des Einzugsgebietes der Elbe. In Hradec Králové dient er seit 1964 auch wasserwirtschaftlichen Zwecken. Deshalb kommt der Wasserwirtschaft und dem Gewässerschutz eine besondere Aufmerksamkeit zu. Seit 1987 wird Wasser aus dem Quellgebiet Litá nach Hradec Králové gefördert. Bis dahin war die Orlice die fast einzige Trinkwasserquelle für das gesamte Ballungsgebiet. Heute ist sie nur noch eine Ergänzungsquelle. An der Stelle der Mündung sind Elbe und Orlice etwa gleich groß.

2 Quantitative Bilanz

An ausgewählten Bilanzprofilen wird alljährlich die aus dem Grundwasser und den Oberflächengewässern entnommene und in die Ströme eingeleitete Wassermenge ausgewertet. Die Trends der zeitlichen Entwicklung für das gesamte Einzugsgebiet der Orlice im Zeitraum 1987 - 1997 werden in Abb. 1 dargestellt. Mit den steigenden Wasserpreisen sank der Bedarf. Vor allem in den Jahren 1992 - 1994 ging die Wasserabnahme zurück. Die Entnahmen von Grundwasser übersteigen die Entnahmen aus den Oberflächengewässern. Da die entnommenen Grundwässer zum größten Teil außerhalb des Einzugsgebietes eingeleitet werden, ist die insgesamt in den Strom eingeleitete Wassermenge wesentlich geringer. Die gesamte wasserwirtschaftliche Bilanz des Einzugsgebietes der Orlice war und ist immer noch passiv, obwohl die Entnahme sank und die eingeleitete Menge anstieg. Ein besonders passives wasserwirtschaftliches Gebiet ist das Einzugsgebiet der Dědina, von wo das meiste Grundwasser nach Hradec Králové überführt wird.

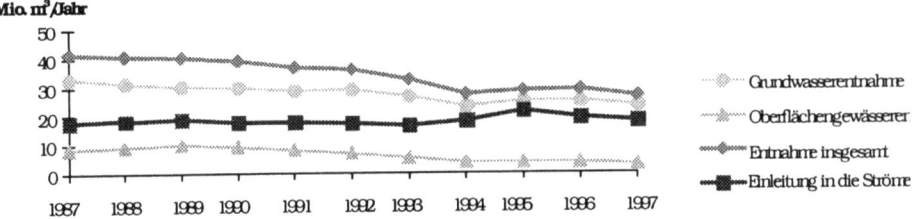

Abb. 1. Zeitliche Entwicklung und Wassereinleitung im Einzugsgebiet der Orlice

3 Qualitative Bilanz

Die in die Flüsse durch punktuelle Einleiter eingeleitete Verunreinigung wird langfristig im Anzeiger BSB erfaßt und registriert. Die Entwicklung von 1967 bis 1997 für das gesamte Einzugsgebiet der Orlice zeigt Abb. 2. Nach 1970 nahm die eingeleitete Verunreinigung wesentlich zu und erreichte vor 1980 ihren Höchstwert. Sporadische Reinigungsmaßnahmen in den 80er Jahren brachten nur eine leichte Verbesserung. Eine wesentliche Senkung der eingeleiteten Verunreinigung wurde erst in letzter Zeit nach dem Bau von Kläranlagen bei allen bedeutenden Verunreinigern erreicht.

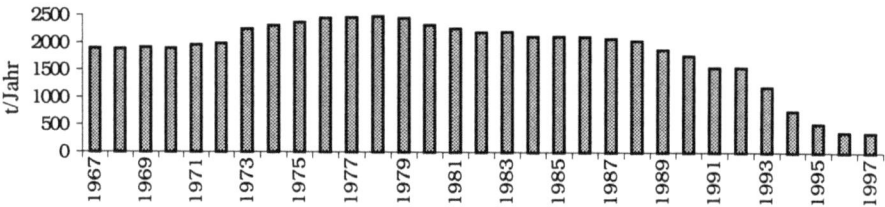

Abb. 2. Zeitliche Entwicklung des eingeleiteten BSB im Einzugsgebiet der Orlice (t/Jahr)

In der Orlice wird auch die Wasserqualität langfristig untersucht. Die zeitliche Entwicklung der BSB-Konzentration in der Orlice vor der Mündung in die Elbe von 1967 bis 1997 wird in Abb. 3 dargestellt. Der Verlauf ist ähnlich wie bei der eingeleiteten Verunreinigung. Trotz einer wesentlichen Abnahme der eingeleiteten Verunreinigung kommt es in diesem Abschlußprofil zu keiner entsprechenden Verringerung der Konzentrationen. Der Grund besteht darin, daß die Verringerung der eingeleiteten Verunreinigung durch den Bau von bedeutenden Kläranlagen im oberen Teil des Einzugsgebietes erreicht wurde. Hinsichtlich der Selbstreinigung des gewerteten Profils machen sich diese nur wenig bemerkbar.

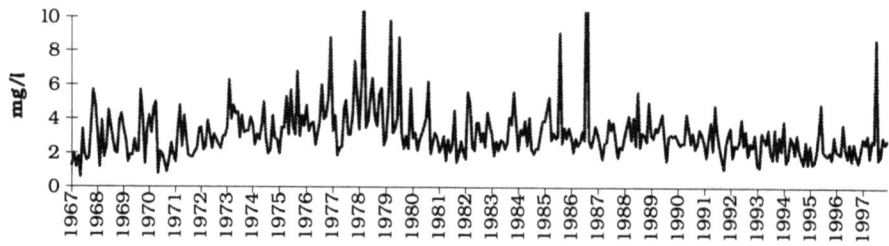

Abb. 3. Zeitliche Entwicklung des BSB im Profil Nepasice

4 Diskussion der Ergebnisse

Es zeigt sich anschaulich, daß nach der Einführung von Marktpreisen 1990 mit Wasser sehr viel sparsamer umgegangen wird. Die Anforderungen an Wasserentnahmen sanken. Die staatliche Subventionspolitik für den Bau von Kläranlagen führte zu einer schnellen Senkung der eingeleiteten Verunreinigung und zu einer Verbesserung der Wasserqualität in den Gewässern.

Wasser- und Stoffrückhalt im pleistozänen Tiefland des Elbeeinzugsgebietes – Ergebnisse einer 1. Machbarkeitsstudie

Joachim Quast, Jörg Steidl, Axel Ritzmann, Oliver Bauer

Im Rahmen der Elbe-Ökologie-Forschung des BMBF wird im Teilvorhaben „Landnutzung im Einzugsgebiet" das Projekt „Wasser- und Stoffrückhalt im Tiefland des Elbeeinzugsgebietes (WaStoR)" (FKZ 0339585) gefördert.

In Kooperation mit dem ZALF sind das PIK Potsdam, das IGB Berlin, die Universität Kiel, die Landesanstalt für Landwirtschaft, Teltow, sowie die Landesumweltämter in Brandenburg und Schleswig-Holstein Partner in diesem Projekt. In Abstimmung mit ähnlichen Projekten zum Lößgebiet (UFZ Leipzig-Halle) und zum Mittelgebirgsbereich (TU Dresden) sowie dem Rahmenprojekt zur Modellierung des deutschen Elbeeinzugsgebietes des PIK und des IGB geht es um die Analyse/Modellierung des Abflußverhaltens und der Stoffausträge in den Flußgebieten des Elbetieflandes (s. Abb. 1) sowie insbesondere um den Nachweis signifikanter Reduzierungsmöglichkeiten für Stoffeinträge in Gewässer durch Landnutzungsänderungen.

Fremdwassergespeiste Niederungsgebiete sowie potentielle Stauwasserstandorte reagieren besonders sensibel auf wasserwirtschaftliche Eingriffe und Landnutzungsänderungen. Über Jahrzehnte, teilweise bereits Jahrhunderte wurden Naßstandorte mittels Entwässerungsmaßnahmen in ertragreiche Acker- und Grünlandstandorte umgestaltet. Aus den ehemaligen Stoffsenken, für die Zuflüsse aus den überwiegend sandigen Speisungsgebieten wurden Stoffquellen mit erheblicher gewässerbelastender Wirkung (Dannowski et al. 1994).

Mit Maßnahmen zur gezielten Abflußverminderung durch Abflußverzögerung und Wasserrückhalt in den Teileinzugsgebieten, insbesondere in den Niederungen und den Tieflandgewässern selbst, lassen sich schon mittelfristig die Schadstoffeinträge in die Gewässer reduzieren (DVWK 1996). Bereits im Grundwasser angereicherte Nährstoffe können durch ein geeignetes Pufferzonenmanagement in den Niederungen vor dem Übertritt in die Gewässer zurückgehalten werden.

Allein im Haveleinzugsgebiet haben 200 000 ha überwiegend entwässerter Niedermoore Auswirkungen auf einen erhöhten Abfluß und Stoffaustrag von etwa 50 % der überwiegend versickerungsbestimmten Sanderflächen (1 000 000 ha) (Quast 1997). Die Reaktivierung der Pufferwirkung dieser Niedermoore durch gezielte Wiedervernässung hätte bei entsprechender Flächennutzung kurzfristige Reduzierungen der Nährstoffbelastung zur Folge und ist somit aus gewässerökologischer sowie naturschutzfachlicher Sicht positiv zu beurteilen. Für die Landwirtschaft würden derartige Reaktivierungen von Feuchtgebieten dagegen erhebliche Einschränkungen bedeuten.

Die Umorientierung vom Konzept einer schnellen Ableitung von Überschußwasser aus Niederungen und aus Stauwasserstandorten für eine ungehinderte ganzjährigen landwirtschaftlichen Nutzung hin zum ökologisch sinnvollen Konzept des größtmöglichen Wasser- und Stoffrückhalts im Einzugsgebiet mit dem Ziel eines verträglichen

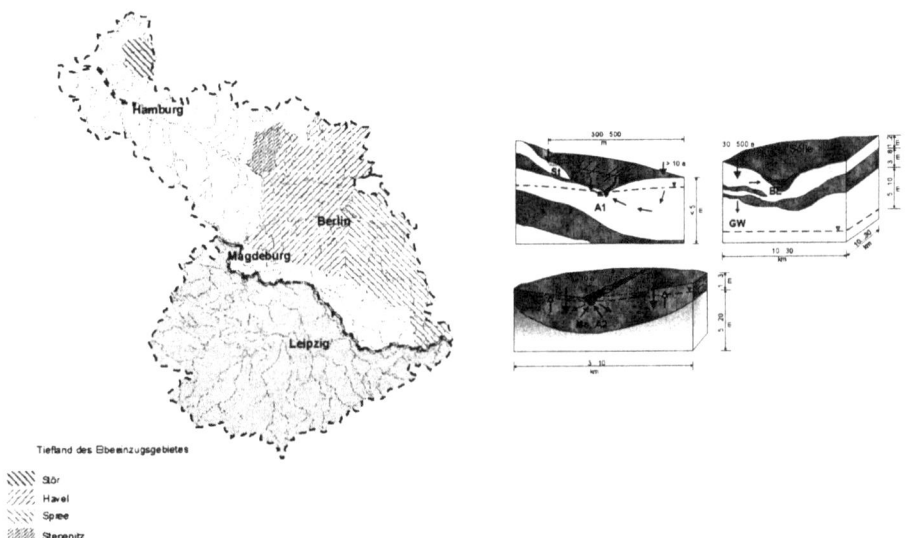

Abb. 1. Das Tiefland des Elbeeinzugsgebietes   Abb. 2. Typische Einzugsgebietsstrukturen

Nebeneinanders von agrarischer Landnutzung und Ökologie ist sowohl national wie auch international unumstritten. Die Umsetzung solcher neuen Konzepte wird aber wegen der Restriktionen für eine ungehinderte Landnutzung aus eigentumsrechtlichen und ökonomischen Gründen stark behindert. Es gilt, mögliche Kompromißlösungen aufzuzeigen, die sowohl regionalen und gesamtgesellschaftlichen ökologischen Zielen dienen (z.B. Eintragsminderung in Elbe und Nordsee) und gleichzeitig den sozioökonomischen Bedürfnissen der Regionen Rechnung tragen.

Die nach einjähriger Bearbeitungszeit vorgelegte 1. Machbarkeitsstudie „WASTOR – Elbe-Tiefland" zeigt bei genesteter Beurteilung wichtiger Regionaleinheiten deren Einfluß innerhalb des Gesamtgebietes und nach außen auf und vermittelt einen ersten Schätzrahmen hinsichtlich ökologischer, sozioökonomischer und volkswirtschaftlicher Wirkungen signifikanter Landnutzungsänderungen im Elbe-Tiefland.

Literatur

Dannowski, R., Quast, J., Balla, H., Fritsche, S. (1994) Eintragspfad Grundwasser im Lockergesteinsbereich. In: Stickstoff- und Phosphateintrag in die Fließgewässer Deutschlands unter besonderer Berücksichtigung des Eintragsgeschehens im Lockergesteinsbereich der ehemaligen DDR. Dachverband Agrarforschung, Schriftenreihe Agrarspectrum, Bd. 22, Verlagsunion Agrar, Frankfurt (Main), 243 S.

DVWK (1996) Fluß und Landschaft - Ökologische Entwicklungskonzepte. Merkblätter zur Wasserwirtschaft, H. 240, Bonn

Quast, J. (1997) Wasserdargebot in Brandenburgs Agrarlandschaften und gebotene wasserwirtschaftliche Konsequenzen. Archiv für Naturschutz und Landschaftsforschung.-, 35, S. 267-277

Simulation verschiedener Landnutzungsvarianten im Parthegebiet im Hinblick auf die Definition von Leitbildern

Mignon Ramsbeck, Uwe Franko

1 Einleitung

Im Rahmen der Forschungsarbeiten zur Elbeökologie ist das Einzugsgebiet der Parthe südöstlich Leipzigs ein wichtiges Untersuchungsobjekt. Mit seinen sandigen und lehmigen Substraten stellt es einen charakteristischen Ausschnitt aus der nordwestsächsischen Altpleistozänlandschaft dar. Die dominierende Form der Landnutzung, d.h. mehr als die Hälfte des Gebietes erfolgt durch Ackerbau. Eine hohe Relevanz besitzt dabei neben einer hohen Biomasseproduktion, die Erhaltung und Reproduktion natürlicher Ressourcen im Sinne eines „sustainable development". Große Bedeutung hat in diesem Zusammenhang die Einschätzung verschiedener Landnutzungssysteme hinsichtlich der Stoffumsetzungen innerhalb des Agrarökosystems und die Beeinflussung externer Ökosysteme durch nutzungsbedingte Stoffausträge mit Hilfe von Simulationsmodellen. Eine Abschätzung der Stoffausträge und ihrer Wirkung auf die Umwelt erlaubt die Ableitung von Indikatoren für eine umweltverträgliche, langfristig tragfähige Landnutzung, aus denen weiterhin Umweltqualitätsziele und Leitbildvorstellungen abgeleitet werden können.

2 Untersuchungsmethodik

CANDY (*C*arbon *a*nd *N*itrogen *D*ynamics) ist ein eindimensionales Simulationsmodell, das die Prozesse der Bodenwasser-, Bodentemperaturdynamik und die Dynamik des Kohlenstoff- und Stickstoffumsatzes für ein Bodenprofil der ungesättigten Zone beschreibt. Zur Handhabung von Flächen ist das Modell an ein Geographisches Informationssystem gekoppelt (Franko et al. 1995).

Ein erster Schritt bei der Übertragung eines Modells vom Punkt zur Fläche ist die Validierung desselben. Dies erfolgte mit Hilfe der Lysimeterergebnisse der Station Brandis, wo fünf für das Parthegebiet typische Bodenformen bewirtschaftet werden.

Für die flächenhafte Untersuchung im Einzugsgebiet wurden zunächst digitale Karten zu Boden, Wetter und Landnutzung benötigt, die mit den entsprechenden Informationen hinterlegt werden mußten. Die Beschreibung der Böden ist dabei an die Beschreibung der Bodenformen der Lysimeter angelegt und wurde durch entsprechende Angaben aus der Bodenkundlichen Kartieranleitung ergänzt. Laut der Verteilung der Niederschläge im Parthegebiet des DWD wurde die Niederschlagsmenge als Faktor zur Klimastation Brandis modifiziert. Aus der Biotoptypenkartierung wurden Ackerflächen herausgefiltert und mit entsprechenden Bewirtschaftungsfolgen aufgrund statistischer Angaben hinterlegt. Durch den Verschnitt aller Informationen entstehen kleinste gemeinsame Geometrien, auf welche das Modell CANDY anwendbar ist.

3 Ergebnisse

Die Validierung des Modells an den Lysimetern der Station Brandis brachte gute Übereinstimmungen zwischen gemessenen und berechneten Werten. Über alle Lysimetergruppen beträgt der Korrelationskoeffizeient 0,92 für die Grundwasserbildung, 0,85 für die Aktuelle Evapotranspiration und 0,78 für den Stickstoffaustrag bei Ausschluß der ersten beiden Simulationsjahre, die das Modell benötigt, um die Wirkung der Anfangsbedingungen zu minimieren. Aufgrund dieser Ergebnisse erfolgte die Übertragung des Modells in die Fläche. Aus statistischen Angaben zur Agrarnutzung wurden typische Fruchtfolgen und Bewirtschaftungsregimes abgeleitet, um die jeweilige Situation der Gefahr von Stoffausträgen aufzuzeigen. Die Berechnungen machen deutlich, daß der Stickstoffaustrag im wesentlichen durch zwei Einflüsse bestimmt wird, zum einen die Menge der Grundwasserneubildung und zum anderen die Höhe der Versorgung des Bodens mit organischer Substanz.

4 Leitbilddefinition

Bei der Suche nach Leitbildern sollen Umweltqualitätsziele und -standards aufgestellt werden, die eine Belastung der Ökosysteme weitestgehend minimieren. Die Vorgabe dazu liefert eine idealisierte Leitbildvorstellung (wie beispielsweise die potentiell natürliche Vegetation), von der ideale oder anzustrebende Umweltqualitätsziele für reale Landnutzungsvarianten mit einem gewissen Schwankungsbereich (NO_3-Konzentration, N-Austrag) aus Literaturangaben, Meßwerten, Simulationen abgeleitet werden. Die Idealwerte dienen als Maßgröße realisierbarer Grenz- oder Richtwerte, die wiederum durch bestimmte Umweltqualitätsstandards eingehalten werden können. Beispielsweise bestimmen betriebliche Parameter den Viehbesatz und das Ertragsniveau, die ihrerseits Einfluß auf den N_{min}-Gehalt des Bodens im Herbst ausüben und letztlich für den N-Austrag verantwortlich sind. Aus der Grundforderung der Einhaltung bestimmter Grenzwerte (Umweltqualitätsziele) sollen anhand der Ist-Situation der Landschaft realisierbare Leitbilder durch Aufstellung verschiedener Landnutzungsszenarien formuliert werden können.

Literatur

Franko, U., Ölschlägel, B., Schenk, S. (1995): Modellierung von Bodenprozessen in Agrarlandschaften zur Untersuchung der Auswirkungen möglicher Klimaveränderungen. UFZ-Bericht 3

Flußgebiets-vergleiche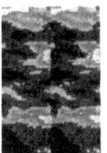

Ökologische Gesamtplanung Weser

Simon Christian Henneberg, Jan Schilling

1 Veranlassung

Die menschlichen Eingriffe in den Naturhaushalt müssen sich nach allgemein akzeptierter, aktueller Diskussionslage einer Überprüfung nach Nachhaltigkeitskriterien unterziehen. Hierbei ist ein aus ökologischer, ökonomischer und sozialer Sicht geprägter Konsens anzustreben. Bei den ökologischen Kriterien steht dabei eine dauerhaft-umweltgerechte Entwicklung im Vordergrund. Die historisch gewachsenen Zustände unserer Landschaft, insbesondere dort, wo sie geprägt werden durch landwirtschaftlich-wasserbauliche Maßnahmen, durch Verkehrs- und Siedlungsstrukturen sowie durch Bodenabbau und -nutzung genügen diesen Nachhaltigkeitskriterien nicht. Ein Umdenken in größeren räumlichen und inhaltlichen Dimensionen ist erforderlich, nur ganzheitliche Ansätze können auf Nachhaltigkeit angelegte Vorstellungen erfüllen.

Weser und Weseraue sind in den letzten Jahrhunderten in immer stärkerem Maße vom Menschen genutzt worden (Gerken und Schirmer 1995). Diese Eingriffe haben im Laufe der Zeit eine Kulturlandschaft geschaffen, die wesentlich durch naturferne Elemente geprägt ist. Der stetig fortgeführte Ausbau für die Schiffahrt, die zunehmende Technisierung der Landwirtschaft sowie die Siedlungsdynamik in der Aue und die damit verbundene Infrastruktur sind typische Beispiele. In der Folge wurden Gewässergüte und Flußökologie vielerorts stark beeinträchtigt. Natürliche Ufer mit Altarmen und Randsenken, dazu Sandbänke im Flußlauf, Auenwälder, Hecken und Feuchtwiesen sind inzwischen auf einige Restbestände reduziert.

Die Arbeitsgemeinschaft zur Reinhaltung der Weser (ARGE Weser 1996), der heute die Bundesländer Bremen, Hessen, Niedersachsen, Nordrhein-Westfalen und Thüringen angehören, hatte sich deshalb mit der Erstellung des Aktionsprogrammes Weser im Jahr 1989 das Ziel gesetzt, eine umfassende, nachhaltige Verbesserung der ökologischen Situation der Weser und ihrer Quellflüsse zu bewirken.

Die Bearbeitung im Rahmen eines interdisziplinär zusammengesetzten, die Verwaltungsgrenzen und traditionellen Zuständigkeiten überschreitenden Fachausschusses kann als beispielhaft angesehen werden und trägt den Vorstellungen der in Vorbereitung befindlichen europäischen Wasserrahmenrichtlinie Rechnung.

2 Gesamtziel

Die ökologische Gesamtplanung Weser (Arbeitsgemeinschaft zur Reinhaltung der Weser 1996) hat zum Ziel, die fachlichen Grundlagen für eine Verbesserung und Wiederherstellung der naturnahen Lebensraumbedingungen an Fulda, Werra und Weser zu liefern. Im Mittelpunkt der Überlegungen steht der Grundgedanke, die Gewässer einerseits als vernetzende und vernetzte Elemente der Landschaft und andererseits als Einheit aus

Fließkontinuum, Wasserwechselzone der Ufer- und Böschungszone und dem Überschwemmungsbereich zu betrachten.

Im Maßstab 1:50.000 werden auf 32 Blattschnitten flächendeckende Aussagen für den historischen Auenbereich auf der Grundlage des vorhandenen Datenmaterials gemacht zu den Bereichen
- Ist-Zustand,
- Leitbildvorstellungen,
- Konfliktanalyse (Soll-Ist-Vergleich),
- Entwicklungsmöglichkeiten.

Die Erfahrungen bei der methodischen Vorgehensweise liefern wertvolle Hinweise für Übertragungsmöglichkeiten auf ähnlich strukturierte Gewässerökosysteme.

3 Lösungsweg

Durch den Vergleich von Ist-Zustand und Leitbild wurden für den Bereich der gesamten Auen von Weser, Werra und Fulda Defizite und Konfliktbereiche aufgezeigt und ökologisch orientierte Entwicklungsmöglichkeiten dargestellt. Die flächendeckende Auenkonzeption wurde durch Planungen für ausgewählte Schwerpunktthemen in repräsentativen Modellgebieten ergänzt.

Kernfrage dabei war es, anthropogene Nutzungsformen und ökologische Zielvorstellungen daraufhin zu untersuchen, wie die als dringend erforderlich angesehene Entwicklung zu einem naturnahen Zustand in der Weseraue, bei gleichzeitiger gesellschaftspolitischer Akzeptanz erreicht werden kann.

Literatur

Arbeitsgemeinschaft zur Reinhaltung der Weser (ARGE Weser) (1996): Ökologische Gesamtplanung Weser Grundlagen, Leitbilder und Entwicklungsziele für Weser, Werra und Fulda. - Wassergütestelle Weser, Hildesheim

Gerken, B., Schirmer, M. (Hrsg.) (1995): Die Weser. - Limnologie aktuell 6. G. Fischer, Stuttgart

Fließgewässerprogramm des Landes Sachsen-Anhalt - Ein Grundlagenkonzept zur Entwicklung der Fließgewässer im Einzugsgebiet der Elbe im Bundesland Sachsen-Anhalt

Werner Leßmann

1 Ausgangssituation

Das Land Sachsen-Anhalt verfügt über ein weit verzweigtes, in Ausprägung und Zustand vielgestaltiges Fließgewässernetz mit einer Wasserlauflänge von mehr als 24 000 km. Durch eine einseitige, auf bestimmte Zwecke ausgerichtete Nutzung kam es in der Vergangenheit zu einem hohen Ausbaugrad der Gewässer; ökologische Belange spielten dabei eine untergeordnete Rolle. Die Folge davon waren erhebliche Störungen der Gewässerfunktion im Naturhaushalt.

2 Zielstellung

Die Landesregierung hat es zu ihrem umweltpolitischen Ziel erklärt, landesweit ein durchgängiges, naturnahes und funktionsfähiges Gewässernetz zu entwickeln. Diesem anspruchsvollen Ziel, das nur schrittweise erreicht werden kann, dient die Aufstellung eines Fließgewässerprogramms Sachsen-Anhalt. Wesentliche Ziele dieses Fließgewässerprogrammes sind die Verbesserung der ökomorphologischen Strukturen durch Optimierung des Abflußregimes und Erweiterung des Retentionsvermögens, die Wiederherstellung bzw. Sicherung der Vielfalt, der Eigenart sowie Schönheit der Gewässerlandschaften und die Schaffung naturnaher Lebensräume für die Ansiedlung bzw. Sicherung einer typischen Tier- und Pflanzenwelt.

3 Bearbeitungsinhalte

Da die ökologische Umgestaltung aller Fließgewässer des Landes nicht ohne weiteres zu erreichen ist, sondern ein mittel- bis langfristiges Ziel darstellt, wurden bestimmte repräsentative Fließgewässer ausgewählt und drei Gewässerkategorien zugeordnet. Es sind dies im einzelnen vier Hauptverbindungsgewässer (Elbe, Mulde, Saale, Havel) mit insgesamt 561 km Länge, 21 Verbindungsgewässer (Verbindungselemente zwischen den Gewässern 1. Priorität und den Hauptverbindungsgewässern) mit insgesamt 962 km Länge und 18 Gewässer erster Priorität (repräsentativer Gewässertyp bezogen auf die Landschaftseinheiten) mit 325 km Länge. Um eine einheitliche und nachvollziehbare Vorgehensweise zu gewährleisten, wurde jedes Gewässer - ausgenommen die Hauptverbindungsgewässer - in den folgenden Schritten untersucht:

Datengewinnung: I Kenntnisstand, II Erarbeitung Bezugseinheits-spezifischer Leitbilder (potentielles Leitbild), III Zustands-Analyse

Datenbewertung: IV Defizitanalyse I, Vergleich Leitbild/Ist-Zustand, V Restriktionsanalyse, VI Erarbeitung gewässerspezifischer Entwicklungsziele, (integriertes Leitbild), VII Defizitanalyse II - Vergleich Entwicklungsziel/Ist-Zustand

Konzeptionsphase: VIII Erarbeitung gewässerspezifischer Maßnahmepläne (Schwerpunktmaßnahmen), IX Prioritätensetzung, X Dokumentation

Die Bearbeitung der Hauptverbindungsgewässer beschränkt sich auf die ökologische Durchgängigkeit und allgemeine Aussagen zur ökologisch orientierten Strukturentwicklung.

4 Ergebnisse

Im Ergebnis der komplexen Betrachtung, insbesondere der Bewertung der Daten einschließlich der Analyse der Wechselbeziehungen und Verknüpfungen wurden spezifische Maßnahmevorschläge zum Schutz und zur Entwicklung der Gewässer abgeleitet. Diese Handlungsempfehlungen konzentrieren sich im wesentlichen auf gewässerspezifische Ausbau-, Unterhaltungs- und Schutzmaßnahmen sowie die Gestaltung von Gewässerschonstreifen, Feststellung von Überschwemmungsgebieten und die Flächenumnutzung bzw. Nutzungsextensivierung in der Aue. Dabei liegt der vorrangige Schwerpunkt der Planungsvorschläge im Rückbau oder Umbau von Querbauwerken zur Wiederherstellung bzw. Verbesserung der ökologischen Durchgängigkeit. Für die zur Erreichung der Zielstellung des Fließgewässerprogrammes erforderlichen umfangreichen Maßnahmen wurden sowohl gewässerinterne als auch gewässerübergreifende Prioritäten, vor allem unter Berücksichtigung ökologischer und landschaftsplanerischer Aspekte, unterbreitet. Die empfohlene Reihenfolge bildet die wesentliche Voraussetzung für eine effiziente und stufenweise Realisierung der Planungsziele.

5 Schlußfolgerungen

Mit dem Fließgewässerprogramm liegen eine Fülle von Daten und fachlich fundierte Aussagen sowie nutzerorientierte Ergebnisse vor, die als Grundlage politischer Entscheidungen und landesweiter Fachplanungen genutzt werden können.

Für die jetzt anstehende, detaillierte Planung der ausgewiesenen Maßnahmen zum Schutz und zur Entwicklung der Fließgewässer ist den zuständigen Fachbehörden ein Arbeitsmittel in die Hand gegeben, das sowohl den Aspekt der landesweiten, gewässerübergreifenden Zielstellung „ökologische Durchgängigkeit" als auch die Bedeutung des Fließgewässers für den Naturhaushalt in der jeweiligen Landschaftsregion beinhaltet.

Da ökologisch „gesunde" naturnahe Fließgewässer „Lebensadern" der Landschaft darstellen, sind sie auch eine wesentliche Grundlage und Bestandteil des „Ökologischen Verbundsystems Sachsen-Anhalt".

Autorenverzeichnis

Adam, K., Universität-Gesamthochschule Paderborn, Abteilung Höxter, Fachbereich Technischer Umweltschutz, An der Wilhelmshöhe 44, D-37671 Höxter, BRD

Alexy, M., Bundesanstalt für Wasserbau, Kußmaulstr. 17, D-76187 Karlsruhe, BRD

Altenburger, R., Sektion Chemische Ökotoxikologie, UFZ-Umweltforschungszentrum Leipzig-Halle, Permoserstr. 15, D-04318 Leipzig, BRD

Arnold, A., Sächsische Akademie der Wissenschaften zu Leipzig, Karl-Tauchnitz-Str. 1, D-04107 Leipzig, BRD

Aulinger, Armin, GKSS Geesthacht, Max-Planck-Straße, D-21502 Geesthacht, BRD

Baborowski, M., UFZ-Umweltforschungszentrum Leipzig-Halle GmbH, Sektion Gewässerforschung, Brückstr. 3 a, D-39114, Magdeburg, BRD

Bach, M., Universität Gießen, Institut für Landeskultur, Senckenbergstr. 3, D-35390, Gießen, BRD

Balla, H., UFZ-Umweltforschungszentrum Leipzig-Halle GmbH, Forschungsstelle Falkenberg, Sektion Bodenforschung, Dorfstr. 55, D-39615 Falkenberg, BRD

Baudišová, D., Výzkumný ústav vodohospodářský T.G. Masaryka (Forschungsinstitut für Wasserwirtschaft T.G. Masaryk), Prag 6, Tschechische Republik

Becker, A., Potsdam Institut für Klimafolgenforschung e.V., Telegrafenberg C4, Postfach 60 12 03, D-14412 Potsdam, BRD

Becker, E., Staatliches Amt für Umweltschutz Magdeburg, Otto-von-Guericke-Str. 5, D-39104 Magdeburg, BRD

Becker, R., Technische Hochschule Karlsruhe, Institut für Wasserwirtschaft und Kulturtechnik, Kaiserstr. 12, D-76128 Karlsruhe, BRD

Behrendt, H., Institut für Gewässerökologie und Fischerei, Müggelseedamm 260, D-12587 Berlin, BRD

Benešová L., Ústav pro životní prostředí, Přírodovědecká fakulta Univerzity Karlovy, Benátská 2, Prag 2, Tschechische Republik

Beven K., Lancaster University, Institute of Environmental and Natural Sciences, Lancaster, Großbritannien

Blažková Š., Výzkumný ústav vodohospodářský T.G. Masaryka (Forschungsinstitut für Wasserwirtschaft T.G. Masaryk), Prag 6, Tschechische Republik

Bleyel, B., Bundesanstalt für Wasserbau, Kußmaulstr. 17, D-76187 Karlsruhe, BRD

Blöcker, G., GKSS Forschungszentrum, Institut für Gewässerphysik, Max-Planck-Straße, D-21501 Geesthacht, BRD

Böhnke, R., UFZ-Umweltforschungszentrum Leipzig-Halle GmbH, Sektion Hydrogeologie, Theodor-Liese-Str. 4, D-06120 Halle, BRD

Bormki, G., UFZ-Umweltforschungszentrum Leipzig-Halle GmbH, Sektion Gewässerforschung, Brückstr. 3 a, D-39114 Magdeburg, BRD

Bornhöft, D., Bundesanstalt für Gewässerkunde, Projektgruppe Elbe-Ökologie, Schnellerstr. 140, D-12439 Berlin, BRD

Bouček, J., Výzkumný ústav vodohospodářský T.G. Masaryka (Forschungsinstitut für Wasserwirtschaft T.G. Masaryk), Prag 6, Tschechische Republik

Brack, W., UFZ-Umweltforschungszentrum Leipzig-Halle GmbH, Sektion Chemische Ökotoxikologie, Permoserstr. 15, D-04318 Leipzig, BRD

Braumann, F., UFZ-Umweltforschungszentrum Leipzig-Halle GmbH, Sektion Bodenforschung, Dorfstr. 55, D-39615 Falkenberg, BRD

Brauch, H.-J., Technologiezentrum Wasser (TZW) Karlsruhe, Deutscher Verein des Gas- und Wasserfaches e.V. (DVGW), Karlsruher Str. 84, D-76139 Karlsruhe, BRD

Brauns, J., Institut für Bodenmechanik und Felsmechanik, Abteilung Erddammbau und Deponiebau, Universität Karlsruhe, BRD

Bruckmeier, B., GSF - Forschungszentrum für Umwelt und Gesundheit GmbH, Zytometrie, Postfach 1129, D-85758 Oberschleißheim, BRD

Büchele, B., Universität Karlsruhe (TH), Institut für Wasserwirtschaft und Kulturtechnik, Kaiserstr. 12, D-76128 Karlsruhe, BRD

Bungartz, H., Institut für Gewässerökologie und Binnenfischerei im Forschungsverbund Berlin e.V., Rudower Chaussee 6A, D-12484 Berlin, BRD

Burkl, G., Bayerisches Landesamt für Wasserwirtschaft, Lazarettstr. 67, D-80636 München, BRD

Büttner, O., UFZ-Umweltforschungszentrum Leipzig-Halle GmbH, Sektion Gewässerforschung, Brückstr. 3 a, D-39114 Magdeburg, BRD

Calmano, W., Technische Universität Hamburg-Harburg, Eissendorfer Str. 40, D-21071 Hamburg, BRD

Claus, E., Bundesanstalt für Gewässerkunde, Außenstelle Berlin, Schnellerstr. 140, D-12439 Berlin, BRD

Deichner, O., ÖKON Gesellschaft für Landschaftsökologie, Gewässerbiologie und Umweltplanung mbH, Dechbettener Str. 9, D-93049 Regensburg, BRD

Desortová, B., Výzkumný ústav vodohospodářský T.G. Masaryka (Forschungsinstitut für Wasserwirtschaft T.G. Masaryk), Prag 6, Tschechische Republik

Dostal, K., Povodí Labe Hradec Králové, Vita Nejedehó 951, Hradec Králové 500 82, Tschechische Republik

Eidam, J., Universität Greifswald, FR Geowissenschaften, Friedrich-Ludwig-Jahn-Str. 17 a, D-17489, Greifswald, BRD

Eidner, R., Bundesanstalt für Gewässerkunde Koblenz-Berlin, Schnellerstr. 140, D-12439 Berlin, BRD

Einax, J.W., Friedrich-Schiller-Universität Jena, Institut für Anorganische und Analytische Chemie, Lehrbereich Umweltanalytik, Lessingstr. 8, D-07743 Jena

Elsholz, O., Fachhochschule Hamburg, Fachbereich Bio-Ingenieurwesen, Lohbrügger Kirchstr. 65, D-21033, Hamburg, BRD

Engelhardt, C., Institut für Gewässerökologie und Binnenfischerei im Forschungsverbund Berlin e.V., Rudower Chaussee 6A, Geb. 21.2, D-12484 Berlin, BRD

Ensenbach, U., Sektion Chemische Ökotoxikologie, UFZ-Umweltforschungszentrum Leipzig-Halle, Permoserstr. 15, D-04318 Leipzig, BRD

Ergenzinger, P., Freie Universität Berlin, Institut für Geographische Wissenschaften, Fachrichtung Physische Geographie, Grunewaldstr. 35, D-12156 Berlin, BRD

Erlenkeuser, H., Christian-Albrechts-Universität Kiel, Geologisch-Paläontologisches Institut, D-24098 Kiel, BRD

Evers, M., Alfred-Toepfer-Akademie für Naturschutz (NNA), Hof Möhr, D-29640 Schneverdingen, BRD

Faulhaber, P., Bundesanstalt für Wasserbau, Alt Stralau 44, D-10245 Berlin, BRD

Feldmann, H., c/o UFZ-Umweltforschungszentrum Leipzig-Halle GmbH, Postfach 2, D-04301 Leipzig, BRD

Fichtner, S., Technologiezentrum Wasser (TZW) Karlsruhe, Deutscher Verein des Gas- und Wasserfaches e.V. (DVGW), Abteilung Dresden, Scharfenberger Str. 152, D- 01139 Dresden, BRD

Fischer, P., Výzkumný ústav pro vodohospodářský T.G. Masaryka, Podbabská 30, Prag 6, Tschechische Republik

Fladung, E., Institut für Binnenfischerei e.V., D–14476 Groß Glienicke, BRD

Fleischhacker, T., Ingenieur-Büro für Landschaftswasserbau, Schlehenweg 12, D-76142 Karlsruhe, BRD
Foeckler, F., ÖKON Gesellschaft für Landschaftsökologie, Gewässerbiologie und Umweltplanung mbH, Dechbettener Str. 9, D-93049 Regensburg, BRD
Francke, W., Universität Hamburg, Institut für Organische Chemie, Martin-Luther-King-Platz 6, D-20146 Hamburg, BRD
Frank, C., Fachhochschule Hamburg, Fachbereich Naturwissenschaftliche Technik, Lohbrügger Kirchstr. 65, D-21033 Hamburg, BRD
Franke, S., Universität Hamburg, Institut für Organische Chemie, Martin-Luther-King-Platz 6, D-20146 Hamburg, BRD
Franko, U., UFZ-Umweltforschungszentrum Leipzig-Halle GmbH, Sektion Bodenforschung, Theodor-Lieser-Str. 4, D-06120 Halle, BRD
Frede, H.-G., Universität Gießen, Institut für Landeskultur, Senckenbergstr. 3, D-35390, Gießen, BRD
Friese, K., Technische Universität Braunschweig, Institut für Geowissenschaften, Geochemie, Pockelstr. 4, D-38106 Braunschweig, BRD
Fuksa, J.K., Výzkumný ústav vodohospodářský T.G. Masaryka (Forschungsinstitut für Wasserwirtschaft T.G. Masaryk), Prag 6, Tschechische Republik
Furrer, R., Universität Heidelberg, Institut für Umwelt-Geochemie, Im Neuenheimer Feld 236, D-69020, Heidelberg, BRD
Gandraß, J., GKSS Forschungszentrum, Institut für Physikalische und Analytische Chemie, Max-Planck-Straße, D-21502 Geesthacht, BRD
Gaumert, T., Wassergütestelle Elbe der ARGE ELBE, Neßdeich 120/121, D-21129 Hamburg, BRD
Gaußmann, P., Humboldt-Universität Berlin, Institut für Nutztierwissenschaften, Lentzeallee 75, D-14195 Berlin, BRD
Geller, W., UFZ-Umweltforschungszentrum Leipzig-Halle GmbH, Sektion Gewässerforschung, Brückstr. 3 a, D-39114 Magdeburg, BRD
Geyer, S., UFZ-Umweltforschungszentrum Leipzig-Halle GmbH, Sektion Hydrogeologie, Theodor-Liese-Str. 4, D-06120 Halle, BRD
Göricke, F., Staatliches Amt für Umweltschutz Halle, Reilstr. 72, D-06114, Halle (Saale), BRD
Grambow, M., Wasserwirtschaftsamt Hof, Jahnstr. 4, D-95030 Hof, BRD
Greif, A., Sächsisches Landesamt für Geologie, Bereich Boden und Geologie, Postfach 13 41, D-09583 Freiberg, BRD
Groch, L., Veterinární a farmaceutická univerzita (Universität für Veterinärwesen und Pharmazie), Palackého tr. 1/3, Brno, Tschechische Republik
Gröngröft, A., Universität Hamburg, Institut für Bodenkunde, Allende Platz 2, D-20146 Hamburg, BRD
Große, I., Staatliches Amt für Umweltschutz Magdeburg, Otto-von-Guericke-Str. 5, D-39104 Magdeburg, BRD
Gruber, B., Bundesanstalt für Gewässerkunde, Projektgruppe Elbe-Ökologie, Schnellerstraße 140, D-12439 Berlin, BRD
Grummt, T., Umweltbundesamt, Forschungsstelle Bad Elster, Heinrich-Heine-Str. 12, D-08645 Bad Elster, BRD
Guhr, H., UFZ-Umweltforschungszentrum Leipzig-Halle GmbH, Sektion Gewässerforschung, Brückstr. 3 a, D-39114 Magdeburg, BRD

Hajnsek, I., Freie Universität Berlin, Institut für Geographische Wissenschaften, Fachrichtung Physische Geographie, Grunewaldstr. 35, D-12156 Berlin, BRD/Deutsches Zentrum für Luft- und Raumfahrt e.V., Institut für Hochfrequenztechnik, Postfach 1116, D-82230 Wessling, BRD

Hanisch, C., Sächsische Akademie der Wissenschaften zu Leipzig, Karl-Tauchnitz-Str. 1, D-04107 Leipzig, BRD

Hanisch, H.-H., Bundesanstalt für Gewässerkunde, Kaiserin-Augusta-Anlagen 15-17, D-56068 Koblenz, BRD

Harms, O., Universität Karlsruhe (TH), Institut für Wasserwirtschaft und Kulturtechnik, Kaiserstr. 12, D-76128 Karlsruhe, BRD

Heemken, O.P., Bundesamt f. Seeschiffahrt u. Hydrographie, Bernhard-Nocht-Str. 78, D-20305 Hamburg, BRD

Heininger, P., Bundesanstalt für Gewässerkunde, Außenstelle Berlin, Schnellerstr. 140, D-12439 Berlin, BRD

Heinken, A., Humboldt-Universität Berlin, Institut für Nutztierwissenschaften, Lentzeallee 75, D-14195 Berlin, BRD

Heinrich, H., Bundesamt für Seeschiffahrt und Hydrographie, Wüstland 2, D-22589 Hamburg, BRD

Heinrich, K., UFZ-Umweltforschungszentrum Leipzig-Halle GmbH, Sektion Bodenforschung, Theodor-Liese-Str. 4, D-06120 Halle, BRD

Hejzlar, J., Hydrobiologický Ústav Akademie věd ČR (Hydrobiologisches Institut der Tschechischen Akademie der Wissenschaften), Na Sádkách 7, České Budějovice, Tschechische Republik

Helms, M., Universität Karlsruhe (TH), Institut für Wasserwirtschaft und Kulturtechnik, Kaiserstr. 12, D-76128 Karlsruhe, BRD

Henle, K., UFZ-Umweltforschungszentrum, Projektbereich Naturnahe Landschaften, Permoserstr. 15, D-04318 Leipzig, BRD

Henneberg, S.C., Niedersächisches Landesamt für Ökologie, An der Scharlake 39, D-31135 Hildesheim, BRD

Hennies, K., GKSS Forschungszentrum, Institut für Gewässerphysik, Max-Planck-Straße, D-21501 Geesthacht, BRD

Henning, K.-H., Universität Greifswald, FR Geowissenschaften, Friedrich-Ludwig-Jahn-Str. 17 a, D-17489, Greifswald, BRD

Hentschel, B., Bundesanstalt für Wasserbau, Kußmaulstr. 17, D-76187 Karlsruhe, BRD

Herzog, F., UFZ-Umweltforschungszentrum, Sektion Angewandte Landschaftsökologie, Permoserstr. 15, D-04318 Leipzig, BRD

Hilden, M., Bundesanstalt für Gewässerkunde, Kaiserin-Augusta-Anlagen 15-17, D-56068 Koblenz

Holfelder, T., Technische Hochschule Darmstadt, Institut für Wasserbau und Wasserwirtschaft, Rundeturmstr. 1, D-64283 Darmstadt, BRD

Holst, H., Universität Hamburg, Institut für Hydrobiologie und Fischereiwissenschaft, Elbelabor, Große Elbstr. 268, D-22767 Hamburg, BRD

Horn, H., Fachhochschule Magdeburg, Fachbereiche Chemie, Am Krökentor 2, D-39104 Magdeburg, BRD

Horsch, H., UFZ-Umweltforschungszentrum, Sektion Ökologische Ökonomie und Umweltsoziologie (ÖKUS), Permoserstr. 15, D-04318 Leipzig, BRD

Huber, A., Universität Gießen, Institut für Landeskultur, Senckenbergstr. 3, D-35390, Gießen, BRD

Iashin, V., VNIIGiM All-Russian Research Institute for Hydraulic Engineering and Land, Reclamation, Bolshaya Akademickeskaya 44, 127550 Moskau, Rußland
Ihringer, J., Universität Karlsruhe (TH), Institut für Wasserwirtschaft und Kulturtechnik, Kaiserstr. 12, D-76128 Karlsruhe, BRD
Ilse, J., Bundesanstalt für Gewässerkunde, Außenstelle Berlin, Schnellerstr. 140, D-12439 Berlin, BRD
Jährling, K.-H., STAU Staaltliches Amt für Umweltschutz Magdeburg, Otto-von-Guericke-Str. 5, D-39104 Magdeburg, BRD
Jankowsky, A., Landesamt für Umweltschutz Sachsen-Anhalt, Abteilung Wasserwirtschaft, Reideburger Str. 47, D-06116 Halle (Saale), BRD
Jantzen, E., GALAB, Max-Planck-Straße, D-21501 Geesthacht, BRD
Jelinek, S., Universität Kiel, Ökologie-Zentrum, Schauenburgerstr. 112, D-24118 Kiel, BRD
Jendryschik, K., Sächsische Akademie der Wissenschaften zu Leipzig, Karl-Tauchnitz-Str. 1, D-04107 Leipzig, BRD
Jirka, G.H., Universität Karlsruhe, Institut für Hydromechanik, Kaiserstr. 12, D-76128 Karlsruhe, BRD
Jüttner, I., GSF - Forschungszentrum für Umwelt und Gesundheit GmbH, Institut für Ökologische Chemie, Postfach 1129, D-85758 Oberschleißheim, BRD
Kalbitz, K., UFZ-Umweltforschungszentrum Leipzig-Halle GmbH, Sektion Bodenforschung, Theodor-Lieser-Str. 4, D-06120 Halle, BRD
Kalinová, M., Výzkumný ústav vodohospodářský T.G. Masaryka (Forschungsinstitut für Wasserwirtschaft T.G. Masaryk), Prag 6, Tschechische Republik
Kalz-Kaprolat, J., Universität Hamburg, Zoologisches Institut und Zoologisches Museum, Martin-Luther-King-Platz 3, D-20146 Hamburg, BRD
Kappenberg, J., GKSS Forschungszentrum, Institut für Gewässerphysik, Max-Planck-Straße, D-21501 Geesthacht, BRD
Karrasch, B., UFZ-Umweltforschungszentrum Leipzig-Halle GmbH, Sektion Gewässerforschung, Brückstr. 3 a, D-39114 Magdeburg, BRD
Keller, M., Bundesanstalt für Gewässerkunde Koblenz-Berlin, Postfach 309, D-56003 Koblenz, BRD
Kern, K., Ingenieur-Büro für Landschaftswasserbau, Schlehenweg 12, D-76142 Karlsruhe, BRD
Khalamtzeva, I., VNIIGiM All-Russian Research Institute for Hydraulic Engineering and Land, Reclamation, Bolshaya Akademickeskaya 44, 127550 Moskau, Rußland
Kiene, S., Universität Karlsruhe (TH), Institut für Wasserwirtschaft und Kulturtechnik, Kaiserstr. 12, D-76128 Karlsruhe, BRD
Kifinger, B., Geo-Ökologie Consulting, Wankstr. 7, D-82362 Weilheim, BRD
Klemm, W., Technische Universität Bergakademie Freiberg, Fakultät für Geowissenschaften, Geotechnik und Bergbau, Institut für Mineralogie, Geochemisch-analytisches Labor, Brennhausgasse 14, D-09596 Freiberg (Erzgebirge), BRD
Klöcking, B., Potsdam Institut für Klimafolgenforschung e.V., Telegrafenberg C4, Postfach 60 12 03, D-14412 Potsdam, BRD
Kluge, W., Universität Kiel, Ökologie-Zentrum, Schauenburgerstr. 112, D-24118 Kiel, BRD
Kolárorová, J., Výzkumní ústav rybářský a hydrobiologický Jihočeské univerzity (Forschungsinstitut für Fischerei und Hydrobiologie der Südböhmischen Universität), Vodnany, Tschechische Republik
Kormann, B., Staatliches Amt für Umweltschutz Magdeburg, Otto-von-Guericke-Str. 5, D-39104 Magdeburg, BRD
Krinitz, J., Maßmannstr. 7, D-24118 Kiel, BRD

Krüger, A., Institut für Gewässerökologie und Binnenfischerei im Forschungsverbund Berlin e.V., Abteilung Ökohydrologie, Rudower Chaussee 6A, Geb. 21.2, D-12484 Berlin, BRD

Krüger, F., UFZ-Umweltforschungszentrum Leipzig-Halle GmbH, Sektion Bodenforschung, Dorfstr. 55, D-39615 Falkenberg, BRD

Krysanova, V., Potsdam Institut für Klimafolgenforschung e.V., Telegrafenberg C4, Postfach 60 12 03, D-14412 Potsdam, BRD

Kuballa, J., GALAB, Max-Planck-Straße, D-21502 Geesthacht, BRD

Kubečka, J., Hydrobiologický ústav AV ČR (Hydrobiologisches Institut der Tschechischen Akademie der Wissenschaften), Na sádkách 7, České Budějovice, Tschechische Republik

Küchler, L., Staatliche Umweltbetriebsgesellschaft Sachsen, Wasastr. 50, D-01445 Radebeul, BRD

Kühne, C., GKSS Forschungszentrum, Institut für Gewässerphysik, Max-Planck-Straße, D-21501 Geesthacht, BRD

Kunkel, R., Forschungszentrum Jülich, Programmgruppe Systemforschung, Postfach 1913, D-52425 Jülich, BRD

Kutlvašrová, H., Povodí Ohře a.s., Bezručova 4219, Chomutov, Tschechische Republik

Kuzilek, V., Výzkumný ústav vodohospodářský T.G. Masaryka (Forschungsinstitut für Wasserwirtschaft T.G. Masaryk), Prag 6, Tschechische Republik

Lahmer, W., Potsdam Institut für Klimafolgenforschung e.V. Telegrafenberg C4, Postfach 60 12 03, D-14412 Potsdam, BRD

Lange, V., Bundesanstalt für Gewässerkunde, Außenstelle Berlin, Schnellerstr. 140, D-12439 Berlin, BRD

Langhammer, J., Výzkumný ústav pro vodohospodářský T.G. Masaryka, Podbabská 30, Prag 6, Tschechische Republik

Leffler, U.S., Internationales Hochschulinstitut Zittau, Markt 23, D-02763 Zittau, BRD

Lehmann, A., Universität Magdeburg, Fachbereich Mathematik, Universitätsplatz 2, D-39106 Magdeburg, BRD

Lehmann, J., Universität Greifswald, FR Geowissenschaften, Friedrich-Ludwig-Jahn-Str. 17 a, D-17489, Greifswald, BRD

Lehmann, R., Geo-Ökologie Consulting, Wankstr. 7, D-82362 Weiheim, BRD

Leßmann, W., Landesamt für Umweltschutz Sachsen-Anhalt, Abteilung Wasserwirtschaft, Reideburger Str. 47, D-06116 Halle (Saale), BRD

Lochow, E., Technologiezentrum Wasser (TZW) Karlsruhe, Deutscher Verein des Gas- und Wasserfaches e.V. (DVGW), Karlsruher Str. 84, D-76139 Karlsruhe, BRD

Löhn, J., Humboldt-Universität Berlin, Institut für Nutztierwissenschaften, Lentzeallee 75, D-14195 Berlin, BRD

Lohse, M., UFZ-Umweltforschungszentrum Leipzig-Halle GmbH, Sektion Gewässerforschung, Brückstr. 3 a, D-39104 Magdeburg, BRD

Lüschow, R., Sassendorfer Weg 4, D-21522 Hittbergen, BRD

Mages, M., UFZ-Umweltforschungszentrum Leipzig-Halle GmbH, Sektion Gewässerforschung, Brückstr. 3 a, D-39114 Magdeburg, BRD

Markert, B., Internationales Hochschulinstitut Zittau, Markt 23, D-02763 Zittau, BRD

Martínek, P., Povodí Labe a.s., V. Nejedlého 951, Hradec Králové, Tschechische Republik

Martini, M., Universität Kiel, Ökologie-Zentrum, Schauenburgerstr. 112, D-24118 Kiel, BRD

Matěna, J., Hydrobiologický ústav AV ČR (Hydrobiologisches Institut der Tschechischen Akademie der Wissenschaften), Na sádkách 7, České Budějovice, Tschechische Republik

Matyschok, B., Fachhochschule Hamburg, Fachbereich Naturwissenschaftliche Technik, Lohbrügger Kirchstr. 65, D-21033 Hamburg, BRD

Medek, J., Povodí Labe, a.s., Víta Nejedlého 951, Hradec Králové, Tschechische Republik

Meißner, R., UFZ-Umweltforschungszentrum Leipzig-Halle GmbH, Sektion Bodenforschung, Dorfstr. 55, D-39615 Falkenberg, BRD

Meon, G., Universität-Gesamthochschule Paderborn, Abteilung Höxter, Fachbereich Technischer Umweltschutz, An der Wilhelmshöhe 44, D-37671 Höxter, BRD

Meyenburg, G., UFZ-Umweltforschungszentrum Leipzig-Halle GmbH, Sektion Bodenforschung, Theodor-Liese-Str. 4, D-06120 Halle, BRD

Meyer, C., Universität Hamburg, Institut für Organische Chemie, Martin-Luther-King-Platz 6, D-20146 Hamburg, BRD

Michalová, M., Výzkumný ústav vodohospodářský T.G. Masaryka (Forschungsinstitut für Wasserwirtschaft T.G. Masaryk), Prag 6, Tschechische Republik

Miehlich, G., Universität Hamburg, Institut für Bodenkunde, Allende Platz 2, D-20146 Hamburg, BRD

Miškovská, M., Povodí Ohře a.s., Bezručova 4219, Chomutov, Tschechische Republik

Modrá, H., Veterinární a farmaceutická univerzita (Universität für Veterinärwesen und Pharmazie), Palackého tr. 1/3, Brno, Tschechische Republik

Mohaupt, V., Umweltbundesamt, Fachgebiet II 2.3, Oberirdische Binnengewässer, Gütefragen, Postfach 33 00 22, D-14191 Berlin, BRD

Mohrlock, U., Universität Karlsruhe, Institut für Hydromechanik, Kaiserstr. 12, D-76128 Karlsruhe, BRD

Montenegro, H., Technische Hochschule Darmstadt, Institut für Wasserbau und Wasser-wirtschaft, Rundeturmstr. 1, D-64283 Darmstadt, BRD

Mroczek, A., Universität Leipzig, Institut für Analytische Chemie, Linnéstr. 3, D-04103 Leipzig, BRD

Muhs, K., UFZ-Umweltforschungszentrum Leipzig-Halle GmbH, Sektion Bodenforschung, Dorfstr. 55, D-39615 Falkenberg, BRD

Müller, A., Sächsische Akademie der Wissenschaften zu Leipzig, Karl-Tauchnitz-Str. 1, D-04107 Leipzig, BRD

Müller, D., Bundesanstalt für Gewässerkunde Koblenz-Berlin, Schnellerstr. 140, D-12439 Berlin, BRD/Postfach 309, D-56003 Koblenz, BRD

Müller, S., Universität Hamburg, Zoologisches Institut und Zoologisches Museum, Martin-Luther-King-Platz 3, D-20146 Hamburg, BRD

Nauer, O., Zentrum für Agrarlandschafts- und Landnutzungsfoschung (ZALF) e.V., Institut für Hydrologie, Eberswalder Str. 84, D-15374 Müncheberg, BRD

Nedelka, P., Povodí Ohře a.s., Bezručova 4219, Chomutov, Tschechische Republik

Nehls, S., Sektion Chemische Ökotoxikologie, UFZ-Umweltforschungszentrum Leipzig-Halle GmbH, Permoserstr. 15, D-04318 Leipzig, BRD

Nesměrák, I., Výzkumný ústav vodohospodářský T.G. Masaryka (Forschungsinstitut für Wasserwirtschaft T.G. Masaryk), Prag 6, Tschechische Republik

Nestmann, F., Universität Karlsruhe (TH), Institut für Wasserwirtschaft und Kulturtechnik, Kaiserstr. 12, D-76128 Karlsruhe, BRD

Netzband, A., Wirtschaftsbehörde Hamburg, Strom- und Hafenbau, Dalmannstr. 1-3, D-20457 Hamburg, BRD

Neu, T., UFZ-Umweltforschungszentrum Leipzig-Halle GmbH, Sektion Gewässerforschung, Brückstr. 3 a, D-39114 Magdeburg, BRD

Neue, H.-U., UFZ-Umweltforschungszentrum Leipzig-Halle GmbH, Sektion Bodenforschung, Theodor-Liese-Str. 4, D-06120 Halle, BRD

Neurath, G., Fraunhofer Arbeitsgruppe für Toxikologie und Umweltmedizin, Grindelallee 117, D-20146 Hamburg, BRD

Neuschulz, F., Landesanstalt für Großschutzgebiete Brandenburg, Naturpark Elbtalaue, Neuhausstr. 9, D-19322 Rühstädt, BRD

Ocenasek, V., Výzkumný ústav vodohospodářský T.G. Masaryka (Forschungsinstitut für Wasserwirtschaft T.G. Masaryk), Prag 6, Tschechische Republik

Oehlmann, J., Internationales Hochschulinstitut Zittau, Markt 23, D-02763 Zittau, BRD

Oesmann, S., Universität Hamburg, Institut für Hydrobiologie und Fischereiwissenschaft, Elbelabor, Große Elbstr. 268, D-22767 Hamburg, BRD

Oetken, M., Internationales Hochschulinstitut Zittau, Markt 23, D-02763 Zittau, BRD

Pälchen, W., Sächsisches Landesamt für Geologie, Bereich Boden und Geologie, Postfach 13 41, D-09583 Freiberg, BRD

Paschke, A., Sektion Chemische Ökotoxikologie, UFZ-Umweltforschungszentrum Leipzig-Halle GmbH, Permoserstr. 15, D-04318 Leipzig, BRD

Patz, G., Landesforschungsanstalt Eberswalde, A.-Möller-Straße, D-16225 Eberswalde, BRD

Pelzer, J., Bundesanstalt für Gewässerkunde, Außenstelle Berlin, Schnellerstr. 140. 12439 Berlin, BRD

Peters, U., Sachverständigenbüro U. Peters, Hohe Str. 10, D-09212 Limbach-Oberfrohna, BRD

Petersen, W., GKSS Forschungszentrum, Institut für Gewässerphysik, Max-Planck-Straße, D-21501 Geesthacht, BRD

Pfitzner, S., Bundesanstalt für Gewässerkunde, Außenstelle Berlin, Schnellerstr. 140, D-12439 Berlin, BRD

Pietsch, J., Technologiezentrum Wasser (TZW) Karlsruhe, Deutscher Verein des Gas- und Wasserfaches e.V. (DVGW), Abteilung Dresden, Scharfenberger Str. 152, D- 01139 Dresden, BRD

Pohl, M., Staatliches Amt für Umweltschutz Magdeburg, Otto-von-Guericke-Str. 5, D-39104 Magdeburg, BRD

Pondělíček, V., Povodí Ohře a.s., Bezručova 4219, Chomutov, Tschechische Republik

Popp, P., Sektion Analytik, UFZ-Umweltforschungszentrum Leipzig-Halle, Permoserstr. 15, D-04318 Leipzig, BRD

Prange, A., GKSS-Forschungszentrum, Max-Planck-Straße, D-21502 Geesthacht, BRD

Prochnow, D., Institut für Gewässerökologie und Binnenfischerei im Forschungsverbund Berlin e.V., Rudower Chaussee 6A, D-12484 Berlin, BRD

Prüter, J., Alfred-Toepfer-Akademie für Naturschutz (NNA), Hof Möhr, D-29640 Schneverdingen, BRD

Puff, T., Universität Greifswald, FR Geowissenschaften, Friedrich-Ludwig-Jahn-Str. 17 a, D-17489 Greifswald, BRD

Punčochář, P., Ministerium für Landwirtschaft, Tešnov 17, 11705 Prag 1, Tschechische Republik

Purps, J., Landesanstalt für Großschutzgebiete Brandenburg, Naturpark Elbtalaue, Neuhausstr. 9, D-19322 Rühstädt, BRD

Pylenok, P., VNIIGiM All-Russian Research Institute for Hydraulic Engineering and Land, Reclamation, Bolshaya Akademickeskaya 44, 127550 Moskau, Rußland

Quast, J., Zentrum für Agrarlandschafts- und Landnutzungsfoschung (ZALF) e.V., Institut für Hydrologie, Eberswalder Str. 84, D-15374 Müncheberg, BRD

Quoika, S., Universität Gesamthochschule Paderborn, Abteilung Höxter, An der Wilhelmshöhe 44, D-37671 Höxter, BRD

Ramsbeck, M., UFZ-Umweltforschungszentrum Leipzig-Halle GmbH, Sektion Bodenforschung, Theodor-Lieser-Str. 4, D-06120 Halle, BRD

Raschewski, U., Staatliches Amt für Umweltschutz Magdeburg, Otto-von-Guericke-Str. 5, D-39104 Magdeburg, BRD

Rast, G., WWF-Auen-Institut, Josefstr. 1, D-76437 Rastatt, BRD

Rathke, K., Universität-Gesamthochschule Paderborn, Abteilung Höxter, Fachbereich Technischer Umweltschutz, An der Wilhelmshöhe 44, D-37671 Höxter, BRD
Reincke, H., Wassergütestelle Elbe der ARGE ELBE, Neßdeich 120-121, D-21129 Hamburg, BRD
Richter, G., Institut für ökologische Raumentwicklung e.V. (IÖR), Weberplatz 1, D-01217 Dresden, BRD
Riehl, K., Bundesanstalt für Gewässerkunde, Außenstelle Berlin, Sachbereich Gewässermorphologie, Referat AB2, Schnellerstr. 140, D-12439 Berlin, BRD
Rinklebe, J. UFZ-Umweltforschungszentrum Leipzig-Halle GmbH, Sektion Bodenforschung, Theodor-Liese-Str. 4, D-06120 Halle, BRD
Ritzert, F., Universität Karlsruhe (TH), Institut für Wasserwirtschaft und Kulturtechnik, Kaiserstr. 12, D-76128 Karlsruhe, BRD
Ritzmann, A., Zentrum für Agrarlandschafts- und Landnutzungsfoschung (ZALF) e.V., Institut für Hydrologie, Eberswalder Str. 84, D-15374 Müncheberg, BRD
Roch, K., Freie und Hansestadt Hamburg, Umweltbehörde, Amt für Umweltschutz, Fachamt Umweltuntersuchungen, Marckmannstr. 129 b, D-20539 Hamburg, BRD
Rode, M., UFZ-Umweltforschungszentrum Leipzig-Halle GmbH, Projektbereich Fluß- und Seenlandschaften, Brückstr. 3 a, D-39114 Magdeburg, BRD
Rommel, J., c/o Universität Karlsruhe, Institut für Bodenmechanik und Felsmechanik, Abteilung Erddammbau und Deponiebau, Engler-Bunde-Ring, D-76131 Karlsruhe, BRD
Rosendorf, P., Výzkumný ústav vodohospodářský T.G. Masaryka (Forschungsinstitut für Wasserwirtschaft T.G. Masaryk), Prag 6, Tschechische Republik
Rudiš, M., Výzkumný ústav vodohospodářský T.G. Masaryka, Podbabaská 30, Prag 6, Tschechische Republik
Runte, K.-H., Gut Knoop, D-24161 Altenholz, BRD
Rupp, H., UFZ-Umweltforschungszentrum Leipzig-Halle GmbH, Sektion Bodenforschung, Dorfstr. 55, D-39615 Falkenberg, BRD
Růžička, L., Povodí Vltavy a.s., Na Hutmance 7, Prag 5 - Jinonice, Tschechische Republik
Růžičková, J., Ústav pro životní prostředí, Přírodověcká, Univerzity Karlovy, Benátská 2, Prag 2, Tschechische Republik
Sacher, F., Technologiezentrum Wasser (TZW) Karlsruhe, Deutscher Verein des Gas- und Wasserfaches e.V. (DVGW), Karlsruher Str. 84, D-76139 Karlsruhe, BRD
Salomons, W., GKSS-Forschungszentrum, Max-Planck-Straße, D-21502 Geesthacht, BRD
Saucke, U., Universität Karlsruhe, Institut für Bodenmechanik und Felsmechanik, Abteilung Erddammbau und Deponiebau, Engler-Bunde-Ring, D-76131 Karlsruhe, BRD
Schachel, L., UFZ-Umweltforschungszentrum Leipzig-Halle GmbH, Sektion Bodenforschung, Dorfstr. 55, D-39615 Falkenberg, BRD
Scharf, B., UFZ-Umweltforschungszentrum Leipzig-Halle GmbH, Sektion Gewässerforschung, Brückstr. 3 a, D-39114, Magdeburg, BRD
Schilling, J., Niedersächsisches Landesamt für Ökologie, An der Scharlake 39, D-31135 Hildesheim, BRD
Schillings, T., Staatliches Amt für Umweltschutz Magdeburg, Otto-von-Guericke-Str. 5, D-39104 Magdeburg, BRD
Schmidt, A., Bundesanstalt für Gewässerkunde, Außenstelle Berlin, Sachbereich Gewässermorphologie, Referat AB2, Schnellerstr. 140, D-12439 Berlin, BRD
Schmidt, B., Universität Hamburg, Institut für Bodenkunde, Allende Platz 2, D-20146 Hamburg, BRD

Schmidt, H., ÖKON Gesellschaft für Landschaftsökologie, Gewässerbiologie und Umweltplanung mbH, Dechbettener Str. 9, D-93049 Regensburg, BRD

Schmidt, W., Technologiezentrum Wasser (TZW) Karlsruhe, Deutscher Verein des Gas- und Wasserfaches e.V. (DVGW), Abteilung Dresden, Scharfenberger Str. 152, D- 01139 Dresden, BRD

Schmullius, C., Deutsches Zentrum für Luft- und Raumfahrt e.v., Institut für Hochfrequenztechnik, Postfach 1116, D-82230 Wessling, BRD

Schöll, F., Bundesanstalt für Gewässerkunde, Kaiserin-Augusta-Anlagen 15-17, D-56068 Koblenz, BRD

Scholten, M., Universität Hamburg, Institut für Hydrobiologie und Fischereiwissenschaft, Elbelabor, Große Elbstr. 268, D-22767 Hamburg, BRD

Schonert, P., UFZ-Umweltforschungszentrum Leipzig-Halle GmbH, Sektion Bodenforschung, Dorfstr. 55, D-39615 Falkenberg, BRD

Schreiner, J., Alfred-Toepfer-Akademie für Naturschutz (NNA), Hof Möhr, D-29640 Schneverdingen, BRD

Schroeder, F. GKSS Forschungszentrum, Institut für Gewässerphysik, Max-Planck-Straße, D-21501 Geesthacht, BRD

Schubert, H.-J., LimnoBios Büro für Gewässerökologie, Ringstr. 2, D-22929 Köthel, BRD

Schubert, M., Humboldt-Universität Berlin, Institut für Nutztierwissenschaften, Lentzeallee 75, D-14195 Berlin, BRD

Schulte-Wülwer-Leidig, A., Internationale Kommission zum Schutz des Rheins (IKSR), Postfach 309, D-56003 Koblenz, BRD

Schulze, M., Bezirksregierung Lüneburg, Auf dem Michaeliskloster 8, D-21335 Lüneburg, BRD

Schüürmann, G., Sektion Chemische Ökotoxikologie, UFZ-Umweltforschungszentrum Leipzig-Halle, Permoserstr. 15, D-04318 Leipzig, BRD

Schwartz, H.-J., Humboldt-Universität Berlin, Institut für Nutztierwissenschaften, Lentzeallee 75, D-14195 Berlin, BRD

Schwartz, R., Universität Hamburg, Institut für Bodenkunde, Allende Platz 2, D-20146 Hamburg, BRD

Schwarzbauer, J., RWTH Aachen, Lehrstuhl für Geologie, Geochemie und Lagerstätten des Erdöls und der Kohle, Lochnerstr. 4-20, D-52056 Aachen, BRD

Seeger, J., UFZ-Umweltforschungszentrum Leipzig-Halle GmbH, Forschungsstelle Falkenberg, Sektion Bodenforschung, Dorfstr. 55, D-39615 Falkenberg, BRD

Segner, H., UFZ-Umweltforschungszentrum Leipzig-Halle GmbH Sektion Chemische Ökotoxikologie, Permoserstr. 15, D-04318 Leipzig, BRD

Sergueev, S., VNIIGiM All-Russian Research Institute for Hydraulic Engineering and Land, Reclamation, Bolshaya Akademickeskaya 44, 127550 Moskau, Rußland

Siegel, B., Institut für ökologische Raumentwicklung e.V. (IÖR), Weberplatz 1, D-01217 Dresden, BRD

Simon, M., Internationale Kommission zum Schutz der Elbe (IKSE), Fürstenwallstr. 20, D-39104 Magdeburg, BRD

Slavík, O., Výzkumný ústav vodohospodářský T.G. Masaryka (Forschungsinstitut für Wasserwirtschaft T.G. Masaryk), Prag 6, Tschechische Republik

Smrťák, J., Výzkumný ústav vodohospodářský T.G. Masaryka (Forschungsinstitut für Wasserwirtschaft T.G. Masaryk), Prag 6, Tschechische Republik

Specht, F.-J., Technische Universität Braunschweig, Leichtweiß-Institut für Wasserbau, Wasserbau und Gewässerschutz, Beethovenstr. 51a, D-38106 Braunschweig, BRD

Spott, D., UFZ-Umweltforschungszentrum Leipzig-Halle GmbH, Sektion Gewässerforschung, Brückstr. 3 a, D-39114, Magdeburg, BRD

Spoustová, J., Výzkumný ústav vodohospodářský T.G. Masaryka (Forschungsinstitut für Wasserwirtschaft T.G. Masaryk), Prag 6, Tschechische Republik
Stab, S., UFZ-Umweltforschungszentrum, Projektbereich Naturnahe Landschaften, Permoserstr. 15, D-04318 Leipzig, BRD
Stachel, B., Wassergütestelle Elbe der ARGE ELBE, Neßdeich 120/121, D-21129 Hamburg, BRD
Steidl, J., Zentrum für Agrarlandschafts- und Landnutzungsfoschung (ZALF) e.V., Institut für Hydrologie, Eberswalder Str. 84, D-15374 Müncheberg, BRD
Steinberg, C.E.W., Institut für Gewässerökologie und Binnenfischerei im Forschungsverbund Berlin e.V., Müggelseedamm 310, D-12587 Berlin, BRD
Steiner, F., Fachhochschule Hamburg, Fachbereich Naturwissenschaftliche Technik, Lohbrügger Kirchstr. 65, D-21033, Hamburg, BRD
Stelter, W., Humboldt-Universität Berlin, Institut für Nutztierwissenschaften, Lentzeallee 75, D-14195 Berlin, BRD
Steppuhn, G., Bundesanstalt für Gewässerkunde, Außenstelle Berlin, Schnellerstr. 140, D-12439 Berlin, BRD
Stratschka, M., UFZ-Umweltforschungszentrum Leipzig-Halle GmbH, Forschungsstelle Falkenberg, Sektion Bodenforschung, Dorfstr. 55, D-39615 Falkenberg, BRD
Suhr, U., UFZ-Umweltforschungszentrum Leipzig-Halle GmbH, Sektion Gewässerforschung, Projektbereich Fluß- und Seenlandschaften, Brückstr. 3 a, D-39114, Magdeburg, BRD
Svobodová, Z., Výzkumní ústav rybářský a hydrobiologický Jihočeské univerzity (Forschungsinstitut für Fischerei und Hydrobiologie der Südböhmischen Universität), Vodnany, Tschechische Republik/Veterinární a farmaceutická univerzita (Universität für Veterinärwesen und Pharmazie), Palackého tr. 1/3, Brno, Tschechische Republik
Ternes, T.A., ESWE-Institut für Wasserforschung und Wassertechnologie, Söhnleinstr. 158, D-65201 Wiesbaden, BRD
Theobald, N., Bundesamt f. Seeschiffahrt u. Hydrographie, Bernhard-Nocht-Str. 78, D-20305 Hamburg, BRD
Thiel, R., Universität Hamburg, Institut für Hydrobiologie und Fischereiwissenschaft, Elbelabor, Große Elbstr. 268, D-22767 Hamburg, BRD
Tittizer, T., Bundesanstalt für Gewässerkunde, Kaiserin-Augusta-Anlagen 15-17, D-56068 Koblenz, BRD
Tolma, V., Výzkumný ústav vodohospodářský T.G. Masaryka (Forschungsinstitut für Wasserwirtschaft T.G. Masaryk), Prag 6, Tschechische Republik
Trejtnar, K., Povodi Labe Hradec Králové, Vita Nejedehó 951, Hradec Králové 500 82, Tschechische Republik
Trejtnar, K., Povodí Labe, a.s., Víta Nejedlého 951, Hradec Králové, Tschechische Republik
Uhlmann, H.-W., Staatliches Amt für Umweltschutz Halle, Reilstr. 72, D-06114, Halle (Saale), BRD
Uhlmann, O., c/o UFZ-Umweltforschungszentrum Leipzig-Halle GmbH, Postfach 2, D-04301 Leipzig, BRD
Veen v.d., A., Technische Universität Braunschweig, Institut für Geowissenschaften, Geochemie, Pockelstr. 4, D-38106 Braunschweig, BRD
Verner, S., Povodí Labe, a.s., V. Nejedlého 951, Hradec Králové, Tschechische Republik
Vilímec, J., Výzkumný ústav vodohospodářský T.G. Masaryka (Forschungsinstitut für Wasserwirtschaft T.G. Masaryk), Prag 6, Tschechische Republik
Vink, R., Institute for Environmental Studies, De Boelelaan 1115, 1081HV Amsterdam, Niederlande

Vosika, S., Internationale Kommission zum Schutz der Elbe (IKSE), Fürstenwallstr. 20, D-39104 Magdeburg, BRD

Vykusová, B., Výzkumní ústav rybářský a hydrobiologický Jihočeské univerzity (Forschungsinstitut für Fischerei und Hydrobiologie der Südböhmischen Universität), Vodnany, Tschechische Republik

Walther, A., Herzenstr. 82, D-04357 Leipzig, BRD

Weber, E., UFZ-Umweltforschungszentrum Leipzig-Halle GmbH, Sektion Gewässerforschung, Brückstr. 3 a, D-39114 Magdeburg, BRD

Weeren, R.D., Specht & Partner Chemische Laboratorien GmbH, St. Ancharplatz 10, D-20354 Hamburg, BRD

Wendland, F., Forschungszentrum Jülich, Programmgruppe Systemforschung, Postfach 1913, D-52425 Jülich, BRD

Wendt, H., Universität Magdeburg, Fachbereich Mathematik, Universitätsplatz 2, D-39106 Magdeburg, BRD

Wennrich, R., Sektion Analytik, UFZ-Umweltforschungszentrum Leipzig-Halle GmbH, Permoserstr. 15, D-04318 Leipzig, BRD

Wieting, J., Umweltbundesamt, Bismarckplatz 1, D-14191 Berlin, BRD

Wilken, R.-D., ESWE-Institut für Wasserforschung und Wassertechnologie, Söhnleinstr. 158, D-65201 Wiesbaden, BRD

Wilkens, H., Universität Hamburg, Zoologisches Institut und Zoologisches Museum, Martin-Luther-King-Platz 3, D-20146 Hamburg, BRD

Winkler, J., Landesamt für Umweltschutz Sachsen-Anhalt, Abteilung Wasserwirtschaft, Reideburger Str. 47, D-06116 Halle (Saale), BRD

Winkler, M., UFZ-Umweltforschungszentrum Leipzig-Halle GmbH, Sektion Gewässerforschung, Brückstr. 3 a, D-39114 Magdeburg, BRD

Wirtz, C., Freie Universität Berlin, Geographisches Institut, Grunewaldstr. 35, D-12165 Berlin, BRD

Witte, G., GKSS Forschungszentrum, Institut für Gewässerphysik, Max-Planck-Straße, D-21501 Geesthacht, BRD

Witter, B., UFZ-Umweltforschungszentrum Leipzig-Halle GmbH, Sektion Gewässerforschung, Brückstr. 3 a, D-39114 Magdeburg, BRD

Wolff, S., Wassergütestelle Elbe der ARGE ELBE, Neßdeich 120/121, D-21129 Hamburg, BRD

Wunderlich, H.-G., UBA, Forschungsstelle Bad Elster, BRD

Zachmann, D.W., Technische Universität Braunschweig, Institut für Geowissenschaften, Geochemie, Pockelstr. 4, D-38106 Braunschweig, BRD

Zahn, S., Institut für Binnenfischerei e.V., D-14476 Groß Glienicke, BRD

Zahrádka, V., Povodí Ohře a.s., Bezručova 4219, Chomutov, Tschechische Republik

Zanke, U.C.E., Technische Universität Darmstadt, Institut für Wasserbau und Wasserwirtschaft, Fachgebiet Wasserbau, Rundeturmstr. 1, D-64283 Darmstadt, BRD

Zerling, L., Sächsische Akademie der Wissenschaften zu Leipzig, Karl-Tauchnitz-Str. 1, D-04107 Leipzig, BRD

Zimmermann, S., Fachhochschule Magdeburg, Fachbereiche Chemie, Am Krökentor 2, D-39104 Magdeburg, BRD/UFZ-Umweltforschungszentrum Leipzig-Halle GmbH, Sektion Gewässerforschung, Brückstr. 3 a, D-39114 Magdeburg, BRD

Zoll, M., GKSS Geesthacht, Max-Planck-Straße, D-21502 Geesthacht, BRD

Zoumis, T., Technische Universität Hamburg-Harburg, Eissendorfer Str. 40, D-21071 Hamburg, BRD

If you have any concerns about our products,
you can contact us on
ProductSafety@springernature.com

In case Publisher is established outside the EU,
the EU authorized representative is:
**Springer Nature Customer Service Center GmbH
Europaplatz 3, 69115 Heidelberg, Germany**

Printed by Libri Plureos GmbH
in Hamburg, Germany